gestion piscicole
des grands plans d'eau

Daniel GERDEAUX

Éditeur

Conseil Supérieur de la Pêche

INSTITUT NATIONAL DE LA RECHERCHE AGRONOMIQUE
147, rue de l'Université, 75338 Paris Cedex 07

Avant-propos

En 1983, un colloque avait réuni des chercheurs et des gestionnaires de la pêche sur le thème de la gestion piscicole des lacs et retenues artificielles. Les actes de ce colloque, publiés dans la collection *Hydrobiologie et Aquaculture* éditée par l'Institut National de la Recherche Agronomique (Billard et Gerdeaux, 1985), ont été rapidement épuisés.

Un nouveau colloque s'est tenu en novembre 1996 dans le cadre des rencontres chercheurs-praticiens, à l'occasion des manifestations organisées par l'INRA pour son cinquantenaire. La Ville de Thonon a accueilli gracieusement cette rencontre à l'Espace des Ursules, manifestation soutenue par le Conseil Supérieur de la Pêche et Electricité de France.

La plupart des communications présentées ont été reprises par leurs auteurs pour réaliser une nouvelle édition remaniée de l'ouvrage publié en 1985.

La première partie aborde quelques aspects de la gestion hydraulique et écologique des plans d'eau et suppose que le lecteur possède des connaissances générales sur l'écologie des lacs. Si ce n'est pas le cas, ces connaissances sont facilement accessibles dans des ouvrages récents publiés par l'INRA (Grosclaude, 1999 a, b) (Riou *et al.*, 2000) et dans un ouvrage spécialisé de limnologie générale (Pourriot et Meybeck, 1995). Les particularités des retenues hydroélectriques et de leur gestion piscicole sont abordées pour compléter ces connaissances. Un éclairage particulier est porté sur la part que peut prendre le peuplement de poissons en tant que compartiment fonctionnel de l'écosystème et, par voie de conséquence, le rôle que peut prendre la gestion halieutique dans la qualité du milieu aquatique. Un chapitre sur l'évaluation de l'aptitude biogène des lacs complète l'approche fonctionnelle qui est une préoccupation actuelle des scientifiques. En effet, la production d'un milieu n'est pas uniquement liée aux teneurs en éléments nutritifs, mais aussi aux aptitudes du système à métaboliser ces éléments. Un exemple de diagnose fonctionnelle est ensuite présenté.

Toutes les méthodes d'études des peuplements de poissons ne seront pas abordées de la même façon. Certains chapitres présentent un bilan général assez détaillé quand il n'est pas possible de trouver en français une synthèse équivalente, qu'il s'agisse de méthodologie d'échantillonnage par pêche active ou passive, ou par échosondage. L'utilisation des filets verticaux n'était pas d'usage courant en 1985, la méthodologie est donc bien développée et un exemple concret d'application dans le lac de Tazenat est présenté. Les techniques d'échosondage ont fait également beaucoup de progrès cette dernière décennie. Il en est de même avec les techniques de marquage des poissons : le marquage par colorants dès le stade œuf n'était pas maîtrisé en 1985, les marques de type «transpondeur» n'étaient pas miniaturisées. Les caractéristiques du déroulement de la fraie des poissons ne sont décrites dans aucun autre ouvrage de synthèse. En revanche, les méthodes de détermination de l'âge et de la croissance des poissons ont fait l'objet de nombreuses publications et le lecteur est invité à s'y reporter (voir par exemple, Baglinière *et al.* 1992).

La gestion halieutique en plans d'eau repose souvent, encore aujourd'hui, sur des soutiens de populations par des déversements de juvéniles dont il est démontré l'efficacité, en particulier pour l'omble chevalier. Les méthodes de réhabilitation des habitats lacustres ont seulement été évoquées dans le chapitre sur la reproduction. Nous ne disposons pas en France de beaucoup d'exemples de renaturation de milieu pour y consacrer un chapitre. Les connaissances des captures sont encore trop partielles et les exemples français de long suivi statistique sont limités aux lacs péri-alpins. Des éléments simples de mise en place et d'utilisation de statistiques de pêche seront donnés avant d'aborder ce que la modélisation peut apporter quand on a récolté suffisamment de données sur une pêcherie.

Ce livre est un bilan des connaissances de la communauté des chercheurs et des praticiens impliqués dans la gestion piscicole en France. Nous remercions les auteurs pour la présentation et la remise des manuscrits, les participants à la rencontre de Thonon-les-Bains qui ont été très actifs dans les échanges d'informations, la ville de Thonon-les-Bains qui nous a accueilli et les organismes qui ont matériellement contribué à la réalisation du colloque et de l'ouvrage. Nous remercions les techniciens de la Station d'Hydrobiologie Lacustre de Thonon-les-Bains qui ont fait que les rencontres se sont très bien déroulées et plus particulièrement Valérie Hamelet qui a assuré le secrétariat des journées et de l'édition de ce livre.

Pour en savoir plus

BAGLINIÈRE J.L., CASTANET J., CONAND F., MEUNIER F.J., 1992. *Tissus durs et âge individuel des vertébrés.* Colloque national de Bondy du 4-6 mars - Coéd. ORSTOM/INRA, 459 p.

GROSCLAUDE G., coord. 1999. *L'eau.* Tome I : *milieu naturel et maîtrise* (204 p.). Tome II : *usages et polluants* (210 p.) Coll. Un point sur. INRA, Paris.

POURRIOT R. et MEYBECK M. (éds.), 1995. *Limnologie générale.* Coll. Ecol. n° 25, Masson, Paris.

NEVEU A., RIOU C., BONHOMME R., CHASSIN P., PAPY F. éd., 2001. *L'eau dans l'espace rural. Vie et milieu aquatique.* Coéd. INRA-AUF, 308 p.

Sommaire

GESTION HALIEUTIQUE

Ecologie des plans d'eau

Gestion hydraulique
et ressources piscicoles
dans les retenues hydroélectriques*

Contexte

La création de retenues d'eau artificielles est une pratique très ancienne, l'existence de tels ouvrages ayant été démontrée 4000 ans avant J.C. (Biswas, 1975 *in* Balvay, 1985).

En France cette pratique a eu un essor sans précédent dès le début du vingtième siècle pour répondre à des besoins multiples : production d'énergie hydraulique, puis hydroélectrique, approvisionnement en eau potable, industrielle ou d'irrigation, aide à la navigation et régularisation des débits (soutien des étiages et écrêtement des crues), lutte contre les incendies, pisciculture, activités de loisirs.

On dénombre actuellement environ 250 retenues EDF de plus de 10 ha, 110 de plus de 100 ha dont 8 de plus de 1000 ha. Leur superficie (50800 ha) est sensiblement égale à celle des lacs naturels (45300 ha). Les retenues créées par les aménagements hydroélectriques gérées par EDF représentent de l'ordre de 7 milliards de m^3 d'eau soit environ 3/4 des plans d'eau français.

Aujourd'hui, la création de nouvelles retenues en France s'est ralentie et les aménagements qui se mettent en place sont souvent des aménagements à buts multiples dans lesquels la production d'électricité n'est pas l'objectif premier de la création de l'ouvrage.

Sur les ouvrages existants, pour répondre aux multiples besoins qui s'expriment vis-à-vis d'une ressource en eau limitée, EDF s'est engagée dans une démarche de partenariat actif avec tous les usagers de l'eau pour utiliser au mieux les réserves d'eau.

Tous ces usages ne sont pas sans conséquences sur la productivité piscicole des retenues. Il importe dans un premier temps de bien connaître les spécificités de la gestion hydraulique des retenues EDF, puis de voir dans quelle mesure une gestion piscicole adaptée peut contribuer à tirer le meilleur parti de milieux, colonisés par les poissons, mais qui n'ont pas été initialement créés pour eux.

* A. POIREL, G. MERLE, M.J. SALENÇON, F. TRAVADE

Cadre réglementaire

La réglementation sur l'eau, s'appliquant aux plans d'eau, est assez complexe. On en trouvera une description d'accès assez simple dans «Plans d'eau - De l'autre côté du miroir» (IIGGE, 1988).

On rappellera simplement ici la distinction eaux domaniales et eaux non domaniales et la réglementation de la pêche qui s'y rattache.

Sur le plan juridique on distingue en effet les eaux :

- **domaniales** : ce sont les cours d'eau et plans d'eau navigables et flottables. Ils font partie du Domaine Public de l'Etat.

- **non domaniales** : toutes les autres. Elles sont susceptibles d'appropriation privée.

A l'exception de quelques lacs (7 en Rhône-Alpes dont le Bourget et Annecy) pour lesquels une réglementation spécifique locale peut être édictée, les plans d'eau sont soumis aux mêmes règles de pêche que les cours d'eau. Les deux textes de référence sont la loi «Pêche» du 29.06.1984 et la circulaire du Ministère de l'Environnement du 16.09.1987.

Ces textes concernent les eaux douces. Les eaux «closes» qui ne peuvent avoir de relations même occasionnelles ou accidentelles avec le réseau hydrographique général n'y sont pas soumises.

Les autres, dites «eaux libres», peuvent être domaniales ou non domaniales. Dans les premières, qui font partie du domaine public, le droit de pêche appartient à l'Etat. Dans les secondes, c'est le propriétaire du plan d'eau qui le détient ; mais, en règle générale, il n'est propriétaire ni de l'eau ni du poisson qui s'y trouve.

Cette réglementation ne concerne que le pêcheur à la ligne amateur.

Dans les plans d'eau considérés comme eaux libres, les pêcheurs sont soumis à certaines obligations, notamment celle de faire partie d'une association agréée de pêche et de protection des milieux aquatiques (AAPPMA).

Cadre réglementaire de l'exploitation des ouvrages EDF

Le cadre réglementaire actuel dans lequel s'effectue l'exploitation des ouvrages hydroélectriques est également complexe et en cours d'évolution avec la parution des décrets d'application de la loi sur l'eau de 1992. Il ne saurait donc être question d'en faire un exposé détaillé, mais quelques points importants méritent d'être soulignés pour rappeler la légitimité du fonctionnement des ouvrages.

EDF en tant que concessionnaire d'ouvrage hydroélectrique a des droits et des obligations qui sont définis par la loi du 16/10/1919 et détaillés selon le statut des ouvrages (fonction de la puissance installée) :

- pour les concessions, dans un Cahier des charges des entreprises hydrauliques concédées sur les cours d'eau et les lacs dont le modèle est annexé au décret du 5 septembre 1920,

- pour les autorisations, par un règlement d'eau type selon le décret n°81375 du 15/04/1981.

Cette réglementation donne des droits à l'entreprise. Elle peut produire de l'énergie électrique avec les ouvrages installés, emprunter un débit maximum et dériver les eaux. Elle a le droit de modifier le niveau du plan d'eau et le débit du cours d'eau.

Les opérations particulières de gestion comme les vidanges, les chasses, la gestion des crues, les curages, dragages etc... peuvent être décrites dans des consignes d'exploitation. Ce n'est pas pour l'instant une obligation pour les ouvrages existants mais cette réglementation est appelée à changer.

Les obligations sont nombreuses et concernent l'entretien, la sécurité, la conformation à la réglementation existante et à venir notamment en ce qui concerne la police des eaux, la navigation et le flottage, la défense nationale, la protection contre les inondations, la salubrité publique, l'alimentation en eau des populations riveraines, la libre circulation des poissons, la protection des sites et paysages... En ce qui concerne le milieu aquatique, il y a essentiellement obligation de maintenir un débit réservé à l'aval de l'ouvrage (sous réserve des débits entrants) et de compenser le préjudice piscicole par une «redevance d'alevinage».

Droits de pêche

En ce qui concerne la gestion piscicole des retenues, EDF a opté en 1954 pour une solution globale de remise gratuite à l'Etat des droits de pêche qu'elle détient de droit sur ses retenues hydroélectriques. Ceci s'est concrétisé par la signature de la Convention Etat/EDF du 27 juillet 1954 concernant le cession à l'Etat des droits de pêche d'EDF dans les lacs de retenue des barrages.

Cette convention stipule dans son article 3 que «dans l'exercice des droits de pêche qui lui sont ainsi concédés, l'Etat ou ses concessionnaires devront supporter, sans indemnité, toutes les sujétions et inconvénients pouvant résulter de l'utilisation prioritaire des eaux pour la production de l'énergie électrique dans le cadre des obligations inscrites au Cahier des Charges ou au règlement d'eau, cette utilisation étant la destination essentielle des barrages et autres ouvrages créés par Électricité de France.

En cas de vidange totale d'un lac de retenue et sauf cas de force majeure ou impossibilité technique, l'Électricité de France facilitera au service des Eaux et Forêts les mesures que cette Administration désirerait prendre à ses frais pour la sauvegarde du poisson. Dans ce but, l'Électricité de France préviendra le Service des Eaux et Forêts le plus longtemps possible à l'avance».

Aujourd'hui EDF respecte ses obligations et sans se substituer au gestionnaire piscicole collabore très largement, notamment lors des vidanges, aux opérations qui visent au maintien du cheptel piscicole des retenues...

Caractéristiques de l'habitat aquatique dans les retenues

Les plans d'eau artificiels créés pour des besoins énergétiques sont de nature, de forme, de volume très variables selon le cours d'eau, l'altitude et la morphologie des terrains sur lesquels ils sont créés.

Ils présentent des similitudes avec les lacs naturels, mais également des particularités liées aux caractéristiques de leur construction et à leur mode de gestion. Ce dernier point sera examiné plus en détail dans le paragraphe suivant.

Age et forme de la retenue

L'âge des lacs naturels est très variable et s'exprime souvent à l'échelle géologique : 50 millions d'années pour le lac Baïkal, un million d'années pour le lac Tanganyika, plus de 10 000 ans pour le Léman, mais seulement 53 ans pour le lac de Vallon créé à la suite d'un glissement de terrain en 1943 (Balvay, 1985).

Les retenues artificielles ont des âges qui s'expriment à l'échelle humaine.

La forme de la cuvette d'accumulation peut être considérée comme relativement régulière et symétrique dans les lacs naturels, la zone de profondeur maximale se trouvant en général dans la partie centrale du lac.

Dans les retenues hydroélectriques, on ne peut pas vraiment parler de «cuvette». En effet le barrage se situe souvent sur une zone de forte pente ce qui entraîne souvent l'ennoyage de zones encaissées et la création de retenues très longues et peu larges. La profondeur augmente régulièrement de l'amont vers l'aval avec des zones de profondeur maximale devant le barrage qui a donné naissance à la retenue. De ce fait, le rapport entre la longueur de rive et la surface de la retenue est beaucoup plus élevé que dans les lacs naturels.

Sur plus de 200 retenues EDF supérieures à 1ha, la profondeur moyenne s'établit à 12 m avec 50% des retenues inférieures à 7,7 m de profondeur. Par contre, les profondeurs maximales sont beaucoup plus élevées (moyenne = 26 m ; médiane = 17 m). On compte 60 retenues de plus de 40 m de profondeur.

Situation

Les retenues hydroélectriques sont concentrées dans les zones montagneuses, Alpes, Massif Central, Pyrénées et Jura. La hauteur de chute entre le plan d'eau et l'usine et le débit turbiné étant les critères économiques déterminants, les retenues sont souvent situées au niveau des ruptures de pente.

On dénombre environ 160 retenues entre 0 m et 500 m d'altitude, 80 entre 500 m et 1000 m et 80 à plus de 1000 m d'altitude (fig.1.1).

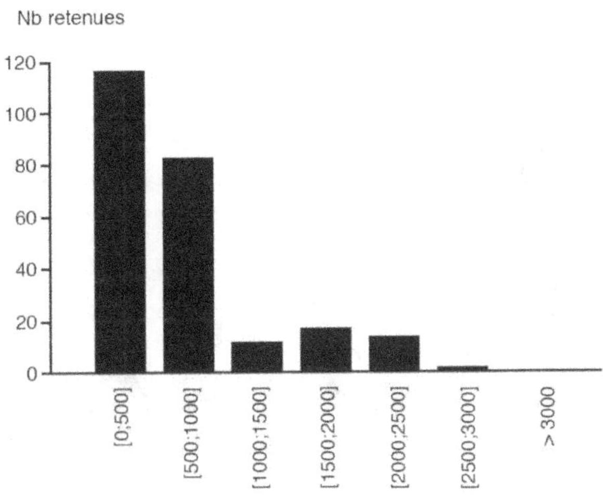

Figure 1.1 : Répartition des retenues EDF en fonction de l'altitude.

Position de l'émissaire

L'émissaire d'un lac naturel est généralement situé en surface et évacue en permanence les eaux superficielles. Quelques rares lacs naturels de Haute-Savoie ne présentent pas d'émissaire ni d'affluents permanents visibles en surface et leur niveau est en relation avec celui de la nappe phréatique ; de tels lacs se rapprochent des gravières et ballastières, excavations artificielles ayant recoupé le toit des nappes souterraines.

Dans une retenue, la position de la prise d'eau est très variable et influence le mouvement et donc la qualité (température, oxygénation, dissolution des éléments minéraux ou toxiques) des différentes couches d'eau qui peuvent être présentes. Cet aspect sera développé p. 19

Renouvellement des eaux

Le temps de séjour (TS) des eaux dans un volume donné dépend du volume considéré, du débit des affluents et dans le cas des retenues artificielles du régime d'utilisation des eaux stockées.

Plus le renouvellement est rapide (temps de séjour court), plus le milieu est semblable à une rivière ; inversement, des temps de séjour très longs (c'est-à-dire un faible renouvellement de l'eau) permettront à une retenue artificielle d'acquérir certaines caractéristiques de lacs.

Dans les lacs naturels, le temps de séjour moyen des eaux est très variable, de quelques jours à plus de 1700 ans pour le lac Tanganyika. En général, comme par exemple dans le lac Léman, les couches superficielles se renouvellent plus rapidement que les couches profondes.

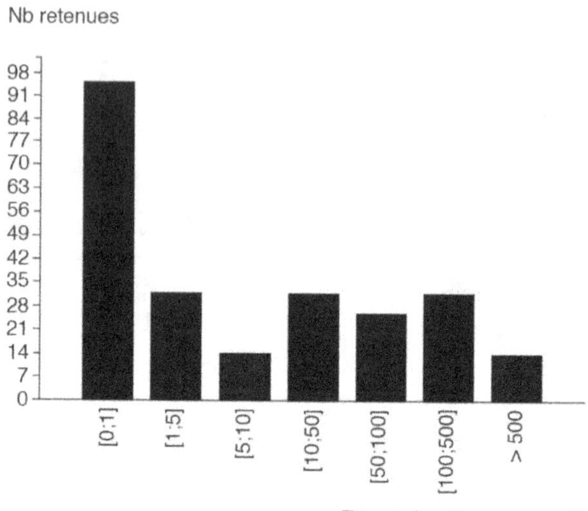

Figure 1.2 : Temps de séjour moyen dans les retenues EDF.

Dans les retenues, le TS dépend fortement de l'importance et de la nature du soutirage par rapport au volume d'eau accumulé (voir p. 19) ; il varie de quelques heures à plusieurs années. Environ 30% des retenues EDF ont un temps de séjour inférieur à 1 jour et 30% supérieur à 1 mois (fig.1.2).

Nature des fonds

La nature des fonds constitue un des facteurs majeurs de qualité des habitats aquatiques pour la faune et la flore. Les retenues sont soumises à une sédimentation particulière liée à la rivière qui les alimente.

Le type de sédimentation est fonction du contexte géomorphologique du bassin versant, des cycles biologiques dans la retenue ou sur le bassin versant. La nature des fonds est donc variable dans l'espace selon la nature des apports. Par ordre d'importance, les phénomènes sédimentaires principaux sont :

- l'érosion du bassin versant produisant outre des composés dissous, des particules minérales dont la taille, la forme, et la nature sont liées à la géologie, à la pente du bassin versant, et à l'hydrodynamique de la rivière en amont. Cette sédimentation affecte le débouché des tributaires avec un granoclassement important des particules ;

- la sédimentation des débris végétaux du bassin versant et des abords de la retenue qui, à l'automne peut se révéler très importante (feuilles mortes). Ces débris se décomposent très lentement et sont souvent pris dans des systèmes de stratifications entrecroisées avec les dépôts minéraux (alternance feuilles mortes/sables dans de nombreuses retenues du Massif Central). On les rencontre au débouché des tributaires et sur les rives ;

- la sédimentation du phytoplancton lors des phases de mortalité de ce dernier. Cette sédimentation est d'autant plus importante que le lac ou la retenue a une production primaire élevée et que les vitesses d'eau lors des crues dans la retenue sont faibles. Les vases issues de cette sédimentation sont très fines, et très fluidés. Au rythme de quelques centimètres par an, ce type de vases posent souvent problème car d'une part elles sont très difficiles à stabiliser et, d'autre part, elles sont organiques donc consommatrices d'oxygène dissous. De par sa fluidité, cette sédimentation affecte les zones de faible pente (sillon central et banquettes latérales) ;

- la sédimentation de la flore de la rivière amont qui ne se rencontre que sur quelques retenues. Elle est à ce jour très mal quantifiée.

La nature des fonds est donc très fortement influencée par la sédimentation (nature et importance) mais aussi par les événements d'exploitation :

- les marnages qui affectent les zones émergées et redistribuent les sédiments dans les cônes de déjection des tributaires,

- les vidanges et chasses qui modifient le volume, la répartition et la nature physico-chimique des sédiments - oxydation des composés chimiques, expulsion de l'eau interstitielle lors de leur remise à l'air, et formation d'une croûte superficielle bloquant les échanges eau/sédiment.

Nature des habitats aquatiques

La mise en eau d'une retenue entraîne deux modifications profondes du milieu aquatique qui vont déterminer très rapidement la nature et l'abondance des habitats aquatiques qui vont être offerts aux espèces et remplacer celles qui étaient liées à la rivière :

- la diminution des courants qui entraîne une déposition des particules en suspension entraînées par la rivière et le remplacement des communautés lotiques (d'eau courante) par une faune pélagique associée à des eaux plus calmes,

- le recouvrement de terrains antérieurement émergés.

Selon l'importance du nettoyage de ces terrains qui est fait avant l'immersion (coupe de bois, arrachage etc..), de la végétation existante, de la nature des terrains et enfin de la topographie, les berges et les fonds des retenues seront plus ou moins favorables pour la flore et la faune.

On constate souvent l'absence de plateau littoral favorable au développement d'une faune benthique abondante, des développements insuffisants de végétation immergée nécessaire à la ponte de certaines espèces...

En règle générale, la mise en eau est suivie d'une période de forte productivité à tous les échelons de la chaîne trophique (Lowe Mc Connell, 1973). Cette période qui dure environ 2 à 3 ans est caractérisée, sur le plan piscicole, par une extension rapide des populations les plus adaptées à la vie lacustre (Bardach et Dussart, 1973). Ce phénomène, explicable par l'enrichissement des eaux en sels minéraux dissous issus de la végétation et des sols submergés, est suivi d'une période de décroissance de la productivité de durée très variable suivant les retenues (6 à 30 ans) avant que ne s'instaure une sorte d'état d'équilibre.

Dans cet état d'équilibre, seules se développent les espèces de poissons adaptées à la vie lacustre, mais également adaptées à la configuration de la retenue et surtout aux marnages qui sont une des principales résultantes de la gestion des plans d'eau artificiels.

Gestion hydraulique des plans d'eau EDF

La gestion d'une retenue hydroélectrique se fait en fonction de ses capacités de stockage par rapport aux apports d'eau qu'elle reçoit. Plus le rapport est grand, plus il est loisible de stocker ou de relâcher de l'eau sans tenir compte des fluctuations dans les apports.

On distingue ainsi différents types de retenues :
- les réservoirs journaliers ou hebdomadaires, dont le volume est de l'ordre de grandeur des apports moyens journaliers ou hebdomadaires,
- les réservoirs saisonniers, dont le volume est de l'ordre de grandeur des apports de la saison des forts débits ; ces réservoirs, aménagés en général sur le cours supérieur des rivières, permettent de stocker de l'eau pendant cette saison et de l'utiliser en période de forte consommation ;
- les réservoirs interannuels dont le volume est supérieur au volume des apports annuels ; ils permettent de stocker de l'eau pendant une année humide pour la restituer pendant une année sèche.

Besoins en hydroélectricité

Le parc hydraulique est composé d'environ 500 aménagements représentant une puissance installée de 23 000 MW, permettant de produire environ 15% de la production nationale d'électricité.

L'énergie hydraulique par sa souplesse et sa rapidité de mise en service (14 000 MW sont disponibles en quelques minutes) joue un rôle fondamental dans le système électrique français. Elle permet d'ajuster en permanence la production aux variations de la demande, ponctuelles, journalières ou saisonnières.

Ceci est rendu possible par l'utilisation combinée de différents types de centrales hydroélectriques.

Différents modes de gestion

Les usines hydroélectriques se répartissent en quatre types qui ont des modes de gestion différents et qui sont appropriés pour répondre à tel ou tel besoin spécifique du réseau électrique.

Les usines au fil de l'eau

Les aménagements dits «au fil de l'eau» sont ceux sur lesquels il n'est pas possible de faire de stockage important (inférieur ou égal à 2 heures) et où le débit entrant est simplement turbiné. La production d'électricité est une production de base. C'est le cas des aménagements sur le Rhin et en partie sur le Rhône.

Sur ces aménagements, il n'y a pas de fluctuation notable des niveaux d'eau.

Les usines d'éclusées

Ces aménagements ont la faculté de stocker de l'eau à l'échelle de la journée ou de la semaine, de façon à pouvoir l'utiliser en période de pointe c'est-à-dire lorsque l'on enregistre des périodes courtes de forte consommation. Le temps de remplissage de ces réservoirs est compris entre 2 et 400 heures.

Selon l'importance du fonctionnement de l'usine en dehors des périodes d'éclusées (usine à l'arrêt ou usine en fonctionnement de base) et selon les apports, cette gestion conduit à des fluctuations plus ou moins importantes et plus ou moins régulières du plan d'eau.

Les usines de lacs

Ces aménagements correspondent à des réservoirs à stockage saisonnier, de grand volume. Ils permettent de reporter la production possible à la période d'hiver où la demande est la plus forte.

Les fluctuations correspondent en pratique à différents régimes :
- la période de remplissage allant en général d'avril à juillet où le niveau monte progressivement,
- puis une période de rétention de juillet à octobre, pendant laquelle le réservoir est utilisé au fil de l'eau ou en éclusées ; le niveau de l'eau peut fluctuer légèrement au voisinage de la cote maximale atteinte,
- enfin une période de déstockage où la retenue est progressivement vidée jusqu'à une cote minimale pré-définie.

Les Stations de Transfert d'Energie par Pompage (STEP)

Les STEP sont constituées de deux bassins à des altitudes différentes. Ceci permet de stocker de l'eau dans la retenue supérieure en utilisant de l'énergie de base en période de faible consommation pour monter l'eau et de turbiner l'eau stockée en période de forte consommation.

Ces aménagements sont peu nombreux (la plus puissante STEP -1800 MW - est celle de Grand'Maison, Isère). Ils créent de très fortes fluctuations des niveaux d'eau notamment dans le réservoir supérieur qui sont défavorables à l'établissement de peuplements piscicoles pérennes.

Influence de la gestion hydraulique sur les ressources piscicoles des retenues

Les marnages

Pour les organismes aquatiques le marnage est le critère qui différencie le plus, lacs et retenues hydroélectriques. C'est pourquoi l'analyse des différents types de marnage revêt une importance capitale. Il faut distinguer dans l'analyse des milieux aquatiques deux aspects du marnage : son amplitude totale et sa variabilité temporelle. En effet, certains organismes pourront ou non se développer, se reproduire... selon le marnage total ou selon la période de marnage.

Le marnage des retenues artificielles correspond à la gestion du stock d'eau donc à une variation de la capacité stockée dans la retenue. Stockage et déstockage induisent une modification de l'hydrologie entre l'amont et l'aval de l'usine. La cote du plan d'eau peut varier entre 2 limites données par le cahier des charges du titre : la cote de retenue normale et la cote minimale d'exploitation. De plus, il existe pour de nombreuses retenues, des cotes contractuelles à maintenir - souvent sur la période estivale -.

Le volume sur lequel s'effectue le marnage est dénommé «volume utile de la retenue» ; la partie résiduelle étant le culot.

On observe que le pourcentage de retenues soumises au marnage est bien supérieur dans les retenues d'altitude (fig. 1.3). En altitude, les surfaces résiduelles de retenue à cote basse pourront donc être très faibles.

Environ 50 % des retenues EDF ont un marnage inférieur à 6 m et 40 retenues ont un marnage supérieur à 30 m.

Si le marnage typique de chaque retenue est assez bien connu (cf. p.25), le marnage réel est très variable d'une année sur l'autre en fonction de l'hydrologie et des besoins en électricité.

On distingue différents types de retenues en fonction de leur temps de séjour (fig. 1.4).

- les retenues inter-annuelles ont un temps de séjour élevé (de l'ordre de une année). Ces retenues de grand volume utile présentent un marnage de grande amplitude, les variations de cotes sont lentes, assez régulières d'une année sur l'autre. Souvent situées dans les zones de haute montagne, ces retenues sont déstockées pendant l'hiver et remplies par la fusion nivale, ce qui permet une gestion prévisionnelle des apports à partir des stocks neigeux (ex : Retenue de Serre-Ponçon, Hautes-Alpes).

- les retenues saisonnières présentent des marnages moins réguliers, avec plusieurs périodes de stockage/déstockage par an, les crues pouvant avoir une incidence importante sur l'évolution de la cote, une forte crue pouvant apporter un volume d'eau équivalent à celui de la retenue (ex : Retenue de Puyvalador, Pyrénées-Orientales).

- les retenues hebdomadaires ou journalières présentent des variations fréquentes et rapides de la cote. Les crues et les manœuvres d'exploitation ont une incidence très marquée sur le niveau du plan d'eau, mais les marnages sur ces

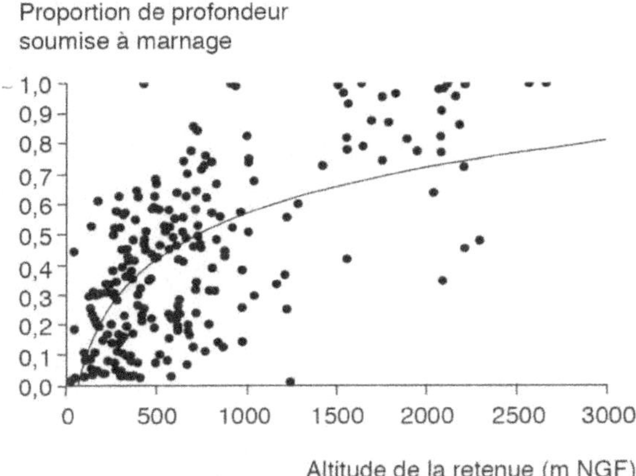

Figure 1.3 : Relation entre le marnage et l'altitude.

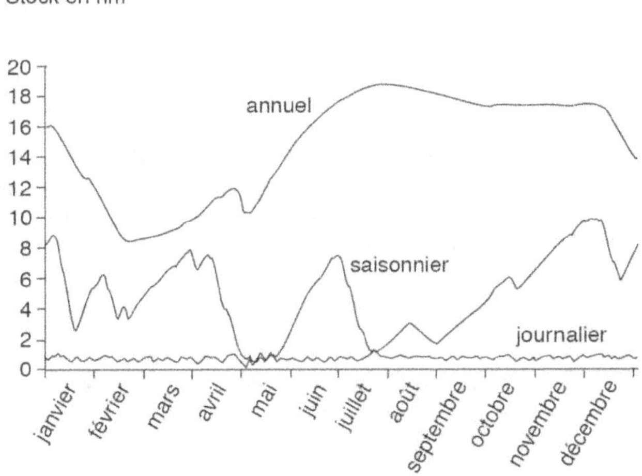

Figure 1.4 : Évolution-type des cotes de plans d'eau de 3 types de retenues : journalières,
saisonnières et inter-annuelles.

retenues de faible temps de séjour sont souvent faibles. Ces retenues peuvent servir soit dans le but énergétique de générer des éclusées, soit dans le but environnemental de démoduler des éclusées issues des aménagements amont afin de restituer en aval des débits plus réguliers.

Pour ces retenues à faible temps de séjour, les fortes crues peuvent induire des vitesses d'eau élevées susceptibles de modifier considérablement les conditions hydrodynamiques et la nature de fonds sur une période de courte durée (ex : Retenues du Gour Noir, (Corrèze) et de l'Escale, (Alpes-de-Haute-Provence).

Les variations artificielles de niveau représentent certainement le facteur le plus dommageable pour les populations piscicoles tant par ses effets directs qu'indirects sur le poisson.

Effets directs

Les effets directs des variations de niveau sur les populations piscicoles se résument essentiellement aux problèmes de reproduction et au confinement à volume réduit en période de basses eaux.

Effets sur la reproduction et les stades juvéniles : il s'agit là certainement de l'effet le plus visible et peut-être quantitativement le plus défavorable à l'équilibre des populations piscicoles. L'impact sur la reproduction revêt quatre aspects :
- inadaptation des supports de ponte (absence de végétation),
- absence de protection pour les juvéniles,
- blocage de l'accès aux frayères (poissons se reproduisant en eau courante),
- risque d'assèchement du frai.

Les deux premiers points concernent la dégradation de la végétation voire son absence qui est souvent de règle dans la zone de marnage de la majorité des retenues. Les espèces phytophiles (ponte s'effectuant sur la végétation) sont particulièrement défavorisées. Les principales espèces sont rapportées dans le tableau 1.1. Les cyprinidés et le brochet apparaissent les plus touchés par ce facteur. Certaines espèces telles que le gardon, la brème ou l'ablette présentent cependant une certaine plasticité vis-à-vis du support de ponte (Gillet, 1989) avec des sous-populations phytophiles et d'autres lithophiles, ce qui peut expliquer l'abondance en général élevée de ces espèces dans les retenues (Chastang, Eguzon, retenues du Verdon...).

Il est indéniable, par ailleurs, que dans les lacs exempts de marnage, les macrophytes des zones de bordure jouent un rôle de protection pour les juvéniles. L'effet de l'absence de ces macrophytes, bien que très difficile à quantifier, va dans le sens d'un accroissement de prédation et donc d'une baisse des taux de survie de l'ensemble des juvéniles.

Les marnages peuvent perturber voire bloquer l'accès des poissons aux affluents et influer de ce fait sur les espèces dont la reproduction s'effectue en eau courante : c'est essentiellement le cas des salmonidés tels que la truite de lac et l'omble de fontaine.

Le risque d'assèchement du frai représente pour la plupart des auteurs le principal facteur de déséquilibre des populations piscicoles. Lowe Mc Connell (1973) et Benson (1973) rapportent qu'un grand nombre d'espèces de retenues présentent des distributions d'âges très irrégulières, preuves, vraisemblablement, de problèmes de reproduction suivant les années.

Tableau 1.1 : Reproduction des poissons en retenues : paramètres déterminant leur sensibilité au marnage (emprunté à Travade *et al.*, 1985).

Espèces	Période de ponte	Ponte fraction-née	Substrat de ponte (1)		Reproduction possible dans les retenues	Reproduction dans les affluents	Profondeur de ponte (3)	Durée de développement des œufs (jours)	Sensibilité aux marnages (4)	Type de marnage le plus défavorable
			Phytophile	Lithophile						
Cyprinidés	mai-juillet	+								
Ablette (*Alburnus alburnus*)				+ (2)	+		TF	6-8	++	éclusées
Brème (*Abramis brama*)	mai-juillet	+	+	+ ?	+		F	3-12	+	éclusées
Carpe (*Cyprinus carpio*)	mai-août		+		?		F	3-8	+	éclusées
Gardon (*Rutilus rutilus*)	mai-juin	+	+	+ (2)	+		F	4-10	+	éclusées
Rotengle (*Scardinius erythrophtalmus*)	mai-juin	+	+		?		?	3-10	+ à ++	éclusées
Tanche (*Tinca tinca*)	mai- août		+	+	+		F	3-6	+	éclusées
Vairon (*Phoxinus phoxinus*)	mai-juillet			+	+ ?	+	TF à F	?	++	éclusées + saisonnier
Esocidés	février-mai									
Brochet (*Esox lucius*)			+		+		TF à F	10-30	+++	éclusées + saisonnier
Centrarchidés										
Black-bass (*Micropterus salmoides*)	mars-juillet		+		+		F à M	?	+ à ++	éclusées
Percidés	avril-mai									
Perche (*Perca fluviatilis*)			+ (2)		+		M à F	10-25	0 à +	éclusées
Sandre (*Lucioperca lucioperca*)	avril-juin			+	+		F à M	8-10	+	éclusées
Salmonidés Corégones	sept-février		pleine eau ou fond		+		M à P	45 à 90	0 à +++	saisonnier
Omble chevalier (*Salvelinus alpinus*)	oct-fév			+	+	+	M à P	60 à 90	0 à +++	saisonnier
Truite (*Salmo trutta, Salmo gairdneri*) Saumon de fontaine (*Salvelinus fontinalis*)	oct-fév			+	+	+		60 à 90	0 à +++	saisonnier pb accès aux frayères

(1) Lithophile : ponte préférentielle sur le fond ; Phytophile, ponte préférentielle sur la végétation aquatique
(2) Ponte également sur substrats immergés : souches, branchages...
(3) TF : Quelques centimètres; F : 0,5 à 1,5 m ; M: 1,5 à 8 m ; P: > 8m
(4) 0 : pas de sensibilité aux marnages ; +: moyennement sensible ; ++: sensible ; +++: très sensible

La sensibilité potentielle des espèces de poissons vivant en retenue vis-à-vis du facteur émersion de la ponte, est fonction de la spécificité de leur stratégie de reproduction. Nous avons rapporté dans le tableau 1.1 (Travade *et al.*, 1985) divers critères de la stratégie de reproduction de quelques espèces (Muus et Dahlström, 1981 ; Gillet, 1985, 1989) :

- période de ponte : à mettre en rapport pour chaque réservoir avec la période des baisses de niveau ;

- fractionnement de la ponte : les espèces fractionnant leur ponte en deux ou trois épisodes étalés sur quelques semaines (ex : brême ou carpe) présentent une probabilité plus forte de réussite d'au moins une partie de la reproduction ;

- profondeur de la ponte : plus la ponte se fait en surface et plus la probabilité de mise à sec est forte ;

- durée de développement des œufs : plus cette durée est importante et plus la probabilité de mise à sec des œufs est forte.

Ce tableau fait apparaître l'existence «d'espèces cibles» tel le brochet caractérisé par une phytophilie importante, une ponte à faible profondeur, une durée de développement des œufs élevée et une période de ponte (février - mars) le rendant sensible à la fois aux marnages d'éclusées et aux marnages saisonniers (période de baisse de niveau).

Par contre des espèces telles que le gardon, la brême, la perche, le sandre, présentent tant par leur plasticité aux supports de ponte que par leur fraie à une certaine profondeur ou par la faible durée d'incubation des œufs une adaptabilité certaine aux marnages. Cette adaptabilité est corroborée par les résultats d'inventaires de peuplement dans diverses retenues.

Effets indirects

Les marnages peuvent également affecter indirectement les populations piscicoles par l'intermédiaire de la chaîne trophique (Balvay, 1985). Les divers maillons peuvent en effet être touchés.

Phytoplancton et périphyton

L'érosion des berges sous l'effet du marnage provoque dans certains cas une augmentation de turbidité entraînant une baisse de l'activité photosynthétique. La répercussion peut se faire sentir jusqu'aux échelons supérieurs par baisse générale de productivité de l'écosystème.

Zooplancton

Sur les retenues du Verdon, l'influence du marnage sur la biomasse zooplanctonique apparaît peu nette et indépendante de la hauteur du marnage (Grégoire, 1982). Cependant, la diversité spécifique apparaît plus faible dans les réservoirs à marnage que dans les lacs naturels de la même région.

Faune benthique

La faune benthique, principale source de nourriture pour de nombreuses espèces de poissons apparaît, qualitativement et quantitativement, fortement influencée par les fluctuations de niveaux.

Qualitativement parlant, la concordance de l'absence de macrophytes et des mises à sec réduit considérablement la diversité spécifique de la macrofaune et plus spécifiquement des invertébrés benthiques. Au vu des diverses études effectuées tant en France : Chastang (Lair *et al.*, non publié), lac Chambon, retenues du Verdon (Grégoire, 1982), qu'à l'étranger (Benson, 1973), il apparaît que la faune benthique des zones marnées présente en règle générale les caractéristiques suivantes :

- absence quasi totale d'Ephéméroptères, Odonates, Coléoptères, Trichoptères, Hirudinés, Amphipodes ;

- forte dominance des Oligochètes et des Chironomides qui présentent des facultés de résistance à l'émersion prolongée (plusieurs mois) par enkystement dans le sédiment. Plusieurs espèces sont ainsi capables de supporter les rythmes de marnage saisonnier, avec mise à sec durant l'hiver et reprise du cycle, lors de la montée des eaux au printemps.

Quantitativement parlant, il est très difficile de savoir quel est l'effet exact du mode de marnage et de son amplitude sur la production totale d'invertébrés benthiques. Le marnage peut en effet agir simultanément sur la densité des invertébrés et sur les surfaces productives. Sur les retenues du Verdon la densité du zoobenthos semble indépendante de l'amplitude du marnage (Grégoire, 1982), par contre les surfaces productives sont énormément variables en fonction de la géométrie de la retenue et de son mode d'exploitation : à Castillon (35 m de marnage) et Ste-Croix (20 m de marnage), retenues fonctionnant en réservoir saisonnier, les surfaces émergées à la fin de l'hiver représentent respectivement 55 et 27 % de la surface totale à niveau normal, par contre, pour la retenue de Gréoux, fonctionnant en réservoir à marnage hebdomadaire ou journalier (1,5 m de marnage) les surfaces découvertes sont négligeables par rapport à la surface du lac.

Au titre de la production totale de la faune benthique, les réservoirs saisonniers à fort marnage s'avèrent *a priori* plus défavorables que les réservoirs à faible marnage fonctionnant en éclusées.

L'impact sur la production piscicole de ces modifications doit être lui aussi considéré qualitativement et quantitativement.

Sur un plan qualitatif, la réduction de la diversité du zoobenthos peut éliminer ou défavoriser certaines espèces à régime alimentaire strict. Langford (1983) rapporte ainsi la disparition de trois espèces de salmonidés après la mise en retenue de la rivière Karraski (U.S.A.) ainsi que dans plusieurs réservoirs de Scandinavie la disparition de la truite consécutive à celle du crustacé *Lepidurus arcticus*. A cet égard, les espèces de poissons consommatrices de zoobenthos présentant une certaine plasticité du régime alimentaire apparaissent plus adaptées à la vie dans les retenues à marnage. C'est en général le cas de la plupart des cyprinidés, mais également dans certains cas (réservoirs du nord de l'Angleterre - Langford, 1983) d'espèces réputées comme exigeantes telles la truite, le vairon ou le goujon. Ainsi, Grimas (1961), rapporté par Balvay (1985) a-t-il observé, sur le Lac Blasjön, une modification du régime alimentaire de la truite fario et de l'omble chevalier après instauration d'un marnage :

avant le marnage, les deux espèces ont un régime à base de gammares, alors qu'après marnage, l'omble devient planctonophage et la truite euryphage avec un large spectre alimentaire.

Sur un plan quantitatif, on peut s'attendre à une baisse de la productivité piscicole des espèces à régime zoobenthique strict dans les retenues où la production benthique est limitée par l'amplitude ou le mode de marnage.

Stratification et qualité d'eau

Les études menées sur les retenues montrent que la dynamique de la structure thermique verticale, traceur des mouvements internes des masses d'eau, est une donnée fondamentale dans l'évolution de la qualité de l'eau, qui elle-même, influence fortement les biocénoses aquatiques.

Dans une retenue, la mise en place d'une stratification thermique résulte, comme dans un lac, des échanges atmosphériques, mais elle est, de plus, influencée par la gestion hydraulique qui induit des apports et des retraits d'eau spécifiques.

Structure thermique verticale et qualité d'eau d'une retenue

Dans nos régions tempérées, la retenue est isotherme en hiver, à une valeur voisine de 4°C. Au printemps, les couches de surface se réchauffent sous l'effet du rayonnement solaire. Le vent fournit l'énergie nécessaire au mélange de cette eau chaude de surface jusqu'à une certaine profondeur. Il y a alors création d'une légère stratification (appelée thermocline transitoire). L'accumulation de ces petites thermoclines donne naissance, vers la fin du printemps, à une thermocline saisonnière, stable en profondeur. En été le réservoir est schématiquement séparé en 3 zones (fig. 1.5) : la couche de surface appelée épilimnion, la zone de fort gradient thermique, thermocline saisonnière ou métalimnion, qui se comporte comme une barrière de densité et les couches profondes ou hypolimnion. À l'automne, le refroidissement des couches superficielles engendre des mouvements convectifs qui érodent la thermocline progressivement, jusqu'à obtenir le mélange hivernal.

Ces phénomènes très marqués dans un lac sont influencés par les phénomènes advectifs dans un réservoir. Les entrées d'eau se positionnent à une cote correspondant à leur couche de densité, entraînant avec elles des masses d'eau avoisinantes. Les soutirages mobilisent une couche horizontale du réservoir dont la hauteur dépend du débit et de la stratification thermique. Les mouvements horizontaux d'entrée et sortie d'eau ont pour effet de modifier la répartition verticale au sein de la masse d'eau.

Dans chaque retenue, l'évolution de la qualité de l'eau et des composantes de l'écosystème dépend très directement de la structure interne des masses d'eau. C'est pourquoi si l'on souhaite appréhender assez finement le fonctionnement d'une retenue, il est tout d'abord nécessaire de s'attacher à décrire son régime thermique. Le modèle EOLE (Salençon, 1994) a été conçu dans cette optique. C'est un modèle hydrodynamique et thermique (modèle unidimen-

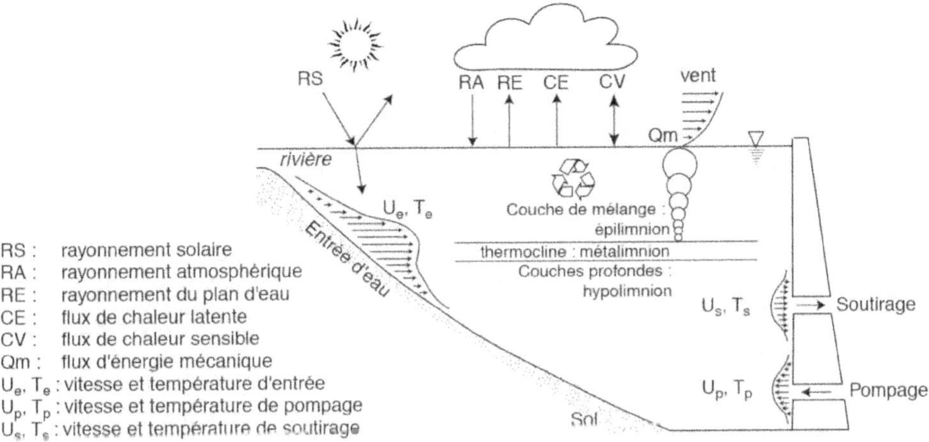

Figure 1.5 : Bilan d'énergie et dynamique interne d'une retenue.

sionnel vertical) qui simule l'évolution de la stratification saisonnière d'un réservoir. Il prend en compte la bathymétrie de la retenue, les échanges d'énergie à l'interface air-eau ainsi que les entrées et sorties d'eau (rivières, pompages, turbinages, débits réservés etc..).

EOLE a été développé sur la retenue de Pareloup (Aveyron), retenue à long temps de séjour (un an) en simulant très correctement son régime thermique pendant 12 années consécutives.

Dans le cas de Pareloup, ce modèle a été utilisé comme structure de base d'un modèle plus complet d'écosystème, nommé Melodia (Salençon, 1994). Ce modèle couple le modèle EOLE et un modèle biologique bi-couche ASTER (deux groupes de phytoplancton, trois groupes de zooplancton, matière détritique, PO_4 et silice).

MELODIA permet de décrire, en fonction des conditions hydrologiques et météorologiques, la répartition verticale des variables physiques, chimiques et biologiques dans la masse d'eau et leur évolution, à l'échelle journalière, pendant plusieurs cycles annuels.

Influence de la gestion hydraulique sur la qualité d'eau

Lorsqu'on dispose de modèles du type de ceux succinctement présentés ci-dessus et qu'une acquisition de données a permis de les caler et de les valider pour un site particulier, il est possible, moyennant certaines précautions, de simuler les effets de différents scénarios de gestion hydraulique ou d'apports nutritifs par le bassin versant amont sur l'écosystème aquatique étudié.

On peut examiner ainsi l'importance du temps de séjour de l'eau dans la retenue, d'un mode de soutirage différent dans l'année, du niveau de soutirage, d'une pollution accrue, d'un traitement des rejets etc..

Les effets pourront être constatés assez simplement sur les paramètres de qualité d'eau comme la température, le taux d'oxygène dissous ou la concentration d'un élément chimique (ex : fig. 1.6).

L'effet du niveau de soutirage est particulièrement sensible sur les concentrations d'oxygène dissous. Plus la prise est profonde, plus l'hypolimnion est réoxygéné tôt à l'automne, ce qui est en liaison directe avec la structure thermique moins stable dans le cas d'une prise de fond. Les phénomènes liés à l'anoxie de l'hypolimnion sont, eux aussi, modifiés, en particulier un écourtement de la période de fortes concentrations en NH_4.

Ces effets sont également ressentis à l'aval immédiat du barrage, où l'eau est d'autant plus oxygénée que la prise est haute.

De façon plus évoluée comme dans le cas de l'étude de l'écosystème aquatique de Pareloup, il pourra être possible de connaître les effets de différents modes de gestion hydraulique ou de différents scénarios de pollution amont sur l'utilisation des nutriments par le phytoplancton et l'occurrence de blooms planctoniques.

Les différents scénarios testés à Pareloup (fig. 1.7) ont montré qu'une modification des apports de nutriments affecte la production totale de biomasse, particulièrement celle du groupe d'algues dont on modifie la limitation nutritive (A). Lorsque la gestion hydraulique est modifiée, la stratification thermique est affectée, ce qui se répercute sur les périodes où les nutriments sont disponibles. C'est alors la compétition entre groupes d'algues qui est affectée, plus que la production totale de biomasse (B).

Influence de la qualité d'eau sur les poissons

La dynamique des poissons dans les retenues est encore mal connue et, de plus, il n'est pas possible de l'intégrer directement dans les modèles de simulation évoqués ci-dessus. De nombreux paramètres de qualité d'eau sont susceptibles d'influer sur la survie et la productivité des diverses espèces de poissons (température, oxygène dissous, pH, teneur en calcium et autres substances dissoutes...).

En général, les deux paramètres température et oxygène dissous caractérisent assez bien la qualité de l'eau en tant qu' «habitat potentiel» dans la mesure où chaque espèce de poisson possède à leur égard des exigences différentes et un préférendum (tout au moins sur le plan thermique) (Stefan, 1995). Sans entrer dans le détail des exigences de chaque espèce lacustre, il semble particulièrement intéressant de considérer celles des populations cyprino-ésocicoles et celles des populations salmonicoles dans la mesure où, dans certains réservoirs, les phénomènes de stratification permettent la coexistence des deux types de populations avec utilisation des couches de surface par les cyprinidés et utilisation du fond par les salmonidés.

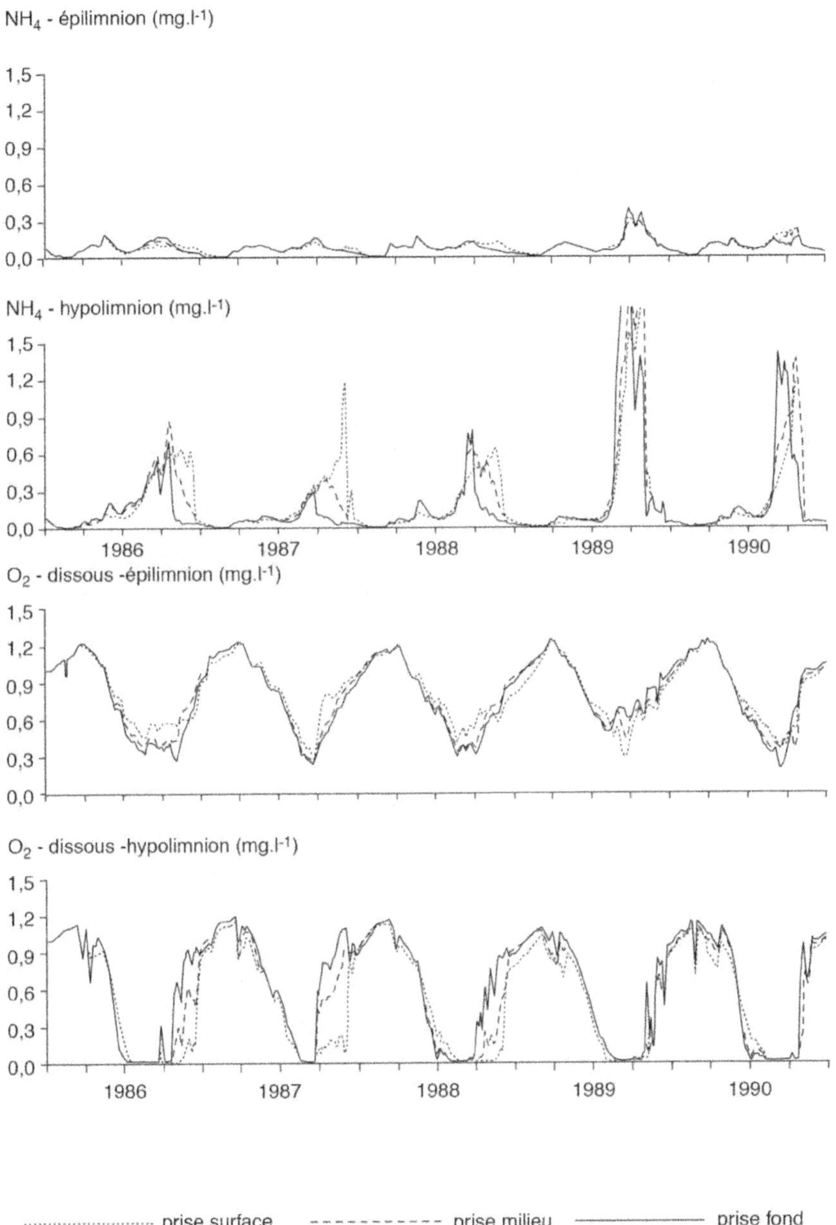

Figure 1.6 : Simulation de trois niveaux de prise d'eau sur la retenue de Rochebut dans le cadre d'un projet de rehaussement (Salençon, 1992).

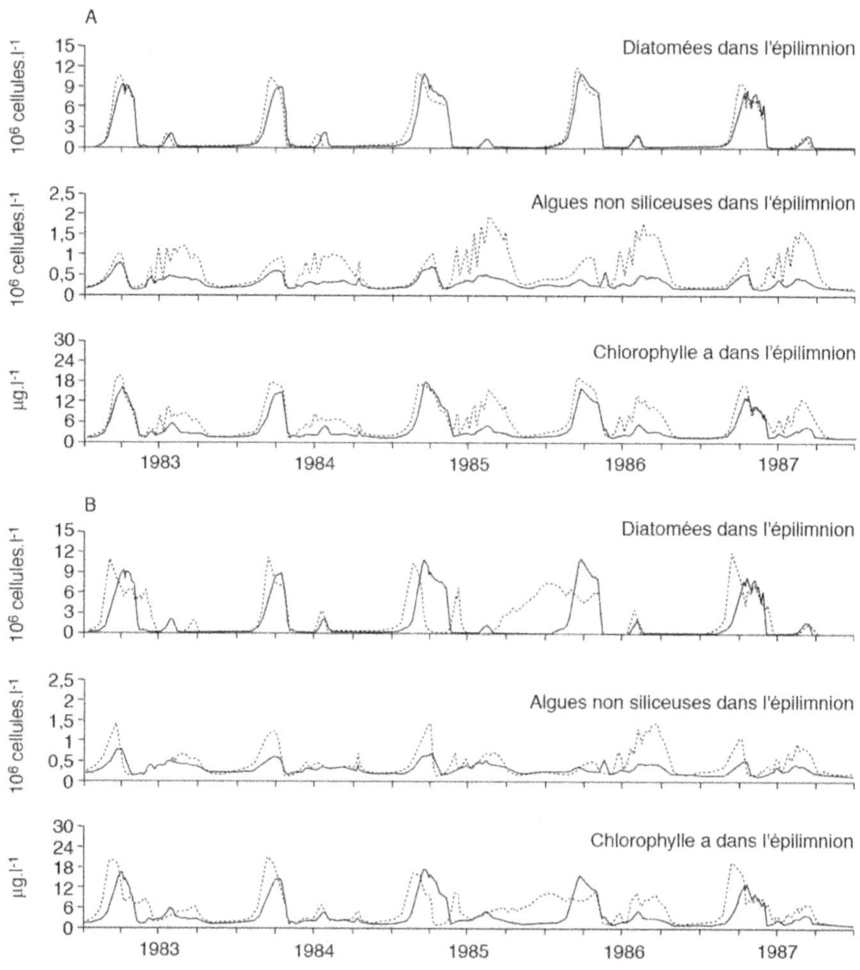

Figure 1.7 : Étude de l'écosystème de la retenue de Pareloup.
A : Influence des apports de nutriments
- évolution avec les apports en nutriments normaux
- évolution avec un doublement des quantités de phosphates apportés par le pompage de Bage

B : Influence d'une modification de la gestion hydraulique
- évolution avec la gestion normale
- évolution avec une gestion plus prononcée du stock hivernal

En fonction des critères proposés par les Directives du Conseil des Communautés Européennes, par le *Federal Pollution Control Administration* (1968) et Nisbet et Verneaux (1970), on peut retenir les valeurs suivantes :

	Milieu salmonicole	Milieu cyprinicole
Température préférée	10-15°C	20-25°C
Température maximale	20°C	28°C
Teneur minimale en oxygène dissous	7 mg/l	4,5 mg/l

En considérant l'effet combiné des deux paramètres, température et oxygène dissous, il est possible, à partir de ces critères, de délimiter au sein d'une masse d'eau, des zones d'habitat piscicole potentiel.

Une application très simple en a été faite pour la retenue de Grangent où l'on dispose de mesures de la qualité de l'eau à différentes profondeurs pendant plusieurs années (fig. 1.8). La représentation est faite en trois classes : absence de poissons, présence de salmonidés, présence d'autres poissons. Elle permet de confirmer qu'à Grangent, pendant les périodes estivales, la forte stratification des eaux associée à une qualité d'eau dégradée (forte eutrophisation) rend les eaux profondes de la retenue impropres à la vie piscicole. De plus, *a priori*, les salmonidés n'y trouveront pas des conditions favorables pour survivre pendant un cycle annuel complet.

Vidanges et chasses

Les vidanges et les chasses sont des opérations d'exploitation qui s'avèrent nécessaires pour maintenir le potentiel énergétique et la sûreté des ouvrages hydroélectriques. Chasses et vidanges constituent des étapes clefs dans la vie d'une retenue.

Les chasses sont des opérations dont l'objectif est d'entraîner à l'aval les matériaux accumulés dans les retenues afin de leur restituer tout ou partie de leurs capacités initiales. Elles ont lieu en période de hautes eaux et leur périodicité est liée à l'occurrence de ces épisodes de hautes eaux. La fréquence est en général annuelle.

Pour les grands barrages, la réglementation française impose, pour la sécurité de l'ouvrage et des populations à l'aval, une visite à périodicité de 10 ans permettant le contrôle des parties normalement immergées de l'ouvrage. Ceci amène à vider totalement la retenue. En pratique, des dérogations sont parfois accordées pour effectuer ces visites avec des moyens sub-aquatiques, ce qui explique que l'on peut avoir des vidanges espacées de 20 ou 30 ans sur certaines retenues.

Lors des vidanges, les populations piscicoles et plus globalement flore et faune sont pratiquement éliminées du plan d'eau. Cette remise à zéro s'accompagne d'une remise à l'air des sédiments qui se minéralisent et d'une redistribution des sédiments. Si l'assec est suffisamment long, la végétation se développe sur les berges

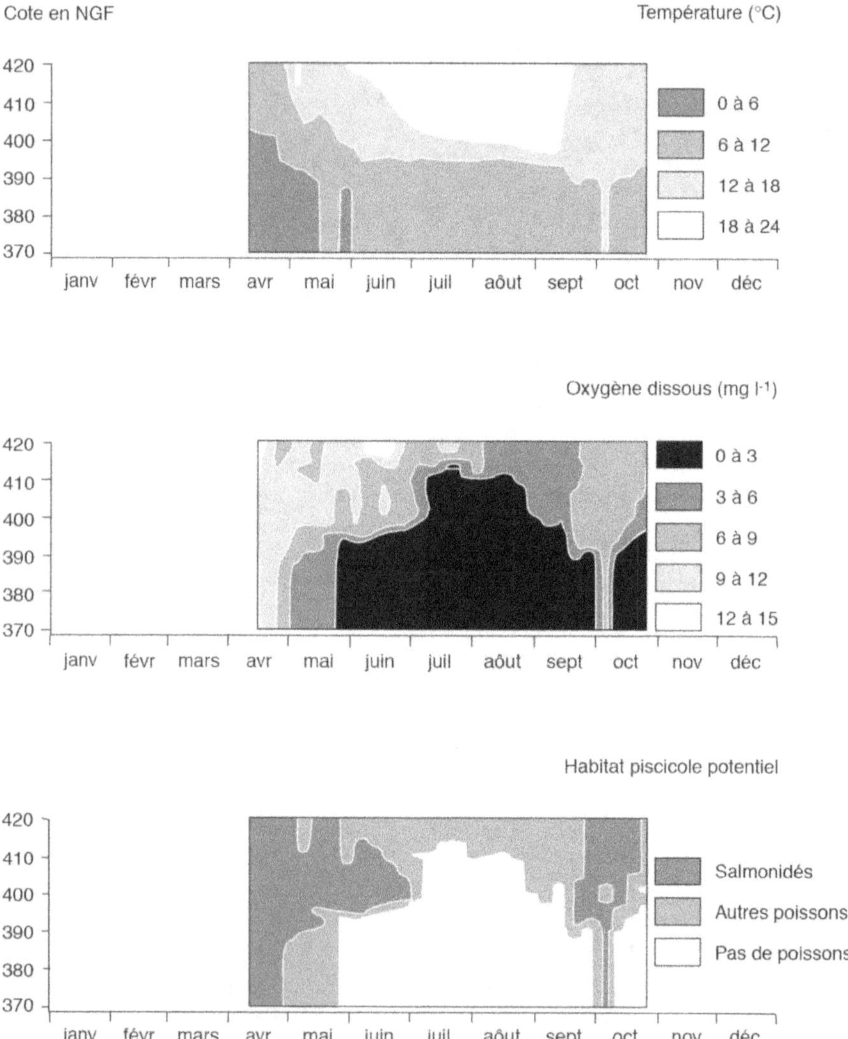

Figure 1.8 : Zones d'habitat potentiel pour les poissons en fonction de la température et de la concentration en oxygène dissous pour l'année 1995.

constituant un facteur favorable lors de la remise en eau. Les années qui suivent la vidange sont donc généralement l'occasion d'un développement rapide de la faune.

En outre, les opérations de vidange peuvent s'accompagner d'une récupération piscicole. Ce type de récupération, bien que mis en place pour éviter la dévalaison des espèces lacustres dans la rivière aval, s'avère être un moyen exceptionnel d'évaluation des populations piscicoles présentes et donc de la gestion piscicole et/ou halieutique de la retenue. Cependant, les populations restant dans les tributaires, dans les plans d'eaux résiduels et les mortalités possibles, difficiles à estimer, induisent des incertitudes dans les évaluations de biomasse. De plus, les dévalaisons massives en fin de vidange (parfois plusieurs tonnes par heure) rendent difficiles le dénombrement spécifique et l'acquisition de données biométriques.

Le tableau 1.2 présente les principales caractéristiques d'habitat et de biomasse sur une vingtaine de retenues où la récupération piscicole a été complète ou a été estimée de façon satisfaisante.

Les biomasses sont ramenées soit à la surface de la retenue à cote normale (densité) soit à une estimation de la surface moyenne du plan d'eau estimée par

Tableau 1.2 : Principales caractéristiques d'habitat et de biomasse relevées lors de vidanges de retenues.

Retenue	Altit (m)	Volume (hm³)	Prof (m)	SurfRN (ha)	SurfMin (ha)	TSéj (j)	Marnage (m)	Biomasse (kg)	Densité (kg/ha)	DensCor (kg/ha)	Rap Carn (%)
Brugale	160	0,64	5,3	23	6	0,5	2,5	4062	177	237	14
Golinhac	310	2,39	9	57	7	1,58	3	6000	105	150	33
Enchanet	432	83	22,6	410	13	81	30	15000	37	55	
Gour Noir	370	4,58	14	37	5	3,7	18	1350	36	52	
Lanau	669	6,7	11,4	158	21	7,3	1,5	4500	28	40	
Nepes	454	1,08	5,4	35	7	1,03	4,5	1600	46	63	23
Pareloup	805	150	12,6	1240	60	582	30	99000	80	118	17
StPeyres84	670	34,1	16,4	210	5	82,7	40	4875	23	35	
StPeyres94	670	34,1	16,4	210	5	82,7	40	7800	37	56	10
L'Age	251	1,38	6,2	38	5	1,75	3	2360	62	88	11
Lavaud Gelade	675	9,5	7,8	302	25	192	2,75	9720	32	47	08
Mt Larron	395	4,3	7,09	67	5	9,1	7	2480	37	54	11
Roche Talamie	378	8,62	5,65	155	4	8,2	9,5	4800	31	46	15
Guerledan	124	40	15,6	320	12	53	3	19900	62	92	16
Vezins	60	12	9,5	200	12	22	5	13100	66	96	
St Ferréol	351	6	9,6	67	4	131	10	13400	200	293	20
Crescent	276	9,2	10,2	138	12	17,5	10,3	8200	59	86	15
Puyvalador	1421	10	9,9	102	4	38	22	3500	34	51	
Roche au Moine	144	2,2	7	60	9	1,6	3,5	8000	133	187	17

2/3 de la surface à RN + 1/3 de la surface à la cote minimale d'exploitation (densité corrigée). Dans les évaluations de densité piscicole en plan d'eau, cette réduction de surface n'est que rarement prise en compte, les biomasses étant toujours ramenées à la surface de la retenue à cote normale. Ce type de correction devrait en sus prendre en compte la surface du plan d'eau en fonction des phases de croissance des populations piscicoles.

Sur 19 récupérations de poissons concernant 18 retenues, la densité moyenne s'établit à environ **70 kg/ha**, mais si on rapporte la biomasse à la surface moyenne, la densité corrigée moyenne passe à près de **100 kg/ha**. Le pourcentage de carnassiers s'établit entre 15 et 30% de la biomasse avec une moyenne de 17 %.

Une analyse en composantes principales (fig. 1.9) regroupant les principales variables de milieu (temps de séjour, altitude, surface, marnage maximal) et les données de biomasse et de densité fait apparaître :

- une covariation assez normale entre la surface, le temps de séjour et la biomasse,

- une covariation entre marnage et profondeur de la retenue,

- une opposition entre la biomasse et la profondeur maximale et le marnage de la retenue sur l'axe 2,

- une opposition entre l'altitude et la densité sur l'axe 3.

L'introduction de la conductivité fait apparaître une relation conductivité - densité très classique. Ces résultats restent cependant à considérer avec précaution compte tenu du faible nombre d'observations. Ils indiquent que les relations bien connues en lacs et étangs restent valides sur les retenues, avec introduction d'une variable supplémentaire profondeur ou marnage, ces deux indicateurs étant très liés.

Globalement les données acquises sur la structure des populations de poissons montrent :

- la prédominance très fréquente de la brème (pouvant représenter jusqu'à 60 % de la biomasse), la bonne représentation d'autres espèces comme gardons, perches et sandres et la faible représentation des brochets,

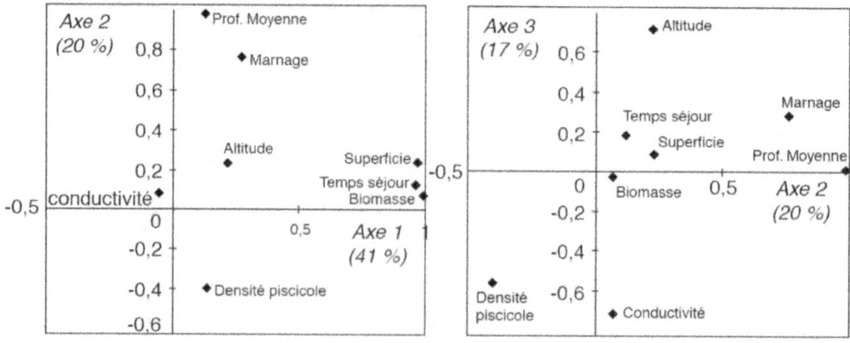

Figure 1.9 : Analyse en composantes principales sur les données de 17 récupérations piscicoles.

- le fréquent déséquilibre des populations avec sur-représentation des classes d'âges élevées et récentes, et sous-représentation des classes d'âge intermédiaires (souvent remarquable pour le sandre et la tanche),

- l'absence totale de certaines classes d'âges,

- une grande variabilité entre les différentes retenues qui peut être liée aux conditions de milieu, aux conditions d'exploitation du plan d'eau, aux ré-empoissonnements successifs depuis la dernière vidange et à la pression de pêche qui s'exerce sur le plan d'eau.

Ces constatations indiquent que malgré une biomasse relativement «satisfaisante», les retenues constituent souvent après 10 ans ou plus sans vidange, des écosystèmes à faible productivité, parce que souvent peu exploités.

Influence de la gestion halieutique et piscicole

Considérations sur la gestion halieutique et piscicole

Si la gestion hydraulique de l'aménagement hydroélectrique constitue un des facteurs clés pour la compréhension de la biomasse présente dans la retenue, l'autre facteur clé est lié à la gestion halieutique du plan d'eau. Comme les populations piscicoles du plan d'eau sont remises pratiquement à zéro après chaque vidange, l'ensemencement initial joue un rôle fondamental. Le choix des espèces réintroduites, ainsi que leur classe d'âge doivent être déterminés au vu de la récupération effectuée et des objectifs halieutiques pour le plan d'eau.

Il est important de souligner que ces objectifs halieutiques ne correspondent pas nécessairement à des critères de biomasse maximale ou de recherche d'un écosystème équilibré. En effet, certaines espèces sont plus recherchées que d'autres et sont souvent réintroduites malgré leur adaptation aléatoire dans les retenues. De plus, la recherche des poissons trophées conduit fréquemment à   préserver lors de la vidange et à réintroduire ensuite, des individus de très grande taille qui demandent des territoires importants et ne sont pas nécessairement des géniteurs très efficaces.

Si on désire éviter la prolifération de certaines espèces, la qualité des alevinages dans le plan d'eau doit être très surveillée afin de ne pas introduire des espèces telle la brème souvent présente dans les alevinages de gardons.

Enfin, le choix des souches à réintroduire est également important, certaines espèces comme le gardon pouvant présenter des souches lithophiles mieux adaptées aux retenues.

Exemple de gestion halieutique et piscicole : la retenue des Saints Peyres

Les deux dernières vidanges des Saints Peyres sur l'Arn (81) en 1984 et 1994 permettent de quantifier l'apport d'une gestion adaptée de l'écosystème (fig. 1.10).

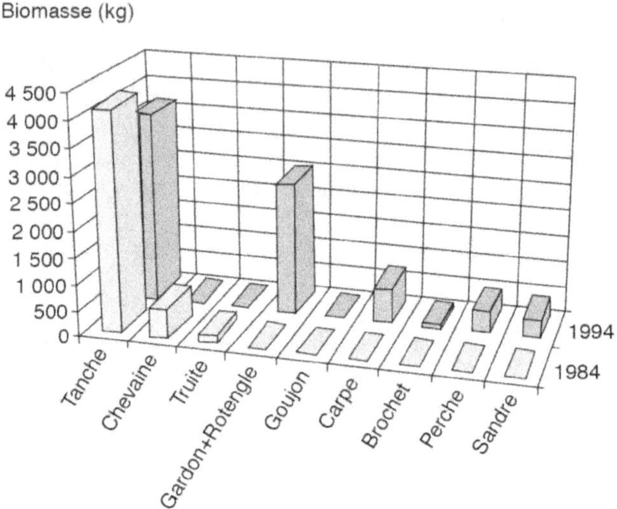

Figure 1.10 : Résultats des récupérations piscicoles effectuées lors des vidanges de 1984 et 1994 sur la retenue des Saintes Peyres (Tarn).

La vidange de 1984 a fait l'objet de travaux ichtyologiques menés par l'EN-SA de Toulouse (A. Belaud). Des pêches aux filets avaient permis d'identifier les trois principales espèces présentes dans la retenue (tanche, chevaine et truite). Lors de la vidange, la récupération piscicole a permis de récupérer 4875 kg de poissons dont 4156 kg de tanches pour une retenue de 210 ha ce qui donne une densité de 23 kg/ha (37 kg/ha en densité corrigée). La structure des peuplements montre que, pour les tanches, beaucoup de sujets ont entre 7 et 14 ans et que les tranches d'âge inférieures sont très peu représentées.

Le plan de réalevinage proposé par l'ENSA suite à cette vidange comprenait 21000 truitelles, 2800 truites, 780 kg de gardons et rotengles, 260 kg de tanches et 1500 brochetons. Il avait comme objectif de permettre une exploitation halieutique de la truite pendant les 3 premières années, temps nécessaire à l'installation d'un peuplement à Cyprinidés dominants plus conforme aux possibilités de la retenue.

La vidange de 1994 a également permis une bonne récupération piscicole globale, mais les espèces présentes dans la retenue étant plus fragiles, la biomasse étant beaucoup plus élevée et l'arrivée des poissons à la pêcherie ayant été massive, le tri des espèces a été rendu très difficile. Les estimations sont donc moins précises qu'en 1984, mais la biomasse totale s'établit à 7800 kg soit une progression de 60 % qu'on peut attribuer au réalevinage initial. Le nombre d'espèces passe de 7 à 12 espèces.

La structure des populations de tanches - prédominance très nette des 9^+ - confirme complètement les observations faites en 1984 à savoir une bonne reproduction la première année après vidange, puis une reproduction très aléatoire ensuite. Pour les perches et sandres, les classes d'âge 5 - 6 ans sont très bien représentées de même que les classes 0^+ et 1^+ pour le sandre.

Sur le site, les pêcheurs se plaignaient de l'absence de truites depuis plusieurs années, mais les prises de brochets semblaient avoir été plus importantes que ne le laissent supposer les faibles quantités récupérées à la vidange.

Vers une gestion piscicole et halieutique concertée

L'amélioration des conditions offertes aux poissons dans les retenues hydroélectriques demande une bonne connaissance des stocks en place et de leur évolution, puis la mise en place d'une politique de gestion piscicole et halieutique concertée qui tire le meilleur parti possible du milieu existant et des possibilités d'adaptation réalisables.

Connaissance des stocks

La connaissance des stocks piscicoles dans les retenues est actuellement faible, que ce soit en tonnage global ou en répartition spécifique. Cela s'explique par :

- un intérêt assez faible des gestionnaires piscicoles, la retenue étant plus souvent appréhendée comme source d'impact pour la rivière aval que comme un écosystème à part entière,

- l'implication limitée des exploitants hydrauliques pour améliorer la connaissance de ces populations, excepté avant les vidanges,

- la difficulté de mise en œuvre des méthodes d'investigation par filets dans les retenues (présence d'arbres morts ou de souches constituant les zones de refuge privilégiées pour de nombreuses espèces),

- la faible précision des méthodes d'échosondage (en voie d'amélioration),

- la connaissance souvent médiocre des ré-empoissonnements successifs (espèces, tonnages) associée à l'introduction d'espèces non désirées soit lors des ré-empoissonnements, soit lors d'introductions sauvages,

- la perte d'informations lors des vidanges : sur une cinquantaine de vidanges avec récupération piscicole, seules une vingtaine d'opérations ont donné lieu à une évaluation précise des stocks et à un rapport détaillé. Pour de nombreuses opérations, l'arrivée massive des poissons en fin de vidange, n'a pas permis de réaliser cette évaluation.

Pourtant, lorsque des méthodes d'investigation sont mises en œuvre comme ce fut le cas lors de la préparation de la vidange de Vassivière en 1995 avec la réalisation de pêches aux filets verticaux, il est possible d'avoir une image du peuplement (fig. 1.11).

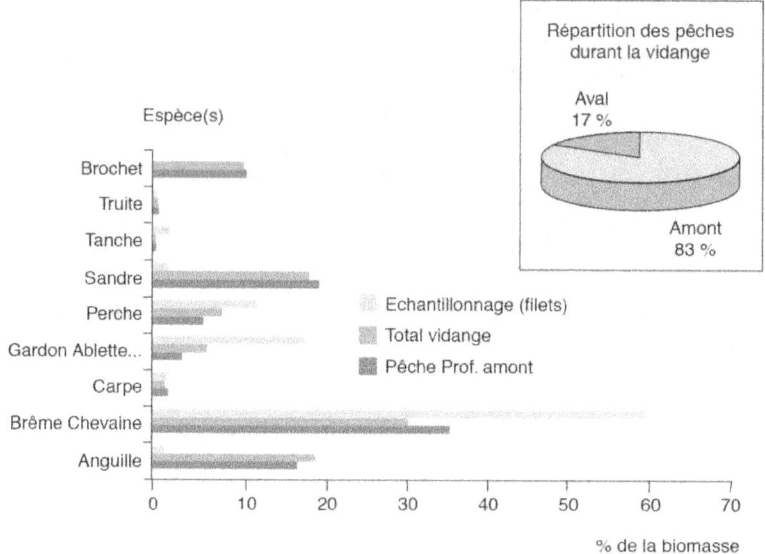

Figure 1.11 : Comparaison des résultats de pêches aux filets verticaux avant la vidange aux captures pendant la vidange pour la retenue de Vassivière (Haute-Vienne).

Aménagement du milieu physique

Les aménagements du milieu physique destinés à compenser ou minimiser les problèmes posés par le marnage ont trait essentiellement aux effets directs sur la reproduction piscicole, les effets indirects sur la chaîne alimentaire (disparition des macrophytes, sélection de la faune benthique...) s'avérant dans l'immédiat difficiles à éliminer.

Aménagement de zones de frayères à niveau fixe

Lorsque la topographie et le régime de marnage s'y prêtent, il est possible d'aménager une à plusieurs petites retenues à niveau fixe à l'aide de digues submersibles. Ces retenues à niveau pratiquement constant jouent le rôle de pépinière pour l'ensemble du plan d'eau.

Accès aux frayères externes à la retenue

Pour les espèces se reproduisant en eau courante telles que les salmonidés (truites de lac ...), l'accès aux affluents est indispensable. Cet accès peut être problématique si les beines présentent une forte pente. Un dispositif de franchissement (passe à poissons) peut alors s'avérer nécessaire. Il conviendra également d'équiper les éventuels obstacles sur le cours d'eau lui-même et de s'assurer de la fonctionnalité des frayères et des aires de grossissement dont le potentiel doit être en rapport avec la taille des populations lacustres.

Frayères artificielles

Il est possible d'utiliser des supports de fraie artificiels pour compenser l'absence de supports de fraie naturels ou la destruction des œufs sous l'effet des marnages. Des études expérimentales ont été conduites au cours de ces dernières années par la Station d'Hydrobiologie Lacustre de Thonon-les-Bains (Gillet, 1989) sur divers dispositifs utilisables en retenues à marnage. Dans leurs principes, ces dispositifs sont constitués de substrats de ponte supportés par des flotteurs et immergés à une certaine profondeur. Des expérimentations grandeur réelle ont été entreprises sur des retenues telles que Vouglans, le Bourget, ou sur le lac Léman. Ces dispositifs s'avèrent fonctionnels pour plusieurs espèces lacustres : brochet, perche, cyprinidés. Des divers types de substrats testés, les substrats naturels (branches d'épicéa) apparaissent préférables aux substrats en plastique.

Toutefois ces frayères artificielles nécessitent obligatoirement une maintenance (mise en place avant chaque saison de ponte, nettoyages fréquents...), et une connaissance des habitudes de fraie de diverses espèces de manière à les localiser de façon optimale. Il est également difficile de connaître le devenir des alevins et le taux de prédation qu'ils peuvent subir. Il s'agit de solutions extrêmes à ne mettre en œuvre que lorsqu'il n'est pas possible d'aménager les rives ou de créer des zones à niveau constant.

Adaptation de la gestion hydraulique

L'adaptation de la gestion hydraulique n'est envisageable que dans des cas très particuliers où elle n'engendre pas de perte énergétique notable ou n'altère pas la sûreté du réseau électrique. Cela implique que cette adaptation ne peut être que très ponctuelle dans le temps, rendant difficile des modifications notables de la faune benthique ou de la flore. De plus, il convient de s'assurer que la retenue n'a pas d'autre vocation environnementale prioritaire comme la démodulation des éclusées d'une usine amont.

Si une adaptation s'avère possible, il pourra s'agir d'assurer une stabilisation (dans la limite des automatismes mis en place) de la cote du plan d'eau durant une période précise, afin de permettre une bonne reproduction de certaines espèces de poissons (fraie du brochet par exemple). A l'inverse, le gestionnaire hydraulique peut défavoriser certaines espèces, non souhaitées dans le plan d'eau, en abaissant la retenue juste après la fraie. Ce type de gestion demande qu'un suivi très fin des périodes de reproduction soit réalisé par les gestionnaires halieutiques.

Par ailleurs il est envisageable, dans certaines retenues, d'exploiter de façon plus régulière l'ensemble de la tranche marnante en hiver, ce qui a un intérêt économique certain, mais peut également avoir un intérêt environnemental :

- en recréant des fonds durs sur les berges,
- en redistribuant les sédiments en queue de retenue,
- en permettant éventuellement le développement d'une végétation rivulaire au printemps, celle-ci étant ensuite noyée par le remplissage de la retenue.

Il a ainsi été observé des fortes concentrations d'alevins au printemps 1996 après la vidange partielle de la retenue de Grangent (Loire).

Enfin les vidanges peuvent permettre de repartir régulièrement sur un éco-système en phase de croissance puis d'optimum au lieu de tendre vers un écosys-tème vieillissant dont la biomasse est certes «satisfaisante» mais dont la produc-tivité est très faible. Les informations sur les populations piscicoles acquises lors de ces opérations doivent également aider considérablement le gestionnaire pis-cicole et halieutique dans ses décisions de réalevinage ou de ré-empoissonnement.

Adaptation de la gestion piscicole et halieutique

Les retenues constituent des milieux lacustres artificialisés tant du point de vue de leurs caractéristiques morphologiques que de leurs caractéristiques hydrauliques. Dans ce contexte, il est très difficile de fixer à ces écosystèmes des objectifs piscicoles et halieutiques identiques à ceux des lacs naturels.

Quels sont les objectifs piscicoles ou halieutiques réalistes pour une retenue donnée ?

Comment fixer ces objectifs compte tenu de la multiplicité des souhaits halieutiques (poissons trophées, espèces particulièrement recherchées) ?

Comment contrôler les déversements effectués (quantité et qualité des alevi-nages, alevinages clandestins d'espèces non désirées) ?

Voici quelques-unes des questions que pose la gestion piscicole d'une retenue hydroélectrique.

Aujourd'hui EDF est de plus en plus sollicitée par les gestionnaires piscicoles, pour participer aux opérations de ré-empoissonnements ou de ré-alevinage et pour acquérir des données sur la productivité de la retenue.

Des actions de partenariat ne pourront s'établir que dans la mesure où les objectifs de la gestion piscicole et halieutique auront été clairement définis. Cette gestion doit prendre en compte la spécificité des retenues et donc les capacités de développement des espèces introduites.

Dans la majorité des retenues par exemple, le sandre se développe beaucoup mieux que le brochet. Dans certaines retenues, sans que la raison en soit très claire une espèce donnée se développe mal.

A titre d'exemple, la retenue de Crescent sur la Cure a été empoissonnée avec 1,2 tonnes de tanches entre 1989 et 1991. A la vidange, seuls 16 kg de tanches ont été récupérées et pratiquement aucune prise n'a été signalée par les pêcheurs. Les observations faites lors des vidanges sont donc l'occasion d'ap-préhender les potentialités de la retenue pour en adapter la gestion future.

Les adaptations de la gestion halieutique peuvent également porter sur les modes de pêches autorisés et l'incitation à la recherche de certaines espèces.

A titre expérimental, il serait sans doute intéressant d'étudier l'apport d'une pêche professionnelle sur les grandes retenues, en fixant au pêcheur des quotas d'espèces, qui, tout en lui permettant d'assurer la capture d'espèces commercialisables, permettrait de :

- réduire dans la retenue les populations d'espèces non désirées comme la brême par exemple,

- éliminer de la retenue les très gros prédateurs, qui ne constituent plus des géniteurs et utilisent des territoires importants notamment lorsque la retenue est à son minimum d'exploitation.

Références bibliographiques

BALVAY G., 1985. Structure et fonctionnement du réseau trophique dans les retenues artificielles. *In :* D. Gerdeaux et R. Billard, *Gestion piscicole des lacs et retenues artificielles.* INRA Editions., Paris, 167-187.

BARDACH J.E., DUSSART B., 1973. Effects of man-made lakes on ecosystems., *In :* W.C. Ackerman, G.F. White and E.B. Worthington eds., *Man-made lakes: their problems and environnemental effects,* Am. Geophys. Union, Washington D.C., 811-817.

BENSON N.G., 1973. Evaluating the effects of discharges rates, water levels, and peaking on fish populations in Missouri River Main Stem Impoundments. *In :* W.C. Ackerman, G.F. White and E.B. Worthington eds., *Man-made lakes: their problems and environnemental effects,* Am. Geophys. Union, Washington D.C., 683-689.

BISWAS A.K., 1975. *In :* BALVAY, 1985. *In : Gestion piscicole des lacs et retenues artificielles.* D. Gerdeaux et R. Billard, INRA Editions, Paris, 39-66.

FEDERAL WATER POLLUTION, 1968. Water quality criteria. *Report of the National Technical Advisory Committee to the Secretary of the Interior.* Washington D.C., 39-65.

GILLET C., 1985. Le déroulement de la fraie des poissons lacustres. *In :* D. GERDEAUX et R. BILLARD : *Gestion piscicole des lacs et retenues artificielles.,* INRA Editions, Paris, 167-187.

GILLET C., 1989. Réalisation de frayères artificielles flottantes pour les poissons lacustres. *Hydroécol. Appl., 1/2,* 145-193.

GREGOIRE A., 1982. Contribution à l'étude hydrobiologique d'une rivière aménagée : le Verdon. Les lacs de barrages et les tronçons de cours d'eau à débit régulé. *Cah. Lab. Hydrobiol. Montereau,* 13, 1-72.

IIGGE (Institut International de Gestion et de Génie de l'Environnement), Agence de Bassin Rhône Méditerranée Corse, 1988. Plans d'eau. De l'autre côté du miroir. *Document Groupe de travail de l'IIGGE d'Aix-les-bains.* Novembre 1988.

LANGFORD, 1983. *Electricity generation and the ecology of natural waters.* Liverpool University Press.

LOWE Mc CONNELL R.H., 1973. Reservoirs in relation to man fisheries. *In :* W.C. Ackerman, G.F. White and E.B. Worthington eds., *Man-made lakes: their problems and environnemental effects,* Am. Geophys. Union, Washington D.C., 641-654

MUUS B.J., DAHLSTROM P. 1981. *Guide des poissons d'eau douce et pêche.* Delachaux et Niestlé, Neuchâtel.

NISBET M., VERNEAUX J., 1970. Composantes chimiques des eaux courantes. Discussion et proposition de classes en tant que bases d'interprétation des analyses chimiques. *Ann. Limnol.,* 6, 161-190.

SALENÇON M.J., 1992. Etude de la qualité de l'eau de la retenue de Rochebut: Impact du rehaussement. *Rapport EDF/HE31/92-28.*

SALENÇON M.J., 1994. Modélisation de l'écosystème du lac de Pareloup avec le modèle EOLE. *Hydroécol. Appl.,* 6 (1-2), 329-368.

STEFAN H.G., HONDZO M., EATON J.G., McCORMICK J., 1995. Validation of a fish habitat model for lakes. *Ecological Modelling,* 82, 211-224.

TRAVADE F., ENDERLE M.J., GRAS R., 1985, Retenues artificielles: gestion *hydraulique et ressources piscicoles. In : Gestion piscicole des lacs et retenues artificielles.* D.Gerdeaux et R.Billard, INRA Editions, Paris, 15-37.

Importance du peuplement piscicole dans la qualité des eaux : les biomanipilations*

Introduction

La qualité des eaux lacustres est normalement stabilisée par un ensemble de rétroactions. Celles-ci incluent, notamment, la rétention des nutriments, la production humique des zones humides, une structure de réseau trophique canalisant fortement le phosphore jusqu'au poisson et des mécanismes biogéochimiques inhibant le recyclage du phosphore contenu dans les sédiments. Dans les lacs dégradés, ces mécanismes de résilience (régulations assurant le maintien du système) ont été relayés par d'autres. Les nouveaux mécanismes régulateurs entretenant la dégradation du système, incluent le ruissellement provenant des aires urbaines et agricoles, la disparition des zones humides, les modifications des réseaux trophiques et de la géochimie lacustre qui peuvent interrompre le transfert du phosphore au niveau des producteurs primaires et conduire ainsi à des accumulations d'algues. Ces proliférations ou efflorescences algales induisent une élévation de la turbidité de l'eau et, par suite, une réduction de la pénétration de la lumière pouvant entraîner la disparition des herbiers si le phénomène persiste ou se produit trop souvent.

En élevant la fertilité des lacs, les activités humaines en ont aussi accéléré l'évolution normale d'un état juvénile «oligotrophe» (c'est-à-dire qui nourrit peu) vers un état mature eutrophe (qui nourrit bien). Les efflorescences algales sont un des symptômes fréquents de cet engraissement. Elles peuvent, cependant, survenir également dans des milieux plus pauvres, à la suite de modifications spontanées du réseau trophique (disparition ou apparition d'espèces clefs) ou découlant d'une gestion inadéquate. Cette accumulation de biomasse dans le compartiment primaire peut aller de pair avec une élévation du pourcentage de catégories phytoplanctoniques indésirables comme les Cyanobactéries (ou Cyanophycées ou algues-bleues, chez lesquelles se recrutent des espèces capables de libérer brusquement des substances toxiques). Mais quelles que soient les espèces phytoplanctoniques impliquées dans ces proliférations, le déséquilibre entre biomasse produite et consommée entraîne, à la mort des cellules, une

*N. ANGELI, L. CRETENOY et D. GERDEAUX

décomposition accrue de matière organique pouvant être à l'origine d'une forte désoxygénation du milieu, d'eaux brunâtres ou encore de dégagements d'odeurs nauséabondes. C'est plus spécialement vis-à-vis de ces paramètres que nous allons examiner en quoi la densité et la structure du peuplement piscicole peuvent soit favoriser une dégradation du milieu (même en lacs de faible degré trophique), soit au contraire permettre (même en milieu très eutrophe) une amélioration de la transparence de l'eau et une réduction du degré trophique.

Afin de comprendre comment le poisson peut intervenir, nous dresserons d'abord un bref récapitulatif du fonctionnement trophique d'un lac. C'est par la position du poisson au sommet du réseau trophique et par les allométries impliquées dans la plupart des processus de transferts se déroulant en milieu pélagique, que le compartiment ichtyaire est en mesure d'affecter directement et indirectement des attributs du réseau trophique (types d'interactions, longueur des chaînes alimentaires, structure en taille du phyto- et du zooplancton, etc.) jouant un rôle significatif dans le fonctionnement des systèmes pélagiques : transferts de carbone (Persson *et al.*, 1988), contrôle des proliférations algales (Mazumder, 1994), production salmonicole (Stockner et Shortreed, 1988), recyclage de l'azote et du phosphore dans les strates productives (Mazumder *et al.*, 1989), ratio N/P des excrétions du zooplancton (Sterner *et al.*, 1992), bioaccumulation de toxiques (Van Der Zander et Rasmussen, 1996), structures et bilans thermiques des lacs (Mazumder *et al.*, 1990), etc.

Nous examinerons, ensuite, quelques-uns des très nombreux exemples d'impact du poisson sur les niveaux trophiques inférieurs et, en particulier, sur les proliférations algales. Les effets spectaculaires qu'une forte variation du stock de poissons fouisseurs et/ou planctivores peut avoir sur la transparence et le degré trophique du milieu ont incité les scientifiques à tenter d'orienter l'impact du poisson pour en faire un outil de restauration et de gestion des lacs. Le concept de «biomanipulation», explicitement formulé par Shapiro, Lamarra et Lynch (1975), a été très largement mis en pratique avec, toutefois, des expériences se limitant le plus souvent au seul contrôle des poissons planctivores. Nous examinerons quelques exemples typés de biomanipulations réussies, puis les problèmes pratiques que pose encore cette bio- ou écotechnologie. Bien que les lacs peu profonds offrent de plus larges possibilités d'application, nous verrons qu'il n'existe pas de recette miracle et que le pêcheur, spécialement en France où il recherche surtout les espèces ichtyophages, peut avoir, lui aussi, un important impact sur l'écosystème lacustre.

Réseau trophique lacustre et rôle des poissons

Fonctionnement du réseau trophique pélagique : régulations et allométries

Un réseau trophique apparaît comme un système hiérarchisé (fig. 2.1).

Au premier niveau, les végétaux (organismes chlorophylliens assurant la production primaire) exploitent les sels nutritifs issus d'apports externes mais aussi de la minéralisation postmortem de la matière vivante et de l'excrétion des organismes hétérotrophes (non photosynthétiques : tels que bactéries, micro- et macrofaune). Dans un plan d'eau, les végétaux sont principalement représentés par le phytoplancton (fraction végétale du plancton et donc non fixée à un substrat), les macrophytes (enracinés pour la plupart et donc nécessairement cantonnés aux hauts-fonds) et le périphyton (inféodé aux surfaces dont celles des macrophytes). En étangs, macrophytes et périphyton peuvent éventuellement dominer la production primaire. En lacs (= plans d'eau assez profonds pour présenter une stratification thermique assez durable) l'essentiel de la production primaire tend à être assuré par le phytoplancton. Cette communauté est représentée par des algues sensu stricto et des Cyanobactéries (procaryotes chlorophylliens). La réflexion de la lumière par les particules étant une fonction inverse de leur taille, les fractions fines du phytoplancton (picophytoplancton < 3 µm ; nanophytoplancton < 20 µm) constituent un plus important facteur de turbidité de l'eau que la fraction grossière ou microphytoplancton (> 20 µm). Ainsi, *à biomasse identique, une communauté phytoplanctonique dominée par des petites espèces n'aura pas le*

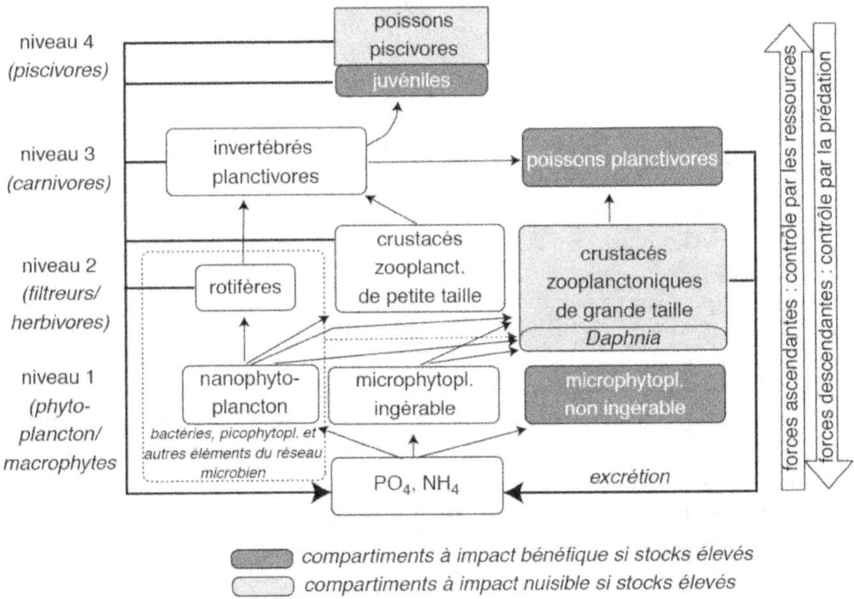

Figure 2.1 : Interactions majeures au sein du réseau trophique pélagique (modifié, d'après Carpenter *et al.*, 1985).

Le réseau microbien n'est que sommairement représenté ici. On remarquera cependant que ses très fins éléments (pico-algues, bactéries) sont (au moins en partie) exploitables par les Daphnies, mais pas par les autres grandes formes zooplanctoniques. En présence de Daphnies, des liens plus forts peuvent ainsi exister entre le réseau «classique» et le réseau «microbien».

même impact sur la qualité de l'eau qu'une communauté dominée par des grandes formes. À l'instar des autres catégories végétales, le phytoplancton dépend, pour ses biosynthèses, du carbone (facteur rarement limitant en milieu aquatique) et d'une vingtaine d'éléments minéraux. Les proportions généralement rapportées pour les algues sont, en atomes, de l'ordre de 106 C : 263 H : 110 O : 16 N : 1 P. La biomasse produite est évidemment déterminée par les éléments nutritifs les moins disponibles par rapport à cette demande et qui, en eau douce, sont généralement dans l'ordre le phosphore, puis l'azote. Un enrichissement du milieu par des sels nutritifs (ou de la matière organique qui finira par se décomposer en libérant du CO_2 et des formes minérales de N et P) a donc pour effet de stimuler la croissance du phytoplancton et des autres communautés végétales. Étant fixées, ces dernières sont, toutefois, très vulnérables à la turbidité de l'eau, à l'envasement ou à la charge organique des sédiments. La capacité de réponse des macrophytes à une élévation d'apports en nutriments est, en outre, extrêmement lente en regard de celle du phytoplancton dont la petite taille va de pair avec des temps de génération très courts (quelques heures à quelques jours, d'où le caractère brutal que peuvent revêtir les nuisances associées aux efflorescences algales).

Au second niveau, les herbivores ou consommateurs primaires constituent un ensemble flou, auquel appartiennent à des degrés variés des éléments de la macro- et de la microfaune benthique, de celle inféodée au périphyton, du zooplancton et des poissons. Dans les lacs européens, à moins d'introduction de poissons filtreurs à branchiospines très serrées, comme certaines Carpes chinoises, le phytoplancton est essentiellement consommé par le zooplancton (ou fraction animale du plancton). Celui-ci est principalement représenté par des protozoaires Ciliés, des Rotifères, des crustacés Cladocères et des crustacés Copépodes (Cyclopides et Calanides). Il s'y ajoute épisodiquement de nombreuses autres catégories d'organismes telles que des larves carnivores d'insectes (*Chaoborus*), des vers pélagiques, des larves véligères de mollusques, etc. Les temps de génération sont de l'ordre de quelques heures à quelques jours chez les Ciliés et Rotifères, de quelques jours à quelques semaines chez les Cladocères et les Copépodes. Le zooplancton présente des régimes alimentaires très diversifiés, allant des étroits spécialistes (cas de Ciliés du genre *Nassula*) aux grands généralistes (cas de certaines Euplotes et Paramécies chez les grands Ciliés ou du genre *Daphnia* chez les crustacés). Au point de vue de l'incidence de ce compartiment sur la transparence de l'eau et la biomasse algale, on peut, en simplifiant, classer les espèces ou leurs stades de développement en deux ensembles flous : les raptoriens et les filtreurs. Le degré d'appartenance à l'un ou l'autre ensemble varie avec l'espèce et/ou le stade de développement. Si une partie seulement des raptoriens bénéficie d'un appareil de filtration (Copépodes, par ex.) tous, par contre, sont capables de saisir les grosses particules une à une, et donc prédisposés à un régime partiellement ou fortement carnivore (cas de Rotifères comme *Asplanchna* ou *Synchaeta*, des plus grands Cladocères comme *Leptodora kindtii* ou *Bytotrephes longimanus*, des stades subadultes et adultes de Copépodes Cyclopides et des plus grandes espèces de Copépodes Calanides). Ces mêmes grandes catégories d'organismes comptent une majorité d'espèces se nourrissant principalement par filtration, en concentrant les particules au sein d'un vortex induit par des membranelles (chez certains Ciliés), des cils (chez une majorité de Ciliés et Rotifères) ou, chez les crustacés, par le battement régulier de pattes densément ornées de soies et sétules (fig. 2.2). Les capacités de filtration, de même que le spectre de taille des particules ingérées, augmentent rapidement avec la taille des organismes (Burns, 1968 ; Gliwicz, 1977) alors que d'autres processus de transfert, comme la respiration ou l'excrétion, sont au contraire des fonctions rapidement décroissantes de cet attribut (Peters, 1983). Les filtreurs cumulant les plus intéressantes potentialités de contrôle direct et indirect de la croissance algale se recrutent ainsi chez les grandes formes et, plus précisément, chez les grandes espèces du genre Daphnia. En effet, celles-ci associent un large spectre alimentaire à une très faible sélectivité, alors que nombre de Ciliés, Rotifères, Copépodes et, dans une moindre mesure, certains Cladocères comme les Bosmines (Demott, 1986), sont au contraire capables de détecter la nature des particules et d'opérer un tri plus ou moins poussé avant ingestion (Pourriot et Champ, 1982). Le genre *Daphnia* se distingue encore des autres taxons crustacéens par son efficacité vis-à-vis du picoplancton (une aptitude qu'il partage avec une partie des Ciliés et des Rotifères, et par laquelle il peut entrer sévèrement en compétition avec eux). *Une association zooplanctonique dominée par de grandes Daphnies consomme ainsi une plage plus étendue de formes et tailles phytoplanctoniques qu'une association dominée par un petit zooplancton et recycle, en outre, plus lentement les nutriments* (l'excrétion étant, nous venons de le voir, une fonction décroissante de la taille corporelle). La proportion des éléments recyclés par l'excrétion animale, et notamment le ratio N : P des excrétas, dépend des catégories d'organismes (Ejsmont-Karabin, 1984). Ce ratio semble ainsi plus élevé chez les Cladocères que chez les Copépodes et les Rotifères. Il paraît, en outre, plus élevé chez les grandes Daphnies que chez les petits Cladocères. D'après Sterner *et al.,* (1992) *une communauté dominée par les grands cladocères pourrait ainsi contrôler indirectement la croissance phytoplanctonique en conduisant à un déficit en phosphore, alors qu'une communauté dominée par les Rotifères, les petits Cladocères et les Copépodes, pourrait au contraire limiter la croissance algale en induisant un déficit en azote (auquel cas, les Cyanobactéries fixatrices d'azote atmosphérique seraient avantagées). Les facteurs influençant la composition et la structure en taille du zooplancton vont ainsi avoir des répercussions sur les propriétés stoéchiométriques de l'eau (ou proportion des éléments). Or, celles-ci conditionnent largement la composition des communautés phytoplanctoniques (Tilman 1982, Tilman et al., 1982).*

Le troisième niveau trophique rassemble les consommateurs secondaires représentés, outre la fraction du zooplancton à dominance carnivore, par les éléments carnivore-détritivores de la macrofaune benthique et des vertébrés (rassemblant principalement les poissons benthophages et/ou planctivores ainsi que les juvéniles de carnassiers. Compte tenu de la plasticité des régimes alimentaires, spécialement chez le poisson, il s'agit, ici encore, d'un ensemble flou auquel les éléments constitutifs ont des degrés d'appartenance distincts et pouvant évoluer au cours du temps.

Le quatrième niveau trophique se compose de consommateurs tertiaires comme les poissons carnassiers, l'avifaune ichtyophage et quelques mammifères

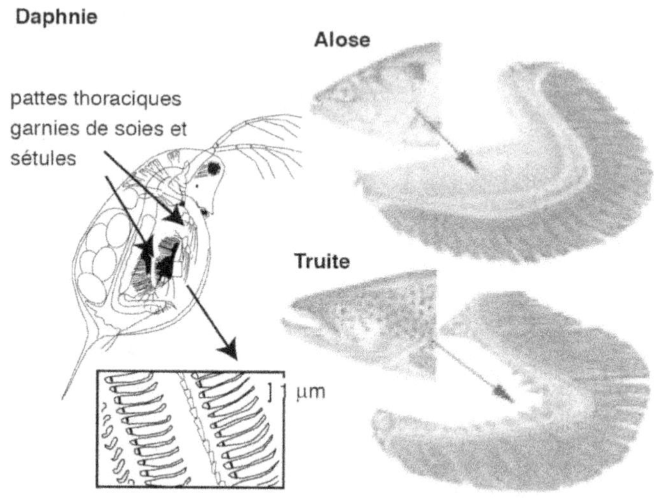

Figure 2.2 : Appareils de filtration d'une Daphnie, d'un poisson planctivore (Alose) et d'un poisson carnivore (Truite). Les crustacés concentrent les particules à l'aide des pattes thoraciques finement ornées de soies et sétules. Le genre *Daphnia* se singularise par de très étroits intervalles entre sétules qui permettent l'exploitation d'une très vaste gamme de particules. Les branchiospines du poisson assurent une fonction analogue. Les poissons à branchiospines développées et très serrées, comme celles des aloses (et plus spécialement d'*Alosa finta*) sont de très efficaces planctivores.

aquatiques. Dans les lacs et réservoirs européens, ces carnassiers sont principalement représentés par le Brochet (se singularisant par le plus large spectre alimentaire et la plus courte phase de planctonophagie), le Sandre, la Perche (qui peut, au contraire, demeurer partiellement planctivore toute sa vie) et l'Anguille (au spectre alimentaire le plus étroit).

Par leurs excrétions, tous les éléments du réseau trophique participent à la régénération du carbone organique (micro- et macrophytes) ou à celle des sels minéraux (micro- et macrofaune). Par la faible taille de ses éléments, la fraction fine du plancton (encore nommée «réseau microbien» ou «boucle microbienne») peut jouer un rôle déterminant dans cette régénération. On inclut généralement dans la boucle microbienne : les bactéries, le picophytoplancton (< 3 µm), les flagellés hétérotrophes, les Ciliés (Capblancq, 1995) voire même le nanophytoplancton et les Rotifères (Stockner et Porter, 1988). Compte tenu de leur faible taille, tous les éléments de cette communauté, y compris les formes non vagiles, ont un infime taux de sédimentation et demeurent donc longtemps dans les strates productives de l'épilimnion (strates supérieures chaudes et brassées). De ce fait, le flux de carbone recyclé par le réseau microbien est immédiatement disponible pour les consommateurs de plus grande taille (alors que les processus hydrodynamiques n'assurent cette redistribution qu'à basse fréquence). Une autre fonction importante du réseau microbien est la séquestration épilimnique de l'azote et du phosphore assurée par les bactéries, du fait de leur taux infime de sédimentation allié à des performances très supérieures aux algues pour exploiter de faibles concentrations de N et P.

Des liens indirects, depuis les éléments de la boucle microbienne vers les niveaux trophiques supérieurs, sont entretenus à la fois par les éléments du microzooplancton et par ceux du macrozooplancton. La présence ou l'absence de catégories zooplanctoniques clefs (*Daphnia* chez les Cladocères ou *Diaptomus* chez les Copépodes) influencent le flux de carbone assuré par cette voie, ainsi que l'intensité du recyclage épilimnique des nutriments. Les grandes Daphnies étant pratiquement les seuls éléments du macrozooplancton à pouvoir exploiter le picoplancton, il s'ensuit qu'indépendamment du degré trophique d'un lac, l'activité du métabolisme microbien est fortement conditionnée par la présence ou l'absence de Cladocères, compte tenu du contrôle qu'ils peuvent exercer sur ces petits éléments. Ce contrôle a des implications pour la production piscicole. Ainsi dans les lacs oligotrophes côtiers de Colombie Britannique, la production salmonicole apparaît fortement subordonnée à la présence des Daphnies. Ces lacs profonds, de même statut trophique, présentent un zooplancton crustacéen dominé soit par les Daphnies (auquel cas la production salmonicole est excellente), soit par les Copépodes (auquel cas la production salmonicole est faible). Ce contraste tient au fait que le broutage peu sélectif des Daphnies et la forte exclusion qu'il peut provoquer au niveau des petits herbivores/détritivores, entretiennent des chaînes alimentaires très courtes [pico- et nannoplancton ⊗ Daphnies ⊗ poisson], autorisant un fort taux de transfert de la production primaire vers les jeunes saumons (Stockner et Shortreed, 1988). Au contraire, quand les grands filtreurs sont essentiellement représentés par des Copépodes et donc, par des formes sélectives et incapables d'exploiter le picoplancton, des chaînes alimentaires plus longues peuvent se développer [pico-plancton ⊗ microflagellés ⊗ Ciliés ⊗ Rotifères ⊗ Copépodes ⊗ poisson]. Le rendement des transferts d'une nourriture à son consommateur étant très inférieur à 1 (de l'ordre de 0,1 à 0,2), l'allongement du nombre de maillons entre le phytoplancton et le poisson se solde ainsi par une forte réduction du flux de carbone parvenant au poisson et, donc, par une bien moindre croissance des éléments situés au sommet de la pyramide trophique (Porter *et al.*, 1988).

L'impact des prédateurs sur la structure et le fonctionnement du réseau trophique découle largement du caractère fortement taille-sélectif de la prédation. Les planctivores invertébrés s'attaquent plus volontiers aux petites espèces composant le zooplancton (< 0.8 mm) (*cf.* la synthèse de Pinel-Alloul, 1995). Quand ces petits planctivores prennent une forte contribution à la pression de prédation, les grandes espèces zooplanctoniques se trouvent favorisées et peuvent se développer. Au contraire des prédateurs invertébrés, les espèces piscicoles indigènes des lacs tempérés ne peuvent guère exploiter le petit zooplancton qu'au tout début de leur ontogenèse. Leur pression de prédation va donc essentiellement peser sur les grandes espèces et, donc, tendre à favoriser le développement des petites (*cf.*, les synthèses de Lazzaro, 1987 ; Northcote 1988 ; Lazzaro et Lacroix, 1995, Lacroix *et al.,* 1996). La structure en taille du zooplancton et, par suite, l'activité métabolique de cette communauté, son taux de régénération du phosphore et de l'azote, de même que sa capacité de broutage du phytoplancton, vont ainsi dépendre de l'intensité et de la nature de la pression de prédation supportée.

Voies ascendantes et descendantes de contrôle (par les ressources et par les prédateurs)

Les relations empiriques établies à partir d'une très vaste gamme de plans d'eau pour les couples de variables phosphore-phytoplancton, phytoplancton-zooplancton, zooplancton-poissons planctivores, montrent que la biomasse moyenne de chaque niveau trophique dépend des stocks du niveau immédiatement inférieur (Schindler, 1978 ; Mc Queen *et al.,* 1986). La productivité des systèmes limniques apparaît ainsi subordonnée au phosphore (ou plus exactement aux nutriments les moins abondants). Il y a ainsi contrôle ascendant du système par les ressources (*bottom-up control*). De fortes différences de productivité sont toutefois relevées entre lacs présentant les mêmes stocks de nutriments. Ainsi, même dans les écosystèmes où le phosphore est le facteur limitant, la charge en phosphore explique quand même moins de 50 % des variations de production (Schindler, 1978). Les nombreuses expériences de manipulations du réseau trophique, suscitées par les observations de Brooks et Dodson (1965) et les stimulants travaux tchèques sur les effets qu'une élévation du stock de poissons peut avoir sur le plancton et le métabolisme global du système (Hrbacek *et al.,* 1961), ont permis de démontrer qu'un contrôle descendant peut également être exercé par les prédateurs (*top-down control* via la prédation) et agir de façon interactive avec celui exercé par les ressources. L'hypothèse d'une cascade descendante de contrôles se transmettant jusqu'au bas du réseau trophique (Carpenter *et al.,* 1985), permet d'expliquer les fortes différences de production relevées entre lacs recevant des apports analogues en nutriments mais présentant des réseaux trophiques différents.

D'une façon simplifiée (fig. 2.3), selon cette hypothèse des «cascades trophiques», une élévation de la biomasse des piscivores induit une chute de la biomasse de planctivores, une élévation de biomasse des herbivores et une diminution de la biomasse phytoplanctonique. Ainsi, les taux spécifiques de croissance à chaque niveau trophique successif montrent des réponses opposées en terme de biomasse produite, la biomasse de chaque niveau donné ne pouvant être maximisée que si la biomasse des prédateurs dans le niveau suivant se situe dans des classes de valeurs intermédiaires (ni très fortes, ni très faibles).

Dans ce qui suit, nous accorderons une attention particulière au contrôle par la prédation dans lequel «l'efficience de taille», avancée comme hypothèse par Brooks et Dodson (1965), joue un rôle central, sous conditions toutefois que les grandes tailles soient majoritairement représentées par des généralistes capables d'exploiter aussi le picoplancton (une communauté qui n'a été progressivement découverte que dans les années 80). Compte tenu de cette restriction, on peut reformuler comme suit les 5 points par lesquels ces auteurs expliquaient à l'époque l'impact d'un allégement de la prédation pesant sur les grandes formes :

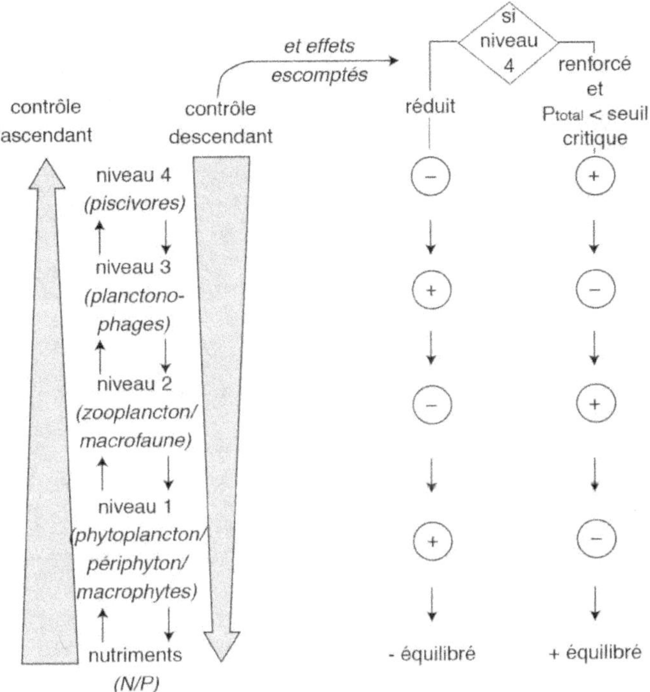

Figure 2.3 : Contrôles interactifs du système lacustre par les ressources et par la prédation, et résultats escomptés à la base du réseau trophique après une forte réduction ou augmentation des piscivores (ou des planctivores). Les forces ascendantes et descendantes ont tendance à s'atténuer fortement au cours de leur propagation (modèle *bottom-up/top-down* de Mc Queen *et al.*, 1988).

- de nombreux herbivores planctoniques (toutes les petites espèces et principalement les Daphnies chez les grandes formes) se trouvent en compétition pour la fraction fine de la matière particulaire des eaux de surface (< 5 µm) ;

- les grandes espèces zooplanctoniques sont des filtreurs plus efficaces (de par leur taille et l'étendue du spectre alimentaire que celle-ci leur confère). Parmi ces grandes formes, si le genre *Daphnia* est sensiblement moins performant que les Copépodes vis-à-vis des grosses particules, en revanche et à la différence des autres crustacés, il peut exploiter le picoplancton et, ainsi, entrer en compétition avec pratiquement tous les herbivores planctoniques ;

- quand la pression de prédation des poissons est faible, les grandes Daphnies peuvent, ainsi, entraîner l'exclusion compétitive des petits herbivores planctoniques ;

- quand la pression de prédation est intense, les grandes formes planctoniques sont éliminées, ce qui permet aux petits herbivores de devenir dominants ;

- quand la pression de prédation se cantonne à un niveau intermédiaire (ni très fort, ni très faible) petites et grandes formes zooplanctoniques sont représentées car la prédation sur les grandes espèces est suffisamment forte pour limiter leur population et permettre ainsi aux petites espèces de se maintenir (moindre exclusion compétitive dans ce cas).

On comprend alors aisément que, si le stock de poissons planctivores diminue, la pression de prédation que ceux-ci exercent sur les grands individus zooplanctoniques chute également. Par conséquent, cette communauté composée en partie de filtreurs, peut devenir abondante et provoquer par broutage une forte mortalité algale. Tant qu'il ne favorise pas le développement d'espèces peu ingérables, un broutage intense permet une amélioration de la qualité de l'eau au sens où on l'a définie en introduction.

Voyons maintenant quelques-uns des multiples exemples de modifications du compartiment ichtyaire, délibérées ou accidentelles, ayant contribué à faire comprendre les effets directs et indirects de l'impact du poisson.

Exemples d'impact des poissons sur les écosystèmes lacustres

Modifications involontaires du peuplement ichtyaire

Sujet à de fortes fluctuations périodiques du stock de planctivores, le lac Mendota (Wisconsin, USA) fournit un exemple assez typé des effets pouvant découler d'un allégement de la prédation sélective exercée par les planctonophages. Vanni *et al.*, (1990) rapportent que ce lac, d'une superficie de 40 km^2 pour une profondeur maximale de 24 m, s'est fortement eutrophisé au cours du XIXe siècle, parallèlement à la déforestation et au développement agricole de son bassin versant. Les proliférations estivales de Cyanobactéries ont commencé à se manifester dès la fin du siècle dernier. Dans ce milieu, les Cladocères sont représentés de longue date par deux Daphnies (une petite et une grande espèce : *Daphnia galeata mendotae* et *D. pulicaria*) alors que les poissons planctivores sont dominés par un corégonide (*Coregonus artedii*) et un percidé (la Perchaude : *Perca flavescens*). En août 1987, une forte anoxie, consécutive à une hausse exceptionnelle de température, a entraîné la mortalité de 85 % du stock de Corégones. Comparant la phénologie saisonnière des années 1987-88 avec celles d'une paire d'années de la décennie précédente où le stock du corégonide s'était également brusquement effondré (1976 à 1978). Vanni *et al.*, (1990) ont démontré que la raréfaction du principal planctivore se répercute fortement l'année suivante sur les dynamiques planctoniques saisonnières, leur chronologie, la nature des espèces dominant le phytoplancton, la force et la durée des proliférations algales, ainsi que le ratio N : P (fig. 2.4).

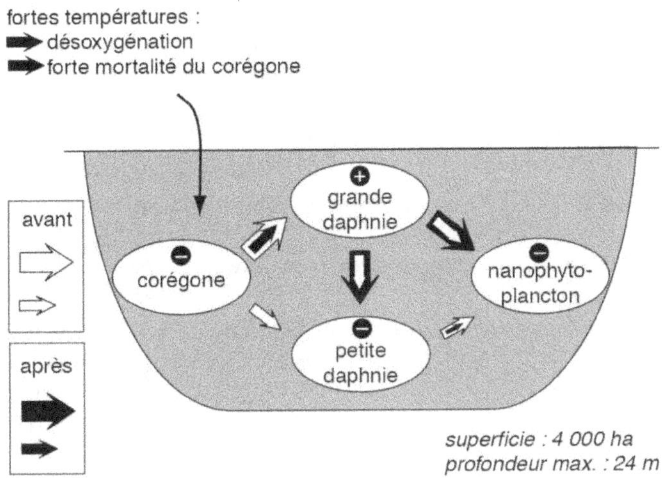

Figure 2.4. : Cascades trophiques observées au lac Mendota (U.S.A.) après une hausse de température suivie d'une forte mortalité du planctivore dominant *(Coregonus ardetii)*.

Les conséquences les plus manifestes d'un fort allégement de la pression de prédation exercée par le corégonide sur les Daphnies ont, en effet, été les suivantes :

- la communauté zooplanctonique n'est plus dominée par la petite espèce de Daphnie mais au contraire par la grande ;

- le développement printanier de la biomasse de Cladocères est plus précoce que les années à stock élevé de Corégone. Ce développement a toujours coïncidé avec la «phase des eaux claires» (typique des lacs meso-eutrophes à eutrophes, et qui traduit une forte élévation de l'intensité du broutage des algues par le zooplancton : Sommer *et al.*, 1986). Toutefois, les années où le Corégone est rare, cette phase de brusque élévation de la transparence est à la fois plus marquée et nettement plus durable. Ce phénomène ne peut être imputé qu'à une accentuation du broutage s'expliquant par le relais de la petite Daphnie par l'espèce de grande taille et non par une réduction de l'apport en nutriments. En effet, les tests biologiques ont montré qu'il y avait, ces années-là, un ratio $N : P$ plus favorable pour le phytoplancton et une moindre limitation de sa croissance par les nutriments ;

- le développement printanier du phytoplancton est ainsi plus faible les années à faible stock de Corégone et dure moins longtemps. Le pic estival de phytoplancton est atténué de façon encore plus spectaculaire, de même que la biomasse estivale de Cyanobactéries ;

- les tests biologiques rendent compte, en outre, d'une plus faible carence estivale des algues en nutriments que durant les années où le corégonide est fortement représenté.

Ce contrôle plus efficace de la croissance phytoplanctonique, quand le stock de Corégone est faible au début de l'année, apparaît ainsi résulter de la conjugaison des potentialités de filtration plus élevées de la grande Daphnie et du caractère plus précoce de son impact. Au total, l'impact de la variation du stock de poissons a pu cascader jusqu'à l'échelon primaire bien que le lac présente une charge élevée en nutriments (de 50 à 100 µg. l^{-1} de phosphore) et soit d'autant plus favorable à la croissance algale que la raréfaction du Corégone s'accompagne d'un rapport N : P plus équilibré.

Cette forte possibilité de réponse du système pélagique à une modification involontaire du réseau trophique limnique a été observée sous des conditions morphométriques et trophiques très diversifiées. Pour les petits plans d'eau peu profonds, nous citerons l'exemple du lac de Créteil. Ce lac oligo-mésotrophe, d'une superficie de 42 ha et de très faible profondeur moyenne (4,5 m), occupe une ancienne sablière dont l'exploitation s'est achevée en 1976. En 1980, d'excellentes conditions thermiques ont permis un recrutement exceptionnel du Sandre (*Lucioperca lucioperca*, encore désigné sous le nom de *Stizostedion lucioperca*). Bien que se classant parmi les carnassiers, cette espèce passe par une phase de planctonophagie particulièrement longue avant de devenir ichtyophage. Lescher-Moutoue *et al.*, (1985), Lacroix *et al.*, (1989) ont montré que l'exceptionnelle abondance des alevins de Sandre, en 1980, a profondément modifié la structure de la communauté zooplanctonique (spécialement celle des Daphnies) avec déplacement des dominances saisonnières habituelles vers de petites espèces. Celles-ci, comme le prédit l'hypothèse d'efficience de taille, se sont avérées globalement peu efficaces pour contrôler la croissance algale et, en particulier, la fraction microplanctonique.

Il est important de souligner qu'en occupant le même niveau trophique que les poissons planctivores, les carnivores invertébrés peuvent également influencer la structure du réseau trophique et la productivité du système. De grandes espèces omnivores et à très large spectre alimentaire, comme *Mysis relicta*, peuvent même avoir un impact analogue à celui du poisson. Avant d'être disséminé par l'homme et de se répandre largement dans le réseau hydrographique aval des lacs où il avait été introduit, ce crustacé malacostracé de quelques centimètres de long avait une aire de répartition limitée à l'extension de la glaciation du Pléistocène (Lasenby *et al.*, 1986). Tenu pour un benthophage inféodé aux eaux profondes (et donc présumé ne pas risquer de se disperser dans le réseau hydrographique), cette relique glaciaire a longtemps figuré parmi les espèces fourrage recommandées pour améliorer les pêcheries des lacs alpins. Sa première introduction en Colombie Britannique, en 1949 (lac Kootenay), avait raté sa cible (le saumon) mais semblait, en revanche, favoriser la croissance des truites de lac. Elle fut ainsi suivie de très nombreuses autres tentatives dans les lacs des Rocheuses, du Bouclier Canadien, puis de Scandinavie. Malheureusement, entre le poisson et cette espèce omnivore, se nourrissant alternativement de zooplancton, benthos, phytoplancton et détritus, les relations se sont avérées beaucoup plus complexes que présumées (Polis et Holt, 1992). Ratant généralement leur but ces introductions ont, en outre, eu des conséquences aussi navrantes qu'inattendues (Lasenby *et al.*, 1986). Pour illustrer le phénomène nous relaterons le cas d'un lac hyperoligotrophe : le lac Tahoë, situé à la frontière de la Californie et du Nevada. Ce grand lac d'altitude, très profond (profondeur max. : 500 m) est alimenté par l'eau de fonte des neiges et, à l'époque des premières introductions de Mysis, au cours des années 1960, présentait encore une transparence exceptionnelle (40 m). La répartition verticale des Mysis étant conditionnée par la lumière et inféodée à des eaux d'une température inférieure à 16-17°C, dans les eaux cristallines et froides du lac Tahoë, ces crustacés ont pu coloniser l'ensemble de la colonne d'eau. Effectuant de très amples migrations verticales journalières entre les sédiments benthiques et l'épilimnion ils ont pu exploiter le benthos durant le jour, le phyto- et le zooplancton durant la nuit (Angeli, obs. originales de 1975) et entrer en compétition avec les poissons planctivores sans, pour autant, subir de lourdes pertes de leur part. Dans ce milieu comme dans bien d'autres lacs profonds, les Mysis ont ainsi pu prospérer. Leur développement au lac Tahoë a entraîné le déplacement de l'aire de répartition du principal prédateur invertébré endémique (le calanide *Epishura nevadensis*), puis de la quasi disparition des Cladocères endémiques : une Daphnie de grande taille (*D. rosea*), qui a été la première à décliner, et une petite Bosmine (*Bosmina longirostris*) (Varnhagen *et al.*, 1988). Se surimposant aux effets de l'urbanisation du bassin versant, la disparition du grand filtreur non sélectif a été suivie d'une augmentation régulière de la production primaire, d'une diminution corollaire de la transparence et du bilan thermique du lac. Actuellement, soit quelques 40 ans après cette introduction, la transparence continue toujours à décroître régulièrement de 0,5 m par an (commun. pers. de Robert Richard, Univ. de Californie).

Les effets directs et indirects de la prédation peuvent être spectaculaires. De par leur complexité ils ont des conséquences difficiles à prévoir et, par la suite, à maîtriser, comme le montrent les exemples suivants de modifications délibérées du peuplement ichtyaire.

Modifications délibérées du compartiment ichtyaire

Brenner *et al.*, (1987) retracent l'histoire du réservoir Wahnbach (Allemagne), construit dans les années 50 pour augmenter la ressource en eau potable de la région de Bonn. Ce milieu artificiel a rapidement fait l'objet d'une introduction massive de Corégones (*Coregonus lavaretus*) : 2 800 alevins sont introduits en 1957, 500 000 en 1958 et 100 000 chaque année de 1963 à 1966. La reproduction naturelle a ensuite pris le relais, sans que la pêche intervienne pour contrôler le stock. Les conséquences les plus nettes du développement de ce planctivore ont été observées en 1984 (fig. 2.5). Elles correspondent aux symptômes d'eutrophisation : augmentation de la biomasse algale, de la teneur en phosphore et diminution de la concentration en oxygène. Les modifications survenues au sein du réseau trophique conduisaient à conclure que la prédation intensive des Corégones sur les Daphnies était responsable du développement massif d'algues planctoniques.

Dans des habitats artificiels comme les réservoirs (berges bétonnées, absence d'une ceinture littorale de végétation offrant des refuges aux espèces proies), la Perche peut également jouer ce rôle d'élément eutrophisant en dépit des mesures «anti-poisson»

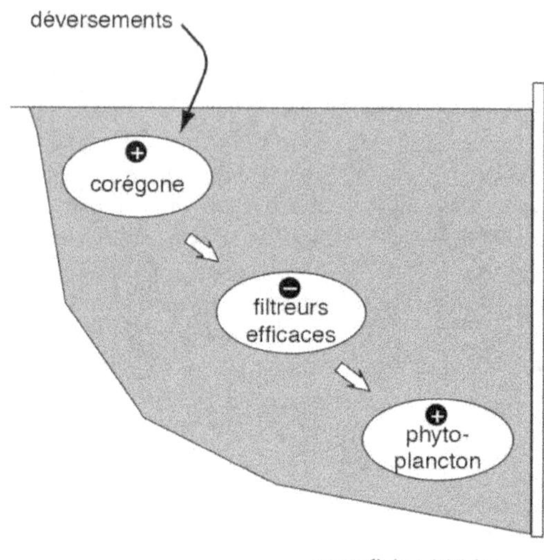

Figure 2.5 : Cascades trophiques observées dans le réservoir Wahnbach (Allemagne) où, après un fort alevinage en planctivores, la reproduction naturelle a pris le relais sans être contrôlée par une pression de pêche.

prises pour faire échec au recrutement : captures massives avec des engins non sélectifs comme la seine et amplification du marnage après la ponte, comme cela est, par exemple, pratiqué dans les réservoirs de la Tamise (Duncan, 1990).

Dans les grands lacs tectoniques, où la spéciation a disposé de millénaires et permis l'émergence d'un nombre considérable d'espèces aux niches écologiques étroites, les modifications du peuplement ichtyaire peuvent revêtir un caractère bien plus inattendu et dramatique. Le plus grand lac tropical du monde, le lac Victoria (69.000 km²) situé en Afrique de l'Est, relève de catastrophes écologiques de cet ordre. Au cours des années 50, un prédateur de grande taille et à large spectre alimentaire, la Perche du Nil (*Lates niloticus*, encore appelée «le capitaine»), y était introduit pour accroître le rendement des pêcheries. La biomasse ichtyaire du lac était alors encore très majoritairement représentée, tant en région littorale que benthique ou pélagique, par plus de 300 espèces endémiques de Cychlidés aux régimes variés (planctivores, herbivores et détritivores) et aux niches écologiques très spécialisées. La Perche du Nil s'est mise à exploiter principalement cette famille dominante de poissons et a vu sa population exploser dans les années 80. Il a alors fallu moins d'une décennie pour que la prolifération de ce prédateur opportuniste entraîne l'éradication de la plus grande partie des espèces de Cychlidés et de quelques 200 espèces également endémiques d'invertébrés benthiques. Ce bouleversement profond et irréversible a rendu l'écosystème très instable. Il s'est, en outre, accompagné d'un développement massif de phytoplancton (Cyanobactéries, en particulier) et de la prolifération d'un détritivore indigène, la crevette *Caridina nilotica*. D'après une analyse fondée sur le régime alimentaire et les paramètres démographiques des espèces ichtyaires et de la crevette (Goldschmidt *et al.*, 1993), ces bouleversements suivis de proliférations de Cyanobactéries sont la résultante des complexes effets directs et indirects de la prédation. Ils impliquent notamment une colonisation par la crevette des niches progressivement libérées par la disparition des Cychlidés dont les éléments planctivores exploitaient principalement pour les uns le microphytoplancton et, pour les autres, cette crevette détritivore.

Les biomanipulations : histoire, principe et exemples

Sur le plan conceptuel, un cloisonnement a longtemps persisté entre la limnologie et les sciences halieutiques. Aussi, bien que l'impact du poisson sur certains paramètres de qualité de l'eau, les herbiers et la macrofaune d'étangs de pisciculture aient été signalés bien avant les années 50 (*cf.*, par exemple, la revue de Northcote, 1988), il a fallu attendre les travaux de planctonologie des années 60 (Hrbacek *et al.*, 1961 ; Brooks et Dodson, 1965) pour que les effets indirects du poisson sur le réseau trophique commencent enfin a être pris en considération par les deux disciplines. Les scientifiques ont ensuite rapidement été tentés d'orienter cet impact pour en faire un outil de réhabilitation ou de gestion des lacs (Shapiro *et al.*, 1975).

Dans les années 1970, la qualité de l'eau commençait à apparaître comme la résultante d'impacts externes (flux d'énergie radiative fournie par le soleil, flux d'énergie auxiliaire fournie par le vent, flux de matières) et de leurs transformations au sein de l'écosystème aquatique par le jeu d'interactions complexes. Benndorf (1995), rappelle que pour améliorer cette qualité, le gestionnaire, ne disposant que de possibilités limitées pour agir sur les impacts externes, n'a guère pu se tourner que vers 2 stratégies :

- réduire le flux externe de nutriments, de substances toxiques, de matières organiques ou de précipitations acides (mesures chimiques, économiques et politiques qui doivent être prises à une échelle excédant largement celle du lac, voire de la région) ;

- et/ou contrôler les processus biologiques internes au système (mesures écologiques relevant d'une politique économique plus locale).

Au niveau des problèmes d'eutrophisation, la réduction des apports en nutriments, et plus spécialement du phosphore, a été appliquée de longue date (Vollenweider, 1968 ; Bernhard, 1978) et largement reconnue comme étant pertinente (SAS, 1989). Elle s'avère toutefois onéreuse et, pour des raisons économiques et/ou technologiques, difficile à appliquer de façon systématique. La seconde stratégie constituant une alternative attractive, car moins onéreuse et guère tributaire de technologies lourdes, a fait l'objet d'un intérêt croissant au cours des années 70 (Gulati *et al.*, 1990) alors que se généralisait et s'accélérait la dégradation des plans d'eau.

Pour les lacs et réservoirs, les principales variables, clef du contrôle écologique ou écotechnologique mis en œuvre (Straskraba, 1979 ; Benndorf, 1988) sont les suivantes :

- taux de phosphore : de la masse d'eau, exporté par les émissaires, séquestré par les sédiments ;

- stratification thermique et profondeur de mélange (conditionnant, sous l'effet du vent, l'importance des injections de nutriments depuis les eaux profondes enrichies par la sédimentation des particules, vers les eaux superficielles chaudes et éclairées mais qui sont rapidement appauvries du fait de leur productivité et de la sédimentation postmortem des organismes) ;

- temps de renouvellement de la masse d'eau ;

- vitesse d'extinction de la lumière dans la colonne d'eau (fonction de la turbidité) ;

- taux de mortalité et taux de sédimentation du phytoplancton (vitesse d'exportation dans les strates sombres où il ne peut poursuivre sa croissance) ;

- taux de croissance et de mortalité du zooplancton ;

- taux de reproduction, de croissance et de mortalité du poisson.

La plupart de ces variables sont utilisées dans les mesures physiques, chimiques et biologiques visant un contrôle ascendant du réseau trophique par la réduction des ressources (lumière et/ou nutriments). Seuls les taux de mortalité (induits par prédation et broutage) offrent la possibilité d'un contrôle descendant (*top-down control*) de la structure des communautés.

Le concept de «manipulation du réseau trophique» ou «biomanipulation», formulé par Shapiro *et al.,* (1975), est progressivement devenu synonyme de *top-down control*. Ces auteurs entendaient pourtant par «biomanipulation» *toutes méthodes (aussi bien ascendante que descendante) par lesquelles la structure biologique de l'écosystème peut être manipulée* ce qui, compte tenu des dérives ultérieures, sera précisé comme incluant *toute manipulation du biotope et des communautés qui facilite certaines interactions permettant d'obtenir ce que nous, usagers, considérons comme bénéfique, à savoir la réduction de la biomasse algale et, en particulier, des algues-bleues* (Shapiro, 1990a).

Le principe de la démarche est simple : modifier l'habitat et/ou le peuplement ichtyaire de telle sorte que la prédation exercée par le poisson ne s'oppose plus au développement d'un zooplancton suffisamment riche en filtreurs aussi efficaces que peu sélectifs (les grandes Daphnies) pour maintenir la biomasse phytoplanctonique à un faible niveau. En dépit des dérives suscitées par l'engouement qu'ont connu les manipulations des communautés de poissons, la finalité d'une biomanipulation demeure le contrôle de la biomasse phytoplanctonique et a pour pivot le maintien de grands crustacés planctoniques (Daphnies, en particulier) précisément vulnérables, de par leur taille, à la prédation sélective exercée par le poisson.

Le schéma des interactions trophiques majeures du système pélagique (fig. 2.6) permet de comprendre comment agir pour tenter de diminuer la biomasse algale. La démarche consiste à :

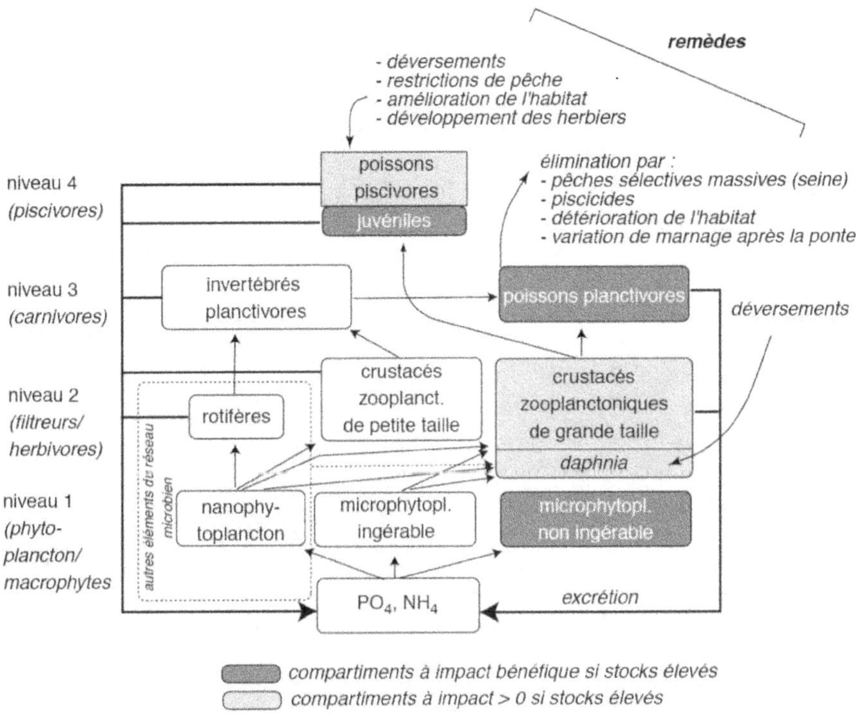

Figure 2.6 : Quelques possibilités d'actions suggérées par l'organisation du réseau trophique telle que résumée par Carpenter *et al.*, 1985 (la boucle microbienne n'a pas été représentée ici).

- réduire le stock de poissons planctivores. Ils seront retirés par pêches intensives avec des engins actifs comme la seine (ne tuant pas le poisson et permettant, après un tri manuel, de rejeter les carnivores dans le milieu) ou, à défaut, par empoisonnement (méthode de moins en moins recommandée) ;

- et/ou renforcer le stock de poissons carnassiers par des déversements et veiller à le maintenir en réduisant la pression de pêche qu'il subit. A ce niveau le choix des espèces à privilégier et/ou à déverser, est déterminant (privilégier celles, comme le Brochet, dont la phase de planctonophagie est très courte) ;

- réduire ou éliminer les poissons fouisseurs (la bioturbation qu'ils exercent induisant un relarguage du phosphore). Une élimination initiale de l'ichtyofaune peut être nécessaire avant un repeuplement à partir d'espèces adaptées et selon des proportions et une structure d'âge adéquate (adaptées au spectre alimentaire des carnassiers représentés, lesquels doivent pouvoir exploiter l'ensemble des espèces et classes d'âge) ;

- améliorer les habitats des espèces clefs, pour maintenir celles-ci à un niveau d'abondance suffisant. Cela revient, notamment, à favoriser le développement des herbiers et/ou celui de la superficie des zones inondables (effets tampon vis-à-vis des nutriments ; surfaces décuplées pour la microfaune inféodée aux substrats ; multiplication des refuges permettant de faire échec à la prédation et au cannibalisme) ;

- rendre les conditions ambiantes spécifiquement défavorables aux espèces indésirables (une fluctuation du niveau des eaux après la reproduction d'espèces déposant leurs œufs en région littorale peut aider à limiter leur reproduction) ; enfin, dans les petits plans d'eau offrant des refuges, ces mesures favorables aux grands filtreurs peuvent être renforcées directement par le déversement de Daphnies issues d'élevage ou de récoltes en étangs. Theiss *et al.*, 1990, rapportent des résultats obtenus sous quelques semaines avec une densité, après déversement, de l'ordre de 0,6 à 1 ind.l^{-1}.

Si le principe des biomanipulations s'impose à l'évidence, en revanche, les résultats de leur application demeurent difficiles à résumer simplement (*cf.* la récente synthèse de Pinel-Alloul *et al.*, 1998). Dans certains cas, les effets induits depuis le poisson sont spectaculaires et parfaitement conformes au concept de biomanipulation (Shapiro *et al.*, 1975) ou de cascades trophiques (Carpenter *et al.*, 1985). Dans d'autres cas, les résultats infirment au contraire ces hypothèses, les réponses des niveaux supérieurs étant significatives à très fortes alors qu'à la base du réseau trophique (phytoplancton, phosphore) elles sont indécelables ou faibles. Cette seconde catégorie de résultats a conduit McQueen *et al.*, (1986) à proposer le modèle *bottom-up/top-down* tenant compte des effets secondaires (négatifs) pouvant accompagner un contrôle ascendant. Ce modèle prédit que la biomasse maximale pouvant être atteinte dans chaque niveau trophique est fixée par la quantité de ressources disponibles (lumière, nutriments et autres formes de nourriture) mais que la biomasse effectivement présente est déterminée par les effets combinés des mécanismes ascendants et descendants (fig. 2.3).

Les expériences conduites en Europe incluent des lacs et réservoirs assez profonds. C'est toutefois pour les plans d'eau de très faible profondeur (moins complexes et offrant de plus larges possibilités d'amélioration de l'habitat) que les exemples sont les plus nombreux, spécialement en Europe du Nord. Pour illustrer la démarche suivie, nous prendrons les exemples typés du lac Zwemlust aux Pays-Bas et celui du lac Mosvatn, en Norvège.

Lac Zwemlust

Situé dans la province d'Utrecht, ce petit plan d'eau de très faible profondeur (superficie : 1,5 ha ; profondeur : 1,5 m) était utilisé comme piscine quand l'enrichissement induit par les eaux d'infiltration d'une rivière a finalement entraîné des nuisances avec, chaque été, d'importants développements de Cyanobactéries (*Microcystis*). Une biomanipulation et un suivi ont ainsi été mis en œuvre (Van

Donk *et al.*, 1990a, 1990b). En mars 1987, le plan d'eau était entièrement vidé et les poissons, essentiellement des Brèmes (*Abramis brama*), capturés au filet et par pêche électrique. Après remise en eau, le repeuplement a été fait avec du Brochet (*Esox lucius*), du Rotengle (*Scardinius erythrophtalmus*) (fig. 2.7) et par déversements de grandes Daphnies (*Daphnia magna* et *D. hyalina*). Des macrophytes étaient, en outre, implantés pour offrir un refuge au zooplancton et faciliter le recrutement ultérieur du Brochet. Bien que planctivore, le Rotengle présente un double avantage sur la Brème : une taille plus modeste (ingestion plus facile pour les prédateurs) et un comportement moins «fouisseur», conduisant à un moindre relarguage du phosphore par le sédiment. Ces mesures complémentaires ont permis de remplacer une association eutrophisante [Brèmes - Rotifères - Cyanobactéries] par une association apte, au contraire, à favoriser une réduction du degré trophique du milieu [Brochets et Rotengles - grand zooplancton - macrophytes].

Durant les trois années de suivi, l'amélioration de la transparence de l'eau a été très nette, en dépit d'instabilités persistantes, en particulier au niveau des carnassiers.

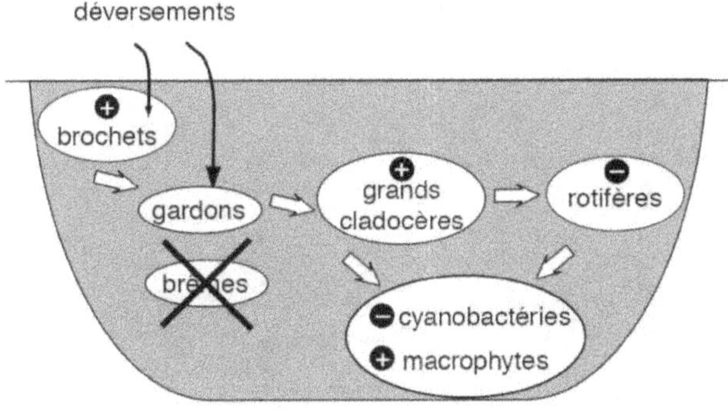

Figure 2.7 : Effets bénéfiques obtenus au Lac Zwemlust (Pays-Bas) après élimination drastique d'un stock élevé de poissons (1000 kg.ha.⁻¹) dominé par la Brème, puis déversements de grandes Daphnies et alevinage par une communauté réduite au Brochet (un prédateur à très large spectre alimentaire) et au Carassin (un planctivore moins fouisseur que la Brème).

Lac Mosvatn

Ce plan d'eau situé dans un parc urbain, couvre une étendue plus importante que le précédent (46 ha) mais présente, comme lui, une profondeur moyenne trop modeste (3,2 m) pour offrir aux grandes espèces planctoniques la possibilité de migrer le jour dans des strates obscures et réduire, ainsi, la prédation visuelle. D'après Sanni et Waervagen (1990) avant manipulation ce milieu était considéré comme eutrophe (avec des concentrations estivales moyennes de 44 μg.l^{-1} de phosphore total, 22 μg.l^{-1} de Chlorophylle a et une transparence moyenne de 1,7 m). La manipulation de ce lac urbain visait à améliorer le potentiel pour la pêche sportive et les sports nautiques. On souhaitait ainsi diminuer le stock de poissons planctivores (moins attractifs pour la pêche) et stimuler le broutage du phytoplancton afin d'éviter les nuisances estivales associées aux massives efflorescences algales. La démarche suivie est résumée sur la figure 2.8. En septembre 1987 tous les poissons (soit un stock moyen de 100 kg.ha^{-1}) ont été empoisonnés à la roténone et rapidement retirés du lac. Deux semaines plus tard le milieu n'était plus toxique pour le poisson. Le repeuplement a porté sur de la truite (*Salmo trutta*) et de la truite arc-en-ciel (*Salmo gardnerii*). Un total de 3000 truites (65 ind.ha^{-1}) a ainsi été déversé d'octobre 1987 à avril 1988.

Au niveau du zooplancton, la manipulation a permis de passer d'une association dominée par les Rotifères à une association dominée par de grands Cladocères. Dans le compartiment primaire, la proportion de micro-algues comestibles s'est élevée et les efflorescences estivales à Cyanobactéries sont devenues plus discrètes.

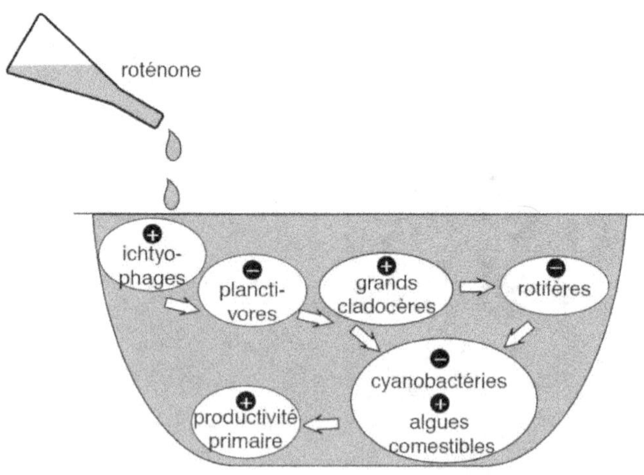

Figure 2.8 : Cascade bénéfique d'effets obtenue au Lac Mosvatn (Norvège) après élimination drastique du cheptel piscicole puis rempoissonnement en truites fario et arc-en-ciel.

La réduction de biomasse algale (de 23 à 7 µg.l^{-1} de Chl.a) s'est accompagnée non seulement d'une élévation de transparence, mais également d'une réduction des concentrations de l'eau en azote total et phosphore total. Dans ce cas de figure, l'effet induit depuis le poisson a bien cascadé jusqu'aux nutriments. Globalement, la manipulation s'est révélée très efficace au cours des 2 années de suivi. Les auteurs signalent toutefois l'apparition d'algues gélatineuses (résistant au broutage par le phytoplancton et donc indirectement favorisées par celui-ci).

Ces effets indirects de la prédation nous amènent à examiner quelques-unes des nombreuses difficultés auxquelles se heurtent les biomanipulations pour faire basculer le système vers l'état souhaité, puis pour l'y maintenir.

Les difficultés

Nous avons vu que les biomanipulations visent l'obtention durable d'une eau limpide et, pour ce faire, doivent favoriser l'entretien d'une mortalité algale élevée et non sélective. Ce sont les grandes espèces de Cladocères du genre Daphnia qui s'avèrent assurer le plus efficacement cette fonction, sauf sous les basses températures (période durant laquelle la biomasse algale pose rarement problème) ou lorsqu'un taux élevé d'azote ammoniacal est associé à un pH >8,5 dans une large fraction de la colonne d'eau, comme cela peut survenir en milieux peu profonds recevant de fortes charges en nutriments ou en matière organique (Angeli, 1980). Pour la persistance des résultats d'une biomanipulation, une première difficulté réside déjà dans le fait qu'à la différence des Copépodes, les Cladocères ayant peu de réserves et des temps de génération plus courts, ne peuvent jeûner très longtemps sans voir leur population s'effondrer brutalement. L'entretien d'une population de Daphnie assez dense pour maintenir durablement la biomasse algale à un faible niveau revêt ainsi un caractère paradoxal, à moins qu'une étendue suffisante d'herbiers ne permette aux Daphnies d'échapper partiellement à la prédation et, en période de disette, de pouvoir y exploiter les particules se détachant du périphyton ou remises en suspension par les mouvements de l'eau.

De fait, pour que la manipulation du réseau trophique ait une chance d'aboutir aux effets escomptés, il faut impérativement que l'impact du poisson se répercute jusqu'à la base du niveau trophique sans trop s'atténuer. *Des liens assez forts doivent ainsi exister entre niveaux trophiques contigus,* ce qui signifie un contrôle peu sélectif à chaque niveau trophique, que ce soit en termes d'espèces ou de taille, faute de quoi on risque d'aboutir à des impasses trophiques. Si le contrôle doit être suffisant, en revanche, il ne doit pas être excessif, ce qui conduirait à l'effondrement des populations proies et à une perte de contrôle dans les niveaux suivants. Enfin, pour que les résultats persistent, ces liens ne doivent pas fluctuer trop fortement dans l'espace et le temps. Or, les lacs tempérés se singularisent par des successions planctoniques saisonnières sur lesquelles se synchronisent les périodes de reproduction des poissons.

En l'état des connaissances, de nombreux problèmes restent encore à résoudre pour qu'une biomanipulation, même étroitement entretenue, permette un contrôle durable de l'eutrophisation, notamment en ce qui concerne :

- le développement d'algues de trop grande taille pour être efficacement consommées par le zooplancton ;

- le maintien à long terme d'un équilibre entre prédation et compétition dans toutes les communautés ;

- le rôle de la mise en charge en nutriments ;

- le rôle des hétérogénéités physico-chimiques du milieu.

Dans ce qui suit, nous examinerons quelques-uns des problèmes les mieux identifiés.

Caractère critique de l'interface phyto-zooplancton

Les bilans dressés par De Melo *et al.*, (1992) ou Reynolds (1994) sur une trentaine de biomanipulations effectuées dans des lacs de profondeur, dimensions et statut trophique diversifiés, rendent compte d'une forte atténuation des effets au cours de leur transfert du zooplancton vers le phytoplancton. Ainsi, pour cette série de données, si la réduction de l'impact des poissons planctivores sur le zooplancton est constatée dans 2/3 des cas, les effets du zooplancton sur le phytoplancton n'ont pu être clairement identifiés que dans 1 cas sur 5. Les difficultés rencontrées pour que l'impact du poisson se transmette au-delà du zooplancton peuvent résulter des facteurs suivants, dont la liste n'est pas exhaustive :

- variations saisonnières de l'importance relative des facteurs ascendants et descendants : facteurs physiques, nutriments et production sont généralement prépondérants au printemps, les facteurs biologiques (tel que broutage ou impact de la voracité des alevins) de l'été à l'automne (Sommer et al., 1986) ;

- absence ou trop faible compétition du phytoplancton avec les macrophytes (un facteur sur lequel on peut plus facilement agir en lacs peu profonds) ;

- insuffisance d'inhibiteurs naturels de la croissance algale, tels que les tannins fournis par les zones humides ou les forêts rivulaires (des systèmes que l'agriculture et l'urbanisation tendent à faire disparaître) ;

- complexité des effets indirects du broutage et de la prédation (dont certains favorisent la croissance algale) et caractère ambigu des relations Daphnies-Cyanobactéries (incluant de surprenants effets à bénéfices réciproques entre l'algue et ses consommateurs) (Gliwicz, 1990) ;

- inhibition de la filtration. Une réduction ou une inhibition de cette activité chez les Daphnies peut découler de causes physiques ou chimiques. Ainsi, bien que leur croissance soit lente, des Cyanobactéries filamenteuses comme les oscillaires peuvent finir par se trouver avantagées à l'issue d'une phase d'intense broutage pesant sur leurs compétiteurs, mais une forte densité de filaments ralentit, et peut même totalement inhiber la filtration des Cladocères. L'ampleur de cette inhibition dépend de la densité (Davidowicz *et al.*, 1988), de la morphologie et de la physiologie des espèces impliquées (Gliwicz, 1990). Les endotoxines excrétées par certaines Cyanobactéries peuvent également affecter la filtration. Il en va de même de micro-polluants comme les herbicides. De très faibles concentrations en lindane peuvent ainsi considérablement réduire l'activité de filtration des Daphnies (Gliwicz et Sieniawska, 1986). Les substances excrétées par les prédateurs suscitent en outre chez leurs proies de nombreuses réponses adaptatives. Concernant la filtration, Gliwicz (1990) relate des expériences (non publiées) de Dawidowicz, mettant en évidence un ralentissement de la consommation d'algues par les Daphnies lorsque celles-ci sont mises en présence d'excrétions de Cyprinidés. Ce ralentissement conduit à une moindre coloration du tractus digestif et, moins repérable, l'herbivore devient aussi moins vulnérable ;

- faible tolérance des Daphnies vis-à-vis du jeûne (cause, nous l'avons déjà vu, d'effondrement des populations) ;

- insuffisance de refuges pour se cacher des prédateurs visuels (herbiers et/ou strates profondes recevant peu de lumière). Des observations comme celles de Timm et Moss (1984) sur de petits plans d'eau montrent combien, même en milieux très eutrophes, de grandes étendues d'herbiers peuvent aider les grands filtreurs à contrebalancer les pertes par prédation et à entretenir ainsi une faible turbidité.

- incidences directes et indirectes du poisson sur l'étendue des niches des espèces proies (*cf.* la synthèse de Lazzaro et Lacroix, 1995).

Variabilité de la force des cohortes de poissons

Pour la persistance des résultats, une importante source de difficultés réside dans la forte variabilité inter-annuelle de la force des cohortes et la transmission de cette variance au travers du réseau trophique. Une hiérarchie de contraintes biotiques et abiotiques pèse en effet sur le recrutement des populations ichtyaires puis sur le degré de survie hivernale des juvéniles, conférant une forte variabilité à l'abondance et à la structure des peuplements ichtyaires. Conditionné par ces paramètres et la longévité de ses éléments, l'impact du poisson fluctue nécessairement au fil du temps. Un fort recrutement ou un fort alevinage en piscivores peuvent ainsi affecter les niveaux trophiques successifs durant plus d'une décennie et expliquer jusqu'à 50 % des variations de la production phytoplanctonique (Carpenter et Kitchell, 1987). Dans ce cas, le principal facteur de contrôle de l'écosystème est la cause des variations de recrutement qui peut relever non seulement de mécanismes densité-dépendants (trop forte compétition, prédation, cannibalisme, sur lesquels le gestionnaire a quelque possibilité d'action) mais aussi de mécanismes densité-indépendants, ni prévisibles ni contrôlables (tempête, absence de synchronisme entre éclosions et poussées planctoniques et qui affecte les premières semaines de vie ; manque ultérieur de nourriture) (Rothschild, 1986), auxquels se surimposent toutes les interactions possibles de ces facteurs dont l'importance respective dépend de l'espèce concernée. Après le début d'une manipulation, Benndorf (1990) estime qu'il faut tabler sur un recul d'au moins 5 années (temps maximal de génération du poisson) pour que les peuplements commencent à se stabiliser. En effet, comme on l'a vu pour le compartiment planctonique (p. 42), les forces descendantes mises en jeu par la manipulation ont des effets indirects susceptibles de renforcer les forces ascendantes. De complexes cascades d'action-réations s'ensuivent, provoquant nécessairement des oscillations du système et requérant du temps pour s'amortir.

Charge en phosphore et rapport carnassiers/planctivores

La perturbation induite par la biomanipulation va devoir être à la fois assez forte et assez soutenue pour parvenir à dominer les nouveaux mécanismes de régulation à l'origine de ce que nous, utilisateurs, considérons comme des nuisances. L'enrichissement d'un plan d'eau s'accompagne en effet d'une évolution physico-chimique et biocénotique conduisant à une augmentation de la productivité, de la biomasse et de sa vitesse de renouvellement. Ces changements quantitatifs de la production et des flux résultent de changements qualitatifs au niveau de la biocénose qui, à chaque progrès de l'eutrophisation tendent à «pousser» le système vers un état plus eutrophe (= plus apte à s'opposer à un retour aux conditions antérieures). Ainsi, une élévation du degré trophique s'accompagne-t-elle généralement d'une élévation du pourcentage de Cyanobactéries (Shapiro, 1990b) et de la pression de prédation pesant sur le zooplancton. L'élévation de la contribution des Cyanobactéries à la biomasse se trouve favorisée par le faible rapport N : P qu'ont les apports d'eau usées, par

Tableau 2.1 : Evolution des macrophytes au cours des modifications biocénotiques et physico-chimiques accompagnant l'eutrophisation des lacs.

Classification selon Lachavanne (1992), pour les lacs suisses		Critères de classification des lacs selon l'OCDE (1982)		
Phases trophiques	Macrophytes	moyennes annuelles P_{total} $(\mu g.l^{-1})$	Biomasse algale (Chlorophylle *a*) $(\mu g.l^{-1})$	Transparence (disque de Secchi)
ultra-oligotrophe	rares	$\leq 4,0$	≤ 1	≥ 6 m
oligotrophe	dominés par les characées	≤ 10	$\leq 2,5$	≥ 3 m
mésotrophe	beaucoup plus diversifiés et dominés par les potamogétons	$\leq 10\text{-}35$	$\leq 2,5\text{-}8$	$\geq 3\text{-}6$ m
eutrophe	surabondants mais aire verticale de répartition restreinte	$\leq 35\text{-}100$	$\leq 8\text{-}25$	$\geq 1,5\text{-}0,7$ m
hyper-eutrophe	disparaissent	≥ 100	≥ 25	$\geq 0,7$ m

la dénitrification plus active que permet l'anoxie des couches profondes, et par les avantages compétitifs qu'une forte turbidité confère à ces organismes requérant moins de lumière que les autres pour leur photosynthèse. Des changements de végétation et de transparence accompagnent l'évolution de l'eutrophisation (cf. tabl. 2.1). La composition du peuplement de poisson est fatalement affectée par cette évolution connexe de la végétation. Ainsi, les lacs présentant une abondante végétation littorale tendent à abriter la Perche, la Tanche (*Tinca tinca* : benthophage) et le Brochet *(Esox lucius* : piscivore efficace mais tributaire d'une végétation assez développée). Dans les milieux plus ouverts et turbides, les poissons sont au contraire bien représentés par des benthophages fouisseurs comme la Brème (*Abramis brama*), la Carpe (*Cyprinus carpio*), des planctivores comme le Gardon (*Rutilus rutilus*) et auront surtout comme ichtyophage le Sandre (*Stizostedion lucioperca*), une espèce qui recherche précisément des strates peu éclairées et dont la biomasse est étroitement corrélée à la charge organique et à la turbidité de l'eau (Barthelmes, 1988). Les effets d'une manipulation du peuplement ichtyaire vont ainsi dépendre en partie des caractéristiques morphométriques (ainsi que de la nature des sédiments dans le cas de lacs peu profonds), des espèces présentes avant la manipulation, de celles que l'on tente ensuite de favoriser, de l'habitat et de la capacité biogénique qu'il offre. Cette capacité dépend d'un ensemble de facteurs incluant l'étendue et la diversité des zones offrant un refuge et des zones de frayères, ainsi que la charge en phosphore. Ces attributs devraient donc logiquement conditionner non seulement le choix des espèces à privilégier mais encore l'intensité de la biomanipulation top-down et la nature des actions synergiques qui peuvent (ou doivent impérativement) l'accompagner. L'incidence du degré trophique sur le succès des biomanipulations demeure néanmoins controversée. Ainsi, les bilans dressés par De Melo *et al.*, (1992) et Reynolds (1994) suggèrent que ce facteur joue un rôle mineur. Cette conclusion s'oppose radicalement aux constatations d'autres auteurs comme Benndorf (1987) ou Elser *et al.*, (1990) ainsi qu'aux attentes découlant des réflexions théoriques de Shapiro *et al.*, (1975), Persson *et al.*, (1988) ou encore au cadre conceptuel développé par Klinge *et al.*, (1995) pour les lacs peu profonds. En causant simultanément le déclin des poissons piscivores et le développement des consommateurs secondaires, l'eutrophisation fait chuter la proportion des piscivores. En conséquence, le contrôle induit depuis les piscivores ne devrait pouvoir être effectif que jusqu'à un certain degré de productivité au-delà duquel il déclinerait. Cette hypothèse, avancée par Persson *et al.*, (1988) sur la base de travaux antérieurs, implique que *les contrôles ascendants et descendants ne peuvent s'équilibrer qu'à l'intérieur de certaines limites de charge en phosphore.* D'après le concept de cascades trophiques, quand la biomasse de piscivores est trop faible pour contrôler celle des planctivores, la biomasse de petits planctivores doit en effet augmenter et risque alors d'induire la cascade d'effets aboutissant à une prolifération algale et à l'accroissement de la turbidité. Klinge *et al.*, (1995) postulent *que cette bascule, survenant très souvent cycliquement dans les lacs peu profonds, doit coïncider avec la perte de contrôle des planctophages par les ichtyophages* (fig. 2.9). Pour évaluer l'ordre de grandeur des quantités de phosphore caractérisant la productivité du lac lorsqu'il atteint ce stade critique, ces auteurs se fondent sur des

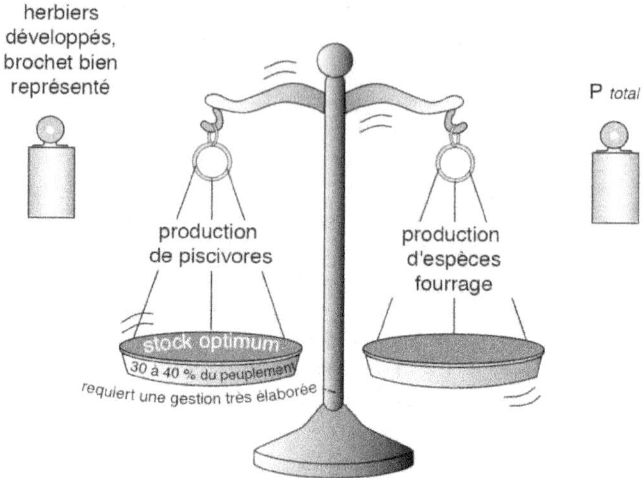

Figure 2.9 : L'équilibre difficile à atteindre (et, plus encore, à maintenir) dans une manipulation top-down. Les résultats escomptés (bonne transparence de l'eau) impliquent un équilibre entre la capacité de prédation des piscivores (qui ne doit pas être saturée bien que leur production soit faible : max. de 8 à 70 kg.ha.an^{-1} selon l'espèce et la capacité biogène du système) et le stock de planctivores (dont la production est plus élevée : jusqu'à 1 000 kg.ha.an^{-1} en milieu hypereutrophe). La disparité des potentialités reproductrices des proies et prédateurs va s'amplifiant avec l'élévation de la charge en phosphore du milieu et fixe ainsi un seuil critique de P au-delà duquel cet équilibre devient impossible.

considérations bioénergétiques tenant compte des relations empiriques définies dans des travaux antérieurs. En effet, la production piscicole, de même que le stock total de poissons, dépendent principalement des facteurs ascendants (tels que morphométrie, météorologie, exposition au vent, charge en nutriments et productivité primaire) et peuvent donc être décrits par les 2 relations empiriques suivantes :

- la production totale de poisson de <15 cm représente souvent 60 à 80 % de la biomasse totale (modèle de Grim et Backx, 1990) ;

- dans les milieux où le phosphore est facteur limitant (majorité des lacs), le stock de poissons dépend de celui du phosphore total (modèle de Hanson et Leggett, 1982).

Sur cette base, les modèles bioénergétiques permettent d'évaluer la biomasse de poisson pouvant être exploitée par un stock donné de piscivores, lequel, nous venons de le voir, est limité à la fois par des facteurs densité-dépendants propres à chaque espèce et par des caractéristiques morphométriques déterminant la nature des espèces présentes.

Klinge *et al.*, (1995) estiment ainsi, que dans le cas d'un peuplement dominé par la Perche (*Perca fluviatilis*), avec une production maximale de l'ordre de

8 kg.ha^{-1}.an^{-1} en lacs peu profonds, conduisant à une consommation maximale de poisson fourrage de l'ordre de 50 kg.ha^{-1}.an^{-1}, ce prédateur ne pourrait contrôler la croissance des planctivores que dans les sites dont la richesse en phosphore est inférieure à 20-40 µg.l^{-1}.

Pour le Sandre (*Stizostedion lucioperca*), dont les possibilités de maintien et de régulation de l'ichtyofaune semblent, d'après Barthelmes (1988), avoir été considérablement surestimées dans les anciens traités de pisciculture, une évaluation semblable situe la concentration critique du milieu en phosphore à un niveau analogue, voire même plus faible, que celui défini pour la Perche.

Pour le Brochet (*Esox lucius*), potentiellement beaucoup plus performant, les critères sont différents, car recrutement larvaire puis intensité du cannibalisme dépendent fortement de la longueur de la ceinture végétale ou, à défaut (dans les grands lacs) de la superficie des terrains inondés de février à mai. Sur la base d'une biomasse maximale de Brochet de 75 kg.ha^{-1} dans les plans d'eau hollandais de petite taille, et de 25 à 35 kg.ha^{-1} dans ceux plus étendus (aux caractéristiques morphométriques forcément moins favorables), Klinge *et al.*, (1995) estiment qu'en présence d'un peuplement mixte comportant du Brochet, le seuil critique de concentration en P total s'élèverait vers 150 à 200 µg.l^{-1} dans les petits plans d'eau et 60 à 100 µg.l^{-1} dans les autres. La présence du Brochet conférerait ainsi une bien plus large tolérance du système vis-à-vis du phosphore.

Pour des lacs et réservoirs plus profonds, Benndorf (1987, 1995) considère que ce seuil devrait être compris entre 0,5 à 2,0 g.Ptotal.m^{-2}.an^{-1}). Dans ce type de milieux, un contrôle efficace des planctonophages requerrait un stock d'ichtyophages représentant 30 à 40 % de la biomasse ichtyaire totale (Benndorf, 1990), ce qui est très élevé. En effet, non seulement le maintien d'un important stock de carnassiers est en opposition avec une pêche sportive principalement ciblée sur les carnivores (comme cela est le cas en France, au contraire des pays de l'Est) mais trouve en outre de sérieuses limites dans les relations stock-recrutement. A moins que le milieu n'offre de nombreux refuges, le cannibalisme augmente en effet rapidement avec la densité des individus et s'oppose à la stabilité des populations de carnassiers. Chez le Sandre, ce facteur est même à l'origine de brusques effondrements périodiques de la population (Barthelmes, 1988). *Ainsi, outre de sérieuses restrictions au niveau de la pêche sportive, les biomanipulations requièrent une stratégie élaborée et de soutien des effectifs (cf.* : Benndorf *et al.,* 1988 Van Densenet Grimm, 1988).

Importance de la nature des espèces carnivores et de leur structure d'âge/taille

Nécessité de favoriser une prédation peu sélective

Pour contrôler durablement les planctivores, le peuplement piscivore doit non seulement être suffisamment abondant, mais également capable d'exploiter l'ensemble des espèces et classes de tailles représentées. Or, l'étendue du spectre de taille des proies ingérables varie considérablement avec l'espèce. Pour les 4 principaux piscivores européens (Perche, Anguille, Sandre et Brochet, atteignant respectivement des tailles de l'ordre de 40, 80, 90 et 100 cm), l'étendue de cette plage est minimale chez l'Anguille, maximale chez le Brochet et, chez des sujets de même taille, plus élevée chez la Perche que chez le Sandre (Benndorf, 1990). Bien que moins limité par son ouverture buccale que l'Anguille, le Sandre ne peut néanmoins ingérer que des proies relativement petites par rapport à sa taille corporelle. Aussi, une forte proportion de Sandre dans le milieu a-t-elle tendance à réduire les espèces allongées, comme le Gardon, et à favoriser le développement d'espèces plus trapues, comme la Brème (*Abramis brama*) (Barthelmes, 1988), ce qui est d'autant moins souhaitable que la Brème a un comportement plus fouisseur, et par suite, plus eutrophisant que le Gardon. Quand l'habitat le permet, le Brochet serait donc fortement préférable au Sandre.

Nécessité de limiter la durée de la phase de planctonophagie des alevins

La composition et la structure d'âge des carnassiers, ainsi que le niveau de ressources, ont une incidence sur ce facteur et sur l'intensité du cannibalisme. Une élévation de la prédation pesant sur le zooplancton tendra à augmenter le cannibalisme et à allonger la phase de planctonophagie. Celle-ci, très brève chez le Brochet (quelques semaines), peut excéder une année chez le Sandre (en cas de nourriture insuffisante). La Perche peut, quant à elle, éventuellement continuer à consommer du zooplancton après avoir atteint la phase de carnivorie.

Problème de la diversité spécifique et du degré d'occupation des niches écologiques

Si cette diversité est trop faible, l'impact des carnassiers risque de ne pas couvrir toutes les niches écologiques. Une diversification du peuplement de carnassiers favorise en outre la stabilisation de ce peuplement. C'est ce que recommande Benndorf (1995), après avoir démontré l'intérêt de cette diversification pour la réhabilitation d'un réservoir hypereutrophe d'Allemagne du Nord (le Bautzen, superficie de 533 ha, profondeur moyenne de 7 m). La stratégie suivie dans ce milieu illustre aussi l'intérêt, lors des rempoissonnements, de veiller à l'adéquation entre taille des sujets déversés et structure en taille des congénères et des proies. Dans le réservoir Bautzen, les problèmes ont accompagné la régression de la population naturelle de Brochet (surpêché) qui a permis aux perchettes de maintenir de forts effectifs au cours de l'été. Pour faire échec au recrutement de la Perche, des restrictions ont été imposées sur la pêche des carnassiers, interdiction a été faite d'utiliser de jeunes poissons comme appâts (seuls les leurres artificiels étaient autorisés) et des alevins de Sandres d'élevage ont été déversés chaque automne plusieurs années durant (densité de l'ordre de 40 à 150 individus.ha^{-1}). La mise en charge a, ensuite, été poursuivie avec des alevins de Brochet et des brochetons plus âgés (déversés en automne) et, quelques années plus tard, avec des Brochets adultes, des Anguilles (*Anguilla anguilla*) et des Silures (*Silurus glanis*), un prédateur à très large ouverture buccale et, donc, à très large spectre alimentaire. Ajustées à l'évolution de la structure d'âge et de taille des carnassiers et des planctivores, ces mesures ont permis une stabilisation de la population de Brochet et un fort accroissement de la population de Sandre (le pourcentage de carnassiers atteignant alors 30 à 45 % de la biomasse piscaire totale).

Structure de peuplement et structure d'âge des planctivores

En biomasse à l'hectare, la valeur optimale du stock de planctivores (comprise entre le minimum nécessaire pour réguler la densité des prédateurs invertébrés et le maximum compatible avec la persistance d'une biomasse suffisante de grands filtreurs) se situerait selon les caractéristiques du système (superficie, profondeur, existence de refuges, charge en phosphore), entre quelques 20 à 50 kg.ha^{-1} (Benndorf *et al.*, 1988 ; Benndorf, 1990) et 370 kg.ha^{-1} (Lammens *et al.*, 1985). Si le stock est un facteur crucial, la structure du peuplement et les habitudes alimentaires des espèces qui le composent ne sont toutefois pas négligeables. Nous avons vu que les formes fuselées sont à privilégier pour éviter qu'une partie du peuplement ne constitue une impasse trophique, alors que les espèces fouisseuses, comme l'Anguille ou les Carpes, sont à évincer, la bioturbation qu'elles provoquent favorisant une élévation de la turbidité de l'eau par remise en suspension des sédiments et relarguage du phosphore (Golterman *et al.*, 1983). Les besoins alimentaires par unité de biomasse sont en outre plus élevés chez les espèces de petite taille et chez les juvéniles en général (Post, 1990). L'évolution temporelle de la structure du peuplement devra donc être d'autant plus attentivement contrôlée que la pression de pêche est forte et que la biomanipulation requise est importante.

Profondeur et superficie du plan d'eau

Ces 2 paramètres conditionnent le degré de difficulté de la biomanipulation du peuplement ichtyaire et l'intérêt des mesures connexes pouvant l'accompagner. Le nombre de celles-ci se réduit avec l'augmentation de la profondeur des sites. Ainsi, pour des profondeurs moyennes supérieures à 4–5 m, devient-il difficile de faire jouer l'antagonisme entre herbiers et phytoplancton, ou de tirer avantage des bénéfiques tandems : herbiers-zooplancton, herbiers-Brochets. Le tableau 2.2 rend compte des résultats escomptés selon la profondeur et la charge en phosphore du site.

Quelques recommandations pratiques

Les suggestions que l'on peut faire découlent des difficultés rencontrées tout d'abord pour obtenir que la manipulation aboutisse aux effets escomptés, ensuite, pour que ces effets perdurent en dépit des fortes fluctuations inter-annuelles de la force des cohortes de poissons, des abondances planctoniques et d'éventuels déphasages dans le déroulement de la phénologie saisonnière au sein des différents compartiments.

Tableau 2.2 : Réponses probables de l'écosystème, en fonction de sa charge en phosphore et sa profondeur, lorsque la biomanipulation a permis de réduire le stock de planctivores (d'après Benndorf, 1995).

Le réseau microbien n'est que sommairement représenté ici. On remarquera cependant que ses très fins éléments (pico-algues, bactéries) sont (au moins en partie) exploitables par les Daphnies, mais pas par les autres grandes formes zooplanctoniques. En présence de Daphnies, des liens plus forts peuvent ainsi exister entre le réseau «classique» et le réseau «microbien».

Profondeur moyenne	Première condition	Seconde condition subordonnée (éventuelle)	Résultats escomptés à la base du réseau trophique :
< 3 - 5 m	Si superficie importante et forte exposition au vent et à la remise en suspension des sédiments	------------▶	❏ Pas de déveoppement des macrophytes ; ❏ Faible transparence de l'eau due aux détritus et au phytoplancton
	Si au contraire faible superficie et/ou site peu éventé (ex. lac Zwemlust cité en 3eme partie).	------------▶	◆ Dominance des macrophytes ; ◆ Faible biomasse phytoplanctonique ; ◆ **Forte transparence de l'eau**
> 3 - 5 m	Si charge en phosphore > 0,5 - 2,0 g. m^{-2}. an^{-1}	Si la lumière maintenue limitante pour le phytoplancton (herbiers développés ou circulation artificielle de la masse d'eau [1])	◆ Faible concentration en phytoplancton et détritus ; ◆ **Forte transparence de l'eau**
		Si lumière modérément limitante (ex. forte stratification -> faible profondeur de circulation verticale de la masse d'eau)	❏ Pas de réduction de biomasse phytoplanctonique ; ❏ Dérive de la composition phytoplanctonique vers les grandes formes non ingérables ; ◆ **Transparence sensiblement améliorée** en moyenne : les phases de fortes transparences étant de courte durée.
	Si charge en phosphore < 0,5 - 2,0 g. m^{-2}. an^{-1}	------------▶	◆ **Réduction de la charge interne en phosphore ;** ❏ mais phytoplancton remplacé par des formes peu ingérables ; ◆ autorisant toutefois une **forte transparence de l'eau**

1 - On simule alors, en les amplifiant, les effets du vent. Entraîné par les cellules de convection, le phytoplancton transite périodiquement à la base de la strate mélangée. La quantité moyenne de lumière qu'il reçoit est ainsi d'autant plus faible que la profondeur de circulation verticale est importante

Où cette biotechnologie aura-t-elle une espérance raisonnable d'aboutir ?

Cas des lacs profonds

Nous avons vu, avec l'exemple du lac Victoria, que même dans des systèmes immenses, le poisson peut avoir un énorme impact structurel et fonctionnel. Le problème pour le gestionnaire est de parvenir à piloter cet impact d'autant plus délicat à orienter que le milieu est vaste ou profond. D'une part, en effet, dans les lacs étendus et/ou profonds (et, donc, offrant des conditions plus hétérogènes) les liens forts sur lesquels se fondent les biomanipulations vont se relâcher (l'hétérogénéité favorisant des interactions plus nombreuses et, donc, plus faibles). Les lacs profonds et/ou de grande taille, offrent, en outre, beaucoup moins de possibilités d'amélioration de l'habitat, d'élimination sélective de l'ichtyofaune ou de contrôles bénéfiques annexes par la médiation des antagonismes et synergies entretenus entre les herbiers et les différents niveaux trophiques.

S'il existe quelques exemples de biomanipulations couronnées de succès dans des lacs étendus ou des réservoirs profonds, il est néanmoins difficile de considérer de tels sites comme de bons candidats à l'application de cette écotechnologie (mesures connexes d'aménagement plus limitantes, entretien plus onéreux de la biomanipulation). Cela ne signifie pas pour autant que la gestion piscicole ne soit pas importante dans ces milieux, bien au contraire, puisqu'une maladresse y aura des conséquences plus durables, plus difficiles et plus onéreuses à réparer que dans un petit plan d'eau. Pour atteindre et maintenir son but, la biomanipulation doit dominer les processus ascendants de contrôle. Or, nous avons vu qu'au-delà de seuils critiques en phosphore (plus faibles en grands qu'en petits lacs) une réduction des planctivores sera sans effets bénéfiques sur la qualité de l'eau. Aussi, quand un lac de grande taille présente des symptômes d'eutrophisation, faut-il d'abord agir sur les apports et sur la capacité d'accueil du milieu (tenter de réduire les épandages d'engrais et pesticides dans les zones sensibles, rétablir, si elles ont disparu, les anciennes connexions avec des zones humides, veiller à protéger celles-ci ainsi que les forêts rivulaires, favoriser le développement de la ceinture de végétation, spécialement au niveau de l'arrivée des tributaires).

Cas des lacs très petits et/ou peu profonds (< 4-5m)

Les sites de tailles modestes ou de faible profondeur, permettent la mise en œuvre d'un plus large éventail d'actions connexes et présentent, par suite, une plus grande probabilité de succès. Un plus fort rapport entre superficies littorales et pélagiques, permet notamment aux tandems herbiers-Brochet, herbiers-Daphnies, d'exercer leurs fonctions sur un territoire plus étendu (ce qui conduit, nous l'avons vu, à de très fortes tolérances vis-à-vis de la charge initiale en phosphore). Les candidats que l'on peut désigner comme les plus indiqués pour une biomanipulation, seraient donc les lacs de très faible profondeur moyenne (n'excédant pas 4 à 5 m), de petite taille (pas plus de quelques ha, d'après Reynolds, 1994) et à très faible temps de renouvellement. Reynolds, qui adopte de loin la position la plus pessimiste sur les biomanipulations, souligne l'intérêt d'un temps de renouvellement inférieur ou égal à 30 jours ce qui, compte tenu de la lenteur de développement des Cyanobactéries en facilite le contrôle.

Intensité de la manipulation et mesures connexes

Les cascades trophiques ayant tendance à s'atténuer au cours de leur propagation vers les niveaux inférieurs, une manipulation top-down du système doit être très forte pour aboutir au résultat escompté. Concrètement, cela veut dire que dans le cas des milieux les plus fortement perturbés, il pourra être nécessaire de commencer par éliminer sélectivement les associations en place (pêches à la seine ou, en dernier recours, empoisonnement du cheptel). L'intensité de la manipulation va, en effet, devoir être adaptée à la force des processus auxquels on tente de s'opposer et qui, nous l'avons vu, risquent d'être d'autant plus puissants que la charge en phosphore est élevée et/ou le stock ichtyaire important. L'effort consenti doit donc, au besoin, s'accompagner de mesures complémentaires favorisant une diversification de l'habitat (le tandem macrophytes/brochet s'avère ainsi un précieux auxiliaire du gestionnaire dans les lacs peu profonds, même semble-t-il quand ceux-ci ont très largement dépassé le stade eutrophe) et/ou la réduction des apports (mesures à prendre au niveau du bassin versant ou des sédiments : dragage des vases ou chaulage peuvent s'avérer utiles bien que d'application limitée à de petits plans d'eau).

Durée de l'effort consenti

Compte tenu de la complexité des processus de régulation impliqués dans le fonctionnement des écosystèmes, il est bien évidemment inutile de repeupler si l'on entend se borner à laisser ensuite agir la nature. Pour avoir des effets durables, la biomanipulation doit s'inscrire dans le cadre plus large d'une gestion soutenue. Plus la manipulation devra être intense et plus élaborée et contraignante risque de devoir être la gestion piscicole. Cela signifie aussi que les usagers devront être suffisamment motivés par la réhabilitation de «leur» lac pour être prêts à accepter les contraintes qui s'imposent (protection des herbiers, extension éventuelle des zones d'inondation, limitation de la pêche).

Choix des espèces à réintroduire et/ou favoriser

Ce choix sera conditionné par les caractéristiques morphométriques, thermiques et trophiques du site, le développement de sa végétation et, nous l'avons vu, devra tenir compte à la fois de la structure en taille et d'âge du peuplement en place et des caractéristiques et exigences des espèces à favoriser ou à introduire. Après réduction éventuelle du stock de planctivores et d'espèces fouisseuses, lorsque l'habitat le permet (existence de phases, même courtes, de faible turbidité, ceinture de végétation émergée et immergée bien développée ou inondation des prairies avoisinantes durant la période de février à mai), il semble préférable d'empoissonner en Brochet plutôt qu'en Sandre, pour lequel l'alevinage a, en outre, une médiocre probabilité d'être rentable quand l'espèce est déjà implantée (problème de cannibalisme et de structure d'âge de la population). L'Anguille est à éviter pour d'autres raisons : bioturbation et spectre alimentaire trop limité. Les salmonidés présentent de bonnes propriétés et seront intéressants dans les lacs ne présentant pas de forte désoxygénation hypolimnique.

Pour permettre la consommation d'un plus large spectre de taille d'espèces fourrage, certains auteurs, tels que Hambright *et al.,* (1991), n'hésitent pas à suggérer l'utilisation d'ichtyophages exotiques à très large ouverture buccale. Une mise en garde s'avère néanmoins nécessaire compte tenu des énormes risques que présentent cette pratique. En effet, il est impossible de préjuger de la façon dont l'espèce introduite modifiera son comportement (alimentaire, spatial, circadien) dans un environnement totalement étranger pour elle, et quel sera finalement son impact sur le réseau trophique, l'habitat et/ou le milieu. L'introduction au lac Victoria d'un super-prédateur, donne une idée des profondes modifications pouvant survenir quand une espèce opportuniste se met progressivement à occuper toutes les niches écologiques et à modifier les relations de compétition entre les espèces proies.

Les espèces carnivores introduites ayant été soigneusement choisies, une deuxième étape primordiale consiste à les maintenir en densité suffisante. Puisque l'on ne peut agir sur les mécanismes stock - recrutement, la stabilisation du stock de carnassiers va devoir reposer sur un contrôle de la pression de pêche. Celle-ci doit être assez légère pour ne pas réduire le stock en dessous du seuil critique (~ 30 à 40 % du peuplement), sans toutefois être nulle, ce qui favoriserait le cannibalisme. Le suivi des stocks prend évidemment ici une dimension particulière.

Au niveau des planctivores, la gestion est encore plus délicate. D'une part, en effet, à de rares exceptions près, comme le Corégone, ce n'est pas sur ces espèces que va peser le plus fortement la pression de pêche. D'autre part, le succès de la reproduction est largement subordonné à des facteurs aléatoires. Les possibilités d'action vont donc surtout reposer :

- sur le choix des espèces (salmonidés, corégonidés à préférer au Gardon dans les lacs profonds suffisamment oxygénés, et dans la négative, Gardon, Ablette à préférer aux espèces benthophages ;

- et, lorsque la taille et les caractéristiques morphométriques du milieu le permettent sur une réduction du stock par des pêches massives sélectives sur les tailles et, a posteriori, sur les espèces (pêche à la seine, par ex.).

Au niveau du zooplancton, outre le recours à d'éventuels déversements (méthode complémentaire ne pouvant s'appliquer qu'à des lacs de très petite taille), on ne peut guère compléter les actions visant à la stabilisation du stock de Daphnies qu'en aménageant des zones refuges, spécialement si une grande partie de la surface du lac offre une trop faible profondeur pour permettre aux organismes de gagner le jour des strates peu éclairées et réduire ainsi les pertes infligées par les prédateurs visuels.

Au total, c'est au sens (très large) de Shapiro que doivent être envisagées les biomanipulations. Les mesures connexes à la modification du peuplement ichtyaire peuvent être très diversifiées. Toutefois, la mesure la plus évidente est une diminution parallèle des apports exogènes en nutriments, ce qui permet de réduire le contrôle ascendant. Ensuite, c'est en réunissant un maximum de conditions favorables et en entretenant le contrôle du peuplement ichtyaire et des propriétés favorisantes de l'habitat qu'on se donne les plus fortes chances d'améliorer effectivement la qualité de l'eau.

En conclusion

Il est maintenant largement admis que, si l'information très globale fournie par les bilans biogéochimiques a une faible valeur prédictive sur la composition des peuplements, en revanche des processus biogéochimiques comme l'excrétion du zooplancton et du poisson, le développement de la boucle microbienne ou les processus de décomposition littoraux et benthiques, influencent fortement le flux de nutriments et les rapports des éléments restitués aux producteurs primaires (phytoplancton notamment). Interactions, prédations et compétition régulent par suite la composition des communautés, mais chacun de ces processus opère à différentes échelles spatiales et temporelles spécifiques : les bilans biogéochimiques à celles de l'année et du lac lorsqu'est considérée la biomasse de tous les niveaux trophiques, alors que les processus déterminants pour les populations concernent une plage d'échelles allant de quelques heures à la saison et interviennent tout à la fois au niveau des habitats, des espèces et de leur développement ontogénique. Ce problème multidimensionnel des lacs et de la plage des échelles temporelles auxquelles répondent les communautés aquatiques requiert une attention très spéciale dont gagnent à tenir compte les stratégies de suivi et de gestion.

Le poisson a sur le réseau trophique un impact bien réel mais délicat à orienter. Bien qu'ayant fait l'objet d'un nombre croissant d'expériences et d'approches fondamentales, ni le déterminisme des successions saisonnières ni les conséquences des complexes effets indirects de la prédation ne sont, à ce jour, parfaitement connus. On est conscient, en revanche, que des facteurs externes (aléatoires) interviennent dans ce déterminisme. Il en va de même pour une partie des mécanismes contrôlant le succès de la reproduction des espèces pisciaires et constituant, au travers d'elle, d'importants facteurs de variabilité et d'évolution, tant des peuplements que de leur structure. En se comportant en prédateur très sélectif, le pêcheur participe à cet impact du poisson dont le gestionnaire va devoir tenir compte ainsi que des exigences et des besoins, quelquefois antagonistes, d'autres utilisateurs. Dans la mesure ou un lac se trouve en interactions avec un contexte géographique et économique dépassant le cadre de son bassin versant, l'amélioration de la qualité de l'eau s'inscrit nécessairement dans un ensemble de mesures socio-économiques prises à plusieurs échelles. Elle passe ainsi nécessairement par une gestion intégrée. Les Fédérations de Pêche l'ont compris qui incluent maintenant davantage dans leurs préoccupations la protection des milieux aquatiques.

Références bibliographiques

ANGELI N., 1980. Interactions entre la qualité des eaux et les éléments du plancton. *In* : P. Pesson (ed.), *La pollution des eaux continentales, incidence sur les biocénoses aquatiques*, Gauthier-Villars, Paris, 96-146.

BARTHELMES D., 1988. Fish predation and resource relation: biomanipulation back ground data from fisheries research. *Limnologica*, 19, 51-59.

BENNDORF J., 1987. Food web manipulation without nutrient control: a useful strategy in lake restoration? *Schweiz. Z. Hydrol.*, 49, 237-248.

BENNDORF J., 1988. Objectives and unsolved problems in ecotechnology and biomanipulation: A preface. *Limnologica*, 19, 5-8.

BENNDORF J., 1990. Conditions for effective biomanipulation: conclusions derived from whole-lake experiments in Europe. *Hydrobiol.*, 200/201, 187-203.

BENNDORF J., 1995. Possibilities and limits for controlling eutrophication by biomanipulation. *Int. Revue ges. Hydrobiol.*, 80 (4), 519-534.

BENNDORF J., SCHULZ H., BENNDORF A., UNGER R., PENZ E., KNESCHKE H., KOSSATZ K., DUMKE R. HORNING U., KRUSPE R. REICHEL S., 1988. Food web manipulation by enhancement of piscivorous fish stocks: Long-term effects in the hypertrophic Bautzen reservoir. *Limnologica*, 19, 97-110.

BERNHARD H. (ed.), 1978. *Phosphor* – Wege und Verbleib in der Bundesrepublik Deutschland. Weinheim.

BRENNER T., CLASEN J., LANGE K., LINDEM T., 1987. The whitefish (*Coregonus lavaretus* L.) of the Wahnbach reservoir and their assessment by hydroacoustic methods. *Schweiz. Z. Hydrol.*, 49 (3), 363-372.

BROOKS J.L., DODSON S.I., 1965. Predation, body size, and composition of plankton. *Science*, 150, 28-35.

BURNS C.,1968. The relationship between body size of filter feeding *Cladocera* and the maximum size of particle ingested. *Limnol. Oceanogr.*, 14, 693-700

CAPBLANCQ J., 1995. Production primaire autotrophe. *In* : R. Pourriot, M. Meybeck (eds.), *Limnologie Générale*. Masson, Paris. 228-252.

CARPENTER S.R., KITCHELL J.F., 1987. The temporal scale of variance in limnetic primary production. *American Naturalist*, 129, 417-433.

CARPENTER S.R., KITCHELL J.F., HODGSON J., 1985. Cascading trophic interactions and lake productivity. *Bioscience*, 35, 634-639.

CHRISTOFFERSEN K., RIEMANN B., KLYSNER A., SØNDERGAARD M., 1993. Potential role of fish predation and natural populations of zooplankton in structuring a plankton community in eutrophic lake water. *Limnol. Oceanogr.*, 38 (3), 561-573.

COOKE G.D., WELCH E.B., PETERSON S.A., NEWROTH P.R., 1993. Biomanipulation. *In :* G.D. COOKE (ed.), *Restoration and management of lakes and reservoirs*, W.M. LEWIS Publishers 211-246.

DAVIDOWICZ P., GLIWICZ Z.M., GULATI R.D., 1988. Can *Daphnia* prevent a blue-green algal bloom in hypereutrophic lakes ? A laboratory test. *Limnologica*, 19 (1), 21-26.

DE MELO R., FRANCE R., MC QUEEN D.J., 1992. Biomanipulation: hit or myth ? *Limnol. Oceanogr.*, 37 (1), 192-207.

DEMOTT W.R., 1986. The role of taste in food selection by freshwater zooplankton. *Oecologia*, 37, 192-207.

DUNCAN A., 1990. A review : Limnological management and biomanipulation in the London reservoirs. *Hydrobiol.*, 200/201, 541-548.

EJSMONT-KARABIN J. 1985. Phosphorus and nitrogen excretion by lake zooplankton (Rotifers and crustaceans) in relationship to individual body weights of the animal, ambient temperature and presence or absence of food. *Ekol. Polska*, 32, 3-42.

ELSER J.J, CARNEY H.J., GOLDMAN C.R.,1990. The zooplankton-phytoplankton interface in lakes of contrasting trophic status: an experimental comparison. *Hydrobiol.*, 200/201, 69-82.

GLIWICZ Z.M., 1977. Food size selection and seasonal succession of filter feeding zooplankton in an eutrophic lake. *Ekologia. Polska*, 25, 179-225.

GLIWICZ Z.M., 1980. Why do Cladocerans fail to control algal blooms? *Hydrobiol.*, 200/201, 83-97.

GLIWICZ Z.M., SIENIAWSKA A., 1986. Filtering activity of *Daphnia* in low concentration of a pesticide. *Limnol. Oceanogr.*, 31, 1132-1138.

GOLDSCHMIDT T., WITTE F., WANINK J., 1993. Cascading effects of the introduced Nile perch on the detrivorous/phytoplanktivorous species in the sublittoral areas of lake Victoria. *Conservation Biology*, 7 (3), 686-700.

GOLTERMAN H.L., SLY P.G., THOMAS R.I., 1983. Study of the relationship between water quality and sediment transport. A guide for the collection and interpretation of sediment water quality data. *Technical papers in Hydrobiology*, 26, UNESCO, Paris 231 p.

GRIMM M.P., BACKX J.J.G.M., 1990. The restoration of shallow eutrophic lakes, and the role of northern pike, aquatic vegetation and nutrient concentration. *Hydrobiol.*, 200/201, 557-566.

GULATI R.D., LAMMENS E.H.R.R., MEIJER M.-L. VAN DONK E. (eds.), 1990. Biomanipulation – Tool for water management. First International Conference, 8 11 August 1989, Amsterdam, The Netherlands. Kluwer Academic Publishers ; *Hydrobiol.*, 200/201, 628 p.

HAMBRIGHT K.D., 1991. Experimental analysis of prey selection by largemouth bass: role of predator mouth width and prey body depth. *Trans. Am. Fish. Soc.*, 120, 500-508.

HAMBRIGHT K.D., 1994. Morphological constraints in the piscivore-planktivore interaction: implications for the trophic cascade hypothesis. *Limnol. Oceanogr.*, 39 (4), 897-912.

HANSON J.M., LEGGETT W.C. 1982. Empirical prediction of fish biomass and yield. *Can. J. Fish. Aquat. Sci.*, 39, 257-263.

HRBACEK J., DVORAKOVA M., KORINEK V., PROCHAZKOVA L., 1961. Demonstration of the effect of the fish stock on the species composition of zooplankton and the intensity of metabolism of the whole plankton association. *Verh Internat. Verein. Limnol.*, 14 (1), 192-195.

KLINGE M., GRIMM M.P., HOSPER S.H., 1995. Eutrophication and ecological rehabilitation of dutch lakes: presentation of a new conceptual framework. *Wat. Sci. Tech.*, 31 (8), 207-218.

LACHAVANNE J.B., PERFETTA J., JUGE R., 1992. Influence of water eutrophication on the macrophytic vegetation of Lake Lugano. *In* : A. BARBIERI., B. POLLI (eds) Limnological Aspects and Management of Lago di Lugano. *Aquat. Sci.* 54 (3-4), 351-364.

LACROIX G., BOËT P., GARNIER J., LESCHER-MOUTOUE F., POURRIOT R., TESTARD P., 1989. Factors controlling the planktonic community in the shallow lake of Créteil, France. *Int. Revue Ges. Hydrobiol.*, 74 (4), 353-370.

LACROIX G., LESCHER-MOUTOUE F., POURRIOT R., 1996. Trophic interactions, nutrient supply, and structure of freshwater pelagic food webs. *In :*. M.E.J. Hochberg, J. Clobert, R. Barbault (eds.) *Aspects of the genesis and maintenance of biological diversity.* 162-179, Oxford University Press.

LAMMENS E.H.R.R., DE NIE H.W., VIJVERBERG J, VAN DENSEN W.L.T., 1985. Resource partitioning and niche shifts of bream (*Abramis brama*) and eel (*Anguilla anguilla*) mediated by predation of smelt (*Osmerus eperlanus*) *on Daphnia hyalina. Can. J. Fish. Aquat. Sci.*, 42, 1342-1351.

LASENBY D.C., NORTHCOTE T.G., FÜRST M., 1986. Theory, practice and effects of *Mysis relicta* introduction to North American and Sandinavian lakes. *Can. J. Fish. Aquat. Sci.*, 43, 1277-1284.

LAZZARO X., 1987. A review of planktivorous fishes : their evolution, feeding behaviours, selectivities, and impacts. *Hydrobiol.*, 146, 97-167.

LAZZARO X., LACROIX G., 1995. Impact des poissons sur les communautés aquatiques. *In :* R. Pourriot, M. Meybeck (eds.), *Limnologie Générale*, 648-686. Collection d'Écologie 25, Masson, Paris.

LESCHER-MOUTOUE F., GARNIER J., POURRIOT R. 1985.- Interactions entre les peuplements planctonique et piscicole du lac de Créteil : impact d'une reproduction exceptionnelle de Percidés. *Bull. Ecol,.* 16 (1), 9-17.

LYCHE A., 1989. Plankton community response to reduction of planktivorous fish populations.- A review of 11 case studies. *Aqua Fennica*, 19 (1), 59-66.

MAZUMDER A., 1994. Phosphorus-chlorophyll relationships under contrasting herbivory and thermal stratification: patterns and predictions. *Can. J. Fish. Aquat Sci.*, 51, 390-400.

MAZUMDER A., TAYLOR W.D., MC QUEEN D.J., LEAN D.R.S., 1989. Effects of fertilisation and planktivorous fish on epilimnetic phosphorus and phosphorus sedimentation in large enclosures. *Can. J. Fish. Aquat. Sci.*, 46, 1735-1742.

MAZUMDER A., TAYLOR W.D., MC QUEEN D.J., LEAN D.R.S., 1990. Effects of fish and plankton on lake temperature and mixing depth. *Science*, 247, 411-425.

MC QUEEN D.J., 1990. Manipulating lake community structure : where do we go from here? *Freshwater biology*, 23, 613-620.

MC QUEEN D.J., POST J.R., MILLS E.L., 1986. Trophic relationship in freshwater pelagic ecosystems. *Can. J. Fish. Aquat. Sci.*, 43, 1571-1581.

NORTHCOTE T.G., 1988. Fish in the structure and function of freshwater ecosystems : a " Top-down " view. *Can. J. Fish. Aquat. Sci.*, 45, 361-379.

OCDE, 1982. *Eutrophisation des eaux. Méthodes de surveillance, d'évaluation et de lutte.* OCDE, Paris, 154 p.

PERSSON L., ANDERSSON G., HAMRIN S.F., JOHANSSON L., 1988. Predator regulation and primary production along the productivity gradient of temperate lake ecosystems. *In :* S.R. CARPENTER (ed.), *Complex interactions in Lake communities.* Springer-Verlag, New-York, 45-65.

PERSSON L., JOHANSSON L., ANDERSSON G., DIEHL S., HAMRIN S.F.,1993. Density dependent interactions in lake ecosystems: whole lake perturbation experiments. *Oikos,* 66 ,193-208.

PETERS R.H. (ed.), 1983. *The ecological implication of Body Size.* Cambridge University Press.

PINEL-ALLOUL B., 1995. Impact des prédateurs invertébrés sur les communautés aquatiques. *In :* R. Pourriot, M. Meybeck (eds.), *Limnologie Générale.* Collection d'Ecologie 25, Masson, Paris. 628-647.

PINEL-ALLOUL B., MAZUMDER, A., LACROIX G., LAZZARO X., 1998. Les réseaux trophiques lacustres : structure, fonctionnement, interactions et variations spatio-temporelles. *Rev. Sci. Eau,* n° spécial, 163-197.

POLIS G.A., HOLT R.D., 1992. Intraguild predation – the dynamics of complex trophic interactions. *Trend. Ecol. Evol.,* 7, 151-154.

PORTER K.G., PAERL H., HODSON R., PACE M., PRISCU J., RIEMANN B., SCAVIA D., STOCKNER J., 1988. Microbial interactions in Lake Food Webs. *In: Complex interactions in lake communities,* S.R. Carpenter (ed.), Springer-Verlag, New York, 209-227

POST J.R., 1990. Metabolic allometry of larval and juvenile yellow perch (*Perca flavescens*) : in situ estimates and bioenergetic models. *Can. J. Fish. Aquatic. Sci.,* 47, 554-560.

R. POURRIOT, CHAMP P., 1982. Consommateurs et production secondaire. *In :* R. POURRIOT et coll. (eds.), *Ecologie du plancton des eaux continentales.* Masson, Paris : 49-112.

REYNOLDS C. S., 1994. The ecological basis for the successful biomanipulation of aquatic communities. *Archiv. Hydrobiol.,* 130 (1), 1-33.

ROTSCHILD B.J., 1986. *Dynamics of marine fish populations.* Cambridge: Harvard University Press.

SANNI S., WAERVAGEN, S.B., 1990. Oligotrophication as a result of planktivorous fish removal with rotenone in the small, eutrophic, lake Mosvatn, Norway. *Hydrobiol.,* 200/201, 263-274.

SAS H. (ed.), 1989. *Eutrophication management in international perspective.* Academia Verlag. Sankt Augustin

SCHINDLER D.W., 1978. Factors regulating phytoplankton production and standing crop in the world's freshwaters. *Limnol. Oceanogr.,* 23, 478-486.

SHAPIRO J., 1990a. Biomanipulation : the next phase – making it stable. *In :* R.D.Gulati, E.H.R.R. LAMMENS, M.-L. MEIJER, E. VAN DONK (eds.), Biomanipulation – Tool for water management, First International Conference, 8-11 August 1989, Amsterdam, The Nederlands. Kluwer Academic Publishers ; *Special issue Hydrobiol.,* 200/201, 13-27.

SHAPIRO J., 1990b. Current beliefs regarding dominance by blue-greens : the case for importance of CO_2 and pH. Verh. Internat. *Verein. Limnol.,* 24, 38-54.

SHAPIRO J., LAMARRA V., LYNCH M., 1975. Biomanipulation: An ecosystem approach to lake restoration. *In :* P.L. Brezonik, and J.L. Fox, (eds.), *Proceedings of a Symposium on Water quality management through Biological Control,* Univ. Fla., Gainsville, 85-96.

SOMMER U., GLIWICZ Z.M., LAMPERT W., DUNCAN A., 1986. The PEG-model of seasonal succession of planktonic events in fresh waters. *Arch. Hydrobiol.,* 106, 432-471.

STERNER R.W., ELSER J.J., HESSEN D.O., 1992. Stoichiometric relationships among producers, consumers and nutrient cycling in pelagic ecosystems. *Biochemistry,* 17, 49-67.

STOCKNER J., PORTER K.G., 1988. Microbial food webs in freshwater planktonic ecosystems. *In :* S.R. Carpenter (ed.), *Complex interactions in lake communities.* Springler-Verlag, New York. 69-83.

STOCKNER J.G., SHORTREED K.S., 1988. Algal picoplankton and contribution to food webs in oligotrophic Bristish Columbia lakes. *Hydrobiol.,* 173,151-166.

STRASKRABA M., 1979. Mathematische Simulation der Produktionsdynamik in Gewässer und deren Anwendung auf die Prodiktionssteuerung in Talsperen. *Z. Wasser und Abwasserforsch.,* 12, 56-64.

THEISS J., ZIELINSKI K., LANG H., 1990. Biomanipulation by introduction of herbivorous zooplankton. A helpful shock for eutrophic lakes? *Hydrobiol.,* 200/201, 59-68.

TILMAN, D., 1982. *Resource competition and community structure.* Princeton University Press. 295 p.

TILMAN D., KILHAM S.S., KILHAM P. 1982. Phytoplankton community ecology. The role of limiting nutrients. Annual Rev. *Ecol. Systematics,* 13, 349-372.

TIMMS R.M., MOSS B.M., 1984. Prevention of growth of potentially dense phytoplankton populations by zooplankton grazing, in the presence of zooplanktivorous fish in a shallow wetland ecosystem. *Limnol. Oceanogr.,* 21, 804-813.

VAN DENSEN W.L.T., GRIMM M.P., 1988. Possibilities for stock enhancement of pike-perch (*Stizostedion lucioperca*) in order to increase predation on planktivores. *Limnologica,* 19 (1), 45-49.

VAN DONK E., GRIMM M.P., GULATI R.D., HEUTS P.G.M., DE KLOET W.A., VAN LIERE L., 1990b. First attempt to apply whole-lake food-web manipulation on a large scale in the Netherlands. *Hydrobiol.,* 200/201, 291-301.

VAN DONK E., GRIMM M.P., GULATI R.D., KLEIN-BRETLER J.P.G., 1990a. Whole-lake food-web manipulation as a mean to study community interactions in a small ecosystem. *Hydrobiol.,* 200/201, 275-289.

VAN DER ZANDER M.J., RASMUSSEN J., 1996. A trophic position model of pelagic food webs: impact on contaminant bioaccumulation in lake trout. *Ecological Monographs,* 66, 451-477.

VANNI M.J., LUECKE C., KITCHELL J.F., MAGNUSON J.J., 1990. Effects of planktivorous fish mass mortality on the plankton community of lake Mendota, Wisconsin : implications for biomanipulation. *Hydrobiol.,* 200/201, 329-336.

VARNHAGEN E., BYRON E.R., GOLDMAN C.R., 1988.- Epischura density as a factor controlling the establishment of Bosmina populations in lake Tahoe. Verh. *Internat. Verein. Limnol.,* 23, 2082-2086.

VOLLENWEIDER R.A., 1968. The scientific basis of lake and stream eutrophication, with particular reference to phosphorus and nitrogen as eutrophication factors. *Technical report of the OECD,* Paris, DAS/CSI 68, 1-182.

L'évaluation de l'aptitude biogène des lacs à l'aide du macrobenthos. Son intérêt en typologie*[1]

Si, depuis les années soixante, de nombreuses méthodes, fondées sur des analyses simplifiées de la macrofaune benthique, permettent d'évaluer la qualité générale des eaux courantes (Downing et Rigler 1984 ; Hellawell 1986 ; Agences de l'eau, IDE, Ministère de l'Environnement, 1993 ; Verneaux, 1994), de telles méthodes applicables aux systèmes lacustres sont moins nombreuses et surtout peu utilisées lorsqu'il s'agit d'évaluer non un «degré trophique» mais une aptitude biogène générale.

Notre proposition s'inscrit à la suite des travaux des auteurs ayant tenté de classer les lacs d'après leurs peuplements benthiques, essentiellement d'après la faune chironomidienne (Zschokke, 1911 ; Brundin, 1949 ; Prat, 1978 ; Saether, 1979 ; Wiederholm, 1980 ; Mc Garrigle, 1980 ; Real et Prat, 1991) mais également ment d'après les Mollusques (Mouthon, 1993) ou les Oligochètes (Brinkhurst, 1974 ; Lang, 1989 ; Lafont et Serra-Tosio, 1991).

Résultats

Nature de la faune

Le tableau 3.1 met en évidence la dominance, parmi le macrobenthos lacustre, des Diptères dont la famille des Chironomidae comporte de nombreuses espèces (650 espèces recensées en France, Laville et Serra-Tosio, 1996), certaines étant susceptibles de coloniser les sédiments à toutes les profondeurs (Verneaux, 1996 ; Verneaux et Aleya, 1997).

On observe le contraste existant entre la grande variété de la faune littorale, associée à la diversité des habitats littoraux, en particulier des hydrophytes, et celle, nettement plus réduite, de la faune profonde. Cet écart s'atténue lorsque l'on se limite à la prospection des sédiments meubles constituant très généralement l'unique substrat des zones profondes.

* J. VERNEAUX, V. VERNEAUX, A. SCHMITT, J.C.LAMBERT.

1 Recherches bénéficiant d'un soutien financier de l'Agence de l'Eau Rhône-Méditerranée-Corse et du Ministère de l'Éducation Nationale.

Tableau 3.1 : Composition globale de la macrofaune benthique (principaux groupes) des lacs jurassiens - Variété générique aux différentes profondeurs - 14 lacs - 612 échantillons.

Z(m)	Dipt.	Oligoch.	Biv.	Coléop.	Gaster	Mégal.	Trich.	Crust.	Eph.	Ach.	Odon.	Pléc.
≤2,5	59(46)	15(15)	4(4)	24(7)	14(9)	1(1)	23(12)	2(2)	11(8)	5(3)	11(5)	3(1)
5	40	17	3	4	6	1	7	2	6	2	1	
10	36	11	2	2	3	1	4	2	5			
15	26	8	2	2	2	1	2	1	1			
20	19	7	1	1	1	1						
25	18	8	1	1								
30	9	4	1	1								
35	6	3	1	1								
40	4	2	1									

( ) : dans les sédiments meubles
Dipt. : diptères ; Oligoch : Oligochètes ; Biv : Bivalves ; Coléop. : Coléoptéres ; Gaster : Gastéropodes ; Mégal. :
Mégaloptères ; Trich. : Tricoptères ; Crust. : Crustacés ; Ach. : Achètes ; Odon. : Odonates ; Pléc. : Plécoptères .

Déficit taxonomique en fonction de la profondeur

Le phénomène général présenté dans la synthèse de Brinkhurst (1974), celui de l'appauvrissement, plus ou moins rapide et plus ou moins accentué, des biocénoses benthiques avec la profondeur, constitue un élément important de l'analyse comparative proposée.

La figure 3.1 rend compte des régressions de la variété générique en fonction de la profondeur (A) et de la profondeur relative (B) observées dans trois lacs jurassiens.

Le lac d'Ilay présente un déficit taxonomique à la fois plus accentué et plus rapide que celui observé dans les lacs de Clairvaux et de St Point dans lesquels les conditions physiques et chimiques de l'interface eau-sédiment s'avèrent plus favorables au maintien des peuplements benthiques en zones profondes.

Le protocole d'analyse utilisé repose sur l'observation, en conditions écologiques favorables, d'une régression sub-linéaire de la variété générique en fonction de la profondeur relative, lorsque l'on prélève uniquement les sédiments fins, ainsi que sur l'absence de relations générales entre la pente de cette régression (déficit taxonomique) et la profondeur maximale des cuvettes. Ainsi le lac de Clairvaux ne possède plus que 7 genres à -20 m alors que le lac de St. Point en possède encore 9 à - 40 m et des lacs de même profondeur peuvent présenter des aptitudes biogènes très différentes (fig. 3.2).

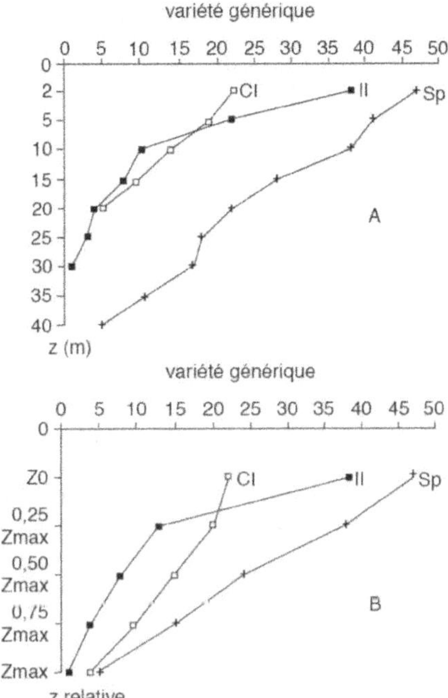

Figure 3.1 : Régression de la variété générique en fonction des profondeurs absolues (A) et relatives (B) dans trois lacs jurassiens, Cl : Clairvaux, Il : Ilay, Sp : Saint-Point.

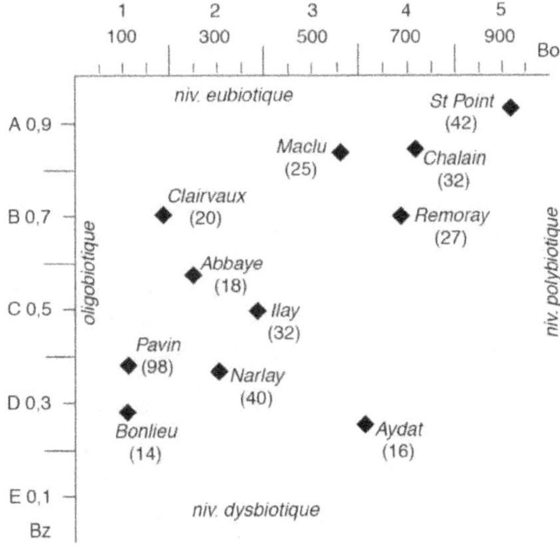

Figure 3.2 : Classement biologique des 11 lacs d'après la macrofaune benthique. Bo = indice biologique littoral (Verneaux *et al.* 1993a), Bz = indice de déficit faunistique (Verneaux *et al.*, op.cit.), ( ) : profondeur maximale.

Tableau 3.2 : Caractéristiques générales des 11 lacs étudiés (9 lacs jurassiens, 2 lacs du
   Massif Central) : Abbaye, Bonlieu, Châlain, Clairvaux, Ilay, Maclu, Narlay, Remoray,
   St. Point, Pavin, Aydat.

	Ab	Bo	Ch	Cl	Il	Ma	Na	Re	Sp	Pa	Ay
Alt (m)	910	803	490	534	778	779	748	850	850	1197	825
A (ha)	80	17	232	56	72	22	41	95	398	44	60
V (10^6m^3)	5,8	1,5	44,0	5,3	7,7	2,6	8,2	9,6	81,0	23,0	4,2
Z (m)	7,2	8,8	19,0	9,5	10,7	11,8	20,0	10,1	20,3	54,9	7,4
Zmax (m)	18	14	32	20	32	25	40	27	42	98	16

Analyse comparée du macrobenthos de 11 lacs (9 lacs jurassiens et 2 lacs du Massif Central)

L'analyse comparative du macrobenthos à l'aide du protocole expérimental exposé dans de récentes publications (Verneaux *et al.*, 1991 ; 1993 a, b ; 1995 ; 1998) conduit au classement des lacs présenté par la figure 3.2.

Le type biologique de chaque lac est repéré dans un système d'axes rectangulaires portant en abscisses un indice littoral (Bo) prenant en compte la variété générique et la densité des peuplements à -2 m et en ordonnées un indice de déficit taxonomique relatif (Bz) exprimant la régression de la variété générique en fonction des profondeurs relatives successives (Z1 = 0,25 Zmax, Z2 = 0,5 Z max, Z3 = 0,75 Zmax).

Le type biologique du lac, relativement aux macroconsommateurs, est défini par sa position par rapport aux quatre niveaux (tendances) indiqués sur le tableau 3.2.

Nous avons choisi d'utiliser deux qualificatifs quantitatifs : oligobiotique qui s'oppose à polybiotique (de *polus* = nombreux, beaucoup) et deux qualificatifs qualitatifs : eubiotique (vraiment, de bonne façon) qui s'oppose à dysbiotique (de *dus* = avec difficulté, de mauvaise façon) afin de rendre compte des diverses combinaisons de ces deux indications de nature différente. De la même façon Grote (1934) opposait les lacs polytrophes aux lacs oligotrophes et les auteurs distinguent les lacs polyhumiques des lacs oligohumiques.

Le lac de St. Point, du type poly-eubiotique, sert de référence optimale et à l'opposé le lac de Bonlieu, du type oligo-dysbiotique, se révèle faunistiquement le plus pauvre de l'échantillon.

Le lac d'Aydat qui présente un indice littoral élevé, avec la plus forte abondance observée, possède en revanche le déficit taxonomique le plus accentué et se situe à proximité du pôle poly-dysbiotique qui correspond aux lacs pollués par des excès de nutriments allochtones.

Discussion

Caractère intégrateur du macrobenthos et relations entre indices biologiques et variables du milieu

Signification globale du macrobenthos

La nature et l'organisation spatiale des espèces constituant la macrofaune traduisent les conditions physiques et chimiques qui règnent à l'interface eau/sédiment. L'aptitude biogène dont l'évaluation est proposée peut être considérée comme une résultante fonctionnelle qui ne préjuge en aucune façon du statut trophique du système.

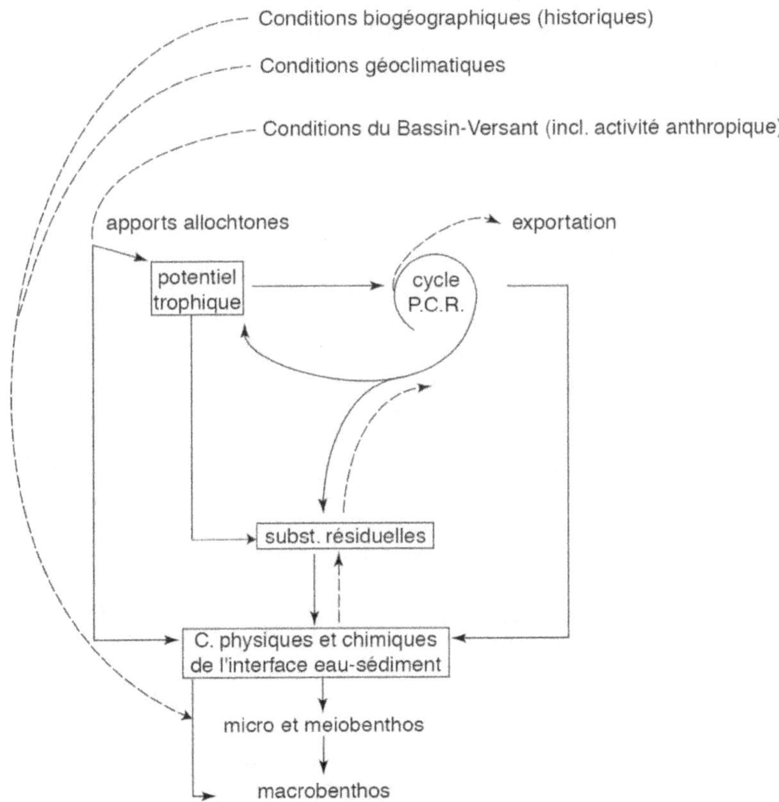

Figure 3.3 : Schématisation du caractère intégrateur de la macrofaune benthique.

La figure 3.3 souligne l'importance des apports allochtones et des substances résiduelles issues du circuit production-consommation-recyclage (cycle P.C.R.) de la matière assimilable en un laps de temps donné.

La nature de la matière accumulée (carbonates, silice des argiles ou des diatomées, MO à fort C/N des apports terrigènes ou des macrophytoclastes, MO à faible C/N du plancton - Verneaux *et al.*, 1987 ; 1991) joue un rôle essentiel dans la définition écologique de l'interface eau-sédiment qui constitue une image relativement stable des phénomènes, très variables dans l'espace et dans le temps, qui se développent au sein de la masse d'eau.

La durée de vie, de quelques mois à plusieurs années, ainsi que la variété des régimes alimentaires et d'une manière plus générale des "modes de vie" des macroinvertébrés renforcent leur caractère intégrateur.

Principaux facteurs discriminants

Une analyse de co-inertie (Doledec *et al.*, 1994) a mis en évidence la concordance générale s'établissant entre les indices biologiques proposés et les descripteurs du milieu (Verneaux *et al.*, 1995) dont les proximités apparaissent dans le plan des deux premiers axes (72,6 % i.e.) d'une ACP normée (fig. 3.4).

Le premier axe, nettement dominant, représente le gradient d'aptitude biogène et de qualité physio-chimique décroissant de St. Point (lac polyeubiotique, fig. 3.2) à Bonlieu (lac oligo-dysbiotique, fig. 3.2). Le lac de Narlay est individualisé par le fait qu'il est le seul lac où de fortes teneurs en orthophosphates ($46\mu g.l^{-1}$) ont été relevées conjointement à la présence d'une fleur d'eau à *Oscillatoria rubescens* (Verneaux *et al.*, 1991).

Les lacs les moins biogènes sont ceux qui présentent soit les sédiments les plus riches en matière organique [lacs polyhumiques : L'Abbaye, Ilay, Bonlieu (COT > 10% m.s)] soit les plus fortes biomasses algales (Narlay, Bonlieu, chla max>15 $\mu g/l^{-1}$) soit les deux (Bonlieu chla max= 27,4 $\mu g.l^{-1}$, COT = 14 % m.s).

Les rôles majeurs de l'oxygénation (% sat.O_2 avec eH et kN comme paramètres associés) et de la teneur des sédiments en matière organique (COT, avec Nt, Fe, NH_4^+ et SiO_2 comme paramètres associés) ont été signalés par plusieurs auteurs (Lundbeck, 1926 ; Brundin, 1949 ; Prat, 1978 ; Petersen *et al.*, 1986 ; Johnson et Wiederholm, 1989 ; Lafont *et al.*, 1991 ; Mouthon, 1992 ; Verneaux *et al.*, 1995 ; Jonasson , 1996).

On observe qu' il n'apparaît pas de relation constante entre la biomasse algale et la teneur en MO sédimentée principalement issue des apports littoraux (macrophytes) et terrigènes (ex. l'Abbaye, = 3,17 $\mu g.l^{-1}$, COT sédim = 13,5 % m.s - Maclu : 1,62 $\mu g.l^{-1}$, COT sédim. = 7,2 % m.s.).

De même Brundin (*op. cit.*,) soulignait l'absence de relation générale entre les conditions d'oxygénation et le niveau trophique d'un lac. Par exemple le lac Pavin méromictique, longtemps classé parmi les systèmes oligotrophes, est cependant hypoxique dès Z max/2.

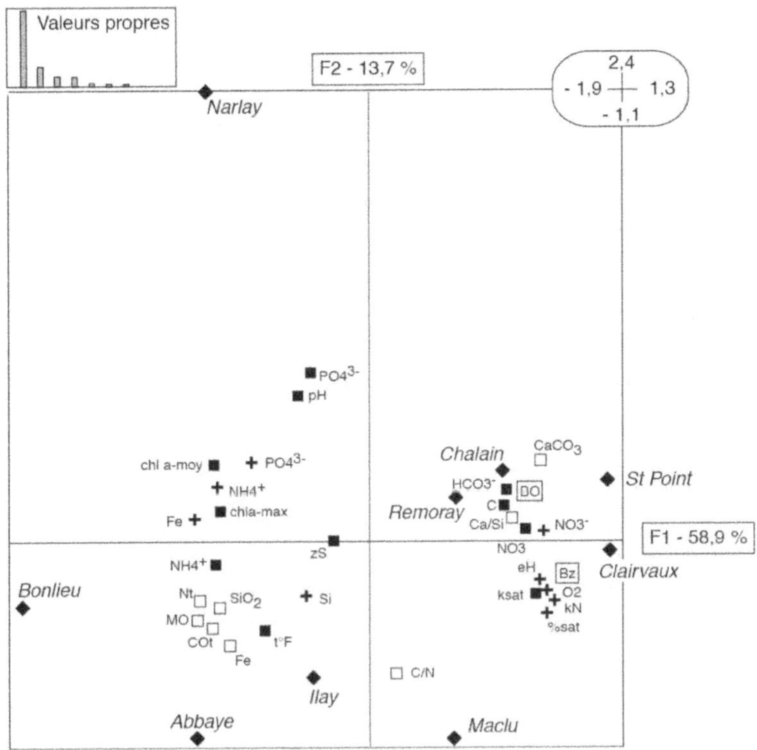

Figure 3.4 : Position des 9 lacs jurassiens et des descripteurs dans le plan des deux premiers facteurs d'une ACP normée ■ : paramètres de l'eau colonne centrale + : paramètres de l'eau de contact □ : paramètres du sédiment BO, Bz : descripteurs biologiques.

Ces résultats vont dans le sens d'une interprétation multifactorielle de la structure des peuplements benthiques davantage indicatrice d'une résultante fonctionnelle que du seul degré trophique («trophic level» *in litt.*).

Conclusion et perspectives

Sans préjuger de la qualité et de la quantité des apports à un lac, ni de la dynamique de la transformation de la matière au sein de la cuvette, l'analyse de la macrofaune benthique permet d'évaluer l'aptitude du système au développement des macroconsommateurs benthiques.

Le classement proposé permet de distinguer un potentiel trophique exprimé par l'indice littoral Bo et une résultante fonctionnelle, exprimée par l'indice de déficit faunistique Bz qui traduit l'évolution de la qualité de l'eau avec la profondeur.

Bien qu'une certaine concordance paraisse s'établir entre les valeurs des indices Bo et Bz (tendance à la régression linéaire suivant la diagonale Bonlieu-St. Point de la figure 3.2) cette corrélation n'est pas générale et des lacs comme Clairvaux (Bo faible et Bz élevé) et Aydat (Bo fort et Bz faible) illustrent les diverses combinaisons possibles de ces deux indications.

La figure 3.5 permet de visualiser de façon très simple les concordances et les discordances relevées entre quelques critères usuels de classement des lacs et les indices biologiques correspondants. Ces descripteurs fournissent des indications de nature différente et il apparaît qu'aucun d'entre eux n'est susceptible de définir le statut trophique d'un système lacustre. Il s'avère toutefois que les fortes concentrations épilimniques en chlorophylle résiduelle (non transférée aux consommateurs) ainsi que les fortes teneurs en matière organique sédimentaire correspondent à des modalités fonctionnelles induisant des conditions écologiques défavorables aux macroconsommateurs benthiques. Pour l'échantillon analysé, les seuils observés se situent pour ces deux paramètres aux environs de 4 mg.m^{-3} pour la chlorophylle *a* moyenne et de 10 % m.s. pour la matière organique sédimentaire. Dans tous les cas les pourcentages de saturation en oxygène dissous inférieurs à 75 % limitent plus ou moins fortement le développement des macroinvertébrés et en dessous de 25% la macrofaune est réduite à quelques espèces parmi les Tubificidae à soies capillaires, les Nématodes, les genres *Chironomus* et *Chaoborus*. Si, en l'absence de substances toxiques, de fortes teneurs en matière organique favorisent le développement de ces populations, leur abondance régresse fortement dans les cas d'hypoxie accentuée.

Ces résultats peuvent :

- soit s'inscrire dans la conception usuelle de l'eutrophisation assimilée à un accroissement du potentiel nutritif induisant des biomasses primaires résiduelles (non transférées) et une régression des peuplements consommateurs apicaux (macroinvertébrés et poissons),

- soit étayer une hypothèse de travail visant à réviser le concept d'eutrophie par l'analyse des relations entre les descripteurs des divers compartiments du cycle de la matière, et les facteurs écologiques qui déterminent les structures des macrozoocénoses.

L'hypothèse d'un statut d'eutrophie (*stricto sensu* : qui nourrit bien, de bonne façon) qui serait caractérisé par une énergie transférée aux consommateurs apicaux maximale et une énergie résiduelle minimale pourrait servir de cadre théorique aux recherches fonctionnelles.

De ce point de vue l'intérêt des descripteurs proposés est de permettre une interprétation qualitative des paramètres pélagiques ou benthiques susceptibles de caractériser de la meilleure façon possible le métabolisme du système lacustre.

Les diverses combinaisons des principaux descripteurs jalonnant l'édifice trophique, seraient évaluées par rapport aux effets produits sur les zoocénoses apicales (macrobenthos et poissons). Dans cette hypothèse, un statut d'eutrophie ne correspondrait pas, comme l'ont fait observer Frontier et Pichod-Viale (1993) ainsi que Ryding et Rast (1994), à des formes de dystrophie par excès de nutriments (poly-dystrophie) mais à un mode de fonctionnement conduisant à une biodiversité optimale.

Cette approche nous paraît intéressante dans la mesure où elle situe le problème du classement des systèmes dans un contexte synécologique nécessaire à une différenciation fonctionnelle.

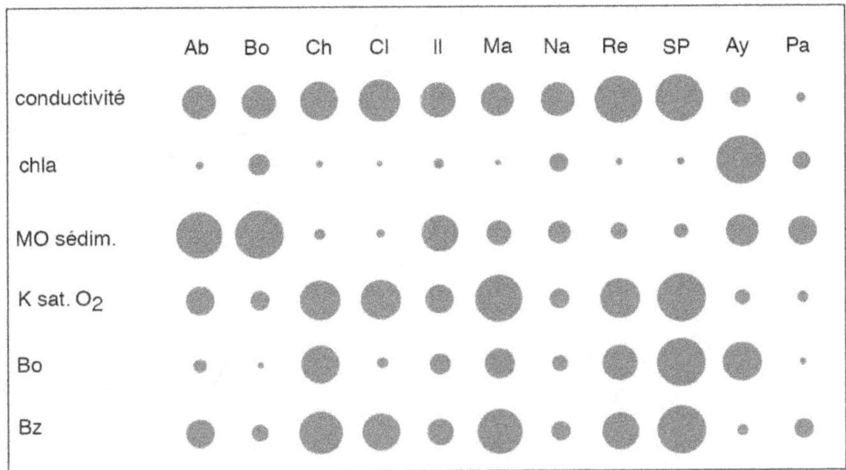

Figure 3.5 : Comparaison des quelques critères de classement des lacs aux indices biologiques obtenus. Descripteurs utilisés :

- conductivité (minéralisation globale) $\mu S.cm^{-1}$,

- Chla (phytoplancton) $\mu g.l^{-1}$

- MO (matière organique sédimentée) % mat. sèche

- K. sat. O_2 (saturation en oxygène dissous) $= \displaystyle\sum_{k_i=1}^{k_i=5} k_i \, s_i/5$

avec :

$$k_i = 1 \qquad\qquad O_2 \leqslant 20\ \%$$
$$k_i = 2 \qquad\qquad 20\ \% < O_2 = 40\ \%$$
$$k_i = 3 \qquad\qquad 40\ \% < O_2 = 60\ \%$$
$$k_i = 4 \qquad\qquad 60\ \% < O_2 = 80\ \%$$
$$k_i = 5 \qquad\qquad 80\ \% < O_2$$

s_i : aires de distribution de chacune des 5 classes de saturation en O_2 dans un graphe spatio-temporel. Ce graphe est construit à partir de mesures effectuées tous les 5 m de Z max/2 à Z max et tous les 15 jours d'avril à octobre.

S = somme des aires de distribution des 5 classes de saturation

$0,20 \leqslant K$ sat $O_2 \leqslant 1$.

- Bo (indice biologique littoral) (Verneaux *et al.* 1993 a)

- Bz (indice de déficit faunistique) (Verneaux *et al.* 1993 a).

La surface des cercles est proportionnelle aux valeurs relatives de chaque descripteur. Les abréviations des lacs sont identiques à celles utilisées dans le tableau 3.2.

Au plan de l'application, il nous paraît également intéressant d'associer le métabolisme d'un système à son aptitude au développement des peuplements pisciaires et de proposer un classement passant du degré trophique («trophic level» *in litt.*) à la valeur trophique (trophic value).

Les travaux collectifs réalisés sur les lacs du Jura (monographies écologiques, Lab. Hydrobiol. *et al.*, 1982-1987) font entrevoir une bonne correspondance entre le classement des lacs selon la macrofaune benthique et la structure de leurs peuplements pisciaires.

Les résultats présentés soulignent l'utilité d'une analyse standardisée de la macrofaune benthique dans les diagnoses lacustres ainsi que l'adéquation du critère de biodiversité à une approche écologique de la classification des lacs.

Références bibliographiques

AGENCES DE L'EAU, IDE, Ministère de l'Environnement, 1993. Etude bibliographique des méthodes biologiques d'évaluation de la qualité des eaux de surface continentales. Etude interagences n° 35, guide méthodologique, 276 p. et annexes.

BRINKHURST O.R., 1974. *The Benthos of Lakes.* Mc. Millan Press Ltd., London, Basingstoke, 190 p.

BRUNDIN L., 1949. Chironomiden und andere Bodentiere der südschwedischen Urgebirgsseen. *Inst. Freshwat. Res., Drottningholm*, 30, 914 p.

DOLÉDEC S., CHESSEL D., 1994. Co-inertia analysis : an alternative method for studying species - environment relationships. *Freshwat. Biol.*, 31, 277-294.

DOWNING J.A., RIGLER H., 1984. *A manual of Methods for the Assessment of Secondary Productivity in Fresh Waters.* Blackwell Science, Oxford, 501 p.

FRONTIER S., PICHOD-VIALE D., 1993. *Ecosystèmes. Structure - fonctionnement-évolution.* Masson Paris, 447 p.

GROTE A., 1934. Über den Zusammenhang zwischen dem Sauerstoffhaushalt, den benthalfaunistischen Besiedlungsverhältnissen und der Typenzugehörigheit der Seen. *Int. Rev. Hydrobiol. Hydrogr.*, 31, 1-39.

HELLAWELL J.M., 1986. *Biological indicators fo freshwater pollution and environmental management.* Elsevier Science Inc., New York, 546 p.

JOHNSON R.K., WIEDERHOLM T., 1989. Classification and ordination of profundal macroin-vertebrate communities in nutient poor, oligo-mesohumic lakes in relation to environemental data. *Freshwat. Biol.*, 21, 275-386.

JONASSON P.M.,1996. Limits for life in the lake ecosystem. *Vehr. Internat. Verein. Limnol.*, 26, 1-33.

LABORATOIRE d'HYDROBIOLOGIE, UNIV. FR. COMTÉ - C.E.M.A.G.R.E.F LYON, S.R.A.E. Fr. Comté-Monographies des lacs du Jura : L'Abbaye, 1982, 61 p. et annexes, Clairvaux, 1984, 99 p. et annexes- Maclu, 1985, 104 p. et annexes - Châlain, 1986, 116 p. et annexes. Ilay, 1986, 65 p. et annexes - Bonlieu, 1987, 97 p. et annexes. DIREN Fr. Comté, éd. Besançon, France.

LAFONT M., JUGET J. et ROFES G., 1991. Un indice biologique lacustre basé sur l'examen des Oligochètes. *Rev. Sci. Eau*, 4, 253-268.

LANG C., 1989. Eutrophication of Lake Neuchâtel indicated by the oligochaete communities. *Hydrobiologia*, 174, 57-65.

LAVILLE H., SERRA-TOSIO B., 1996. Additions et corrections à l'inventaire des Chironomidés (Diptera) de France depuis 1990. *Ann. Limnol.*, 32 (2), 115-121.

LUNDBECK J., 1926 . Die Bodentierwelt norddeutscher Seen. *Arch. f. Hydrobiol.*, Suppl. 7, 1-473.

Mc GARRIGLE M.L., 1980. The distribution of Chironomid communities and controlling sediment parameters. *In :* L. Derravaragh : *Chironomidae. Ecology, Systematics, Cytology and Physiology.* D.A. Murray, Oxford-New York, 275-282.

MOUTHON J., 1992.- Peuplements malacologiques lacustres en relation avec la physico-chimie de l'eau et des sédiments. II. Les espèces. *Ann. Limnol.*, 28 (2), 109-119.

MOUTHON J., 1993.- Un indice biologique lacustre basé sur l'examen des peuplements de Mollusques. *Bull. Fr. Pêche Pisc.*, 331, 397-406.

PETERSON R.C., PETERSEN L.M., PERSSON U., KULLBERG A., HARGEBY A. & PAARLBERG A., 1986. Health aspects of humic compounds. *Wat. Qual. Bull.*, 11, 44-62.

PRAT N. 1978.- Benthos typology of Spanish reservoirs. *Verh. Internat. Verein. Limnol.*, 20, 1647-1651.

REAL M. et PRAT N., 1991. Changes in the benthos of five Spanish reservoirs in the last 15 years. *Verh. Internat. Verein. Limnol.*, 24, 1377-1381.

RYDING S.O. et RAST W., 1994. *Le Contrôle de l'eutrophisation des lacs et des réservoirs.* Masson, Paris, 294 p.

SAETHER O. A., 1979. Chironomid communities as water quality indicators. *Holarct. Ecol.*, 2, 65-74.

VERNEAUX J., 1994. Le macrobenthos et l'état de santé des eaux douces. Fondements, contraintes et perspectives. *In : Variables biologiques de l'état de santé des écosystèmes aquatiques.* A.G.H.T.M. Minist. Environ. éd, Paris.

VERNEAUX J., REMY F., VIDONNE A. & GUYARD A., 1987. Caractères généraux des sédiments de 10 lacs jurassiens. *Rev. Sci. Eau,* 6, 107-128.

VERNEAUX J. VIDONNE A., REMY F. et GUYARD A., 1991. Particules organiques et rapport C/N des sédiments des lacs du Jura. *Ann. Limnol.* 4 (2), 175-190.

VERNEAUX J., VERNEAUX V. et GUYARD A., 1993. a.- Classification biologique des lacs jurassiens à l'aide d'une nouvelle méthode d'analyse des peuplements benthiques. I. Variété et densité de la faune. *Ann. Limnol.,* 29 (1), 59-77.

VERNEAUX J., VERNEAUX V. et GUYARD A., 1993. b.- Classification biologique des lacs jurassiens à l'aide d'une nouvelle méthode d'analyse des peuplements benthiques. II. Nature de la faune. *Ann. Limnol.,* 29 (3-4), 383-393.

VERNEAUX J., SCHMITT A. et VERNEAUX V., 1995. Classification biologique des lacs jurassiens à l'aide d'une nouvelle méthode d'analyse des peuplements benthiques. III. Relations entre données biologiques et variables du milieu. *Ann. Limnol.,* 31 (4), 277-286.

VERNEAUX V., 1996. *Structure, Dynamique spatiale et temporelle du peuplement chironomidien du lac de l'Abbaye (Massif du Jura) et approche typologique.* Mém. thèse Doctorat Sci. Vie, Univ. Fr. Comté : 187 p. et annexes, 70 p.

VERNEAUX V. et ALEYA L., 1997. Diptères Chironomidés et caractérisation des lacs. *Année biologique,* 35 : 220-234.

VERNEAUX V. et ALEYA L., 1998. Bathymetric distributions of chironomid communities in ten French lakes : Implications on lake classification. *Arch. Hydrobiol,* 142 (2), 209-228.

WIEDERHOLM T., 1980. Chironomids as indicators of water quality in Swedish lakes. *Acta Universitatis Carolinae – Biologica,* 1978 : 275-283.

ZSCHOKKE F., 1911. *Die Tiefseefauna der Seen Mitteleuropas.* W. Klinkhardt ed., Leipzig, 239 p.

Diagnose fonctionnelle rapide et pistes de valorisation piscicole des lacs*

Introduction

La mise en valeur des plans d'eau de petites dimensions représente un enjeu économique de premier plan. Ces sites offrent en effet aux communes riveraines un cadre idéal au développement d'un habitat nouveau accompagné d'équipements sportifs voire d'activités commerciales. Ce sont aussi des gisements touristiques pour des loisirs populaires : planche à voile, pêche de loisirs, attractions diverses. Leur aménagement suppose des travaux de voirie, de réseaux divers, des remblaiements de berges humides attirant à leur tour des entreprises de service ou une petite industrie. Le paysage lacustre peut ainsi évoluer considérablement en quelques années.

La bonne coordination de toutes ces activités nécessite un effort de connaissance et de gestion rationnelle de l'espace aquatique et de son environnement. Or cet investissement n'est que rarement consenti par les gestionnaires ou alors tardivement, quand apparaissent les symptômes d'une dérive de l'édifice biologique. Un grand nombre d'expertises limnologiques concernent des lacs malades sur lesquels ont été tentées des interventions thérapeutiques plus ou moins lourdes. Le fragile équilibre des rives et du littoral lacustre où tant d'événements biologiques s'accomplissent y est à tout coup bouleversé.

Constatant que les gestionnaires de plans d'eau, notamment privés, sont isolés du conseil des techniciens compétents, quelques initiatives à leur intention ont été soutenues par la région Rhône-Alpes. Un ouvrage collectif de vulgarisation a ainsi été largement diffusé avec l'aide de l'Agence de l'eau (IIGGE, 1988) et, pour ouvrir le champ de leurs réflexions en matière de valorisation touristique, un recueil de fiches concernant 42 sites a été édité (DIREN Rhône-Alpes et ADAPRA, 1996).

La région Rhône-Alpes possède en effet un remarquable patrimoine lacustre de plus de 100 plans d'eau de 10 ha au moins dont 27 retenues valorisables au plan touristique. On constate cependant une méconnaissance des potentialités réelles de

* J.-F. PERRIN, D. VALLOD.

ces plans d'eau dont beaucoup n'ont jamais été auscultés. Faute d'accès régulier aux informations techniques indispensables, les gestionnaires agissent à l'aveuglette, ignorant ce qui se passe «de l'autre côté du miroir...» (Gerdeaux et Billard, 1985).

C'est pour répondre à une exigence minimale que nous proposons le cahier des charges d'une diagnose fonctionnelle rapide. Les modalités pratiques d'exploration et les principes d'interprétation ont été acquis sur une série d'études de cas entre 1989 et 1993 (ADAPRA *et al.*, 1991 ; DIREN Rhône-Alpes *et al.*, 1994) ; ils restent bien sûr ouverts à l'apport de nouveaux indicateurs.

Principes généraux de la méthode

Elle découle de la *diagnose rapide des plans d'eau mise* au point entre 1987 et 1990 par le CEMAGREF de Lyon à partir d'une expérimentation sur 17 lacs. L'objectif reste «d'obtenir, à frais limités, une évaluation approchée de l'état d'un plan d'eau, en particulier son niveau trophique» (CEMAGREF, 1990). Comme la diagnose rapide, notre méthode doit être utilisable par des hydrobiologistes sans spécialisation excessive. Elle en conserve les procédures d'investigation les plus simples et les plus faciles à interpréter :

- la physico-chimie de pleine eau : transparence, profil température-oxygène sur la plus grande verticale, profil de quelques paramètres chimiques (pH, NH_4, PO_4) ;

- les teneurs saisonnières en chlorophylle *a* d'origine phytoplanctonique sur échantillon intégré.

La physico-chimie des sédiments profonds, analytiquement complexe et d'interprétation délicate, n'a pas été retenue. De même, les indices hydrobiologiques basés surtout sur les oligochètes, les chironomides et les mollusques restent d'un accès taxonomique difficile pour une finalité focalisée sur l'état trophique du plan d'eau. Par contre, le benthos de la beine, par sa variété et son étagement pourrait se montrer à l'avenir assez pertinent pour caractériser le fonctionnement des compartiments de l'hydrosystème.

Si la diagnose est bien une approche des symptômes, elle ne devient fonctionnelle qu'en s'intéressant à l'état physiologique des composantes de l'entité lacustre. Les poissons constituent les éléments énergétiques les plus palpables et par leur mobilité, ils expriment bien l'intensité des échanges entre compartiments. Ils sont donc l'objet d'une analyse assez détaillée, la diagnose piscicole.

Les poissons exploitent à tout moment divers habitats, littoraux et pélagiques et se trouvent attirés par les herbiers aquatiques au moins à une phase de leur vie (Degiorgi et Grandmottet, 1993). L'évaluation rapide du peuplement (microfaune, benthos), des formations végétales et de l'état de l'habitat littoral (qualité des berges, du sédiment, effets perturbateurs de la houle ou du marnage) permet seulement de qualifier la communauté lacustre. Elle est toutefois très utile aux gestionnaires pour apprécier les modalités de contrôle et d'exploitation de ces ressources.

LAC : LAFFREY

EVALUATION DES SEGMENTS

SEGMENT A   PAYSAGE RIVE   LOISIRS
    ASPECT LITTORAL   GALETS

SEGMENT B   PAYSAGE RIVE   LANDE
    ASPECT LITTORAL   FRANGE

DESCRIPTEURS DU SEGMENT

	A	B
RIVE		
Accessibilité	4	3
Protection contre les vents	3	1
Occupation humaine	4	3
Signes de fréquentation	4	2
LITTORAL		
Pente de la grève	1	1
Stabilité	3	3
Colmatage	4	4
Abris poissons	1	1
Couverture végétale	1	2

Autres observations :

B4 B5 B6 FAUNE ASSOCIÉE MOLLUSQUES, OLIGOCHETES, ACARIENS, TRICHOPTERES LIBRES

PROSPECTION DU PLATEAU

Segment	A	A	A	B	B	B
Placette n°	1	2	3	4	5	6
Profondeur	0,3	1,2	1,2	0,6	0,5	1,3
Eloignement	20	30	30	30	50	50
Substrat dominant	CAILL	LICOQ	LIMAR	SACOQ	SACOQ	SAGRO
Substrat sous-dom.	GRAVI	ARGI	GRAVI	LIMON	MATTE	LICOQ
Colmatage	DECOQ	/	/	DEVEG	/	/
Faune associée	CHIR	/	/	ANOD	ANOD	SIAL
	/	/	/	CHIR	SPHA	GAMM
	/	/	/	/	/	/
	/	/	/	/	/	/
Hélophytes sp 1	/	/	/	/	/	/
Hélophytes sp 2	/	/	/	/	/	/
Hydrophytes sp 1	/	CHAR3	CHAR1	MYSP1	MYSP1	MYSP3
Hydrophytes sp 2	/	/	/	/	/	/
Hydrophytes sp 3	/	/	/	/	/	/
Hydrophytes sp 4	/	/	/	/	/	/
Périphyton	1	1	1	/	/	/
Autres supports	Pierres	Pierres	Pierres	/	/	/
Poissons observés (esp., stade, dens.)	/ /	/ /	/ /	/ /	/ /	/ /
Observations	Moraine	Réducteur	Affluent	/	/	Faune riche

Niveau des eaux : 0   Observateurs JFP/DJ

Transparence : 7,0   Date : 7/9/1939

Figure 4.1 : Fiche d'observation pour les relevés de terrain et la description des placettes d'échantillonnage (2 segments).

Une approche intéressante a été présentée par Meunier et Lefebvre (1979). C'est une méthode de connaissance du milieu lacustre basée sur les relations entre le support biophysique (substrat, végétaux) et les organismes qui l'habitent, en particulier les poissons et le gibier d'eau.

Nous avons retenu de ce travail théorique les principes essentiels de la stratégie d'échantillonnage et d'évaluation :

- la reconnaissance d'unités de rivages appelées segments sur la base du critère d'homogénéité de la rive (segmentation),

- l'évaluation, par une cotation simple allant de 1 à 4, des potentialités biologiques du segment en terme d'aptitude à satisfaire les fonctions vitales des poissons (protection, nutrition, reproduction),

- la description par placettes (une ou plusieurs par segment) de la grève ou frange littorale et de la beine ou talus selon la terminologie choisie.

La diagnose fonctionnelle rapide recueille également pour le gestionnaire et les riverains matière à évaluer la pertinence de leurs actes d'aménagement. On introduit à cet effet, dans la fiche d'observation (fig. 4.1) des critères d'évaluation relatifs à des activités humaines perceptibles sur le littoral et sur la rive. Leur interprétation conduit plus tard à énoncer des conseils d'actions sur les thèmes suivants : protection des eaux, aménagement de l'habitat physique, valorisation piscicole et adaptation de la pêche au sens large.

La diagnose est une expertise succincte et rapide avec en moyenne 3 campagnes dans un cycle annuel. Elle peut être reconduite régulièrement tous les trois à cinq ans comme un outil d'évaluation. Elle ne prétend pas remplacer l'étude limnologique complète (monographie) quand il s'agit d'établir un état de référence ou d'effectuer un suivi de réhabilitation comme pour les grands lacs : Nantua (Feuillade, 1985), Grangent (Devaux, 1993), Annecy (IRAP-SOGREAH,1986) et bien sûr Léman (CIPEL, 1984, 1992).

Conduite d'une étude de cas

Description générale

Elle comporte tous les éléments utiles au diagnostic quant à la topographie et au fonctionnement physique du lac issus de documents déjà publiés. Le document le plus important est la carte bathymétrique ; pour les grands lacs, il peut être fait référence au travail de Delebecque (1898). A défaut, il faut prévoir des séries de levées en transect par échosondage. On rassemble les informations concernant le statut foncier et piscicole du site, les activités et usages qu'il supporte et les caractéristiques de son environnement. La segmentation est ensuite réalisée sur la base d'une typologie des rives (fig. 4.2).

Évaluation de l'habitat lacustre

En pratique, la prospection se fait en bateau avec un bathyscope (boîte à fond de verre). Le trajet progresse en obliques successives depuis le bord (littoral) jusqu'à la limite de visibilité du fond, soit bien souvent le bord du mont.

Chaque fois que le «décor» change, une placette est repérée et identifiée par sa profondeur actuelle mesurée au sondeur, et son éloignement à la bande végétale terrestre mesurée au télémètre. Des prélèvements de sédiment par benne de Petersen, de plantes aquatiques au grappin et de faune au moyen d'une épuisette type troubleau ou d'une benne sont réalisés et donnent lieu à une description rapide. Les échantillons sont prédéterminés et préservés pour confirmation ultérieure au laboratoire.

Le rendu de ce travail est pour l'instant limité à une cartographie sommaire de la végétation et du substratum. Les éléments sont en effet insuffisants pour tenter une quantification des potentialités comme le proposaient les auteurs québécois cités (Meunier et Lefebvre, 1979). L'approche phytoécologique s'avère cependant pertinente (Perfetta *et al.*, 1988) et mériterait d'être développée.

La discussion conduit à la reconnaissance des grands types de milieux juxtaposés qui constituent le lac et la simplification de cette structure à quelques compartiments ayant une signification pour les communautés pisciaires.

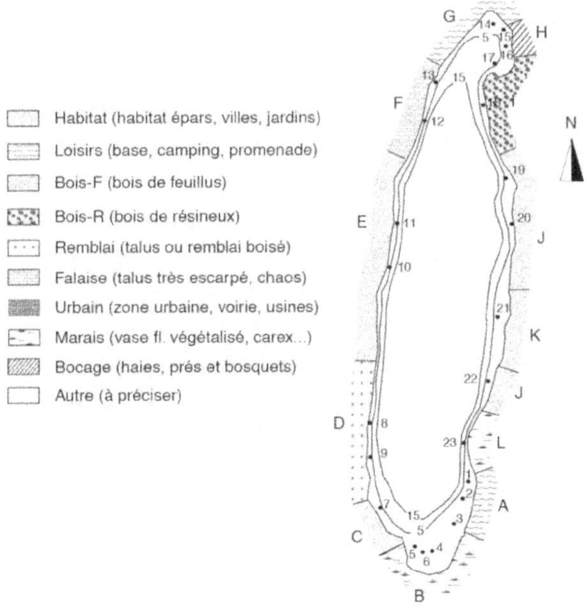

Figure 4.2 : Carte de localisation des placettes d'échantillonnage et typologie des rives (Laffrey, segments A à L).

Approche de la faune invertébrée

Benthos

C'est la faune d'insectes (notamment Chironomes), mollusques, crustacés, qui vit sur le fond. En zone littorale, la diversité décroît avec la profondeur et la granulométrie du substrat. Les grandes moules d'eau douce (anodontes) et les écrevisses peuvent représenter néanmoins une biomasse considérable sur la beine. La petite faune littorale est intensément consommée par la plupart des poissons lacustres, notamment au stade juvénile. Faute d'une technique d'échantillonnage universelle, on préconise l'usage du filet troubleau ou celui de substrats artificiels sur 4 semaines (Gimaret, 1995). Le benthos profond est essentiellement constitué de vers et larves de diptères dans un sédiment fin. Quelques sondages à la benne en précisent la disponibilité : cotation 0, + ou ++. Dans le cadre de l'indice oligochète (CEMAGREF, 1990), le logarithme à base 10 de l'abondance pour 0,1 m^2 peut être utilisé.

Plancton

C'est un maillon très important de la chaîne alimentaire du lac. Si son étude fine n'est accessible qu'aux seuls spécialistes, il est cependant intéressant d'apprécier la densité du zooplancton et du phytoplancton et son positionnement dans l'espace lacustre (profondeur). On pratique pour cela quelques traits (de 0,3 m^3 filtrés) avec les filets appropriés (vide de maille 80 microns pour le phytoplancton et 200 microns pour le zooplancton) entre 0 et 10 m de profondeur verticalement ainsi qu'à un mètre sous la surface sur 100 m. En effet, il y a une relation étroite à établir entre cet horizon nutritif et la position des poissons planctonophages stricts ou occasionnels dans le lac. On gardera toutefois à l'esprit l'instabilité et la fugacité des phénomènes observés.

Evaluation du peuplement piscicole

Mode d'échantillonnage

La stratégie choisie est loin des objectifs visés par un inventaire piscicole, la connaissance de l'effectif total ou du stock exploitable ne pouvant être acquise que par pêche totale, comptage par sondeur (écho-intégration pratiquée par l'INRA de Thonon) ou pêches partielles sur une fraction connue du peuplement (déversement de poissons marqués). Elle pallie seulement l'absence de statistiques halieutiques (carnets de pêche).

Nous avons opté pour la pêche aux filets maillants avec les critères suivants :
- méthode autorisée à des fins scientifiques et maniement facile (3 personnes) ;

- échantillon varié en espèces et en classes d'âges, pas trop abondant pour rester acceptable par les propriétaires des droits de pêche ;

- programme réduit à deux campagnes en début (mai-juin) et fin de stratification (septembre-octobre), sauf dans le cas des retenues marnantes où une troisième campagne est utile.

Deux types de matériels et deux stratégies ont été retenus :

- filets maillants de type araignée (en surface ou au fond près de la rive) et de type pic (dans la masse d'eau au large) : ils sont positionnés de préférence avec un pêcheur professionnel en recherchant avec les mailles adéquates les espèces cibles sur leurs postes nocturnes.

- filets verticaux standards de 2 m de longueur, mais d'une hauteur suffisante pour s'étendre de la surface jusqu'au fond selon le modèle mis au point par Grandmottet et Vaudaux (1989) ; on dispose au minimum de 3 jeux de 6 filets de maille homogène (15-20-30-40-50-60 mm) dans les hauteurs de 12, 20 et 40 m. Ils s'enroulent sur un flotteur en tube PVC et les drisses sont marquées tous les mètres.

Les araignées montrent bien sûr une forte sélectivité sur les espèces et procurent un échantillon assez important. On se limite à des pièces de 1000 mailles en linéaire en recherchant plutôt une gamme variée de maille (8 mm à 100 mm) sur chaque station. En milieu pélagique au large, les pics de maille 45 ou 60 mm, du fait de leur très grande surface (1 000 à 2 000 m²), sont très pêchants mais peu informatifs sur les tenues du poisson. Au contraire, les filets verticaux capturent peu de poissons mais de tailles variées ; ils permettent surtout de très bien positionner le poisson dans la masse de l'eau (Degiorgi *et al.*, 1993). Un échantillon correct, soit environ 100 kg de poisson, nécessite une pose d'environ 5 000 m² de filets en deux nuits consécutives.

Les performances de capture restent surtout liées à l'activité imprévisible du poisson. Au moins, peut-on respecter une unité d'effort «pêche par nuit complète en lune montante ou descendante» et tenir compte de la sélectivité de ces engins.

Répartition des filets par faciès

Compte-tenu de la faible taille de l'échantillon en nombre de filets et en quantité de poissons capturés, il est apparu nécessaire de répartir les engins dans les 3 ou 4 faciès de berge.

On distingue souvent, selon l'axe d'écoulement des rives droite et gauche assez abruptes et des beines amont et aval à pente plus douce, généralement bien végétalisées (type A). Les zones littorales rocheuses et graveleuses montrent entre 4 et 8 m de profondeur une cassure dite «mont» qui marque le passage brutal vers les eaux «bleues» ou «noires», c'est-à-dire les profonds (type B). Quelquefois, la pente est si forte que le mont n'existe pas, le substrat étant soit la roche mère, soit un éboulis de gravier instable dépourvu de végétation (type D). Le type C est réservé à la zone pélagique, c'est-à-dire n'ayant plus de lien biologique évident avec la berge, en général au-delà de 30 m du bord. Chacun de ces grands faciès a été divisé en 3 niveaux ou horizons (tabl. 4.1).

Ce découpage simple a l'avantage de recouvrir des notions claires sur l'habitat du poisson. Les limites en profondeur ont été fixées ainsi :

Tableau 4.1 : Principales caractéristiques écologiques dans les 6 horizons lacustres explorés.

	Zone littorale			Zone pélagique		
	0-3 m	3-10 m	+ 10 m	0-3 m	3-10 m	+ 10 m
végétation	abondante	en taches	nulle	néant	plancton	néant
taux d'oxygène	élevé	normal	faible	élevé	normal	faible
température	variable	moyenne	basse	variable	moyenne	basse
faune invertébrée	très variée	mollusques vers	diptères vers	insectes aériens	plancton	larves diptères
stades ou poissons typiques	alevins juvéniles	adultes cyprinidés brochet	perche tanche	ablette	truite lavaret	omble

- de 0 à 3 m : zone superficielle (épi-littorale ou épi-pélagique)

- de 3 à 10 m : zone médiane (méso-littorale ou méso-pélagique)

- au-delà de 10 m : zone profonde (bathy-littorale ou bathy-pélagique)

La notion de zone bathy-benthique (liée au fond du lac) qui, dans les lacs de grandes dimensions abrite une communauté typique (lotte, écrevisse), n'a pas été conservée ici.

Finalement, la répartition des poissons dans l'espace lacustre est ramenée à un ensemble de 9 ou 12 compartiments correspondants aux 3 ou 4 faciès principaux de berge (fig. 4.3).

La relève des filets s'effectue au lever du jour, d'abord au large, puis en rive. Les araignées sont relevées depuis le large vers la rive ; on note pour chaque pois-

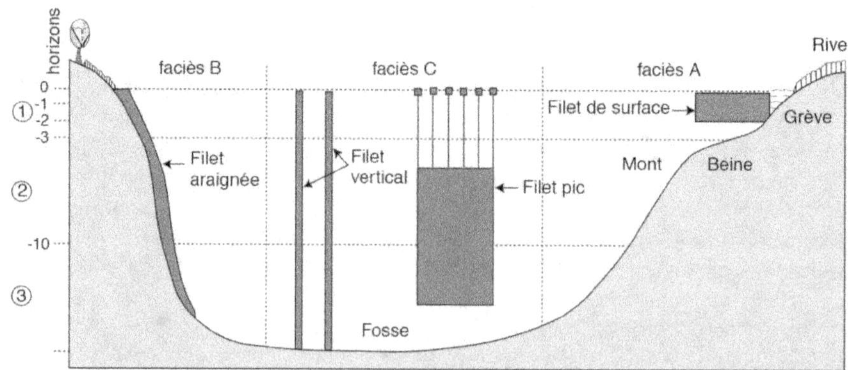

Figure 4.3 : Découpage de l'espace lacustre en neuf horizons et techniques d'échantillonnage par filet maillant.

son, la profondeur de capture (au sondeur), l'espèce, la taille approximative. Cette précaution évite les mélanges de lots et permet une répartition ultérieure des récoltes par horizon.

Regroupement des poissons par âge

Pour juger de l'abondance relative des espèces dans chaque compartiment lacustre, il convient de simplifier la variable «taille du poisson». Elle a été convertie en une échelle d'âge de 5 stades : alevin, juvénile, subadulte, adulte, sénescent. Seules les quatre dernières phases, accessibles au pêcheur et à notre échantillonnage, ont été retenues (tabl. 4.2).

L'utilisation des données bibliographiques disponibles sur les lacs alpins dans une approche cohérente entre les quelques lacs étudiés nous a permis d'établir des fourchettes indicatives codant, pour les principales espèces lacustres rencontrées, les cohortes en fonction de la taille des poissons. Il apparaît que :

- la croissance de certaines espèces est très variable d'un lac à l'autre : c'est le cas du groupe «corégone» qui présente des souches à fort taux de croissance (type Léman) retrouvées à Paladru et à Laffrey (modèle 2). Au contraire, le modèle 1, à plus faible taux, caractérise une population inexploitée (lavarets du lac de Sylans).

- le cas de l'omble chevalier est identique et seule une étude biométrique, d'ailleurs difficile pour cette espèce, peut trancher (ex: LAFFREY, géniteurs rapportés à la classe 3).

- la croissance du gardon est rapide en lac et les recouvrements de classes importants d'un lac à l'autre : l'échelle choisie est un compromis pratique.

Tableau 4.2 : Codage simplifié des cohortes (1 à 4) pour les principales espèces lacustres selon la taille en mm.

classe	1	2	3	4
phase	juvénile	subadulte	adulte	sénescent
âge moyen	1-2	2-3	3-5	+ de 5
petites espèces	50-80	80-110	110-140	140 et +
gardon et rotengle	70-100	100-180	180-240	240 et +
perche	70-110	110-190	190-330	330 et +
chevaine et barbeau	50-110	110-190	190-370	370 et +
brème et tanche	70-150	150-300	300-450	450 et +
corégone 1	120-200	200-300	320-420	420 et +
corégone 2	150-300	300-420	420-500	500 et +
truite de lac	70-150	150-250	250-600	600 et +
carpe	70-200	200-400	400-650	650 et +
brochet	100-250	250-450	450-700	700 et +

Expression des résultats

La présentation des informations ichtyologiques, notamment abondances relatives en nombre ou en masse, utilise classiquement des diagrammes en histogrammes ou en secteurs. Une bonne approche visuelle de l'organisation de la communauté pisciaire selon les principaux compartiments de production lacustre est possible à l'aide de schémas dits «profils piscicoles» dont un exemple est donné par la figure 4.4.

Pour réaliser un profil, il faut disposer, pour chaque compartiment, d'un échantillon qui agglomère tous les filets ou portions de filets ayant opéré, et qui soit normalisé à un effort de pêche global (CPUE) par unité de 1000 m²/nuit.

Le tableau 4.3 propose, à partir du jeu de données obtenues sur sept lacs, des échelles relatives d'abondance dans des faciès préférentiels ou secondaires de type A, B ou C. Les bornes des effectifs sont exprimées pour 1000 m² de filet dans des gammes de mailles usuelles et efficaces. On retient les cohortes dominantes (++) et accessoires (+) des espèces fréquentant le faciès exploré et on reporte ces informations sur le profil piscicole.

Le tableau 4.4 présente un extrait des tables de calcul concernant le faciès graveleux de niveau B2 (lac de Monteynard, juin 92) : il montre comment ont été regroupés les différents échantillons des filets (Araignées et Verticaux) en 3 classes de maille (8-20 mm, 27-50 mm, 60-70 mm) ; les surfaces utiles (S.U.)

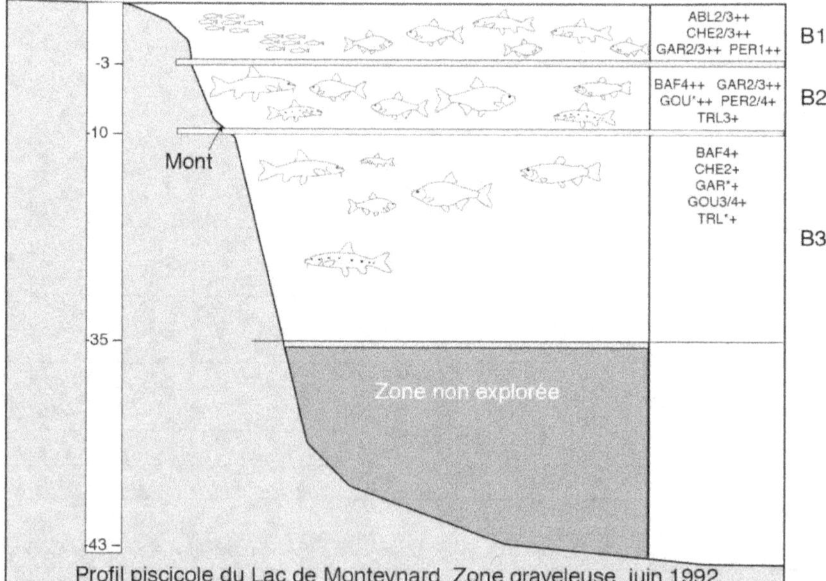

Figure 4.4 : Diagramme de distribution des espèces sur un profil graveleux à partir des données du tableau 4.4.

Tableau 4.3 : Barème des échelles d'abondance applicables à des échantillons usuels de poissons capturés par filets maillants (P= présence, + abondant, ++ très abondant).

espèce	faciès	mailles efficaces	échelle d'abondance		
			P	+	++
brème	B, A2, A3 et C3	30-70			
brochet	tous faciès	30-70			
omble	B3 et C3	30-50	1	2 à 5	6 à 25
tanche	tous faciès	20-70			
truite de lac	tous faciès	20-50			
autres espèces	tous faciès	8-70			
chevaine	tous faciès	8-40	1 à 2	3 à 10	11 à 50
perche	C	15-40			
brème	C1, C2 et A1	30-70			
rotengle	tous faciès	15-50	1 à 4	5 à 20	21 à 100
grémille	tous faciès	15-40			
corégone	tous faciès	20-50			
gardon	B, C2 et C3	15-50	1 à 8	9 à 40	41 à 200
perche	A et B	8-40			
ablette	A1 et C1	8-20			
gardon	A et C1	15-50	1 à 20	21 à 100	101 à 500

cumulent les aires des parties de nappes pêchant entre 3 et 10 m de fond. C'est dans la partie droite du tableau (cadre synthèse) que les effectifs bruts de chaque espèce (classes d'âge 1 à 4) sont cumulés puis ramenés de 1499 à 1000 m². Les cohortes dominantes de Barbeau (BAF 4), de Gardon (GAR 2 et 3), de Goujon (GOU 2, 3 et 4) etc...seront symbolisées dans le niveau B2 du profil piscicole de la figure 4.4.

Synthèse et diagnostic d'actions

Actions thématiques générales

L'orientation du diagnostic d'actions thématiques s'appuie sur un critère principal et deux critères secondaires (tabl. 4.5), d'ailleurs communs aux thèmes voisins ce qui illustre clairement les interrelations existantes. La fréquentation humaine est, par exemple, un facteur de pression sur la protection des eaux mais également sur l'organisation de la pêche, ici dans le sens d'un meilleur partage.

Chaque critère est coté de 1 à 4, du moins favorable au plus favorable. On utilise généralement une compilation d'éléments d'appréciation issus des relevés de terrain sur chaque segment. Par exemple, la **qualité des rives** est appréciée par le **degré d'aménagement des berges** (1 : artificialisé, 2 : aménagé, 3 : naturel, 4 : inoccupé) à partir des éléments suivants observés : aspect du littoral, nature de la rive, et occupation humaine.

Tableau 4.4 : Exemple de regroupement des captures par type de filets, avec normalisation à une CPUE de 1 000 m² par nuit (horizon B2, lac de Monteynard, juin 1992).

Facies B2 A8-20+V15+V20					zone graveleuse A27-50+V40-50+A50					niveau moyen A60+V60+A70					3 à 10 m Synthèse (1000 m²)					espèces
1	2	3	4	S.U.	1	2	3	4	S.U.	1	2	3	4	S.U.	1	2	3	4	S.U.	
		2	2	300					1011					188	0	0	1	1	1499	ABL 3-4
			1	300			2	23	1011					188	0	0	1	16	1499	BAF 4++
				300				1	1011					188	0	0	0	1	1499	BRB 4
		1		300			1		1011					188	0	0	1	0	1499	CHE 3
150	81	5		300	9	9	17		1011					188	0	106	60	15	1499	GAR 2-3 ++
25	69	63		300					1011					188	0	17	46	42	1499	GOU ++
49				300			4	22	1011					188	0	33	3	15	1499	PER 2-4 +
		1		300	1		4	1	1011					188	0	1	3	1	1499	TRL 3 +

Dans d'autres cas, il est fait appel à des éléments de la diagnose physico-chimique rapide, par exemple en utilisant un indice de trophie (oligotrophie : 4, mésotrophie : 3, méso-eutrophie : 2, eutrophie : 1) et un indice d'anoxie estivale (absence : 4, niveau inférieur à la profondeur moyenne : 3, niveau équivalent : 2, forte anoxie : 1).

Les éléments relevant de l'étude hydrobiologique et ichtyologique sont fondés sur l'interprétation de l'écologue qui dispose de référentiels suffisants pour apprécier :

- la disponibilité en termes d'abondance (0, 1 ou 2) du zooplancton et de proies de pleine eau (*Chaoborus*, Hémiptères, alevins...), et du benthos (0, 1 ou 2) sur la beine ; la valeur finale est une addition des deux indices.

- l'intégrité et la diversité de la ceinture végétale dans ce qu'elle a de plus biogène : abri, support et aliment. La cote est établie d'après le niveau moyen

Tableau 4.5 : Diagnostic d'actions thématiques à finalité de valorisation écologique et aquacole. Mode de cotation des critères* : 1 = mauvais ; 2 = médiocre ; 3 = bon ; 4 = excellent.

Thèmes	Critères	Éléments d'appréciation	Source d'information
	Fréquentation	Signes de fréquentation	relevé de terrain
	Qualité des eaux	Niveau de trophie Désoxygénation maxi.	diagnose rapide physico-chimique
	Maîtrise des apports	Qualité des tributaires Colmatage du littoral	diagnose rapide et relevé de terrain
	Qualité des rives	Degré d'aménagement des berges	compilation d'indices
	Ceinture végétale	Diversité/abondance de la végétation	pondération sur relevés de terrain
	Faune nutritive	Abondance du plancton et du benthos	évaluation hydrobiologique
	Stock en place	Occupation de l'espace Rendement moyen pêche	enquête halieutique et pêche aux filets
	Efficacité de la pêche	Niveau d'exploitation des espèces dominantes	évaluation peuple- ment piscicole
	Fréquentation	Signes de fréquentation	relevé de terrain

Thèmes (colonne de gauche, de haut en bas) : PROTECTION DES EAUX ; VALORISATION PISCICOLE ; AMENAGEMENT DU PHYSIQUE ; ADAPTATION POUR LA PÊCHE.

* Utilisé dans les tableaux suivants.

Tableau 4.6 : Cotation de quelques critères sur les segments du lac de Petichet, pondération au prorata du linéaire et calcul d'une valeur moyenne puis de la cote finale.

Segment	A	B	C	D	E	F	G	H	I	J	total[1]	valeur moy.	cote finale
longueur en km	0,26	0,66	0,26	0,25	0,30	1,05	0,18	0,51	0,17	1,00	4,64		
% du linéaire	5,6	14,2	5,6	5,4	6,5	22,6	3,9	11	3,7	21,5	100		
● Critères quantitatifs (de rare à abondant)													
signes de fréquentation	1	2	3	2	2	4	4	3	2	2			
cote pondérée	56	28,4	16,8	10,8	13	90,4	15,6	33	7,4	43	264	3	2
colmatage du littoral	1	1	1	2	2	1	2	4	4	4			
cote pondérée	5,6	14,2	5,6	10,8	13	22,6	7,8	44	14,8	86	224	2	3
● Critères qualitatifs (de mauvais à excellent)													
degré d'aménagement	3	3	3	1	4	3	1	2	4	4			
cote pondérée	16,8	42,6	16,8	5,4	26	67,8	3,9	22	14,8	86	302	3	3
ceinture végétale	3	3	3	1	2	3	1	1	2	3			
cote pondérée	16,8	42,6	16,8	5,4	13	67,8	3,9	11	7,4	64,5	249	2	2

(1) à comparer à l'échelle : 100-175/175-250/250-325/325-400

dans les beines à faible pente (1 = aucun herbier; 2 = herbiers monospécifiques, 3 = herbiers associant quelques espèces, 4 = ceinture végétale complète).

- le niveau d'exploitation des espèces dominantes de poisson, en particulier en vérifiant la composition du peuplement et l'équilibre des effectifs des cohortes les plus âgées. Le rendement moyen des filets maillants sur plusieurs campagnes, comparé à celui obtenu dans divers lacs, est un bon indice de l'importance du stock en place. Pour les lacs rhônalpins, les valeurs s'étalent entre 10 et 100 kg/1000 m²/nuit, avec semble-t-il une efficacité inversement proportionnelle au volume du plan d'eau, d'où une gamme proposée de 0-25, 25-50, 50-75, plus de 75 valant respectivement 1, 2, 3, ou 4.

Plusieurs critères établis à partir des relevés sur chaque segment nécessitent la recherche d'une valeur moyenne pondérée au prorata du linéaire (tabl. 4.6). On notera que la cote finale est systématiquement ajustée pour respecter l'échelle de qualité «mauvais à excellent».

Présentation d'un diagramme synthétique

Le report des huit cotes principales sur un système d'axes en étoile permet de réaliser un diagramme polygonal (fig. 4.5). Son ambition est de servir de support à une interprétation globale des points forts et des vulnérabilités du système lacustre. Pour le gestionnaire ou le propriétaire, il est possible de saisir aisément les orientations d'actions majeures et d'en discuter la faisabilité et l'opportunité avec les techniciens compétents.

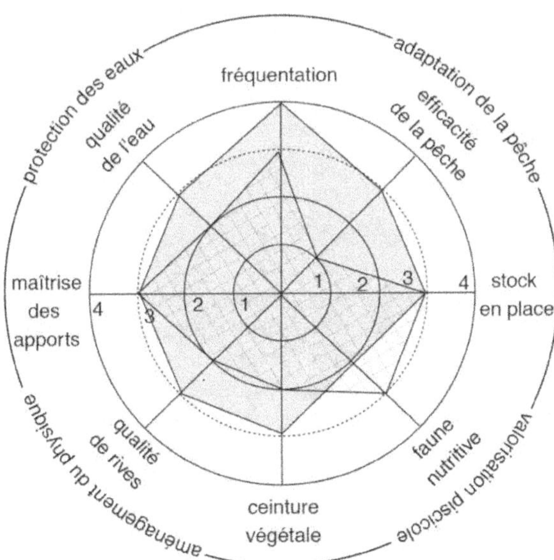

Figure 4.5 : Diagramme polygonal de diagnostic thématique pour 2 lacs : le lac de Nantua (rayures) et le lac Sylans (ombré). Remarque : 4 critères sont communs aux 2 axes majeurs.

Les lacs jumeaux de Nantua et Sylans, dans le Jura méridional, montrent des états assez différents à l'issue de la diagnose (ADAPRA *et al.*,1991). Nantua est dans un état médiocre sur tous les plans, sauf en ce qui concerne la production biologique (poissons, faune nutritive) où le niveau est bon ; le déficit en oxygène est encore très important, mais les menaces sont faibles au plan de la protection des eaux. Deux axes majeurs apparaissent : la relance de la pêche peu efficace et la restauration de la qualité des rives, ce qui mérite d'être coordonné. Sylans est un lac peu aménagé mais très fréquenté qui reste dans un bon état général malgré une faible production de benthos. Il est vrai que le marnage naturel par pertes sous-lacustres perturbe ce compartiment mais empêche également l'occupation durable des berges. Pour ce lac, il est préconisé une stricte surveillance de la qualité des apports (ruissellement de chaussées) et une protection de la ceinture végétale. La diagnose piscicole a également permis de révéler un stock inexploité de corégones.

Autres actions particulières et exemples de valorisation aquacole

L'analyse précédente conduit à une interprétation plus fine des besoins d'aménagement ou de mise en valeur. Ces actions localisées ont trait à des thèmes aussi divers que la protection d'une roselière, le nettoyage du littoral, la stabilisation de berges, l'aménagement d'accès, de pontons, etc...

Un point particulier de la diagnose traite des possibilités d'implanter des installations à finalité halieutique ou aquacole : frayères artificielles, cages flottantes, ... Il est fait appel à un ensemble d'éléments de faisabilité, également contenus dans les fiches d'évaluation (fig. 4.1) : accessibilité, protection contre les vents, abris pour les poissons, pente de la beine. Enfin, les potentialités de valorisation touristique sont esquissées ou discutées à partir des projets déjà établis par les riverains.

Quelques exemples succincts sont extraits des diagnoses réalisées en Rhône-Alpes.

Le lac de Laffrey

Ce lac de 127 ha fait partie du groupe matheysin avec Petichet et Pierre-Chatel, près de La Mûre (38). Laffrey est dans un état physico-chimique satisfaisant (oligotrophe avancé) qui convient bien aux salmonidés. Le corégone, en densité moyenne, et l'omble chevalier, également commun, sont les espèces les plus recherchées. La reproduction du corégone n'est pas prouvée alors que celle de l'omble est très probable. La végétation aquatique connaît cependant un déclin et les roselières sont en situation précaire. Le plancton est plus abondant que le benthos littoral ; les chironomes et les oligochètes sont disponibles dans tout l'espace lacustre. Les actions de protection et de valorisation piscicole suivantes ont été préconisées :

- protection des herbiers et roselières vis-à-vis de la plaisance, du piétinement et de l'action des vagues,

- revégétalisation de la beine sud et aménagement du tributaire afin de créer frayères et pépinières,

- aménagement contrôlé des postes de pêche du bord et en bateau et mise en place des carnets de pêche.

Dès 1992, l'implantation d'une unité de production pour juvéniles de corégones, ombles, truites de lac a été conduite et gérée collectivement par les pêcheurs de Laffrey selon les préconisations du pacage lacustre (Champigneulle, 1985).

Le lac de Petichet

Le lac de Petichet, voisin du précédent, s'est rétabli d'une période d'eutrophisation intense dont il porte encore quelques séquelles : déficit en oxygène important en dessous de 12 m et régression très nette des macrophytes immergés. Le marnage lié à l'usage hydroélectrique est faible (1,5 m).

Ce plan d'eau de 86 hectares possède de nombreux atouts pour réussir un développement doux. Moyennant quelques aménagements structurants, pontons, points d'accès, zones protégées et un entretien des berges pour améliorer les frayères, il est possible d'augmenter la fréquentation et d'intensifier la pêche.

La forte production piscicole, monopolisée par de gros cyprinidés comme le gardon, le rotengle, la tanche est insuffisamment régulée par des moyens efficaces tels que la pêche aux engins. Les pistes de développement proposées ont été très bien prises en mains par les pêcheurs de St Theoffrey qui font porter leurs efforts sur les ruisseaux salmonicoles afférents et les marais alentour où la rare loche d'étang a été décelée. Par ces faits nouveaux, la négociation avec EDF des règles d'exploitation de ce réservoir lacustre est rendue beaucoup plus pertinente.

Le lac du Devesset

Cette retenue de 50 ha du haut plateau ardéchois, aux eaux acides est sujette à l'eutrophisation (DIREN Rhône-Alpes, CSP-DRS, 1994).

Elle se comporte comme un lac de tourbière peu propice à l'entretien d'un stock de poissons, de salmonidés notamment. Cependant, des éléments favorables sont reconnus lors de la diagnose :

- les nombreux tributaires apportent une bonne diversité d'habitats (invertébrés divers, zones pépinières).

- la ceinture d'hélophytes est presque continue hors des plages ; elle doit être protégée et enrichie d'hydrophytes afin de jouer son rôle essentiel de support biologique,

- la production planctonique étudiée par G. BALVAY (INRA Thonon) est intense et explique l'envahissement par le gardon, le rotengle et la perche, toutes espèces planctivores quasiment inexploitées.

A ce régime, l'accélération de la biomasse et donc de l'eutrophisation est inévitable. Il est suggéré un programme d'actions comprenant :

1. / l'extraction massive des poissons blancs et de la perche afin de permettre le retour du gros zooplancton, brouteur efficace des algues unicellulaires,

2. / la mise en assec partiel des anses peu profondes afin de régénérer (oxygéner, chauler) le substrat et d'y implanter de vrais hydrophytes (herbiers-frayères),

3./ l'élaboration d'un plan de gestion piscicole basé plutôt sur des espèces «de fond et de bordure» telles que tanche, carpe, goujon, brochet, black bass accompagnés de salmonidés rustiques avec un reclassement du lac en 2ᵉ catégorie.

Le lac de Monteynard

L'examen de la qualité des eaux et du sédiment de la retenue EDF de Monteynard (38) pendant la saison 1992 caractérise un lac peu chargé en éléments nutritifs, bien oxygéné même en zone profonde, jusqu'à 100 m, de type mésotrophe. La reconnaissance des rives confirme l'absence totale d'herbiers aquatiques et donc de frayères potentielles, la forte instabilité des rives due à l'érosion par la houle et le marnage de plus de 20 m, et la pollution par du bois flottant et des déchets dans le Drac.

Ce constat a suscité des expérimentations d'une part de reverdissement des plages avec des plantes adaptées au marnage (CAREX-ENVIRONNEMENT, 1996) et d'autre part de stabilisation végétale des berges (SILENE-BIOTEC, 1993). Les premiers résultats très encourageants ont souligné l'intérêt mécanique, esthétique et hydrobiologique de cette végétalisation. Une vaste parcelle de 5000 m² est active depuis 1995.

Conclusion

La diagnose fonctionnelle rapide dresse, à peu de frais, un état des lieux préalable à un plan de valorisation et de gestion. Elle reste insuffisante pour connaître précisément les facteurs limitants de l'hydrosystème, et donc agir sur eux dans un sens prévisible. Cependant elle présente l'avantage d'ouvrir un dialogue constructif avec les responsables locaux pour les accompagner sur des actions validées par les techniciens et limnologues entendus. L'expérience révèle que ce n'est qu'à cette condition que la gestion intégrée d'un plan d'eau peut prendre corps. Il reste le besoin évident d'un relais associatif pour fédérer les propriétaires, les aider à formuler leurs besoins très en amont d'une décision et suivre ensuite les évolutions des milieux.

Références Bibliographiques

ADAPRA, SRAE, CSP DR5, 1991. Inventaire piscicole des lacs rhônalpins (campagnes 1989-1990). Lacs de Nantua et Sylans, 59 p.

ADAPRA, SRAE, CSP DR5, 1991. Inventaire Piscicole des Lacs Rhônalpins (campagnes 1989-1990). Lac de Paladru ; ADAPRA SRAE CSP-DR5, 19 p.

ADAPRA, SRAE, CSP DR5, 1991. Inventaire Piscicole des Lacs Rhônalpins (campagnes 1989-1990). Lacs de Laffrey et Petichet ; ADAPRA SRAE CSP-DR5, 38 p.

CAREX ENVIRONNEMENT, 1996. Mise en valeur des zones de marnage des réservoirs artificiels et des cours d'eau marnants. Synthèse des essais de végétalisation des berges du lac de Monteynard. Electricité de France, Agence de l'Eau R.M.C. Editeurs, 47 p.

CEMAGREF, 1990. *Diagnose rapide des plans d'eau*. Informations techniques CEMAGREF, n°79, 8 p.

CHAMPIGNEULLE A., 1985. Analyse bibliographique des problèmes de repeuplement en omble-chevalier (*Salvelinus alpinus*), truite fario (*Salmo trutta*) et corégones (*Coregonus sp.*) dans les grands plans d'eau. *In* R. GERDEAUX et R. BILLARD (op.cit.) p.187-217

CIPEL, 1984. Le Léman - Synthèse des travaux de la Commission internationale pour la protection des eaux du Léman contre la pollution - Secrét. Comm. int. prot eaux Léman contre poll, Lausanne, 647 p.

CIPEL, 1992. Avancement du plan d'action «Le Léman demain» ; Secrét. Comm. int. prot eaux Léman contre la pollution, Lausanne, 91 p.

DEGIORGI F., GRANDMOTTET J.P., 1993. Relations entre la topographie aquatique et l'organisation spatiale de l'ichtyofaune lacustre : définition des modalités spatiales d'une stratégie de prélèvements reproductible. *Bull. Fr. Pêche Piscic.*, 329 : 231-243.

DEGIORGI F, GUILLARD J, GRANDMOTTET JP, GERDEAUX D., 1993. Les techniques d'étude de l'ichtyofaune lacustre utilisées en France : bilan et perspectives. *Hydroécol. Appl.*, 5, 2,27-42.

DELEBECQUE A., 1898. *Les lacs français* - Chamerot et Renouard ed, Paris, 436 p.

DEVAUX J., 1993. *Etude de la retenue de Grangent* (rapport final) ; Université B. Pascal, Clermont-Ferrand, 130 p.

DIREN Rhône-Alpes, ADAPRA, 1996. La promesse du lac. Pistes pour une valorisation douce des lacs rhônalpins. Pochette de 24 fiches, co-éditeurs Région Rhône Alpes - Agence de l'Eau RMC.

DIREN Rhône-Alpes, CSP-DR5, EPTEAU, 1994. *Diagnose rapide et inventaire piscicole du lac de Monteynard* (Isère) - campagnes 1992-1993- Rapport final, 108 p.

DIREN Rhône-Alpes, CSP-DR5, 1994. *Inventaire piscicole du lac de Devesset* (Ardèche), campagnes 1992-1993- Rapport au SDEA, 72 p.

FEUILLADE J., éd. 1985. *Caractérisation et essais de restauration d'un écosystème dégradé : le lac de Nantua* ; Coll. Hydrologie et Aquaculture, INRA Editions 165 p.

GERDEAUX D., BILLARD R., (eds), 1985. *Gestion piscicole des lacs et retenues artificielles* Coll. Hydrobiologie et aquaculture, INRA Editions, Paris, 274 p.

GIMARET H., 1995. L'utilisation de substrats artificiels pour l'analyse biologique comparée des lacs. Durée d'exposition. *Hydroécol. Appl.*, T. 7, Vol. 1-2, p. 1-18.

GRANDMOTTET J.P., VAUDAUX P., 1989. Utilisation des filets verticaux pour l'échantillonnage des peuplements piscaires : premiers résultats et perspectives, colloque IIGGE, Aix-les-Bains : 20 p.

I.I.G.G.E., 1988. *Plans d'eau, de l'autre côté du miroir*. Ouvrage collectif du groupe lacs de l'I.I.G.G.E., édition Agence de l'Eau RMC., 127 p.

IRAP-SOGREAH, 1986. *Suivi du lac d'Annecy*. (Qualité des eaux, bilan piscicole, littoral lacustre). Synthèse et conclusions. Rapport d'étude, 49 p.

MEUNIER P., LEFEBVRE G., 1979. *Méthodologie d'évaluation des potentiels écologiques*. Ministère des richesses naturelles, Québec 34 pages + annexes.

PERFETTA J., JUGE R., LACHAVANNE J.B., 1988. Qualification phyto-écologique des rives du lac des Quatre cantons. *In :* G. BALVAY, 1988 : *Eutrophisation et restauration des lacs –* Actes du colloque de Thonon-les-Bains, 246 p.

SILENE-BIOTEC, 1993. *Aménagement du lac de Monteynard : expérimentation sur la stabilisation des berges du lac.* Rapport à EDF et Agence de l'Eau, 18 p.

Connaissance des peuplements

Méthodes de pêche active en milieu lacustre : caractéristiques et contraintes d'utilisation*

L'échantillonnage du poisson avec des méthodes actives s'applique à des objectifs variables qui concernent l'autoécologie des espèces (alimentation, croissance, reproduction, répartition) ou le fonctionnement systémique des plans d'eau (capacité biogénique, structuration des peuplements, biomanipulation). L'utilisation de telles méthodes facilite aussi la capture de poissons vivants destinés au marquage (capture recapture) et à l'empoissonnement d'enclos ou de structures d'élevage. Enfin, certaines études spécifiques confortent ou complètent les résultats obtenus par d'autres moyens d'estimation (système acoustique, engins passifs, autres méthodes actives).

Selon la définition retenue par Gerdeaux (1985), les engins actifs sont manœuvrés par le pêcheur ; la capture du poisson intervient peu de temps après la mise à l'eau de l'engin. On peut extrapoler cette définition à d'autres méthodes de pêche appliquées sans engin telles que l'explosif et l'empoisonnement. Dans tous les cas, la collecte de poissons sera le résultat d'une technique adéquate mise en œuvre en présence de poisson. C'est à partir de ces trois éléments : caractéristiques des engins et moyens de capture, comportement du poisson en présence de l'engin et critères de choix d'un protocole, que va s'articuler ce chapitre relatif à la pêche active.

Méthodes actives, engins actifs : classification

Il existe une grande diversité de modes de pêche active (tabl. 5.1). On peut distinguer globalement les pratiques de pêche mettant en œuvre un engin équipé d'un filet, des techniques d'attraction ou d'immobilisation du poisson sans filet.

Engins avec filets

La majeure partie des techniques de pêche active appartient à cette première catégorie. La publication de Nedelec *et al.* (1979) constitue un travail de réfé-

*G. MASSON, A. PEDON-FLESCH et R. MARZOU.

Tableau 5.1 : Répertoire et caractéristiques globales des méthodes de pêche active. Classement des engins selon leur maniement.

Mode de capture	Type de maniement	Exemple d'outils	Ouverture de l'engin en pêche		Filet	
			forme	système	forme	montage
• *Engins avec filet* en ligne droite	engin tracté	chalut à panneaux	ovale	cordage	chaussette	2 à 4 faces, plusieurs nappes
		chalut à perche	ovale	cordage ou cadre	chaussette	de mailles différentes
		filet de plancton	cercle ou carré	cadre	cône	1 nappe, 1 maille unique
	engin poussé	haveneau	demi-cercle	cadre	cône ou	1 nappe, 1 maille unique
		filet poussé	carré ou rectangle	cadre	hémisphère ou	1 nappe, 1 maille
		tamis à civelle	cercle ou rectangle	cadre	chaussette	2 nappes, 2 mailles
par encerclement	sur le côté	senne de plage	rectangle	cordage	rectangle (une ou plusieurs poches)	1 ou plusieurs
		senne danoise	rectangle	cordage	rectangle (une ou plusieurs poches)	nappes de
	sur le côté et au-dessus	filet tournant	rectangle	cordage	rectangle	mailles différentes
verticalement	engin coiffant	épervier	cercle	cordage lesté	cône	1 nappe, 1 maille unique
		cage piège lancée	carré	cadre	cube (ouvert dessus et dessous)	1 nappe, 1 maille unique
		cône emmanché	cercle	cadre	cône	1 nappe, 1 maille unique
	engin soulevé	carrelet	carré	cordage	carré	1 nappe, 1 maille unique
		cage hissée	carré	cadre	cube ou parallélépipède	1 nappe, 1 maille unique
		cage lestée	rectangle	cadre flottant	(ouvert au-dessus)	1 nappe, 1 maille unique
• *Méthodes sans filet* ligne	lancée	lancer, canne	leurres et appâts naturels			
	soulevée	dandinette				
	tractée	ligne traînée				
	posée	palangre				
électronarcose	pêche électrique	anode seule ou associée à un autre engin de capture				
pompage	total ou partie					
explosion	jet	dynamite				
intoxication	déversement	roténone				

rence ; les auteurs fournissent et analysent les critères conduisant à la conception puis à la construction des principaux engins (actifs ou passifs) destinés à la pêche professionnelle en mer.

Les engins de capture équipés d'un filet prennent des formes très variées qui résultent d'adaptations au site de pêche et aux comportements des espèces cibles. Ils se différencient par leur maniement (tabl. 5.1). Certains sont tractés ou poussés en ligne droite : les chaluts par exemple. Dans d'autres cas, la capture du poisson intervient après son encerclement (sennes) ou bien par la prospection verticale de la colonne d'eau dans sa totalité.

Capture en ligne droite : engins tractés ou poussés

Engins tractés

Classiquement, l'ouverture des chaluts est assurée par la présence de panneaux divergeants qui écartent les faces latérales du filet (ailes) (fig. 5.1). Ces panneaux sont pleins, métalliques ou en bois. Sur fonds vaseux, l'usage de panneaux ajourés réduit le risque de colmatage du filet (Nedelec *et al.*, 1979). Ils peuvent être fixés directement aux ailes de l'engin (Gerdeaux et Jestin, 1979) mais ils en sont généralement indépendants. Dans une revue des principaux modes de gréement existants, Nedelec *et al.*, (1979) fournissent les conditions et les modes de leur réglage. Ces informations ne seront pas reprises dans notre analyse, par contre les autres conditions favorables ou non à l'ouverture de l'engin doivent être rappelées.

L'ouverture du chalut posé sur le fond dépend du rapport entre la longueur de fune et la profondeur ou sonde, de la vitesse de traction et enfin du lestage (masse du bourrelet voire des panneaux) (fig. 5.2). Pour des bourrelets suffisamment lourds (1,4 kg/kW de puissance motrice), Nedelec *et al.*, (1979) recommandent aux marins pêcheurs un filage moyen égal à 3,5 fois la sonde. Un filage plus court augmente l'ouverture verticale mais réduit le contact du bourrelet sur le fond. Pour Gerdeaux (1985), à des profondeurs supérieures à 5 m, il faut prévoir cinq fois la hauteur d'eau alors que sur fonds inférieurs, la longueur de fune doit atteindre environ dix fois la hauteur d'eau.

Le chalut peut être maintenu ouvert sans panneaux grâce à l'emploi d'une perche intégrée au gréement de l'engin (fig. 5.3) ou bien installée à bord et en travers du navire (Berka, 1990). La présence d'une perche sur l'engin permet d'estimer la densité des poissons connaissant le volume d'eau filtrée par le chalut (tabl. 5.2). Dans le cas du chalut à panneaux, l'effort de pêche est moins stable, car l'ouverture fluctue selon les conditions d'utilisation de l'engin. De plus, la présence de panneaux contribue à orienter les poissons dans le champ d'action du filet ce qui engendre une surestimation des densités. Qu'ils soient à perche ou à panneaux, les chaluts sont adaptés à la capture sur le fond (chalut benthique) ou en pleine eau (chalut pélagique) (tabl. 5.2). Dans ces domaines pélagiques ou benthiques, les panneaux disparaissent lors de l'échantillonnage en bœuf ; deux navires tractent le même engin.

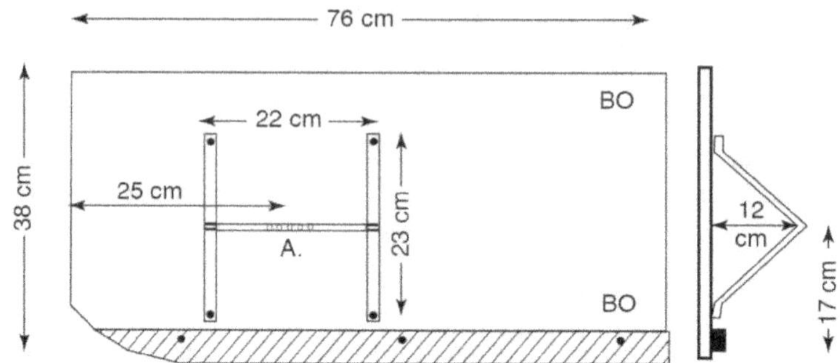

Figure 5.1 : Plan de panneau droit de chalut (Gerdeaux, 1985 ; *d'après Gibbs et Mattews*, 1982). Ce panneau est en contreplaqué de 12 mm d'épaisseur lesté par une barre en acier. Il permet l'ouverture d'un chalut dont la largeur et la maille mesurent respectivement 8 m et 25 mm.

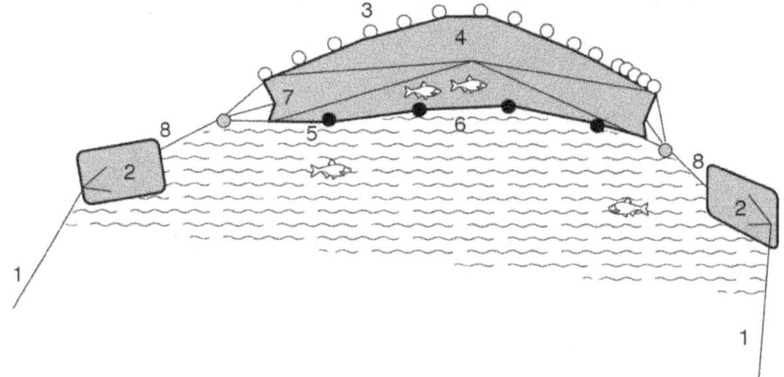

Figure 5.2 : Chalut de fond à panneaux (*d'après George et Nedelec*, 1991). 1 : fune, 2 : panneau, 3 : flotteur, 4 : corde de dos, 5 : lest, 6 : bourrelet, 7 : filet, 8 : bras.

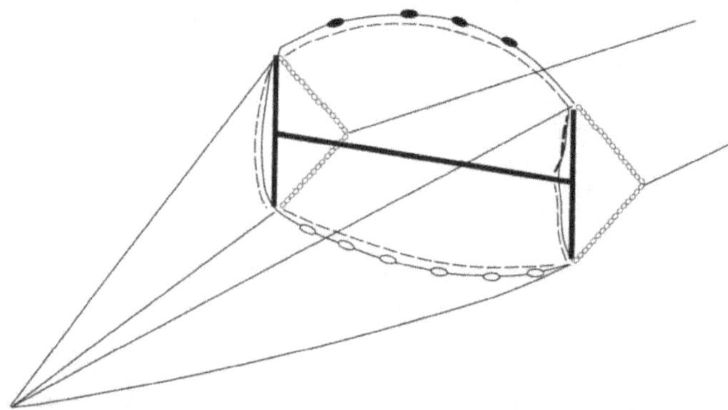

Figure 5.3 : Chalut à perche électrique de Benech *et al.* (1978). L'ouverture mesure 2,5 m de large sur 1 m de hauteur. Le filet a 4,8 m de profondeur, sa maille est de 12 mm. L'anode est disposée tout autour de la bouche.

Considérons le cas d'outils expérimentaux (tabl. 5.3 et 5.4). Les aires de nourrissage dans les estuaires de l'Atlantique sont prospectées avec des chaluts de fond à perche de moyenne et petite dimension (Desaunay *et al.*, 1985 ; Dorel *et al.*, 1985 ; Marchand et Masson, 1989). Dans les deux cas, grâce à la présence de patins, l'engin progresse en glissant sur le fond (fig. 5.4). Ils sont fixés sous les étriers qui supportent la perche à chaque extrémité. La hauteur de ces étriers détermine la hauteur d'ouverture de l'engin. Dans le lac de Constance, le chalut pélagique expérimental est tracté à la profondeur souhaitée avec une seule fune. Quatre câbles de 50 m la relient aux sommets du cadre carré de l'engin. Chaque sommet supporte un panneau déflecteur, en bois sur la face dorsale et métallique en position ventrale (Ruhle, commun. pers.).

Le chalut offre la possibilité de prospecter des milieux profonds de surface et de volume conséquents. En revanche, son usage est limité voire exclu en présence d'obstacles sur le fond ou par faible profondeur (problèmes du tirant d'eau et du sillage) (tabl. 5.3). Par contre, à proximité des rives, il est possible d'utiliser un engin manuel. L'opérateur le tracte à distance depuis l'extrémité de l'aire balayée, afin de ne pas perturber le milieu. L'usage de ce microchalut facilite le découpage de l'espace en fonction de l'habitat, mais il peut se révéler destructeur pour l'environnement lorsqu'il est employé dans la végétation. La hauteur d'eau peut correspondre à la hauteur de l'engin (Winfield *et al.*,1992). Sur la retenue du Mirgenbach (Cattenom, France), l'engin utilisé mesure 1,2 m de largeur pour 0,8 m de hauteur (Université de Metz, 1992) (fig. 5.5).

Les eaux lacustres se caractérisent par une moins grande clarté que les eaux marines. Dans ces milieux, il n'est pas utile, contrairement aux engins maritimes de monter le filet avec des nappes de mailles décroissantes de l'ouverture à l'extrémité du chalut. Cependant, dans le cas d'une récolte de très jeunes stades, l'extrémité de la poche est confectionnée avec une nappe de faible vide de maille, plus ou moins rigide. Ceci peut provoquer des phénomènes de refoulement et favoriser la fuite du poisson si la vitesse de traction se révèle inadaptée.

L'efficacité du chalut peut être optimisée grâce à l'électrification. Avec un chalut expérimental de 80 cm d'ouverture, les traits d'une durée de 5 minutes produisent en moyenne sans électricité 0,4 poisson, contre 11,3 avec un voltage de crête de 110 volts (Gerdeaux et Jestin, 1979) (fig. 5.6). De même, Benech *et al.*, (1978) estiment que le rendement de leur chalut augmente en moyenne de 5,7 fois par électronarcose. Par contre, ces auteurs ne notent pas de variations marquées des résultats en modifiant le type de courant. Ils conseillent de placer la cathode en arrière du chalut plutôt qu'au bateau le tractant. En effet, le poisson perçoit le champ électrique de plus loin lorsqu'elle est fixée au navire, surtout en eaux peu profondes. De manière générale, le champ de l'électrode n'étant pas illimité, l'électrification des filets de largeur supérieure à 10 m n'améliore pas ou peu l'efficacité de l'engin (Gerdeaux, 1985). Cependant, les pêcheurs russes associent un système d'électrification (ELU-4 Complex) à des chaluts de 15 m de large et de 5 m de hauteur. Ils sont tractés en bœuf entre 1,5 m et 20 m de profondeur en système lacustre (Berka, 1990). Les impulsions électriques sont produites par un générateur immergé, fixé à la corde de dos du chalut, à proximité des électrodes. Un bateau auxiliaire fournit la puissance électrique nécessaire. L'électricité n'est pas efficace en dehors d'un intervalle de vitesse de traction compris entre 1,5 et 3 km / h.

Tableau 5.2 : Critères de choix des engins actifs : avantages et limites des différentes méthodes.

Exemple d'engin actif	Caractéristiques de l'engin				Domaine d'investigation			Potentialité d'exploitation des échantillons							
	embarqué ?		mode de virage	facilité de mise en oeuvre	lieu	niveau	habitat altéré	efficacité				repro*	estimation		mode d'expression optimal
	oui ou non	si oui						larve	alevin	juvénile	adulte		vol*	surf.*	
chalut à panneaux benthique	oui	en pêche	mécanique	---	large	benthos	oui	---	+++	+++	+++	+	+	+	densité
chalut à panneaux pélagique	oui	en pêche	mécanique	---	large	pelagos	non	---	+++	+++	+++	+	+	-	densité
chalut à perche benthique	oui	en pêche	mécanique	-	large	benthos	oui	---	+++	+++	+++	+++	+++	+++	densité
chalut à perche pélagique	oui	en pêche	mécanique	--	large	pelagos	non	---	+++	+++	+++	+++	+++	-	densité
chalut pélagique en boeuf	oui	en pêche	mécanique	---	large	pelagos	non	---	+++	+++	+++	++	+	-	densité
microchalut embarqué	oui	en pêche	mécanique	+	large	benthos	oui	+++	+++	++	-	+++	+++	+++	densité
microchalut de rive	parfois	pose	mécanique	+++	rive	colonne	oui	+++	+++	++	--	+++	+++	+++	densité
filet de plancton tracté	oui	en pêche	mécanique	+	large	pelagos	non	+++	-	--	---	+++	+++	-	densité-
tamis à civelle	oui	en pêche	manuel	+	large	pelagos	non	+++	++	-	---	++	++	-	densité
filet poussé	oui	en pêche	manuel	++	large	pelagos	non	+++	+++	++	+	+++	+++	-	densité
haveneau	non		manuel	+++	rive	colonne	oui	++	++	+	--	+++	+++	+++	densité
épuisette	indiff.*	en pêche	manuel	+++	rive	benthos	oui	+	+	+	-	--	--	---	CPUE
senne de plage	parfois	pose, traction	manuel	++	rive	colonne	oui	++	+++	+++	++	+	+	++	densité
senne danoise	oui	en pêche	mécanique	-	large	pelagos	non	+++	+++	+++	++	+	+	+	densité
filet tournant	oui	en pêche	mécanique	-	large	pelagos	non	+++	+++	+++	++	-	+	++	densité
épervier	oui	en pêche	manuel	+	rive	colonne	oui	--	+	+	+	?	+	++	CPUE
cage piège lancée	parfois	pose	manuel	+++	rive	colonne	non	++	+	-	---	?	+	+	CPUE
cône emmanché	indiff.	pose	manuel	+++	rive	colonne	non	---	+	+	--	-	+++	+++	CPUE
carrelet (fixé ou non)	parfois	en pêche	variable	+++	rive	colonne	non	+	++	++	+	?	+++	+++	densité
cage hissée	fixe	récolte	mécanique	--	rive	colonne	non	+++	++	+	+	-	+++	+++	densité
cage hissée	fixe	récolte	manuel	++	rive	colonne	non	+++	++	++	++	++	+++	+++	densité
cage hissée lestée	parfois	pose	manuel	+++	rive	colonne	non	+++	++	-	---	++	+++	+++	densité
ligne lancée	indiff.	en pêche	manuel	+++	rive	colonne	non	---	-	+	++	++	---	-	CPUE
ligne tractée	oui	en pêche	manuel	+	large	colonne	non	---	-	+	++	+	---	-	CPUE
pêche électrique	oui	en pêche	manuel	+-	rive	colonne	non	---	++	+++	++	+	-	-	CPUE

+++, ++, ++, - : le nombre de signes + augmente avec la fiabilité du critère.
* Repro. = reproductivité de l'échantillonnage. Vol. : estimation possible du volume filtré. surf. : estimation possible de l'aire balayée. Indiff. = indifférent.
CPUE : capture par unité d'effort.

Tableau 5.3 : Quelques exemples d'utilisation du chalut en milieu lacustre (Gerdeaux, 1985).

	Chalut			Bateau			Chalutage				Références
Type	Largeur (m)	Panneaux (m)	Maille du fond (mm)	Nombre	Longueur (m)	Puissance (kW)	Profondeur (m)	Funes (m)	Vitesse (km/h)	Durée du trait (mm)	
perche benthique pélagique électrifié	2,5		12	1	5	29,5	3	25	3	5	Benech et al., 1978
perche benthique électrifié	2		9	1	5	7,5	5	30	2,5	5	Gerdeaux et Jestin, 1979
boeuf benthique électrifié	6		9	2	5	7,5	5 à 10	30	2,5	10	Gerdeaux et Jestin, 1982
panneaux benthique	8	0,4 x 0,8	25	1	5	4	5 à 10	40 50	<4	5	Gibbs et Matthews, 1982
panneaux benthique	10,7 13,7	0,8 x 1,6	3,8 4,4	1	13,7	62,5	2 20	30 125	5	15	Nelson et Boussu, 1974
boeuf pélagique benthique	12		40 12	2	5	11 à 22	10 20	90 125	2,5 à 3,4 1,7 à 2,5	20	Steinberg et Dham, 1974

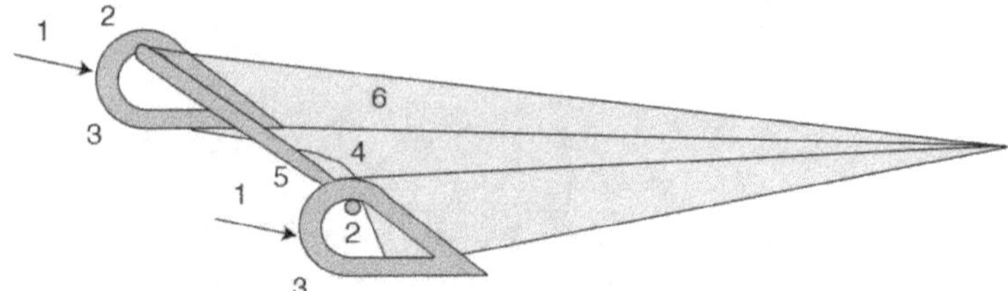

Figure 5.4 : Chalut à perche benthique *d'après Desaunay et al.* (1985). Le filet (1) a 20 m de profondeur. Sa maille est de 20 mm au fond de la poche. Les bords internes des étriers (2) sont distants de 2,70 m. La corde de dos est à 0,50 m de hauteur. Elle est liée à la perche (3). 4 : bourrelet, 5 : patin, 6 : fune.

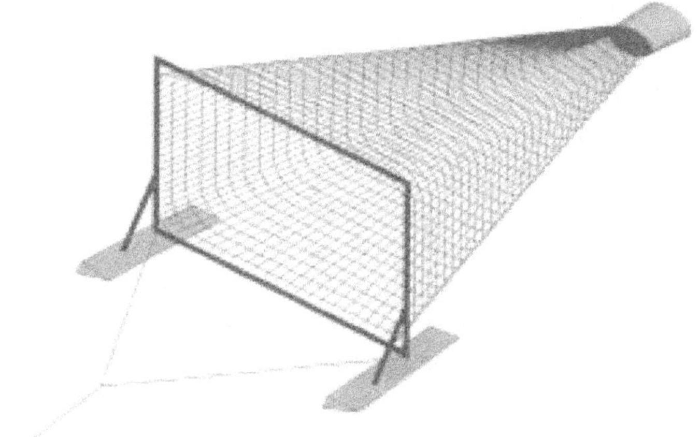

Figure 5.5 : Microchalut de fond. Filet : profondeur = 2,5 m, maille carrée = 2 mm. Cadre métallique : longueur = 1,2 m, hauteur = 0,8 m. Le filet est fermé par un collecteur cylindrique en PVC. Noter la présence de patins.

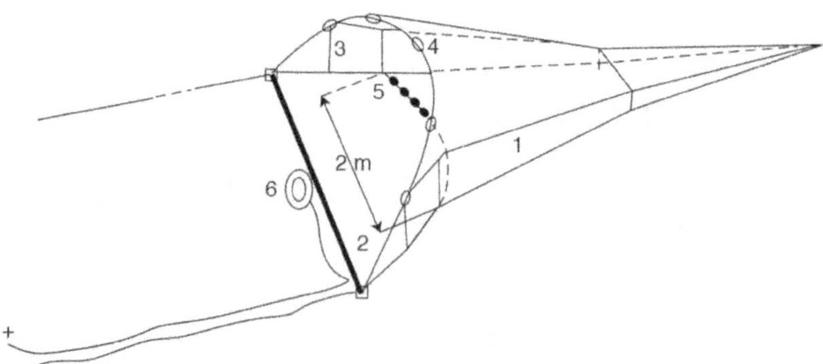

Figure 5.6 : Chalut à perche de Gerdeaux et Jestin (1979). La poche de 3,5 m de long (1) est un filet noué dont la maille mesure 9 mm. La bouche du chalut est maintenue ouverte par 2 panneaux latéraux (3) en filet, par une série de flotteurs portés par la corde de dos (4) et par une série de plombs localisés sur la corde de ventre (5). L'anode (6) de 20 cm de diamètre est centrale, circulaire et fixée sur la perche (2) en PVC de 35 mm de diamètre.

Engins poussés

A bord de certains navires, deux engins de pêche poussés sont immergés de part et d'autre de la coque à une profondeur faible, généralement inférieure à un mètre (Berka, 1990) (fig. 5.7, tabl. 5.2 et 5.4). Par ailleurs, en estuaire, les tamis à civelles fixés à l'extrémité d'un manche travaillent en pleine eau jusqu'à 6 m de profondeur (fig. 5.8). Tous ces engins embarqués sont exploités à des fins commerciales ou expérimentales. Quel que soit le stade collecté, l'acquisition simultanée de deux échantillons présente un vif intérêt. Dans d'autres cas, le filet travaille à l'avant du navire. Cette capture de front serait l'un des moyens de pêche les plus efficaces en surface ou à proximité, car le poisson n'est pas effrayé par le bruit, ni perturbé par le sillage du navire. A bord des catamarans russes de pêche lacustre équipés de ce système, la pêche est continue ; l'extrémité du filet débouche directement sur le navire (Berka, 1990).

Il existe d'autres engins poussés manœuvrables à partir de la rive. Le haveneau, engin traditionnel de capture de crevettes marines est utilisé pour inventorier les aires littorales de nourrisserie en mer ou en estuaire (Gully, 1981 ; Marchand et Elie, 1983). L'épuisette est un engin quelquefois signalé dans la littérature pour la capture à vue des jeunes individus. Il permet l'étude de la répartition à l'échelle de l'habitat bien que l'effort de pêche soit difficilement reproductible.

La récolte de l'ichtyoplancton est réalisable avec des filets coniques indifféremment tractés ou poussés (tabl. 5.2 et 5.4). Ces derniers facilitent la récolte à une profondeur connue dans la partie superficielle ou médiane de la masse d'eau (emploi d'une perche jusqu'à 6 m). Par contre sur le fond ou sur les rives, il est préférable de tracter le filet en toile à bluter. Sa position doit être légèrement surélevée au-dessus des patins de telle sorte qu'il n'y ait pas de risque de colmatage par le substrat. Pour cette raison, les patins doivent être latéralement éloignés de l'ouverture de l'engin, ce qui lui confère une plus grande stabilité. Une toile résistante installée sous le filet (tablier) évite son altération en présence d'aspérités et peut servir de support à un collecteur pour prévenir les accrocs. Enfin, une ouverture non circulaire (carrée ou rectangulaire) homogénéise l'efficacité de l'engin dans la zone balayée.

Capture par encerclement : filet tournant, filet sans coulisse et senne

Ces engins présentent une forme quasi rectangulaire. En fin de virage, le poisson est concentré dans une ou plusieurs poches mais certains engins en sont dépourvus. La terminologie est variable, car leurs usages et leurs formes sont multiples. Certains engins sont embarqués et nécessitent des moyens lourds (puissance motrice), d'autres sont manœuvrés à terre (tabl. 5.2). Suivant les articles cités, la dimension et la maille employées sont très variables (tabl. 5.5). Les mailles sont cependant généralement plus réduites que dans le cas du chalut pour éviter le problème du maillage (prise du poisson dans la maille du filet). Ce type d'engin est utilisé pour la récolte de tout type de stades, de l'embryon à l'adulte mais il existe de larges différences d'efficacité de capture entre espèces. Face à ce type d'engin, les poissons pélagiques ont une vulnérabilité supérieure aux poissons benthiques.

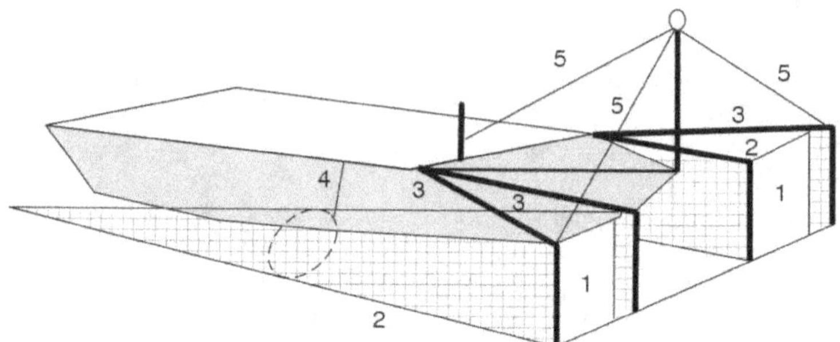

Figure 5.7 : Engins poussés de part et d'autre du navire (*d'après Berka*, 1990).
1 : ouverture de l'engin, 2 : filet, 3 cadre métallique portant l'engin, 4 : cordage,
5 : drisse destinée à relever ou immerger l'engin.

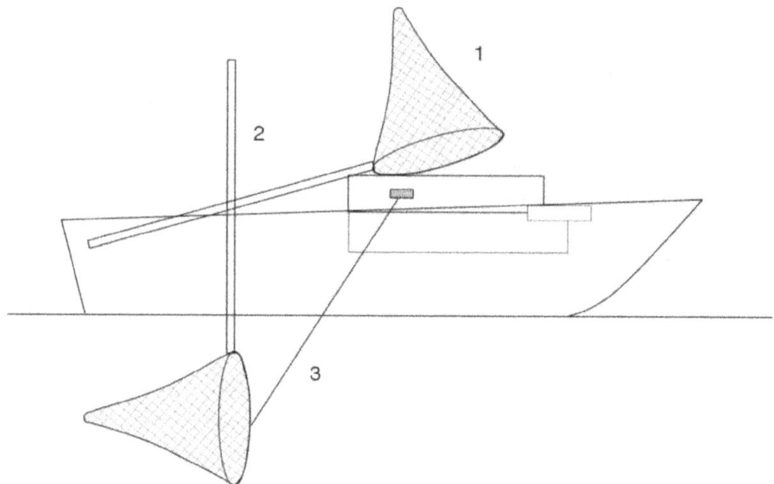

Figure 5.8 : Tamis à civelle. Position du tamis emmanché circulaire en action de pêche
(Elie, 1979). 1 : filet, 2 : manche, 3 : cordage.

Filet tournant, filet sans coulisse

Ces engins sont destinés à la capture de poissons pélagiques. La manœuvre nécessite une à deux embarcations (fig. 5.9). Une extrémité est mouillée ou tenue par une embarcation annexe pendant que le navire procède à l'encerclement du poisson. Des flotteurs maintiennent le filet en surface pendant que sa base lestée dresse progressivement un barrage cylindrique. L'isolement du poisson se poursuit pendant le virage de l'engin en hissant la corde située à la base de l'engin (fig. 5.10). Cette corde est fixe ou coulisse (cas de la senne coulissante ou du filet tournant avec coulisse) (Andreev, 1967).

Senne

La senne (ou seine) porte généralement une poche dont la profondeur mesure de 1,5 à 2 fois la hauteur du filet. Situées de part et d'autre de cette poche, les ailes sont semblables dans les filets symétriques mais chacune occupe un tiers à deux tiers de la longueur totale dans les filets dissymétriques. Dans le cas des sennes de plage, l'échantillonnage du poisson intervient en zone littorale. Selon la hauteur de l'engin, les manœuvres de pose ont lieu avec ou sans embarcation. Le filet est tendu parallèlement au rivage, puis les ailes sont halées jusqu'à terre, généralement perpendiculairement au rivage. La traction du filet est facilitée par l'usage d'une embarcation. Les funes sont alors enroulées sur un treuil à terre et renvoyées au navire qui les remorque en s'écartant du rivage.

Sur les hauts fonds, d'autres sennes pélagiques (senne danoise, fig. 5.11) sont utilisées soit du rivage soit au large. L'encerclement du poisson suit une procédure similaire au filet tournant. Si le filet est dissymétrique, le périmètre se resserre en halant l'une ou l'autre aile. Dans le cas contraire, les deux ailes sont virées parallèlement comme un chalut. Cet engin embarqué ainsi que le filet tournant présentent l'avantage d'échantillonner le poisson dans un grand volume d'eau. Ils permettent d'accéder à des stades parfois difficilement préhensiles. Les captures peuvent être conséquentes mais souvent mono ou pauci-spécifiques. Leur densité est rapportée au volume du cylindre isolé par le filet (tabl. 5.2). L'inconvénient majeur de ces échantillonneurs réside dans la lourdeur de leur mise en œuvre. Une autre difficulté provient de l'hétérogénéité spatiale des populations échantillonnées. Elle engendre une forte variabilité des effectifs capturés et nécessite un effort de pêche accru. Enfin contrairement à la senne de plage, toute la colonne d'eau n'est pas prospectée.

Les engins embarqués tels que les chaluts, les filets tournants ou sennes nécessitent un personnel qualifié (2 personnes par navire) et des équipements adéquats. La présence d'un treuil est relativement indispensable, de même que celle d'un échosondeur surtout si la topographie et la nature du fond ne sont pas connues. Gerdeaux (1985) conseille l'emploi d'un appareil à enregistrement sur papier avec une gamme de faible profondeur (0-15 m, par exemple). Les vitesses recommandées lors du chalutage varient selon l'auteur. Il ne faut pas tracter l'engin à une vitesse excessive, susceptible de provoquer un phénomène de refoulement du poisson hors de l'engin. La puissance motrice doit dépasser 10 à 20 chevaux. Un moteur inboard est préférable à un moteur hors bord. Dans le premier cas, l'engin peut être immergé et viré par l'arrière ; dans le second, il faut manœuvrer sur le côté lors de la mise à l'eau ou de la remontée du filet. Il suffit alors de décrire un cercle au début et à la fin du trait de chalut. Dans le cas d'un chalutage en bœuf, les deux bateaux opèrent en coordination. Leur puissance motrice doit être similaire et inférieure à celle d'un navire tractant l'engin seul. Chaque embarcation aura donc un volume moindre que le navire unique, ce qui peut faciliter leur transport routier.

Capture verticale : engins hissés et coiffants

Ces engins sont en général économiques et faciles d'emploi. Ils ont en commun l'échantillonnage du poisson dans l'ensemble de la colonne d'eau sur une

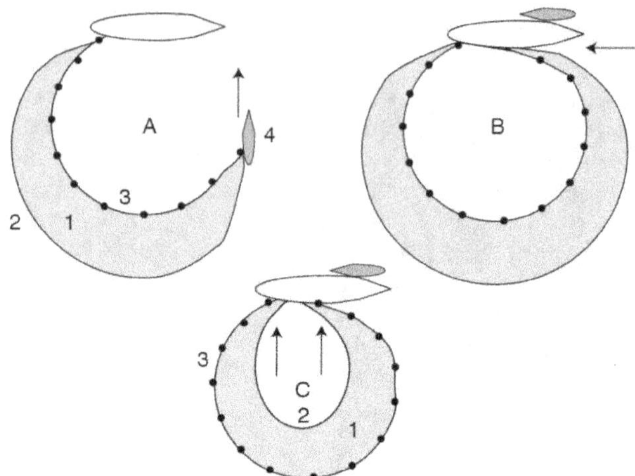

Figure 5.9 : Filet tournant (1) à coulisse (2) en action de pêche. A : le filet est tracté. B : il isole progressivement la colonne d'eau. C : la coulisse referme la partie inférieure du filet pour prévenir la fuite du poisson. 3 : corde flottante, 4 : annexe de senne.

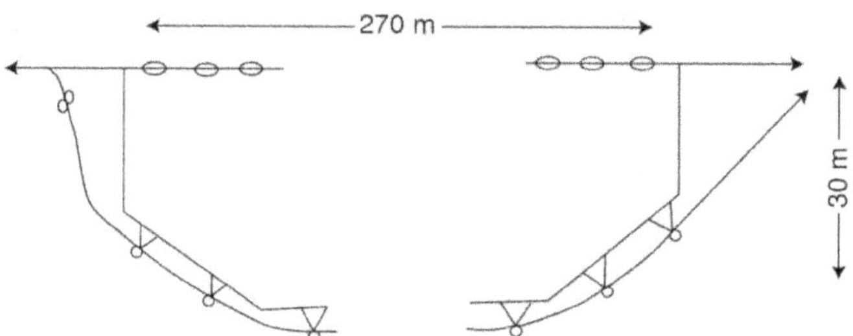

Figure 5.10 : Filet tournant à coulisse. Type employé sur le lac de Galilée pour pêcher le Tilapia (Gerdeaux 1985).

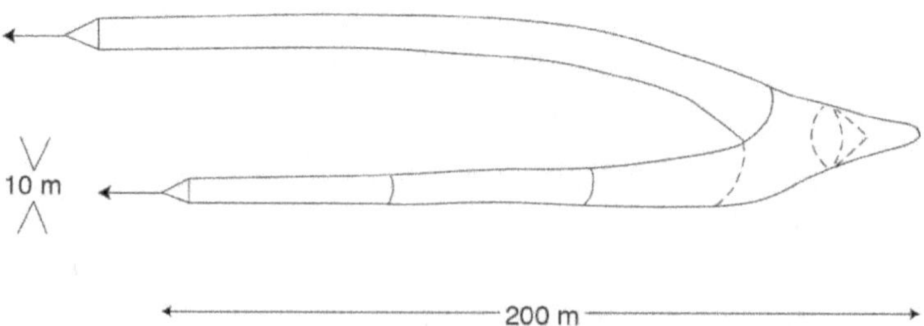

Figure 5.11 : Senne danoise (Gerdeaux 1985).

superficie correspondant à l'ouverture de l'engin (tabl. 5.1 et 5.2). La densité du poisson est d'ailleurs quelquefois rapportée au volume filtré ou à l'aire balayée (tabl. 5.2). Cette forme d'échantillonnage pose parfois problème sur le plan de la reproductibilité de l'effort de pêche, car elle fait le plus souvent appel à la vélocité de l'opérateur (qualité du lancer, vitesse de traction). En outre, l'engin est parfois installé à poste fixe ; le problème d'un phénomène d'épuisement du milieu par répétition de l'échantillonnage reste posé.

Engins hissés : carrelet, cage hissée et benne

Le carrelet est constitué d'un filet de surface carrée, tendu à chaque angle par une structure quadrangulaire flexible (fig. 5.12). Ce système, lorsqu'il atteint de grandes dimensions, est fixé à l'extrémité d'un balancier. En pêche, l'engin repose au fond puis est hissé régulièrement sans saccade. Ce système peu coûteux est rapidement opérationnel et facile à mettre en œuvre. Il est utilisé soit à partir de la rive soit depuis une embarcation (Welcomme, 1979). La répétition de l'échantillonnage n'altère pas le milieu contrairement au chalut benthique, au haveneau et à la senne de plage. Il permet également l'échantillonnage à vue, à faible profondeur. Son emploi est difficile dans les milieux colonisés par la végétation et sur les fonds présentant un fort dénivelé ainsi que dans les zones exposées au courant ou à l'agitation de l'eau. En France, Carrel (1986) l'utilise pour la capture d'alevins dans les bras morts du Rhône et Masson (1987) en estuaire. Quelques auteurs l'emploient en milieu lacustre (tabl. 5.5). La capture des plus jeunes stades est facilitée en garnissant la partie centrale des filets du commerce avec une nappe de maille plus fine. Ceci augmente l'efficacité du secteur ainsi délimité sans modifier l'équilibre de l'engin, ni accroître à l'excès les frottements.

Les autres engins hissés recensés s'inspirent du carrelet dont la nappe unique et horizontale est remplacée par un filet en forme de parallélépipède ouvert au sommet. Ce type d'engin préconisé par Whitfield (1993) a le mérite de réduire les frottements pendant le virage et donc de limiter la fuite du poisson. L'engin qui sera par la suite dénommé cage hissée comporte un support métallique fixe et un filet (fig. 5.13). Les quatre montants verticaux du support sont enfoncés dans le substrat ; à l'autre extrémité, ils sont soudés à un encadrement carré horizontal, émergé et de superficie légèrement supérieure à l'ouverture du filet.

Le volume balayé par l'engin correspond à la colonne d'eau matérialisée par le support. La longueur du filet égale celle de la hauteur d'eau. A la surface et au fond, ce filet porte un cadre métallique qui assure l'ouverture de l'engin. Une drisse (filin glissant sur une poulie) est destinée à l'immersion et au virage de l'engin. Elle est frappée à chaque angle des deux cadres. En surface, deux cordages rassemblent les quatre drisses d'un même cadre pour les manœuvrer séparément. Afin de réduire la fuite du poisson en présence de l'opérateur, un système de poulies permet de manipuler les cordages à distance (filage ou virage du filet).

Lors de l'opération de pêche, les cadres inférieurs et supérieurs descendent verticalement jusqu'au fond (fig. 5.13). L'environnement n'est plus perturbé pendant 2 heures. Ensuite, le virage de l'engin a lieu en deux étapes ; les cadres de surface et du fond remontent indépendamment. Cette stratégie permet d'isoler en premier lieu la colonne d'eau en hissant l'ouverture du filet (cadre supérieur) puis

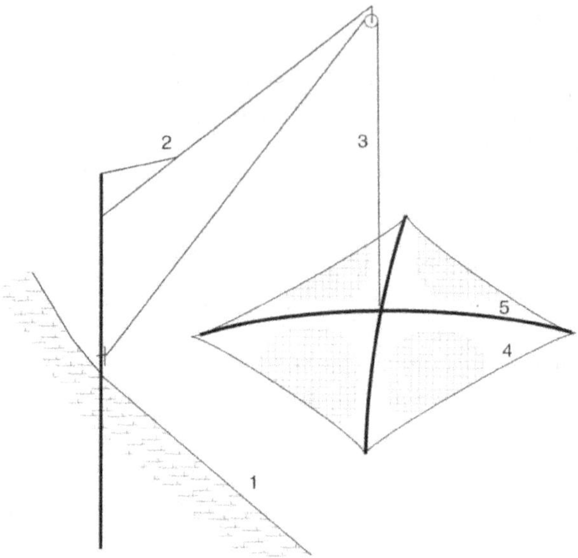

Figure 5.12 : Exemple d'installation littorale d'un carrelet.
1 : rivage, 2 : potence, 3 : drisse, 4 : filet, 5 : barres traversières.

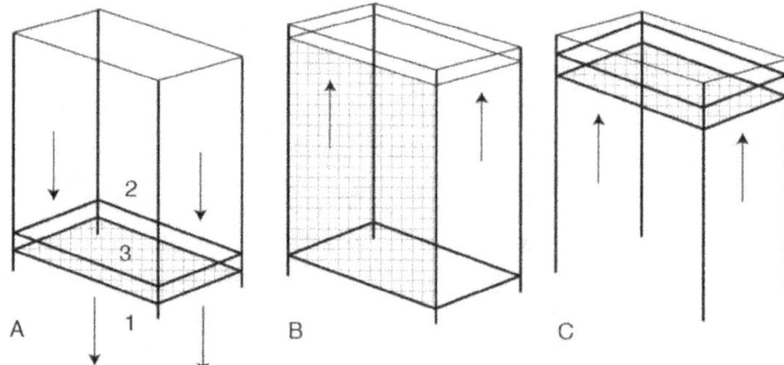

Figure 5.13 : Cage hissée (*d'après Whitfield* 1993). Le filet a la forme d'un parallélépipède ouvert au sommet. A : l'engin est installé en laissant descendre jusqu'au fond les cadres inférieur (1) et supérieur (2). B : le poisson est piégé en remontant le cadre supérieur. C : hissage du filet. 3 : fond du filet.

d'amener en surface les poissons piégés en remontant le cadre inférieur (fond du filet). Cet engin a un usage littoral (tabl. 5.2).

L'expérience de la récolte du poisson dans les bassins d'élevage piscicole non vidangés (stockage, milieux fertilisés) fournit deux autres exemples de cages hissées. Sur l'un des engins, les quatre arrêtes des faces latérales du parallélépipède coulissent le long de poteaux fixes ; le filet qui mesure 50 m de côté est hissé à l'aide de treuils électriques (Billard, 1995). Dans le second cas, le filet est fixé à un cadre flottant (fig. 5.14). Immergé jusqu'au fond, par le poids des lests mobiles, ce cadre remontera grâce à l'intervention d'un opérateur qui élimine les lests à distance (Manci *et al.*, 1983). Les auteurs emploient cet engin la nuit et concentrent le poisson grâce à une source lumineuse.

A la centrale de Cattenom (Moselle, France), une benne s'apparente aux engins hissés. Les circuits de refroidissement de chaque tranche énergétique comportent un bassin qui reçoit un mélange d'eaux filtrées de la Moselle et d'un réservoir, le Mirgenbach. Dans le bassin, le niveau d'eau suit les variations de ce système lacustre. Avant de gagner le circuit de refroidissement, l'eau franchit une grille dont le rôle est de retenir les débris solides (branches, etc.). Le nettoyage mécanique de cette grille est assuré par une benne métallique composée d'un peigne raclant la grille et d'une cuve étanche. A chaque opération, cet instrument est immergé jusqu'au fond ; il remonte verticalement à la surface les déchets collectés sur la grille et piège le poisson présent dans la colonne d'eau correspondante (plus de 10 m). Cet engin prélève essentiellement des poissons de l'année. Une étude en cours révèle l'existence d'une relation entre les captures d'alevins par cette benne et l'évolution pluriannuelle du peuplement évaluée au moyen de filets maillants dans le plan d'eau (Université de Metz, 1993).

Pour tous ces engins hissés, l'estimation de densités souffre de phénomènes de fuite (tabl. 5.2) ; la collecte de gros individus est rare, elle dépend des dimensions de l'engin et de la turbidité des eaux. Un filet de coloration sombre devrait être privilégié.

Engins coiffants : épervier, cône emmanché et cage piège

Quel que soit l'engin, son exploitation se limitera au domaine rivulaire ou littoral (tabl. 5.2). L'épervier est un filet conique dont l'ouverture est lestée. L'engin lancé se referme sur le poisson lorsqu'on le relève. On distingue les éperviers à main, des éperviers mécaniques. Olivier *et al.*, (1996) utilisent une cage piège cubique pour estimer la densité d'alevins en zone rivulaire. L'engin comporte un filet sur les quatre faces latérales. L'ouverture est libre en bas pour piéger le poisson à la chute de l'engin et au sommet pour la récolte.

Wang (1994) échantillonne des perches juvéniles la nuit avec un engin coiffant emmanché qui n'est pas lancé contrairement aux engins retombants précédents mais appliqué manuellement sur le fond, par l'intermédiaire d'un manche (fig. 5.15). Une armature conique en métal est fixée par son sommet à l'extrémité du manche et dans son prolongement. Sa base circulaire est matérialisée par un anneau qui correspond à l'ouverture de l'engin. Le filet recouvre l'extérieur de l'armature et se referme au sommet du cône. Ce filet est suffisamment ample pour qu'un anneau de plus long diamètre que l'ouverture du cône flotte librement entre le filet et l'armature.

L'opérateur piège le poisson dans le filet en immergeant l'engin verticalement jusqu'au fond. Pour s'échapper, le poisson tente de repousser le filet latéralement au-delà des anneaux. Il se forme une poche latérale dans laquelle l'opérateur emprisonne le poisson par la simple remontée de l'engin (fig. 5.15).

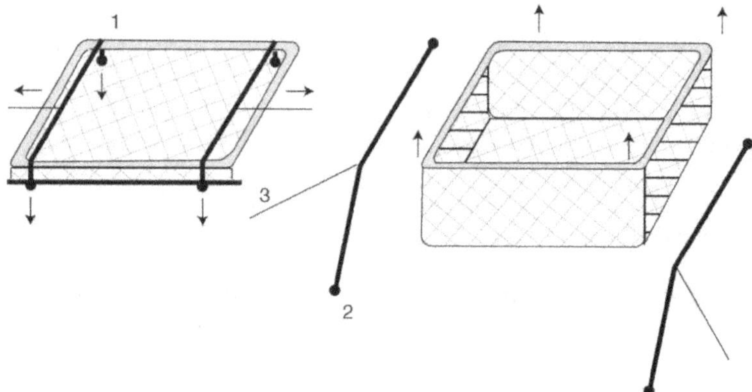

Figure 5.14 : Cage hissée à cadre flottant (1) (*d'après Manci* et al., 1983). A : L'engin est immergé en posant des lests (2) sur le cadre flottant. B : Des cordes (3) permettent de déplacer les lests mobiles à distance pour provoquer la remontée du filet.

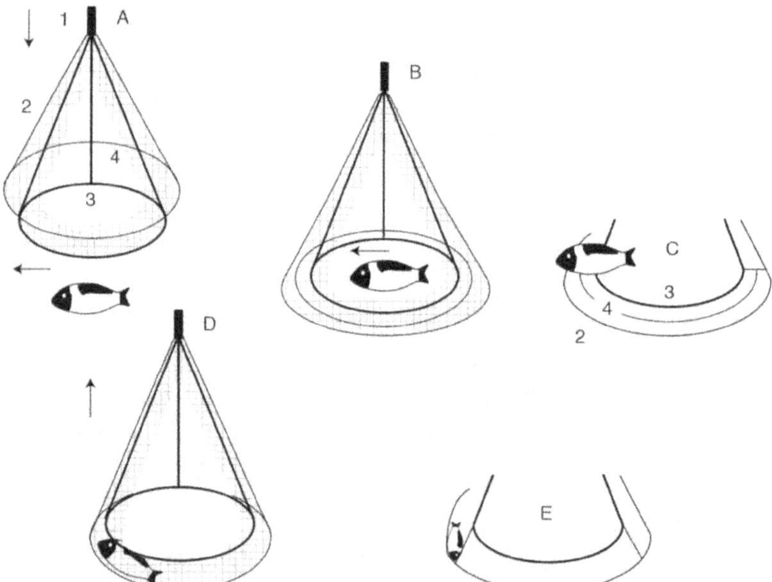

Figure 5.15 : Filet coiffant emmanché destiné à la capture nocturne de poissons juvéniles (*d'après Wang*, 1994). A : Le filet est appuyé sur le fond. B : Le poisson est prisonnier. C : En tentant de s'échapper, il repousse le filet. D : Remontée de l'engin. E : Le poisson reste coincé entre les anneaux fixe et libre.
1 : Manche, 2 : filet, 3 : anneau fixe représentant l'ouverture de l'engin, 4 : anneau libre. (Les flèches horizontales et verticales représentent respectivement les déplacements du poisson et du filet).

Méthodes sans filet

Ces techniques consistent dans l'immobilisation ou l'attraction du poisson sans filet (tabl. 5.1). Cependant, le plus souvent, c'est l'usage d'un filet qui permettra, en phase finale, la récolte du poisson.

Empoisonnement

Cette méthode de capture conduit à des risques toxiques immédiats ou différés pour l'environnement. Elle ne devrait être appliquée qu'à titre exceptionnel s'il est démontré que seul ce moyen se révèle efficace. D'ailleurs, dans le cas contraire, les Anglo-Saxons refusent la publication des travaux reposant sur l'usage de cette pratique (Ponton, commun. pers.)

Le produit toxique le plus fréquemment utilisé est la roténone (insecticide). Dans les systèmes lacustres, son déversement intervient en fin d'expérimentation pour connaître l'abondance et l'inventaire exhaustif du poisson (Cichra *et al.*, 1992). Dans le cadre de biomanipulations, il facilite l'ajustement initial des effectifs de poissons au niveau souhaité (Reinertsen *et al.*, 1989 ; Devries et Stein, 1992 ; Tonn et Paszkovski, 1992). Enfin, Baylet et Austen (1988) recherchent l'efficacité de la roténone en la comparant à celle de l'explosion.

Pompage ou vidange

Le pompage des eaux continentales conduit à la collecte du poisson dans deux types de situations : l'assèchement d'un plan d'eau non vidangeable et la prise d'eau à usage essentiellement industriel. L'assèchement s'apparente à une vidange en étang ou en retenue. Il a lieu dans le cadre d'expérimentations du même type que l'empoisonnement (Wright et Phillips, 1992). Le poisson est récolté avec des sennes de plage ou tout autre engin actif selon le niveau d'eau final. Dans l'autre cas, le système de pompage devient un échantillonneur dont l'effort de pêche plus ou moins considérable ne donne accès qu'à une partie de la population. Le plus souvent les poissons sont récoltés dans les eaux de rinçage des filtres (tambours rotatifs sur les sites EDF) destinés à éviter le colmatage des conduites par les particules solides. Quelquefois, l'échantillonnage concerne aussi les larves et alevins qui ont franchi le filtre et ont transité par le circuit de refroidissement. Les engins de pêche sont alors disposés dans la zone de rejet.

En France, certains sites EDF ont fait l'objet de travaux spécifiques, par exemple, sur la Loire à Saint-Laurent-des-Eaux et à Chinon (Cuinat *et al.*, 1980) ainsi qu'à Cordemais (Masson, 1987 ; Robin, 1992) ou sur le Rhône (Olivier, 1992). Les prises d'eau se font généralement à profondeur constante. Les captures évoluent selon la saison compte tenu d'une régulation naturelle des effectifs ou de phases de migration voire de dérive. Les auteurs notent une large variabilité nycthémérale des captures de juvéniles notamment des jeunes de l'année. On peut l'imputer au rythme endogène de l'animal mais aussi à sa plus grande vulnérabilité nocturne ; son manque de repère visuel ne lui permet pas de déceler l'attraction par l'ouvrage de pompage. Ce mode d'échantillonnage est plus exceptionnel en milieu lacustre. A Cattenom, lors des périodes d'arrêt de tranche énergétique, la vidange et l'assèchement des bassins évoqués antérieurement sur le site de la centrale fournissent des échantillons de poissons issus de la retenue du Mirgenbach (Université de Metz, 1993).

Explosion

Cette technique est à prohiber en tant que technique de pêche professionnelle, car elle provoque des lésions internes et donc des cas de morbidité ou de mortalité différée. En mer Baltique, dans le golfe de Finlande, Karas et Neuman (1981), Karas (1996) choisissent cette technique en raison de sa faible sélectivité pour étudier des variations d'abondance. Chaque charge de dynamite de 25 g permet d'étourdir les alevins dans un rayon de 3 à 5 m dans un site profond de 2 m. Le comportement des poissons soumis à ce traitement varie selon l'espèce ; la perche *(P. fluviatilis)* coule tandis que le gardon (*Rutilus rutilus*) remonte en surface. Les variations d'abondance sont exprimées en nombre d'individus récoltés par détonation.

Pêche électrique

Cette méthode s'applique seule ou couplée avec un autre mode de pêche active, le chalut principalement (fig. 5.3 et 5.6). L'opérateur recourt à l'usage unique de la pêche électrique notamment dans les eaux stagnantes à faible profondeur, sur les rives de plan d'eau ou en système fluvial. En milieu lacustre, son application dépend de la configuration des rives et de la profondeur du site.

La pêche électrique employée seule, est pratiquée à l'aide d'un générateur de courant continu réglé entre 400 et 450 volts (Bengen *et al.*, 1992) ou jusqu'à 600 volts (Oberdorff *et al.*, 1993). Le courant est établi entre une cathode fixe (grillage de superficie adaptée) et une anode mobile (anneau de diamètre variable) qui attire le poisson. L'intensité est de quelques ampères. L'opération de pêche consiste soit dans le sondage ponctuel (échantillonnage ponctuel d'abondance) en appliquant l'électrode sur quelques points répartis de manière aléatoire (Nelva *et al.*,1979), soit dans le balayage de chaque station sur plusieurs décamètres à la périphérie du plan d'eau (Boujard, 1987).

Enfin, on recourt à la pêche électrique à l'issue d'une vidange de plan d'eau en phase de récolte finale du poisson (Hovenkamp-Obbema et Fieggen, 1992). L'anguille est capturée ainsi dans les étangs piscicoles.

Pêche à la ligne

Cette méthode active peut être orientée vers la capture de poissons carnassiers. Cette technique devient alors très ciblée et permet un échantillonnage relativement reproductible. A Cattenom, dans la retenue du Mirgenbach, Flesch (1994), Flesch *et al.* (1994) utilisent une cuiller tournante pour la récolte de perches *Perca fluviatilis*. A chaque campagne, l'effort de pêche appliqué est de 4 heures x 4 pêcheurs. Cette méthode permet la capture de poisson sans sacrifice ; un animal contrôlé peut être marqué et remis à l'eau.

Si l'on revient à la définition adoptée pour décrire les engins actifs, à savoir un faible temps de résidence, il faudrait en toute rigueur séparer les lancers et la pêche à la traîne ou à la dandinette, des longues lignes et palangres qui s'apparenteraient par leur durée d'immersion et par leur immobilité, à des engins passifs.

Capturabilité et comportement

Chacun des engins actifs présente des limites d'application. La structure démographique des poissons pêchés fournit-elle une image s'approchant de celle des populations en place ? Il faut se demander quelle est la nature du biais introduit par l'emploi d'un engin de capture. Il est manifeste que le degré de précision apporté à ces interrogations dépend de l'usage des captures. Cependant, l'opérateur ne peut ignorer totalement le rôle du comportement d'un poisson face à l'engin de pêche ni surtout sa variabilité. Quelques définitions et exemples seront traités ici. Des informations supplémentaires pourront être obtenues dans la littérature (Hamley, 1975 ; Nedelec *et al.*, 1979 ; Laurec et Le Guen, 1981 ; MacLenan, 1992).

Notion de capturabilité

La capturabilité ou probabilité de capture d'un poisson face à un engin de pêche dépend de deux composantes : la disponibilité du poisson et l'efficience de l'engin. La disponibilité du poisson est le résultat de son accessibilité et de sa vulnérabilité. L'accessibilité correspond à la présence de poisson sur la zone de pêche ou aire balayée. La vulnérabilité dépend du comportement du poisson face à l'engin. Il faut distinguer deux cas. Il y a échappement lorsque le poisson ressort de l'engin à travers la maille du filet tandis que l'évitement résulte de la capacité chez certains animaux situés dans l'aire de pêche de ne pas être capturés. Ce dernier phénomène est actif dans le cas de la fuite. Il est passif lorsque par exemple, les animaux sont épargnés en restant plaqués au fond pendant le passage d'un chalut benthique. Enfin, l'efficience de l'engin se rapporte à la stratégie employée par l'opérateur pour optimiser la capture : choix notamment de la vitesse de traction, du lieu où sera appliqué l'effort de pêche et de la direction ou de la période retenue.

Vulnérabilité du poisson et sélectivité de l'engin

L'efficacité de capture est déterminée par la proportion de poissons pêchés parmi ceux qui ont rencontré l'engin. La sélectivité interspécifique est la propriété pour un engin de capturer une espèce plutôt qu'une autre tandis que la sélectivité intraspécifique exprime les variations de capturabilité d'individus d'une même espèce selon leur âge. Les études de sélectivité concernent essentiellement les chaluts et les filets maillants (Hamley, 1975) et de façon moindre les sennes ou les lignes (Lokkeborg et Bjordal, 1992).

Par exemple, dans le domaine océanique, les morues de l'Atlantique et du Pacifique pêchées avec des longues lignes ont respectivement une longueur et un âge modaux supérieurs aux individus capturés dans les chaluts (Lokkeborg et Bjordal, 1992) car les leurres, les appâts et les hameçons permettent d'attirer des animaux en relation avec leur dimension. En milieu lacustre à Cattenom, Flesch *et al.*, (1994) comparent les distributions de longueurs de perches capturées aux filets maillants verticaux (mailles de 20 et 30 mm) ou à la pêche à la ligne (cuiller). Les poissons récoltés dans le filet de maille de 20 mm sont plus courts. La maille de 30 mm et la ligne fournissent des poissons de longueur médiane comparable. Cependant, les plus grands individus sont pêchés à la ligne. Par la suite, nous nous limiterons principalement aux moyens d'étude de la sélectivité du chalut.

Echappement

L'échappement peut être mesuré en doublant la poche du chalut par une nappe extérieure de maille plus fine. A l'issue du trait, dans chacune des deux poches, l'effectif est dénombré par classe centimétrique (fig. 5.16). Il est alors possible de mesurer le taux de rétention en rapportant à l'intérieur de chaque classe, l'effectif piégé dans le filet à tester, au nombre total collecté (fig. 5.17). La sélectivité en tranchet s'observe lorsque les animaux sont invulnérables avant la taille de première capture (fig. 5.18). Cette loi du tout ou rien présente un caractère essentiellement théorique. Généralement, le taux de rétention évolue progressivement et prend une forme sigmoïde souvent dissymétrique.

La sélectivité s'exprime communément sous la forme de trois variables : la L50, le facteur de sélectivité et l'étendue de la sélection. La L50 correspond à la longueur où 50% des individus sont retenus par la maille du filet testé (fig. 5.17). Le facteur de sélectivité est le rapport entre la L50 et la longueur de la maille étirée. Enfin, l'étendue de la sélection est déterminée par l'écart de taille du poisson entre les L25 et L75 (MacLenan, 1992). Pour une maille donnée, cet indice et l'écart entre les tailles extrêmes capturées varient selon les espèces et les structures de la population. Cependant, le facteur de sélectivité prend une valeur constante.

L'adjonction d'une poche pour connaître la sélectivité d'un filet peut modifier la qualité des captures de l'engin testé. De même, la réalisation de traits successifs avec des filets de maille différente est confrontée au problème de la variabilité des captures. Les conditions ne seront pas strictement comparables ; la capture du premier trait pourrait influer la composition du second. Il est désormais plutôt préconisé de réaliser simultanément les traits avec les différents chaluts à comparer (MacLenan, 1992).

La sélectivité est trop souvent caractérisée en ne tenant compte que des plus petites mailles situées à l'extrémité de la poche. En fait, le montage des nappes de filet, la puissance motrice et le colmatage des mailles (poissons et salissures), agissent probablement sur la sélectivité. Le refoulement ou la tension pourraient favoriser ou réduire les chances d'échappement et modifier l'inflexion de la courbe en S caractéristique de la sélectivité.

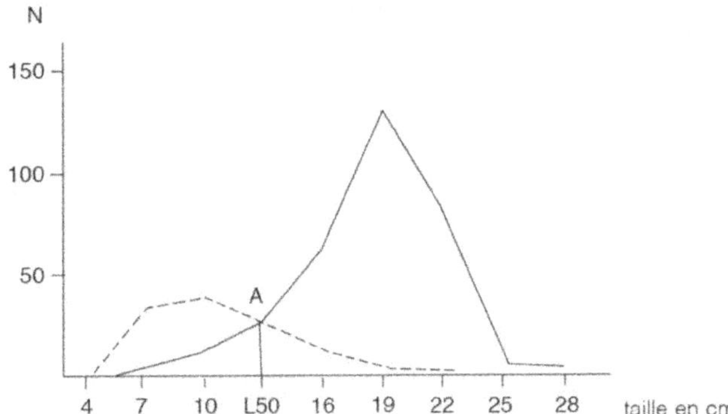

Figure 5.16 : Chalutage et sélectivité intraspécifique. Distribution des longueurs de *Pentanemus quinquarius* retenus dans la poche externe (trait discontinu) et dans la poche interne (trait continu). L'intersection des 2 courbes détermine la taille L50. N : effectif. (Gerdeaux, 1985 *d'après Baudin-Laurencin*, 1967).

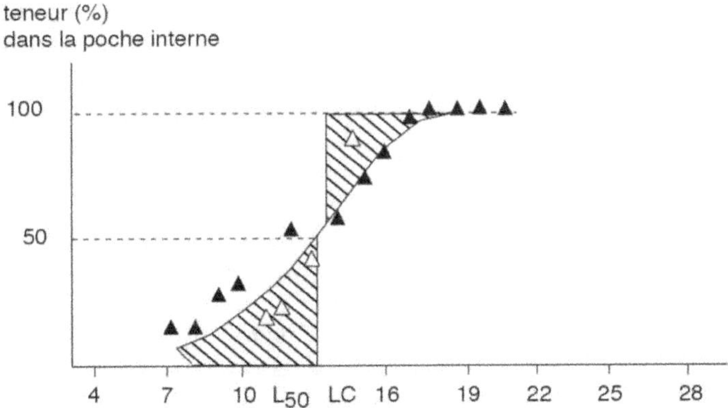

Figure 5.17 : Exemple de courbe de sélectivité d'un chalut obtenue à l'aide des données issues de la figure 5.13. (Gerdeaux, 1985 *d'après Baudin-Laurencin*, 1967).
L50 : il y a autant de poissons de cette taille dans la poche interne que dans la poche externe.
LC : taille moyenne de sélection (surfaces A et A' égales).

Evitement

Alors que l'échappement peut être quantifié, l'évitement pose des problèmes quasi insolubles. La vue et l'audition sont en cause. La perception des vibrations et des pressions sont des facteurs d'évitement dont l'incidence est difficilement quantifiable. La fuite peut avoir lieu dans une direction verticale ou horizontale. Sur le rivage, la composante verticale de l'évitement du chalut ou de la senne de plage peut être en partie contrôlée en adoptant un engin dont la hauteur équivaut à la profondeur du site.

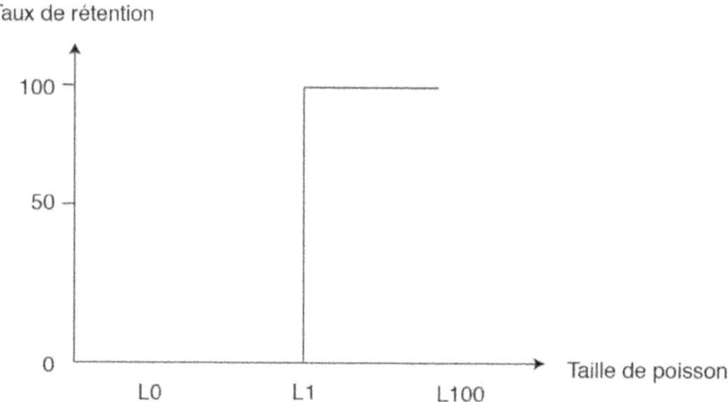

Figure 5.18 : Courbe de sélectivité en tranchet. Les poissons d'une même longueur s'échappent tous ou sont tous capturés.

Le phénomène d'évitement fait l'objet de travaux spécifiques dans le cas du chalut benthique. L'expérimentateur fixe des poches supplémentaires sous le ventre du filet principal (Engas et Godo, 1989 ; Walsh, 1991). La sélectivité est alors mesurée par le calcul pour chaque classe de taille du rapport entre le nombre de poissons récoltés dans la poche principale et le nombre total de poissons capturés dans les poches principale et accessoires.

Plusieurs aménagements de l'engin concourent à réduire l'évitement. Sur le chalut benthique, il est possible d'installer des chaînes (transversales ou parallèles au sens de traction) à l'avant du bourrelet (corde de ventre). Le poisson de fond ne peut alors plus s'enfouir, il doit se détacher du fond ce qui le rend plus vulnérable. De même à l'ouverture, la corde de dos doit précéder la corde de ventre afin de réduire la fuite des animaux ainsi dégagés du substrat ou tout autre poisson évoluant dans la colonne d'eau et adoptant un comportement de fuite vers le haut (fig. 5.4).

La vitesse de traction, la forme et le gréement de l'engin contribuent également à optimiser son efficacité. Au Canada, le lac Cœur d'Alene se caractérise par une forte abondance d'un Salmonidé pélagique (*Onchorynchus nerka*). Dans les chaluts, les écarts sont moindres entre les captures (effectifs, tailles) du même engin tracté à deux vitesses différentes qu'entre deux chaluts différents opérant à la même vitesse (tabl. 5.4) (Parkinson et Rieman, 1994).

Lorsque le poisson est piégé dans l'engin, il peut tenter de ressortir en progressant le long de la nappe. Cette forme d'évitement est réduite voire inhibée en fixant des troncs de cône à l'intérieur de la poche. La base de chaque nappe anti-retour (voile de chalut) est fixée au filet. Son sommet, plus étroit que le filet principal, flotte en arrière (Nedelec *et al.*, 1979 ; Parkinson et Rieman, 1994). On peut aussi réduire les phénomènes d'évitement par l'accroissement de l'ouverture de l'engin tant que les conditions de traction ne sont pas modifiées. En effet, l'évitement peut être considéré comme proportionnel au périmètre de l'ouverture de l'engin. Or ce périmètre croît moins vite que la superficie (Gerdeaux, 1985).

En conclusion, la vulnérabilité d'une espèce vis-à-vis du chalut suit une variation non monotone (Laurec et Le Guen, 1981). Pour une maille donnée, l'échappement diminue lorsque la taille du poisson augmente jusqu'à ce que la rétention devienne optimale. Au-delà d'une certaine taille, les risques d'évitement augmentent, car l'animal dispose de ressources physiques suffisantes pour s'enfuir à l'approche de l'engin.

Dans le cas de la senne de plage, l'évitement peut être latéral ou vertical, certaines espèces s'enfuyant en sautant par-dessus le filet. La densité des captures est le plus souvent déterminée d'après le calcul de l'aire balayée et du volume correspondant. Cependant, Kubecka et Bohm (1991) considèrent que l'efficacité de l'engin n'est pas homogène dans l'ensemble de l'aire de pêche. La probabilité de capture est estimée à 50 % dans un rayon de 5 mètres balayé par les extrémités des ailes. Entre ces parties marginales, l'efficacité de l'engin est supposée maximale (100 %) (fig. 5.19).

Enfin, l'efficacité de l'engin évolue avec la longueur de filet déployé jusqu'à un certain seuil, ensuite elle peut être considérée comme optimale. Dans un estuaire de la Nouvelle-Angleterre, la capture d'un gobie (*Pomatomus saltatrix*) varie selon la longueur de la senne de plage (MacBride *et al.*, 1995). Les filets de moins de 50 m sont insuffisamment opérants pour estimer l'abondance de cette espèce (fig. 5.20).

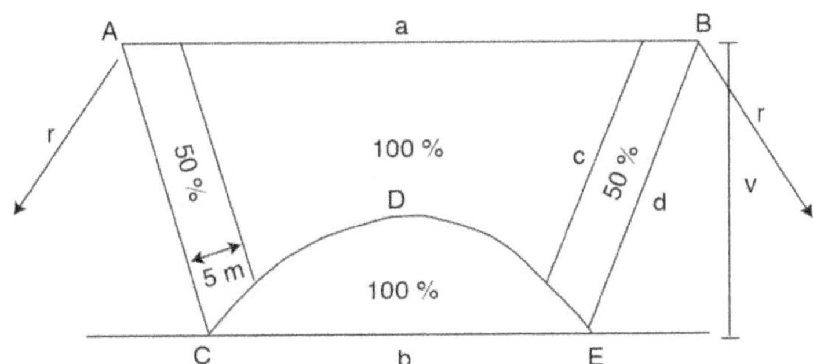

Figure 5.19 : La seine de plage est installée la nuit parallèlement au rivage, selon la ligne AB et à une profondeur qui correspond à la hauteur de l'engin. Grâce à des cordes (1), le filet AB est tracté depuis la rive (2). Lorsque les extrémités des ailes atteignent la rive, la seine forme un arc CDE. Longueur de la seine = AB = CDE = 50 m.
Les pourcentages expriment les probabilités de capture (0 %-100 %). Dans les zones marginales, la probabilité de capture est estimée à 50 % ; le poisson a la même probabilité de se déplacer vers le centre de l'engin ou à l'extérieur (Kubecka et Bohm, 1991).

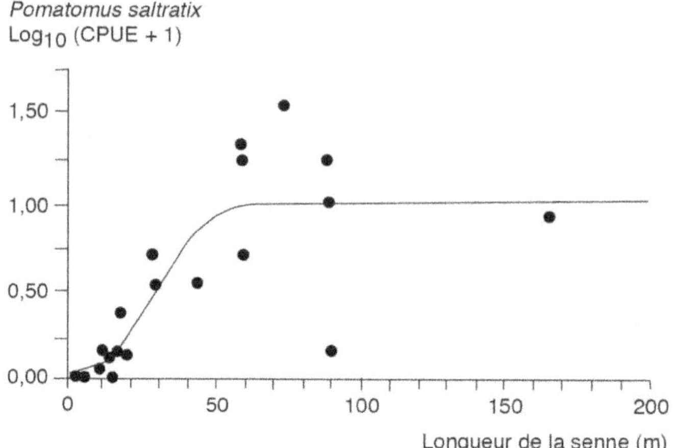

Figure 5.20 : Relation entre la transformation logarithmique des captures par unité d'effort (CPUE) de *Pomatomus saltatrix* (exprimées en nombre d'individus par trait) et la longueur de la senne employée (*d'après une synthèse de MacBride*, 1995).

Incidence des facteurs de l'environnement

La capturabilité des espèces ou l'efficacité des engins de capture peuvent varier avec les facteurs de l'environnement. Ainsi, la température influence la performance de nage et donc la probabilité de capture. De même, la clarté de l'eau module la répartition verticale des poissons et la visibilité de l'engin (Buijse *et al.*, 1992). Or d'après des observations cinématographiques marines (Glass et Wardle, 1989), la vision serait le premier facteur de détection de l'engin. Le plus souvent, les modifications de conditions d'éclairement s'apprécient en comparant les captures nocturnes et diurnes (Quinn et Kojis, 1987). Pourtant des variations d'intensité lumineuse plus faibles modifient le volume des captures. Ainsi, les captures du saumon sockeye *Onchorynchus nerka* au chalut pélagique varient inversement avec la lumière ambiante, les phases lunaires et la couverture nuageuse (Robinson et Barraclough, 1978). Dans le cas de la perche, la diminution de l'éclairement peut entraîner le triplement de leur capture au chalut (Nielsen, 1983).

Aux Pays-Bas (lac Ijssel), Buijse *et al.*, (1992) apprécient le rôle des variations d'intensité lumineuse sur la capturabilité du poisson en phase diurne grâce à l'usage d'un indice. C'est le rapport entre la hauteur d'eau et la transparence mesurée au disque de Secchi. Un modèle du type exponentiel relie l'intensité lumineuse et la capturabilité des sandres (*Stozostedion lucioperca*) de l'année ou des grémilles (*Gymnocephalus cernua*) pêchés au chalut dans une gamme de profondeur comprise entre 3,4 et 6,5 m.

Le comportement du poisson change également selon la présence ou l'absence de végétation. Le poisson progressivement piégé pendant le trait de senne paraît moins agité dans les zones en végétation qu'en milieu ouvert (Pierce *et al.*, 1990). La végétation constituerait un refuge où le poisson devient plus vulnérable.

Cependant, lorsque l'expérimentateur opère dans une zone de végétation, il s'expose au risque d'une collecte inefficace ou de l'introduction d'un biais, ce qui amplifiera la variabilité des captures. La présence de végétation limite l'efficacité de l'engin en ralentissant sa progression et comme tout autre obstacle au fond, elle provoque le soulèvement de la corde de fond ou bride la corde de surface ; dans les deux cas, la fuite du poisson est favorisée. Ainsi, Kjellman *et al.*, (1996) n'échantillonnent pas dans les phragmitaies ni dans les joncs mais sélectionnent des secteurs colonisés par le nénuphar, le potamot ou d'autres espèces submergées.

Accessibilité

Dans les paragraphes précédents, la disponibilité du poisson n'est traitée que sous l'angle de la vulnérabilité (comportement face ou à l'intérieur de l'engin). Il serait tout aussi nécessaire d'évoquer les problèmes liés à l'accessibilité c'est-à-dire à la présence ou non de poissons sur la zone de pêche ou aire balayée. L'expérimentateur devra tenir compte de la stratégie d'occupation de l'espace adoptée par l'espèce cible pour construire son plan d'échantillonnage.

Enfin, l'accessibilité peut être modifiée par l'opérateur grâce à l'usage d'un agent attractif parfois olfactif (alimentaire ou autre) mais le plus souvent lumineux. Enfin, le bruit est quelquefois utilisé pour provoquer le rabattement du poisson vers l'engin de pêche.

Stratégie d'échantillonnage d'une population

Contraintes ontogénétiques et écoéthologiques

Au cours de son développement, un poisson colonise des milieux variables dans l'espace et dans le temps. Sa répartition et donc son accessibilité dépendent de facteurs ontogénétiques et écoéthologiques. La reproduction et l'éclosion, les stades larvaires, juvéniles puis adultes nécessitent l'exploitation par le poisson de milieux et de ressources spécifiques. Le cycle biologique d'une espèce peut donc être décomposé en un certain nombre d'écophases successives caractérisées par une certaine stratégie d'occupation de l'espace. Ces écophases durent plus ou moins longtemps, de quelques jours pour l'embryon, à plusieurs mois pour certaines écophases du juvénile ou de l'adulte. La transition à l'écophase suivante va se traduire par un déplacement d'amplitude variable ou par un élargissement de l'aire de répartition des animaux atteignant le même stade.

Ainsi, les larves de nombreux poissons lacustres qui se reproduisent en zone littorale se déplacent vers la zone pélagique pour quelques semaines ou quelques mois avant de retourner sur les rives aux stades juvéniles et adultes. Par ailleurs, le poisson peut manifester des comportements différents modulant sa répartition à l'échelle saisonnière, sous le contrôle de facteurs biotiques ou abiotiques (disponibilité alimentaire, couvert végétal, stratification thermique verticale). Enfin, sa distribution spatiale peut varier à l'échelle journalière ; la recherche quotidienne de nourriture ou d'abris peut engendrer des déplacements verticaux et des mouvements entre le littoral et le domaine pélagique.

Cette évolution de la répartition va peser sur le choix des engins, du ou des protocoles d'échantillonnage et sur les limites de l'exploitation des données acquises. Il existera d'ailleurs une interdépendance entre ces différents éléments. Les choix seront plus ou moins aisés selon l'objectif de l'étude et la connaissance initiale du milieu et des espèces cibles. Enfin, la stratégie d'échantillonnage retenue sera le résultat d'un compromis conciliant l'optimisation de la qualité des informations acquises et la disponibilité en moyens financiers, techniques et humains. Nous discuterons ici des critères de choix des échantillonneurs (engins de pêche) puis des protocoles d'échantillonnage (effort de pêche).

Choix des méthodes et des engins de pêche

Contraintes et limites d'utilisation des engins de pêche

Le tableau 5.2 synthétise les avantages et les limites des différents engins de pêche. Parmi les critères de choix d'une méthode ou d'un engin d'échantillonnage, on doit considérer les contraintes opérationnelles (compétences humaines, coûts, disponibilité en moyens nautiques, facilité de mise en œuvre) et les limites liées à la qualité du site (bathymétrie, reliefs et obstacles, gestion hydraulique). Nous ne retiendrons dans l'exposé que les contraintes strictement relatives aux caractéristiques des engins.

Certaines méthodes ou engins présentent une limite liée à l'accessibilité du poisson et au lieu d'investigation. Ainsi, les engins embarqués (senne danoise, filet tournant, chalut) ne sont pas utilisables à proximité des rives alors que d'autres outils ne peuvent être mis en œuvre au large (engins hissés ou coiffants, senne de plage). Pour certains engins, la limite sera liée à la vulnérabilité du poisson. Leur efficacité n'est pas compatible avec la capture du stade ciblé pour des raisons d'évitement (vitesse de traction ou ouverture insuffisante) ou d'échappement. L'engin devra être dimensionné en conséquence ou bien sera délaissé.

La qualité du protocole et de l'engin retenus retentit sur le mode optimal d'expression des résultats : calcul de CPUE (capture par unité d'effort), de densité (indice d'abondance par unité de surface ou de volume) ou d'abondance (effectif d'une population). Il faut donc adopter et maintenir un effort de pêche reproductible ; il est d'ailleurs souhaitable qu'un opérateur unique intervienne surtout lorsque la mise en œuvre de l'engin est manuelle. Cette reproductibilité de l'échantillonnage doit être appréciée en considérant les qualités intrinsèques de l'engin, l'aire ou le volume balayé ainsi que son lieu d'application (hétérogénéité de l'habitat, présence d'obstacles). L'altération physique de l'environnement (végétation arrachée) et le risque d'épuisement provoqués par un premier échantillonnage limiteront les possibilités de le répéter. D'autres contraintes d'échelle (spatiales et temporelles) seront évoquées ultérieurement.

Aucun engin ne permet la collecte des différents stades d'une même espèce. L'évolution de la taille et de l'occupation de l'espace d'un individu pendant son développement suppose l'emploi d'engins adéquats pour chaque stade. Les tableaux 5.4 et 5.5 répertorient les dimensions des engins décrits dans la littérature pour des stades plus ou moins particuliers. Considérons dans quelles conditions l'opérateur utilise un ou plusieurs engins ou techniques de capture active.

Sélection d'un engin unique

Les auteurs recourent à l'emploi d'un engin unique lors de l'étude de l'abondance de stades particuliers. Les larves sont généralement échantillonnées avec des engins tractés ou poussés en ligne droite (tabl. 5.2). La littérature rapporte également le cas de collecte avec des sennes de plage ou avec des filets tournants. Post et al., (1995) plaident en faveur du filet tournant, car ils considèrent que les autres engins (chalut et sennes de plages) sous-estiment l'abondance des poissons pélagiques pendant leur première année. Le filet tournant permet en outre de capturer des animaux plus grands que les engins conventionnels tractés ou poussés.

Pour la collecte d'alevins, de juvéniles et d'adultes, les dimensions et la maille du filet devront être adaptées au stade ciblé (tabl. 5.4 et 5.5). L'échantillonneur sera retenu en fonction du lieu de répartition privilégié du stade de l'espèce ou des espèces cibles (tabl. 5.2). Au large, il faut préférer la capture avec un chalut (ou un engin poussé) lorsque la ou les populations cibles sont confinées dans une lame d'eau identifiée au fond ou dans la colonne d'eau ; le chalutage sera alors l'outil qui introduit le moins de biais dans l'image du peuplement en place. Dans le cas contraire, si la répartition est plus diffuse, on pourra préférer l'usage du filet tournant qui permet d'échantillonner dans une tranche d'eau plus conséquente. En zone rivulaire, la senne de plage apporte les meilleurs résultats puisque la totalité de la tranche d'eau peut être prise en compte sur une surface respectable.

Conditions et limites de l'utilisation d'engins multiples

La nécessité d'employer plusieurs engins ou techniques d'échantillonnage est requise dans deux situations soit pour accroître les capacités de capture, soit pour exploiter, valider ou tester les résultats obtenus par une méthode spécifique. Dans les deux cas, l'emploi simultané d'engins ou de méthodes complémentaires devra être privilégié vis-à-vis d'un usage successif. Ces techniques complémentaires seront le plus souvent indifféremment actives ou passives.

Accroissement des capacités de capture

L'opérateur devra disposer de multiples engins s'il veut collecter tous les stades d'une même espèce ou bien si les individus à un stade donné n'ont pas

Tableau 5.4 : Revue des moyens de capture en ligne droite : engins tractés et poussés. (§) : hauteur, (¤) : longueur de la corde de dos, * : maille carrée (cas général), ** : maille étirée.

Type d'engin	Caractéristiques			Espèce cible	Stade	Lieu	Références
	Longueur (m)	Ouverture (m x m)	Maille* (mm)				
• Filet à plancton tracté							
sur le fond	1,85	0,75 x 0,30	0,5	Gobiidés	larves	Lac Trichonis, Grèce	Daoulas *et al.*, 1993
sur le fond	1,6	0,5 x 0,30	0,2	Gobiidés	larves	Lac Trichonis, Grèce	Daoulas *et al.*, 1993
sur le fond		1,00 x 0,60	0,5	peuplement	larves	Estuaire, baie Swartvlei, Afrique du Sud	Whitfield, 1989
sur le fond	2,5	0,3 x 0,3 x π	0,4	peuplement	larves, alevins	Lac Saint Clair et delta, Canada	Leslie et Timmins, 1991a, 1993
sur le fond	2,5	0,35 x 0,35 x π	0,78	*Perca fluviatilis, Stizotedion lucioperca*	larves, juvéniles	Réservoir Bautzen, Allemagne	Mehner *et al.*,1996
en pleine eau		1 x 1 x π	0,5	Gobiidés	larves	Lac Trichonis, Grèce	Daoulas *et al.*, 1993
en pleine eau		0,5 x 0,5 x π	0,25	Gobiidés	larves	Lac Trichonis, Grèce	Daoulas *et al.*, 1993
en pleine eau	2,5	1 x 1 x π	0,5	peuplement	larves, alevins	Lac Saint Clair, rivière et delta, Canada	Leslie et Timmins, 1991a, 1991b, 1993
en pleine eau	2,2	0,5 x 1	0,5	peuplement	larves, alevins	Lac Saint Clair et delta, Canada	Leslie et Timmins, 1991a, 1991b, 1993
en pleine eau	2,2	0,5 x 1	0,3	peuplement	larves, alevins	Rivière Saint Clair, Canada	Leslie et Timmins, 1991b
en pleine eau	1 ou 3	0,3 x 0,3 x π	0,3	peuplement	larves, alevins	Rivière Saint Clair, Canada	Leslie et Timmins, 1991b
en pleine eau	2	0,75 x 0,75 x π	0,5	*Dorosoma cepedianum*	larves	Lac Kokosing, USA	De Vries et Stein, 1992
en pleine eau		1,1 x 1,1 x π	0,2	*Perca fluviatilis*	larves	Lac de Constance, Allemagne	Wang, 1994
en pleine eau		1,4 x 1,4 x π	1,2	*Perca fluviatilis*	larves, alevins	Lac de Constance, Allemagne	Wang, 1994
• Chalut							
benthique	19	2,5 (§)	13**	*Morone saxatilis*	juvéniles, adultes	Lac Ontario, Canada	Hurley, 1992
benthique	19	2,5 (§)	13**	*Perca flavescens*	juvéniles, adultes	Lac Ontario, Canada	Strus et Hurley, 1992
benthique		12 (§)	9**	*Cottus cognatus, Salvelinus namaycush*	juvéniles, adultes	Lac Ontario, USA	Owens et Bergstedt, 1994
benthique		8,5 (¤)	3,3	*Stizotedion lucioperca, Perca fluviatilis*	juvéniles, adultes	Réservoir Tjeukemeer, Hollande	Densen *et al.*, 1996
benthique		15 (¤)	5 à 10	*Stizotedion lucioperca, Perca fluviatilis*	juvéniles, adultes	Réservoir Ijssemeer, Hollande	Densen *et al.*, 1996
benthique		14 (¤)	5	*Stizotedion lucioperca, Perca fluviatilis*	juvéniles, adultes	Réservoir Volkerak, Hollande	Densen *et al.*, 1996
benthique	5,3	2,5 x 1	6 à 25	peuplement	juvéniles, adultes	Estuaire en baie de San Francisco, USA	Meng *et al.*, 1994
benthique à perche	20	2,7 x 0,5	20 à 40	*Platichtys flesus*	juvéniles, adultes	Estuaire Loire, France	Masson, 1987
micro chalut benthique	4,1	1 x 0,3	1,5 à 5	*Solea vulgaris*	larves, juvéniles	Estuaire Vilaine, France	Marchand et Masson, 1989
pélagique			5	*Rutilus rutilus, Stizotedion lucioperca*	juvéniles, adultes	Lac Ojersjoen, Norvège	Brabrand et Faafeng, 1993
pélagique		3 x 3		*Onchorynchus nerka*	juvéniles, adultes	Lac Coeur d'Allen	Parkinson *et al.*, 1994
pélagique à perche	14	5,2 x 5	6 à 102**	*Onchorynchus nerka*	juvéniles, adultes	Lac Coeur d'Allen	Parkinson *et al.*, 1994
• Engin poussé							
filet à plancton			0,83	*Mirogrex terraesanctae*	larves	Lac Kinneret, Israël	Landau *et al.*, 1988
filet à plancton	2	0,5 x 0,5 x π	0,8	peuplement	larves	Rivière Missouri, USA	Brown et Coon, 1994
tamis de civelle	1,42	1,2 x 1,2 x π	1,5 à 2	*Solea vulgaris*	larves, juvéniles	Estuaire Vilaine	Marchand et Masson, 1989
filet bongo poussé		0,5 x 0,5 x π	1	*Stizotedion lucioperca*	juvéniles	Réservoir Sulejov, Pologne	Prankiewicz *et al.*, 1996

Tableau 5.5 : Revue des moyens de capture par encerclement ou avec des engins soulevés et coiffants.

Type d'engin	Caractéristiques			Espèce cible	Stade	Lieu	Références
	Longueur (m)	Hauteur (m)	Maille (mm)				
Sennes							
filet tournant	30,5	9	1	*Perca flavescens*	larves, juvéniles	Lac Mendota, USA	Post, 1995
filet tournant	34	6?	1	*Perca flavescens*	larves	Lac Mendota, USA	Schael *et al.*, 1991
filet tournant	30	9	1	*Stizostedion vitreum*	larves	Lac Mendota, USA	Johnson *et al.*, 1996
pélagique	50	6	4	*Rutilus rutilus, Stizostedion lucioperca*	juvéniles, adultes	Lac Ojersjoen, Norvège	Brabrand et Faafeng, 1993
senne de plage	23	1,8	0,32	*Lepomis gibbosus*	juvéniles, adultes	Lacs Wintergreen, USA	Osenberg *et al.*, 1992
senne de plage	61	2,5	0,64	*Lepomis gibbosus*	juvéniles, adultes	Lacs Wintergreen, USA	Osenberg *et al.*, 1992
senne de plage	50	4	5	*Rutilus rutilus*	juvéniles, adultes	Lac Arungen, Norvège	Borgstrom, 1989
senne de plage	50		5	*Salmo trutta*	juvéniles	Lac Loyning, Norvège	Borgstrom, 1992
senne de plage	50	6	4	*Rutilus rutilus, Perca fluviatilis*	juvéniles, adultes	Lacs Ojersjoen et Arungen, Norvège	Bjerkeng *et al.*, 1991
senne de plage	12,2	1,2	3,2 à 6,4	peuplement	juvéniles, adultes	Lacs du Wisconsin, USA	Benson et Magnuson, 1992
senne de plage	33	1,8	3,2	*Stizostedion vitreum*	juvéniles	Lac Oahe, USA	Jackson *et al.*, 1992
senne de plage	50	2	5	*Perca flavescens*	juvéniles, adultes	Lac Saint Pierre, Canada	Harnois *et al.*, 1992
senne de plage	4	1	0,3	peuplement	larves	Grands Lacs, Canada	Leslie et Timmins, 1992
senne de plage	50	4	15	peuplement	juvéniles, adultes	Réservoir Jordan, Tchécoslovaquie	Kubecka et Bohm, 1991
senne de plage	4,25	1,55	5	peuplement	juvéniles, adultes	Rivière de l'Oklahoma, USA	Meador et Matthews, 1992
senne de plage	3	1	0,3	peuplement	juvéniles, adultes	Lac Saint Clair, Canada	Leslie et Timmins, 1993
senne de plage	10	1	3	peuplement	juvéniles, adultes	Lac Saint Clair, Canada	Leslie et Timmins, 1993
senne de plage	3	1	0,4	peuplement	larves, alevins	Delta Saint Clair, Canada	Leslie et Timmins, 1993a
senne de plage	4	1	0,3	peuplement	larves	Rivière Saint Clair, Canada	Leslie et Timmins, 1993b
senne de plage	3,05	0,91	3,1	*Etheostoma rubrum*	juvéniles, adultes	Rivière Bayou Pierre, USA	Ross *et al.*, 1992
senne de plage	10	1	4	peuplement	juvéniles, adultes	Lac Michigan, USA	Brazner et Magnuson, 1994
senne de plage	61	3	6,4	*Pomatomus saltatrix*	juvéniles	Estuaire, Baie de Narragansett, USA	Mc Bride *et al.*, 1995
senne de plage	18	1,8	3	*Pomatomus saltatrix*	juvéniles	Estuaire, Baie de Narragansett, USA	Mc Bride *et al.*, 1995
senne de plage	91	2,4	12,5	*Pomatomus saltatrix*	juvéniles	Estuaire, Baie de Narragansett, USA	Mc Bride *et al.*, 1995
senne flottante	15,2	1,8	6	*Perca flavescens*	juvéniles, adultes	Lacs Narrow et Baptiste, Canada	Jansen, 1996
senne de fond	56	3	9	*Perca flavescens*	juvéniles, adultes	Lacs Narrow et Baptiste, Canada	Jansen, 1996
senne	15		4	*Perca fluviatilis, Stizostedion lucioperca*	larves, juvéniles	Réservoir Bautzen, Allemagne	Mehner *et al.*, 1996
Soulevés ou coiffants	Hauteur (m)	Ouverture (m x m)	Maille (mm)				
carrelet	-	1 x 1	1	*Perca fluviatilis, Stizostedion lucioperca*	larves, juvéniles	Réservoir Bautzen, Allemagne	Mehner *et al.*, 1996
carrelet	-	0,8 x 0,8	12	*Platichthys flesus*	juvéniles	Estuaire et marais Loire, France	Masson, 1987
carrelet	-	1 x 1	1 à 8	peuplement	larves, juvéniles	Rhône, France	Carrel, 1986
carrelet	-	1 x 1		*Perca fluviatilis*	larves, juvéniles	Lac de Constance, Allemagne	Wang, 1994
cage hissée	0,9 à 2,1	2 x 2	2	peuplement	juvéniles, adultes	Etangs salés, estuaire, Afrique du Sud	Whitfield, 1993
cage hissée		50 x 50		poissons d'élevage	larves, juvéniles	bassins d'élevage,	Billard, 1995
cage lestée	0,3	1,52 x 3,66	3	poissons d'élevage	adultes	bassins d'élevage,	Manci *et al.*, 1983
cône emmanché		0,5 x 0,5 x π	5	*Perca fluviatilis*	juvéniles	Lac de Constance, Allemagne	Wang, 1994

la même accessibilité spatio-temporelle, soit pour des raisons écoéthologiques (répartition, habitat), soit pour des raisons environnementales. Par exemple, les larves, les alevins ou les juvéniles peuvent être présents simultanément en zones rivulaire et pélagique, voire à des niveaux variables dans la colonne d'eau. Ainsi, la senne de plage peut être utilisée sur la rive tandis que les poissons du large seront selon leur répartition collectés avec un chalut benthique (Whal *et al.*, 1993) ou avec un filet tournant (Hayes et Rutledge, 1991). Dans l'estuaire de la Vilaine, Marchand et Masson (1989) embarquent deux engins actifs pour étudier simultanément la densité de larves et de juvéniles dans la colonne d'eau et sur le fond. Ils utilisent deux tamis à civelles poussés en surface puis à 3 m de profondeur tandis qu'un microchalut est tracté sur le fond. La difficulté réside alors dans l'exploitation des résultats ; la sélectivité des engins est différente et ne permet pas dans l'absolu la comparaison des captures obtenues par des voies différentes.

Whitfield (1993) utilise la complémentarité des résultats d'engins actifs et passifs pour apprécier la biomasse des poissons par unité de surface. Il emploie parallèlement un engin hissé (cage) et des filets maillants. Pour des raisons d'évitement, seules certaines espèces sont recueillies dans la cage hissée ; leur densité est calculée directement connaissant l'ouverture du filet. Par contre, la capturabilité est jugée semblable pour l'ensemble des espèces piégées dans les engins passifs bien que cette hypothèse de travail souffre de biais liés à la variabilité de l'activité des espèces. Par ailleurs, l'espèce la plus abondante dans la cage hissée a un effectif corrélé à la capture par unité d'effort (CPUE) obtenue avec l'engin passif. Connaissant la CPUE d'une espèce quelconque, l'espèce la plus abondante sert ensuite de référence pour estimer indirectement la densité des poissons mal échantillonnés par la cage hissée.

Les tableaux 5.4 et 5.5 fournissent d'autres exemples d'engins complémentaires adoptés par les scientifiques. Dans les domaines pélagiques ou rivulaires, la présence d'écueils ou d'obstacles peut également nuire à l'utilisation du même engin actif. Les auteurs recourent alors à l'usage d'engins actifs de moindre dimension ou d'engins passifs. Horppila (1994) utilise des filets maillants dans les domaines littoraux et pélagiques ; le chalut n'est employé qu'au large. C'est en milieu littoral que la panoplie des méthodes employées est la plus large notamment pour la collecte de larves et d'alevins : capture par encerclement, par chalutage, avec des engins coiffants ou hissés, pêche électrique (tabl. 5.4 et 5.5). Dans ces cas, certains poissons pourront être échantillonnés à vue. En fait, il n'existe pas d'associations standardisées d'engins actifs ou d'engins actifs et passifs.

Usage successif

L'amélioration des protocoles d'étude conduit quelques auteurs à utiliser des engins différents lors de travaux pluriannuels ; certains engins employés sont substitués lorsque leur efficacité n'est pas jugée optimale. C'est le cas sur le lac Trichonis (Grèce) où les larves de Gobiidés recherchées ont une vie planctonique jugée brève ou non démontrée. Les échantillonneurs benthiques (filet à plancton tracté sur le fond) remplacent alors les engins pélagiques (filets à plancton tractés en pleine eau) (Daoulas *et al.*, 1993). Par ailleurs, les engins actifs ou passifs servent parfois à collecter des poissons lors des opérations de marquage. Une large gamme d'outils peut ensuite être mise en œuvre pour la recapture. Sur le lac Arungen (Norvège), les gardons sont pêchés à l'aide de verveux, marqués puis repris avec une seine de plage et des filets maillants de surface (Borgstrom, 1989). Dans un autre lac norvégien (lac Loyning), les poissons récoltés avec une senne de plage seront recapturés avec des filets maillants (Borgstrom, 1992).

Usage simultané

La complémentarité de certains engins est parfois opportune et dépend des outils disponibles. Ce problème est exacerbé lorsque les captures reposent sur l'emploi d'engins professionnels dans des plans d'eau différents. Leur usage garantit une acquisition rapide d'échantillons sur chaque site, mais en contrepartie la variabilité de la dimension des engins et de leurs mailles complique la comparaison des peuplements de plans d'eau étudiés en parallèle.

Test d'un engin

Des méthodes complémentaires peuvent être mises en œuvre afin d'éprouver la qualité d'un protocole d'échantillonnage, notamment l'accessibilité de tel ou tel stade avec l'engin retenu. Ainsi, les méthodes acoustiques sont souvent associées pour vérifier que l'objet mesuré (peuplement ou population de poissons) est bien préférentiellement localisé dans l'aire balayée au moment de l'échantillonnage notamment lors d'études d'abondance (Hurley, 1992, Strus et Hurley, 1992). Inversement, les acousticiens recherchent l'origine spécifique des réponses acoustiques (Parkinson et Rieman, 1994). Les engins actifs et passifs fournissent cette composition spécifique et les données démographiques correspondantes. Ainsi, Bjerkeng *et al.*, (1991) ainsi que Brabrand et Faafeng (1993) emploient une senne et un chalut pélagiques, une senne de plage et des filets maillants de surface lors de leurs estimations de biomasses. Les études de sélectivité des engins actifs, sennes ou chaluts par exemple, entrent dans le même cadre.

Choix d'un effort de pêche

Choix et contraintes d'échelle

Selon l'objectif et les moyens techniques ou financiers de l'opérateur, plusieurs échelles d'approche spatio-temporelles doivent être distinguées. Certains travaux concernent la comparaison de plans d'eau, d'autres envisagent un plan d'eau unique dans son intégralité, enfin, la vision la plus réductionniste se limite à un ou des sondages ponctuels. Un large éventail existe également lorsque l'on s'intéresse aux échelles temporelles, depuis l'étude du rythme nycthéméral du poisson, des variations saisonnières intra ou interannuelles d'une population jusqu'à la recherche de l'évolution historique du peuplement dans un plan d'eau.

Certaines échelles devront néanmoins respecter les caractéristiques du ou des sites (limites d'accès : topographie, marnage et mode de gestion), de la biologie des espèces cibles et des engins de capture retenus (limites physiques d'exploitation). Nous nous limiterons à l'éventualité des captures d'un peuplement dans un plan d'eau unique. En pratique, la réussite de la standardisation de l'échantillonnage repose sur l'analyse critique des limites d'utilisation de l'engin considéré et des limites d'application d'un effort de pêche aux échelles spatiales et temporelles. L'information obtenue par pêche sera d'autant mieux exploitable que l'opérateur connaît bien ces limites d'acquisition.

Contraintes d'échelle temporelle

La durée d'une campagne de pêche et la récolte d'un nombre d'échantillons est tributaire de choix et de contraintes. Le budget nécessaire devra tenir compte des frais d'acquisition puis d'entretien des engins et moyens de pêche sans ignorer le coût spécifique des campagnes de pêche (fonctionnement, personnel) ni leur fréquence, ni leur durée. Le choix de la durée de chaque trait et donc de l'effort de pêche unitaire tient compte du volume des captures (souhaitées ou souhaitables), des caractéristiques de l'engin (dimension et volume filtré) mais aussi de la durée des manœuvres (immersion et virage de l'engin) qui doit être courte vis-à-vis de la durée totale du trait. En outre, le nombre d'échantillons récoltables par jour sera tributaire de cette durée moyenne d'un trait et du délai séparant deux traits, à savoir le temps nécessaire au tri, à la conservation puis l'archivage de l'échantillon et au déplacement vers le lieu de pêche suivant. Enfin, pour conserver l'homogénéité des conditions de capture, l'échantillonneur ne devra ou ne devrait être employé que pendant la période où il conserve la même efficacité : à l'échelle nycthémérale, saisonnière et du cycle de développement de l'espèce cible.

La pêche au chalut intervient généralement le jour. La pêche à la senne de plage a lieu indifféremment le jour ou la nuit. Pourtant, à l'échelle nycthémérale, les variations d'intensité lumineuse peuvent modifier la perception visuelle de l'engin ou la répartition spatiale de l'espèce. Certains auteurs prennent la précaution de vérifier l'absence de variation circadienne des captures ou fournissent les conditions d'éclairement. Cependant, lors des chalutages en zones profondes, la lumière disparaît et donc quelle que soit la période choisie le biais induit sera réduit pour autant que l'animal conserve la même accessibilité pendant la période d'échantillonnage.

A l'échelle saisonnière, les changements de photopériode, de température et de ressources alimentaires modifient également la répartition et l'activité des individus. Il faut souligner le rôle structurant de la stratification thermique sur la répartition des individus. Gerdeaux (1985) conseille d'échantillonner au chalut benthique à une température de 8 à 10°C au printemps et en automne. Enfin, le recrutement, c'est-à-dire l'entrée d'une nouvelle cohorte dans le secteur de pêche ou dans les captures de l'engin, peut modifier le volume de l'échantillon et les conditions de pêche sans que les effectifs de la nouvelle cohorte soient exploitables. Ainsi, lors de l'analyse de l'évolution saisonnière des captures dans certains lacs hollandais, les poissons de l'année sont ou non pris en compte selon l'espèce et le mois (Lammens *et al.*, 1992a ; 1992b). L'intégration de ce phénomène nécessiterait la réalisation de deux campagnes annuelles ayant lieu soit antérieurement, soit postérieurement à l'arrivée respectivement des premiers et des derniers animaux de la cohorte dans l'aire de pêche ou bien s'ils sont présents dans l'aire balayée avant que les premiers jeunes ne soient récoltables avec l'échantillonneur retenu puis lorsque tous deviendront vulnérables. Ainsi, les études de prérecrutement de poissons plats dans les nurseries littorales atlantiques interviennent au printemps (groupes d'âge 1 à 3) puis à l'automne (groupes 0 à 3) (Desaunay *et al.*, 1985).

Dans le cas de l'étude d'une fonction biologique particulière (alimentation, reproduction), des échelles d'observation adéquates doivent être retenues selon l'objectif ; les rythmes de prise alimentaire s'analysent au cours de cycles nycthéméral à annuel, l'analyse de la reproduction peut être réduite à la phase de fraye ou s'étendre au bilan énergétique annuel. Dans le cas de la croissance, la prise d'échantillons peut être unique et au printemps si elle est destinée à l'acquisition de longueurs moyennes correspondant aux phases d'arrêt ou de ralentissement de croissance (lecture de pièces anatomiques et rétrocalcul, Gerdeaux, 1999). Si l'analyse de la croissance repose sur l'évolution temporelle de tailles moyennes (analyse de population, Gerdeaux, 1999), le pas de temps d'échantillonnage devra être modulé selon le stade (accroissement progressif avec l'âge).

Contraintes d'échelle spatiale

Rechercher la distribution d'abondance d'une espèce à l'échelle d'un plan d'eau revient à étudier la répartition d'agrégats de poissons dans un système à trois dimensions. Certaines des contraintes dérivent des éléments évoqués jusqu'à présent à savoir l'évolution de la répartition spatiale des individus (sous le contrôle de caractéristiques ontogénétiques et écoéthologiques) mais aussi des caractéristiques du plan d'eau. La répartition aléatoire de plusieurs stations le long d'un ou de plusieurs transects (selon la forme et la superficie du plan d'eau) offre l'avantage d'intégrer l'évolution possible du milieu et du peuplement de poisson en fonction de la bathymétrie et de l'éloignement de la rive ou des embouchures d'affluents. Le transect pourra joindre les rives opposées ou ne concerner que le voisinage immédiat du rivage. L'échantillonnage peut être également systématique le long du rivage.

Cependant, la connaissance initiale du plan d'eau fournira de meilleurs critères de choix du plan d'échantillonnage, notamment si l'on dispose des isobathes et de la cartographie de la mosaïque des habitats représentés. L'effort d'échantillonnage pourra alors être réparti de façon plus ou moins précise au prorata de la superficie des différentes strates ; ce sont des espaces ayant des caractéristiques homogènes (végétation, substrat, profondeur, exposition) qui pourraient avoir les mêmes capacités d'accueil sur le plan piscicole ou être considérées comme telles. Cette méthode doit permettre de réduire l'hétérogénéité des captures au sein de chaque strate.

Dans chaque station du transect ou d'une strate, la collecte d'au moins deux à trois échantillons permettra de juger de cette variabilité des captures. Ces échantillons répliqués doivent être acquis dans des conditions voisines. Les traits de chalut peuvent être simultanés ou successifs (aller retour). Les traits de sennes de plage peuvent être réalisés sur des secteurs rivulaires voisins. Que les captures soient rapportées à des densités ou à des captures par unité d'effort (CPUE), il est souhaitable pour des facilités d'exploitation de résultats d'appliquer un effort de pêche semblable en volume d'eau filtrée, en surface ou en durée, sur les différentes stations. Dans le cas contraire, les captures et efforts de pêche diffèrent simultanément ; l'estimation d'une variance nécessite l'usage d'un estimateur rapport, ce qui alourdit les calculs (Cochran, 1977).

Lors d'une analyse saisonnière de la croissance, de l'alimentation et a *fortiori* de l'abondance, il faut prendre garde à chaque campagne d'échantillonnage, d'intervenir dans une zone équivalente ou plus étendue que l'aire de répartition du stade considéré. Par exemple, la croissance des alevins pourrait être sous-estimée ou surestimée selon que la récolte intervient sur le rivage ou dans le domaine pélagique quand les poissons de stade voisin occupent ces milieux différents. Cet exemple illustre la limite des travaux réalisés à une échelle spatiale trop réduite en regard de l'évolution de la répartition des individus. Dans l'estuaire de l'Hudson (USA), les larves et juvéniles d'un gadidé (*Microgadus tomcod*) adoptent une répartition verticale variable lors de leur développement (Dew et Hecht, 1994). L'abondance est obtenue en stratifiant l'espace sur le plan vertical, mais à chaque période d'étude, l'effort de pêche évolue dans sa répartition, parallèlement au changement de distribution de l'espèce cible.

Dans l'hypothèse où la microrépartition du poisson serait recherchée, l'engin doit avoir une dimension adéquate pour ne pas couvrir des habitats multiples, encore faut-il que l'échelle spatiale identifiée puisse faire l'objet d'une prospection avec un engin adéquat. Nous avons vu précédemment la limite que représentait l'usage d'une senne de dimension réduite pour l'estimation correcte de l'abondance.

Enfin, certaines espèces adoptent un comportement migratoire qui les entraîne hors du lac pour se reproduire. L'abondance de l'espèce sera bien souvent plus simple à étudier dans les affluents, aux stades précoces, dévalant ou adulte (pêche électrique) que dans le milieu lacustre. Dans les rivières Saint Clair et Détroit alimentant respectivement les lacs Saint Clair et Erie, la force potentielle des cohortes d'éperlan (*Osmerus mordax*) et d'alose (*Alosa pseudoharengus*) est étudiée à l'occasion de la migration catadrome des larves (Hatcher *et al.*, 1991). Cependant, dans le cas de la truite *Salmo trutta* du lac Léman, l'existence d'empoissonnements et la présence de sous-espèces au comportement de reproduction différent compliquent l'analyse démographique (Champigneule *et al.*, 1991).

Conclusion

Compte tenu des limites liées à la mobilité du poisson (présence ou absence dans l'aire balayée, comportement face à l'engin de pêche), on conçoit que l'échantillon collecté à l'aide d'un ou de plusieurs engins ne soit pas une image fidèle du peuplement mais un reflet modifié. Malgré ce biais, il importe de conserver des conditions homogènes de capture ; seule cette standardisation garantit la possibilité d'exploiter et d'interpréter correctement les données acquises.

Les travaux d'ichtyologie récents ou passés améliorent la connaissance de l'écoéthologie des espèces et génèrent un net progrès pour le choix des protocoles à mettre en œuvre lors de l'estimation d'abondance ou le calcul d'indice de variation d'abondance. Les efforts à venir devront porter sur l'analyse de données produites simultanément par des méthodes ou des engins différents. Dans ce cadre, les méthodes d'appréciation exhaustives de la biomasse (vidange plutôt que l'empoisonnement ou l'explosif) pourraient être couplées à d'autres méthodes d'investigation lorsque les conditions le permettent. Aboutir à la complémentarité des techniques actives, passives et acoustiques reste un objectif et une limite incontournables.

Références bibliographiques

ANDREEV N. N., 1967. Construction and designing of purse seines. *In : Instrumentation and methodology in Fishing technology. Rep. FAO/UNDP, TA* 2277 (11), 131-149.

BAUDIN-LAURENCIN F., 1967. La sélectivité des chaluts et les variations nycthémérales des rendements dans la région de Pointe-Noire. *Cah. ORSTOM, Sér. Océanogr. V,* 1, 85-121.

BAYLET P.B., AUSTEN D.J., 1988. Comparison of detonating cord and rotenone for sampling fish in warmwater impoundments. *N. Am. J. Fish. Manage.,* 8, 310-316.

BENECH V., FRANC J., MATELET P., 1978. Utilisation du chalut électrifié pour l'échantillonnage des poissons en milieu tropical (Tchad). *Cah. ORSTOM, Sér. Hydrobiol.,* XII (3-4), 197-224.

BENGEN D., BELAUD A., LIM P.,1992. Structure et typologie ichtyennes de trois bras morts de la Garonne. *Ann. Limnol.,* 28, 35-56.

BENSON B.J., MAGNUSON J.J., 1992. Spatial heterogeneity of littoral fish assemblages in lakes: relation to species diversity and habitat structure. *Can. J. Fish. Aquat. Sci.,* 49, 7, 1493-1500.

BERKA R., 1990. Inland capture fisheries of the USSR. *FAO Fisheries Technical. PACER.,* 311, 143 p.

BILLARD R., 1995. Le grossissement en étang. *In :* R. BILLARD éd., *Les carpes : biologie et élevage.* INRA, Paris, 183-247.

BJERKENG B., BORGSTROM R., BRABRAND A., FAAFENG B., 1991. Fish size distribution and total fish biomass estimated by hydroacoustical methods: a statistical approach. *Fisheries Research,* 11, 41-73.

BORGSTROM R., 1989. Direct estimation of gill-net selectivity for roach (*Rutilus rutilus* (L.)) in a small lake. *Fisheries Research*, 7, 289-298.

BORGSTROM R., 1992, Relationship between annual recruitment and density in a lacustrine population of allopatric brown trout (*Salmo trutta*). *Can. J. Fish. Aquat. Sci.*, 49 (6), 1107-1113.

BOUJARD T., 1987. Mise en évidence de deux groupes d'individus aux caractéristiques de croissance et de comportement distinctes au sein d'une population de perches (*Perca fluviatilis* Linnaeus, 1785, Pisces, Perciformes) dans un étang de Bretagne (France). *Acta Oecologica Oecol Applic.*, 3, 179-189.

BRABRAND A., FAAFENG B., 1993. Habitat shift in roach (*Rutilus rutilus*) induced by pike-perch (*Stizostedion lucioperca*) introduction: predation risk versus pelagic behaviour. *Oecologia*, 95, 38-46.

BRAZNER J.C., MAGNUSON J.J., 1994. Patterns of fish species richness and abundance in coastal marshes and other nearshore habitats in Green Bay, Lake Michigan. *Vern. Internat. Verein. Limnol.*, 25, 2098-2104.

BROWN D.J., COON T.G., 1994. Abundance and assemblage structure of fish larvae in the lower Missouri River and its tributaries. *Transactions of the American Fisheries Society*. 123, 718-732.

BULJSE A.D., SCHAAP L.A., BULT T.P., 1992. Influence of water quality on the catchability of six freshwater fish species in bottom trawl. *Can. J. Fish. Aquat. Sci.*, 49 (5), 885-893.

CARREL G., 1986. Caractérisation physico-chimique du Haut-Rhône français et de ses annexes : incidences sur la croissance des populations d'alevins. Thèse de doctorat, Université Claude Bernard, Lyon I, 185 p.

CHAMPIGNEULE A., BUTTIKER B., DURAND P., MELHOUI M., 1991. Principales caractéristiques de la biologie de la truite (*Salmo trutta* L.) dans le Léman et quelques affluents. *In :* BAGLINIÈRE J.L., MAISSE G., éd., *La truite : biologie et écologie*, INRA, Paris, 153-182.

CICHRA M.F., BETSILL R.K., BETTOLI P.W., 1992. Limnological changes in a large reservoir following vegetation removal by grass carp. *J. Freshwat. Ecol.*, 71, 81-95.

COCHRAN W.G., 1977. *Sampling techniques*, third edition. John WILEY & Sons. Ltd, New-York, 428 p.

CUINAT R., BOMASSI P., BOUSQUET B., JOBERTON G. MARTY A., 1980. Observations sur les juvéniles (smolts) de saumons atlantiques bloqués dans la prise d'eau d'une centrale nucléaire sur la Loire. F.A.O., C.E.C.P.I., Consultation technique sur la répartition des ressources ichtyologiques. Vichy (France), Avril 1980, 16 p.

DAOULAS C., ECONOMOU A.N., PSARRAS T., BARBIERI-TSELIKI, 1993. Reproductive strategies and early development of three freshwater gobies. *Journal of Fish Biology*, 42, 749-776.

DENSEN W.L.T., LIGTVOET W., ROOZEN R.W.M., 1996. Intra-cohort variation in the individual size of juvenile pikeperch, *Stizostedion lucioperca*, and perch, *Perca fluviatilis*, in relation to the size spectrum of their food items. *Ann. Zool. Fennici*, 33, 495-506.

DESAUNAY Y, DOREL D., GUERAULT D., BEILLOIS P., 1985. Variation de l'abondance des pré-recrues de soles sur les nurseries du nord du golfe de Gascogne de 1979 à 1984. Com. Cons. perm. int. explor. mer, *G40*, 17 p.

DEVRIES D.R., STEIN R.A., 1992. Complex interactions between fish and zooplancton: quantifying the role of an open-water planktivore. *Can. J. Fish. Aquat. Sci.*, 49 (6), 1216-1227.

DEW C.B., HECHT J.H., 1994. Recruitment, growth, mortality, and biomass production of larval and early juvenile Atlantic Tomcod in the Hudson River Estuary. *Transactions of the American Fisheries Society*, 123, 681-702.

DOREL D., BEILLOIS P., DESAUNAY Y., GUERAULT D., 1985. Evaluation expérimentale des composantes de la capturabilité d'un chalut à perche. Échantillonneur utilisé pour l'estimation d'abondance des juvéniles de soles. Com. Cons. perm. int. explor. mer, G40, 11 p.

ELIE P., 1979. Contribution à L'étude des montées de civelles d'*Anguilla anguilla* Linné (Poisson, Téléostéen, Anguilliforme) dans L'estuaire de la Loire : pêche, écologie, écophysiologie et élevage. Thèse de 3ᵉ cycle, Université de Rennes I, 381 p.

ENGAS A., GODO O.R., 1989. Escape of fish under the fishing line of a Norwegian sampling trawl and its influence on survey results. *J. Cons. int. Explor. Mer*, 45, 269-276.

FLESCH A., 1994. Biologie de la perche (*Perca fluviatilis*) dans le lac réservoir du Mirgenbach (Cattenom, Moselle). Thèse de doctorat. Univ. de Metz, 197 p.

FLESCH A., MASSON G., MORETEAU J.C., 1994. Comparaison de trois méthodes d'échantillonnage utilisées dans l'étude de la répartition de la perche (*Perca fluviatilis*) dans un lac-réservoir. *Cybium*, 18 (1), 39-56.

FRANKIEWICZ P., DABROWSKI K., ZALEWSKI M., 1996. Mechanism of establishing bimodality in a size distribution of age-0 pikeperch, *Stizostedion lucioperca* (L.) in the Sulejow Reservoir, Central Poland. *Ann. Zool. Fennici*, 33, 321-327.

GEORGE J.P., NEDELEC C., 1991. *Dictionnaire des engins de pêche*. IFREMER et Editions Ouest-France, Rennes, 278 p.

GERDEAUX D., 1985. Techniques d'échantillonnage. Les engins actifs : chaluts et sennes. *In* : D. GERDEAUX et R. BILLARD, éd., *Gestion piscicole des lacs et retenues artificielles*, INRA, Paris, 91-105.

GERDEAUX D., 2001. Détermination de l'âge et de la croissance des poissons. *In* : D. GERDEAUX, éd., *Gestion piscicole des grands plans d'eau*, INRA, Paris. 283 - 292.

GERDEAUX D., JESTIN J.M., 1979. Exemple d'application du chalut électrifié dans un milieu tempéré très minéralisé. *Ann. Limnol.*, 14, 281-287.

GERDEAUX D., JESTIN J.M., 1982. Etude du peuplement du réservoir Marne (Lac du Der-Chantecoq). Rap. A.F.B. Seine-Normandie, 56 p.

GIBBS P.J., MATTHEWS J., 1982. Analysis of experimental trawling using a miniature otter trawl to sample demersal fish in shallow estuarine waters. *Fish. Res.*, 1, 235-249.

GLASS C.W., WARDLE C.S., 1989. Comparaison of the reactions of fish to a trawl gear, at high and low light intensities. *Fish. Res.*, 7, 249-266.

GULLY F., 1981. *Inventaire et description des nurseries littorales de poissons du golfe normano-breton*. D.A.A., ENSA Rennes, 56 p.

HAMLEY J.M., 1975. Review of gillnet selectivity. *J. Fish. Res. Board Can.*, 32 (11), 1943-1969.

HARNOIS E., COUTURE R., MAGNAN P., 1992. Variation saisonnière dans la répartition des ressources alimentaires entre cinq espèces de poissons en fonction de la disponibilité des proies. *Can. J. Zool.*, 70, 796-803.

HATCHER C.O., NESTER R.T., MUTH K.M., 1991. Using larval fish abundance in the St. Clair and Detroit rivers to predict year-class strength of forage fish in lakes Huron and Erie. *J. Great Lakes Res.*, 17 (1), 74-84.

HAYES J.W., RUTLEDGE M.J., 1991. Relationship between turbidity and fish diets in Lakes Waahi and Whangape, New Zealand. *New Zealand Journal of Marine and Freshwater Research*, 25, 297-304.

HORPILLA J., 1994. The diet and growth of roach (*Rutilus rutilus* (L.)) in Lake Vesijärvi and possible changes in the course of biomanipulation. *Hydrobiologia*, 294, 35-41.

HOVENKAMP-OBBEMA I.R.M., FIEGGEN W., 1992. The effects of dredging and fish stocking on the trophic status of shallow, peaty ditches. *Hydrobiologia*, 233, 225-233.

HURLEY D.A., 1992. Feeding and trophic interactions of white perch (*Morone americana*) in the Bay of Quinte, Lake Ontario. *Can. J. Fish. Aquat. Sci.*, 49 (11), 2249-2259.

JACKSON J.J., WILLIS D.W., FIELDER D.G., 1992. Food habits of young-of-the-year in Okobojo Bay of Lake Oahe, South Dakota. *J. Freshwat. Ecol.*, 7 (3), 329-341.

JANSEN W.A., 1996. Plasticity in maturity and fecundity of yellow perch, *Perca flavescens* (Mitchill) : comparisons of stunted and normal-growing populations. *Ann. Zool. Fennici*, 33, 403-415.

JOHNSON M.B., VOGELSANG M., STEWART R.S., 1996. Enhancing a walleye population by stocking: effectiveness and constraints on recruitment. *Ann. Zool. Fennici*, 33, 577-588.

KARAS P., 1996. Basic abiotic conditions for production of perch (*Perca fluviatilis* L.) young-of-the-year in the Golf of Bothnia. *Ann. Zool. Fennici*, 33, 371-381.

KARAS P., NEUMAN E., 1981. First-year growth of Perch (*Perca fluviatilis* L.) and Roach (*Rutilus rutilus* (L.)) in a heated Baltic Bay. *Rep. Inst. Freshw. Res. Drottningholm*, 59, 48-63.

KJELLMAN J., HUDD R, URHO L., 1996. Monitoring 0+ perch (*Perca fluviatilis*) abundance in respect to time and habitat. *Ann. Zool. Fennici* 33, 363-370.

KUBECKA J., BOHM M., 1991. The fish fauna of the Jordan reservoir, one of the oldest man-made lakes in Central Europe. *Journal of Fish Biology*, 38, 935-950.

LAMMENS E.H.R.R., BOESEWINKEL-De BRUYN N., HOOGVELD H., VAN DONK E., 1992a. P-load, phytoplancton, zooplancton and fish stock in Loosdecht Lake and Tjeukemeer : confounding effects of predation and food availability. *Hydrobiologia*, 233, 87-94.

LAMMENS E.H.R.R., A. FRANK-LANDMAN, MAC GILLAVRY P.J., VLINK B., 1992b. The role of predation and competition in determining the distribution of common bream, roach and white bream in Dutch eutrophic lakes. *Environmental Biology of fishes*, 33, 195-205.

LANDAU R., GOPHEN M., WALLINE P., 1988. Larval *Mirogrex terraesanctae* (*Cyprinidae*) of Lake Kinneret (Israel): growth rate, plancton selectivities, consumption rates and interaction with rotifers. *Hydrobiologia*, 169, 91-106.

LAUREC A., LE GUEN J.C., 1981. Dynamique des populations marines exploitées, tome I, Concepts et modèles. *Public. CNEXO, Rapp. Scientif. Techn.*, 45, 118 p.

LESLIE J.K., TIMMINS C.A., 1991a. Distribution of abondance of young fish in Chenal Ecarte and Chematogen Channel in the St Clair River delta, Ontario. *Hydrobiologia*, 219, 135-142.

LESLIE J.K., TIMMINS C.A., 1991b. Distribution and abondance of young fish in the St Clair River and associated waters, Ontario. *Hydrobiologia*, 219, 135-142.

LESLIE J.K., TIMMINS C.A., 1992. Beach seine collections of freshwater larval fish at the shore of lakes. *Fisheries Research*, 7, 243-251.

LESLIE J.K., TIMMINS C.A., 1993. Distribution, density, and growth of young-of-the-year fishes in Mitchell Bay, Lake St Clair. *Can. J. Zool.*, 71, 1160.

LOKKEBORG S., BJORDAL A., 1992. Species and size selectivity in longline fishing : a review. *Fisheries Research*, 13, 311-322.

MAC BRIDE R.S., SCHERER M.D., POWELL J.C., 1995. Correlated variations in abundance, size, growth, and loss rates of age-0 bluefish in a southern New England Estuary. *Transactions of the American Fisheries Society*, 124, 898-910.

MacLennan D.N., 1992. Fishing gear selectivity: an overview. *Fisheries Research*, 13, 201-204.

Manci W.E., Malison J.A., Kayes T.B., Kuczynski T.E., 1983. Harvesting photopositive juvenile fish from a pound using a lift net and light. *Aquaculture*, 34, 157-164.

Marchand J., Elie P., 1983. Contribution à l'étude des ressources bentho-démersales de l'estuaire de la Loire. Biologie et écologie des principales espèces. Rapport Com. Scientif. Env. estuaire Loire, 128 p.

Marchand J., Masson G., 1989. Process of estuarine colonization by 0-group sole (*Solea solea*) hydrological conditions, behaviour, and feeding activity in the Vilaine estury. *Rapp. P.-V. Réun. Cons. int. Explor. Mer*, 191, 287-295.

Masson G., 1987. Biologie et écologie d'un poisson plat amphihalin, le Flet (*Platichthys flesus flesus* LINNE, 1758) dans l'environnement ligérien. Thèse de doctorat. Univ. de Bretagne Occidentale, 344 p.

Meador M.R., et Matthews W.J., 1992. Spatial and temporal patterns in fish assemblage structure of an intermittent Texas stream. *Am. Midl. Nat.*, 127, 106-114.

Mehner T., Schultz H., Bauer D., Herbst R., Voigt H., Benndorf J., 1996. Intraguild predation and cannibalism in age-0 perch (*Perca fluviatilis*) and age- 0 zander (*Stizostedion lucioperca*) : Interactions with zooplancton succession, prey fish availability and temperature. *Ann. Zool. Fennici*, 33, 353-361.

Meng L., Moyle P.B., Herbold B., 1994. Changes in abundance and distribution of native and introduced fishes of Suisan Marsh. *Transactions of the American Fisheries Society*, 123, 498-507.

Nedelec C., Portier M., Prado J., 1979. Techniques de pêche. Rev. *Trav. Inst. Pêches marit.*, 43, 147-288.

Nelson R.W., Boussu F.M., 1974. Evaluation of trawls for monitoring and harvesting fish populations in lake Oahe, South Dakota. *U.S. Fish Wildl. Serv., Tech. Pap.*, 76, 15 p.

Nelva A., Persat H., Chessel D., 1979. Une nouvelle méthode d'étude des peuplements ichtyologiques dans les grands cours d'eau par échantillonnage ponctuel d'abondance. *C.R. Acad. Sci. Paris, Série D.*, 289, 679-691.

Nielsen L.A., 1983. Variation in the catchability of yellow perch in an otter trawl. *Trans. Am. Fish. Soc.*, 112, 53-59.

Oberdorff T., Guilbert E., Lucchetta J.C., 1993. Patterns of fish species richness in the Seine River basin, France. *Hydrobiologia*, 259, 157-167.

Olivier J.M., 1992. Rythmes de dérive des alevins en milieu fluvial. Suivi dans le Rhône au niveau des prises d'eau et infuence des vidanges de barrages. Thèse de doctorat. Univ. Cl. Bernard, Lyon I, 129 p.

Olivier G., Come G., Raymond J.C., Degiorgi F., 1996. Echantillonnage des alevins non maillables en milieu lacustre : contribution à l'affinement des techniques et à la mise au point d'un protocole. Rencontre chercheur praticien. Thonon-les-Bains, 13-15/11/1996.

Osenberg C.W., Mittelbach G.G., Wainwright P., 1992. Two-stage life histories in fish: the interaction between juvenile competition and adult performance. *Ecology*, 73 (1), 255-267.

Owens R.W., Bergstedt R.A., 1994. Response of slimmy sculpins to predation by juvenile lake trout in southern Lake Ontario. *Transactions of the American Fisheries Society*, 123, 28-36.

Parkinson E.A., Rieman B.E., 1994. Comparaison of acoustic and trawl methods for estimating density and age composition of kokanee. *Transactions of the American Fisheries Society*, 123, 841-854.

PIERCE C.L., RASMUSSEN J.B., LEGGET W.C. 1990. Sampling littoral fish with a seine : corrections for variable capture efficiency. *Can. J. Fish. Aquat. Sci.*, 47, 1004-1010.

POST J.R., RUDSTAM L.G., SCHAEL D.M., 1995. Temporal and spatial distribution of pelagic age-0 fish in lake Mendota, Wisconsin. *Transactions of the American Fisheries Society*, 124, 84-93.

QUINN N.J., KOJIS B.L., 1987. The influence of diel cycle, tidal direction and trawl alignment on beam trawl catches in an equatorial estuary. *Environ. Biol. Fishes*, 19, 297-308.

REINERTSEN H., JENSEN A., KOKSVIK J.I., LANGELAND A., OLSEN Y., 1989. Effects of fish removal on the limnetic ecosystem of a eutrophic lake. *Can. J. Fish. Aquat. Sci.*, 47 (1), 166-173.

ROBIN J.P., 1992. Effets de la pêche et des prises d'eau de la centrale de Cordemais sur les juvéniles de flet (*Platichthys flesus* L.) et d'éperlan (*Osmerus eperlanus*) dans l'estuaire de la Loire. Thèse de doctorat. Univ. de Bretagne Occidentale, 190 p.

ROBINSON D.G., BARRACLOUGH W.E., 1978. Population estimates of sockeye salmon (*Onchorynchus nerka*) in a fertilized oligotrophic lake. *J.Fish. Res. Board Can.*, 35, 851-860.

ROSS S.T., KNIGHT J.G., WILKINS S.D., 1992. Distribution and microhabitat dynamics of the threatened Bayou darter, *Etheostoma rubrum*. *Copeia*, 3, 658-671.

SCHAEL D.M., RUDSTAM L.G., POST J.R., 1991. Gape limitation and prey selection in larval yellow perch (*Perca flavescens*), freshwaterdrum (*Aplodinotus grunniens*), and black crappie (*Pomoxis nigromaculatus*). *Can. J. Fish. Aquat. Sci.*, 48 (10), 1919-1925.

STEINBERG R., DAHM E., 1974. The use of two-boat-bottom and midwatertrawls in inland waters. Experiences in German fishery. FAO, *Eiffac*, t 23 (suppl. 1), 23-35.

STRUS R.H., HURLEY D.A., 1992. Interactions between alewife (*Alosa pseudoharengus*), their food, and phytoplancton biomass in the bay of Quinte, Lake Ontario. *J. Great Lakes Res.*, 18 (4), 709-723.

TONN W.M., PASZKOWSKI C.A., 1992. Piscivory and recruitment : mechanisms structuring prey populations in small lakes. *Ecology*, 73 (3), 951-958.

UNIVERSITE de METZ, 1992. Etude hydrobiologique de la retenue du Mirgenbach. Rapport de contrat CPN-EDF Cattenom/Université de Metz.

UNIVERSITE de METZ, 1993. Evaluation qualitative et quantitative de l'impact de l'ouvrage d'alimentation et de reprise sur les poissons. Rapport de contrat CPN-EDF Cattenom/Université de Metz.

WAHL C.M., MILLS E.L., MAC FARLAND W.N., DE GISI J.S. 1993. Ontogenetic changes in prey selection and visual acuity of the yellow perch, *Perca flavescens*. *J. Fish. Aquat. Sci.*, 50, 749.

WALSH S.J., 1991. Diel variation in availability and vulnerability of fish to a survey trawl. *J. Appl. Ichthyol.*, 7, 147-159.

WANG N., 1994. Food and feeding habit of young perch (*Perca fluviatilis* L.) in Lake Constance). *Verh. Internat. Verein. Limnol.*, 25, 2148-2152.

WELCOMME R.L., 1979. *Fisheries ecology of floodplain rivers*. Longman, Londres, 317 p.

WINFIELD I.J., WINFIELD D.K., TOBIN C.M. 1992. Interactions between the roach, *Rutilus rutilus*, and waterfowl populations of Lough Neagh, Northern Ireland. *Environmental Biology of Fishes*, 33, 207-214.

WHITFIELD A.K., 1989. Ichthyoplancton in a Southern African surf zone: nursery area for the postlarvae of estuarine associated fish species. *Estuarine, Coastal and Shelf Science*, 29, 533-547.

WHITFIELD A.K., 1993. Fish biomass estimates from the littoral zone of an estuarine coastal lake. *Estuaries*, 16, 280-289.

WRIGHT R.M., PHILLIPS V.E., 1992. Changes in the aquatic vegetation of two gravel pit lakes after reducing the fish population density. *Aquatic Botany*, 43, 43-49.

Échantillonnage de l'ichtyofaune lacustre : engins passifs et protocole de prospection
Exemple des filets maillants et emmêlants*

Introduction

Parmi les techniques couramment employées pour étudier l'ichtyofaune des systèmes lacustres (Degiorgi *et al.*, 1994), les filets maillants ou emmêlants constituent sans doute le procédé le plus anciennement employé par les limnologues. Ces engins, traditionnellement utilisés par les pêcheurs professionnels pour valoriser artisanalement les ressources piscicoles des milieux d'eau profonde, ont été adoptés par les scientifiques dès le début du siècle, mais plus particulièrement depuis les années 50 avec l'apparition des mailles en matière synthétique (Brandt, 1975).

Les filets maillants et emmêlants se sont révélés fort intéressants pour étudier les peuplements lacustres. Cette assertion vaut également pour les autres engins passifs tels que nasses, pièges et verveux (Hubert, 1996), mais ceux-ci sont beaucoup moins couramment utilisés. Toutes ces techniques permettent d'obtenir, à certaines conditions que nous allons définir, un échantillon sinon «représentatif» du moins comparable du peuplement ichtyologique (Ricker, 1980). Cependant, dans toute démarche d'échantillonnage, le mode d'action du dispositif de prélèvement influe fortement sur l'image obtenue qui, selon Frontier (1983), reflète une «interaction entre l'objet étudié et le type d'échantillonnage». Il est donc important de bien connaître les caractéristiques techniques des procédés choisis.

La description des filets passifs traditionnels utilisés dans le cadre d'études ichtyologiques, et des modalités pratiques de leur mise en oeuvre, a déjà été effectuée à maintes reprises et en particulier par Barbier (1985) lors d'une précédente édition du présent ouvrage. Seul un court rappel à ce sujet sera effectué ici. En revanche, une présentation des caractéristiques de filets plus spécifiques, dits «verticaux», sera effectuée en complément. Ces engins, d'inspiration américaine (Horak et Tanner, 1964), adaptés et modifiés sur des lacs jurassiens par Grandmottet et Vaudaux (1989), ont été depuis largement utilisés en France (Degiorgi, 1994, Flesh *et al.*, 1994, De Crespin et Ditche, 1997....).

* F. Degiorgi, J. P. Grandmottet, J.C. Raymond, B. Rivier

Les particularités et surtout les limites inhérentes à ces techniques nous ont conduits à nous interroger sur la nature des modalités spatio-temporelles qu'il convient d'adopter pour leur mise en oeuvre pertinente dans le cadre d'une étude scientifique. À titre d'exemple, les articulations d'un protocole standard de prospection de l'ichtyofaune lacustre à l'aide de filets verticaux, désormais testé et validé, seront commentées.

Enfin, un aperçu de la nature et de la variété des résultats obtenus lors de l'application de cette démarche à quelques cas sera présenté, de façon à en dégager les avantages, comme les contraintes et les limites. En particulier, l'intérêt de disposer de jeux de données comparables concernant les structures des peuplements et des populations ainsi que des descripteurs synthétiques de la répartition spatiale sera illustré et souligné.

Revue succincte des techniques maillantes et emmêlantes

Principe : les filets «traditionnels»

Les filets traditionnels employés par les pêcheurs professionnels ont été adoptés originellement sans modifications par des équipes scientifiques de tous pays (EIFAC, 1975). La description précise du montage et des caractéristiques techniques de ces engins passifs est détaillée par plusieurs auteurs (EIFAC, *op. cit.*, Hubert, 1983-1996 ; Barbier, 1985 ; Rivier, 1996...). Seul un court rappel est opéré ici.

Ces engins sont constitués de réseaux de mailles nouées losangiques, appelés «nappes», de forme sub-rectangulaire et d'allongement horizontal. Ils sont disposés verticalement dans la masse d'eau, pour intercepter le poisson qui s'y déplace. Selon le nombre de nappes constitutives, qui déterminent leur mode d'action dominant, on distingue deux catégories de filets passifs : les filets maillants et les tramails (fig. 6.1).

Filets maillants

Les filets maillants sont composés d'une seule nappe. Lorsqu'un poisson dont l'embonpoint est égal, ou à peu près égal, au diamètre des vides de ce réseau passe la tête dans une des mailles, il ne peut en extraire son corps par l'avant. Dès lors, il lui est également impossible de reculer, car il reste coincé en arrière par ses opercules (fig. 6.1) : on dit que ce poisson est «maillé». En fait, dans ce type de filet, il arrive fréquemment que les poissons maillés s'emmêlent ensuite dans la nappe en se débattant, ou même s'accrochent par des aspérités telles que des rayons épineux (percidés) ou des dents (carnassiers).

La taille des mailles, **mesurée sur un côté du losange** (fig. 6.1), varie usuellement de 10 à 70 mm. Ces réseaux, anciennement tissés en coton, sont désormais constitués de Nylon monofilament ou, plus rarement, polyfilament. Ce matériau transparent, dont la solidité permet l'utilisation d'un faible diamètre rendant les

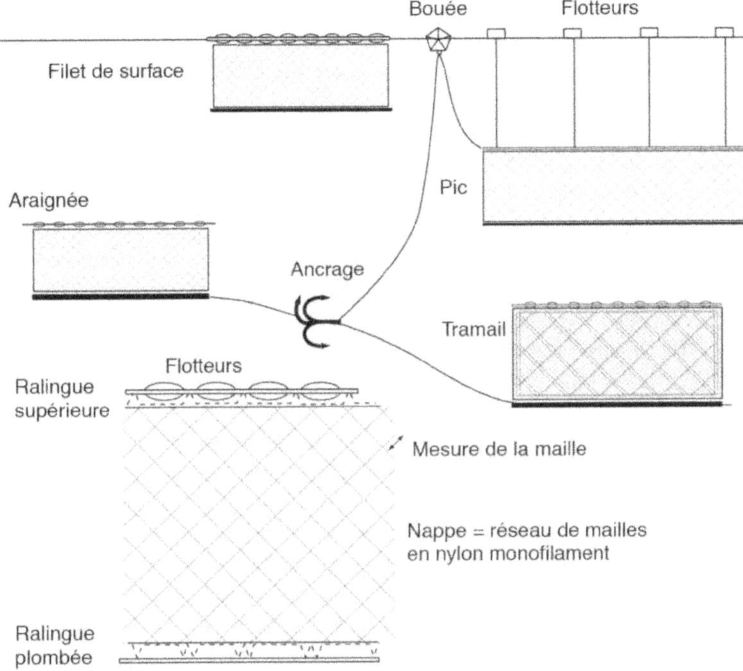

Figure 6.1 : Schéma technique et mode d'action des filets traditionnels maillants et emmélants

filets maillants encore moins visibles, a permis d'améliorer considérablement leur efficacité (Brandt, 1975). L'épaisseur du monofilament, qui varie idéalement avec la taille des mailles de 10 à 30 centièmes de mm, est définie par le meilleur compromis entre une visibilité minimale et une résistance maximale. La couleur de fond du Nylon translucide varie de l'incolore au bleu en passant par le gris, le jaune et le vert. La variante la moins visible (et donc la plus efficace) diffère probablement d'une espèce à l'autre ainsi que selon les milieux et suivant les saisons.

Les nappes rectangulaires (ou plus exactement trapézoïdales) sont équipées d'une ralingue supérieure plus ou moins flottante et d'un pied de filet plus ou moins plombé. L'importance relative des flotteurs et du lest détermine 3 sous-catégories de filets maillants selon le compartiment spatial où l'on souhaite qu'ils agissent :

- les araignées, fortement plombées et munies de légers flotteurs (ou cordes flottantes), échantillonnent la tranche d'eau benthique sur la hauteur de leurs nappes ; ces engins mesurent usuellement 1 à 4 mètres de haut pour 10 à 100 mètres de long ;

- les pics, peu lestés et démunis des flotteurs de la ralingue supérieure, exercent leur action en pleine eau. Leur profondeur est réglée à l'aide d'une série de flotteurs annexes qui soutiennent le filet suspendu au bout d'autant de drisses de longueur modulable, disposées tous les 10 mètres environ ; ces filets peuvent atteindre une grande taille et dépasser 120 mètres de long et 20 mètres de haut ;

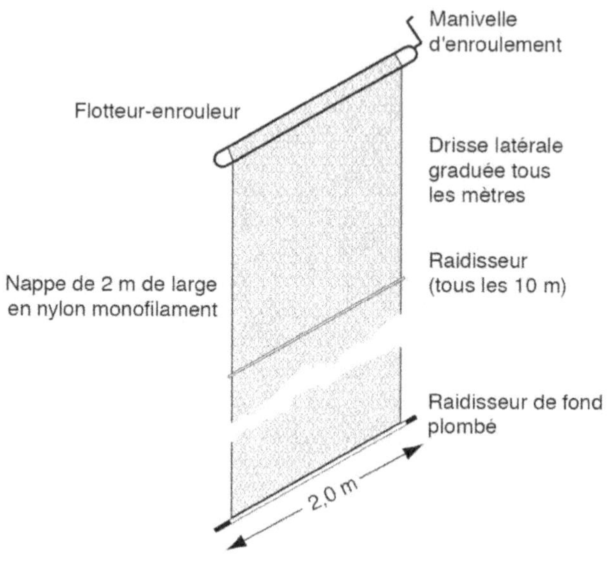

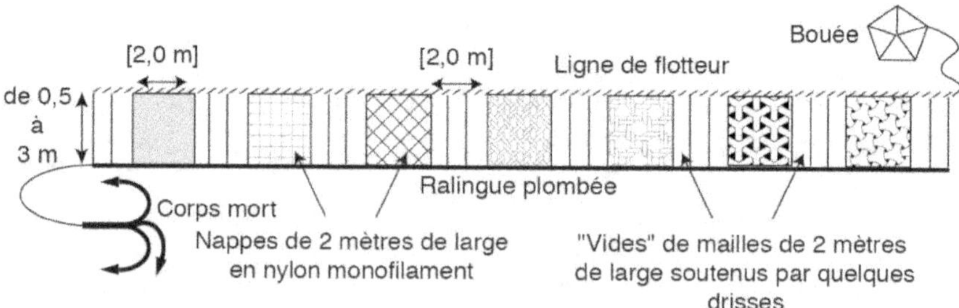

Figure 6.2 : Schéma de montage des filets verticaux à enrouleur et des araignées multi-mailles équivalentes à une batterie de ces filets en zone littorale

- les filets de surface, peu lestés et munis de flotteurs importants, échantillonnent la tranche d'eau supérieure ; ces filets ont généralement 1 à 2 mètres de hauteur pour 10 à 100 mètres de long.

Pics et filets de surface sont généralement arrimés à un ou deux points d'ancrage mais peuvent être aussi employés en filets dérivants, comme cela se pratique en pêche professionnelle dans certains grands lacs (le Léman par exemple), baignés par de forts courants. Cette utilisation extrême d'engins passifs doit être mise en action avec précaution, de façon à ne pas perdre ni enchevêtrer les filets.

Tramails

Les tramails sont constitués de 3 nappes superposées : 2 réseaux de mailles larges (généralement de 100 à 300 mm) appelés «aulnées» ou «aumées», encadrent une nappe de mailles plus fines (entre 10 et 90 mm), appelée «flue» (fig. 6.2). Cette dernière possède une surface légèrement supérieure qui lui procure un jeu fonctionnel. Les poissons incidents passent à travers la première aulnée et poussent la flue dans la seconde. La poche ainsi formée emprisonne les captures dont les soubresauts accentuent l'emmêlement. La plupart du temps, les tramails sont en coton. Ils sont généralement équipés comme des araignées, mais il en existe qui sont conçus pour pêcher en surface.

La manipulation des filets maillants ou emmêlants requiert une technicité qui ne s'improvise pas. Les modalités de pose sont bien décrites par de nombreux auteurs (Hamley, 1975 ; Hubert, 1983 ; Barbier, 1985 ; CEMAGREF, 1987) mais il est indispensable d'apprendre à manipuler ces engins sur le terrain avec des professionnels ou des ichtyologues. L'objectif est d'éviter l'emmêlement tout en conservant aux filets une certaine souplesse, afin que le poisson ne sente pas de résistance avant qu'il n'y soit pris.

Caractéristiques techniques générales des engins passifs maillants

Sélection

Les filets passifs capturent toutes les espèces rencontrées dans les plans d'eau européens, sauf l'anguille (EIFAC, 1975 ; Barbier, 1985 ; Degiorgi, 1994). Cette espèce ainsi que les individus de forte taille comme les gros silures, larges et puissants, ou les carpes pesant plus de 10 kg, munies en outre d'un rayon épineux dentelé à l'avant de leur nageoire dorsale, échappent aux filets maillants mais non aux tramails. En milieu profond, les anguilles sont généralement capturées à l'aide de nasses ou de verveux (Adam et Élie, 1994 ; Adam, 1996).

Toutefois, la vulnérabilité des différentes espèces varie selon leur morphologie, leur mobilité ainsi que leur grégarité (Ricker, 1980). En particulier, l'efficacité de l'échantillonnage à l'aide d'engins passifs diffère notablement selon que l'on considère les carnassiers apicaux (brochet, truite), plus territoriaux et moins mobiles en été, ou les espèces dites «fourrages» (cyprinidés, perches juvéniles) qui se déplacent en banc. Cette sélection différentielle peut être compensée par l'application multisaisonnière des mêmes procédés de prélèvement, chaque espèce ayant ainsi plus de chances d'être échantillonnée au moment où elle s'avère la plus mobile.

Pour diminuer ces biais, il est important d'échantillonner de la même façon la totalité des compartiments de l'espace lacustre (Ricker, 1980). Cependant, même si la stratégie de prospection intègre ces précautions, les rendements de pêches obtenus doivent donc être considérés comme des indices d'abondance intrinsèques à chaque espèce, comparables d'un système à l'autre ou d'une campagne à l'autre, et non comme des estimations des proportions relatives des composantes du peuplement.

Sélectivité

Tout engin de capture est caractérisé par sa sélectivité c'est-à-dire par l'amplitude de l'intervalle de taille des poissons qui lui sont vulnérables. Dans le cas des filets maillants, la probabilité de capture par maillage des poissons d'une espèce donnée est, pour chaque maille, une fonction mono-modale de leur taille (fig. 6.3). Sa représentation graphique est souvent assimilable à une courbe du type normal, normal-asymétrique ou gamma (Helser et Condrey, 1991). D'après Andreev (1967), la longueur de l'intervalle de sélectivité est proportionnelle à la taille optimale de capture et, selon Hamley (1975) ses bornes s'en déduisent en la multipliant par des facteurs variant de 0,9 et 1,1 à 0,8 et 1,2.

Les tramails possèdent une sélectivité plus large mais sont quantitativement moins efficaces, car beaucoup plus visibles. Ils sont coûteux, et leur manipulation, qui requiert toujours une préparation délicate, nécessite parfois de longs démaillages.

Par conséquent, les pêches scientifiques sont souvent réalisées au moyen d'une série de filets maillants de différentes mailles graduées ou de filets «multimailles». La juxtaposition de mailles différentes reliées bout à bout est grossièrement équivalente à une série de filets indépendants (Craig *et al.*, 1986 ; Barbier, 1985), mais présente des risques d'interférences entre nappes. Ce dispositif composite s'avère souvent plus efficace, pour une mise en oeuvre plus facile (Jensen, 1995 ; Kurkilahti et Rask, 1996). Toutefois, d'après Jensen et Hesthagen (1996), la sélectivité des filets multimailles pourrait dépendre de l'orientation et de la position des petites mailles par rapport au littoral. Pour les deux procédés, la gamme de mailles croissantes doit permettre un recouvrement des sélectivités depuis les longueurs minimales maillables (environ 7 cm) jusqu'aux tailles adultes non exceptionnelles. L'efficacité de la série de mailles employées est vérifiée a posteriori pour s'assurer de l'absence d'une lacune de sélectivité.

Pour cela, lorsque la structure réelle des populations prospectées n'est pas connue, il faut avoir recours à des méthodes dites «indirectes». Il s'agit, à partir de la répartition des fréquences de capture, de calculer la courbe de probabilité de capture de chaque maille en fonction de la taille. Ces approches sont décrites, synthétiquement, par Régier et Robson (1966), Hamley (1975), Dahm (1987) ou, de façon plus détaillée, par Gulland et Harding (1961) Henderson et Wong

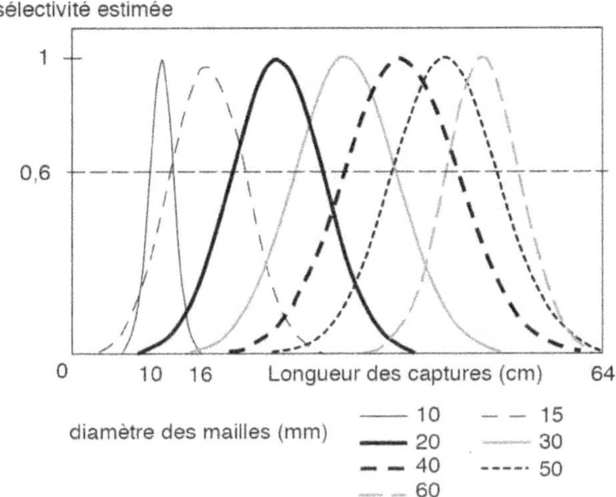

Figure 6.3 : Estimation indirecte de la sélectivité du jeu de sept mailles constituant l'unité d'effort standard

(1991) ou Helser et Condrey (1991). L'efficacité de la série de filets varie entre le mode des courbes de sélectivités (maxima) et l'intersection des courbes adjacentes (minima). Selon Jensen (1986), ces valeurs d'efficacité minimales doivent dépasser 60 % des valeurs maximales pour éviter les lacunes de sélectivité et garantir une efficacité satisfaisante du dispositif d'ensemble.

Toutefois, il reste délicat de comparer les probabilités maximales de capture d'une gamme de tailles à l'autre. En effet, les petits individus semblent jouir d'une probabilité de maillage comparativement inférieure (Ricker, 1980), à cause de leur moindre embonpoint (Ehrhardt et Die, 1988), de leur vitesse moins élevée (Rudstam *et al.*, 1984) et de leur plus faible inertie (Degiorgi, 1994). En outre, les petites mailles, beaucoup plus serrées, sont plus rigides et plus visibles; même si le fil employé est plus fin. Enfin, pour des raisons de mortalité induite plus forte et de coût plus élevé, leur surface est traditionnellement très inférieure à celle des grandes mailles. Les poissons plus âgés peuvent en outre être maillés et accrochés de plusieurs façons (Hamley et Régier, 1973). En revanche, ils jouissent d'une capacité d'échappement plus importante, et se déplacent en bancs moins serrés que les juvéniles, surtout par rapport à la densité des mailles.

Comme dans le cas de la sélection, ces biais de sélectivité peuvent être partiellement contournés par la standardisation du dispositif et de la stratégie de prospection. Ainsi, les approches pluri-saisonnières permettent-elles de mieux circonscrire la force des cohortes de juvéniles de l'année. Toutefois, il paraît pertinent de confronter les résultats obtenus par filets maillants en les considérant par classe d'âge, d'un système à l'autre ou d'une campagne à l'autre.

Mortalités induites

Observons que la plupart des poissons réellement maillés ou emmêlés sont destinés à une mort certaine, immédiate (par étouffement et stress) ou différée (par lésion des branchies et de la peau). Seuls les poissons pris uniquement par leurs dents, comme c'est souvent le cas pour les salmonidés, bénéficient d'un taux de survie pouvant approcher 70 %, à condition toutefois d'être délivrés très rapidement (Rivier, 1996).

Afin de diminuer la mortalité induite par les filets traditionnels, disposés dans le sens de l'allongement maximal des bancs, des auteurs américains envisagèrent un autre montage des nappes en nylon monofilament. Ce dispositif spécifique a été conçu pour diminuer une partie des biais inhérents aux filets passifs habituels. Surtout, il se prête particulièrement bien à la prospection systématique et répétitive de l'espace lacustre.

Filets «verticaux»

Filets à enrouleur

Les filets «verticaux à enrouleur», initialement conçus par des auteurs anglo-saxons (Hartmann, 1962 ; Horak et Tanner, 1964 ; Lackey, 1968 ; Bartoo *et al.*,1973), ont été adaptés aux systèmes lacustres de l'Est de la France par Grandmottet et Vaudaux (1989), puis testés par Guyard *et al.*, (1989). Ces engins n'ont que 2 mètres de large mais sont conçus pour échantillonner à chaque fois toute la hauteur d'eau, de 1 à 80 mètres de profondeur. En effet, les nappes de nylon monofilament, d'une hauteur totale de 80 mètres, sont enroulées sur des tubes PVC étanches (Ø 63 mm) servant de flotteur (fig. 6.2). L'enrouleur est posé sur 2 potences solidaires de l'embarcation. Une manivelle permet de dérouler les filets sur toute la tranche d'eau lors de la pose.

Afin d'éviter le vrillage provoqué par le vent, les courants ou les captures de grosse taille, des raidisseurs en polyéthylène translucide jalonnent le filet tous les 10 m. Ils sont pourvus d'une bulle d'air leur assurant une densité voisine de 1 afin d'éviter toute tension sur la nappe. La ralingue de fond, fortement plombée, est également munie d'un raidisseur. Les drisses latérales sont graduées : lors du relevage du filet par enroulement sur le flotteur, la distance au fond et la profondeur de chaque capture sont repérées.

Araignées multimailles «verticales»

Parallèlement, de façon à permettre la prospection simultanée d'un plus grand nombre de postes en zone littorale (profondeur inférieure à 3 m), des araignées «multimailles» ont été construites suivant le même principe (fig. 6.2). Elles sont constituées de plusieurs nappes juxtaposées, d'une largeur de 2 mètres chacune, comme les filets verticaux). La hauteur des nappes varie de 0,5 à 3 mètres afin de pouvoir choisir une araignée qui échantillonne la totalité de la tranche d'eau quel que soit le site prospecté.

Pour éviter les interférences entre surfaces pêchantes successives, ces nappes sont séparées par des intervalles vides de 2 m de large, où la ligne de flotteurs est reliée à la ralingue plombée par des drisses assurant la cohésion de l'ensemble. Une araignée multimailles et une série de filets verticaux de mailles correspondantes produisent des efforts de pêche statistiquement similaires dans la zone littorale (Degiorgi, 1994).

Avantages et inconvénients techniques des filets verticaux

L'analyse des caractéristiques techniques des filets verticaux a été effectuée par Grandmottet et Vaudaux (*op. cit.,*), Guyard *et al.,* (*op. cit.,*) puis Degiorgi (*op. cit.,*). Il en ressort les avantages suivants par rapport aux dispositifs traditionnels :

• Ces filets échantillonnent toute la tranche d'eau quel que soit le site prospecté ; ils enregistrent ainsi le maximum d'informations : l'effort de capture est identique d'un poste à l'autre ; le risque de manquer un individu ou un banc dans une strate ou un habitat non échantillonné est éliminé. En outre, la profondeur des captures peut être repérée.

• Leur très faible largeur (2 m) occasionne une mortalité pisciaire limitée, même en réalisant des réplicats. En outre, cette dimension autorise l'utilisation de la même surface de filet pour toutes les mailles, proscrite dans le cas des filets traditionnels (cf. ci-dessus) : la sous-estimation des espèces et individus de faible taille est ainsi limitée.

• Leur faible encombrement et leur maniement très souple permettent de cibler sans ambiguïté leur disposition par rapport aux différents habitats aquatiques prospectés.

Au chapitre de leurs défauts spécifiques, il convient de signaler l'importance du temps de manipulation qu'ils requièrent in situ. Dans le cas de fortes densités de captures, la relève puis la repose d'une batterie de 7 filets tendus dans une zone de profondeur supérieure à 50 m peut dépasser 2 heures. Les dispositifs traditionnels peuvent donc être préférés dans certains cas : par exemple pour réaliser une prospection essentiellement qualitative (Degiorgi *et al.,* 1994), ou lorsque les filets ne peuvent être laissés que très peu de temps en place, afin de diminuer la mortalité (Rivier, 1996), ou encore dans le but d'étudier les rythmes de prise alimentaire des poissons (Richeux *et al.,* 1992).

En définitive, les filets verticaux, grâce aux caractéristiques énoncées ci-dessus, et malgré le temps nécessaire à leur manipulation, autorisent une répétition systématique de l'échantillonnage dans l'ensemble des compartiments du volume lacustre. Ils permettent ainsi de contrôler la variabilité spatio-temporelle des rendements de capture. En revanche, comme tous les procédés basés sur des filets maillants, ils ne capturent pas les alevins et juvéniles de taille inférieure à 7 cm ; de plus, leur efficacité varie d'une espèce à l'autre, ainsi que, dans une moindre mesure, d'une gamme de taille à l'autre.

Les biais et inconvénients inhérents aux techniques passives maillantes ou emmêlantes sont donc notablement réduits mais non supprimés par l'emploi des filets "verticaux". D'ailleurs, comme tout procédé d'échantillonnage, ces engins ne peuvent prétendre à l'universalité. La revue succincte des caractéristiques des filets maillants et emmêlants démontre la nécessité et l'intérêt de standardiser les modalités spatiales de la stratégie d'échantillonnage.

Par conséquent, cette réflexion conduit à adopter une démarche comparative, qui s'accorde d'ailleurs également avec l'aspect semi-quantitatif des informations constituées par les rendements des captures au filets. Dans cette optique, la variabilité des mesures doit être vérifiée, quel que soit le procédé choisi. Cependant, les filets verticaux sont justement adaptés à la prospection systématique et répétitive de l'espace lacustre qui apparaît nécessaire. C'est donc pour la mise en oeuvre de ce dispositif que nous allons présenter un exemple de protocole d'échantillonnage fournissant des images comparables des peuplements et de leurs structures.

Protocole standard de prospection de l'espace lacustre

Les caractéristiques techniques des filets verticaux mais aussi les propriétés des milieux prospectés ont été prises en compte pour bâtir un protocole standard d'échantillonnage de l'ichtyofaune lacustre. L'objectif est d'appréhender la structure des peuplements et des populations ainsi que leur répartition spatio-temporelle. Chaque étape de cette construction est justifiée en détail par Degiorgi (1994). Seules les articulations du protocole sont rappelées ici, à titre d'illustration des contraintes et précautions devant présider à l'élaboration d'une approche comparative.

Dispositif unitaire

L'unité d'échantillonnage est constituée d'un ensemble de sept filets verticaux (une «batterie») dont le vide de mailles varie de 10 à 60 mm par pas de 10 mm avec une maille de 15 intercalée, disposé pendant 24 heures sur le même site, appelé «poste». Quelle qu'en soit la profondeur, ces filets, de hauteur modulable, prospectent à chaque fois l'intégralité de la tranche d'eau. Dans les zones littorales, des araignées multimailles «verticales», peuvent également être utilisées, à condition que leur hauteur soit égale à celle de la tranche d'eau prospectée : elles sont alors équivalentes à des batteries de 7 filets verticaux. L'homogénéité des engins de pêche, préconisée par Ricker (1980) pour étudier les communautés piscicoles, est ainsi assurée.

En outre, les propriétés du dispositif permettent de s'affranchir de la dimension verticale de l'espace lors de l'élaboration de la stratégie d'échantillonnage. Celle-ci consiste donc à programmer la prospection des différents compartiments identifiés sur le plan lacustre, sans se préoccuper des différentes strates de profondeur. Les distances à la surface et au fond des captures, repérées systématiquement, seront utilisées ultérieurement pour analyser la répartition verticale de l'ichtyofaune.

Le recouvrement des sélectivités des sept mailles et l'efficacité globale de la série de filets ont été vérifiés pour les espèces majoritaires rencontrées dans une quinzaine de plans d'eau de l'Est de la France (fig. 6.3).

Modalités spatiales

L'échantillonnage est réalisé en appliquant une stratégie stratifiée, élaborée suivant les directives de Frontier (1983), en tenant compte des connaissances déjà acquises sur l'organisation spatiale du matériel biologique prospecté. En effet, une analyse bibliographique préalable (CEEC, 1988) a montré que d'importantes variations de la fréquentation de la plupart des «habitats» sont observées d'un lac à l'autre, mais aussi d'une saison à l'autre, et même d'un jour à l'autre, selon le stade de développement des individus, les conditions météorologiques, les rythmes nycthéméraux...

Toutefois, cette répartition dynamique des poissons dans l'espace lacustre semble conditionnée par l'attraction de différents «pôles» de nature topographique : relief de la cuvette, hauteur d'eau, encombrement spatial des substrats, proximité avec d'autres éléments de la mosaïque... Par conséquent, l'espace lacustre a été découpé autour de ces pôles d'attraction, définis a priori et cartographiés sur chaque système, dans l'optique d'une prospection méthodique et simultanée.

Division et codification directive de l'espace lacustre

La stratification spatiale de l'échantillonnage a été opérée à deux niveaux. D'abord, l'espace lacustre a été partagé en 3 zones morpho-structurales d'après la répartition spatiale très globale des espèces rencontrées en système lacustre (CEEC *op. cit.,*). Cette première division s'appuie sur la structure caractéristique de la cuvette des lacs à morphologie différenciée :

- la zone littorale, délimitée par la rupture de pente de la beine s'effectuant, pour la plupart des lacs naturels calcaires, entre les isobathes -2 et -3 mètres ; pour les lacs à morphologie non différenciée (lacs de cratère, retenues artificielles...) c'est cette profondeur qui est retenue comme limite de la zone considérée,

- le talus, délimité par les ruptures de pente de la beine (limite supérieure) et de la plaine (limite inférieure),

- la zone centrale constituée de la masse d'eau au-dessus de la plaine ; pour les lacs à morphologie non différenciée sans rupture de pente, cette zone est définie par une hauteur de la tranche d'eau supérieure à 15 m.

Parallèlement, la liste des pôles d'attraction de la cuvette lacustre est dressée en se référant au schéma de description de l'espace lacustre (fig. 6.4). Celui-ci a été établi par regroupement des «habitats poissons» définis par Grandmottet

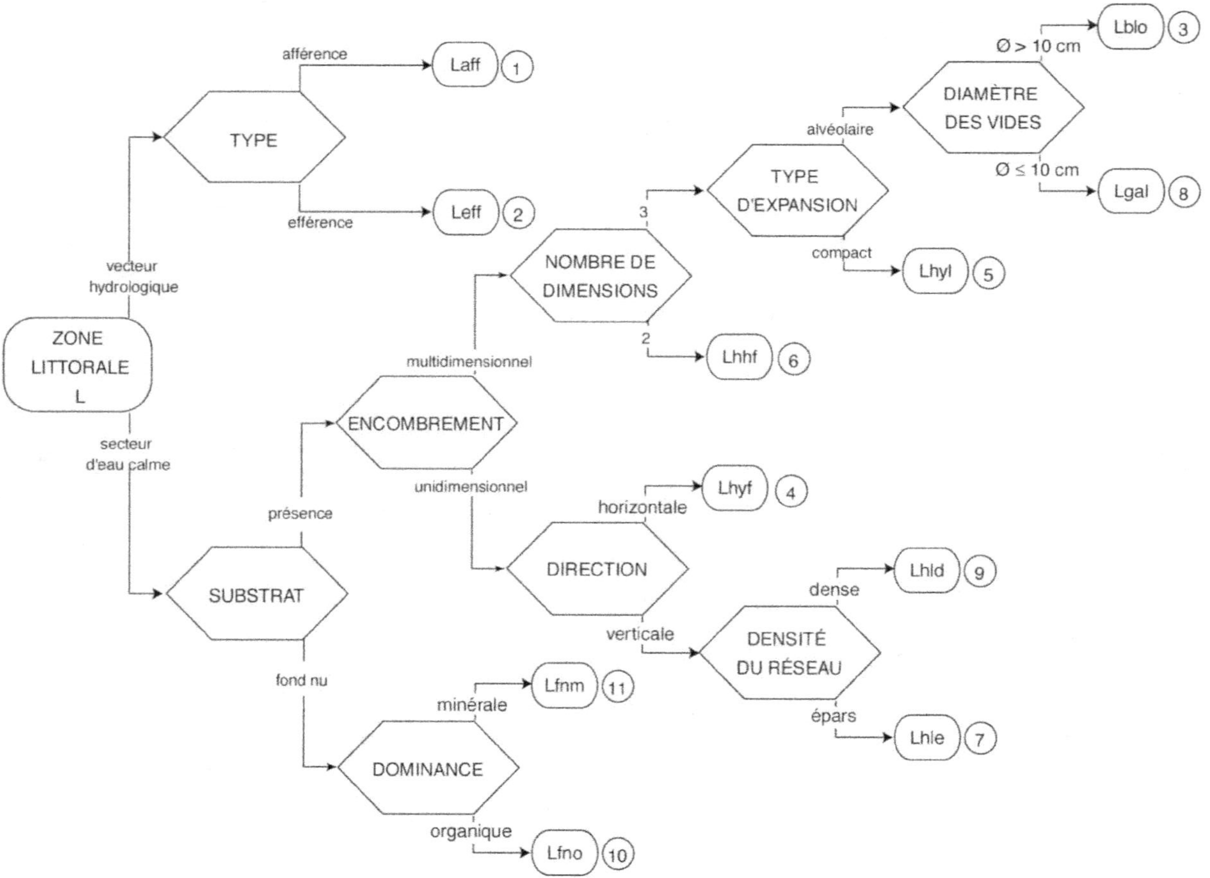

ZONE LITTORALE L
vecteur hydrologique
secteur d'eau calme
TYPE
afférence
efférence
Laff 1
Leff 2
NOMBRE DE DIMENSIONS
3
2
multidimensionnel
TYPE D'EXPANSION
alvéolaire
compact
DIAMÈTRE DES VIDES
Ø > 10 cm
Ø ≤ 10 cm
Lblo 3
Lgal 8
Lhyl 5
Lhhf 6
ENCOMBREMENT
présence
unidimensionnel
DIRECTION
horizontale
verticale
Lhyf 4
DENSITÉ DU RÉSEAU
dense
épars
Lhld 9
Lhle 7
SUBSTRAT
fond nu
DOMINANCE
minérale
organique
Lfnm 11
Lfno 10

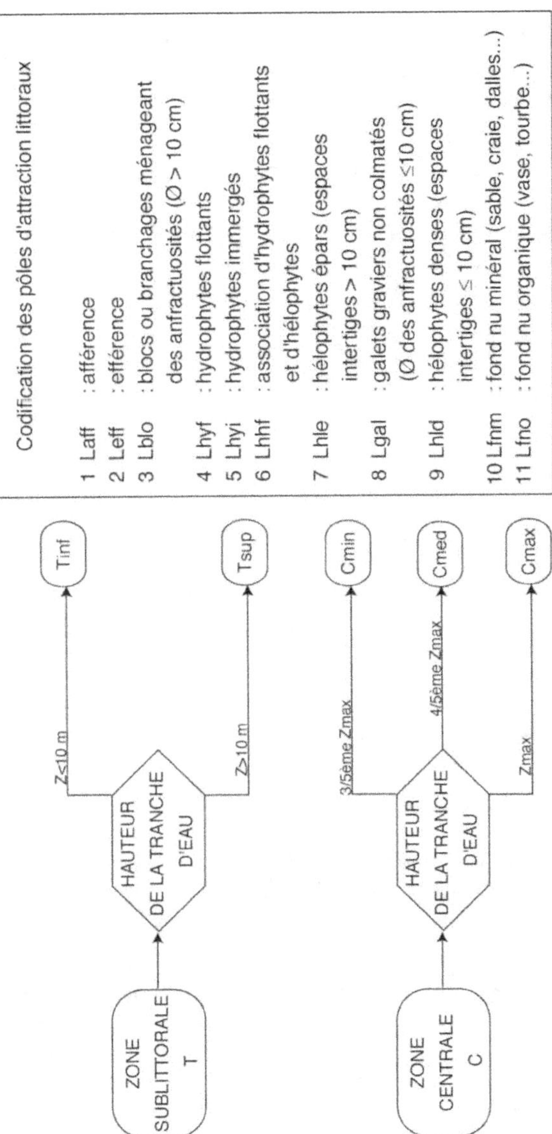

Figure 6.4 : Schéma de division et de codification directives de l'espace lacustre

(1983). Les éléments topographiques servant à la définition des pôles d'attraction se rapportent aux 3 variables physiques généralement utilisées pour définir les habitats aquatiques (Moreau et Legendre, 1979 ; Savard et Moreau, 1981 ; Tonn et Magnuson, 1982) :

- la hauteur d'eau, déterminant l'ambiance physico-chimique au ras du sédiment (lumière, oxygénation, température...) a été utilisée comme stratificateur à variation continue (Sherrer, 1983) pour diviser arbitrairement les zones sublittorale et centrale ;

- les vecteurs hydrologiques (tributaires et émissaires) constituent des compartiments particuliers, quel que soit le substrat ; en revanche, les courants lacustres, d'orientation inconstante et de localisation diffuse, n'ont pas été pris en compte ;

- la structure spatiale des substrats minéraux et des supports végétaux, intervenant davantage que leur nature proprement dite (Crowder et Cooper, 1982 ; Diehl, 1988. Dionne et Folt, 1991), l'encombrement des éléments topographiques, et surtout la forme et la taille des «vides», définissent les différents pôles littoraux.

Cartographie

Au sein de la cuvette lacustre, toute surface homogène de plus de 200 m^2 (encombrement d'une batterie disposée en quinconce) est affectée à un pôle d'attraction suivant le schéma de description directive défini ci-dessus (fig. 6.4). Avant chaque campagne, une cartographie des m pôles d'attraction inventoriés est ainsi dressée.

Prospection systématique et simultanée

Durant une campagne, tous les pôles d'attraction sont échantillonnés simultanément. Cet effort global standard, appelé aussi séquence, est répété 3 fois. Chacun des m pôles est donc prospecté sur 3 postes différents, choisis systématiquement les plus éloignés possible les uns des autres. Durant une campagne constituée de 3 efforts globaux successifs, le nombre de batteries de 7 filets disposé s'élève ainsi à *3m*.

L'étude de la répartition spatiale opérée grâce à ce protocole a permis de valider a posteriori le découpage de l'espace réalisé à partir des connaissances bibliographiques et empiriques (Degiorgi et Grandmottet, 1993). En effet, l'analyse de la variation de cette organisation spatiale au cours d'une même saison a montré que la composition quantitative associée à chaque pôle présentait des tendances stables, tout en reflétant une certaine "mobilité" des arrangements spatiaux réalisés par les espèces en présence. Surtout, les images globales obtenues au cours des séquences successives sont très proches les unes des autres : la prospection simultanée des pôles permet d'intégrer les changements d'organisation spatiale effectués par l'ichtyofaune d'un jour à l'autre.

Modalités temporelles *(fig. 6.5)*

Durée d'un effort unitaire : 24h

Au cours d'une campagne, les filets sont disposés en continu et relevés à l'issue de chaque cycle nycthéméral de façon à échantillonner toutes les espèces quelle que soit leur période de mobilité maximale. Les poissons sont démaillés, mesurés et répertoriés au fur et à mesure. La durée de manipulation d'une batterie varie, selon la hauteur d'eau et la quantité des captures, d'une demi-heure à deux heures pour une équipe de 3 personnes sur un bateau correctement équipé. Ces opérations ont lieu de jour, période durant laquelle le nombre de captures s'avère le moins important : en effet, la plupart des espèces rencontrées dans les plans d'eau européens sont essentiellement nocturnes, aurorales ou crépusculaires (Cuinet et Vaudaux, 1986).

Triple répétition intra saisonnière

Le principe de la réplication des mesures autorise la vérification de la variabilité interne des mesures définie comme la moyenne des captures par effort global divisée par leur écart-type. Au cours de la mise au point du protocole, l'effort global a été répété de 3 à 6 fois par campagne pendant 12 opérations. Ces investigations ont montré que pour chaque campagne, la répétition d'au moins 3 efforts globaux standards permet d'espérer une variabilité inférieure à 20 % pour les rendements numériques et pondéraux standards associés aux espèces majoritaires (Degiorgi, 1994).

Trois campagnes saisonnières

Trois campagnes saisonnières sont nécessaires pour approcher les structures quantitatives de l'ichtyofaune des lacs de plaine ou de pré-montagne (fig. 6.5). En effet, d'une part la dynamique de recrutement/mortalité des classes juvéniles 0^+ et 1^+ provoque une variation saisonnière importante des effectifs numériques (Gerdeaux, 1985). D'autre part la température, mais aussi les cycles d'activités propres à chaque espèce, modifient notablement la mobilité du poisson et donc sa vulnérabilité aux filets.

L'exemple de la variation d'activité du brochet par rapport à celle de ses proies, au cours d'un cycle annuel, montre que sa période de mobilité maximale (hors fraie) est déterminée à la fois par la saison et la température (fig. 6.6). De la même façon cette apogée d'activité aux différentes périodes tient compte des espèces minoritaires et des carnassiers apicaux. Enfin, les prospections multi-saisonnières permettent la mise en relation de l'évolution de la répartition spatiale des espèces en relation avec le fonctionnement métabolique des systèmes (Degiorgi et Grandmottet, 1992).

En fonction des observations réalisées ci-dessus il paraît pertinent d'effectuer :

- la campagne estivale lorsque la température superficielle atteint sa valeur maximale,

- les campagnes printanières et automnales respectivement au début et en fin de stratification estivale, lorsque l'eau de surface atteint 10 à 14 °C pour des lacs

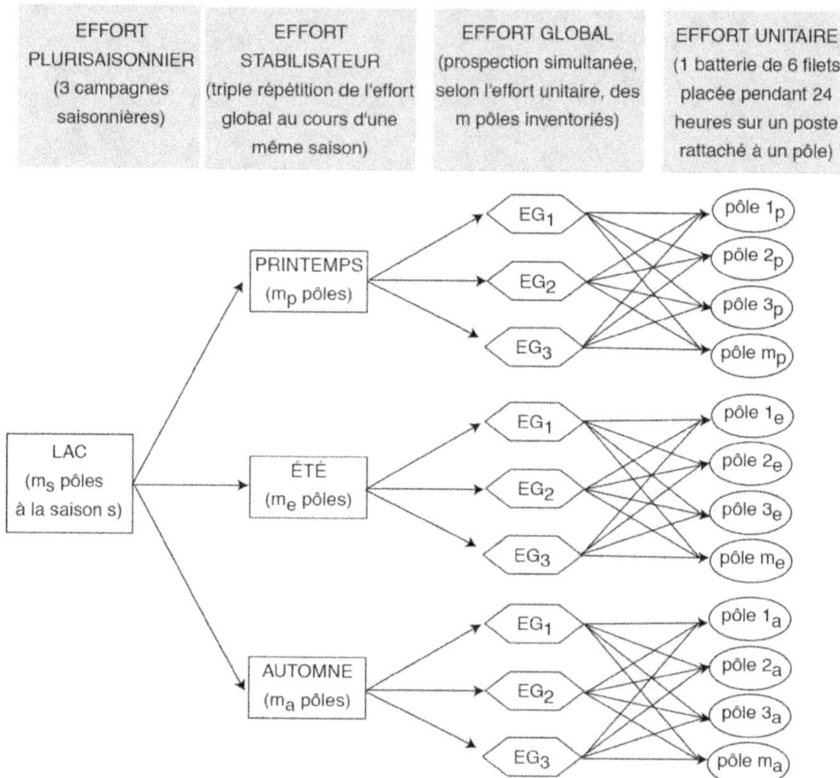

Figure 6.5 : Modalités temporelles standard de prospection des systèmes lacustres à l'aide de filets verticaux

dont la température maximale estivale de surface dépasse 18°C. Pour ce registre thermique, les cyprinidés sont encore actifs tandis que les carnivores apicaux deviennent beaucoup plus vulnérables à la capture par filets maillants.

Pour les lacs d'altitude froids, deux campagnes seulement semblent nécessaires, car le nombre d'espèces est réduit tandis que les variations thermiques sont tamponnées. Pour les retenues artificielles homogènes, le nombre des opérations peut raisonnablement être ramené à deux : une en période chaude et une en période froide, automne ou printemps, selon les espèces en présence et la problématique poursuivie.

Nota : La plupart des ichtyologues ont pu constater "empiriquement" de fortes variations de la vulnérabilité au filet (et au chalut) en période de pleine lune (commun. pers. J. Allardi, D. Gerdeaux, J. Verneaux). Il paraît donc pertinent de commencer systématiquement les campagnes à la nouvelle lune, ou tout au moins d'éviter la pleine lune lors du choix de la date des opérations.

Limites et contraintes

La validité des modalités spatiales et temporelles du protocole proposé a été testée et ajustée sur une douzaine de campagnes (Degiorgi, 1994). Elle a pu être vérifiée depuis au cours d'une vingtaine d'autres opérations réalisées par diverses équipes (CSP, bureaux d'études, universités...). Cependant, la gamme de taille des plans d'eau prospectés n'a pas comporté de lacs de très grandes dimensions comme le Léman, ou le Bourget. La méthode, sous sa forme actuelle, doit être limitée à des lacs de surface inférieure à 2000 ha et dont la profondeur maximale ne dépasse pas 80 m. Ces limites incluent gravières et étangs. Pour ce qui est des «grands» lacs, la technique est en cours d'adaptation, et nécessitera certainement le recours à des méthodes conjointes, en particulier hydro-acoustiques (Degiorgi *et al.*, 1993).

Sur le plan pratique, la triple répétition de l'effort standard préconisé peut être réalisée en 4 journées, à condition de disposer de 2 bateaux équipés de potences et d'une équipe de 6 à 8 personnes, selon la quantité de poissons à démailler. Par conséquent, l'application stricte du protocole requiert 72 à 96 journées/personnes pour 3 campagnes saisonnières. Le matériel nécessaire consiste en 5 batteries de filets verticaux et une douzaine d'araignées multimailles. Sa durée de vie varie de 9 à 12 campagnes.

A brève échéance, des allégements justifiés seront probablement possibles. En particulier, le nombre de campagnes préconisé pourrait être ramené à deux : une en période chaude et une en période froide. Cependant, l'intensité de l'effort consenti est légitimé par la qualité et la diversité des informations recueillies, dont des exemples obtenus sur 8 lacs (tabl. 6.1) sont fournis ci-dessous.

Forme des résultats, principes d'interprétations

Cette approche standard dont toutes les étapes ont été soigneusement établies puis validées ou modifiées, procure en effet plusieurs séries de données comparables, dont on peut estimer la variabilité. Ces résultats «standards» concernent la structure des peuplements, de leurs populations constitutives, ainsi que leur organisation spatiale.

Structure des peuplements : cotes d'abondance par espèce

Variations des Captures Par Effort Global

Le premier intérêt de la méthode est de fournir des cotes d'abondance comparables par espèce. En effet, pour chaque espèce, on obtient, lors de chaque effort global, un certain nombre de captures appelé CPEG (Capture Par Effort Global). Au cours d'une campagne, la variation relative des CPEG successives peut présenter plusieurs aspects.

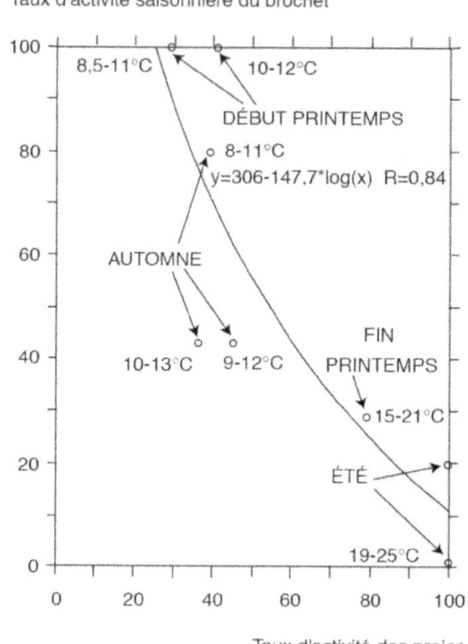

Figure 6.6 : Comparaison de l'activité relative des brochets (*Esox lucius*) et de leur proie (cyprinidés, petits percidés...) en fonction de la température et de la saison. Le taux d'activité saisonnière est exprimée par [(cote d'abondance saisonnière)/(cote max)] x 100. Le paramètre proie est exprimé par (cyprinidés + percidés de taille inférieurs à 15 cm) et l'activité est la résultante de la densité et de la mobilité.

Pour les espèces majoritaires, les CPEG successives s'avèrent parfois très peu différentes les unes des autres (fig. 6.7a). Leur moyenne progressive (Ricou, 1967) semble alors se stabiliser dès le deuxième effort global. Les valeurs instantanées des CPEG montrent souvent des fluctuations plus importantes, d'allures périodiques (fig. 6.7b-c), mais la moyenne progressive se stabilise dès le deuxième ou le troisième Effort Global.

Pour les espèces ultra-minoritaires ou saisonnièrement moins vulnérables au dispositif de capture du fait de leur moindre mobilité (cas des carnassiers apicaux en été, Ricker, 1980), la stabilisation des moyennes obtenues est plus difficile (fig. 6.7d). Toutefois, les variations des CPEG de ce type se stabilisent rapidement pendant d'autres périodes (fig. 6.7e-f). En particulier les carnassiers apicaux se montrent plus régulièrement actifs en saison froide alors que leurs proies (cyprinidés, alevins de perches...) deviennent justement moins mobiles (fig. 6.6). Parallèlement, les périodes chaudes conviennent à l'estimation des indices d'abondance des espèces thermophiles ultra-minoritaires (fig. 6.7f).

La majorité des distributions temporelles de CPEG montrent une allure compatible avec l'hypothèse d'une périodicité de l'activité du poisson ainsi que d'importantes variations inter-saisonnières. L'approche adoptée convient donc particulièrement bien pour étudier l'activité du poisson. Cependant la stabilisation des CPEG successives montre surtout la possibilité d'obtenir des résultats saisonniers associés à une variabilité généralement inférieure à 20 % et qui sont donc comparables entre eux.

Cotes d'abondance par espèce

Il est donc possible, pour une même espèce, de comparer les rendements de capture observés d'une année ou d'un système à l'autre, à condition de considérer des résultats obtenus au cours d'une même saison et pour un registre thermique comparable. Dans ces conditions, les écarts entre CPEG enregistrées pour des configurations contrastées sont nettement supérieurs aux intervalles de variation associés à chaque valeur prise séparément. On vérifie en effet que des situations différentes sont sanctionnées par des rendements de captures nettement distincts tandis que des cas de figures semblables sont associés à des rendements proches les uns des autres (tabl. 6.1).

Ces résultats standards peuvent être exprimés sous deux formes. Le nombre de poissons ou la masse capturés par batterie de filets constitue une cote de densité par surface et approche le potentiel du plan d'eau. Parallèlement, les rendements par surface de filets tendus permettent de comparer des densités volumiques puisque le protocole tient compte des profondeurs maximale et minimale de la cuvette (fig. 6.4). Cette variable est davantage sensible au fonctionnement métabolique de la masse d'eau.

Vers l'élaboration d'un référentiel

Les rendements standards permettent donc de formuler un premier diagnostic. En effet, la valeur de la cote d'abondance obtenue pour une espèce donnée dans un système donné peut être appréciée en la situant au sein d'une gamme de résultats observés sur un éventail de plans d'eau comprenant des systèmes «eufonctionnels» (*sensu* Verneaux *et al.*, 1993).

Pour compléter ce diagnostic, il conviendrait d'interpréter cette position en fonction du potentiel naturel du système considéré. Cette démarche requiert l'utilisation d'un référentiel typologique encore en cours d'élaboration. L'échelle des cotes d'abondances disponibles permet d'ores et déjà d'interpréter rationnellement les résultats observés sur chaque plan d'eau. En outre, les données obtenues à propos de la structure des populations ou de leur répartition spatiale orientent et étayent les hypothèses explicatives.

Structure et dynamique des populations

En effet, le protocole proposé permet également d'étudier la structure des populations par comparaison des résultats obtenus, classe d'âge par classe d'âge,

Tableau 6.1 : Principales caractéristiques morphologiques et fonctionnelles des systèmes cités comme exemples pour illustrer l'application du protocole standard de prospection de l'ichtyofaune lacustre à l'aide de filets verticaux

Systèmes lacustres	RDT N/EG Moy. int 5%		RDT N/Surf Moy. int 5%		type	dépt	cont. g.	alt m	Surf. ha	Zmax. m	Tendance fonctionnelle	Remarques sur les corégones
Saint Point	104	10	63	6	lac	25	calcaire	850	420	42	eufonctionnel (Verneaux et al. 1993)	forte pression de pêche
Les Rousses	29	6	32	6	lac	39	calcaire	1156	90	18	légers troubles fonctionnels lac peu profond très froid	forte pression de pêche
Ilay	28	5	21	4	lac	39	calcaire	774	72	31	limitation naturelle de la production (Verneaux et al. 1993)	forte pression de pêche
Aiguebelette	56	3	23	2	lac	73	calcaire	374	545	72	troubles fonctionnels marnages, autoroute, toxiques ?	forte pression de pêche
Remoray	26	2	20	2	lac	25	calcaire	851	95	29	troubles fonctionnels ancienne pollution par une laiterie	forte pression de pêche
Vieux Pre	4	2	2	1	reten	88	grèseux	386	269	65	dysfonctionnel, forte désoxygénation	introduction peu concluante
Vouglans	1	1	1	1	reten	39	calcaire	429	1600	100	légers troubles fonctionnels marnages, et pollution	pas de reproduction signalée
Nantua	0	0	0	0	lac	1	calcaire	475	140	43	diffuse (karst) pollué, forte désoxygénation	échec des introductions

RDT N/EG : nombre de capture pour un Effort Global c.à.d. pour 5 batteries de 7 filets criblant la zone centrale

RDT N/Surf : nombre de capture pour 1000 m² de filets moy.

dépt : département ; Surf : surface ; alt : altitude ; cont. géol. : contexte géologique ; Zmax. : profondeur maximale

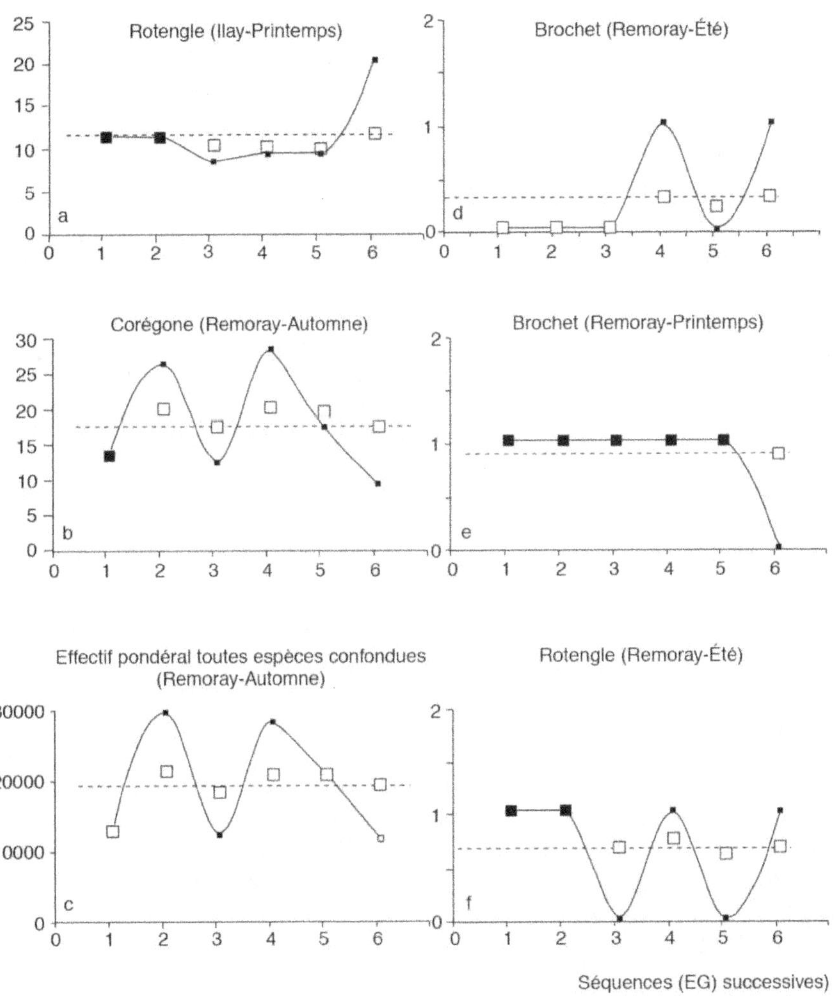

Figure 6.7 : Variations des Captures Par Effort Global instantanées et moyennes enregistrées au cours de 6 applications successives de l'Effort Global ; exemple des rotengles (*Scardinius érythrophtalmus*), corégones (*Coregonus lavaretus*), brochets (*Esox lucius*) ou de la biomasse totale capturés sur les lacs d'Ilay et de Remoray

d'une année et d'une saison à l'autre sur un même plan d'eau, ou même d'un lac à l'autre pour une succession annuelle d'événements météorologiques similaires. La confrontation, pour une même espèce, des cotes d'abondances associées à la même classe d'âge considérée d'une campagne à l'autre et non plus des différentes classes d'âge au sein d'une même campagne, annule le biais de sélectivité qui a été dénoncé pour la technique des filets maillants (*cf.* ci-dessus).

Par référence aux «meilleurs» plans d'eau (ou à la meilleure année), il est alors possible de repérer les stades névralgiques ou problématiques du développement des différentes espèces, puis d'apprécier les capacités de recrutement associées aux différents plans d'eau.

Dans cette optique, il convient à chaque fois de raisonner pour une même période de l'année, et pour des plages thermiques similaires, selon les modalités proposées dans le protocole standard. Idéalement, il est conseillé de disposer d'un suivi pluriannuel pour chacun des plans d'eau pour lesquels on compare alors des tendances. Dans l'avenir, lorsque qu'un grand nombre d'échantillons standards auront été obtenus, il sera alors possible de caractériser et de quantifier les capacités de recrutement d'un plan d'eau pour une espèce donnée, en s'affranchissant des fluctuations climatiques.

Structure taille fréquence

A titre d'exemple, on peut comparer les structures taille/fréquence d'échantillons standards obtenus en saison automnale sur deux plans d'eau différents. Par exemple, la quantité de perchettes de l'année capturées à Saint-Point début octobre est nettement supérieure à celle observée à Aiguebelette, durant la même période et pour la même température de l'eau de surface. Il apparaît également une croissance plus rapide pour les juvéniles du lac jurassien dont la taille modale atteint 9,5 cm contre 8,5 cm à Aiguebelette.

Ces tendances s'expliquent à la fois par des marnages hydroélectriques printaniers qui perturbent la fraie des perches et la croissance des larves du lac savoyard, ainsi que par la pauvreté des zones littorales constatée pour ce système (CSP, 1997). En corollaire, la densité des perches adultes apparaît, elle aussi, nettement plus élevée à Saint-Point.

Dynamique intersaisonnière

La comparaison des échantillons saisonniers obtenus sur un même lac et observés d'un lac à l'autre permet d'essayer de repérer, pour chaque espèce déficitaire ou en régression, les différents stades de son cycle vital pour lesquels elle rencontre des problèmes de recrutement. En particulier, les juvéniles de l'années, les immatures, les adultes possèdent des exigences différentes : il faut donc tenter de relier les tendances observées pour chacun de ces «éco-stades» à la succession des conditions hydro-climatiques limitantes observées sur le lac.

Ainsi, à Aiguebelette, les perchettes de l'année n'ont pas atteint la taille maillable (supérieure à 7 cm) au début du mois de juillet (fig. 6.8). Les pêches d'automne ont été nécessaires pour montrer que malgré les baisses intempestives du niveau printanier, une partie de la fraie réussit tout de même, mais dans une proportion moindre que pour un lac non soumis à marnage (*cf.* ci-dessus). En outre, une importante mortalité semble affecter les perchettes au cours de l'hiver. Cette chute hivernale de la densité de juvéniles apparaît particulièrement intense par rapport à celle observée sur d'autres lacs abritant des populations notables de perches (Degiorgi 1994). Cette approche de la dynamique de recrutement menée à l'aide de filets maillants peut être utilement complétée et approfondie par l'étude des juvéniles non maillables (Olivier *et al.*, 1997).

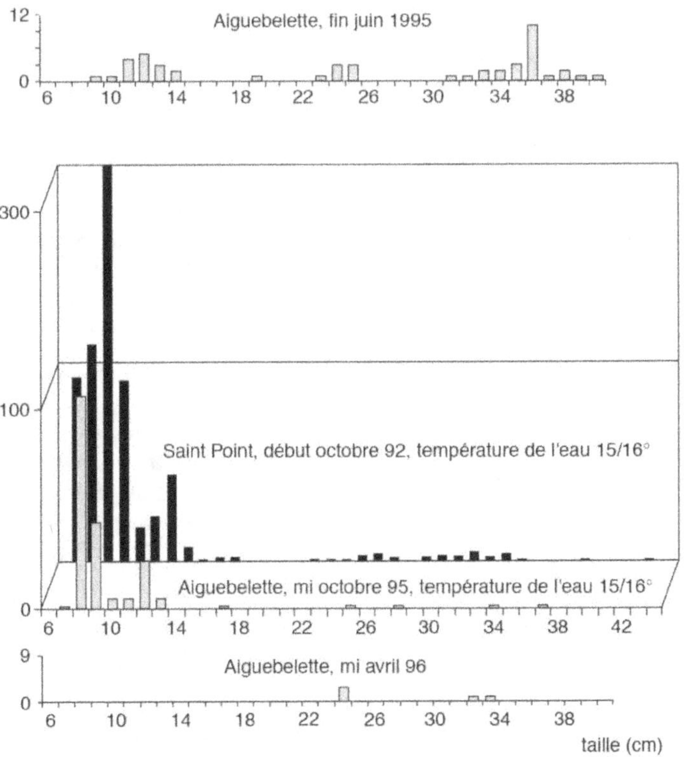

Figure 6.8 : Structure taille fréquence des échantillons saisonniers de perches capturés sur le lac d'Aiguebelette ; comparaison avec l'échantillon automnal capturé sur le lac de Saint-Point

Organisation spatiale du peuplement

Le protocole standard proposé a été également conçu pour étudier l'organisation spatiale des peuplements, ainsi que ses relations avec les caractéristiques fonctionnelles des plans d'eau. En effet, la répartition des captures peut être étudiée sur le plan horizontal, grâce à l'approche cartographique adoptée, ainsi que sur l'axe vertical, puisque les prises sont repérées par leur distance au fond et leur profondeur.

Répartition verticale

L'analyse de la distribution verticale des captures réalisées pendant une trentaine de campagnes effectuées selon le protocole standard décrit a démontré que les captures s'organisaient suivant des principes qui se retrouvent d'un système à l'autre et peuvent être reliés au métabolisme des plans d'eau (Degiorgi *op. cit,.*). En effet, les espèces semblent se partager l'espace suivant l'axe vertical, d'abord en fonction de la structure physico-chimique, qui détermine des seuils de survie ou de confort, puis suivant les disponibilités trophiques, qui souvent dépendent d'ailleurs elles aussi du premier facteur (Degiorgi et Grandmottet, 1992).

A titre d'exemple, la répartition en fonction de la profondeur des captures réalisées à Aiguebelette en automne montre la position relative des bancs de gardon et de perche au-dessus de la thermocline (fig. 6.9). Les corégones occupent les couches d'eau plus froides, mais sans utiliser les strates dont la teneur en oxygène dissous est inférieure à 4 mg/l. Cette valeur «seuil» a été mise en évidence pour tous les lacs dans lesquels cette espèce a été capturée. Comme la profondeur minimale des bancs de corégones diminue avec la progression du front de désoxygénation (Degiorgi et Grandmottet, *op. cit.,*), cette valeur peut être considérée comme une frontière limitant l'espace disponible pour cette espèce.

Répartition horizontale

La cartographie directive servant de base à la stratégie d'échantillonnage permet de comparer l'hétérogénéité physique et l'attractivité des lacs considérés. Cependant, il est également intéressant d'analyser la répartition horizontale des captures pour tenter de cerner les causes d'éventuels déficits de densité piscicole.

En effet, il est possible de comparer l'attractivité mesurée pour une série de pôles d'un lac à l'autre. Cette démarche a permis, par exemple, de mettre en évidence la pauvreté de la zone littorale du lac d'Aiguebelette. En effet, les cotes comparables de biomasse capturée en automne à proximité des habitats de bordure de ce lac savoyard sont nettement inférieures à celles observées durant la même saison sur le lac Saint-Point (fig. 6.10). Cette comparaison fournit plusieurs éléments d'interprétation :

- les herbiers d'hydrophytes immergés, bien représentés et fortement attractifs sur Saint-Point, sont quasiment inexistants sur Aiguebelette ;
- une forte proportion des captures littorales a été effectuée, pour ce dernier plan

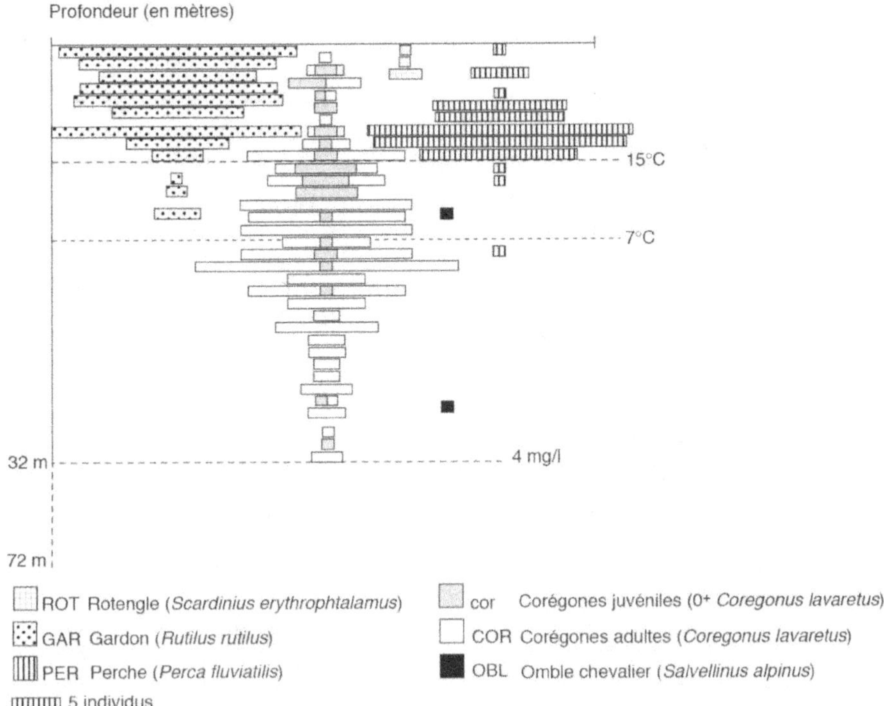

Figure 6.9 : Répartition verticale des captures automnales enregistrées en zone centrale à Aiguebelette lors de l'application de 3 efforts globaux successifs.

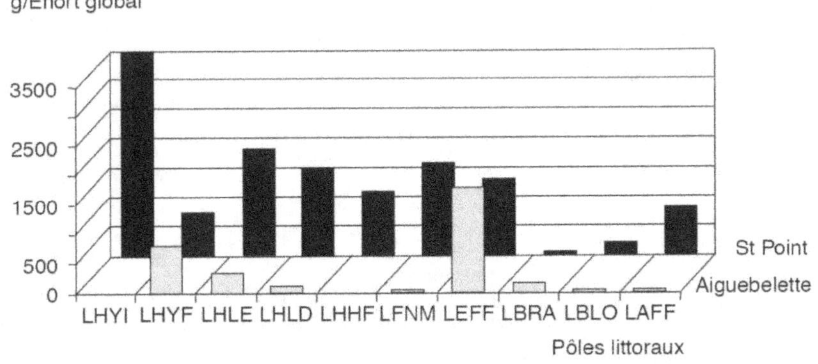

Figure 6.10 : Comparaison des biomasses capturées par effort global standard à proximité des pôles littoraux prospectés respectivement à Aiguebelette et à Saint-Point (*cf.* légende des pôles fig. 6.4).

d'eau, à proximité des hydrophytes flottants, malheureusement minoritaires ;

- les hélophytes très denses s'y caractérisent par une attractivité relativement faible, sauf au printemps (rôle de refuge ?) ;

- les afférences du lac savoyard sont désertées ; ce résultat fait suspecter une pollution de ces cours d'eau, dont certains se sont révélés contaminés par des toxiques ;

- seul l'exutoire de ce système semble exercer une très forte attractivité relative.

La répartition horizontale de l'ichtyofaune d'un lac peut aussi être appréciée de façon synthétique et confrontée à un référentiel global. Suivant cette optique, l'organisation en plan des poissons de 2 retenues artificielles, Vouglans et le Vieux Pré, a été projetée sur la structure horizontale «type» de lacs naturels à morphologie différenciée, physiquement peu ou pas perturbés (fig. 6.11). Ce modèle a été construit à l'aide d'une Analyse Factorielle des Correspondances (Benzécri, 1981) réalisée à partir des indices d'affinité relative de 11 espèces majoritaires vis-à-vis de 15 pôles lacustres prospectés dans 4 plans d'eau jurassiens. Les données obtenues sur les systèmes artificiels ont alors été considérées comme des lignes supplémentaires de cette AFC (Benzécri, *op. cit.,*).

D'après cette analyse, l'organisation spatiale des peuplements des deux retenues apparaît homogène, beaucoup moins contrastée que celle des lacs naturels. En particulier les pôles prospectés à Vouglans produisent tous sur l'ichtyofaune le même type d'attraction, qui s'apparente à celle des talus des lacs naturels. Cette allure uniformément sublittorale dominant la structure spatiale du peuplement de cette retenue peut être expliquée par sa morphologie en «V-profond» ainsi que par l'absence de ceintures végétales induite par l'ampleur des marnages (Verneaux et Vergon, 1974).

La structure spatiale du peuplement du Vieux Pré, elle aussi très peu différenciée, est plutôt dominée par des arrangements de type littoraux. Cette tendance s'explique par la bathymétrie très pentue, qui limite l'éloignement relatif des zones littorales, ainsi que par le fort encombrement spatial rencontré en zones littorale et sublittorale, du fait du déboisement incomplet. Le phénomène est amplifié par la désoxygénation importante de la masse d'eau qui rend les zones centrales peu attractives en limitant les tranches d'eau froide utilisables par les poissons pélagiques (corégones, truites). Parallèlement, la forte densité de poissons à affinité littorale, reliée à la phase d'élan trophique initiale qui caractérisait la retenue à l'époque des pêches, explique l'envahissement des strates superficielles centrales par ces espèces (Nümann, 1970)

Conclusions

Les filets passifs permettent donc d'étudier scientifiquement l'ichtyofaune lacustre, mais pas dans n'importe quel objectif, et surtout à condition de respecter un certain nombre de principes d'utilisation. En effet, qu'il s'agisse d'engins traditionnels ou de montages plus spécifiques, tels que les filets verticaux, les caractéristiques techniques de ces procédés maillants ou emmêlants doivent être prises en compte pour établir la stratégie d'échantillonnage. Il convient égale-

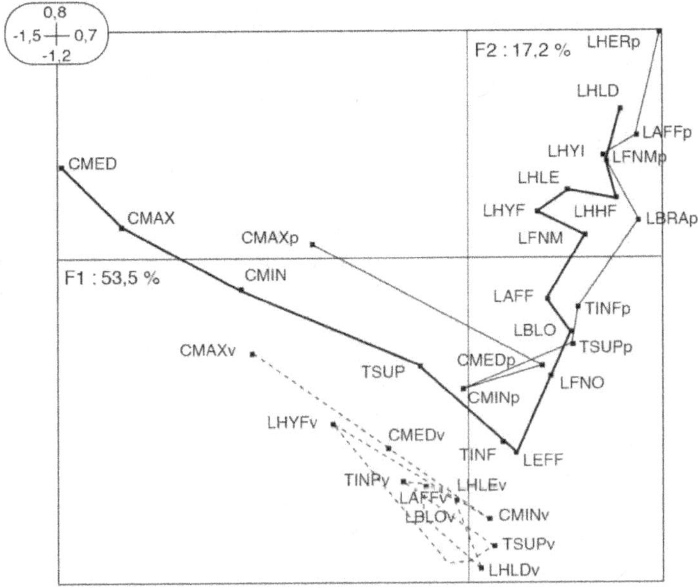

Figure 6.11 : Projection de la structure horizontale des peuplements de deux retenues artificielles sur l'organisation spatiale référentielle de lacs naturels à morphologie différenciée et physiquement peu perturbés. Ce modèle a été calculé à l'aide d'une AFC (légende des poles : fig. 6.4).

ment d'adopter des règles d'interprétations qui tiennent compte des limites et des contraintes inhérentes au dispositif choisi.

Plusieurs types d'approches basées sur les filets passifs ont montré qu'en respectant ces conditions, elles atteignaient des buts fort variés, qu'il s'agisse d'apprécier l'état de santé global du peuplement (LHUFC, 1975-1979 ; CEMAGREF, 1987), d'étudier les rythmes alimentaires (Richeux *et al.*, 1992), d'approcher les caractéristiques de peuplements d'altitude très vulnérables en limitant la mortalité (Rivier, 1996), ou d'analyser les structures semi-quantitatives et l'organisation spatiale de l'ichtyofaune lacustre (Degiorgi, 1994). Toutefois, lorsqu'elles sont mises en oeuvre, pour des objectifs similaires, les investigations gagneraient grandement à être standardisées.

Pour démontrer l'intérêt mais aussi les exigences d'une telle démarche, les modalités spatio-temporelles d'un protocole standard d'échantillonnage de l'ichtyofaune lacustre à l'aide de filets verticaux ont été détaillées. Cette approche, dont la pertinence et la robustesse ont été vérifiées et validées sur une trentaine d'opérations, nécessite un investissement en temps, en homme et en matériel non négligeable. Cependant, cet effort important permet d'obtenir des séries de résultats comparables et de précision connue dans plusieurs registres.

En effet, le gestionnaire dispose, à l'issue de trois campagnes de pêches saisonnières, d'un diagnostic fiable sur la nature et l'importance de la ressource piscicole en place, sous la forme d'une série de cotes d'abondance par espèce. Les données fournies sur la structure des populations majoritaires et sur leur répartition spatiale, compte tenu de la configuration physique et du métabolisme du plan d'eau, permettent d'interpréter les différences de densités observées d'un système à l'autre. Toutefois, pour être complète, cette méthode nécessite encore la mise au point d'un référentiel typologique dont l'élaboration est en cours.

Sous sa forme actuelle, cette démarche, qui pourra sans doute être rationnellement allégée dans un avenir proche, convient particulièrement bien à l'évaluation du potentiel halieutique global de plans d'eau dont la surface est inférieure à 2000 ha. Dans l'optique d'une analyse de la ressource piscicole, puis d'un suivi de son évolution, la périodicité d'application optimale de ce protocole est alors d'une opération tri saisonnière initiale puis d'une campagne automnale tous les 3 ou 4 ans.

Cette approche peut être utilement complétée et confortée par des mesures conjointes. En particulier, la confrontation des données qu'elle fournit avec celles résultant du dépouillement de carnets de pêches contrôlés et validés, permet de mieux approcher les caractéristiques de la production piscicole. Sur un plan méthodologique, des essais d'utilisation conjointe de filets verticaux et d'hydroacoustique ont montré d'intéressantes possibilités d'intercalibration et d'analyse fine des structures spatiales (Degiorgi *et al.*, 1993). Ce couplage paraît particulièrement prometteur pour étudier les lacs de plus de 2000 ha, une fois la technique des filets verticaux adaptée à cette échelle. Enfin, les mécanismes ponctuels expliquant les dysfonctionnements enregistrés pour une ou plusieurs espèces peuvent être mieux dégagés en étudiant l'évolution saisonnière de la densité des alevins non maillables (Olivier *et al.*, 1997).

Références bibliographiques

ANDREEV N., 1967. The influence of twine diameter to mesh size ratio on the fishing efficiency of gillnets. *Rybn. Khoz.*, 43, 39-41. (Transl. from the russian by Natl. Marine Fish Serv., Washington, D.C.).

ADAM G., 1996. L'anguille européenne (*Anguilla anguilla* L. 1758) : dynamique de la sous-population du lac de Grand Lieu en relation avec les facteurs environementaux et anthropiques. Thèse de doctorat, Univ. P. Sabatier Toulouse, 337 p.

ADAM S., ELLIE P,. 1994. Mise en évidence des déplacements d'anguilles sédentaires (*Anguilla anguilla* L.) en relation avec le cycle lunaire dans le lac de Grand Lieu (Loire-Atlantique). *Bull. Fr. de Pisc.*, 335, 123-132.

BARBIER B., 1985. Les techniques de captures. Engins passifs, les filets maillants. *In* D. GERDEAUX et R. BILLARD (eds.), *Gestion piscicole des lacs etudes retenues artificielles*, INRA, Paris. 81-90.

BARTOO N.W., HANSEN R.G et WYDOVSKI R.S., 1973. A portable vertical gillnet system. *Prog. Fish. Cultur.*, 35, 231-233.

BENZÉCRI JP. et coll., 1973. *L'analyse des données. II. L'analyse des correspondances.* Bordas Ed., Paris : 620 p.

BRANDT A. V., 1975. Enmeshing nets, the theory of their efficiency in Symposium sur les méthodes de prospection, de surveillance, et d'évaluation des ressources ichtyologiques dans les lacs et grands cours d'eau. *FAO. EIFAC. Tech Pap.*, 23 (1), 96-116.

C.E.E.C., 1988. L'habitat lacustre et les peuplements pisciaires. Ministère de l'Environnement, Rapp. S.R.E.T.I.E. n° 87079, 52 p.

CEMAGREF, 1987. Méthodologie de l'étude des grands plan d'eau ; suivi pisciole et essai de typologie. Rapp. Cemagref (Paris). Ministère de l'Environnement éd., 33 p. +4 annexes.

CRAIG J.F., SHARMA A., SMILEY K., 1986. The variability in catches from multimesh gillnets fished in three Canadian lakes. *J. Fish. Biol.*, 28, 3671-678.

CROWDER L.B., COOPER W.E., 1982. Habitat structural complexity and the inter action between the bluegills and their prey. *Ecology*, 63, 1802-1803.

CUINET A., VAUDAUX P., 1986. Contribution à la mise au point d'un nouveau protocole d'échantillonnage de la faune ichtyologique des lacs. Mém. DESS Lab. Hydrobiol. Univ. Fr.-Comté, 123 p.+annexes.

DAHM E., 1987. Bibliography of existing literature on selectivity of inland water fishing gear published by european author. *FAO EIFAC. Occ. Pap.*, 18, 46 p.

DE CRESPIN de BILLY V., DITCHE J.M., REYES-MARCHANT P., LAIR N., 2001. Exemple d'application de la méthode des filets verticaux à un lac de cratère. Etude de l'ichtyofaune du lac de Tazenat (Massif-Central, France). *In* : D. GERDEAUX (*ed*), *Gestion piscicole des grands plans d'eau*, INRA, Paris.

DEGIORGI F. 1994. Étude de l'organisation spatiale de l'ichtyofaune lacustre. Thèse de doctorat, Univ. Fr. Comté, 207 p. + ann.

DEGIORGI F., GRANDMOTTET J.P. 1992. Impact de la désoxygénation chronique d'un lac de moyenne montagne sur son ichtyofaune. *Ichtyophys.*, *Acta*, 15, 79-97.

DEGIORGI F., GRANDMOTTET J.P., 1993. Relations entre la topographie aquatique et l'organisation spatiale de l'ichtyofaune lacustre, définition des modalités spatiales d'une stratégie de prélèvement reproductible. *Bull. Fr. de Pisc.*, 329, 199-220.

DEGIORGI F., GERDEAUX D., GUILLARD J., 1993. Utilisation conjointe des filets verticaux et de l'hydroacoustique pour l'étude de l'ichtyofaune lacustre, essai sur le lac St-Point (Doubs). Rapp. IL n° 71-93 INRA-Univ. Fr.-Comté pour le PIREN-EAU CNRS, 47 p. + annexes.

DEGIORGI F., GUILLARD J., GRANDMOTTET J.P., GERDEAUX D., 1994. Deux techniques d'échantillonnage de l'ichtyofaune lacustre utilisées en France, bilan et perspectives. *Hydroécol. appl.*, 5, 27-42.

DIEHL S., 1988. Foraging efficiency of three freshwater fishes, effect of structural complexity and light. *Oïkos*, 53, 1802-1813.

DIONNE M., FOLT C.L., 1991. An experimental analysis of macrophytes growth forms as fish foraging habitat. *Can. J. Fish. Aquat. Sci.*, 48, 123-131.

EHRARDT N. M., DIE D. J., 1988. Selectivity of gillnets used in the commercial spanish mackerel fishery of Florida. *Trans Am. Fish. Soc.*, 117, 574-580.

EIFAC, 1975. Symposium sur les méthode de prospection, de surveillance, et d'évaluation des ressources ichtyologiques dans les lacs et grands cours d'eau. *FAO. EIFAC.Tech Pap.*, 23 (suppl.1), 747 p.

FLESH A., MASSON G., MORETEAU J. C., 1994. Comparaison de trois méthodes d'échantillonnage utilisées dans l'étude de la répartition de la perche *Perca fluviatilis* dans un lac-réservoir. *Cybium*, 18, 39-56.

FRONTIER S., 1983. Choix et contraintes de l'échantillonnage en écologie. *In* S. Frontier., (ed.), *Stratégie de l'échantillonnage en écologie*, Masson, Paris, 15-62.

GERDEAUX D., 1985. Les fluctuations dans les populations de poissons d'eau douce. Conséquences sur les études écologiques. *Rev. Fr. Sc. Eau*, 4, 255-276.

GRANDMOTTET J.P., 1983. Principales exigences de 30 téléostéens dulcicoles vis-à-vis de l'habitat aquatique. *Ann. Sci. Univ. Fr.-Comté, Biol. anim.*, 4, 3-32.

GRANDMOTTET J.P., VAUDAUX P., 1989. Utilisation des filets verticaux pour l'échantillonnage des peuplements pisciaires, premiers résultats et perspectives. Actes du colloque de l'IGGE, 06/89, 17 p.

GULLAND J.A., HARDLING D., 1961. The selection of *Clarias Mossambicus* (Peters) by nylon gill nets. *J. Cons. Int. Explor. Mer.*, 26, 215-222.

GUYARD A., GRANDMOTTET J.P., VERNEAUX J. 1989. Utilisation de batteries de filets verticaux à enroulement, nouvelle technique d'échantillonnage de la faune ichtyologique lacustre. Application à l'étude du peuplement pisciaire de la retenue du barrage de Vouglans (Jura). *Ann. Sci. Univ. Fr.-Comté, Biol. anim.*, 5, 59-70.

HAMLEY J.M. ,1975. Review of gillnet selectivity. *J. Fish. Res. Bd. Can.*, 33, 817-830.

HAMLEY J.M., REGIER H. A., 1973. Direct estimates of gillnet selectivity to walleye *(Stizostedion vitreum vitreum)*. *J. Fish. Res. Bd. Can.*, 32 (11), 1943-1969.

HARTMANN G.F., 1962. Use of gill net rollers in fisheries investigations. *Trans. Am. Fish. Soc.*, 91, 224-225.

HELSER E., CONDREY R.E. ,1991. A new method of estimating gillnet selectivity, with an example for spotted seatrout, *Cynocion nebulosus. Can. J. Fish. Aquat. Sc.*, 48, 487-492.

HENDERSON R.A., WONG J.L. ,1991. A method for estimating gillnet selectivity of sander *(Stizostedion luciopersca)* in multifilament gillnets in lake Érie and its application. *Can. J. Fish. Aquatic*, 48, 2420-2428.

HORAK D.L., TANNER H.A. ,1964. The use of vertical gillnets in studying fish depth distribution. *Trans. Am. Fish. Soc.*, 103 (2), 348-352.

HUBERT W.A. ,1983. Passive capture technique. *In* : L.A. Nielsen and D. L. Johnson (eds), *Fisheries techniques*, *Amer. Fish. Soc.*, *Bethesda* 95-111.

HUBERT W.A. ,1996. Passive capture technique. *In* : L.A. Nielsen and D. L. Johnson (eds), *Fisheries techniques*, *Amer. Fish. Soc.*, *Bethesda (Second ed)*, 157 - 181.

JENSEN J.W. ,1986. Comparing fish catches taken with gillnets of differents combinations of mesh sizes for some water fish. *J. Fish. Biol.*, 37, 99-104.

JENSEN J.W. ,1995. Evaluating catches of salmonids taken by gillnets. *J. Fish. Biol.*, 46, 862-871.

JENSEN J.W. , HESTHAGEN T., 1996. Direct estimates of a multimesh and a series of single gillnets for brown trout. *J. Fish. Biol.*, 49, 33-40.

KURKILAHTI M., RASK M., 1996. A comparative study of the usefulness and cathcability of multimesh gill net series in sampling of perch (*Perca fluviatilis L.*) and roach (*Rutilus rutilus L.*). *Fish. Res.*, 27, 243-260.

LACKEY R.T. ,1968. Vertical gillnets for studying depth distribution of small fish. *Trans. Am. Fish. Soc.*, 97, 296-299.

MOREAU G., LENGENDRE L., 1979. Relation entre habitat et peuplement de poissons, essai de définition d'une méthode numérique pour des rivières nordiques. *Hydrobiologia*, 67, 81-87.

NÜMANN W., 1970. The Blaufelchen of Lake Constance (*Coregonus wartmanni*) under negative and positive influence of man. *In* : C.C LINDSEY & C.S. WOODS (eds.), *Biology of coregonid fishes*, Univ. Manitoba Press, Winnipeg, Canada, 531-552.

OLIVIER G., DEGIORGI F., COME G., RAYMOND J. C., 1997. Échantillonnage des alevins en milieu lacustre, proposition d'un protocole standard. *In :* D. GERDEAUX (ed.), *INRA, Paris. Gestion piscicole des grands plans d'eau*, INRA, Paris.

RICHEUX C., ARIAS-GONZALEZ, TOURENQ J. N., 1992. Etude du régime alimentaire des gardons (*Rutilus rutilus* L.) du lac de Pareloup (Massif central, France). *Ann. de Limnol.*, 27, 115-127.

RICKER W.E., 1980. *Calcul et interprétration des statistiques biologiques des populations de poissons.* Bull. Fish. Res. Board Can. Ottawa, 409 p.

RICOU G., 1967. Etude biocénotique d'un milieu naturel, la prairie permanente paturée. *Anna Epiphyties*, 18 (1), 1-148.

REGIER H. A., ROBSON D.S., 1966. Selectivity of gillnets, especially with lake whitefish. *J. Fish. Res. Bd. Can.*, 23, 423-454.

RIVIER B., 1996. *Lacs de haute altitude. Méthodes d'échantillonnage ichtyologique. Gestion piscicole.* Cemagref d'Aix en Provence, Le Tholonet, 122 p.

RUDSTAM L. G., MAGNUSSON J. J., TONN W. M., 1984. Size selectivity of passive fishing gears : a correction for encounter probability applied to gill net. *Can. J. Fish. Aquat. Sc.*, 41, 1252-1255.

SAVARD L., MOREAU G., 1981. Etude des relations entre les communautés piscicoles et les différents habitats d'une rivière nordique; notion d'habitat optimal. *Can. J. of Zool.*, 60, 3344-3352.

SHERRER B., 1983. Techniques de sondage en écologie. *In :* FRONTIER S. (ed.), *Stratégie de l'échantillonnage en écologie*, Masson, Paris, 63-162.

SHERRER B., 1984. *Biostatistique.* G. Morin, Québec, 854 p.

TONN W.M., MAGNUSSON J.J., 1982. Patterns in the species composition and richness of fish assemblages in northern Wisconsin lakes. *Ecology*, 63, 1149-1166.

VERNEAUX J., VERGON J.P., 1974. *Incidence du Marnage sur le benthos d'un lac artificiel (retenue de Vouglans, Jura).* Soc. Hydrotech. de France. XIII journée de l'hydraulique, V-9, 1-9.

VERNEAUX J., VERNEAUX V., GUYARD A., 1993. Classification biologique des lacs jurassiens à l'aide d'une nouvelle méthode d'analyse des peuplements benthiques. I. Variété et densité de la faune. *Ann. Limnol.*, 29, 59-77.

Exemple d'application de la méthode des filets verticaux à un lac de cratère.
Étude de l'ichtyofaune du Lac de Tazenat (Massif Central, France)*

Introduction

Dans un milieu à vocation piscicole soumis à des alevinages intensifs, l'évaluation de la structure et de la répartition spatiale de l'ichtyofaune semble indispensable avant la mise en place d'une gestion raisonnée du site (CSP, 1994). L'occupation différentielle de l'espace par les poissons joue en effet un rôle important dans la dynamique et la structure des peuplements planctoniques, benthiques et ichtyologiques, notamment en stabilisant les relations prédateurs-proies (Diehl, 1992). Plusieurs auteurs (Benson et Magnusson, 1992 ; Eacki et Keast, 1994) ont trouvé une corrélation positive entre la richesse spécifique et la complexité de l'habitat. Ces études tendent à montrer qu'un lac abrite une communauté piscicole d'autant plus riche et diversifiée que les habitats qu'il offre sont complexes et variés, ceux-ci constituant alors autant de sites différents pour se nourrir, se cacher ou se reproduire.

Cependant, ces études concernaient essentiellement les espèces inféodées à la zone littorale, et ne s'appuyaient que sur une seule prospection annuelle des différents plans d'eau. Ces restrictions peuvent être reliées à la difficulté de réaliser un échantillonnage exhaustif de l'ichtyofaune lacustre, comprenant une prospection, simultanée et avec le même effort de pêche, de l'ensemble des compartiments lacustres (Degiorgi *et al.*, 1998).

Ainsi, afin de réaliser non seulement un inventaire piscicole, mais aussi d'étudier la structure spatio-temporelle des espèces peuplant le lac de Tazenat, nous avons appliqué la méthode des filets verticaux, établie par Degiorgi *et al.*, (*op.cit.*,). Ce travail nous a notamment permis de valider le protocole, utilisé jusqu'alors dans de «grands» plans d'eau, pour l'étude de l'ichtyofaune d'un lac de cratère, milieu particulier par sa morphométrie : grande profondeur et faible superficie. Cette étude, réalisée d'octobre 1995 à juillet 1996, comprenait en plus du suivi de l'ichtyofaune, celui de la qualité des eaux et de différents maillons du réseau trophique (de Crespin et Ditche, 1997).

* V. de Crespin de Billy, J.M. Ditche, P. Reyes-Marchant, N. Lair

Matériels et méthodes

Présentation du site

Le lac de Tazenat est situé au Nord de Clermont-Ferrand à 630 m d'altitude, dans le Parc Régional des Volcans d'Auvergne. Créé il y a plus de 30 000 ans, suite à une éruption explosive violente, ce lac circulaire est logé dans un cratère (surface : 30,9 ha ; profondeur maximale : 68 m ; volume: 13 millions de m³). Cette morphométrie particulière se traduit par une forte réduction de la zone littorale qui, selon les fluctuations saisonnières du niveau de l'eau, représente 2 à 3 % de la surface du lac (fig. 7.1). Les macrophytes, qui se développent de juin à novembre, voient leur implantation limitée par la pente des rives et par la nature des fonds (peu de substrats sablo-limoneux).

Méthode et stratégie d'échantillonnage

Notre choix s'est porté sur les filets maillants verticaux à enrouleurs, dont le protocole d'utilisation, basé sur les arrangements spatio-dynamiques des poissons, a été présenté précédemment (Degiorgi *et al.*,1998). Ainsi, tous les pôles d'attraction, préalablement cartographiés (fig.7.1), ont été échantillonnés simultanément. Les filets étaient déroulés et remontés le matin, soit un temps de pose de 24 heures.

Parallèlement à ces pêches, un suivi mètre à mètre sur la verticale de la température et de la teneur en oxygène dissous a été réalisé.

Analyses des données

L'analyse de la micro-répartition horizontale de l'ichtyofaune a pour objectif de déterminer les preferenda topographiques de chaque population, ainsi que leur valence écologique, traduite sous la forme d'un indice d'attractivité du pôle pour chaque espèce.

L'examen des données brutes a été complété par des analyses multivariées, qui permettent notamment de décomposer la variabilité totale en variabilité spatiale (inter-pôle et intra-séquence) et temporelle (inter-séquence, intra-pôle) (Doledec et Chessel, 1989).

Résultats

Tendances générales

L'ichtyofaune échantillonnée est composée de 11 espèces parmi lesquelles le gardon (*Rutilus rutilus*) est largement prédominant (en moyenne, 70% des effectifs et 50% de la biomasse). Le peuplement est également composé de perches communes (*Perca fluviatilis*) et d'ombles chevalier (*Salvelinus alpinus*), qui constituent respectivement $16,8\%$ et $12,5\%$ de la biomasse totale des pêches. Ces deux espèces, ainsi que le brochet (*Esox lucius*), dont nous n'avons capturé qu'une dizaine d'individus représentent un fort intérêt halieutique pour le gestionnaire.

Bien que la variété et le nombre de captures varient au cours de l'année, c'est la zone sub-littorale qui abrite la plus grande richesse spécifique, avec en moyenne $3,55$ espèces par unité d'échantillonnage, alors que dans la zone littorale la diversité annuelle est seulement de $2,12$. Cependant, cette dernière est la plus poissonneuse avec, en moyenne, $16,08$ ind.100 m^{-2} de filet, tandis que le rendement moyen est de $10,47$ dans le talus, et de $5,21$ dans la zone centrale.

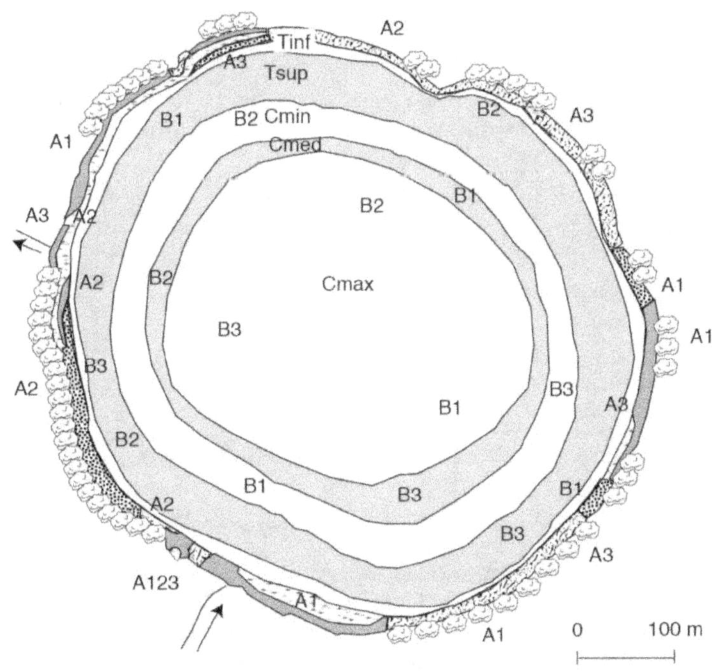

A1 B1 Araignée ou Batterie, suivi du numéro de la séquence

Zone littorale	Zone pélagique
Berges envahies par les arbres	Tinf : Talus inférieur, 0-10 m
Macrophytes	Tsup : Talus supérieur, 11-40 m
Chaos granitique	Cmin : Zone centrale minimale, 41-52 m
Galets et graviers non colmatés	Cmed : Zone centrale médium, 53-60 m
Fond nu organique	Cmax : Zone centrale maximale, + de 60 m

Figure 7.1 : Cartographie des pôles d'attraction inventoriés sur le lac de Tazenat.

Validation du protocole

Le protocole d'échantillonnage retenu repose sur le principe d'une organisation dynamique des poissons autour de pôles d'attraction (Degiorgi *et al.*, 1998), et il paraît donc en premier lieu nécessaire de savoir si cette hypothèse reste vraie dans le cas d'un plan d'eau dont la zone littorale est réduite. Les AFC inter et intra-classes permettent d'expliquer les fluctuations d'échantillonnage au cours des différentes campagnes. La variabilité totale de l'axe F1 se décompose toujours dans le même ordre, quelle que soit la saison considérée (fig.7.2) :

- la variabilité «intra-séquence» est la plus élevée. Elle dépend en effet en majorité, des différences de captures réalisées entre les pôles échantillonnés au cours d'une même séquence. Cette occupation différentielle de l'espace est confirmée par la variabilité «inter-pôle», qui reste également importante.

- au contraire, les captures varient peu au cours du temps pour un même pôle (variabilité intra-pôle), et la constance des efforts d'échantillonnage est confirmée par la faiblesse de la variabilité "inter-séquence".

De plus, l'inertie absolue qui mesure les contrastes dans les données permet, dans notre cas, de traduire le niveau d'activité des poissons. Ainsi, l'augmentation de l'activité métabolique des poissons entre le printemps et l'été, se retrouve au niveau statistique, dans la variation de l'inertie totale qui passe de 0,598 au printemps à 0,736 en été.

L'ensemble de ces résultats justifie en premier lieu la prise en compte dans le protocole d'échantillonnage de l'attraction différentielle des habitats sur les poissons, mais aussi confirme la bonne représentativité de nos prélèvements.

Répartition verticale

Nous avons cumulé les effectifs capturés à chacune des profondeurs quels que soient les pôles prospectés. L'examen de la répartition des poissons, conjugué aux variations de la température et de teneurs en oxygène dissous en fonction de la profondeur (fig.7.3), illustre le rapport direct qui existe entre certaines variables mésologiques et les variations saisonnières de la distribution verticale de l'ichtyofaune.

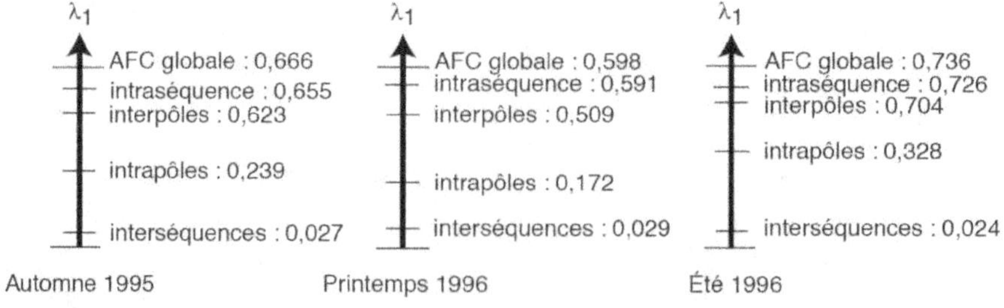

Figure 7.2 : Variabilités spatiales et temporelles inter et intra-groupes.

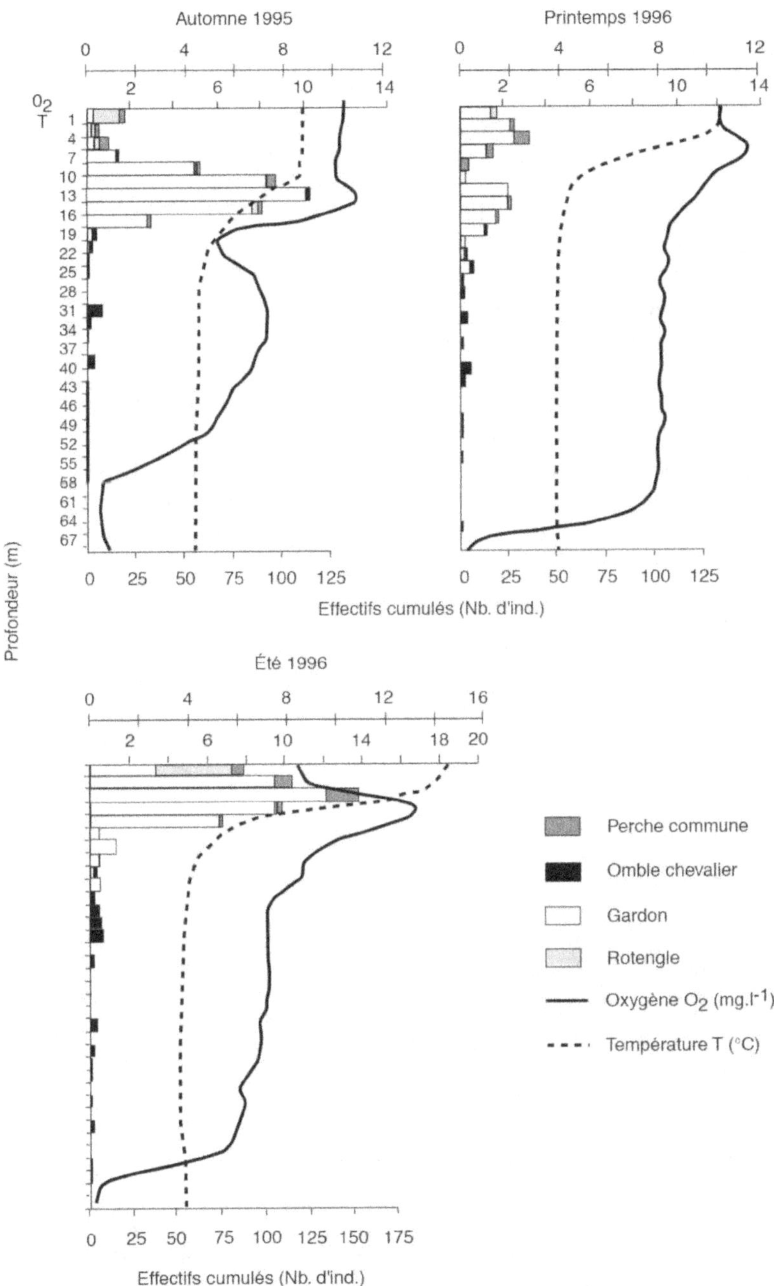

Figure 7.3 : Paramètres physico-chimiques (thermocline et oxycline) et répartition verticale des poissons (effectifs cumulés) dans les zones sublittorale et centrale.

Ainsi, quelle que soit la saison, le **rotengle** (*Scardinius erythrophthalmus*) occupe les couches d'eau superficielles bien oxygénées. Au printemps et en été il se cantonne entre 0 et -2 m, tandis qu'en automne les individus s'étalent davantage le long de l'axe vertical (de 0 à -6 m).

En automne 1995, la courbe de distribution des **gardons** est unimodale avec un maximum de densité au niveau de la thermocline. Au printemps, le réchauffement superficiel des eaux et le développement planctonique entraînent la remontée d'une partie de la population qui se retrouve alors plus en surface. En été, ils se localisent uniquement dans l'épilimnion, le maximum de densité se situant juste au-dessus de la thermocline.

La perche commune est essentiellement présente dans l'épilimnion, et ce, quelle que soit la saison considérée, les individus âgés tendant à vivre plus en profondeur, à proximité de la thermocline.

L'omble chevalier se retrouve dans l'hypolimnion entre -12 m et -67 m, ce qui confirme son caractère sténotherme d'eau froide et moins oxyphile que les autres Salmonidés (seuil $O_2 := 5$ mg.l^{-1}). En automne et au printemps, il occupe comme le gardon les pôles centraux, mais utilise des strates plus profondes situées en dessous de 20 m. En été, les conditions physico-chimiques de ces strates sont identiques à celles du printemps. Cependant nous observons, tout comme en automne, une légère concentration des individus entre 20 et 26 m de profondeur. Cette zone est directement située au-dessous du métalimnion. Or, elle est susceptible d'être occupée pendant la journée par des populations zooplanctoniques qui fuient la prédation exercée par les gardons et recherchent des zones plus sombres pour se cacher. Sachant que nous avons trouvé énormément de Cladocères dans les estomacs d'omble à cette saison, il semblerait qu'une majorité d'entre eux se situent dans cette zone pour satisfaire leurs besoins alimentaires.

Répartition horizontale

Sur le plan horizontal, il existe une séparation nette entre les espèces pélagiques et littorales. Les AFC globales, réalisées sur les indices d'attractivité des pôles estivaux, permettent d'individualiser trois zones (fig. 7.4) :

- les pôles centraux et le talus supérieur, qui constituent une zone de pleine eau, et favorisent la libre circulation des individus. Les espèces caractéristiques de ce biotope sont essentiellement les ombles chevaliers et les gardons, la capture de brèmes adultes et de brochets constituant de rares exceptions. Le rotengle est aussi parfois présent dans cette zone, mais sa circulation se limite à la surface (entre 0 et 2 m) ;

- les pôles de la zone littorale qui présentent des encombrements tridimensionnels de type alvéolaire tels que les galets ou les blocs rocheux. Le talus inférieur se rapproche de ces derniers par la nature de ses fonds, et par le fait que la zone littorale est fortement réduite. Ceux-ci sont occupés par les perches communes, les perches soleil et les brèmes ;

- les pôles de la zone littorale présentant des encombrements tridimensionnels de type compact tels que les branches et les hydrophytes immergés. Ces milieux constituent des zones de caches ou d'abris, riches en nourriture pour les tanches, les ablettes, et les rotengles, ou de chasse à l'affût pour le brochet.

La répartition horizontale des espèces piscicoles reste relativement identique au cours des autres saisons. L'afférence cependant coule en dehors de la période estivale, et créé alors un courant qui favorise la présence de benthos, et attire les poissons. Nous y retrouvons de nombreuses espèces : des brèmes et des brochets en automne, mais aussi des ablettes, des chevesnes et des rotengles au printemps.

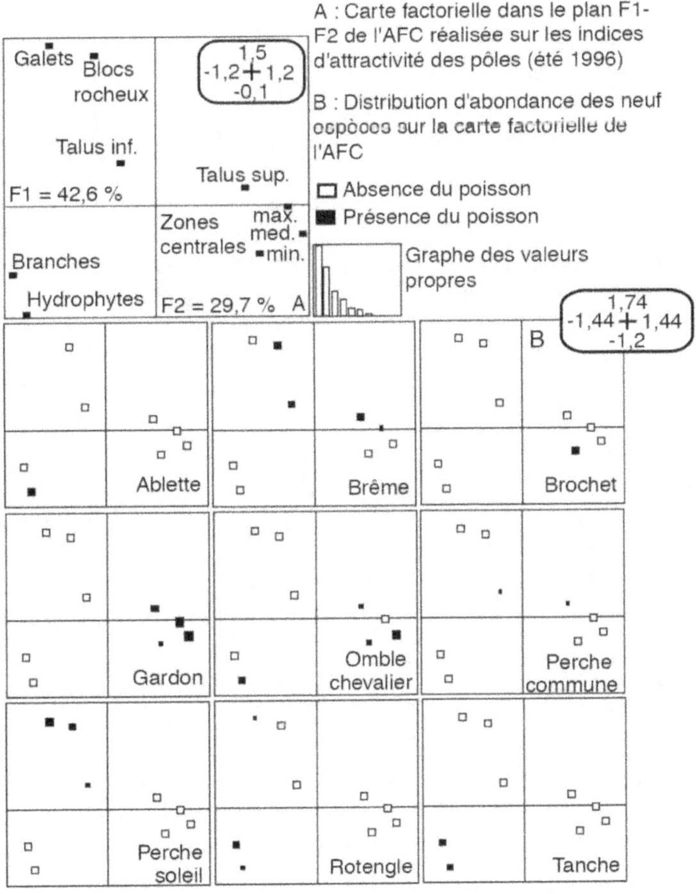

Figure 7.4 : Répartition horizontale de l'ichtyofaune échantillonnée au cours de l'été 1996.

Conclusion

Le protocole d'échantillonnage, utilisé jusque là dans des lacs de l'Est de la France, s'est avéré pertinent pour réaliser l'inventaire piscicole du lac de Tazenat. Ainsi, en dépit d'une zone littorale réduite, ce lac de cratère offre aux poissons une bonne diversité d'habitats dont l'utilisation est optimisée par les différentes espèces :

- sur le plan vertical : le lac restant bien oxygéné toute l'année, l'occupation de différentes strates par les poissons est fortement liée à la température, mais peut aussi résulter de l'effet combiné des phénomènes de compétitions inter et intra-spécifiques, des exigences trophiques des différentes espèces, de leur âge et de leur cycle de vie ;

- sur le plan horizontal: les pôles de la zone littorale à structure complexe tels que les branches et les hydrophytes immergés, constituent pour de nombreuses espèces des zones de caches, riches en nourriture. Le talus supérieur, interface entre le littoral et la zone pélagique, présente comme tout milieu transitoire une forte biodiversité. Enfin, les pôles centraux favorisent la libre circulation des individus, et sont essentiellement utilisés par les ombles chevaliers et les gardons.

La technique de pêche utilisée permet de limiter la mortalité induite, mais comme toute technique d'échantillonnage, présente quelques limites. En effet, les filets verticaux et les araignées multimailles, engins fondamentalement passifs, ne peuvent efficacement échantillonner les poissons qui se déplacent peu, chassent à l'affût ou vivent dans des zones inaccessibles par les filets. C'est le cas pour le brochet, dont la capture reste exceptionnelle, et pour les perches soleil (*Eupomotis gibbosus*) qui vivent le long des berges dans une lame d'eau de 20 à 30 cm. Enfin, le temps de pose (24 heures) imposé par le protocole ne permet pas d'étudier le comportement alimentaire.

Toutefois, ces résultats, obtenus à l'aide d'une méthode standardisée et éprouvée, pourront être comparés et associés avec ceux relevés dans d'autres plans d'eau. Ils viendront alimenter une banque de données, qui devrait permettre à terme, d'envisager la réalisation d'une biotypologie lacustre.

Ce travail correspond à une première approche nécessaire à l'établissement d'un plan de gestion piscicole du lac de Tazenat. L'application de la méthode des filets verticaux nous a permis de constater que ce lac abrite un peuplement piscicole diversifié et abondant.

La présence d'un stock important de poissons fourrages (gardon, rotengle,...), permet d'encourager la production du brochet, non par la réalisation d'alevinages réguliers mais plutôt par l'installation de frayères artificielles, pour favoriser la reproduction naturelle, impossible actuellement du fait de l'absence de macrophytes durant la période de reproduction de cette espèce.

La gestion de la population d'ombles chevalier, jusqu'à présent soutenue par alevinage, s'avère plus délicate. En effet, l'absence de juvéniles conduit à s'interroger sur l'existence d'une reproduction naturelle de cette espèce dans ce milieu. Plusieurs questions restent ainsi posées sur l'absence éventuelle de frayères potentielles, ou encore sur la quantité de nourriture disponible pour les ombles à ces profondeurs.

Remerciements

Nous devons un grand merci au CSP de Lyon qui a toujours mis à notre disposition les araignées multimailles nécessaires à l'application complète du protocole.

Références bibliographiques

BENSON B.J. et MAGNUSSON J.J., 1992. Spatial heterogeneity of littoral fish assemblage in lakes : relation to species diversity and habitat structure. *Can. J. Fish. Aquat. Sci.*, 49, 1493-1500.

C.S.P., 1994. *Gestion piscicole et plans de gestion.* CSP (Ed.), 215 p.

DE CRESPIN DE BILLY V. et DITCHE J.M., 1997. Étude hydrobiologique du gour de Tazenat : la qualité de ses eaux, son plancton, son ichtyofaune et son bassin-versant. *Diplôme Universitaire Supérieur, Univ. de Clermont-Ferrand*, Besançon 137 p.

DEGIORGI F., GRANDMOTTET J.P., RAYMOND J.C., RIVIER B., 2001. Echantillonnage de l'ichtyofaune lacustre : engins passifs et protocole de prospection. Exemple des filets maillants et emmêlants. *In :* D. GERDEAUX (ed.). *Gestion piscicole des grands plans d'eau.* INRA, Paris.

DIEHL S. 1992. Foraging efficiency of three freshwater fishes : effects of structural complexity and light. *Ecology.* 73, 1646-1661.

DOLEDEC S. et CHESSEL D., 1989. Rythmes saisonniers et composantes stationnelles en milieu aquatique : Prise en compte et élimination d'effets dans un tableau faunistique. *Acta Oecologica Oecol. Gener.*, 8, 403-406.

EACKI J.M. et KEAST M., 1994. Ressource heterogeneity and fish species diversity in lakes. *Can. J. Fish. Aquat. Sci.*, 62, 1689-1695.

Échantillonnage des alevins en milieu lacustre : deux techniques utilisées selon un protocole standard*

Introduction

En milieu lacustre, l'étude de la dynamique inter-saisonnière et de la répartition spatiale des alevins permettrait, si elle pouvait être couplée avec l'étude conjointe des variations des conditions du milieu, de mieux comprendre les mécanismes instantanés favorisant ou limitant la production piscicole. La première étape de cette démarche consiste à mettre au point des méthodes d'échantillonnage de ces formes juvéniles qui permettent de suivre leur variation de densité à travers l'ensemble des compartiments de l'espace lacustre.

Cependant, pour les systèmes d'eau profonde, l'échantillonnage des alevins ayant dépassé le stade larvaire proprement dit apparaît problématique. Pour les larves et les très jeunes alevins, de nombreux auteurs utilisent des filets à ichtyoplancton ou des «micro-chalut», voire des pièges lumineux. Une revue complète de ces techniques, des modalités de leur mise en oeuvre et de la forme des résultats obtenus a été dressée par Kelso et Rutherford (1996).

En revanche lorsque la taille dépasse 3 cm tout en restant inférieure à 7 cm, les poissons de l'année sont capables d'éviter les filets à ichtyoplancton mais ne sont pas encore capturables dans des filets maillants ou emmêlants, notamment à cause de leur faible inertie (Degiorgi, 1994). Leur capture par chalut ou leur perception par hydro-acoustique requiert une logistique lourde (Gerdeaux, 1985). Surtout, elle n'est pas possible dans les zones littorales enherbées.

Il paraissait donc pertinent de mettre au point une méthode d'échantillonnage efficace pour cette gamme de taille et qui permette d'apprécier l'évolution saisonnière de la densité et de la mobilité des alevins, ainsi que les variations de leur répartition spatiale. Pour y parvenir nous avons suivi une démarche articulée en quatre étapes :
- Sélection ou création de procédés de capture adaptés aux objectifs définis.
- Élaboration d'une stratégie d'échantillonnage qui fournisse une image globale stable et comparable tout en tenant compte de la répartition spatio-temporelle.
- Application sur trois lacs naturels de l'Est de la France : Nantua (Ain), Aiguebelette (Savoie), Saint-Point (Doubs), afin de tester la pertinence de la méthode.

* G. Olivier, F. Degiorgi, G. Come, J.C. Raymond

• Vérification de la validité statistique des données recueillies, puis évaluation de leur intérêt pour étudier la variation, la croissance et la répartition du stock d'alevins.

Matériels et méthodes

Techniques de captures

Le choix des dispositifs techniques de capture s'est fait à partir de critères évidents d'efficacité de pêche vis-à-vis des alevins mais aussi de compatibilité avec une stratégie d'échantillonnage stratifié qui tienne compte de la variation des structures spatio-temporelles des populations étudiées. Les engins choisis doivent permettre de pêcher de la même façon quel que soit le pôle échantillonné, en vue d'assurer la reproductibilité de la méthode et de rendre l'interprétation des données plus fiables.

Panorama rapide des moyens de capture d'alevins généralement employés

Plusieurs analyses bibliographiques ont montré que la plupart des techniques généralement utilisées pour capturer les alevins ne répondaient pas aux objectifs fixés ci-dessus (Cuinet et Vaudaux 1986, Come et Olivier 1996, Ditche 1997). Un seul des procédés généralement employés, les nasses en Plexiglas, paraît remplir l'ensemble des critères de sélection, mais pour une partie des espèces seulement.

En effet, les filets à ichtyoplancton sont surtout destinés à échantillonner l'écostade larvaire, précédant celui qui nous intéresse (Coles 1977, Holland-Bartels *et al.*, 1995). Les alevins de plus de 3 cm sont généralement capables d'éviter ces engins. Par ailleurs, il est difficile d'appliquer ce procédé sur l'ensemble des compartiments de l'espace lacustre, en particulier au niveau des herbiers. Cette dernière lacune est la même qui nous a fait écarter le chalutage dans le cadre de notre problématique.

Ce défaut d'efficience dans les herbiers peut également être invoqué à propos des dispositifs de chasse à vue du type carrelet ou épuisette (Carrel, 1986). En outre, les plus gros des alevins de la gamme de taille visée sont susceptibles d'échapper à ces pièges actifs. Enfin, il apparaît difficile d'employer ces engins de façon comparable quel que soit l'utilisateur et d'un compartiment à l'autre de l'espace lacustre.

La senne (ou seine) a été utilisée par de nombreux auteurs pour étudier les alevins lacustres (Beckman et Elrod 1971, Murphy et Clutter 1972, Coles 1977, Taleb *et al.*, 1993, Reyes-Marchand *et al.*, 1994). Cet engin consiste en un filet à petites mailles (3 mm pour capturer des alevins), garni de flotteurs en surface et lesté au fond. Sa longueur, qui varie généralement de trois à trente mètres, permet d'encercler la zone à échantillonner. Le filet est alors tiré sur la plage ou remonté sur le bateau. Là encore, la mise en oeuvre de ce procédé n'apparaît pas facilement reproductible de façon standardisée. De plus, son utilisation dans les herbiers induit la destruction des végétaux et la détérioration du filet lui-même. Enfin, les alevins prélevés sont souvent blessés, ce qui entraîne une forte mortalité (comm. pers. P. Reyes-Marchand).

Pour prospecter les milieux lénitiques des cours d'eau, Copp et Penasz (1988), Copp (1992) et Garner (1995) utilisent la pêche électrique «par point», en modifiant légèrement le type de matériel classiquement utilisé. En particulier, le diamètre de l'anode est nettement diminué tandis que le manche porte-anode est allongé. Ils distinguent plusieurs types d'habitats qu'ils prospectent systématiquement. Cette approche est intéressante, mais les données obtenues sont difficilement comparables. En effet, le rayon de l'action exercée sur les poissons par l'anode peut différer considérablement d'un lac à l'autre selon la conductivité de l'eau, ou d'un habitat à l'autre, suivant l'encombrement spatial (Lamarque 1990, Zalewski et Cowx 1990, Reynolds 1996). La surface d'échantillonnage varie donc fortement, dans une mesure qui demeure, à chaque fois, inconnue. Cette technique paraît toutefois intéressante pour échantillonner des espèces benthiques territoriales peu mobiles, à condition de délimiter physiquement la placette prospectée à l'électricité (Mouillas 1994, et *cf.* ci-dessous). De toute façon, cette approche ne peut être appliquée qu'aux zones littorales peu profondes.

En revanche, l'emploi de pièges passifs du type nasse ou verveux permet à la fois de prospecter tous les compartiments de l'espace lacustre et de réaliser un effort de pêche indépendant des systèmes et de la localisation intra-systémique. Ces pièges existent de façon traditionnelle sous un grand nombre de formes, allant de la bouteille à vairon à la bosselle à anguille. Ils sont construits avec des matériaux fort différents (F.A.O. 1975). Un certain nombre d'auteurs ont utilisé ces engins courants sans les modifier pour capturer des poissons de petite taille en milieu lacustre (Beard et Priegel, 1975, Coles 1977). Sous leur forme traditionnelle, ces pièges reposent sur le fond et sont donc surtout fonctionnels pour les espèces benthiques. Leur efficacité peut être augmentée grâce à l'ajout d'un système d'ailes ou de paradières qui guident le poisson vers l'entrée du piège (Crowe 1950, F.A.O. 1975, Coles 1977). Toutefois de tels dispositifs ne sont utilisables qu'en zone littorale. Par ailleurs, la sélectivité de ces engins dépend du matériau utilisé. Si on utilise du grillage métallique, les mailles sont trop larges pour retenir les alevins. L'emploi de mailles plus fines rend le piège beaucoup plus visible et le cône d'entrée trop foncé pour attirer les poissons efficacement (Laarman et Ryckman 1982). L'utilisation de filets, à petites mailles, tendus par une armature présente le même inconvénient, surtout en zone pélagique (Casselman et Harvey 1973).

Pour pallier ces problèmes de visibilité et d'adaptation à différentes localisations spatiales, ces derniers auteurs ont conçu plusieurs types de nasses en matière plastique transparente de type «Plexiglas» (Breder 1960, Casselman et Harvey 1973). Ces pièges, initialement destinés à la capture des brochetons, se sont révélés en fait beaucoup plus efficaces pour les percidés, les cyprinidés et les centrarchidés. Assie et Lasserre (1977) ont amélioré le modèle le plus performant parmi ceux proposés. Ils en ont augmenté l'efficacité en y ajoutant un deuxième entonnoir. Ce double système d'entrée permet de réduire considérablement les phénomènes d'échappement. En outre, ce piège en plastique conserve les alevins sans qu'il ne se blessent sur des mailles métalliques, ni sur des armatures. Ces pièges rigides ne nécessitent pas d'être tendus sur le fond : ils peuvent donc être disposés dans la masse d'eau à différentes profondeurs si on les munit d'un système de flotteurs et de corps morts (Cuinet et Vaudaux, 1986). Cette caractéristique peut être utilisée pour répondre à nos objectifs de prospection spatiale.

Enfin, observons que de nombreux auteurs ont utilisé ces nasses transparentes avec des appâts lumineux (Faber 1981). Parmi ces dispositifs éclairés, on remarque la «Quatrefoil trap», particulièrement efficace, de Floyd *et al.*, (1984). Toutefois, ces procédés ont surtout été conçus pour capturer les phases larvaires précoces (Doherty 1987, Choat *et al.*, 1993). D'après Kelso et Rutherford (1996), ces dispositifs conviendraient davantage pour apprécier la composition spécifique des alevins que pour mesurer des variations quantitatives d'abondance.

Techniques retenues et mises au point

En définitive, deux procédés ont finalement été retenus. En effet, les pièges en Plexiglas conviennent bien à la prise en compte des structures spatio-temporelles mais uniquement pour les alevins se déplaçant en pleine eau. En revanche la capture des alevins benthiques et/ou territoriaux, qui sont par nature beaucoup moins mobiles, nécessite un autre dispositif. Pour cette deuxième catégorie d'espèces, un système de pêche électrique par placettes physiquement délimitées paraissait devoir être adjoint aux nasses en plastique transparent.

Les individus benthiques et territoriaux tels que tanchettes et brochetons, ont donc été échantillonnés dans les zones où la profondeur est inférieure à 1,5 m, à l'aide d'un «cadre à projection», mis au point par Morillas (1994) puis modifié en 1997. L'engin consiste en une armature parallèlépipédique en aluminium, entourée d'un filet à mailles fines (3 mm de diamètre) sur ses faces rectangulaires qui délimitent un carré au sol de 0,8 x 0,8 m de surface. Sa hauteur est modulable de 0,5 à 1,5 m. Il est projeté de façon à isoler un site présélectionné selon la stratégie de prospection définie ci-dessous. Cette placette est alors pêchée exhaustivement à l'électricité. Ce système, appelé CAPPPE (Cadre À Projection Prospecté Par Électricité), n'est évidemment pas utilisable en zones sublittorale et centrale, ni pour la capture d'espèces de pleine eau telles que la perche et le gardon, qui fuient trop rapidement.

Ces alevins de pleine eau ont, quant à eux, été échantillonnés à l'aide des pièges en Plexiglas inspirés du modèle proposé par Casselman et Harvey (1973) amélioré par Assie et Lasserre (1977) puis par Cuinet et Vaudaux (1986). Le piège finalement réalisé est un parallélépipède de 0,7 m de longueur pour 0,2 x 0,2 m de surface d'entrée. Le système de double entonnoir antifuite est conservé mais la fente d'entrée est ramenée à 1,5 cm, contre 5 cm pour Casselman et Harvey (1973). Afin de pouvoir pêcher entre deux eaux, le piège est équipé d'une part de bouteilles stabilisatrices et d'autre part d'un corps mort relié au corps de la nasse par une drisse dont la longueur est réglée pour que le dispositif pêche à la hauteur voulue (fig. 8.1).

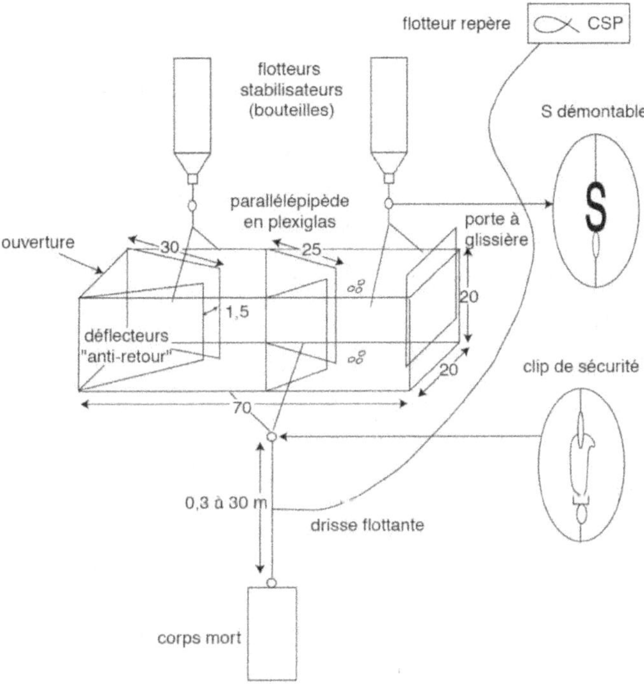

Figure 8.1 : Schéma de montage des pièges en matière plastique transparente («Plexiglas»), modifiés à partir de Casselman et Harvey (1973) de Assie et Lasserre (1977) et Cuinet et Vaudaux (1986). Les dimensions indiquées sont en cm sauf la longueur de drisse

Stratégies d'échantillonnage

Les deux dispositifs ont été actionnés suivant des stratégies d'échantillonnage cohérentes, basées toutes les deux sur un même principe consistant à tenir compte des structures spatiales caractérisant le milieu et la répartition des populations cibles (Frontier 1991, Degiorgi 1994). Pour chacun des deux procédés, un échantillonnage stratifié a été réalisé, en effectuant une prospection systématique de tous les compartiments de l'espace lacustre, préalablement divisé et codifié en «pôles d'attraction» selon l'approche développée par Degiorgi et Grandmottet (1993).

En ce qui concerne les pôles littoraux, une seule modification a été apportée à la codification directive hiérarchisée proposée par ces auteurs : les frayères artificielles installées dans le lac d'Aiguebelette ont été considérées comme un pôle supplémentaire particulier (tabl. 8.1). En zone sublittorale, l'échantillonnage se fait sur une tranche d'eau de dix mètres de hauteur et les différents pôles d'attraction correspondent à six profondeurs différentes. En zone pélagique, l'échantillonnage a lieu sur des secteurs ayant trente à trente cinq mètres de fond et les pôles sont constitués par sept profondeurs différentes : trois au-dessus de la

Tableau 8.1 : Liste et codification des pôles d'attraction prospectés.

Codes	Compartiments littoraux	Codes	Compartiments sublittoraux
AFF	afférence	T 0.5	talus à 0,5 m de profondeur
EFF	efférence	T 1.5	talus à 1,5 m de profondeur
BLO	blocs	T 3.5	talus à 3,5 m de profondeur
BLS	blocs jointifs sans anfractuosités	T 5.5	talus à 5,5 m de profondeur
GGR	galets/graviers	T 7.5	talus à 7,5 m de profondeur
FNM	fond nu minéral	T fd	talus sur le fond (10 m de profondeur)
FNO	fond nu organique	**Codes**	**Compartiments centraux**
BRA	branchages		
HLE	hélophytes épars	C 0.5	centre à 0,5 m de profondeur
HLD	hélophytes denses	C 3	centre à 3 m de profondeur
HYF	hélophytes flottants	C 5	centre à 5 m de profondeur
HYI	hélophytes immergés	C 7.5	centre à 7,5 m de profondeur
HHF	hélophytes+hydrophytes flottants	C 10	centre à 10 m de profondeur
		C 14	centre à 14 m de profondeur
ART	frayères artificielles	C 18	centre à 18 m de profondeur

thermocline, trois au-dessous et une à son niveau. Cette démarche a donc commencé par la cartographie des pôles d'attraction de chaque lac.

Dans le cas du CAPPPE, seuls les pôles littoraux sont prospectés au cours de plusieurs campagnes successives. Pour être statistiquement interprétable, l'effort standard produit durant chaque campagne doit être constitué d'au moins soixante placettes (surface délimitée par le cadre). Parallèlement, le nombre de placettes prospecté sur chacun des pôles est fixé par la règle de l'allocation proportionnelle (Sherrer 1983). Par conséquent l'effectif dévolu à chacune de ces strates statistiques augmente avec la valeur de sa surface relative, avec un minimum de 3 placettes par pôle (Morillas 1994).

Pour tester les pièges en Plexiglas, deux campagnes ont été réalisées sur chaque lac, fin juin et fin juillet. L'effort standard adopté a consisté à disposer simultanément une nasse plastique sur chaque pôle d'attraction pendant 24 heures, visitée le matin. Une relève intermédiaire en soirée a été pratiquée pour étudier les différences de comportement nycthémérales.

Durant la nuit, les pièges de la zone centrale étaient équipés de bâtonnets phosphorescents pour répondre à deux objectifs. D'une part, ces appâts lumineux permettaient de vérifier l'affinité relative des différentes espèces en présence vis-à-vis de la lumière. D'autre part, ils contribuaient à limiter le sous-échantillonnage de la zone centrale. En effet ce compartiment spatial associé à une surface et à un volume d'eau importants n'était prospecté que par sept pièges à la fois. Ces bâtonnets phosphorescents n'ont pas été placés dans les nasses prospectant le talus pour ne pas créer d'interférence avec les pôles littoraux, trop peu éloignés. Observons que cette pratique pose problème pour la standardisation du procédé puisque tous les habitats ne sont plus prospectés exactement de la même façon. En outre, l'attractivité des appâts lumineux est susceptible de changer d'un lac à l'autre. Toutefois l'action des nasses s'avère de toute façon très différente selon que l'on considère la zone pélagique, anisotropique et très vaste, ou l'espace plus limité et surtout orienté du littoral ou des talus. La variabilité inter-systémique respective des deux procédés devra être vérifiée par intercalibration entre des nasses appâtées et non appâtées disposées sur des systèmes de transparences contrastées.

En définitive, la «séquence» de 24 heures de prospection simultanée des compartiments lacustres (tabl. 8.1) représente l'effort standard. Pour chaque campagne, elle a été répétée au moins trois fois, ce qui représente trois jours et trois nuits de pêche. Pour chaque séquence, les nasses sont déplacées de façon à cribler la surface du lac.

Présentation rapide des trois lacs

Les séries de deux échantillonnages complémentaires on été testés lors de plusieurs campagnes, sur trois lacs naturels : Nantua, Saint-Point et Aiguebelette. Ces lacs tous trois associés à des cuvettes d'origines tectono-glaciaires situées en contexte géologique calcaire, possèdent toutefois des caractéristiques morphologiques contrastées (tabl. 8.2).

Leurs fonctionnements apparaissent d'ailleurs très différents : tandis que le lac Saint-Point peut être considéré comme «eubiotique et eufonctionnel» (Verneaux *et al.*, 1993), le lac de Nantua subit depuis plusieurs décennies de fortes altérations de la qualité de son eau (INRA 1985, ADAPRA 1991). Le métabolisme du lac d'Aiguebelette souffre également d'une augmentation insidieuse de son taux de nutriments, mais il est surtout perturbé par des altérations physiques : régression des ceintures végétales, marnages artificiels, remblaiement des bas-marais (Blake et Lascombe 1978, CSP-DR5 1997).

Analyses statistiques

Les analyses statistiques on été réalisées pour deux échelles de perception. D'une part la stabilité statistique des images globales obtenues a été testée en utilisant le coefficient de variation décrit par Eliott (1971) et Cochran (1977) comme le rapport de la moyenne des réplicats obtenus au cours d'une même campagne divisé par leur écart-type. La comparaison des images observées d'un lac à l'autre permet également de vérifier la fiabilité et l'intérêt de l'approche.

Tableau 8.2 : Morphologie et hydrologie des trois lacs étudiés.

	Saint-Point	Nantua	Aiguebelette
Altitude (m)	850	475	374
Profondeur maximale (m)	42	43	72
Surface (ha)	420	140	545
Volume (km³)	0,085	0,040	0,160
Temps de renouvellement (jours)	200	250	1100

D'autre part, l'organisation spatio-temporelle des captures a été étudiée à l'aide de l'analyse factorielle des correspondances (AFC) de tableaux de contingence (Benzécri *et al.*, 1973). Cette démarche consiste à considérer, pour une espèce, la date des relevés comme des descripteurs (colonnes des tableaux) et leur localisation comme des relevés (lignes). Elle est couramment utilisée en écologie (Lebreton 1973, Auda *et al.*, 1983).

Afin d'obtenir des données comparables, ces tableaux ont été transformés à l'aide de deux types de codage préalable. Chaque donnée a ainsi été divisée, d'une part par la moyenne des prises par nasses et par campagne et d'autre part par la moyenne des prises par nasse et par séquence. Cette approche permet d'obtenir des graphes visualisant la distribution des perches par pôles et par séquences et de faire des comparaisons entre les trois lacs étudiés, entre les campagnes et les séquences au sein d'un même lac.

Résultats obtenus sur 3 lacs

Efficacité qualitative

Captures à l'échantillonneur CAPPPE

Comme prévu, le dispositif a capturé essentiellement des tanchettes et des brochetons, c'est-à-dire des alevins benthiques et territoriaux. Il a même été possible de capturer quelquefois 2 brochetons ou 3 tanchettes sur une seule placette (tabl. 8.3). Des individus de petite taille appartenant à d'autres espèces ont également été capturés, mais à des occurrences et des densités très faibles : juvéniles de lotes, truites, rotengles, gardons, perches, perches soleil, brèmes goujons, ablettes et écrevisses américaines.

Tableau 8.3 : Résultats obtenus lors de la prospection standard par pêche électrique de placettes délimitées à l'aide du cadre à projection

Campagne	Brochetons			Tanchettes		
	Max/E.U.	Max/E.G.	Long	Max/E.U.	Max/E.G.	Long
Aiguebelette 14 mai 96	1	6	32	1	1	95
Aiguebelette 28 mai 96	1	4	66	1	2	45
Nantua 29 mai 96	0	0	-	0	0	-
Saint-Point 20 juin 96	2	15	95	3	11	55

Max/E.U. : nombre maximal de captures pour un effort unitaire (1 placette de 0,64 m)
Max/E.G. : nombre maximal de captures pour un effort global (60 placettes soit 38,4 m)
Long. : longueur moyenne des captures (mm)

Malheureusement, l'année 1996 a été peu propice à la reproduction du brochet en particulier à cause des conditions météorologiques très sèches qui ont caractérisé le début du printemps. En outre, certaines campagnes fin mai ou début juin ont été réalisées sous de fortes pluies et/ou par grand vent. Ces conditions climatiques troublent l'eau et diminuent l'efficacité de la méthode. Les résultats obtenus durant ces campagnes ont été volontairement écartés. Enfin le matériel électrique utilisé, de type «à impulsions» (Martin-pêcheur), paralyse les poissons au fond au lieu de les faire monter vers l'électrode ; il est donc probable que certains brochetons emprisonnés par le cadre n'aient pas été comptabilisés. Ces tendances peuvent être évoquées pour expliquer les faibles effectifs de brochetons et de tanchettes capturés. Toutefois, des comparaisons entre systèmes ou d'une période à l'autre paraissent toutefois possibles avec les images fournies.

Captures des pièges en Plexiglas

Les nasses ont d'abord été testées au début du mois de juin sur le lac de Saint-Point lors d'une pré-campagne mais le début de saison ayant été très froid et les périodes de reproduction retardées, seuls six individus, dont 5 perches et 1 brochet, ont été capturés en 10 jours de pêche. En revanche fin juin et fin juillet, au cours des 2 campagnes réalisées sur chaque lac, 5 637 individus appartenant à 10 espèces ont été prélevés par les pièges en Plexiglas (tabl. 8.4). Les perchettes constituaient 96 % des prises réalisées.

Plusieurs hypothèses ont alors été avancées pour expliquer cette très forte sélectivité : comportement plus méfiant des cyprinidés, ouverture trop étroite de l'entrée de l'entonnoir.... Finalement, une campagne de vérification menée sur le lac Saint-Point mi-septembre a démontré que les gardons avaient, en début d'été, une taille trop faible pour être capturés (tabl. 8.4 et 8.5). En effet l'opération automnale a permis d'échantillonner des gardons de 30 à 60 mm en proportion significative (262 prises sur 1194 soit 19 %). L'absence de cyprinidés dans les captures du début de saison chaude serait donc due à leur développement plus tardif ainsi qu'à la différence de comportement corrélée : en automne les gardons de l'année se rassemblent en bancs plus mobiles, vers les zones littorales. Ce décalage temporel d'efficacité a probablement été amplifié par le mauvais temps qui a fortement sévi sur les trois lacs prospectés à la fin du printemps 1997.

Les autres espèces échantillonnées, ultra-minoritaires, ont tout de même apporté des informations précieuses. Ainsi, la capture de jeunes lotes à Aiguebelette et à Nantua apparaît-elle remarquable. En effet, cette espèce n'a pas pu être capturée au cours des pêches scientifiques aux filets sur Aiguebelette tandis qu'elle n'avait jamais été signalée à Nantua. Tous les brochets ont été capturés dans des pièges contenant également un bon nombre de perches : il est probable que ces dernières aient joué le rôle d'appât. En revanche, aucune capture de corégone n'a été réalisée. Le sous-échantillonnage des zones centrale et sublittorale ne peut expliquer à lui seul cette absence de capture car cette espèce est très abondante à Aiguebelette et Saint-Point. La localisation et le comportement des corégones mesurant entre 3 et 7 cm restent donc mystérieux.

Par conséquent, les pièges en Plexiglas permettent d'échantillonner les alevins de perches et cyprinidés se déplaçant en banc en pleine eau. Les juvéniles de ces espèces deviennent vulnérables à ce procédé de capture lorsque leur taille dépasse 25 mm pour les perches, et probablement 35 mm pour les cyprinidés. Cependant, les captures des alevins de cette dernière famille, trop tardives, n'ont pas pu être prises en compte dans l'analyse statistique des données. L'analyse statistique de la stabilité de l'image et de la répartition spatio-temporelle des captures n'a pu être réalisée qu'avec les perchettes.

Stabilité et comparabilité des images globales (cotes d'abondance)

L'étude de la variabilité des rendements de capture est essentielle car elle permet d'estimer la stabilité et la comparabilité des données fournies par la méthode. Pour ce faire, il faut que les conditions de pêche soient les plus constantes possibles au cours d'une campagne, ce qui a toujours été le cas, sauf lors de la seconde campagne par piège en Plexiglas à Nantua où il s'est produit une tempête de vent et de pluie. Pour les autres cas, il est possible de vérifier les résultats obtenus par réplicats au sein d'une même campagne puis de confronter les images obtenues d'une campagne à l'autre pour un même lac et d'un système à l'autre pour une même période

Images obtenues par CAPPPE pour les brochetons

Les effectifs des captures réalisées au moyen du CAPPPE sont trop faibles pour autoriser une analyse fine de la variabilité des images globales obtenues durant chaque campagne (tabl. 8.4). Cependant, cette méthode a également été testée dans des petits étangs ésocicoles vidangeables. Les résultats des estimations de la densité effectuées pour trois bassins sont comparables aux valeurs réelles, obtenues après vidange, avec un écart inférieur à 15%. Cette approche fournit donc une image fidèle de la densité de brochetons. Par conséquent le faible nombre de captures effectuées en milieu naturel durant notre étude refléterait plus un taux de reproduction médiocre que l'inefficacité du mode d'échantillonnage.

D'ailleurs, les images globales obtenues montrent une densité de brochetons nettement supérieure pour le lac Saint-Point par rapport aux deux autres systèmes. Cette observation est en accord avec les précédentes études montrant les fortes capacités biogènes de ce plan d'eau (Verneaux *et al.,* 1993) et la bonne densité de brochet qu'il produit (Degiorgi 1994, CSP-DR5 1997). L'absence totale de capture à Nantua est en partie due à la morphologie spéciale de ce lac dont la zone littorale est extrêmement réduite, ce qui rend difficile l'utilisation de cette technique. La faible densité de brochetons capturés à Aiguebelette doit être reliée aux marnages hydroélectriques qui ont exondé assez brutalement les frayères en début de printemps.

Par conséquent, il faut retenir que l'emploi de cette méthode est susceptible de fournir une estimation fiable de la densité des brochetons à condition de l'utiliser en eau transparente, avec un matériel électrique performant et sur des lacs où la zone littorale est suffisamment développée pour pouvoir y manipuler l'échantillonneur.

Tableau 8.4 : Nombre total de captures effectuées pour chaque campagne à l'aide des pièges en «Plexiglas».

Campagne Lacs	1ère campagne : fin juin 96 St-Point Nantua Aiguebel.			2ème campagne : fin juillet 96 St-Point Nantua Aiguebel.			Contrôle : sept. 96 St-Point
N.séq. Espèces :	3	3	3	3	3	6	1
PER	117	1080	392	2396	224	758	962
GAR	3	21	63	48	17	33	232
ROT				2		17	
BRO	1		1	8	1	3	
LOT		1	2				
PES			4			5	
TAN				1			
ABL		15					
GOU				1			
OCL		2			1	4	

Code des espèces

PER	perche	*Perca fluviatillis*	PES	perche soleil	*Lepomis gibbosus*
GAR	gardon	*Rutilus rutilus*	TAN	tanche	*Tinca tinca*
ROT	rotengle	*Scardinius erythrophtalmus*	ABL	ablette	*Alburnus alburnus*
BRO	brochet	*Esox lucius*	GOU	goujon	*Gobio gobio*
LOT	lote	*Lota lota*	OCL	écrevisse améric.	*Orconectes limosus*

N.séq. : nombre de réplicats de l'effort de pêche global standard exercé durant 24 heures.

Tableau 8.5 : Variation saisonnière de l'efficacité maximale des pièges en plexiglass vis-à-vis de la perche et du gardon

	Perche		Gardon	
Campagne	Max/E.G.	Long	Max/E.G.	Long
début juin	5	35	0	*
fin juin	431	43	25	37
fin juillet	984	62	24	39
mi-septembre	962	71	232	49

Max/E.G. : nombre maximal de captures pour un effort global de 20 pièges
Long. : longueur moyenne des captures (mm) ; * donnée manquante.

Images obtenues par les pièges Plexiglas pour les perchettes

Chaque campagne de prospection réalisée avec les pièges en Plexiglas comporte au moins trois séquences d'échantillonnage standard. Il a donc été possible de comparer les images globales successives obtenues dans des conditions similaires. La première campagne de Saint-Point, trop précoce vis-à-vis du développement des perchettes, n'a pas été prise en compte. En effet la fraie de cette espèce n'était pas encore tout à fait terminée sur ce lac à la fin du mois de juin. Pour chaque campagne, l'effort global standard a été répété au moins trois fois (six dans le cas d'Aiguebelette).

Dans presque tous les cas (4 campagnes sur 5), le coefficient de variabilité mesuré au sein d'une même campagne s'avère inférieur à 25 % (tabl. 8.6). Cette stabilité semble indiquer que la méthode permet d'avoir une image relativement fiable et précise de «l'activité» du stock de perchettes en tant que résultante de leur densité et de leur mobilité. Il aurait été intéressant de vérifier si ces bons résultats se retrouvent chez les cyprinidés en poursuivant l'expérimentation durant l'automne.

Dans le cas de la seconde campagne de Nantua, la stabilité apparaît beaucoup moins satisfaisante (tabl. 8.6). Cette variabilité des images successives s'explique par la tempête qui a fortement troublé l'eau du lac le premier jour de pêche. Le retour à des eaux plus claires a été très lent. Ce phénomène semble avoir perturbé le rythme de déplacement des perchettes. La mobilité des perchettes pourrait donc être reliée au moins en partie aux événements météorologiques ainsi qu'à la luminosité et la transparence.

Cette stabilité, concernant l'effort de pêche standard sur 24 heures, ne se retrouve pas si l'on considère les résultats par demi-effort de pêche qui rendent compte de l'alternance jour/nuit. Cette tendance n'est pas surprenante car l'on sait que l'activité de la perche est basée sur un cycle de 24 heures, avec une mobilité essentiellement diurne (Coles 1981 ; Craig 1987 ; Wang et Eckmann 1994). Cependant notre étude montre que certains événements, en particulier météorologiques, pourraient la contraindre à se déplacer davantage la nuit.

Le nombre de captures moyen par effort global standard observé lors de la seconde campagne varie très significativement d'un lac à l'autre : il s'élève à 350 pour Saint-Point, contre 150 à Aiguebelette et 75 à Nantua. Comme pour le brochet, on retrouve des valeurs beaucoup plus importantes

Tableau 8.6 : Variabilités des rendements par effort global standard obtenus pour les perchettes sur les trois lacs étudiés.

	Moy/E.G.			Coef. var.		
	jours	nuits	séquences	jours	nuits	séquences
Camp. 1 :						
Aiguebel.	68	63	131	0,44	0,86	0,20
Nantua	275	85	360	0,12	0,63	0,20
Camp. 2 :						
St-Point	254	112	366	0,06	0,19	0,10
Aiguebel.	119	32	151	0,31	0,27	0,23
Nantua	52	23	75	0,76	0,62	0,35

Moy/E.G. : moyenne des captures par effort global.
Coef. var. : coefficient de variation des captures par effort global.

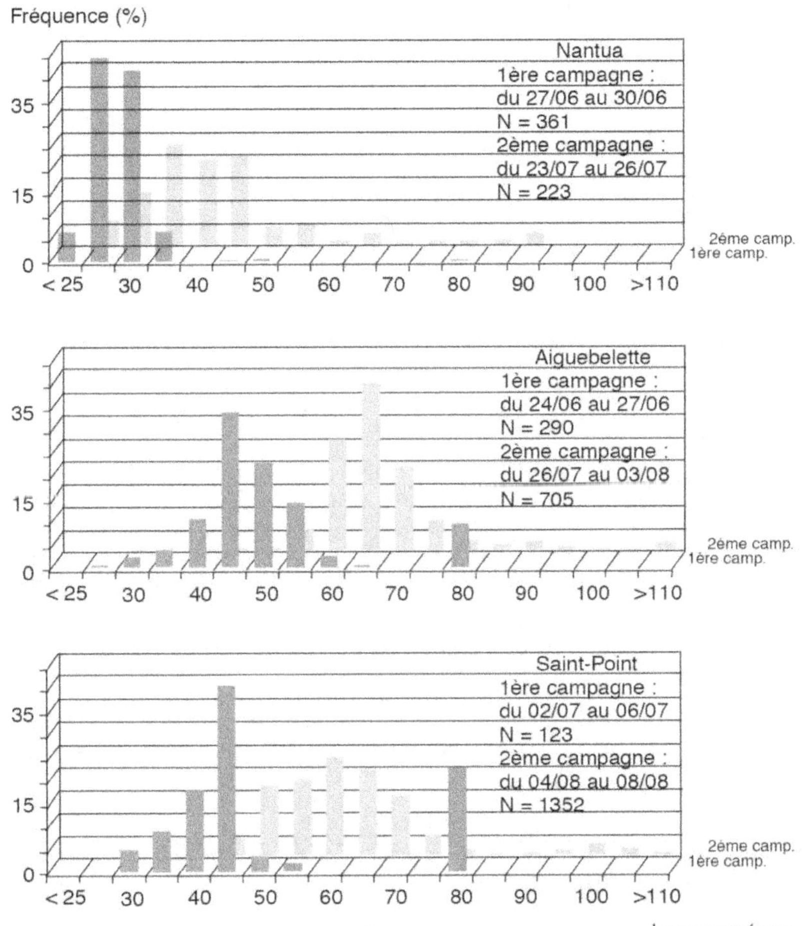

Figure 8.2 : Distribution taille/fréquence des perchettes de l'année capturées sur trois lacs au cours de 2 campagnes réalisées à un mois d'intervalle.

à Saint-Point. Cette disparité ne peut être expliquée par des différences de mobilité des perchettes puisque les conditions climatiques et thermiques étaient chaque fois comparables (sauf pour la seconde campagne à Nantua). Elles semblent donc liées directement à des écarts de densité.

Les résultats considérés montrent donc une fois de plus les fortes capacités biogènes du lac Saint-Point et soulignent les dysfonctionnements affectant les deux autres plans d'eau, à savoir un déficit d'habitats favorables au développement des alevins et une qualité d'eau médiocre. La gravité de ce diagnostic est encore accentuée si on tient compte de la répartition spatiale des captures (*cf.* p. 207). Il est fortement corroboré par la comparaison de la croissance des perchettes d'un lac à l'autre.

En effet, pour chaque piège relevé, les captures ont été mesurées et regroupées par classe de taille (fig. 8.2). Dans un même lac, la croissance rapide des perchettes se traduit entre les deux campagnes, réalisées à un mois d'intervalle, par un décalage net de la distribution de fréquences des tailles de captures. Pour une même période, les tailles modales sont différentes d'un lac à l'autre : à Nantua, les perches sont beaucoup plus petites, ce qui pourrait être la conséquence d'une forte compétition nutritionnelle et habitationnelle due à la trop faible surface des pôles préférentiels des perchettes (hydrophytes). En revanche, en dépit du retard initial du développement des perchettes constaté à Saint-Point et d'une masse d'eau plus froide, la taille moyenne des alevins échantillonnés sur ce lac jurassien lors de la seconde campagne a rattrapé celle des captures effectuées à Aiguebelette pour la même période.

Par conséquent la méthode choisie fournit des images globales comparables : elle permet de suivre l'évolution du stock des alevins évoluant en pleine eau dans un même système et de comparer les cotes de densité observées sur plusieurs lacs pour un stade de développement et des conditions climatiques (en particulier thermiques) similaires. Parallèlement, la stratégie d'échantillonnage choisie étant fondée sur la prospection systématique d'une partition de l'espace lacustre, une analyse de l'organisation spatiale des captures peut également être effectuée à l'échelle intra-systémique.

Variations de la répartition spatiale des perchettes capturées dans les nasses transparentes

En effet, la stratégie d'échantillonnage adoptée montre, au cours d'une même séquence, des différences significatives de densité de captures d'un compartiment de l'espace lacustre à l'autre, justifiant le découpage en pôles (Degiorgi et Grandmottet 1993). La pertinence de la stratification choisie est validée par la comparaison des coefficients de variabilité qui vont de 0,3 à 0,8 pour les résultats obtenus à l'intérieur d'un même pôle, mais qui dépassent 1,6 et peuvent atteindre 2,5 d'un pôle à l'autre. L'analyse de cette répartition spatiale renseigne à la fois sur l'écologie des perchettes et sur le fonctionnement des lacs considérés.

Tendances générales

L'analyse de la répartition spatiale des captures réalisées lors d'un cycle circadien, sans tenir compte des différences entre jour et nuit, montre une très faible proportion de prises en zones sublittorale et centrale (tabl. 8.7). Ce résultat doit être nuancé en rappelant que ces compartiments spatiaux sont nettement sous-échantillonnés par rapport à la surface et au volume d'eau qu'ils représentent. Cependant, cette observation est en accord avec celles effectuées par Coles (1981), qui attribue aux perchettes un habitat essentiellement littoral pour l'écophase considéré.

D'ailleurs, la moitié des captures pélagiques réalisées à Nantua lors de la première campagne concerne des perches de taille inférieure à 30 mm, qui appartiennent donc à l'éco-stade précédent. Elles ont été échantillonnées la nuit, alors que ces alevins montrent généralement une activité diurne plus importante (*cf.* p. 208). L'analyse de leurs contenus stomacaux a révélé un régime essentiellement planctophage. Le passage à un régime comportant une tendance entomophage pourrait entraîner une préférence pour la zone littorale qui expliquerait le faible nombre de captures réalisées à Nantua en zone pélagique lors de la seconde campagne. Ce glissement des habitats utilisés par les éco-stades successifs a été observé par de nombreux auteurs (Post et Mc Queen 1988, Wang et Eckmann 1994, Urho 1996). Il faut également remarquer qu'aucune de ces captures centrales n'a eu lieu en dessous de 7,5 m de profondeur. Cette observation indiquerait la nette préférence des alevins pour les eaux les plus chaudes, comme l'indiquent Fergusson (1958) et Bergmann (1987), ou en tout cas pour l'épicline.

En ce qui concerne la zone littorale, les densités de capture les plus fortes apparaissent associées aux herbiers (tabl. 8.7). Cette tendance, dont les modalités précises varient d'un lac et d'une saison à l'autre, peut être utilisée pour affiner les interprétations déduites de la comparaison des images globales par campagne.

Comparaisons inter-systémiques

Ainsi le lac de Nantua ne présente-t-il que très peu de pôles végétaux. Or, plus de la moitié des prises (595 sur 1 085), ont eu lieu à proximité du pôle

Tableau 8.7 : Répartition moyenne des captures par pôle pour chaque campagne.

pôles	AIG1	AIG2	NAN1	NAN2	STP2
P	8,3	0,4	4,6	3	0,5
T	2,0	1,8	0,5	0,4	0,8
AFF	0,3	6,1	0	0	3,6
EFF	2,8	2,4	0	54	21,9
BLO	5,8	5,4	0,1	5	1,5
ART	20,2	26,9	-	-	-
HYF	24,2	14,0	54,8	8	8,8
HLE	27,0	16,4	1,2	0	10,8
HLD	7,3	12,1	30,3	27	6,9
HYI	-	-	-	-	20,2
HHF	-	-	-	-	15,1
FNM	2,3	1,2	0	0	0
BRA	-	13,3	8,5	2	10,1

AIG : Aiguebelette   SPT : Saint-Point   NAN : Nantua
1 : fin juin 95   2 : fin juillet 96

«hydrophytes flottants» (HYF), qui représente seulement 5 % de la zone littorale. Sur Aiguebelette, plus du quart des captures se sont faites sur le pôle «frayère artificielle» (ART) couvrant 180 m² sur les 545 ha du lac. En revanche, le lac Saint-Point abrite des ceintures végétales bien développées, en particulier en ce qui concerne les hydrophytes immergés (HYI).

Ces observations montrent d'abord que les écarts de rendement de capture caractérisant les images globales moyennes obtenues sur ces 3 systèmes doivent être amplifiées en faveur du lac Saint-Point si l'on tient compte de la représentativité relative des pôles prospectés. Parallèlement, l'analyse cartographique de la composition de mosaïques de pôles résumée ci-dessus fournit des éléments d'interprétation pour expliquer les différences de capacités biogènes mises en évidence entre les plans d'eau vis-à-vis des alevins de perche.

Cependant, les tendances globales observées à propos de l'organisation spatiale des perchettes doivent être nuancées. En effet, l'utilisation des différents pôles apparaît très variable d'un lac à l'autre et même d'une campagne à l'autre, surtout si l'on prend en compte les différences de répartition jour/nuit.

Variations spatio-temporelles intra-systémiques

En effet, le protocole utilisé permet également d'étudier les variations nycthémérales de l'utilisation des ressources spatiales. Pour visualiser les changements de répartition observés pour les perchettes d'un jour à l'autre au cours d'une campagne, des AFC ont été réalisées sur les tableaux de contingence qui indiquent pour chaque demi-nycthémère la répartition des captures sur les différents pôles. Les calculs montrent que les deux tiers de la variabilité au moins sont pris en compte par le premier plan de l'analyse, qui peut donc être utilisé pour examiner les résultats.

On en déduit plusieurs hypothèses sur l'organisation spatio-temporelle des perchettes. En effet, ces alevins semblent utiliser de façon variable trois groupes de pôles entre lesquels elles se déplacent suivant un rythme nycthéméral et selon des principes différents d'une campagne à l'autre (fig. 8.3 et 8.4). Les perchettes semblent se déplacer entre des zones de «caches» (typiquement BRA, HYI, BLO, ART...), des zones de «circulation» (typiquement P et T en surface, FNM...) et des zones de «transition lumineuse» (typiquement HYF, T et P entre 7 et 3 mètres, HLD...). Selon la période considérée, l'utilisation diurne ou nocturne de ces groupes de pôles peut s'avérer très différente.

Par exemple, dans le cas de la deuxième campagne réalisée à Aiguebelette, la nature des différences jour/nuit s'inverse entre le début et la fin de la campagne (fig. 8.3). Ainsi, au début de l'opération, les captures diurnes sont-elles réalisées majoritairement à proximité des caches, puis les perchettes sont surtout localisées dans des compartiments associés à une transition lumineuse. En fin de campagne les captures sont essentiellement enregistrées dans des zones de circulation. La succession des préférences nocturnes se réalise en suivant l'ordre opposé.

Les observations réalisées sur le lac de Nantua à l'occasion d'un «coup de vent» assez violent ont montré que la nature de ces déplacements entre les

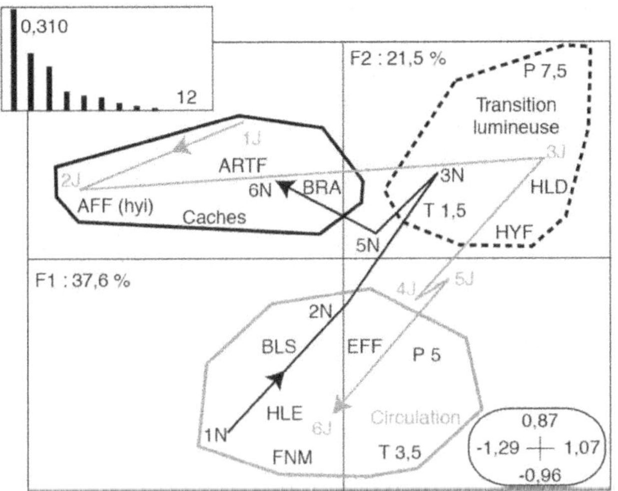

2 : numéro du nychthémère ; J : jour ; N : nuit ; BRA : pôle (cf. légende tab.1)

Figure 8.3 : Premier plan de l'AFC réalisée sur le tableau de contingence regroupant les captures réalisées au cours de douze demi-nycthémères successifs sur 20 pôles propectés à Aiguebelette.

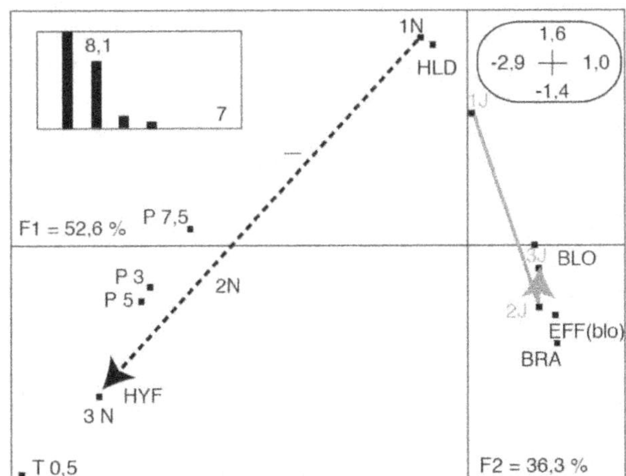

2 : numéro du nychthémère ; J : jour ; N : nuit ; BRA : pôle (cf. légende tab.1)

Figure 8.4 : Premier plan de l'AFC réalisée sur le tableau de contingence regroupant les captures réalisées au cours de six demi-nycthémères successifs sur 20 pôles prospectés à Nantua.

groupes de pôles pourrait être conditionnée par les variations météorologiques (fig. 8.4). En effet, au plus fort de la perturbation, les perchettes n'ont plus été capturées, de jour comme de nuit, qu'à proximité d'un pôle littoral très touffu, HLD, qui jouait manifestement le rôle de refuge. Puis l'écart entre les répartitions diurne et nocturne a augmenté au cours des deux jours suivants pendant lesquels les captures diurnes ont été majoritairement réalisées à proximité des caches alors que les captures nocturnes sont surtout effectuées dans des zones de circulation ou de transition lumineuse.

Ces observations sur les variations temporelles de l'organisation spatiale des perchettes doivent être considérées avec précaution car elles sont issues de campagnes de prospection très courtes. Cependant, elles montrent les possibilités offertes par le protocole expérimenté.

Discussion et conclusion

Les premiers résultats obtenus ici lors d'une démarche de prospection expérimentale devront être affinés et confirmés sur d'autres systèmes, au cours de campagnes plus longues. Cependant, le bilan de ces études permet de mettre en avant plusieurs résultats intéressants et souligne les modifications à apporter et les points à approfondir au cours des prochaines opérations.

Tout d'abord deux techniques de captures, l'une originale, le cadre à projection pour prospection à l'électricité de placettes délimitées, l'autre déjà plusieurs fois employée en contexte lacustre, la nasse en matière plastique transparente, ont été respectivement mises au point et adaptées. Ces deux procédés complémentaires sont efficaces pour les individus non maillables de la plupart des espèces non minoritaires dans les 3 lacs prospectés, exception faite des juvéniles de corégone. Le premier dispositif permet d'échantillonner les alevins benthiques et/ou territoriaux peu mobiles, tanchettes et brochetons en particulier. Le second permet de capturer les alevins qui se déplacent en banc, en pleine eau, comme les perchettes et les alevins de cyprinidés.

La mise en oeuvre combinée des deux approches complémentaires a été standardisée de façon à prospecter systématiquement l'ensemble des compartiments de l'espace lacustre. Dans les deux cas, la taille des individus capturables varie entre 25 et 75 mm, ce qui correspond bien à la gamme de dimensions définie dans les objectifs. Dans le cas des brochetons et des perchettes, la stratégie adoptée d'échantillonnage stratifié a fourni des cotes d'abondances globales dont la variabilité au cours d'une même campagne ne dépasse pas 25 %.

Toutefois, les différentes hypothèses formulées sur les principes de cette organisation spatio-temporelle et de son déterminisme météorologique incitent à réaliser dans les prochaines études des prospections plus longues. En effet au cours de leur croissance estivale le comportement des alevins évolue rapidement.

Plus généralement, toute stratégie d'échantillonnage, comprenant le choix de la technique de capture et des modalités spatio-temporelles de prospection, doit être définie en fonction des objectifs de l'étude ainsi que des milieux, des espèces et des stades ciblés. Par exemple, si l'on désire suivre le développement d'une espèce comme la perche au cours de sa première année d'existence dans un lac naturel, il paraît pertinent d'utiliser simultanément et successivement plusieurs procédés d'étude (Wang et Eckmann 1994). En effet, dans le cas des larves et petits alevins de taille inférieure à 30 mm, les techniques passives ne conviennent pas : on doit leur préférer les pièges à appâts lumineux (Faber 1981, Floyd *et al.*, 1984) ou/et les traits de filets à ichtyoplancton (Uhro 1996). L'utilisation de l'hydro-acoustique peut également être envisagée, à condition de disposer d'un matériel adapté particulièrement performant (commun. pers. J. Guillard). Pour des stades ultérieurs, l'observation directe des alevins, par comptage en plongée, (Wang et Eckmann 1994), ou par l'emploi de l'hydro-acoustique en zones centrale et sublittorale (Imbrock *et al.*, 1996), permet de vérifier et de calibrer les cotes d'abondance déduites de l'application d'un protocole standard de capture.

Pour suivre la dynamique et la biologie des juvéniles d'une espèce plus typiquement pélagique dans des milieux à zone littorale réduite, comme les jeunes sandres peuplant des gravières, l'emploi du seul «micro-chalut» peut s'avérer suffisant et même judicieux (Gerdeaux 1985). En revanche, il n'existe pas, à notre connaissance, de méthode permettant de capturer les alevins de certaines espèces typiquement lacustres, comme en particulier les corégones ou les ombles, lorsqu'ils mesurent entre 35 et 80 mm.

L'approche que nous avons suivie ne peut donc se prétendre ni universelle, ni même parfaite. En particulier, le dispositif d'échantillonnage utilisé nécessiterait d'être étoffé par des techniques de captures supplémentaires destinées à combler les lacunes de sélection et de sélectivité décelées. En outre, la durée des campagnes de prospection doit être allongée et leur fréquence augmentée. Parallèlement, une intercalibration avec d'autres approches, du type hydro-acoustique par exemple, permettrait probablement d'améliorer les modalités spatio-temporelles de prospection, en particulier en zone profonde.

Néanmoins, le principe de la prospection simultanée, à l'aide de plusieurs techniques complémentaires, de l'ensemble de l'espace lacustre tel que nous l'avons divisé et codifié, offre des perspectives intéressantes pour comparer, d'un système à l'autre, l'évolution de la densité globale et de la répartition spatiale des communautés d'alevins. En effet, l'obtention par une telle approche, préalablement validée, confortée et renforcée, de chroniques assez longues pourrait permettre de dissocier les modifications de la mobilité des jeunes poissons d'avec les variations de leur densité. Il serait ensuite possible de relier les variations brutales ou continues du stock d'alevins aux caractéristiques fonctionnelles des systèmes lacustres considérés ainsi qu'aux événements instantanés affectant leur métabolisme.

Références bibliographiques

ADAPRA-SRAE-CSP, 1991. *Inventaire piscicole des lacs rhônalpins (campagnes 1989-1990). Lac de Nantua.* SRAE Rhône-Alpes Ed., 38 p.

ASSIE A., LASSERRE G., 1977. Mise au point d'un piège à alevins. Résultats des pêches littorales. *Bull. Ecol.,* 8, 87-90.

AUDA Y., CHESSEL D., TAMISIER A., 1983. La dispersion des oiseaux au cours du cycle annuel : deux méthodes de description graphique. *C. R. Acad. Sci., Paris, D :* III, 297, 387-392.

BEARD T.B., PRIEGEL G.R, 1975. Construction and use of a one foot fyke net. *Progress. Fish cult.,* 27,: 43-46.

BECKMAN L. G., ELROD J. H., 1971. Apparent abundance and distribution of young of year fishes in Lake Oahe. *In :* G. E. Hall Ed., *Reservoir Fisheries and Limnology :* 95-105.

BENZÉCRI JP. et coll., 1973. *L'analyse des données. II- L'analyse des correspondances.* Bordas Ed., Paris, 620 p.

BERGMAN E. - 1987 - Temperature-dependent differences in foraging ability of two percids, *Perca fluviatilis and Gymnocephalus cernuus. Env. Biol. Fish.,* 19, 45-53

BLAKE G., LASCOMBE C. 1978. Le lac d'Aiguebelette : état de la qualité des eaux et évolution. *Ann. Centre Univ. de Savoie, Sc. Nat.,* III, 95-119.

BREDER C.M., 1960. Design for a fry trap. *Zool.,* 45, 155-159.

CARREL. G., 1986. Caractérisation physico-chimique du Haut-Rhône français et de ses annexes : incidences sur la croissance des populations d'alevins. Thèse de Doctorat, Univ. Cl. Bernard, Lyon I, 185 p.

CASSELMAN J. M., HARVEY H., 1973. Fish traps of clear plastic. *Progressive Fish. Culturist.,* 35 (4),: 218-220.

CHOAT J. H., DOHERTY P. J., KERRIGAN B. A., LEIS J.M., 1993. A comparison of towed nets, purse net and light-aggregation devices for sampling larvae and pelagic juveniles of coral reef fishes. *U.S. Nat. Mar. Fish. Serv. Fish. Bull.,* 91, 195-209.

COCHRAN W. G., 1977. *Sampling techniques.* John Wiley and sons Ldt, third edition., New-York, 413 p.

COLES T. F., 1977. Techniques for the capture of young fish. *Fresh. Fish. Univ.,* 40-52.

COLES T. F., 1981. The distribution of perch *Perca fluviatilis* throughout the first year of life in Llyn Tegid, North Wales. *J. Fish. Biol.* ,18, 40-52.

COPP G.H., 1992. Comparative microhabitat use of cyprinid larvae and juveniles in a lotic floodplain channel. *Environ. Biol. Fish.,* 33, 181-193.

COPP G.H., PENAZ M., 1988. Ecology of fish spawning and nursery zones in the flood plain, using a new sampling approach. *Hydrobiologia.,* 169, 209-224.

COME G., OLIVIER G., 1996. Proposition d'un protocole d'échantillonnage des alevins en milieu lacustre. Mém. DESS, Lab. Hydrobiol. Univ. Fr. Comté, Besançon, 51 p. + ann.

CRAIG J., 1987. The biology of perch and related fish. Croom Helm, *London,* 333 p.

CROWE W. R., 1950. Construction and use of small traps nets. *Progressive. Fish. Culturist,* 12, 185-192.

CSP-DR5, 1997. Étude de l'ichtyofaune du lac d'Aiguebelette. *CSP DR-5 Ed., Lyon,* 80 p. + ann.

CUINET A., VAUDAUX P., 1986. Contribution à la mise au point d'un nouveau protocole d'échantillonnage de la faune ichtyologique des lacs. Mém. DESS Lab. Hydrobiol. Univ. Fr-Comté, Besançon, 123 p + ann.

DEGIORGI F., 1994. Étude de l'organisation spatiale de l'ichtyofaune lacustre. Thèse de Doctorat, Univ. Fr-Comté, Besançon, 208 p + ann.

DEGIORGI F., GRANDMOTTET J.P., 1993. Relations entre la topographie aquatique et l'organisation spatiale de l'ichtyofaune lacustre : définition des modalités spatiales d'une stratégie de prélèvement reproductible. *Bull. Fr. Pêche Pisc.*, 329, 199-220.

DITCHE J. M., 1997. Larves et juvéniles de Perche (*Perca fluviatilis*). *Rapp. Biblio.* DEA Analyse et Modél. des Syst. Univ. Cl. Bernard, Lyon I, 30 p.

DOHERTY P. J., 1987. Light-traps : selective but useful devices for quantifying the distributions and abundances of larval fishes. *Bull. Mar. Sc.*, 41, 423-431.

ELLIOT J. M., 1971. Some methods for the statistical analysis of samples of benthic invertebrates. *Scient. Publs. Freshwat. Biol. Ass.* 25, 144 p.

FABER D. J. 1981. A light trap to sample littoral and limnetic regions of lakes. *Verh. Int. Ver. Theor. Angew. Limnol.*, 21, 776-781.

FERGUSSON R. G. 1958. The prefeRred temperature of fish and their midsummer distribution in temperate lakes and streams. *J. Fish. Res. Bd. Can.*, 15 (4), 607-624.

FRONTIER S., 1991. Écosystèmes : structures, fonctionnement, évolution. *Collection Écologie, n°21.* Masson éd., Paris, 392 p.

FLOYD K.B., COURTENAY W. H., HOYT R.D.,1984. A new larval fish trap : the Quatrefoil trap. *Trans. Am. Fish. Soc.*, 113, 396-405.

GARNER, 1995. Suitability indices for juvenile 0+ roach, *Rutilus rutilus* (L.), using point abundance sampling data. *Regul. Riv.*, 10, 99-104.

GERDEAUX D., 1985. Technique d'échantillonnage. Les engins actifs : chaluts et sennes. *In :* D. Gerdeaux et R. Billard Ed., *Gestion piscicole des lacs et retenues artificielles.* INRA, Paris, 91-105.

HOLLAND-BARTELS L. E., DEWEY M.R., ZIGLER J., 1995. Ichtyoplancton abundance and variance in a large river system. Concerns for long term monitoring. *Regulated rivers : research and management,* 10, 1-13.

IMBROCK F., APPENZELER A., ECKMANN R., 1996. Diel and seasonal distribution of perch in Lake Constance : a hydroacoustic study and in situ observation. *J. Fish. Biol.*, 49, 1-13.

FEUILLADE J., 1985. Caractérisation et essais de restauration d'un écosystème dégradé : le lac de Nantua. INRA Paris, 225 p.

KELSO W. E., RUTHERFORD D. A.,1996. Collection, preservation and identification of fish eggs and larvae. *In :* B. R. MURPHY and D.W. WILLIS, *eds.,. Fisheries techniques.* Am. Fish. Soc. Bethesda, Md., 255-302

LAARMAN P. W., RYCKMAN JR., 1982. Relative size selectivity of traps nets for eight species of fish. *North. Am. J. Fish. Manage,* 2, 33-37.

LAMARQUE P., 1990. Electrophysiology of electric fishing. *In :* I.G. COWX, P. LAMARQUE, *Fishing with electricity,* Fishing new books of Blackwell Publication, Oxford, 4-33.

LEBRETON J. D., 1973. Étude des déplacements saisonniers des sarcelles d'hiver, Anas c. crecca L, hivernant en Camargue à l'aide de l'analyse factorielle des correspondances. *C. R. Acad. Sci., Paris, D :* III, 277, 2417-2420.

MORILLAS N., 1994. Contribution à la connaissance de l'écologie des espèces de poissons en rivière. Mém. DUEHH Lab. Hydrobiol. Univ. Fr-Comté, Besançon, 41 p.

MURPHY G. I., CLUTTER R. I., 1972. Sampling anchovy larvae with a plankton purse seine. *Fishery Bull. Fish Wildl. Serv. Us* 70, 789-798.

NEDELEC C. 1975. *Catalogue of small scale fishing gear.* FAO, Fishery Industry Division, FAO Ed., 191 p.

POST J. R, Mc QUEEN D.J., 1988. Ontogenic changes in the distribution of larval and juvenile yellow perch (*Perca flavescens*) : a response to prey or predator ? *Can. Journ. Fish. Aquat. Sc.*, 45, 1820-1826.

REYES-MARCHAND P., CRAVINO A., LAIR N., 1994. Food and feeding behaviour of roach (*Rutilus rutilus*, Linné 1758) in relation to morphological changes. *J. Appl. Ichtyol.*, 7, 42-53.

REYNOLDS J.B., 1996. Electrofishing. *In:* MURPHY B. R. and WILLIS D.W., eds., *Fisheries techniques.* Am. Fish. Soc. Bethesda, Md., 211-254.

SHERRER B., 1983. Techniques de sondages en écologie. *In* : S. Frontier Ed., *Stratégie de l'échantillonnage en écologie.* Masson, Paris, 63-162.

TALEB H., LAIR N., REYES-MARCHAND P., JAMET J.L., 1993. Observations on vertical migrations of zooplancton at four different stations of a small, eutrophic temperate zone lake, in relation to their predators. *Arch. Hydrobiol. Beih.*, 39, 199-216.

URHO L. 1996. Habitats shift of perch larvae as survival strategy. *Ann. Zool. Fenn.*, 19, 39-46.

VERNEAUX V., VERNEAUX J., GUYARD A., 1993. Classification biologique des lacs jurassiens à l'aide d'une nouvelle méthode d'analyse des peuplements benthiques. I. Variété et densité de la faune. *Ann. Limnol.*, 29, 59-77.

WANG N., ECKMANN R., 1994. Distribution of perch (*Perca fluviatilis*) during their first year of life in Lake Constance. *Hydrobiologia*, 277, 135-143.

ZALEWSKI M., COWX I.G., 1990. Factors affecting the efficiency of electric fishing. *In* : I.G. COWX, P. LAMARQUE, *Fishing with electricity*, Fishing new books of Blackwell Publication, Oxford. 89-111.

L'hydroacoustique, méthode d'étude de la distribution spatiale et de l'abondance des peuplements de poissons lacustres*

Introduction

Une gestion efficace du milieu aquatique passe par une bonne connaissance de ses ressources et de leur environnement. De nombreuses méthodes permettent d'inventorier et d'observer les peuplements de poissons (Degiorgi *et al.*, 1993 a). Parmi celles-ci, dont certaines sont présentées dans cet ouvrage, l'hydroacoustique induit pas ou peu de perturbation dans le milieu. Cette application de l'acoustique est assez récente puisque les premiers «sondeurs» n'ont fait leur apparition qu'entre les deux guerres mondiales, à la suite des travaux du physicien français Paul Langevin. Cependant, il faut attendre la période d'après guerre pour que la détection acoustique soit utilisée pour localiser les organismes vivants, et notamment les poissons. Quelques scientifiques, tel Cushing en Angleterre, pensèrent que s'il était possible de localiser un poisson à l'aide d'un sondeur, on devait aussi pouvoir utiliser cette détection de façon quantitative, notamment en comptant le nombre d'échos obtenus au cours d'un trajet : le principe de l'évaluation acoustique de l'abondance était né.

A cette époque, la mise au point de sondeurs précis et surtout fidèles - il s'agissait d'appareils scientifiques et non de sondeurs «commerciaux» - ainsi que le développement de systèmes de traitement du signal, ont conduit certaines équipes à utiliser non plus le «nombre» de détections mais l'intensité de l'écho comme mesure de la densité en poissons, et donc de l'abondance: l'avantage incontestable de cette méthode, appelée écho-intégration, est qu'elle s'adresse aussi bien aux poissons dispersés que groupés ou en banc, ce que ne peut faire le simple comptage. Depuis la fin des années 70 les efforts ont porté d'une part sur le traitement du signal, notamment par le développement de systèmes numériques, liés aux importants progrès dans les domaines de l'informatique et de l'électronique, d'autre part sur la mise au point de techniques permettant de mesurer *in situ* la réponse acoustique de poissons individuels.

Avant de présenter les domaines d'utilisation de ces méthodes acoustiques, nous rappellerons quelques principes généraux d'acoustique (Marchal, 1985), nous donnerons une description rapide d'un système acoustique de détection, et nous exposerons les méthodes utilisées.

---

* J. Guillard et E. Marchal

Quelques principes généraux

Propagation

La propagation du son dans l'eau est rectiligne, tout au moins tant que l'onde acoustique ne rencontre pas de couche à caractéristiques différentes qui peuvent entraîner une déviation des rayons sonores (réfraction). Cette réfraction est négligeable si les rayons sont perpendiculaires à la couche. La vitesse de propagation, ou célérité du son, dépend essentiellement de la température, de la salinité et de la pression.

Pour les eaux douces, c'est le facteur température qui est de loin le plus important. A titre d'exemple, cette vitesse est de 1 470 m.s^{-1} pour une eau à 15° C à la pression atmosphérique. Elle augmente d'environ 3,5 m.s^{-1} par degré.

Une partie de l'énergie est absorbée par le milieu. Cette absorption augmente avec la fréquence. Elle est surtout importante pour l'eau de mer, on peut la négliger en eau douce aux fréquences généralement utilisées. Si la source sonore est linéaire, l'onde formée est plane: l'intensité sonore ou flux d'énergie par unité de surface sera constante quelle que soit la distance si l'on néglige l'absorption. Pour une source ponctuelle, ce qui est le cas des sondeurs, les ondes formées sont sphériques. Comme la surface du front d'ondes va augmenter proportionnellement au carré de la distance, l'intensité sonore va diminuer d'autant. Dans un sondeur, l'énergie est concentrée en un secteur de l'espace (faisceau acoustique), mais elle suit la même loi de dispersion, dite de «divergence géométrique». L'atténuation totale, notée TL, de l'anglais *Transmission Loss* ou «perte de propagation», comprend également l'absorption.

Il est habituel en acoustique de représenter les intensités sonores en décibels qui sont des unités logarithmiques. La référence est actuellement le niveau sonore correspondant à une pression de 1 micropascal. Par analogie, on exprime toutes les grandeurs en décibels (dB), ainsi la perte de propagation s'écrira, en négligeant l'absorption :

$$TL = 10 \log R^2 = 20 \log R$$
$$R = \text{distance de la source en m} \tag{1}$$

Réflexion

Lorsque l'onde sonore rencontre un milieu de caractéristiques acoustiques différentes, une partie de l'énergie est réfléchie vers la source. La fraction de l'énergie réfléchie, que l'on appelle encore coefficient de réflexion, dépend essentiellement du rapport des impédances acoustiques caractéristiques des deux milieux. L'impédance acoustique caractéristique Z est le produit de la densité ρ (kg.m^{-3}) par la vitesse de propagation c (m.s^{-1}) :

$$Z = \rho\, c \tag{2}$$

Densité et célérité de l'eau et de l'air étant très différentes, leurs impédances sont évidemment très différentes et la réflexion au contact eau/air est quasi totale. La réflexion sur le fond dépendra de sa nature : dans le cas du sable, 13 % de l'énergie est réfléchie. Pour des milieux dont l'impédance est voisine, comme deux couches d'eau de densité différente, la réflexion est très faible et ne sera généralement pas décelable.

Le cas des cibles est différent. On appelle cible un objet d'impédance différente de celle du milieu mais dont les dimensions sont finies par rapport à la longueur d'onde et à la longueur de l'impulsion. L'ordre de grandeur des longueurs d'onde utilisées est le centimètre, celui de l'impulsion le décimètre $(0,1\ \text{m.s}^{-1})$.

On doit encore considérer la dimension du faisceau (ouverture linéaire) qui varie, selon la profondeur et la directivité du transducteur, de moins d'un mètre à plus de cent mètres. On voit que les poissons, quelle que soit leur taille, entrent dans ces limites, sauf dans le cas de cibles situées à une très faible distance de l'origine de l'onde sonore qui pourraient alors ne plus être considérées comme ponctuelles.

La proportion d'énergie renvoyée par une cible est appelée «section diffusante» ou «surface équivalente» et notée (σ) : sa mesure est effectivement celle d'une surface qui renverrait totalement l'énergie reçue. Le cas le plus simple est représenté par une sphère rigide remplie d'un fluide d'impédance acoustique très différente de celle de l'eau : une balle de ping-pong par exemple. Dans ce cas, la section diffusante est égale à la section géométrique:

$$\sigma = \pi * r^2 \tag{3}$$

r étant le rayon de la sphère

En fait, dans le cas de détection observée à partir de la source (sondeur) on ne s'intéresse qu'à l'énergie renvoyée vers cette source (réflexion dite spéculaire) : on doit alors diviser l'énergie totale réfléchie dans toutes les directions par la cible par un facteur 4π, qui correspond à la mesure de la surface de la sphère en radians. Cette valeur, appelée «section rétro-diffusée» s'exprime ainsi :

$$\sigma_{bs} = \sigma\ /\ 4\pi = r^2\ /\ 4 = d^2\ /\ 16\ (d = \text{diamètre de la cible}) \tag{4}$$

Dans le cas de poissons, qui sont des cibles complexes (vessie natatoire, chair, squelette, écailles) et de directivité marquée (influence de l'inclinaison), on ne peut calculer cette section rétro-diffusée de façon précise. On mesure alors expérimentalement les intensités réfléchies (I_r) et incidentes (I_i), leur rapport étant identique à cette section :

$$I_r\ /\ I_i = \sigma_{bs} \tag{5}$$

On exprime le plus souvent cette valeur en unités logarithmiques (10 log) ou décibels, que l'on désigne sous le nom de «index de réflexion», noté TS (de l'anglais «Target Strength») :

$$TS = 10\ \log\frac{Ir}{Ii} \tag{6}$$

Cet index de réflexion est caractéristique de la cible pour une orientation donnée: ainsi pour un poisson on considérera généralement la vue dorsale. Il peut être différent selon l'espèce et varie avec la taille. La relation entre la valeur de l'index

et la longueur du poisson L est une relation puissance. En unité logarithmique
elle s'écrira :

$$TS = a + b \log L \tag{7}$$

Le coefficient b est généralement voisin de 20, mais seules des mesures expérimentales permettent de déterminer l'index de réflexion des poissons. Nous verrons que la connaissance de cet index est indispensable pour déterminer les densités réelles en poissons.

Détection

Pour qu'une cible soit détectée, il faut qu'un certain nombre de conditions
soient remplies (fig. 9.1) :

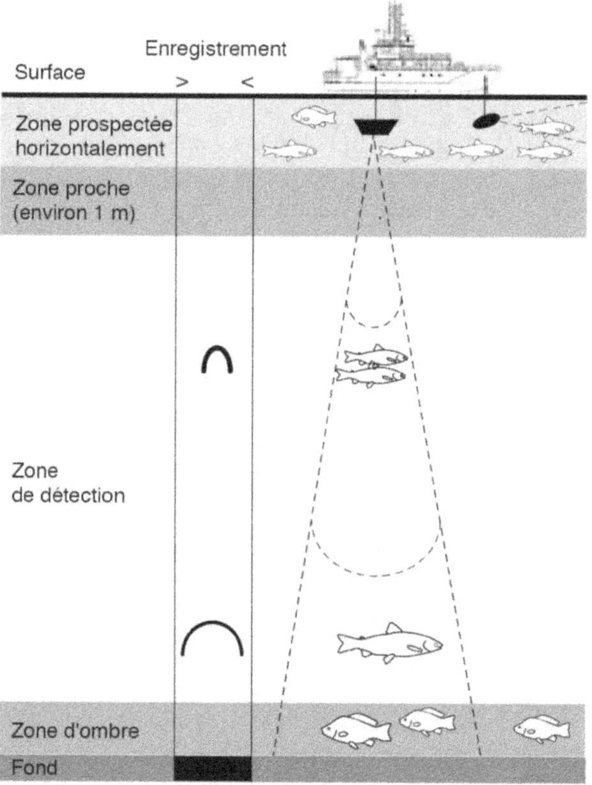

Figure 9.1 : Représentation schématique de la zone détectée par un sondeur émettant
verticalement, et l'enregistrement correspondant. On notera la confusion de deux
poissons proches en pleine eau, et des zones non détectées par le sondeur émettant
verticalement (surface et fond), ainsi que la possibilité d'utiliser un sondeur en émission horizontale pour échantillonner la zone proche de la surface.

- la cible doit se trouver dans le «volume de détection» défini comme l'angle solide du faisceau acoustique. Très près de la source (généralement proche de la surface), ce volume est très faible et la probabilité de détecter un poisson sera également faible si la densité en poissons n'est pas élevée. Au contraire, à partir d'une certaine profondeur, il y aura recouvrement des volumes de chaque émission, et la probabilité s'élèvera pour atteindre 1 dans la bande définie par la largeur transversale du faisceau et la distance parcourue ;

- la cible doit se trouver à une distance inférieure à la portée maximum. Tout système comporte du bruit. Or, nous avons vu que l'intensité acoustique reçue par la cible (en négligeant l'absorption) diminue comme le carré de la distance et à la profondeur R cette intensité sera, par rapport à l'intensité de la source Io:

$$IR = I \ \frac{1}{R^2} \tag{8}$$

ou

$$10 \log IR = 10 \log Io - 20 \log R \tag{9}$$

l'intensité réfléchie par une cible d'index de réflexion TS sera:

$$10 \log Ir = 10 \log IR + TS = 10 \log Io - 20 \log R + TS \tag{10}$$

Comme pendant le trajet de retour cette intensité sera soumise à la même perte de propagation, le niveau acoustique de l'écho EL (de l'anglais Echo Level) quand il arrive au transducteur sera:

$$EL = 10 \log Io + TS - 40 \log R \tag{11}$$

- l'intensité de son écho doit être supérieur au niveau de bruit NL (de l'anglais Noise Level):

$$EL > NL$$

La limite de portée maximum sera atteinte quand le bruit sera égal à l'écho :

$$NL = EL = 10 \log Io + TS - 40 \log R \tag{12}$$

d'où l'on peut tirer R. On voit que cette portée dépend de l'index de réflexion de la cible et des performances du sondeur.

Pour distinguer deux cibles sur le plan vertical, il faut que la distance qui les sépare soit supérieure à la demi-longueur de l'impulsion : c'est le pouvoir de résolution verticale. En effet, si deux poissons sont à une distance inférieure à une demi-longueur d'impulsion, l'écho du poisson le plus profond atteindra le premier poisson avant que celui-ci ait fini de renvoyer toute l'énergie: les deux échos seront confondus. On appelle parfois ce volume, le «volume de confusion». On pourra écrire que la distance entre les deux poissons situés à des profondeurs R1 et R2 devra être supérieure au demi-produit de la durée d'impulsion τ par la célérité du son c :

$$R2 - R1 \ > \ \tfrac{1}{2} \ c \, \tau \tag{13}$$

Pour la même raison il sera impossible de détecter une cible dont la distance au-dessus du fond est inférieure à cette valeur. Si le fond est irrégulier cette distance appelée «zone d'ombre» peut devenir très importante, surtout quand la profondeur augmente.

Pour distinguer deux cibles sur un plan horizontal (ou plus précisément selon un plan courbe correspondant au front d'ondes), il faut qu'elles soient séparées angulairement par une valeur supérieure à l'angle au sommet du faisceau acoustique $2\,\alpha$, soit par une distance l telle que :

$$l > 2 \, tg \, \alpha \, R \qquad (14)$$

Description d'un système de détection acoustique

On appelle par simplification «sondeur» le système de détection acoustique (fig. 9.2). Il est composé de plusieurs éléments :

- l'émetteur génère périodiquement (fréquence de récurrence) des oscillations électriques sinusoïdales de fréquence fixe et de courte durée (trains d'ondes ou impulsions). Chaque émission est caractérisée par sa fréquence propre, par sa durée et par son amplitude ;

- le transducteur convertit l'énergie électrique en énergie acoustique (ou sonore) au moment de l'émission. Cette énergie est concentrée dans un secteur de l'espace aquatique situé autour d'un axe acoustique perpendiculaire à sa face: c'est la fonction de directivité. A la réception, le transducteur reconvertit l'énergie acoustique en énergie électrique. Un transducteur est caractérisé par son rendement, taux de conversion des énergies, et par sa directivité qui en est la propriété essentielle; celle-ci a fait l'objet d'importants développements technologiques au cours des deux dernières décennies : multi-faisceaux, double-faisceaux, fais-

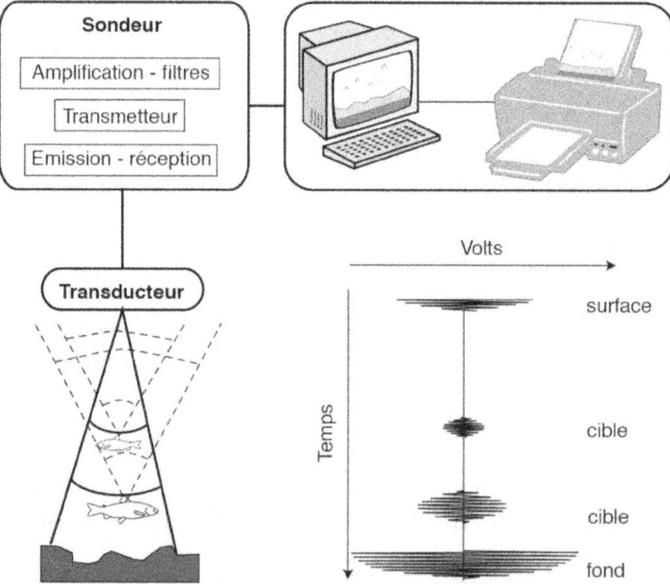

Figure 9.2 : Schéma d'un sondeur, de la chaîne de traitement, et des signaux reçus.

ceaux partagés permettant notamment de localiser précisément les cibles et de mesurer leur index de réflexion (TS) ;

- le récepteur a pour fonction essentielle de filtrer les signaux reçus afin de ne conserver que ceux de fréquence correspondant à la fréquence d'émission, et de les amplifier car leur amplitude à la sortie du transducteur est très faible. Un récepteur sera caractérisé par sa capacité de filtrage, par son gain et la linéarité de son amplification ; dans les systèmes récents, la plupart des fonctions sont soit numériques, soit contrôlées numériquement, et de ce fait beaucoup plus stables et précises ;

- l'enregistreur permet d'avoir une transcription graphique de la détection acoustique. Il est caractérisé par sa sensibilité de réponse, par la finesse de l'inscription, par la dimension de sa table d'inscription et par ses possibilités d'agrandissement d'échelle. La plupart des sondeurs actuels disposent d'un écran «vidéo» ou d'un moniteur de PC, et l'enregistreur graphique est remplacé par une imprimante.

Au sondeur proprement dit peuvent être ajoutés des compléments qui constituent une chaîne d'acquisition et/ou de traitement des signaux acoustiques ou échos. La composition de cette chaîne dépendra de la méthode que l'on utilise. Un intégrateur d'échos, analogique ou numérique, sera incorporé à la chaîne si on désire un traitement en temps réel par écho-intégration.

Depuis la fin des années 80, les enregistrements des données acoustiques dans le cas de traitements différés sont réalisés sous forme numérique grâce à un convertisseur analogique-numérique ; la reproduction des signaux est identique aux originaux sans les problèmes liés aux enregistrements de type analogique (bandes passantes, distorsions, etc.). Les nouvelles générations de sondeurs intègrent dorénavant ce convertisseur analogique-numérique. Le signal reçu par le transducteur est numérisé et enregistré sur un ordinateur qui pilote le sondeur. L'ordinateur et ses périphériques intègrent donc l'ensemble des éléments cités précédemment.

Méthodes d'études

Comptage des échos

Le comptage des échos est une technique relativement simple, mais qui donne des résultats tout à fait intéressants si elle est appliquée correctement. La condition de base est que les poissons soient suffisamment éloignés les uns des autres pour que leurs échos soient disjoints : à un écho doit correspondre un poisson et un seul. Cet «éloignement» ne correspond pas à une valeur fixe, mais dépend des caractéristiques du train d'ondes (durée) et de la directivité, comme nous l'avons vu plus haut. On aura donc intérêt à utiliser une impulsion courte (ce qui implique une fréquence d'émission élevée) et un faisceau étroit.

Ce comptage peut se faire sur le papier enregistreur du sondeur, si celui-ci est d'assez bonne qualité, ou sur l'écran de visualisation du sondeur. On a souvent intérêt à utiliser une technique d'agrandissement, soit par un agrandisseur d'échelle, soit par un oscilloscope : dans ce cas il sera préférable d'enregistrer le signal et d'effectuer les mesures en laboratoire. On peut alors également utiliser un système de comptage automatique en fixant un seuil pour éliminer les échos faibles (bruit, plancton, etc.). Si le sondeur utilisé est muni d'un amplificateur GVT (Gain Variable dans le Temps) qui compense automatiquement la perte de propagation, on peut compter les cibles par niveau d'amplitude. S'il y a par exemple deux groupes de poissons de taille très différente, on pourra ainsi les compter séparément. Cependant, si l'on désire obtenir un classement précis on devra tenir compte de la directivité du transducteur, ce qui amène à des calculs assez complexes. On aura alors intérêt à utiliser une chaîne numérique de traitement. Dans le cas d'observations en position fixe, et en émission horizontale les techniques de comptages d'échos sont dans la plupart des cas les seules utilisables.

Quelle que soit la technique de comptage retenue, il est indispensable de connaître le volume échantillonné à chaque émission afin de transformer le nombre d'échos en nombre de poissons par unité de volume (densité). Ce volume est essentiellement déterminé par l'angle au sommet du cône acoustique et la hauteur de la couche d'eau considérée. Cependant, le faisceau acoustique n'est pas limité par une barrière, mais plutôt par une zone de sensibilité dégressive. Aussi l'angle réel d'échantillonnage va dépendre du niveau d'intensité de la réponse, et donc de la dimension des cibles.

Il existe plusieurs méthodes pour déterminer cet angle. Une des plus simples consiste à compter, de préférence sur un oscilloscope, le nombre d'échos successifs que donne un poisson ou une bouée quand le bateau passe au-dessus : il suffit de connaître la vitesse du bateau et la fréquence de récurrence des émissions pour déterminer la distance le long de laquelle le poisson aura été «vu» par le sondeur. Naturellement, il faudra un assez grand nombre d'observations pour estimer une distance moyenne qui, dans le cas d'un transducteur circulaire correspondra à la corde statistiquement préférentielle. En la multipliant par le facteur $4/\pi$ on estimera le diamètre du faisceau à la profondeur d'observation. On a intérêt à diviser la «colonne» d'eau par tranches de profondeur et à calculer le volume de chaque «strate» ainsi définie.

Echo-intégration

Lorsque la densité en poissons est telle qu'un écho peut provenir de plusieurs poissons à la fois, le simple comptage ne peut plus être utilisé. On peut alors prendre en compte l'intensité de cet écho : en effet on démontre - et on vérifie expérimentalement − que l'intensité d'un écho revenant d'un volume contenant plusieurs «cibles» est proportionnelle au nombre de cibles contenues dans ce volume, si elles sont toutes identiques. S'il s'agit de poissons de taille homogène, ce postulat est toujours valable. Il en est autrement dans le cas de poissons d'espèce et de taille différente : plus on s'écartera du critère d'homogénéité, moins l'estimation sera précise on ne pourra plus parler de nombre mais de poids par unité de volume, ou biomasse, mais l'incertitude sera plus grande. En changeant l'ordre des termes de l'équation (11), l'écho d'une cible peut s'écrire :

$$EL = 10 \log Io - 40 \log R + TS \tag{15}$$

ou, en posant $10 \log Io = SL$

$$EL = SL - 40 \log R + TS \tag{16}$$

SL est appelé le «niveau d'émission» de la source, de l'anglais *Source Level*.

Dans le cas de n cibles par unité de volume, non séparables, d'index de réflexion moyen TS, on définira un index de réverbération de volume Rv (indiqué Sv en langue anglaise) tel que :

$$Rv = 10 \log n + TS - 10 \log V \tag{17}$$

V représentant le volume de l'impulsion.

Le niveau acoustique de l'écho sera :

$$EL = SL - 40 \log R + Rv + 10 \log V \tag{18}$$

Le volume V peut être considéré comme le produit d'un volume élémentaire Vo correspondant à la profondeur 1 m et du carré de la distance R :

$$10 \log V = 10 \log Vo + 20 \log R \tag{19}$$

Le volume Vo se définit par l'angle solide **W** contenant le faisceau acoustique et la longueur de l'impulsion ΔR

$$10 \log Vo = 10 \log \mathbf{W} + 10 \log \Delta R \tag{20}$$

En remplaçant dans l'équation (18) $10 \log V$ par son équivalent on aura :

$$EL = SL - 40 \log R + Rv + 10 \log Vo + 20 \log R \tag{21}$$

$$EL = SL - 20 \log R + Rv + 10 \log Vo \tag{22}$$

L'amplitude U du signal électrique correspond à la pression acoustique P, elle-même correspondant à la racine carrée de l'intensité acoustique. Comme le niveau acoustique de l'écho est une expression de l'intensité, la tension U du signal devra être élevée au carré.

Si le sondeur possède une amplification éliminant la perte de propagation en ajoutant $20 \log R$ au signal (fonction GVT), la tension de sortie du sondeur élevée au carré, U^2, sera proportionnelle à l'intensité de l'écho multipliée par le carré de la distance :

$$U^2 \sim EL + 20 \log R \tag{23}$$

et en remplaçant EL par (22)

$$U^2 \sim SL - 20 \log R + Rv + 10 \log Vo + 20 \log R \tag{24}$$

$$U^2 \sim SL + 10 \log Vo + Rv \tag{25}$$

SL, niveau de l'émission, et Vo, volume de l'impulsion à 1 m, étant des constantes, on peut écrire :

$$U^2 \sim Rv \tag{26}$$

On voit que le carré de l'amplitude du signal de sortie du sondeur est proportionnel à l'index de réverbération de volume, donc au nombre de cibles par unité de volume, c'est-à-dire à la densité ou à la biomasse, avec les réserves exprimées plus haut concernant l'hétérogénéité des cibles réelles.

Si l'on mesure les performances du sondeur et si l'on détermine TS, on pourra transformer l'amplitude du signal de sortie en densité réelle de poissons par unité de volume.

Jusque-là on a négligé la directivité du sondeur. En réalité, à l'intérieur du faisceau acoustique l'intensité n'est pas constante, elle diminue du centre (axe acoustique) vers la périphérie qui n'est pas une limite nette. L'intensité de l'écho dépendra donc de la position du poisson dans le faisceau acoustique, alors que l'index de réflexion TS se réfère à la mesure sur l'axe acoustique. Pour permettre de s'affranchir de la directivité, on calcule un «angle idéal équivalent» γ défini comme ayant une valeur de 1 à l'intérieur et de 0 à l'extérieur : autrement dit l'intensité est uniforme et égale à sa valeur sur l'axe acoustique à l'intérieur, et nulle à l'extérieur. Cet angle fictif est évidemment plus petit que l'angle W, et n'a qu'une signification statistique. Mais comme il s'agit d'une constante, sa valeur ne modifie pas la proportionnalité entre U^2 et Rv.

Considérons une tranche d'eau comprise entre les profondeurs R1 et R2 et envoyons un train d'ondes vers elle (une seule émission) : l'intensité de l'écho qui en reviendra, et donc l'amplitude du signal électrique correspondant, variera en fonction de la densité en poissons. Le meilleur moyen d'évaluer la densité d de la couche sera d'intégrer ce signal électrique entre les profondeurs R1 et R2:

$$d \sim \int_{R1}^{R2} U^2 \, \Delta R \tag{27}$$

Cette valeur correspondra à la densité par unité de surface (nombre de poissons dans la couche sous 1 mètre carré de surface, par exemple). A chaque émission le processus se répétera. Comme le nombre d'émissions est très élevé (plusieurs par seconde) on additionnera les valeurs successives pour obtenir une valeur moyenne de densité au bout d'un temps (ou d'une distance) donné.

Tous ces processus peuvent être réalisés soit par des circuits électriques analogiques, soit par calcul après conversion numérique du signal. Le principe reste le même, les différences résident surtout dans le fait que le système numérique est plus souple et beaucoup plus puissant.

Mesure de l'index de réflexion (TS)

Nous avons vu que la connaissance de l'index de réflexion TS des poissons était fondamentale pour l'estimation des densités réelles de poissons, ainsi que pour celle des classes de tailles des cibles détectées.

La mesure des TS des cibles ne peut se faire qu'à partir des échos de poissons isolés. Différents critères basés sur la forme et la durée de ces échos sont utilisés pour distinguer ceux provenant de poissons individuels de ceux provenant de poissons très proches, après correction des pertes de propagation (40 log R + 2 αR). Cette correction, généralement effectuée par la fonction GVT du sondeur permet de ramener l'intensité des échos à ce qu'elle serait si le poisson se trouvait à un mètre du transducteur. Par contre la directivité du transducteur implique que l'intensité de l'écho dépende de sa position dans le faisceau acoustique. Il n'est pas possible de connaître de façon simple cette position. On doit donc faire appel soit à une approche statistique de déconvolution du signal de nombreux échos (déconvolution des fonctions de directivité et de distribution des réponses acoustiques de la cible), soit à l'utilisation de transducteurs et de techniques particulières permettant de localiser la cible dans le faisceau (Foote, 1991).

Dans le cas du sondeur simple faisceau, la distribution statistique des échos reçus dépend à la fois des TS des cibles et de leur position dans le faisceau par rapport à l'axe acoustique. Si les poissons sont répartis au hasard dans le faisceau, c'est-à-dire s'ils ont une probabilité égale de se situer à n'importe quel endroit, les index peuvent être calculés : les échos importants proviennent de cibles situées près de l'axe ou peu éloignées, et les échos faibles de petites cibles près de l'axe ou de cibles plus grosses mais excentrées. La combinaison de toutes les possibilités donne un système d'équations d'où l'on peut tirer la distribution des TS, connaissant la fonction de directivité (diagramme de directivité) du transducteur. Appartenant de préférence à une seule espèce, cette méthode réclame un grand nombre de cibles individuelles pour que les hypothèses de base soient respectées. Cette approche a été utilisée avec succès dans plusieurs cas (Walline *et al.*, 1992 ; Guillard et Gerdeaux, 1993) (fig. 9.3).

L'autre approche permet de déterminer l'index de réflexion (TS) cible par cible en identifiant sa position par rapport à l'axe acoustique. J. Ehrenberg l'a développée dès 1974 selon deux techniques différentes qu'il a comparées dans une revue plus récente (Ehrenberg, 1983) :

- le sondeur à double faisceau (dual-beam) utilise deux transducteurs concentriques, dont l'un est à faisceau étroit et l'autre à faisceau large. Le signal d'émission est transmis par le transducteur à faisceau étroit, la réception des signaux étant réalisée par les deux transducteurs. Le rapport des intensités reçues par les deux transducteurs permet de positionner la cible sur le diagramme de directivité, et donc de corriger l'index pour le ramener à sa valeur sur l'axe.

- le sondeur à faisceaux partagés (split-beam) possède un transducteur divisé en quatre quadrants. L'émission s'effectue de façon simultanée sur tous mais la réception est analysée séparément sur chacun (fig. 9.4). Les différences de phase entre les échos de chaque quadrant sont proportionnelles aux différences de chemin parcouru par l'écho et permettent de calculer la position de la cible dans le faisceau acoustique. A partir de la fonction de directivité du transducteur on peut ainsi calculer les index de réflexions réels des cibles.

On voit que ces deux techniques, si elles aboutissent au même résultat, diffèrent quelque peu dans leur principe. On notera que le système à faisceaux partagés, en déterminant la position spatiale du poisson dans le faisceau, permet également de suivre son déplacement et d'en déduire sa vitesse. Quelle que soit la méthode adoptée, on ne doit pas oublier que l'index de réflexion est une grandeur acoustique. Pour obtenir la taille réelle des poissons ou des valeurs de biomasse, il est nécessaire d'établir la relation entre cet index et la taille ou le poids des poissons étudiés.

Celle-ci a fait l'objet de nombreuses études non seulement en fonction de la taille et du poids mais également de son anatomie, du volume de la vessie natatoire, de son comportement, de son orientation, du milieu, etc. (ONA, 1990). Pour certaines espèces, ces relations ont été établies précisément, tout en mettant en évidence la com-

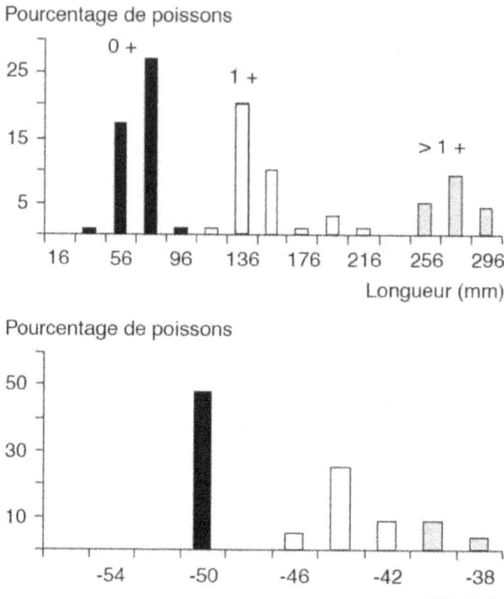

Figure 9. 3 : Distribution des gardons capturés au chalut pélagique et des index de réflexion estimés par méthode indirecte; lac du Bourget, octobre 1991.

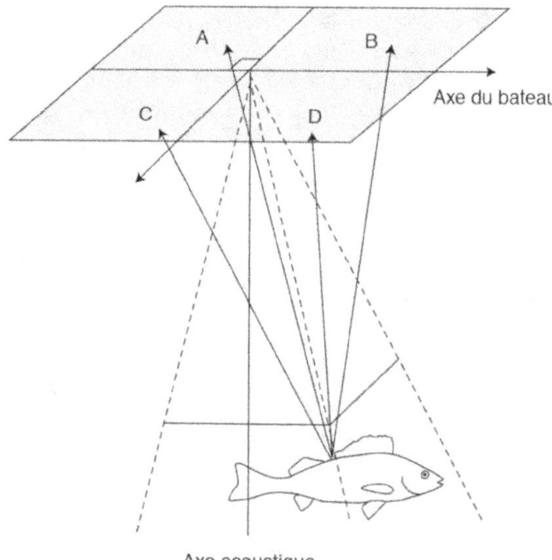

Figure 9.4 : Représentation schématique d'un transducteur de type faisceau partagé. L'écho d'une cible va atteindre les quatre parties du transducteur (A, B, C et D) à des instants légèrement différents. Ces différences de temps de réception permettent de calculer la position de la cible dans l'espace.

plexité du phénomène, sa variabilité intrinsèque et ses variations selon les différents facteurs. Les mesures *in situ* sont les plus appropriées, mais sont difficiles à mettre en oeuvre, d'où les difficultés à convertir les énergies réfléchies en biomasse de poisson.

Choix techniques et méthodologiques

Le choix de l'équipement scientifique dépendra des objectifs fixés, des caractéristiques du milieu, et de son adaptation au but recherché, l'hydroacoustique ne pouvant pas être utilisée dans tous les cas. Si l'on s'intéresse à des organismes de petite taille, tels que le plancton ou les tout petits poissons, il faudra choisir une fréquence élevée qui les détecte mieux ; pour les eaux salées on sera cependant limité dans ce domaine par l'absorption qui augmente avec la fréquence et donc va limiter la portée du sondeur ; pour l'étude des poissons, des fréquences de 70 et 120 kHz sont habituellement choisies. L'utilisation de sondeurs à plusieurs fréquences permet d'obtenir des images complémentaires du milieu. La résolution verticale va dépendre de la longueur d'impulsion: c'est elle qui va définir la distance minimale permettant de distinguer deux cibles. La résolution verticale est fonction aussi de l'ouverture angulaire du transducteur : un transducteur d'angle étroit, 3° par exemple, donnera une meilleure résolution pour les cibles individuelles qu'un angle plus large car à chaque impulsion le volume échantillonné est plus petit. Le taux d'émissions par seconde peut aussi permettre d'augmenter la précision de la détection. La position du transducteur (sur un corps remorqué, à l'avant du bateau, fixé verticalement ou horizontalement, etc.) sera déterminée en fonction des applications.

Le type de parcours à réaliser va dépendre de la question posée, mais l'objectif est généralement d'échantillonner une partie représentative du peuplement. Les parcours peuvent être soit en zigzag, soit parallèles, avec un espacement régulier ou au hasard. Les parcours parallèles fournissent une bonne couverture spatiale avec un échantillonnage équivalent de toutes les zones, sans les difficultés liées à l'interpolation et la corrélation des données. Le nombre de transects à effectuer est un compromis entre la précision des mesures, qui augmente la durée, et la vue synoptique du phénomène étudié qui nécessite de la réduire, ou tout au moins de réaliser les campagnes pendant des périodes homogènes du point de vue des paramètres environnementaux. Le côut financier des campagnes et des sorties est aussi un paramètre incontournable.

Domaines d'application

La détection acoustique peut apporter des informations utiles dans de nombreux domaines concernant tant l'évaluation quantitative des stocks que la biologie, l'écologie des poissons (les relations zooplancton - poisson, comportements individuels ou grégaires, etc.). En milieu lacustre, outre la détection des poissons, l'hydroacoustique peut être utilisée pour étudier l'abondance et la répartition du zooplancton et des plantes aquatiques.

Détection du zooplancton

En fonction de la fréquence utilisée, des concentrations de zooplancton, de larves de poissons, de matières en suspension peuvent être détectées acoustiquement, alors que leurs échos individuels sont trop faibles pour être perceptibles. Les migrations de larves d'insectes tel que les *Chaoborus* ou les *Corixidés* ont pu ainsi être mises en évidence (Gerdeaux *et al.*, 1989; Lyle et East, 1989) (fig. 9.5), mais aussi de zooplancton lacustre dans plusieurs lacs oligotrophes canadiens par Morton et MacLellan (1992) à la fréquence de 420 kHz. Comme nous le verrons pour les autres applications, un certain nombre de limitations apparaissent dans l'utilisation de ces méthodes: la composition spécifique du plancton est alors inconnue ainsi que les tailles individuelles et il existe des seuils de détection correspondant aux concentrations minimales et maximales des organismes. Les interférences avec les bruits de fond, ainsi que les fortes concentrations de poissons dans les couches étudiées, rendent ce type d'observations délicat.

Détection des plantes aquatiques

La cartographie des plantes immergées (Thomas *et al.*, 1990) consitue une autre application de l'hydroacoustique. Dans un lac de plus de 300 km^2 et de 4 m de profondeur moyenne, le lac de Saint-Pierre au Québec, Fortin *et al.*, (1993) ont décrit différents faciès de plantes immergées avec un sondeur de fréquence 208 kHz, en parallèle avec des plongées.

L'analyse des échogrammes leur a permis de distinguer plusieurs faciès phytoacoustiques, et de leur attribuer des indices de densités. Bien sûr on retrouve aussi dans ce cas des facteurs limitant l'utilisation des ces techniques, telle que

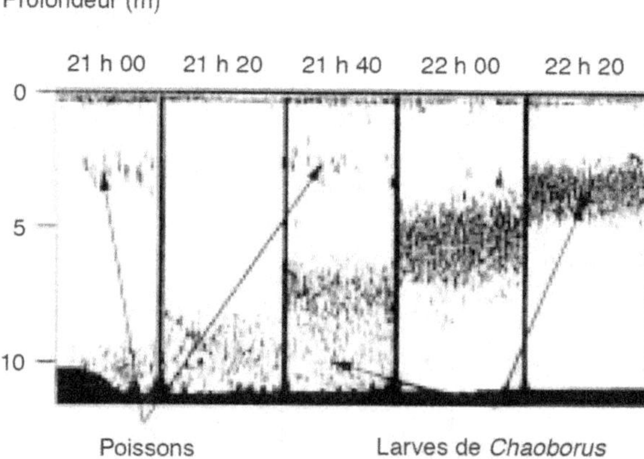

Figure 9.5 : Migration de larves de *Chaoborus* dans le lac d'Aydat, en juillet 1988, observée avec un sondeur de fréquence 70 kHz.

l'impossibilité de travailler dans les zones très peu profondes (< 0,60 - 0,70 m). Cependant la complémentarité de l'acoustique avec d'autres méthodes telles que la plongée ou la cartographie aérienne (Lehman *et al.*, 1994) permet d'augmenter la précision de la répartition des plantes aquatiques immergées, et d'étudier les interactions plantes - poissons.

Détection des poissons

L'utilisation la plus répandue de l'acoustique en milieu lacustre demeure l'étude de la répartition spatio-temporelle de l'abondance des poissons. Dès la fin des années 50, Capart (1955) préconisait l'utilisation de l'échosondage dans l'étude des populations de poissons lacustres. Mais il faudra attendre 1975 pour que les premières études acoustiques en lac soient menées en France (Marchal et Laurent, 1977). Elles ont montré toute la richesse des données acoustiques en informations sur les distributions spatiales et temporelles des poissons ainsi que sur leur abondance, leurs comportements, et les relations avec l'environnement.

Les valeurs de densité observées le long de parcours recouvrant la totalité de l'aire de répartition d'une population (ou d'un mélange d'espèces) peuvent être moyennées et servir de base à l'estimation du stock (en nombre) ou de la biomasse (en poids) de cette population. L'estimation des stocks, même globale, et la connaissance de leur évolution, permettent de connaître le niveau de biomasse présente dans des lacs où on ne dispose pas de statistiques de pêches fiables ou suffisantes, et où les dimensions du volume d'eau permettent difficilement d'appliquer les méthodes basées sur les captures. Cette approche a été utilisée dans de nombreux lacs (Braband, 1991; Jurvelius, 1991) et la complémentarité avec les autres approches a bien été décrite (Degiorgi *et al.*, 1993 b). Argyle (1992) montre bien comment l'hydroacoustique a été intégrée dans un suivi à long terme des stocks de poissons dans les grands lacs américains. La prospection de la totalité d'un lac fournira une série de valeurs de densité qui, reportées sur une carte, permettra de cartographier la distribution des concentrations (fig. 9.6). Il est possible dans certains cas de mesurer le niveau de recrutement de certaines espèces, quelque temps après la reproduction, lorsque les poissons sont en zone pélagique, et difficilement accessibles par d'autres méthodes d'échantillonnage.

Mais c'est surtout dans l'étude des structures spatiales des populations de poissons que l'acoustique a été utilisée. Eckman (1991) a décrit les répartitions du lavaret (*Coregonus lavaretus*) dans le lac de Constance, de la fin de la saison de croissance à la fin de la période de fraie. Pendant cette période les poissons effectuent des migrations verticales importantes de plus de 50 m pour se rendre dans les eaux superficielles, et il a pu ainsi estimer l'abondance des poissons présents et son évolution pendant cette période.

Les études du comportement ont largement fait appel à l'hydroacoustique (Luecke et Wurtsbaugh, 1993; Iida et Mukai, 1995; Imbrock *et al.*, 1996; Appenzeller et Legget, 1996) et ont bien mis en évidence les changements de

16 octobre 1995 : parcours de nuit

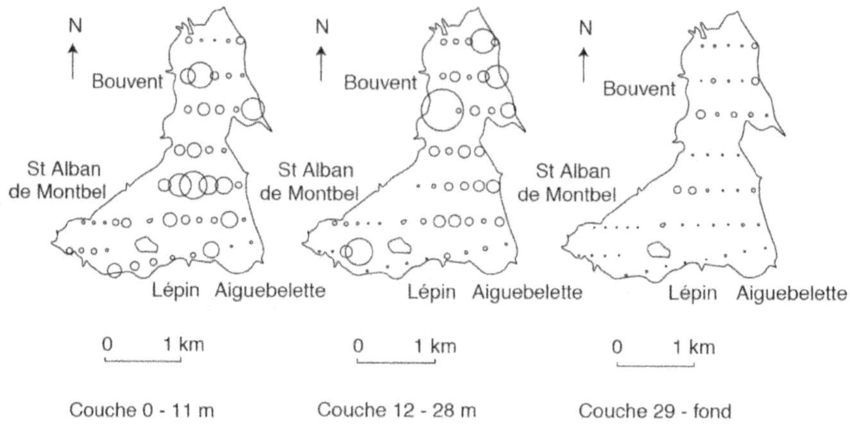

Figure 9.6 : Séquences d'échointégration (unités d'échointégration) ; chaque cercle est proportionnel à la biomasse détectée pendant une séquence. Lac d'Aiguebelette, octobre 1995.

répartition, les migrations des poissons dans un lac en fonction de différents paramètres, et l'importance de ces phénomènes dans les stratégies d'échantillonnage.

L'exemple d'un parcours effectué sur le lac d'Annecy en juin 1996 met en évidence la nature des informations obtenues par les techniques hydroacoustiques (fig. 9.7). On observe deux types de populations de poissons : sous la thermocline des individus en majorité de grande taille, avec une répartition benthique, et dans les couches superficielles des petits poissons, avec les maximums de densités en zone pélagique. Les différences observées dans les répartitions sont mises en relation avec différents paramètres physico-chimiques mais aussi zooplanctoniques. Le comportement des individus de la strate supérieure diffère en fonction du nycthémère: les individus se dispersent à la tombée de la nuit, restent isolés jusqu'au matin, et se mettent en bancs le jour (fig. 9.7a). Les détections correspondaient à des perches *(Perca fluviatilis)* de l'année d'une taille moyenne de 30 mm, capturées par un filet à ichtyoplancton. Ce type de comportement est classique en lac (Appenzeller et Legget, 1996).

La figure 8 montre dans le lac de Sainte Croix un exemple de répartition qui diffère à deux périodes de l'année. La campagne du mois d'avril a été réalisée en période de reproduction de la principale espèce du lac, l'ablette *(Alburnus alburnus)*, alors qu'en juin le peuplement est dispersé sur toute la surface du lac. On notera aussi l'importance de l'influence de la rivière Verdon (Guillard *et al.*, 1992). Imbrock *et al.*, (1996) ont ainsi décrit les distributions spatiales des perches dans le lac de Constance, en fonction de l'âge

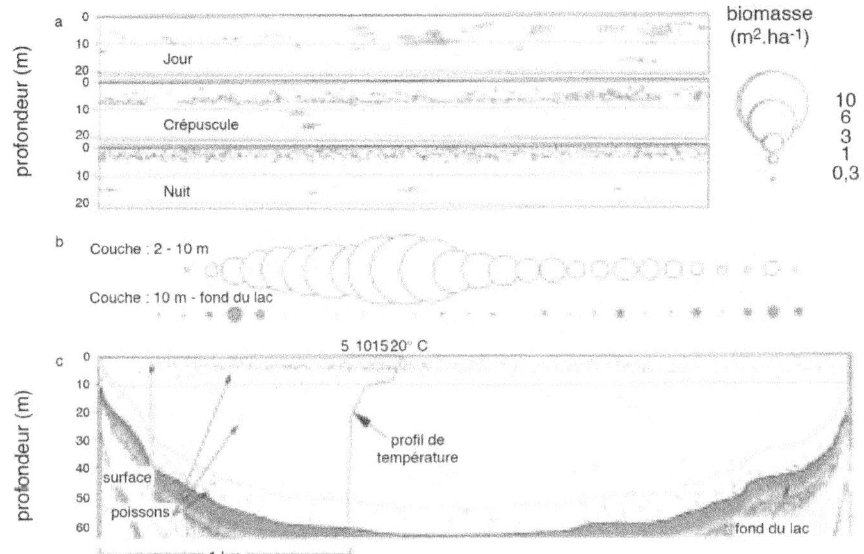

Figure 9.7 : Exemple d'échogramme: lac d'Annecy, 18 juin 1996. Sondeur Simrad EY500, 70 kHz.

a: de jour, les poissons (perchettes) présents dans la strate située au-dessus de la thermocline sont en banc ; les bancs s'éclatent au crépuscule, et les poissons sont dispersés (cibles individuelles) pendant la nuit.

b : analyse du transect (c) effectué d'une rive à l'autre du lac d'Annecy ; les cercles sont proportionnels aux biomasses détectées, en $m^2\text{-}ha^{-1}$, dans la strate 2 - 10 m, dont la biomasse est principalement composée de perches de l'année et la strate 10 m – fond du lac, où les salmonidés sont majoritaires.

c : reproduction de l'échogramme d'un parcours de jour effectué d'une rive à l'autre dans le lac d'Annecy, et d'un profil de température mettant en évidence la forte stratification thermique.

des individus, de la saison, des rythmes circadiens. Pour les campagnes acoustiques, il est nécessaire d'aborder le milieu avec un œil de biologiste. Les exemples précédents illustrent bien l'importance des phénomènes comportementaux dans les résultats obtenus par acoustique.

Tarbox et Thorne (1996) ont étudié la quantité de saumons adultes présents dans des milieux où les captures par pêche sont trop peu nombreuses pour être représentatives et où il y a donc un besoin de méthodes alternatives. Les résultats de plusieurs campagnes ont abouti à la conclusion que les méthodes acoustiques permettaient effectivement de connaître la quantité de poissons migrateurs. On utilise alors ces méthodes de manière différente des méthodes conventionnelles évoquées auparavant où le transducteur émet vers le bas. Les poissons étant proches de la surface il faut émettre horizontalement. Même si l'interprétation des signaux est parfois plus complexe on peut aborder des milieux peu profonds, tels que les zones littorales des lacs où de nombreux phénomènes tels que la reproduction, le grossissement des juvéniles ont lieu. De plus la proportion de poissons évitant l'embarcation en surface peut ainsi être estimée, permettant de corriger les évaluations verticales.

En utilisation mobile ou fixe, les détections horizontales trouvent de nombreuses applications. La plus répandue est le comptage de poissons migrateurs en rivière (Mulligan et Kieser, 1996 ; Guillard, 1998). En lac, on a par exemple étudié le comportement des poissons face à un barrage, en particulier la répartition des jeunes saumons migrants, entre les canaux de surface (déversoir) et les entrées de turbine. Les résultats ont montré que la proportion de poissons se dirigeant vers les déversoirs ou les turbines s'inversait entre le jour et la nuit. Les transducteurs fixés sur des barges motorisés permettent d'avoir une vision du milieu la plus complète possible. Les sondeurs de type split-beam donnent les répartitions en taille et les vitesses de nage des poissons. On a ainsi pu déterminer les endroits préférentiels de passage des poissons et installer des passes, afin d'éviter le passage destructeur par les turbines (Steig et Johnston, 1996).

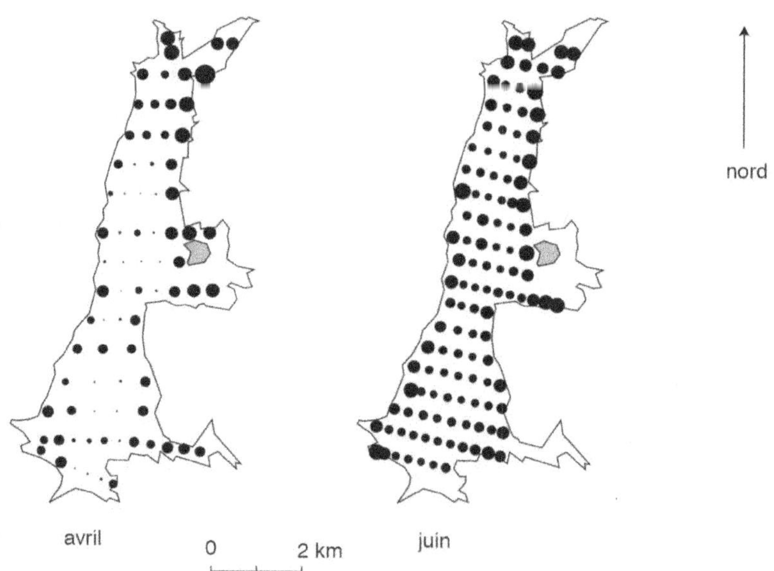

Figure 9.8 : Distribution spatiale du poisson dans le lac de St Croix (Verdon) en avril 1987 et juin 1988, pour la couche de surface (1-15 m). Le diamètre de chaque cercle est proportionnel au logarithme de la biomasse détectée pendant une séquence de 330 mètres.

Théorie et pratique

Ce que nous avons vu dans les chapitres précédents risque de donner une vue un peu idéalisée des possibilités d'utilisation de la détection acoustique. En effet il s'agissait soit d'exposés de théorie, soit d'exemples choisis pour illustrer celle-ci. Dans ce chapitre, on se propose d'examiner quelques-unes des questions parmi les plus importantes que l'on est en droit de se poser.

Le domaine prospecté correspond-il à celui occupé par l'espèce?

Il ne s'agit pas seulement de domaine géographique qui dans le cas des lacs peut être en général largement couvert, mais plutôt de l'espace aquatique. Nous avons vu que les poissons proches du fond ne pouvaient être détectés. Les poissons proches de la surface dans la couche aveugle sont aussi absents des évaluations. Cette couche aveugle peut atteindre plusieurs mètres selon les sondeurs et le montage adopté, fonction des conditions environnementales. Plus le lac est agité, plus le transducteur devra être profond. Dans des lacs comme le lac d'Annecy (Guillard, 1991), à certaines périodes de l'année les poissons sont très proches de la surface et ne sont donc pas détectés. Une solution possible consiste à disposer sur le fond des transducteurs dirigés vers le haut qui permettront d'évaluer la fraction non échantillonnée.

Une autre solution peut être de remorquer un transducteur dirigé vers le haut. Pour la même raison, les eaux de faible profondeur, qu'il s'agisse d'eaux côtières ou de lacs «plats» sont difficiles à prospecter. Dans tous les cas, il faudra donc déterminer l'extension totale de la population et évaluer éventuellement la fraction non accessible à la prospection. Actuellement, l'utilisation de transducteurs elliptiques émettant horizontalement répond en partie à ces questions en permettant de détecter les poissons proches de la surface (Thorne, 1998 ; Kubecka *et al.*, 1994). L'utilisation de sonar multifaisceaux (Guillard, 1998) permettra de répondre aussi à ce type de problème. Il est bien entendu fondamental de bien connaître les espèces présentes et leur biologie pour éviter de faire des prospections lorsque une partie de la population est indétectable. Certaines zones restent de toutes manières inabordables, comme les zones d'herbiers.

La fraction échantillonnée le long d'un parcours est-elle suffisante ?

Le volume échantillonné à chaque émission dépend de la directivité du transducteur et de la profondeur : ce sont deux grandeurs que l'on ne maîtrise pratiquement pas. Par contre, le volume total échantillonné par unité de temps dépend de la vitesse du bateau et de la fréquence de récurrence des émissions sur lesquelles on peut jouer, ce qui permettra d'augmenter, ou de diminuer, le volume échantillonné en fonction de la profondeur d'intérêt.

La représentativité de l'échantillon dépendra de la distribution des poissons. Dans les lacs, le volume échantillonné est faible par rapport au volume total ; on peut augmenter le nombre de transects effectués, mais le problème n'est pas alors forcément résolu parce qu'on doit les réaliser sur des périodes de conditions environnementales différentes (jour-nuit) ou sur plusieurs nuits. On est alors confronté à d'éventuels problèmes de déplacement des populations. Le nombre de transects est un compromis entre le maximum de volume échantillonné, et une durée et un coût minima.

Peut-on estimer la précision d'une évaluation ?

Il s'agit ici d'estimer la précision d'une valeur moyenne à partir de données provenant d'une prospection couvrant l'aire de répartition. On négligera pour l'instant les causes d'erreur dues à l'étalonnage, à l'orientation du poisson, à son état physiologique, au niveau de bruit, etc. La difficulté réside dans le fait que la distribution des valeurs ne suit pas généralement une loi normale, et que les données sont auto-corrélées spatialement. La géostatistique prend en compte les auto-corrélations spatiales et permet en modélisant la structure spatiale du peuplement par l'intermédiaire d'un outil mathématique, le variogramme, de calculer la variance de l'estimation de la population. La cartographie par interpolation des données à partir du variogramme donne une bonne idée de la répartition des poissons (Guillard, 1991). Dans les lacs de type alpin les structures spatiales rencontrées dépendent de la saison, et de la biologie des espèces. A l'automne lorsque les cyprinidés et percidés sont descendus au niveau de la thermocline et ne sont pas encore en bancs, on trouve des gradients de densités décroissant de la berge vers le large et des modèles de variogrammes linéaires. L'incertitude sur les estimateurs est alors d'environ 20 % (Guillard *et al.*, 1990). Différents auteurs ont proposé aussi d'autres approches en utilisant par exemple la transformation des données (Baroudy et Elliot, 1993) ou en considérant comme unité élémentaire d'échantillonnage le transect dans son entier (Guillard *et al.*, 1992), mais on ne s'intéresse dans ces cas qu'à la quantité totale.

Si les dimensions de la zone à prospecter sont modestes (cas de nombreux lacs), on peut avoir recours à la duplication : en réalisant plusieurs passages, cette méthode permettra d'estimer l'ordre de grandeur de la précision, mais peut engendrer des biais, comme la diminution du nombre d'individus dans les couches superficielles due à des comportements de fuite dans certains lacs (Degiorgi *et al.*, 1993 b).

Les résultats sont-ils comparables dans le temps?

Il s'agit surtout d'un problème d'étalonnage instrumental: si celui-ci est fait de façon précise, on peut raisonnablement comparer les données provenant de différentes évaluations. La difficulté réside justement dans la réalisation de cet étalonnage.

L'utilisation d'un hydrophone étalon, qui fournit des résultats très précis en laboratoire, est très délicate sur le terrain : elle a été de plus en plus abandonnée au profit de cibles de référence qui permettent d'obtenir une précision, au moins relative, bien meilleure (Foote *et al.*, 1987). Si l'on désire comparer des résultats de comptage, la précision de l'étalonnage est moins importante : les variations non décelées de performance auront une moindre influence sur l'estimation de la densité que pour l'écho-intégration. Il est difficile aussi de comparer des données recueillies à des périodes différentes, qui impliquent d'éventuels changements de comportement, d'état physiologique des poissons et donc des modifications des réponses acoustiques. Ces mesures de calibration sont particulièrement importantes dans les travaux comparatifs.

Quelle confiance accorder aux estimations absolues ?

Il s'agit d'une question cruciale pour leur utilisation en gestion de stocks dont la réponse est malaisée, ne serait-ce que parce que les preuves tirées d'autres méthodes ne sont souvent guère convaincantes. Cela dit, il est vrai que de nombreuses causes possibles d'erreur ou d'incertitude souvent mal maîtrisées rendent floue cette confiance. En dehors du type de distribution statistique des mesures, on peut citer l'étalonnage instrumental (vu plus haut) et l'étalonnage «biologique», qui consiste à déterminer la réponse (index de réflexion) des espèces étudiées, et à connaître la proportion de chaque espèce dans la zone prospectée pour tenir compte de leur réponse propre. Plusieurs méthodes sont utilisées pour déterminer cette réponse acoustique :

- mesure individuelle de l'index de réflexion poisson par poisson, mais avec une variabilité importante ;

- mesure globale des réponses acoustiques de poissons placés dans une cage en filet ; comparée aux densités correspondantes : on peut ainsi établir un coefficient de conversion valeurs intégrées/densités, mais qui ne tient pas compte de l'influence possible du stress des poissons sur leur réponse acoustique ;

- mesure globale en comparant les valeurs intégrées et une évaluation par comptage ou par chalutage d'une couche. On notera qu'il faut toutefois connaître l'espèce (ou les espèces) et la dimension des poissons dans le cas du comptage, et que la représentativité d'un trait de chalut est souvent problématique dans l'autre cas. Ces mesures *in situ* comparées entre les poissons capturés et les données acoustiques, dans le cas par exemple du gardon déjà évoqué auparavant (Guillard et Gerdeaux, 1993) réalisé par une approche de type faisceau simple, ou du kokanee (*Oncorhynchus nerka*) (Parkinson *et al.*, 1994) par un système à double faisceau ont permis d'obtenir des valeurs d'index de réflexion.

Est-il possible de déterminer les espèces acoustiquement?

L'identification acoustique des espèces reste encore un domaine très problématique. Dans la pratique on est obligé d'utiliser soit des engins de capture, soit des observations directes (caméra ou appareil photo) : ni les uns ni les autres ne permettent généralement d'obtenir des résultats très satisfaisants. Cependant quand le nombre d'espèces est réduit et le comportement assez différencié (espèces dispersées, en bancs, stratification, etc.) la simple observation de la détection peut être suffisante pour les distinguer. La classification des échos de poissons individuels ou de bancs a donné des résultats expérimentaux satisfaisants en utilisant un sonar dit large bande, émettant dans un spectre de fréquence s'étendant de 20 à 140 kHz (Chorier, 1996) : cependant ces résultats restent du domaine de la recherche et ne sont pas directement applicables pour l'instant.

Conclusion

Au terme de cet exposé quelques points essentiels peuvent être dégagés: la détection acoustique est incontestablement une méthode puissante d'étude quantitative des peuplements de poissons, mais qui peut être plus que les autres méthodes, réclame une attention particulière (Thomas, 1992).

Il est nécessaire de bien connaître le milieu, et les comportements des poissons afin d'éviter des problèmes non pas liés à l'acoustique mais à son utilisation. Venema (1992) cite le cas d'une campagne aboutissant à des évaluations de biomasse très fortes, sans qu'aucune capture fût possible; la «biomasse» correspondante était due à des échos parasites (fond, lobes secondaires,...). Au cours d'une autre campagne aucune détection significative n'a été signalée, alors que les captures augmentaient considérablement! Les poissons étaient tous en zone littorale...

Ses points forts sont : la rapidité d'obtention de l'information, l'amplitude de son champ d'application, la relative modicité de son coût, la vision globale du milieu sans perturber les poissons, et en position fixe la possibilité d'accumuler un très grand nombre d'observations. En outre, l'évolution continue tant méthodologique, le miroir à retournement temporel par exemple (Fink, 1994) que technologique (sonars multifaisceaux, logiciels d'exploitation par exemple) laisse bien présager des développements futurs.

Ses points faibles sont le peu de réussite dans l'identification des espèces, la nécessité de collecter simultanément des données biologiques et écologiques, les limitations techniques, la relative difficulté de maniement, ainsi que l'impossibilité d'échantillonner certaines zones. Elle est donc rarement autonome et nécessite l'utilisation de méthodes complémentaires.

In fine, on soulignera cependant que les eaux douces offrent par rapport à la mer de bien meilleures conditions d'application : non seulement grâce à la meilleure pénétration des ondes acoustiques dans ce milieu, mais surtout par le fait que les dimensions relativement réduites de la plupart des pièces d'eau permettent, avec une stratégie appropriée, de réaliser une couverture suffisante et exhaustive du peuplement, et donc d'aboutir à une meilleure précision des évaluations.

Références bibliographiques

ARGYLE R.L., 1992. Acoustics as tool for the assessment of Great Lakes forage fishes. *Fisheries Research*, 14, 179-196.

APPENZELLER A.R., LEGGET W.C., 1992. Bias in hydroacoustic estimates due to to acoustic shadowing: evidence from day-night surveys of vertically migrating fish. *Can. J. Fish. Aquat. Sci.*, 49, 2179-2189.

APPENZELLER A.R., LEGGET W.C., 1996. Do diel changes in patchiness exhibited by schooling fishes influence the precision of estimates of fish abundance obtained from hydroacoustic transect surveys. *Arch. Hydrobiol.*, 135 (3), 377-391.

BAROUDY E., ELLIOT J.M., 1993. The effect of large-scale spatial variation of pelagic fish on hydroacoustic estimates of their population density in Windermere (northwest England). *Ecology Freshwater Fish*, 2, 160-166.

BRABRAND A., 1991. The estimation of pelagic fish density, single fish size and fish biomass of Artic Charr (*Salvelinus alpinus* (L.)) by echosounding. *Nordic J. Freshw. Res.*, 66, 44-49.

CAPART A., 1955. L'échosondage dans les lacs du Congo Belge. techniques et résultats acquis. *Bull. Agric. Congo Belge*, 46 (5), 1075-1104.

DEGIORGI F., GUILLARD J., GRANDMOTTET J.P., GERDEAUX D, 1993 (a). Les techniques d'études de l'ichtyofaune lacustre utilisée en France: bilan et perspectives. *Hydroécologie appliquée*, 5 (2), 27-42.

DEGIORGI F., GERDEAUX D., GUILLARD J., 1993 (b). Utilisation conjointe des filets verticaux et de l'hydroacoustique pour l'étude de l'ichtyofaune lacustre. *Rapp. I.L.* 71-93, PIREN-EAU CNRS, 47 p.

CHORIER C., 1996. La classification de cibles aquatiques par sonar large bande. Th. Doct. Sc. Inst. Nat. Polytechnique Grenoble: 198 p.

ECKMAN R., 1991. A hydroacoustic study of the pelagic spawning behavior of white fish (*Coregonus lavaretus*) in lake Constance. *Can. J.Fish. Aquat. Sci.*, 48, 995-1002.

EHRENBERG J. E., 1983. A review of *in situ* target strength estimation techniques. *FAO Fish. Rep.* 300, 85-90.

FINK M., 1994. Le retournement temporel des ondes acoustiques. *La Recherche*, 264, 392-400

FOOTE K., 1991. Summary of methods for determining fish target strength at ultrasonic frequencies. *ICES J. Mar. Sci.*, 48, 211-217.

FOOTE K.H., KNUDSEN V.H., VESTNES G., 1987. *Calibration of Acoustic Instruments For Fish Density Estimation: a Pratical Guide*. Int. Counc. for the Explor. of the Sea, Copenhagen, 69 p.

FORTIN G.R., SAINT-CYR L., LECLERC M., 1993. Distribution of submersed macrophytes by echo-sounder tracings in lake Saint-Pierre, Québec. *J. Aquat. Plant. Manage.*, 31, 232-240.

GERDEAUX D., GUILLARD J., JAMET J.L., 1989. Abundance estimation of *Chaoborus* larvae and fishes in lake Aydat by echo-integration. *Proc. I.O.A.*, 11 (3), 231-237.

GUILLARD J. 1991. Etude des stock piscicoles par échointégration : problèmes méthodologiques. Th. Doct. Sc. Univ. Cl. Bernard, Lyon I : 156 p.

GUILLARD J., 1998. Daily migration cycles of fish populations in a tropical estuary (Sine-Saloum, Senegal) using a horizontal-directed split-beam transducer and multibeam sonar. *Fisheries Research*, 35, 23-31.

GUILLARD J., GERDEAUX D., 1993. *In situ* determinations of the target strength of roach (*Rutilus rutilus* L.) in lake Bourget with a single beam sounder. *Aquat. Living. Resour.*, 6, 285-289

GUILLARD J., GERDEAUX D., BRUN G., CHAPPAZ R., 1992. The use of geostatistics to analyse data from a echo-integration survey of fish stock in lake Sainte-Croix. *Fisheries Research*, 13, 395-406.

GUILLARD J., GERDEAUX D., CHAUTRU J.M., 1990. The use of geostatistics for abundance estimation by echo integration in lakes: the example of Lake Annecy. *Rapp. P-v. Réun. Cons. Int. Explor. Mer*, 189, 410-414.

IMBROCK F., APPENZELLER A., ECKMAN R., 1996. Diel and seasonal distribution of perch in Lake Constance: a hydroacoustic study and *in situ* observations. *J.Fish Biol.*, 49, 1-13.

IIDA K. et MUKAI T., 1995. Behavior of Kokanee *Oncorhynchus nerka* in Lake Kuttura observed by echo sounder. *Fisheries Science*, 61 (4), 641-646.

JURVELIUS J., 1991. Distribution and density of pelagic fish stocks, especially vendance (*Coregonus albula* L.), monitored by hydroacoustics in shallow and deep southern boreal lakes. *Finnish Fisheries Research*, 12, 45-63.

KUBECKA J., DUNCAN A., DUNCAN W.M., SINCLAIR D., BUTTERWORTH A.J., 1994. Brown trout populations of three Scottish lochs estilated by horizontal sonar and multimesh gill nets. *Fisheries Research*, 20, 29-48.

LEHMAN A., JACQUET J.M., LACHAVANNE J.B., 1994. Contribution of GIS to submerged macrophyte biomass estimation and community structure modeling, Lake Geneva, Switzerland. *Aquat. Biol.*, 47 (2), 99-117.

LUECKE C. et WURTSBAUGH W.A., 1993. Effects of moonlight and daylight on Hydroacoustic estimates of pelagic fish abundance. *Trans. Am. Fish. Soc.*, 122, 112-120.

LYLE A.A., FAST K.F., 1989. Echo location of corixids in deep water in an acid loch. *Arch. Hydrobiol.*, 115 (2), 161-170.

MARCHAL E., 1985. La détection acoustique dans l'étude des peuplements pisciaires. *In :* D. Gerdeaux et R. Billard Ed., *Gestion piscicole des lacs et retenues artificielles*, INRA, Paris, 107-124.

MARCHAL E., LAURENT P.J., 1977. Première estimation de la population piscicole du lac Léman par écho-intégration. *Cah. ORSTOM, Sér Hydrobiol.*, XI, 1, 3-16.

MULLIGAN T.J. et KIESER R., 1996. A split-beam echo-counting mode for riverine use. *ICES J. Mar. Sc.*, 53, 403-406.

MORTON K.F., MacLELLAN S.G., 1992. Acoustics and freshwater zooplankton. *J. Plank. Res.*, 14 (8), 1117-1127.

ONA E., 1990. Physiological factors causing natural variations in acoustic target strength of fish. *J. mar. biol. Ass UK*, 70, 107-127.

PARKINSON E.A., RIEMAN B.E., and RUDSTAM L.G., 1994. Comparison of acoustic and trawl methods for estimating density and age composition of kokanee. *Trans. Am. Soc.*, 123 (6), 841-854.

STEIG T.W., JOHNSTON S.V., 1996. Monitoring fish movements patterns in a reservoir using horizontally scanning split-beam techniques. *ICES J. Mar. Sci.*, 53 (2), 435-442.

TARBOX K.E., THORNE R.E., 1996. Assessment of adult salmon in near-surface waters of Cook Inlet, Alaska. *ICES J. Mar. Sci.*, 53, 397-401.

THOMAS G.L., 1992. Successes and failures of fisheries acoustics - an international, federal, and regional point of view. *Fisheries Research*, 14, 95-104.

THOMAS G.L, THIESFIELD S.L., BONAR S.A., CRITTENDEN R.N., PAULEY G.B., 1990. Estimation of submergent plant bed biovolume using acoustic range information. *Can. J. Fish. Aquat. Sci.*, 47 (4), 805-812.

THORNE R.E., 1998. Experiences with shallow water acoustics. *Fisheries Research*, 35 (1-2), 137-141.

VENEMA S.C., 1992. Successes and failures of fisheries acoustics in developing countries. *Fisheries Research*, 14, 143-158.

WALLINE P.D., PISANTY S., LINDEM T., 1992. Acoustic assessment of the number of pelagic fish in Lake Kinneret, Israël. *Hydrobiologia*, 231, 153-163.

Le déroulement de la fraie
des principaux poissons lacustres*

La protection et la restauration des frayères naturelles des poissons devraient représenter des priorités pour les gestionnaires de la pêche. Pourtant le repeuplement est bien souvent la première des solutions envisagées lorsque le recrutement d'une espèce paraît insuffisant. Ce choix peut s'expliquer, en partie au moins, par le manque d'informations disponibles sur les mesures à prendre pour améliorer le fonctionnement des frayères naturelles. Dans les grands plans d'eau, les zones de frayères ne sont pas toujours localisées avec précision. Chaque espèce choisit ses zones de frayère selon des critères assez précis. Cette précision porte à la fois sur la nature du substrat de ponte et sur la localisation des frayères. Parfois, au sein d'une même espèce, il existe différentes populations présentant des habitudes de fraie différentes. Il est donc nécessaire de bien connaître les exigences écologiques de la fraie de chaque espèce, et même parfois des sous-espèces de poissons, lorsque l'on souhaite protéger ou aménager efficacement leurs zones de frayères.

La fraie des salmonidés lacustres

Les corégones (*Coregonus* sp.), l'omble chevalier (*Salvelinus alpinus*) et la truite fario (*Salmo trutta*) sont les trois salmonidés présents naturellement dans les grands lacs subalpins. Ces espèces se reproduisent en automne ou en hiver. Chez les salmonidés, la photopériode exerce un rôle déterminant dans le contrôle du déroulement du cycle reproducteur (Bromage et Duston, 1986). Le refroidissement de la température de l'eau peut aussi contrôler, chez certains salmonidés lacustres, le déclenchement de la fraie (Gillet, 1991a).

La reproduction des corégones

Les corégones vivant dans les lacs des Alpes appartenaient tous à l'origine à l'espèce très polymorphe *Coregonus lavaretus*. Récemment, d'autres espèces de

---

* C. GILLET

corégones ont été acclimatées sous nos latitudes : C. *albula* et C. *peled*, originaires de régions plus froides. Au sein de toutes ces espèces, les différentes populations lacustres présentent une grande diversité dans leur habitude de fraie. Cette diversité concerne à la fois la date de la période de reproduction et les sites choisis comme zones de frayère.

Période de reproduction et emplacement des frayères chez les corégones lacustres

Les corégones frayent généralement dans les lacs mais il existe quelques populations qui remontent frayer dans les affluents. Ce mode de reproduction est plus fréquent en Scandinavie (Lindstrom, 1970) que dans les Alpes. Cependant, Ruhlé et Kindle (1992) dénombrent 4 populations de corégones pratiquant ce mode de reproduction en Suisse. Celle du Léman qui fraye en partie dans le haut Rhône, semble avoir adopté ce mode de reproduction récemment. Dans de nombreux lacs, plusieurs populations de corégones, considérées chacune comme une sous-espèce peuvent coexister. Les zones de frayères de ces populations sont généralement bien distinctes et parfois les périodes de reproduction sont décalées. Dans le lac de Constance, la blaufelchen se reproduit en zone pélagique, au-dessus de fond de 250 m tandis que le gangfisch fraye plus précocement dans la zone littorale. Il existe aussi un corégone qui remonte à l'automne le Rhin sur plus de 40 km pour frayer (Ruhlé et Kindle, 1992). Dans le lac de Neuchâtel, la palée fraye en décembre dans la zone littorale par 1 à 10 m de fond tandis que la bondelle fraye environ un mois plus tard par des fonds de 60 a 120 m (Dottrens et Quartier, 1949). A l'origine, une situation comparable existait dans le lac Léman et probablement aussi dans le lac du Bourget. La gravenche frayait en décembre dans la zone littorale et la féra en février et en mars en zone profonde dans le Léman (Kreitman, 1933). Au Bourget, le lavaret fraye en zone littorale (1 m) et la bézoule frayait plus tardivement en zone profonde (Leroux, 1928).

Le choix d'un type de frayère peut évoluer rapidement lorsque des individus d'une population sont transplantés dans un nouveau plan d'eau. En Suède, Peterson (1949) cite le cas de corégones frayant en rivière qui se sont adaptés à frayer en zone littorale lacustre après transplantation dans un nouveau lac. Sandlund (1992) cite le phénomène inverse chez une population norvégienne. La palée du lac de Neuchâtel a été introduite dans de nombreux lacs du Jura. Dans certains lacs, elle fraye dans moins d'un mètre d'eau tandis que dans d'autres, elle fraye entre 5 et 10 m. La profondeur ne semble pas constituer un critère très important pour le choix d'une zone de frayère chez les corégones. Machniak (1975a) et Zuromska (1982) ont rassemblé les données disponibles sur la profondeur des frayères de C. *clupeaformis* et C. *albula* dans différents lacs. Chez ces deux espèces, la majorité des zones de frayères sont situées entre 1 et 10 m, mais il en existe de beaucoup plus profondes dans les deux cas (tabl. 10.1). Dans les lacs subalpins, les corégones ne déposent pas leurs oeufs à l'intérieur d'un nid creusé dans du gravier comme le font les truites en rivière. La ponte se déroule en pleine eau, souvent près de la surface. La blaufelchen du lac de Constance fraye dans la couche des 10 premiers mètres d'eau. Ses oeufs vont se déposer 200 m plus bas sur le sédiment (Eckmann, 1991). Le lavaret du lac d'Aiguebelette (Savoie) fraye dans 1 m d'eau à la tombée de la nuit. Dans ce lac, les couples remontent du fond vers la surface et le frottement de leurs écailles crée un bruit caractéristique qu'il est possible de détecter avec un hydrophone (Dubois et Dziedzic, 1988). Le corégone ne semble pas choisir un type particulier de substrat pour frayer. D'après Zuromska (1982), les frayères sont rarement situées sur des fonds vaseux. Elles sont souvent sur des fonds de graviers ou de galets, parfois sur des herbiers de charas. Dans le Léman, les corégones frayent dans pratiquement toute la zone littorale mais dans d'autres lacs, comme Aiguebelette, les zones de frayères sont mieux délimitées et plus restreintes.

Le suivi de poissons capturés et marqués sur leur frayère a permis de constater que les géniteurs sont fidèles d'années en années à la même frayère, dans certains lacs suédois (Lindroth, 1957) et sur les bords de la Baltique (Enderlein, 1989). Il est donc probable que le homing puisse exister chez les corégones. L'oeuf de corégone mesure de 2 à 3 mm de diamètre (Machiniak, 1975a). La fécondité relative des femelles est comprise entre 20 et 50 000 oeufs par kilogramme chez C. *lavaretus*. Les populations à croissance rapide ont en général une fécondité supérieure et un âge à la puberté inférieur à ceux des populations à croissance lente chez C. *clupeaformis* (Jensen, 1975). D'après les données de la littérature, la densité des oeufs sur les zones de frayère varie de quelques unités à plus de mille par m^2 en fonction de la taille des frayères et de la densité des populations (Zuromska, 1982).

Tableau 10.1 : Habitudes de fraie chez différentes populations de corégone. Chaque chiffre correspond à un nombre de populations. *Coregonus albula,* d'après Zuromska (1982), *Coregonus culpeaformis, d'après Machniak* (1975a).

profondeur des frayères	0 à 1 m	1 à 5 m	5 à 10 m	10 à 30 m
Coregonus albula	0	23	22	17
Coregonus clupeaformis	4	18	12	6

température de fraie (°C)	0 à 2	2 à 4	4 à 6	6 à 8	8 à 10
Coregonus albula	3	12	14	11	1
Coregonus clupeaformis	3	4	6	4	3

dates de fraie	septembre	octobre	novembre	décembre	janvier	février	mars	avril
Coregonus albula	1	10	23	20	7	3	4	3
Coregonus clupeaformis	4	13	25	15	3	-	-	-

Plusieurs auteurs indiquent que le refroidissement de la température de l'eau consti-tue un facteur d'initiation important pour la fraie des corégones. Dans de nombreux lacs, la fraie commence lorsque la température de l'eau descend au-dessous de 7 ou 8°C. En conséquence, la période de fraie est plus ou moins précoce ou tardive suivant la date à laquelle ce seuil est atteint. C'est le cas dans le lac Erié pour C. *clupeaformis* (Lawler, 1965) et pour le lavaret dans le Bourget (Leroux, 1928). A Constance, entre 1956 et 1968, Nümann (1970) a constasté l'existence d'une corrélation positive entre la date du début de la fraie de la blaufelchen et la température de l'eau en décembre à l'exception de 1962, année très froide où la fraie est tardive. L'auteur explique cette exception par le fait qu'en 1962 dans le lac de Constance, il n'y avait pratiquement que des géniteurs âgés de 2 ans, ces poissons frayant plus tradivement que les géniteurs plus âgés (fig. 10.1). La gaméto-génèse des corégones peut s'accomplir à des températures plus élevées que celles requises pour la fraie. Des géniteurs de corégones sont élevés avec succès en association avec des carpes en étang ainsi que dans des bacs de pisciculture où la température atteint 16°C en été (Gillet, 1991b). La plupart des populations de corégones frayent à des tempéra-tures comprises entre 2 et 8°C (tabl. 10.1). La durée de la période de fraie est très variable chez les différentes populations de corégone. Certaines populations frayent durant une semaine, d'autres pendant plus d'un mois (Machniak, 1975a). Les populations vivant sous des latitudes ou à des altitudes élevées frayent les premières. Chez C. *albula*, Zuromska (1982) rapporte des dates de fraie allant de septembre à avril. Chez C. *clupea-formis*, Machniak (1975a) cite des dates allant de septembre à janvier. Chez ces deux espèces, la majorité des populations frayent en novembre et en décembre (tabl. 10.1). Dans les lacs possédant plusieurs populations de corégones, les populations frayant par grande profondeur se reproduisent toujours plus tardivement que celles qui frayent en bordure ou en rivière (Zuromska, 1982), car les zones profondes se refroidissent plus len-tement que la zone littorale. Chez C. *peled*, Andriyasheva (1981) a montré que la date de reproduction était un caractère présentant une très forte héritabilité.

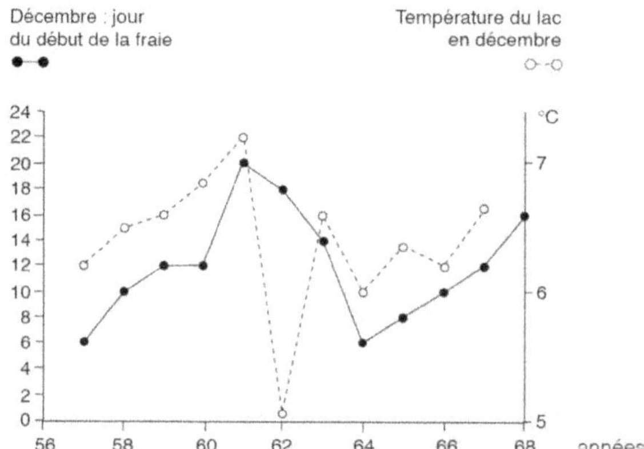

Figure 10.1 : Relation entre la température moyenne du lac de Constance en décembre et la date du début de la fraie chez la blaufelchen, *Coregonus lavaretus wartmani*, de 1957 à 1967. *D'après Numann, 1970.*

Effets des facteurs de l'environnement sur le développement des oeufs de corégones

Le développement embryonnaire dure 1 à 3 mois. Chez C. *lavaretus*, l'incubation dure entre 100 degrés-jours à 1°C et 300 degrés-jours à 10° (Salojarvi, 1982). La durée du développement embryonnaire est aussi influencée par la concentration en oxygène de l'eau. Chez *C. artedii*, Brooke et Colly (1980) ont montré qu'à différentes températures, la durée du développement embryonnaire est systématiquement allongée lorsque l'oxygénation diminue. Aux plus faibles concentrations en oxygène, la mortalité augmente fortement, particulièrement aux températures de 6 et 8°C. Les températures les plus favorables pour l'incubation sont comprises entre 2 et 6°C, mais les oeufs peuvent supporter des températures proches de 0°C (Price, 1935 ; Luczynski, 1984) (tabl. 10.2 et 10.3).

Dans beaucoup de lacs eutrophes, la survie des oeufs de corégones est très faible ou même nulle (Zuromska, 1982 ; Wilkomska et Zuromska, 1982 ; Lahti, 1979 ; Wehrli, 1993). Müller (1992) a comparé la survie des oeufs de corégone et la richesse en phosphore de plusieurs lacs suisses. Dans les lacs les plus eutrophes (riches en phosphore), la survie des oeufs est généralement très faible tandis qu'elle est élevée dans la plupart des lacs mésotrophes et oligotrophes. Dans le lac eutrophe de Sempach, oxygéné artificiellement, la concentration d'oxygène est maintenue à 6 mg/l dans les zones de frayères. Malgré cette teneur relativement élevée, la mortalité des oeufs est totale. Venlting-Schwank et Livingstone (1994) ont montré qu'il existe une diminution très rapide de la concentration en oxygène à l'interface eau-sédiment, c'est-à-dire dans les 2 premiers mm d'eau au-dessus du sédiment dans ce lac. L'oeuf de corégone qui se développe dans ce microhabitat peut être environné par une eau totalement désoxygénée (fig. 10.2). Dans les lacs eutrophes, l'oeuf est aussi menacé d'une part par l'hydrogène sulfuré qui peut diffuser du sédiment vers l'œuf et d'autre part par la sédimentation de la matière organique et par le développement du périphyton qui peuvent entraîner un dépôt d'un à deux mm sur les oeufs ce qui contribue à les asphyxier (Gillet, 1988). Dans une retenue à niveau variable du Canada, Fudge et Bodaly (1984) ont montré que la turbidité de l'eau, créée par l'érosion des berges sous l'effet du marnage entraînait des mortalités sur les oeufs de corégones qui sont recouverts parfois par plusieurs mm de sédiment. Les tempêtes peuvent provoquer des mortalités importantes parmi les oeufs de corégone car les vagues augmentent la turbidité de l'eau et les courants, lorsqu'ils dépassent 10 cm.s^{-1}, déplacent les oeufs. Les oeufs délogés par les courants vont se déposer dans les zones profondes où ils sont souvent enterrés dans la vase (Ventling-Schwank et Livingstone, 1994).

La prédation des oeufs de corégone sur les frayères pendant toute la durée de l'incubation constitue souvent un facteur de mortalité très important. Certains invertébrés comme les trichoptères sont capables de consommer des oeufs de corégone. Ce sont surtout les poissons qui sont responsables d'une prédation importante sur les oeufs de corégone. C'est le cas de la lotte dont les estomacs contiennent jusqu'à 1800 oeufs de corégone à Constance (Numann, 1970) et plusieurs centaines au Léman (tabl. 10.4, Gillet, 1988). La grémille est souvent citée parmi les prédateurs des oeufs de corégone (Sterligova et Pavlovskiy, 1985; Adams et Tippett, 1991; Schmid, 1996, Winfield *et al.*, 1998). Dans le Léman, les oeufs de corégone déposés dans des incubateurs sont rapidement consommés par les poissons (Gillet, 1988) (fig. 10.3).

Tableau 10.2 : Effets de la température et de l'oxygénation sur le nombre de jours et de degrès-jours (entre parenthèses) jusqu'à l'éclosion chez *Coregonus artedii*. (*d'après Brooke et Cloby*, 1980).

température	Oxygénation				
	12 PPM	4 PPM	3 PPM	2 PPM	1 PPM
8°C	54 (432)	66 (528)		64 (521)	
6°C	84 (504)	92 (552)		100 (600)	
4°C	122 (488)	132 (528)	140 (566)	150 (600)	154 (616)
2°C	166 (336)	188 (376)	190 (380)	194 (388)	195 (390)

Tableau 10.3 : Effets de la température et de l'oxygénation sur la survie à l'éclosion chez *Coregonus artedii*. *D'après Brooke et Colby*, 1980.

température	Oxygénation				
	12 PPM	4 PPM	3 PPM	2 PPM	1 PPM
8°C	58,2	58,3		11,0	0,0
6°C	61,3	65,6		60,1	0,0
4°C	31,0	29,4	31,1	25,7	18,7
2°C	38,2	45,6	38,5	41,9	32,4

Tableau 10.4 : Nombre d'œufs de corégone dans des estomacs de lottes dans le Léman, *d'après Gillet* (1988).

date de prélèvement	Nb. de lottes examinées	Nb. d'estomacs contenant des œufs de corégone	nombre moyen d'œufs de corégone par estomac de lotte
4 janvier	45	41	38
18 janvier	22	21	24
30 et 31 janvier	20	19	20
7 et 8 février	08	05	17
15 février	04	02	02
27 février	06	05	06

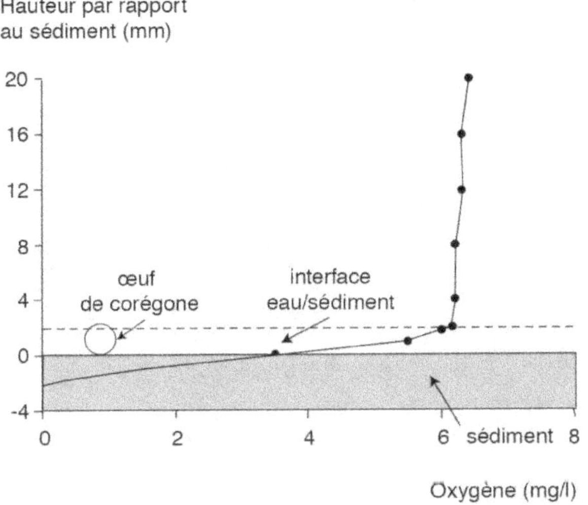

Figure 10.2 : Evolution de la teneur en oxygène à l'interface eau/sédiment dans le lac de Sempach à 15 m de fond. Position de l'oeuf de corégone par rapport au gradient d'oxygène. *D'après Ventling-Schwank et Livingstone*, 1994.

facteur de mortalité des œufs		15 jours d'incubation		30 jours d'incubation	
		œufs retrouvés (%)	œufs embryonnés (%)	œufs retrouvés (%)	œufs embryonnés (%)
prédation par les poissons prédation par les invertébrés qualité de l'eau : cagette 1	A	0,5	50	0,25	(100)
	B	5,5	73	0,5	(100)
prédation par les invertébrés qualité de l'eau : cagette 2	A	97,5	68	68,0	46
	B	93,0	76	64,0	38
qualité de l'eau : cagette 3	A	97,5	72	74,5	38
	B	97,5	72	86,0	45

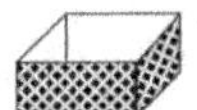

cagette de 20x10x10 cm, en moustiquaire de 2 mm
1 : sans couvercle ; 2 : couvercle à maille de 10 mm ; 3 : couvercle à maille de 2 mm

A : sur le fond ; B : 50 cm au-dessus du fond

Figure 10.3 : Survie des oeufs de corégone dans des incubateurs déposés à 9 m de fond dans le Léman. Un couvercle protège les oeufs de la prédation dans certains des incubateurs en forme de cagette. *D'après Gillet*, 1988.

La reproduction de l'omble chevalier (*Salvelinus alpinus*)

L'omble chevalier est une espèce d'eau froide qui présente une très grande diversité. Cette diversité porte à la fois sur le mode d'alimentation, les habitudes de reproduction et les déplacements entre différents milieux. Il existe des populations migrantes, comme chez le saumon, qui passent une partie de leur vie en mer tout autour de l'Océan Arctique. Il existe aussi des populations vivant strictement en eau douce dans les parties profondes des lacs. Les populations des lacs des Alpes ont été totalement isolées des populations migratrices depuis la fin des glaciations quaternaires. Par la suite, chaque population lacustre a évolué séparément.

Localisation des frayères et période de reproduction

L'omble chevalier se reproduit généralement à la fin de l'automne ou au début de l'hiver sur des fonds de substrats grossiers mais cette règle générale masque une grande variabilité entre lacs et au sein d'un même lac (tabl. 10.5 et 10.6). Il existe dans certains lacs comme le lac Windermere en Angleterre ou le Thingvallavatn en Islande, plusieurs populations d'omble chevalier qui cohabitent en situation d'isolement reproducteur. Frost (1965) a réalisé une étude détaillée de la reproduction des différentes populations du Windermere. Une population se reproduit en automne dans la zone littorale, sur des fonds de 0,6 à 3 m. Une population se reproduit au début du printemps en eau plus profonde (15-20 m) tandis que d'autres populations se reproduisent en automne en remontant sur 1 à 2 km le cours de certains affluents pour aller pondre à des emplacements précis dont le choix demeure inchangé année après année. Dans le Thingvallavatn, la population benthophage se reproduit en juillet-août dans la zone littorale dans des sites alimentés par des sources froides (4°C) tandis que les populations planctonophages et ichtyophages se reproduisent plus tardivement à d'autres emplacements de la zone littorale (Sandlund *et al.*, 1992). Dans la plupart des lacs subalpins, les omblières (frayères des ombles) sont situées dans les zones profondes. Les omblières du Léman ont été décrites par Rubin (1990) à partir d'observations réalisées en submersible. Les omblières du Léman sont de petites surfaces de gravier ou d'éboulis situées par 30 à 100 m de profondeur, de dimensions relativement modestes : quelques mètres carrés à quelques centaines de mètres carrés dans la plupart des cas. Souvent les omblières sont localisées dans les cônes d'éboulis situés à l'embouchure des affluents : omblières de la Veréze et de la Dranse au Léman, omblières du lac de Zoug (Ruhlé, 1984) et du lac de Lucerne (Meng et Müller, 1988). Des omblières ont été créées ou réhabilitées en déversant des matériaux grossiers (graviers, galets) à des emplacements favorables. Cette technique est pratiquée régulièrement par les pêcheurs du lac de Zoug qui capturent par la suite les géniteurs attirés par les frayères. Dans ce lac, l'attractivité des frayères est proportionelle au pourcentage de gravier non envasé (Rulhé, 1984). Cette technique a aussi été expérimentée au lac d'Annecy où des géniteurs ont été observés sur les pierriers après les déversements. Chez le christivomer

(*Salvelinus namaycush*) espèce proche de l'omble chevalier, des monticules artificiels de 0,4 à 1 m de hauteur et de 4,5 m de diamètre ont une taille suffisante pour attirer les géniteurs qui y déposent leur ponte dans les grands lacs du St Laurent (Marsden *et al.*, 1995). De nombreuses observations permettent de supposer qu'il existe des phénomènes de homing chez certaines populations d'omble chevalier. Dans la plupart des lacs, les ombles se rassemblent toujours sur les mêmes emplacements pour frayer chaque année (Frost, 1965 ; Sandlund *et al.*, 1992). Des suivis par radiopistage à Floods Pond (USA) ont été réalisés sur des géniteurs capturés sur leurs frayères. La majorité d'entre eux retourne en quelques heures sur leur frayère d'origine lorsqu'ils sont relâchés à 8 km du lieu de capture (Mac Cleave *et al.*, 1977). Lorsque le niveau des lacs est rehaussé par un barrage, les ombles restent souvent fidèles à leurs anciennes frayères car la profondeur ne semble pas constituer un paramètre important pour le déclenchement de la fraie (voir Johnson, 1980 pour synthèse). Des expériences de marquages ont été effectuées sur les ombles du lac Windermere capturés sur leur frayère (Frost, 1963). Dans pratiquement la totalité des cas, les géniteurs ont été fidèles à la même frayère pendant plusieurs années. Le même auteur a montré que des déversements d'alevins dans certains affluents y entraînaient des remontées de géniteurs quelques années plus tard.

Le comportement de ponte chez l'omble chevalier a été observé en aquarium (Fabricius et Gustafson, 1954) et sur des frayères naturelles situées soit en zone littorale (Sandlund *et al.*, 1992) soit en zone profonde (Rubin, 1990). L'omble chevalier, en modifiant son comportement de fraie, présente une certaine capacité d'adaptation vis-à-vis de la taille du substrat de ses frayères. Souvent, la femelle creuse une petite dépression et recouvre ses oeufs de gravier comme le fait la truite (Fabricius et Gustafson, 1954 ; Yoshirara, 1974). Mais parfois, lorsque les géniteurs frayent entre des blocs de grosses tailles, ils se contentent de déposer leurs oeufs dans les anfractuosités (Sandlund *et al.*, 1992 ; Rubin, 1990).

Le refroidissement de l'eau pourrait constituer un facteur d'initiation de la période de reproduction chez l'omble chevalier. En élevage, l'ovulation et la spermiation sont bloquées tant que la température de l'eau reste supérieure à 10°C, chez les ombles provenant du Léman. Il est nécessaire de maintenir les poissons à une température inférieure à 7°C pour que les ovulations se déroulent à un rythme normal (Gillet, 1991a). Dans la nature, les populations scandinaves et les populations des lacs d'altitude se reproduisent généralement plus précocement que les populations des lacs subalpins. Dans plusieurs lacs des Alpes, il existe des populations vivant dans les parties profondes, atteintes de nanisme et se reproduisant toute l'année (tabl. 10.5). Comme chez la truite, les variations de la photopériode exercent un contrôle important sur le rythme de développement des gonades (Gillet, 1994) et la croissance somatique influence la vitesse de développement des ovaires (Gillet, 1995). Il est possible que la faible intensité lumineuse des zones profondes et/ou la faible croissance somatique pendant la gamétogénèse soient responsables de la désynchronisation de la période de reproduction chez les populations atteintes de nanisme dans le fond des lacs subalpins.

Tableau 10.5 : Période de reproduction de l'omble chevalier dans différents lacs.

Lac	pays	période de reproduction
Lac Thingvallatvatn omble benthophage	Islande	juillet-août
Lac Thingvallatvatn omble planctonophage	Islande	septembre-octobre
Lac Blasjon	Suède	mi-octobre
Charr Lake	Canada (nord)	septembre
Lac Vangsvatnet	Norvège	novembre-décembre
Lac Windermere omble à fraie littorale	Angleterre	novembre
Lac Windermere omble à fraie profonde	Angleterre	février-mars
Lac Neuchâtel	Suisse	mi-novembre-décembre
Lac Léman	France	fin novembre-janvier
Lac du Bourget	France	mi-novembre-décembre
Lac d'Annecy	France	principalement décembre
Lac de Neuchâtel forme naine	Suisse	toute l'année
Attersee forme naine	Autriche	toute l'année

Tableau 10.6 : Substrat et profondeur des frayères pour différentes populations d'ombles chevaliers.

Lac	pays	type de de substrat des frayères taille (cm)	profondeur des frayères (m)
Floods pond	Maine (USA)	blocs de granit, (10 à 100)	0-1
Lac Vangsvatnet	Norvège	graviers, (0,5)	2-25
Lac Vattern	Suède	gros cailloux et pierres	1-10
Lac Strosjoute	Suède	pierres 1-2	
Attersee	Autriche	graviers et pierres, (1,5 à 2,5)	40-60
Lac Léman	France	graviers et pierres, (1 à 5)	35-100
Lac Windermere ombles à ponte automnale	Angleterre	galets et graviers, (0,6 à 20)	1-3
Lac Windermere ombles à ponte printannière	Angleterre	graviers et pierres, (0,6 à 20)	15-20
Lac Thingvallavatn ombles benthophages	Islande	blocs de lave crevassés et éboulis	0,2-5

Facteurs de mortalité pendant l'incubation

Les conditions de vie des oeufs et des alevins en résorption sont mal connues car ces étapes se déroulent sous la glace ou dans les parties profondes des lacs dans la plupart des cas. L'incubation des oeufs d'omble chevalier a été réalisée en laboratoire à différentes températures par Swift (1965), Ruhlé (1977) et Jungwirth et Winkler (1984). L'oeuf supporte sans difficulté des températures extrêmement basses mais les mortalités augmentent lorsque la température de l'eau atteint 8°C. La mortalité est totale vers 12°C. La durée totale du développement entre la fécondation et l'éclosion varie entre 350 et 450 degrés-jours. La plage optimale de température pour cette phase du cycle vital semble comprise entre 3 et 6°C mais De March (1991) a montré chez des ombles chevaliers canadiens d'origine arctique que la survie de nombreuses pontes était meilleure à 3°C qu'à 6°C en élevage. L'alevin en résorption reste dans les graviers de sa frayère (Johnson, 1980). En laboratoire, Gillet (données non publiées) a constaté que l'émergence de la gravière avait généralement lieu pendant la nuit, comme chez la truite. Le rythme d'émergence est ralenti par le maintien en éclairement continu (fig. 10.4). La littérature ne fournit pratiquement aucune donnée sur l'écologie des alevins d'ombles chevaliers pendant le début de la phase d'alimentation, étant donné les difficultés d'échantillonnage. En laboratoire, Frost (1965) a constaté

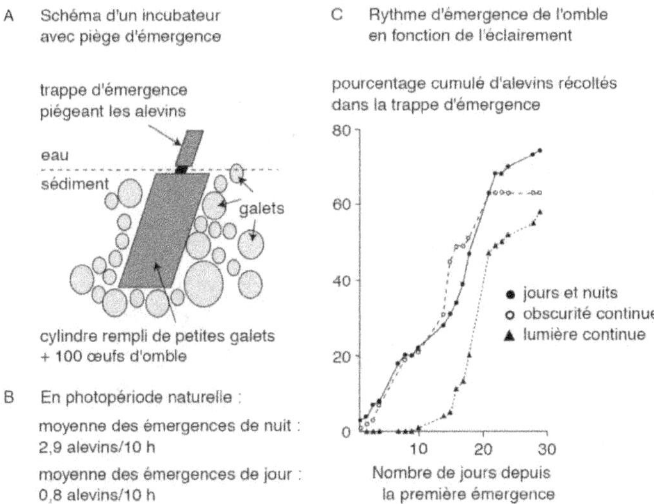

Figure 10.4 : Effets de l'éclairement sur les rythmes d'émergence des alevins d'omble chevalier. A : Dispositif utilisé en pisciculture pour étudier les rythmes d'émergence. B : Quantité moyenne d'alevins en fin de résorption émergents de jour et de nuit. C : Courbes des rythmes d'émergence des alevins maintenus dans l'obscurité, en régime d'éclairement jour 16L/nuit 8N ou en lumière continue. Gillet, données non publiées.

que les alevins ne montraient aucune agressivité vis-à-vis de leurs congénères et ne présentaient pas de comportement territorial ce qui explique sans doute pourquoi ils supportent en élevage des densités particulièrement élevées (Jobling *et al.*, 1993). Dans beaucoup de lacs en voie d'eutrophisation, l'omble chevalier a disparu : Loch Leven (Day, 1887), Paladru (Machino, 1995) ou a fortement régressé : lac de Zoug (Ruhlé, 1977), Léman (Rubin, 1990). Dans ce dernier lac, la survie des oeufs est très faible sur la plupart des frayères naturelles malgré une teneur en oxygène de l'eau supérieure à 8 mg/l dans l'eau au voisinage des frayères. Il existe sans doute un déficit en oxygène à l'interface eau-sédiment comme cela a été observé dans le lac de Sempach sur les frayères des corégones (Ventling-Schwank et Livingstone, 1994).

La fraie de la truite de lac (*Salmo trutta*)

Cette espèce n'accomplit en lac qu'une partie de son cycle vital. La truite de lac naît en rivière et y retourne pour s'y reproduire. En général, les truites de lac remontent frayer dans les affluents. Il existe des populations frayant dans les émissaires des lacs scandinaves (Champigneulle *et al.*,1991). Il existe aussi quelques populations qui frayent en bordure des lacs en Irlande (Stuart, 1953) et en Ecosse (Frost et Brown, 1972). Leroux (1928) indique que le même phénomène existait autrefois dans le lac d'Annecy. Dans le lac de Garde en Italie, une race de truite fario (*Salmo trutta carpio*) se reproduit en zone profonde dans le lac (Behnke, 1972).

Les migrations des reproducteurs vers leurs frayères se font à la fin de l'été ou en automne. Elles sont plus précoces en zone nordique que dans les Alpes. Dans le Léman, la population frayant dans le Redon a fait l'objet d'un suivi pluriannuel (Champigneulle *et al.*, 1991). La migration de reproduction se produit en novembre, décembre et janvier, souvent pendant ou juste après une crue. Le temps de séjour des géniteurs en rivière est généralement court (quelques semaines). Des expériences de marquage des alevins dans le Redon montrent l'existence d'un phénomène de homing. Ce phénomène est confirmé pour les truites du lac Léman, par des expériences de marquage des adultes sur leurs frayères dans deux affluents suisses du Léman, l'Aubonne et la Promonthouse (Büttiker et Matthey, 1986).

Les espèces lacustres à reproduction printanière

Toutes ces espèces se reproduisent pendant la période de réchauffement des eaux. Chez la plupart d'entre elles, l'élévation de la température de l'eau joue un rôle important dans l'initiation de la fraie. Chaque espèce a des exigences thermiques particulières. En conséquence, les périodes de fraie des différentes espèces se succèdent depuis la fin de l'hiver jusqu'au début de l'été.

La fraie du brochet *(Esox lucius)*

La période de reproduction et son contrôle par les facteurs de l'environnement

Le brochet se reproduit à la fin de l'hiver ou au début du printemps. Machniak (1975b) a rassemblé dans une synthèse bibliographique les dates de fraie d'un grand nombre de populations (tabl. 10.7). Les fraies les plus précoces commencent en février, les plus tardives au début de l'été dans les régions froides (Alaska). En France les brochets frayent à la fin février et en mars dans les étangs. Ils frayent un mois plus tard dans les lacs profonds. Dans le Léman (Haute Savoie) et le Vouglans (Jura), plusieurs années de suite, des oeufs de brochet ont été observés vers le 20 avril sur des frayères artificielles tandis qu'au Bourget (Savoie) les dates du début de la fraie varient davantage et sont plus précoces (15/03 à 10/04) (tabl. 10.8). Ce lac possède une zone littorale plus développée que les deux premiers. Les brochets sont plus sensibles au réchauffement printanier lorsqu'ils se tiennent dans la zone littorale que dans les eaux profondes, ce qui pourrait expliquer les différences de date de fraie entre les étangs et les lacs ayant une zone littorale développée d'une part et les lacs profonds d'autre part.

La plupart des auteurs citent des températures allant de 7 à 15°C pendant la fraie du brochet. Machniak (1975b) rapporte des températures allant de 2 à 20°C. Les valeurs extrêmes pourraient s'expliquer par les fluctuations nycthémérales très importantes qui peuvent exister au printemps dans les eaux peu profondes. La durée de la fraie du brochet est très variable suivant les plans d'eau : de quelques jours à un mois (Machniak, 1975b).

Structure et localisation des zones de frayères

Le brochet recherche toujours un tapis végétal pour frayer. Toutes sortes de plantes terrestres (dans les zones inondées) et aquatiques ont été observées sur les frayères de brochet (voir Bry, 1996 pour synthèse). Les meilleurs substrats de ponte

Tableau 10.7 : Habitudes de fraie chez le brochet (d'après une synthèse de Machniak, 1975 b).

Période de fraie	février	mars	avril	mai	juin	juillet
nombre de citations	2	15	28	21	6	1 (Alaska)
Température de fraie (°C)	0-5		6-10	11-15		16-20
nombre de citations	14		24	18		6
Profondeur des frayères (cm)	0-25		25-50	50-75	100	> 100
nombre de citations	15		14	5	1	2

Tableau 10.8 : Variabilité des dates de fraie du brochet. Relation entre les conditions climatiques et le déclenchement de la fraie dans trois lacs. (Observations réalisées sur des frayères artificielles en épicea. Gillet, données non publiées.).

| | Vouglans | | | | | Bourget | | | Léman | |
	baie de Chambaucon					délaissée de Quinsard			port Ripaille	
année	1986	1987	1988	1989	1990	1986	1987	1988	1987	1988
date du début de la fraie	23 avril	22 avril	20 avril	22 avril	18 avril	10 avril	01 avril	16 mars	22 avril	21 avril
température de surface (°C)	8,5	14,5	13	11	9	11,5	13	13,5	12,5	15,5
niveau du lac	haut et croissant	haut et stable	haut et décroissant	bas et croissant	bas et croissant	croissant	croissant	croissant	croissant	croissant

sont constitués par des tapis continus, denses et courts, par exemple de l'élodée ou des charas. Les touffes éparses de carex ou de molinie dans les prairies inondées constituent aussi de bon substrat de fraie. Dans les deux cas, les oeufs sont isolés du sédiment vaseux, ce qui leur assure une meilleure oxygénation et les protège du colmatage lorsque la sédimentation est importante (Casselman et Lewis, 1996).

Les brochets peuvent aussi venir déposer leurs oeufs sur des frayères artificielles, même lorsque celles-ci sont ancrées à une certaine distance du bord (Gillet et Dubois, 1995). Les meilleurs substrats pour les frayères artificielles sont les tapis denses et courts comme dans le cas des frayères naturelles : les branches d'épicéa, la bruyère ou les treillis plastique de type Emkamat figurent parmi les substrats artificiels les plus efficaces (Gillet et Dubois, 1995; Des Clers et Allardi, 1984) (tabl. 10.9).

La plupart des zones de frayères naturelles décrites pour le brochet sont situées dans des baies marécageuses ou dans des zones d'inondation. Les oeufs des brochets y sont déposés à faible profondeur, généralement entre 10 et 75 cm (tabl. 10.7). Dans les lacs, un autre type de frayère a été décrit. Il s'agit d'herbiers situés à des profondeurs de plus de 2 m : élodée et chara entre 3 et 7 m dans les lacs de Mazurie (Wilkonska et Zuromska, 1967), élodée et myriophylle entre 2 et 3,5 m dans le lac Windermere (Frost et Kipling, 1967). Dans les lacs de Mazurie, ce type de frayère est fréquenté par les plus gros brochets qui viennent y frayer plus tard que la population fréquentant les frayères situées à faible profondeur. Dans le Léman, les brochets choisissent des frayères de plus en plus profondes entre le début et la fin de la période de fraie (tabl. 10.10). Ce phénomène pourrait être en relation avec l'évolution de la température de l'eau. A la fin de la fraie, en mai, elle dépasse 14°C en surface tandis qu'elle se maintient vers 10°C à 3 m ce qui serait plus propice pour la fraie du brochet (Gillet et Dubois, 1995). Actuellement, dans les lacs subalpins (Annecy, Léman, Bourget), la lutte contre l'eutrophisation a permis un redéveloppement des herbiers de chara à partir de 6 m de profondeur, ce qui s'accompagne d'un retour du brochet, même lorsque tous les repeuplements ont été arrêtés depuis plus de 10 ans (cas du Léman).

Lorsqu'une retenue vient d'être mise en eau, la reproduction du brochet se déroule généralement de manière très satisfaisante la première année car le brochet trouve une grande quantité de végétation terrestre nouvellement immergée. Par la suite, dans les retenues à niveau variable, la fraie du brochet devient très difficile car les fluctuations de niveau font disparaître toute la végétation de la zone littorale et augmentent la turbidité de l'eau (Nelson, 1978 ; Groen et Schroeder, 1978).

Les frayères du brochet occupent généralement de grandes surfaces, en général plusieurs hectares (Wilkonska et Zuromska, 1967 ; Gravel et Dubé, 1980). La densité des oeufs sur les frayères naturelles du brochet est généralement très faible : quelques oeufs ou quelques dizaines d'oeufs par m^2. Elle peut atteindre plus de 1000 oeufs sur les frayères artificielles (Toner et Lawler, 1969 ; Fortin *et al.*, 1982 ; Gillet et Dubois, 1995).

Des tentatives de restauration ou de création de frayères à brochet ont été réalisées dans certains plans d'eau (Dubé et Gravel, 1978 ; Gravel et Dubé, 1980). Des résultats positifs ont été obtenus en aménageant des voies d'accès entre des zones de marais et les plans d'eau et en stabilisant dans la mesure du possible le niveau de l'eau dans la zone de frayère. Dans le lac de Paladru (Isère), une frayère à brochet a été créée en aménageant de petites dépressions dans une prairie marécageuse située en arrière d'une roselière (R. Godon, commun. pers.).

Tableau 10.9 : Densité et survie des œufs de brochet sur des frayères artificielles formées avec différents substrats. *D'après Gillet et Dubois*, 1995.

Nature du substrat de la frayère artificielle	retenue du Voulgans		Léman	
	œufs/m^2	survie (%)	œufs/m^2	survie (%)
Cyprès	330 ± 92	68,4	2	-
Genévrier	742 ± 196	80,0	60 ± 40	-
Epicea	1154 ± 159	92,3	173 ± 50	89,7
Enkamat (treillis en plastique)	711 ± 184	70,6	-	-

Tableau 10.10 : Quantité d'œufs de brochet sur des frayères artificielles placées à différentes profondeurs à port Ripaille (Léman) en 1988. *D'après Gillet et Dubois*, 1995.

Profondeur (m) de la frayère artificielle	Densité des œufs (œufs/m^2)			Température (°C) à différentes profondeurs, le 4 mai.
	21 avril	26 avril	4 mai	
0,5	25	0	0	14,0
2,0	-	1390	180	13,5
3,0	-	-	680	10,5

- : données manquantes

Migration et comportement de fraie du brochet

Les brochets sont capables d'accomplir des migrations de plusieurs km pour rejoindre leurs zones de frayère. Les déplacements se font généralement de nuit. Le réchauffement de l'eau et l'élévation du niveau d'eau, associée aux crues, seraient les deux facteurs externes déclenchant cette migration. Au Canada, celle-ci a souvent lieu juste après la fonte des neiges (Machniak, 1975b). Plusieurs auteurs suggèrent que les brochets manifesteraient un comportement de homing pour le choix de leur frayère (Frost et Kipling, 1967 ; Wilkonska et Zuromska, 1967). Des expériences de marquage ont permis de constater que les brochets sont généralement fidèles pendant plusieurs années aux mêmes zones de frayères (Karas et Lehtonen, 1993).

Les brochets frayent généralement dans la journée, de préférence par temps chaud et calme. La femelle dépose ses oeufs par une série d'ovipositions. Elle pond chaque fois quelques dizaines d'ovules et se déplace de quelques mètres entre chaque acte de ponte. Elle est capable de déposer ses oeufs avec une assez bonne précision. Sur une frayère artificielle en branchage, des oeufs furent déposés en quantité importante sur une branche d'épicea tandis que des branches de buis placées tout autour furent totalement délaissées par les brochets (Gillet, observations non publiées).

Influence des facteurs externes au cours de l'incubation

L'oeuf de brochet mesure 2,3 à 3,4 mm de diamètre (Machniak, 1975b). Il supporte une gamme importante de température : 3 à 20°C, selon Hokanson *et al.*, (1973) qui estiment que les températures optimales sont comprises entre 6 et 16°C. Les oeufs peuvent aussi supporter des chocs thermiques de grande amplitude, 16°C selon Tschortner (1956). Le développement dure une à trois semaines : 120 degrés-jours vers 12°C, (Huet, 1970) ou plus de 120 degrés-jours si la température est plus basse (Machniak, 1975b). Selon Fortin *et al.*, (1982), les chutes de températures peuvent entraîner des mortalités importantes car la température létale inférieure serait d'environ 3°C (Hassler, 1982).

Les décrues trop rapides provoquent la mort des oeufs qui se retrouvent exondés. La turbidité de l'eau peut aussi constituer un facteur de mortalité important lorsque les oeufs sont recouverts d'un dépôt de plusieurs millimètres pendant l'incubation. La prédation par les poissons et les invertébrés (perche et vairon en particulier) est responsable de mortalité importante sur certaines frayères (Machniak, 1975b). Les pourcentages de survie des œufs de brochets, cités dans la littérature, sont très variables : 95 % d'éclosion dans le lac Georges et 98 % de mortalité dans le lac Straken (Toner et Lawler, 1969). Dans les étangs utilisés pour la reproduction naturelle aménagée, la survie de l'oeuf jusqu'au stade alevin de six semaines est parfois supérieure à 30 % (Manephle, 1989) mais dans les zones de frayères naturelles, la survie est généralement beaucoup plus faible, en général inférieure à 1 % (voir Souchon, 1984 pour synthèse).

La fraie de la perche *(Perca fluviatilis)*

La période de reproduction et son contrôle par les facteurs de l'environnement

La perche se reproduit au printemps, juste après le brochet. En France, les perches des lacs subalpins frayent à partir de la fin du mois d'avril jusqu'au début du mois de juin (Gillet *et al.*, 1995). Sous les mêmes latitudes, dans les milieux peu profonds, la perche se reproduit environ un mois plus tôt, ce qui peut s'expliquer par le réchauffement plus précoce de ce type de milieu (Gillet, 1989a). Thorpe (1977a) a réalisé une synthèse des dates et des températures observées pendant la fraie de la perche. La fraie est d'autant plus tardive que la population vit à une latitude élevée. Les dates de fraie citées par différents auteurs vont de mars pour des lacs à 41°N jusqu'à début juillet pour 69,5°N (tabl. 10.11). Thorpe (1977a) signale que plus la fraie de la perche est tardive, moins la température de l'eau est élevée. Hokanson (1977) a observé chez *Perca flavescens,* espèce très proche de la perche fluviatile, que la température à laquelle se produit spontanément l'ovulation décroît régulièrement lorsque l'on prolonge expérimentalement le maintien des perches dans des conditions de températures hivernales (5°C). Il semble donc que le seuil thermique nécessaire au déclenchement de la fraie décroît avec le temps. Les températures de fraie indiquées dans la littérature vont de 4 à 14°C (Thorpe, 1977a). Lorsque les perches sont maintenues à des températures supérieures à 10°C en hiver, les femelles ne sont plus capables d'ovuler spontanément au printemps suivant (Hokanson, 1977). Le rôle joué par la photopériode pendant la fraie est moins bien connu que celui de la température. Cependant, ce facteur exerce un contrôle sur le déroulement de la gamétogénèse (tabl. 10.12).

Tableau 10.11 : Période de fraie chez la perche fluviatile en fonction de la latitude.

	latitude (°N)	période de fraie	température (°C)
Lac Dojran	41	03	-
Étangs (France)	45 - 47	fin 03 - mi 04	10 - 12
Lac Léman	46	fin 04 - début 06	09 - 13
Lac Majeur	46	15/04 - 15/05	-
Lac de Constance	47	04 - 05	-
Lac de Zurich	47	28/04 - 9/06	8 - 13
Lac de la Gombe	49	24/04 - 15/06	8,5 - 13,5
Slapton Ley	50	13/04 - début 05	9
Loch Leven	56	21/04 - fin 05	8,5
Baltique (Asko)	59	29/05 - fin 06	8,5
Hildenlampi	69	24/05 - 14/06	5
Dudinka	69,5	fin 06 - 07	-

Tableau 10.12 : Effet de photopériode sur le développement des gonades chez la perche fluviatile. Expérimentation de juillet à octobre à 16°C. Gillet, données non publiées.

Conditions d'élevage	Rapport gonado-somatique	
	mâle	femelle
jours longs		
16L - 8 N	0,24 ± 0,08 (testicules regressés)	1,21 ± 0,19 (ovaires regressés)
jours courts		
8L - 16 N	5,45 ± 0,49 (spermilation)	5,55 ± 0,54 (ovocytes en vitellogénèse)

Plusieurs auteurs signalent que les différentes classes d'âge se succèdent sur les zones de frayère (Holcik, 1969 ; Hartmann, 1974 ; Thorpe, 1977b). Au Léman, les plus grosses femelles ont tendance à frayer plus tardivement que les petites (fig. 10.5) (Gillet *et al.*, 1995). Ce phénomène est vraisemblablement lié au comportement de migration des perches du Léman : les poissons les plus âgés resteraient plus longtemps dans les eaux profondes où ils hivernent. Le phénomène inverse a été décrit dans un petit lac profond de Belgique où les plus grosses perches frayent les premières car elles occupent les eaux de surface riches en nourriture tandis que les petites perches vivent en zone profonde (Dalimier *et al.*, 1982). La durée de la fraie est très variable. En rivière, la fraie dure en général une semaine tandis que dans les lacs profonds elle peut dépasser un mois (Thorpe, 1977b ; Gillet et Dubois, 1995). Dans le Léman, en mai, les vents violents refroidissent l'eau et ralentissent le rythme de fraie tandis que le beau temps, associé au réchauffement de l'eau produit l'effet inverse (fig. 10.6).

Particularité de la ponte de la perche

La perche pond tous ses oeufs en une seule fois. Sa ponte a la forme d'un ruban. Il s'agit en fait d'un cylindre creux et aplati car les oeufs sont reliés entre eux par une gangue de mucus (Thorpe, 1977b). La longueur et la largeur (mesurée dans la partie centrale) de la ponte sont bien corrélées avec le nombre total d'oeufs de la ponte (fig. 10.7). Le nombre total d'oeufs est corrélé à la taille de la femelle (Dubois *et al.*, 1996). Il est donc possible d'échantillonner la population de perche femelle (nombre et répartition en taille) à partir du nombre et de la mesure des dimensions de leurs pontes. Cette particularité a été utilisée pour réaliser des études en plongée sur les zones de frayères naturelles (Dalimier *et al.*, 1982 ; Lang, 1987 ; Aalto et Newsome, 1990) ou à partir de pontes récoltées sur des frayères artificielles (Gillet *et al.*, 1995).

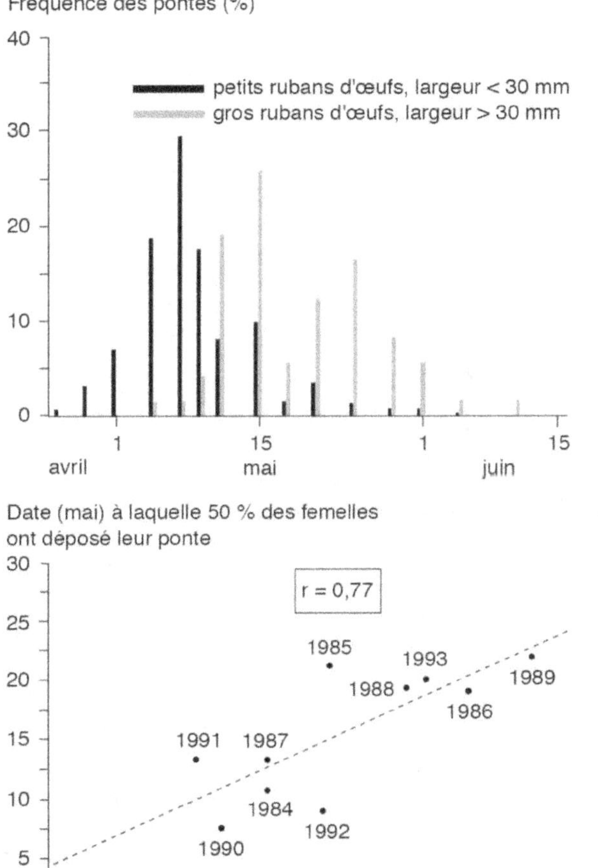

Figure 10.5 : Rythme de fraie des perches du Léman en fonction de leur taille estimée à partir de la largeur de leur ruban d'oeufs.
A : rythme de fraie des petites et des grosses perches en 1990.
B : corrélation entre la date moyenne de la fraie et la largeur moyenne des pontes de 1984 à 1993. *D'après Gillet et al., 1995.*

L'emplacement et la composition des frayères de la perche

Dans la plupart des petits plans d'eau, la perche fraye à des profondeurs comprises entre 0,5 et 3 m. Dans les grands lacs, les pontes sont déposées à des profondeurs plus

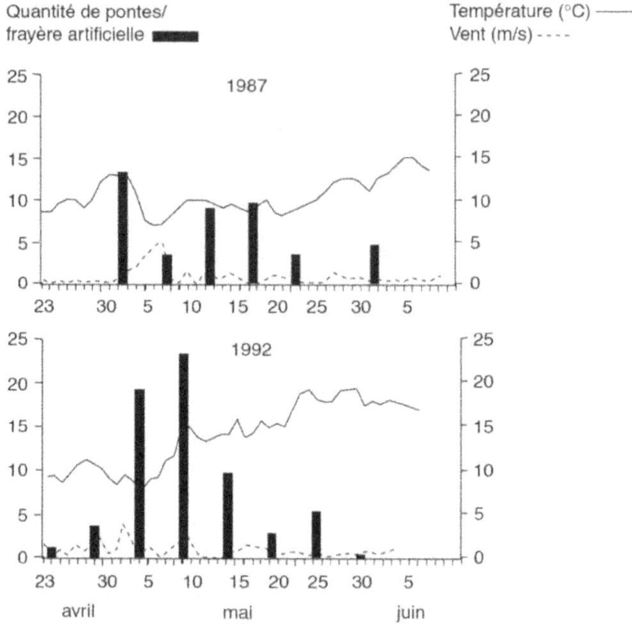

Figure 10.6 : Rythme de fraie des perches du Léman mesuré sur des frayères artificielles en branche d'épicéa. En 1987, le vent du nord refroidit l'eau et ralentit la fraie au début du mois de mai. En 1992, un épisode de beau temps à la même période réchauffe rapidement l'eau et accélère la fraie. *D'après Gillet* et al., *1995.*

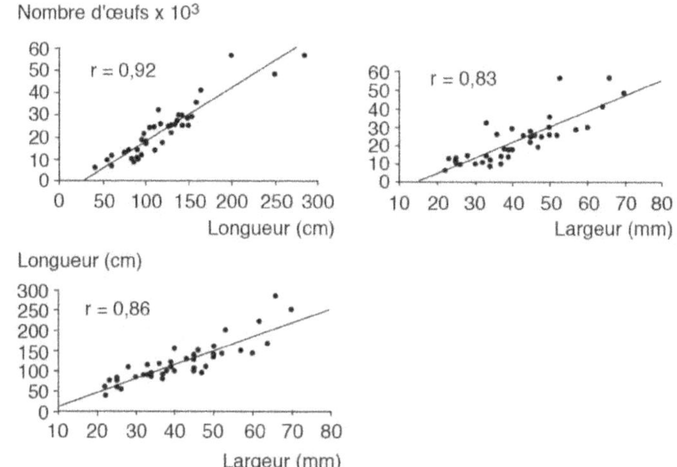

Figure 10.7 : Correlations entre le nombre d'oeufs contenus dans chaque ponte de perche et la largeur ou la longueur de la ponte. La largeur est mesurée dans la partie centrale de la chaîne d'oeufs. *D'après Gillet* et al., *1995.*

importantes que dans les petits plans d'eau moins profonds (tabl. 10.13). En utilisant des frayères artificielles dans le Léman, Gillet et Dubois (1995) ont observé les pontes de perche entre 4 et 12 m de fond. Aucune ponte n'a été collectée sur les frayères immergées par 2 m de fond. Certaines années, les perches du Léman choisissent des zones de fraie de plus en plus profondes entre le début et la fin de la période de fraie. Ce phénomène s'observe plus particulièrement les années où la température de l'eau dépasse 14°C vers 4 m avant la fin de la fraie. Les perches recherchent alors des eaux plus profondes et plus froides (fig. 10.8) (Gillet et Dubois, 1995).

La perche est très éclectique vis-à-vis des supports où elle dépose sa ponte : plantes aquatiques, branchages immergés, souches, racines, rochers etc... Ce vaste choix de substrats lui permet de frayer facilement dans pratiquement tous les plans d'eau, y compris les retenues à niveau variable, quelle que soit la hauteur de l'eau (Thorpe, 1977b). Il est possible de faire frayer les perches sur des frayères artificielles pourvu que le substrat de la frayère ait une structure capable de retenir la ponte que ces dernières cherchent à enrouler autour du substrat : branche d'arbre, grillage etc... Dans le Léman, la quantité de pontes déposées par les perches sur les frayères artificielles dépend à la fois de la nature du substrat et de sa présentation. Les résultats sont répétitifs entre les frayères d'un même type (tabl. 10.14) (Gillet et Dubois, 1995). Les perches apprécient particulièrement les branches de conifères comme frayère : le sapin (Echo, 1955), l'épicéa (Gillet et Dubois, 1995). Il est possible d'utiliser des frayères artificielles pour étudier les habitudes de fraie de la perche (fig. 10.5, 10.6 et 10.8).

Dans le Loch Leven (Ecosse), Jones (1982) a observé, en utilisant des fagots de branchages, que les pontes sont plus nombreuses dans les zones protégées des vents dominants. Ce phènomène évolue lorsque les vents changent de direction. Les tempêtes peuvent causer des dégâts importants en arrachant les pontes de perche de leur substrat (Thorpe, 1977b). L'amplitude des vagues étant particulièrement important dans les grands plans d'eau, cela pourrait expliquer pourquoi les perches s'y sont adaptées à rechercher des zones de frayères particulièrement profondes.

Tableau 10.13 : Nature et profondeur des frayères chez la perche (* : frayères artificielles).

auteurs	lac	profondeur moyenne	profondeurs extrêmes	substrat de ponte
Lang, 1981	Léman	3,5 m	1 à 10 m	macrophytes branchages
Gillet et Dubois, 1995	Léman		4 à 12 m	branches de conifère (*)
Guma'a, 1977	Windermere		5 à 10 m	
Dalimier *et al.*, 1982	La Gombe	12 m	2 à 26 m	branchages
Zeh *et al.*, 1989	lac de Zurich		3 à 6 m	branches de conifère (*)
Virolyainen, 1940	lac Lagoda		jusqu'à 8 m	
Jones, 1981	loch Leven		1 à 5 m	branchages (*)
Treasurer, 1980	loch Kinord	0,60 m		plantes diverses
Treasurer, 1980	loch Davan	0,79 m		joncs

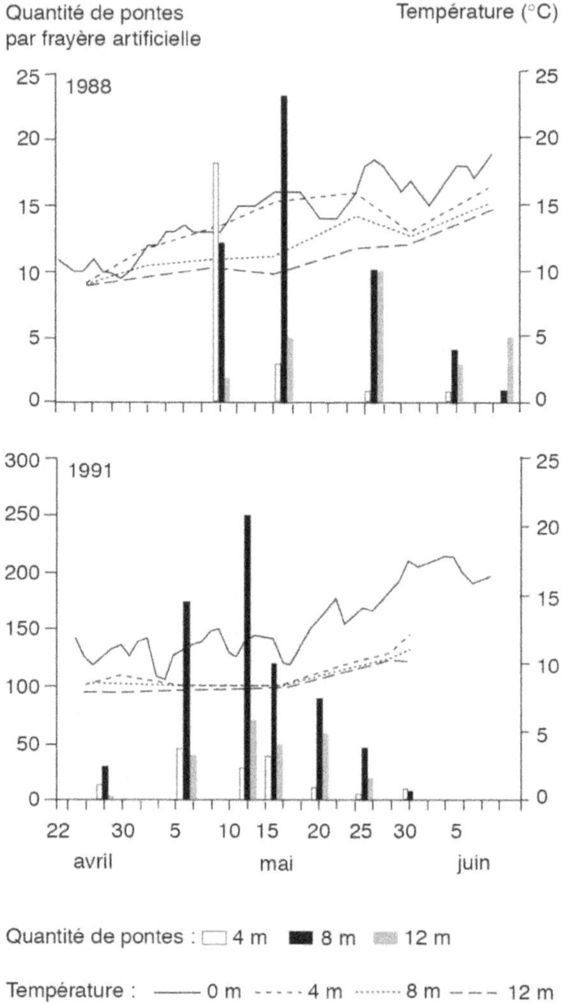

Figure 10.8 : Rythme de fraie des perches du Léman sur des frayères artificielles placées à différentes profondeurs : 4, 8 et 12 m. La température de l'eau est mesurée en surface, à 4, 8 et 12 m. En 1988, au début de la fraie les perches préfèrent frayer à 4 m puis lorsque la température de l'eau dépasse 14°C à 4 m, les perches frayent principalement à 8 puis à 12 m. En 1991, la température reste basse et stable à 4, 8 et 12 m. Dans ces conditions, les perches préfèrent frayer à 8 m de profondeur. *D'après Gillet et Dubois*, 1995.

Tableau 10.14 : Utilisation de frayères artificielles pour la perche. Répétabilité des résultats. Nombre de pontes par frayère. *D'après Gillet et Dubois, 1995.*

A : Nombre de pontes sur différents substrats de fraie, 1984

    Branches (profondeur - 4 m) : 23-23-20-25-31   *moyenne* : 24

                                                  ($P<1\%$, test T)

    Grillage (profondeur - 4 m) : 13-8-15-9   *moyenne* : 11

B : Nombre de pontes à différentes profondeurs, 1989

    Branches (profondeur - 4 m) : 51-39-45-40-51-54   *moyenne* : 47

                                                  ($P<1\%$, test T)

    Branches (profondeur - 8 m) : 66-63-79-68   *moyenne* : 68

C : Présentation de la frayère. Distance par rapport au fond, 1985

    Profondeur : 4m, sur le fond : 27-28

    4m sous la surface, par 8m de profondeur : 10-12

    4m sous la surface, par 12m de profondeur : 4-4

Dans le lac Lochaber (Canada), Aalto et Newsome (1990) ont constaté que la population de perches est composée de plusieurs sous-populations venant chacune frayer dans un emplacement particulier du lac. Deux observations viennent étayer ce constat : d'une part, le retrait systématique des pontes d'un seul emplacement affecte uniquement le recrutement de la sous-population qui venait frayer à cet emplacement. D'autre part, le succès du recrutement de chacune des sous-populations est affecté différemment par les différents vents dominants, en relation avec l'orientation des emplacements des frayères des différentes sous-populations (Aalto et Newsome, 1993). Ces observations permettent de supposer l'existence de homing chez certaines populations de perche. Des expériences de capture et de marquage des géniteurs sur leur zone de frayère dans le lac Oneida confirment que les perches retournent chaque année frayer dans la même zone de frayère (Clady, 1977).

Influence des facteurs externes au cours de la période d'incubation

Chez la perche, la survie des pontes jusqu'à l'éclosion est très dépendante du régime thermique qu'elles subissent pendant l'incubation. Hokanson (1977) a montré que les températures favorables aux différentes étapes du développement embryonnaire étaient de plus en plus élevées au fur et à mesure que l'embryon devenait plus âgé. A la fécondation l'oeuf supporte des températures très basses mais meurt au-dessus de 20°C. Au début de la phase d'alimentation, la larve ne supporte pas des températures inférieures à 10°C, l'optimum étant alors vers 20°C (tabl. 10.15). Dans les conditions naturelles, le développement des oeufs de perche dure 10 à 20 jours environ. Le taux d'embryonnement des pontes est généralement très élevé. Dans le Léman, les valeurs moyennes sont toujours supérieures à 90 % (Gillet *et al.*, 1995). Les oeufs de perche ne semblent pas subir une prédation importante de la part des autres poissons bien qu'ils ne soient apparemment pas toxiques. Newsome et Hompkins (1985)

Tableau 10.15 : Températures limites (en °C) pour différentes étapes du cycle vital chez *Perca flavescens* (*d'après Hokanson*, 1997).

	Températures	
Étapes du cycle vital	minimum	maximum
% de femelles ovulées en fonction de la température hivernale	5 100% d'ovulation	10 40% d'ovulation
survie de l'œuf de la fécondation au stade plaque neurale	5 survie 95%	21 survie 50%
survie de l'œuf du stade plaque neurale à l'éclosion	8 survie 55%	23 survie 50%
survie de l'éclosion à la fin de la résorption	10 survie 50%	25 survie 50%
optimum physiologique pour le juvénile	26	

pensent que leur goût ou leur odeur repousserait les autres poissons. Thorpe (1977b) signale que les cygnes sont parfois prédateurs des oeufs de perche. Le succès du recrutement naturel des perches dépend pour beaucoup des facteurs climatiques, principalement du vent et de la température pendant les premières semaines de la vie larvaire (Clady, 1976). La prédation que les fortes générations de perche exercent sur leurs propres larves semble aussi constituer un facteur de mortalité important (Gillet *et al.*, 1995). Dans les conditions les plus défavorables, le recrutement des juvéniles de perche peut être pratiquement nul (Craig et Kipling, 1983).

La fraie du gardon *(Rutilus rutilus)*

La période de reproduction et son contrôle par les facteurs de l'environnement

En Europe, le gardon se reproduit en avril, en mai et en juin (Wilkonska et Zuromska, 1967; L'Abée-Lund et Vollestad, 1985; Gillet et Dubois, 1995). Bray (1971) signale la présence d'oeufs de gardon dans le canal de rejet d'une centrale thermique en Angleterre le 20 mars, la température de l'eau étant de 20°C. La fraie du gardon commence généralement après une période de beau temps, associé à un réchauffement rapide de la température de l'eau de surface qui dépasse alors la valeur de 15°C. Au Léman, les journées précédant le déclenchement de la fraie du gardon sont toujours caractérisées par l'absence de vent, ce qui permet le réchauffement des eaux de surface (fig. 10.9). Dans le Léman, une forte génération de gardon est née en 1982. Cette cohorte domine la population de gardon depuis la fin des années 80. Ces dernières années (1995, 1996), ces poissons âgés de plus de 10 ans se reproduisent plus précocement et à des températures plus basses que lorsqu'ils étaient plus jeunes (fig. 10.9 et 10.10). Wilkonska (1967) a observé dans le lac Sniardwy (Pologne) que les gardons les plus âgés migraient et frayaient les premiers. Il semble donc que d'une manière générale, les gardons âgés se reproduisent avant les jeunes comme cela a été observé en 1983 dans le lac d'Annecy (Gillet, données non publiées). Les températures de fraie du gardon citées dans la littérature sont très variables : 10°C en Norvège (L'Abée-Lund et Vollestad, 1985) jusqu'à 20°C (Bray, 1971 ; Gillet, 1989a). A l'époque de la fraie du gardon, la température des eaux de surface fluctue rapidement au cours de la journée et d'un jour à l'autre, ce qui peut expliquer la diversité des températures mesurées sur les frayères du gardon. Il est possible que l'âge des gardons et éventuellement leur origine génétique interviennent aussi dans la diversité des températures mesurées pendant la fraie.

Chez plusieurs cyprinidés, des études en laboratoire montrent qu'une élévation de la température de l'eau stimule la sécrétion de l'hormone gonadotrope maturante, la GTH2, qui induit la maturation et l'ovulation (Gillet et Billard, 1977; Stacey *et al.*, 1979). Chez les gardons du Léman, les poissons des deux sexes présentent une accumulation de gonadolibérine dans l'hypothalamus et une teneur très faible en gonadotropine plasmatique le jour de leur arrivée sur les zones de frayère. Dès le lendemain, la gonadolibérine est sécrétée, ce qui entraîne une élévation de la gonadotropine plasmatique et le déclenchement de la fraie (Breton *et al.*, 1988). La fraie du gardon dure en général moins d'une semaine sur chaque zone de frayère du Léman mais une chute de la température de l'eau peut ralentir le phénomène (fig. 10.9 et 10.10). Dans ces conditions, la fraie du gardon peut durer plus d'une quinzaine de jours. Pendant le développement des ovaires qui dure environ 8 mois, la température de l'eau exerce un contrôle sur la vitesse de développement des grappes ovariennes. Le développement des ovaires des gardons est rapide en automne et au printemps. Il est plus lent pendant l'hiver lorsque la température de l'eau est voisine de 6°C dans le Léman. Lorsque l'on transforme les dates en degré-jour, la vitesse de développement devient pratiquement linéaire en fonction du temps. Les meilleurs ajustements sont réalisés en sommant les degrés-jours au-dessus de 4°C. Cette valeur correspondrait à la valeur seuil de température où le développement des ovaires est nul (fig. 10.11). En automne, le maintien des géniteurs en eau froide (vers 14°C) et en jours courts favorise l'initiation du développement des ovaires. A 20°C, les ovaires se développent très lentement si les poissons sont élevés en jours courts et demeurent régressés en régime de jours longs (fig. 10.12). Il semble donc que les températures voisines de 20°C soient moins propices au développement des grappes ovariennes que les températures plus basses (14°C ou moins) chez le gardon.

Localisation et nature des frayères du gardon. Comportement de ponte

Le gardon peut déposer ses oeufs sur toutes sortes de substrats naturels ou artificiels, comme la plupart des cyprinidés : diverses plantes à structure dense et rase, par exemple des branches de conifères, de buis, de bruyère ou des chevelus de racine de saule. Les gardons peuvent aussi pondre sur des brosses à balais, du

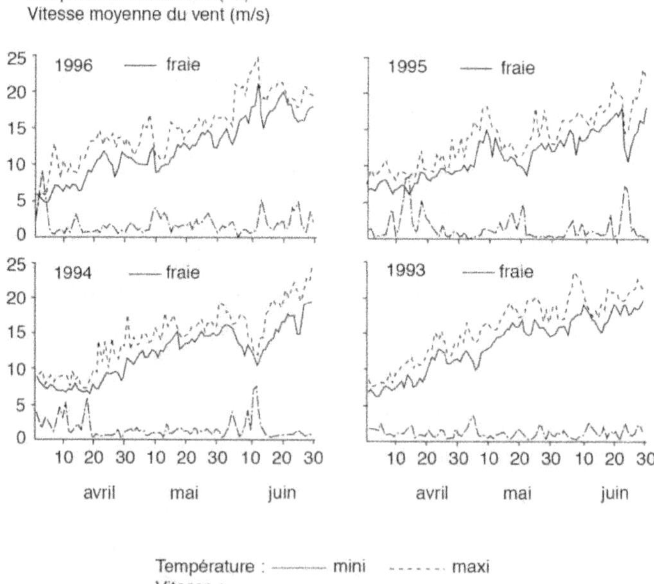

Figure 10.9 : Dates et durées de la fraie du gardon dans le Léman en relation avec la température de l'eau de surface et la vitesse journalière moyenne du vent de 1984 à 1987. *D'après Gillet et Dubois, 1995.*

Figure 10.10 : Dates et durées de la fraie du gardon dans le Léman en relation avec la température de l'eau de surface et la vitesse journalière moyenne du vent de 1993 à 1996. Le trait en pointillé signifie que la fraie du gardon diminue d'intensité en raison du mauvais temps. *Gillet, données non publiées.*

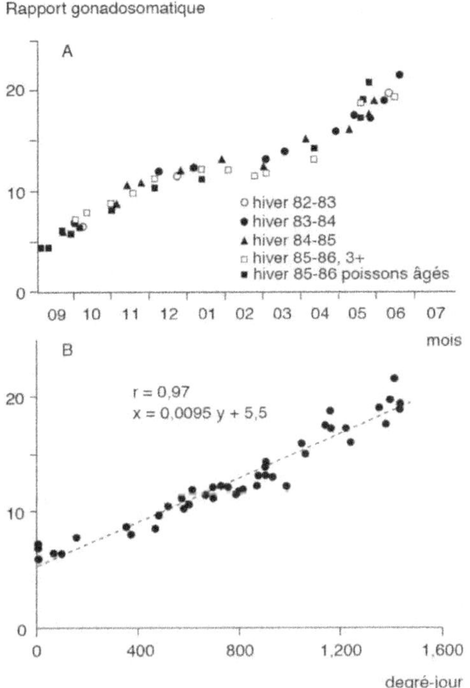

Figure 10.11 : Evolution du rapport gonado-somatique des gardons femelles dans le Léman de septembre à la date de la fraie. A : Les dates en abscisse sont exprimées en jours depuis le 01/09. B : Les dates sont exprimées en nombre de degrés-jours depuis le 01/09 en sommant les degrés à partir de 4°C, valeur du zéro de développement. 850 femelles ont été examinées en 4 ans, chaque point représente une valeur moyenne calculée sur environ une vingtaine de poissons. *Gillet, données non publiées.*

raphia, ou des treillis en plastiques...Des oeufs ont même été observés sur des cordes d'amarrage (Gillet, observation non publiée). La nature collante des oeufs facilite leur adhérence à un grand nombre de supports. La plupart des frayères lacustres du gardon décrites dans la littérature sont des zones peu profondes tapissées de végétation, par exemple des fonds de baie, abrités des vagues par une ceinture de joncs ou de roseaux (Wilkonska et Zuromska, 1967). Il existe aussi des populations qui frayent sur des substrats de type minéral (galets, blocs ou enrochements). Les populations fréquentant le premier type de frayère sont dites à fraie phytophile et les dernières à fraie lithophile (Balon, 1975) (tabl. 10.16). Dans le Léman et au Vouglans, les gardons acceptent de déposer leurs oeufs sur des frayères artificielles flottantes, y compris lorsqu'elles sont installées à distance des berges. Ces deux lacs possèdent des populations de gardon importantes et des surfaces de frayères naturelles réduites. Dans le Léman la densité des oeufs sur les frayères artificielles est très forte. Elle peut dépasser 100 000 oeufs par m². Elle

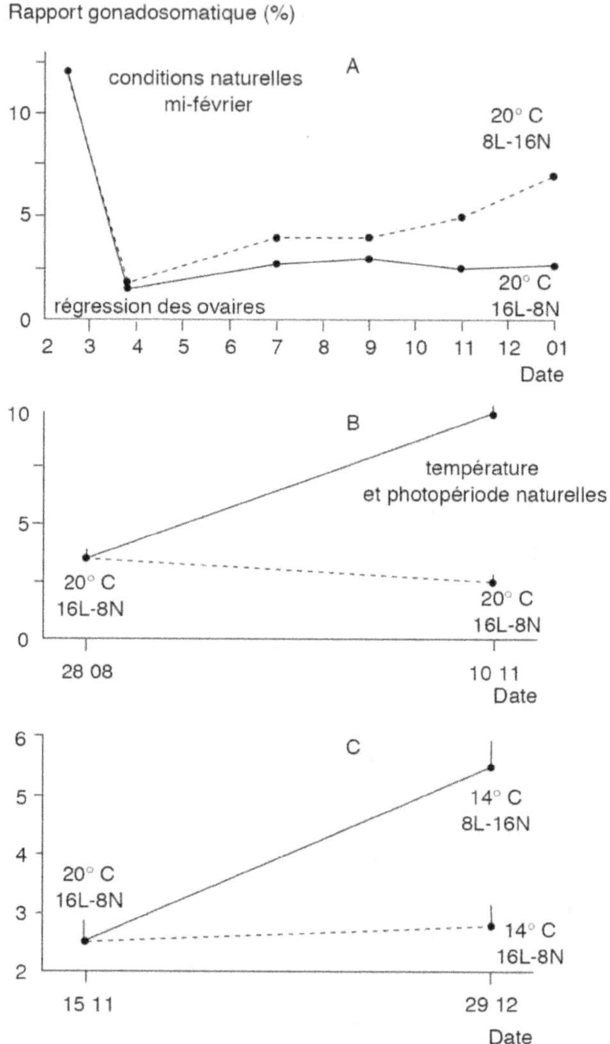

Figure 10. 12 : Evolution du rapport gonado-somatique des gardons femelles élevées en condition de température et de photopériode contrôlées. A : Effets d'une acclimatation à 20°C au mois de février. En jours courts et en jours longs, les ovaires des gardons régressent totalement en un mois. En jours longs, les ovaires demeurent régressés pendant un an tandis qu'en jours courts, ils se développent très lentement. B et C : développement des ovaires de poissons issus du groupe élevé à 20°C en jours longs (16L-8N) figurant sur la figure 12A. En B des poissons sont transférés à la fin du mois d'août de 20°C, 16L-8N dans un bassin extérieur en conditions climatiques naturelles. Les poissons sont sacrifiés 73 jours plus tard. En C, des poissons sont transférés de 20°C, 16L-8N à 14°C en jours courts ou en jours longs, le 15/11 et ils sont sacrifiés 44 jours plus tard.

varie beaucoup d'une année sur l'autre en fonction des conditions climatiques. En 1985 au Léman, la densité des oeufs sur les frayères artificielles est plus faible qu'en 1984 et 1986 en raison de mauvaises conditions climatiques qui perturbent le déroulement de la fraie (tabl. 10.17 et fig. 10.9). Sur les frayères naturelles la densité des oeufs peut dépasser 1000 par m^2 (Zuromska, 1967). Les femelles déposent généralement leurs oeufs dans les premiers centimètres sous la surface mais lorsque la stratification thermique est détruite par le mauvais temps, la fraie peut se produire à des profondeurs plus importantes (tabl. 10.16).

Plusieurs auteurs ont décrit le comportement des géniteurs pendant la fraie. Deux types de comportements différents ont été décrits. Souvent, chaque femelle nage au dessus du substrat de ponte, accompagnée et suivie par plusieurs mâles. La femelle dépose ses oeufs par petites quantités en plusieurs ovipositions successives et elle se déplace entre chaque oviposition (Diamond, 1985 ; Kozlovskij, 1991). Dans d'autres cas, chaque mâle dominant défend un territoire précis dans la zone de frayères et les femelles viennent pondre successivement dans plusieurs territoires différents avec différents mâles. A chaque oviposition, les mâles dominés et les mâles des territoires voisins de celui choisi par la femelle participent de manière marginale à la fécondation aux côtés du mâle dominant. Ce type de comportement se rencontre généralement chez la brème (Kozlovskij, 1991; Poncin *et al.*, 1996) mais il s'observe aussi chez le gardon lorsque les géniteurs sont nombreux par rapport à la surface de frayère disponible (Wedekind, 1996; Gillet, observation non publiée).

Existence d'une mémorisation des zones de frayères

Dans certains lacs, les gardons retournent chaque année frayer aux mêmes emplacements, même lorsqu'il existe d'autres zones de frayères potentielles. Dans le lac Sniardwy en Pologne, d'une surface de 11 000 ha, l'ensemble de la population de gardon vient frayer dans une baie peu profonde de 680 ha. Des expériences de marquage montrent que les gardons reviennent chaque année dans cette baie pour la fraie puis qu'ils se dispersent dans l'ensemble du lac (Wilkonska, 1967). Dans le lac Tjeukemeer, aux Pays-Bas, les gardons utilisent deux zones de fraie distinctes. Des expériences de marquage prouvent que les échanges de population entre les deux frayères sont très limités (Goldspink, 1977). Dans le lac Arungen en Norvège, une expérimentation portant sur 19 959 gardons marqués et 2515 recapturés permet d'estimer le taux d'égarement (les gardons qui changent de zone de frayère d'une année à l'autre) à 13,5% (L'Abée-Lund et Vollestad, 1985).

Influence des facteurs externes au cours de l'incubation

Le pourcentage de survie des oeufs de gardon sur les frayères naturelles ou artificielles est généralement très élevé : 95% (Mills, 1981), 95 à 99% dans les lacs de Mazurie (Zuromska, 1967), 97 à 99% dans le Léman (Gillet, 1989). L'oeuf de gardon supporte des températures comprises entre 12 et 24°C (Gulidov et Popova, 1982). Les deux principaux facteurs de mortalité au cours du développement embryonnaire sont les vagues qui arrachent les oeufs de leur substrat de ponte et la prédation par les pois-

Tableau 10.16 : Composition et profondeur des frayères du gardon.

Auteur	Milieu d'étude	Substrat de la frayère	Profondeur
A : populations phytophiles			
Mills, 1981	river Frome	fontinales	0 à 0,9 m
Peczalska, 1968	canaux	plantes aquatiques	quelques cm
Wilkonska et Zuromska 1967	lacs de Mazurie	carex, agrostis scripes et fontinales	0,1 à 1,5 m
Gillet, 1989	ballastière	racine de saule	0,1 à 0,5 m
Diamond, 1985	lac	racines de saule	< 0,3 m
B : populations lithophiles			
Holcik et Hruska, 1966	lac Klicava	Rochers et galets	0 à 1,5 m profondeur moyenne 0,4 m (temps chaud) 0,7 m (temps froid)
Gillet, 1989	lac Léman	Enrochements	0,08 à 1,5 m jusqu'à 4 m par mauvais temps

Tableau 10.17 : Densité et survie des œufs de gardon sur des frayères artificielles flottantes dans le Léman. *D'après Gillet et Dubois*, 1995.

Année	Distance du rivage (m)	Substrat des frayères artificielles			
		Treillis en plastique		Branches d'épicéa	
		œufs/cm²	survie (%)	œufs/cm	survie (%)
1984	0,5	30,4 ± 2,4	99,4 ± 0,2	25,8 ± 8,4	99,5 ± 0,3
1984	150	53,0 ± 2,4	99,0 ± 0,4	70,0 ± 10,3	99,5 ± 0,3
1985	0,5	2,4 ± 0,2	100	36,3 ± 5,1	99,5 ± 0,3
1985	100	3,3 ± 1,3	99,7 ± 0,2	17,8 ± 2,6	99,3 ± 0,2
1985	250	3,0 ± 0,7	98,0 ± 0,1	15,1 ± 0,1	100
1986	0,5	38,3	99,5	248,4	99,7
1986	100	70,5	99,7	230,4	99,7
1986	200	75,6	99,7	153,7	99,7
1987	0,5	83,2 ± 2,2	-	189,4 ± 24,8	-
1987	200	35,1 ± 3,8	-	169,5 ± 30,2	-

Tableau 10.18 : Évolution de la densité et de la survie des œufs de gardon sur deux types de frayères artificielles au Léman, *d'après Gillet et Dubois,* 1995.

Substrat de la frayère	Treillis plastique		Branches d'épicéa	
	Oeufs/cm^2	Survie (%)	Oeufs/cm^2	Survie (%)
17 juin 1984 (stade : blastula)	25,9	98,9	54,5	98,7
18 juin	34,3	98,0	90,6	98,9
19 juin	23,7	98,5	97,3	100
20 juin	36,3	99,7	63,6	100
21 juin (stade oeillé)	31,8	100	44,2	100
Moyenne	30,4 $\pm$ 2.4	99,0 $\pm$ 0,4	70,0 $\pm$ 10,3	99,5 $\pm$ 0,3

sons et les invertébrés. Dans les lacs de Mazurie, Zuromska (1967) estime que les pertes cumulées représentent 95 à 99% au cours de l'incubation et de la résorption. Dans le Léman la densité des oeufs sur les frayères artificielles flottantes ne varie pas entre le début et la fin du développement embryonnaire (tabl. 10.18).

La fraie des cyprinidés à ponte fractionnée

Le contrôle de la date et de la durée de la fraie par les variations de la température

Chez les salmonidés, le brochet, la perche et le gardon, les femelles ne pondent qu'une fois par an. Chez la majorité des cyprinidés (ablette, tanche, brème, rotengle..), les femelles pondent plusieurs fois au cours de la saison de reproduction. L'influence de la température de l'eau sur la date et le rythme de fraie a été étudiée chez la tanche dans des étangs réchauffés artificiellement, (Horoszewicz *et al.,* 1981) : La fraie des tanches a toujours commencé lorsque l'eau a atteint une température supérieure ou égale à 22°C. Elle a commencé en mai ou juin suivant le degré de réchauffement de l'eau. Elle s'est poursuivie jusqu'au mois d'août dans tous les étangs. La fraie s'interrompait lorsque la température de l'eau descendait au-dessous de 22°C. Le nombre de fraies successives des tanches fut d'autant plus important que la température moyenne de l'étang était élevée. L'observation du déroulement de la fraie des tanches dans le port de l'INRA, en bordure du Léman, confirme dans les grandes lignes, les résultats publiés par Horoscewicz *et al.,* (1981) : les tanches commencent à frayer lorsque la température de l'eau de surface atteint ou dépasse 22°C. La fraie des tanches est interrompue par chaque chute importante de la température. Lorsque l'eau dépasse 22°C en surface à l'extérieur du port (les ports constituent des zones abritées qui se réchauffent plus vite et davantage que le reste de la zone littorale), les tanches frayent dans toute la zone littorale. Les années froides, les tanches frayent jusqu'à la fin du mois d'août tandis que la fraie paraît cesser au cours de la première quinzaine d'août les années chaudes (Gillet, observations non publiées).

Dans le Léman et le lac de Vouglans, la brème commune commence à frayer avant le gardon, en général vers 15°C. Les observations de Kennedy et Fiztmaurice (1968) en Irlande confirment que la brème commence à frayer avant le gardon, aux alentours de 15°C. L'ablette, au Léman et au Bourget, commence à frayer à des températures supérieures à 20°C. La fraie de ces deux espèces prend fin en juillet. Le rotengle fraye aux mêmes dates que la tanche, quelques semaines après la brème (Kennedy et Fiztmaurice, 1974). Dans les parties les plus septentrionales de leurs aires de répartition, certaines espèces comme la brème ne frayent qu'une seule fois par an. Quand la température de l'eau atteint pendant la période de reproduction des températures très élevées, 28°C ou plus, la fraie de la brème, du rotengle et de l'ablette sont inhibées (Statova, 1973).

Localisation et nature des zones de frayères

La tanche et le rotengle sont des espèces à reproduction phytophile tandis que la brème et l'ablette sont phyto-lithophiles. Selon Kennedy et Fiztmaurice (1974), en Irlande, le rotengle fraye à partir de mai jusqu'en juillet sur toutes sortes de plante aquatiques : *renoncule, callitriche, carex, prêle, fontinale, phragmite, hippuris,* etc.... dans une gamme de profondeur allant de 0,15 à 1 m, parfois dans les mêmes sites que la tanche. Dans le Léman, la brème et la tanche frayent sur différents macrophytes, en particulier le Potamogeton pectinatus et sur les algues filamenteuses qui poussent sur les tiges des phragmites et qui tapissent les rochers. En général ces espèces frayent sous moins d'un mètre d'eau (Gillet, observations non publiées). Poncin *et al.,* (1996), en Belgique et Diamond (1985) en Angleterre, ont observé la fraie de la brème sur des racines de saule. Dans le Léman et le Bourget, l'ablette dépose ses œufs sur des graviers sous moins de 10 cm d'eau, au ras du bord, toujours aux mêmes emplacements chaque année (Gillet, observations non publiées). Dans certains lacs d'Europe centrale, il existe des sous-populations de brème et d'ablette à fraie phytophile et d'autres à fraie lithophile (Holcik et Hruska, 1967). Dans la retenue roumaine de Bicaz où le marnage peut atteindre 50 m, des ablettes se sont habituées à venir frayer sur les filets des cages flottantes d'un élevage de truite, ce qui constitue un site favorable par rapport aux berges où leurs oeufs risquent d'être exondés (Miron, 1991).

Discussion et conclusion

Bien que les habitudes de fraie des poissons lacustres soient très diversifiées, certaines caractéristiques se retrouvent chez de nombreuses espèces. Un comportement de homing a été décrit chez la plupart des espèces. Certains auteurs n'hésitent pas à postuler que le homing est un caractère commun à pratiquement toutes les espèces animales (Curry, 1994). Ce comportement se rencontre très fréquemment chez les salmonidés lacustres où il pourrait jouer un rôle important dans la différentiation de plusieurs sous-espèces dans le même lac car il favorise l'isolement reproducteur de plusieurs sous-populations ou dèmes (Svenning et Grotnes, 1991). Des cas de homing ont aussi été observés chez les poissons lacustres à fraie printanière. Selon L'Abée-Lund et Vollestad (1985), le homing serait généralement moins strict chez les espèces à reproduction printanière que chez celles se reproduisant en automne car pour les premières, la durée de l'incubation est plus courte et les conditions environnementales plus variables, ce qui diminuerait l'avantage sélectif des sites de frayère. Les nombreux cas d'introduction réussie dans de nouveaux lacs avec différentes espèces (omble, corégone..) sont la preuve que le homing n'est pas obligatoire. Cependant le homing est un phénomène suffisamment répandu pour qu'il mérite d'être pris en compte par les gestionnaires des peuplements pisciaires des plans d'eau.

Chez beaucoup d'espèces, en particulier chez les salmonidés lacustres, il existe différentes souches qui diffèrent par leur habitude de fraie : ces différences peuvent porter sur les dates et/ou sur les sites choisis pour la reproduction. Ces particularités mériteraient d'être prises en compte pour les introductions de poissons dans certains milieux. Dans les retenues à marnage avec une baisse importante du niveau en hiver, un corégone frayant tard et en eau profonde a plus de chance de se reproduire qu'un corégone à fraie précoce et littorale. L'inverse serait préférable pour une introduction dans un lac eutrophisé dont les eaux profondes sont appauvries en oxygène.

Les différentes classes d'âge d'une même population ont parfois des dates de reproduction légèrement décalées. Ces variations dans les dates de fraie des différentes classes augmentent probablement le succès du recrutement d'une espèce en minimisant les conséquences d'un accident climatique pendant la fraie. Il serait donc souhaitable, chez les espèces où ce phénomène est bien marqué, de gérer les populations en laissant dans les plans d'eau plusieurs classes d'âge de géniteurs.

Différents modèles de frayère artificielle ont donné des résultats positifs chez plusieurs espèces : le brochet, la perche et divers cyprinidés. Il semble difficile de gérer de grands plans au moyen de frayère artificielle car la réalisation de frayères artificielles de surface importante, capables de pallier l'absence de frayère naturelle, demanderait un nombre d'heures de travail très importantes pour l'installation, le nettoyage et la surveillance (Gillet, 1989b). Les espèces qui acceptent le plus facilement de frayer sur toutes sortes de frayères artificielles (cyprinidés et les percidés) sont celles dont le recrutement naturel est rarement limité par l'absence de frayère naturelle. En effet, ces espèces font preuve d'une grande capacité d'adaptation dans le choix de leur zone de fraie. Le brochet est une espèce dont le recrutement naturel est plus facilement susceptible d'être limité par le manque de frayère naturelle. Les brochets ont besoin de grandes surfaces de frayère. Cette espèce accepte de frayer sur certaines frayères artificielles (en épicea ou en bruyère) mais les matériaux synthétiques sont généralement fort peu attractifs. La densité des oeufs de brochet sur les frayères artificielles dépasse rarement 1000 oeufs/m^2 (100 fois moins que chez les cyprinidés ou les percidés). En conséquence, il faudrait de très grandes surfaces de frayère artificielle pour assurer la reproduction de cette espèce dans les grands plans d'eau. L'utilisation de frayères artificielles peut cependant fournir un certain nombre d'informations intéressantes pour les gestionnaires du peuplement de poissons (Gillet et Dubois, 1995). L'obtention de grandes quantités d'oeufs sur des substrats artificiels ou l'accumulation des géniteurs sur des zones de frayères aménagées de petites dimensions signifie probablement que la population manque de surface de frayère. Les frayères artificielles permettent aussi de déterminer avec précision les dates et la durée des périodes de reproduction, d'estimer les taux de survie des oeufs et éventuellement de collecter des oeufs sans manipuler les géniteurs pour pratiquer des repeuplements. Le comportement des poissons sur les frayères (naturelles ou artificielles) peut aussi apporter quelques informations sur les surfaces de frayères disponibles par rapport à la population de géniteur. Chez le gardon par exemple, les mâles adopteraient un comportement territorial pendant la fraie lorsque les surfaces des frayères sont limitées (Wedekind, 1996) tandis qu'ils frayeraient par couple ou par petits groupes en se déplaçant dans le cas contraire (Kozlovskij, 1991).

La création de nouvelles frayères ou leur restauration n'ont pas fait l'objet de beaucoup de tentatives dans les plans d'eau. Pourtant un certain nombre d'essais réalisés à l'étranger et dans une moindre mesure en France, ont fourni des résultats encourageants. Dans certains lacs profonds, il a été possible d'aménager des frayères pour l'omble chevalier (Lac de Zoug situé en Suisse, Ruhlé, 1984 ; lac d'Annecy) ou pour le christivomer (grands lacs du Saint Laurent) en déversant des galets. Ces pierriers artificiels sont attractifs pour les géniteurs. En bordure de certains lacs et rivières au Canada, des marais ont été réhabilités comme frayères pour les brochets (Dube et Gravel, 1978). Ce type d'aménagement a aussi été réalisé en bordure du lac de Paladru.

Différentes sources de pollution sont susceptibles d'entraîner des mortalités chez les stades embryolarvaires de poissons lacustres. Chez les salmonidés lacustres, l'eutrophisation qui entraîne une anoxie plus ou moins marquée à l'interface eau/sédiment, est susceptible de provoquer des mortalités importantes au cours du développement embryonnaire (Rubin, 1990 ; Müller, 1992). Chez les espèces à fraie littorale, la mise à sec des œufs, en particulier dans les retenues à marnage, peut provoquer la destruction du frai (Machniak, 1975 a et b). Les pluies acides dans les lacs peu minéralisés sont aussi responsables de fortes mortalités, car les oeufs sont très sensibles à une chute du pH pendant la fécondation et le début du développement embryonnaire (Gillet et Roubaud, 1986). Les stades embryolarvaires de différents poissons présentent une sensibilité très supérieure à celle des adultes vis-à-vis de l'action de certains pesticides (Gillet et Roubaud, 1983). La qualité des oeufs de certains poissons lacustres peut aussi être détériorée par certaines sources d'alimentation. Dans les grands lacs nord américains et dans la Baltique, des mortalités très importantes ont été observées chez les stades embryolarvaires des ombles et des saumons (swim-up syndrome des lacs américains et syndrome MT 74 de la Baltique). Ces mortalités seraient la conséquence d'une carence en vitamine B1. Cette carence serait probablement le résultat d'un régime trop riche en clupéidés, poissons contenant une molécule inhibitrice de la vitamine B1 (Fisher *et al.*, 1996). Le développement de ce type de poisson fourrage serait favorisé par l'eutrophisation. Cependant, en l'absence de conditions climatiques très défavorables ou de niveaux de pollution importants, la survie des œufs est généralement élevée dans la plupart des plans d'eau. Les fluctuations du recrutement seraient liées à des mortalités postérieures à l'éclosion chez de nombreuses espèces, chez la perche en particulier (Gillet *et al*, 1995 ; Marsden et Robillard, 1998).

Références bibliographiques

AALTO S.K. et NEWSOME G.E., 1990. Additional evidence supporting demic behaviour of a yellow perch (*Perca flavescens*) population. *Can. J. Fish. Aquat. Sci.*, 47, 1959-1962.

AALTO S.K. et NEWSOME G.E., 1993. Winds and the demic structure of a population of yellow perch *(Perca flavescens)*. *Can. J. Fish. Aquat. Sci.*, 50, 496-501.

ADAMS C.E. et TIPPETT R., 1991. Powan *Coregonus lavaretus* (L.), ova predation by newly introduced ruffe, *Gymnocephalus cernua* (L.), in Loch Lemond, Scotland. *Aquac. Fish. Manag.*, 22, 239-246.

ANDRIYASHEVA M.A., 1981. Methods and results of peled selection. 1. Selection based on some biological characters. Biology and selection of fishes. *Leningrad URSS Gosniorkh.*, 174, 51-71.

BALON E.K., 1975. Reproductive guilds of fishes : a proposal and definition. *J. Fish. Res. Board Can.*, 32, 821-864.

BEHNKE R.J., 1972. The systematics of salmonid fishes of recently glaciated lakes. *J. Fish. Res. Board Can.*, 9, 639-671.

BRAY E.S., 1971. Observations on the reproductive cycle of the roach (*Rutilus rutilus*) with particular reference to the effects of heated effluents. Proc. 5th British Coarse Fish Conf., 93-99.

BRETON B., SAMBRONI E. et GILLET C., 1988. Gonadotropin releasing hormone (GnRH) and gonadotropin (GtH) variations around the spawning period in a wild population of roach (*Rutilus rutilus*) from Leman lake. I. The female. *Aquat. Liv. Res.*, 1, 93-99.

BROMAGE N.R. et DUSTON J., 1986. The control of spawning in the rainbow trout (*Salmo gairdneri*, Richarson) using photoperiod techniques. *Rep. Inst. Fresw. Res. Drottningholm Rep.*, 63, 26-35.

BROOKE L.T. et COLBY P.J., 1980. Development and survival of embryos of lake herring at different constant oxygen concentrations and temperature. *Prog. Fish. Cult.*, 42, 3-8.

BRY C., 1996. Role of vegetation in the life cycle of pike. *In Pike. Biology and exploitation.* Ed Craig J.F. Chapman et Hall., 45-68.

BUTTIKER B. et MATTHEY G., 1986. Migration de la truite lacustre (*Salmo trutta lacustris*, L) dans le Léman et ses affluents. *Schweiz. Z. Hydrol.*, 48, 153-160.

CRAIG J.F. et KIPLING C., 1983. Reproduction effort versus the enviroment case histories of Windermere perch, *Perca fluviatilis*, L. and pike, *Esox lucius*, L. *J. Fish. Biol.*, 2 (5), 713-728.

CASSELMANN J.M. et LEWIS C.A., 1996. Habitat requirements of northern pike *(Esox lucius)*. *Can. J. Fish. Aqua. Sci.*, 53 (suppl), 161-174.

CHAMPIGNEULLE A., BUTTIKER B., DURAND P. et MELHAOUI M., 1991. Principales caractéristiques de la biologie de la truite (*Salmo trutta* L.) dans le Léman et quelques affluents. *In : La truite. Biologie et Ecologie.* J.L. Baglinière et G. Maisse, (éd.) INRA, Paris, France, 153-182.

CLADY M.D., 1976. Influence of temperature and wind on the survival of early stages of yellow Perch, *Perca flavescens*. *J. Fish. Res. Board Can.*, 33, 1887-1893.

CLADY M.D., 1977. Distribution and relative exploitation of yellow perch tagged on spawning grounds in Oneida lake. *N.Y. Fish. Game J.*, 24, 168-177.

CURRY P., 1994. Obstinate nature : an ecology of individuals. Thoughts on reproductive behavior and biodiversity. *Can. J. Fish. Aquat. Sci.*, 51, 1664-1673.

DALIMIER N., PHILIPPART J.C. et VOSS J., 1982. Etude éco-éthologique de la reproduction de la perche (*Perca fluviatilis*) : observations en plongée dans une carrière inondée. *Cahier d'Ethologie appliquée*, 2, 37-52.

DAY F., 1887. *British and Irish salmonidae*. Williams and Norgate, London. 298 p.

DE MARCH B.G., 1995. Effects of incubation temperature on the hatching success of arctic charr eggs. *Prog. Fish. Cult.*, 57, 132-136.

DES CLERS S. et ALLARDI J., 1984. Efficacité de la reproduction naturelle et des repeuplements dans la Seine au niveau de Montereau. *In : Le brochet. Gestion en milieu naturel et élevage*. Ed. R. Billard, INRA, Paris.

DIAMOND M., 1985. Some observations of spawning by roach (*Rutilus rutilus* L.) and bream (*Abramis brama* L.) and their implications for management. *Aqua. Fish. Management*, 16, 359-367.

DOTTRENS E. et QUARTIER A., 1949. Les corégones du lac de Neuchatel : étude biométrique. *Rev. Suisse Zool.*, 56 (37), 689-731.

DUBE J. et GRAVEL Y., 1978. Plan pilote d'aménagement intégré des ressources biologiques du territoire de la frayère du ruisseau Saint-Jean, Comté du Châteaugay, Québec. Ministère du Tourisme de la Chasse et de la Pêche, Montréal.

DUBOIS J.P. et DZIEDZIC A., 1989. L'acoustique passive appliquée à l'étude du comportement des corégones (*Coregonus* sp. et *C. lavaretus*) durant la reproduction en milieu naturel. *Rev. Sci. Eau*, 2, 847-858.

DUBOIS J.P., GILLET C., BONNET S. et CHEVALIER-WEBER Y., 1996. Correlation between the size of mature female perch (*Perca fluviatilis* L.) and the width of their egg strands in Lake Geneva. *Annales Zoologici Fennici*, 33, 417-420.

ECKMANN R., 1991. A hydroacoustic study of the pelagic spawning behavior of whitefish (*Coregonus lavaretus*) in lake Constance. *Can. J. Fish. Aquat. Sci.*, 48, 995-1002.

ECHO J.B., 1955. Some ecological relationships between yellow perch and trout in Thompson lake, Montana. *Trans. Amer. Fish. Soc.*, 84, 239-248.

ENDERLEIN O., 1989. Migratory behaviour of adult cisco, *Coregonus albula* L., in the Bothnian Bay. *J. Fish. Biol.*, 34, 11-18.

FABRICIUS E. et GUSTAFSON K.J., 1954. Further aquarium observations on the spawning behaviour of the char, *Salmo alpinus* L. Inst. *Fresw. Res. Drottningholm Rep.*, 35, 58-104.

FISHER JP, FITZSIMONS JD, COMBS Jr. et SPITSBERGEN JM, 1996. Naturally occurring thiamine deficiency causing reproductive failure in Finger Lakes Atlantic salmon and Great Lakes lake trout. *Trans. Am. Fish. Soc.*, 125, 167-178.

FUDGE R., BODALY R., 1984. Postimpondment winter sedimentation and survival of lake whitefish (*Coregonus clupeaformis*) eggs in Southern Indian lake, Manitoba. *Can. J. Fish. Aqua. Sci.*, 41 (4), 701-705.

FORTIN R., DUMONT P., FOURNIER H. *et al.*, 1982. Reproduction et force des classes d'âge du grand Brochet (*Esox lucius* L.) dans le Haut Richelieu et la baie Missisquoi. *Can. J. Zool.*, 60, 227-240.

FROST W.E., 1963. The homing of char, *Salvelinus willughbii* (GUNTHER) in Windermere. *Anim. Behav.*, 11 (1), 75-82.

FROST W.E., 1965. Breeding habits of Windermere char, *Salvelinus willughbii* (GUNTHER) and their bearing on speciation in these fish. *Proc. R. Soc. Edinb.*, B 163, 232-284.

FROST W.E., et BROWN N.E., 1972. *The trout.* Ed. Collins, London, 286 p.

FROST W.E., et KIPLING C., 1967. A study of reproduction, early life, weight-length relationship and growth of pike, *Esox lucius* L. in Windermere. *J. Anim. Ecol.*, 36, 651-693.

GILLET C., BILLARD R., 1977; Stimulation of gonadotropin secretion in goldfish by elevation or rearing temperature. *Ann. Biol. anim. Biochim. Biophys.*, 17, 673-678.

GILLET C., ROUBAUD P., 1983. Influence sur la survie jusqu'à éclosion des embryons de la carpe commune après traitement pendant la fécondation et le développement embryonnaire précoce par le carbendazine. *Water Research*, 17 (10), 1343-1348.

GILLET C., ROUBAUD P., 1986. Survie embryonnaire précoce de 9 espèces de poissons d'eau douce soumis à un choc de pH pendant la fécondation ou au cours des premiers stades du développement embryonnaire. *Repro. Nutr. Develop.*, 26 (6), 1319-1333.

GILLET C., 1988. Etude de la survie des oeufs de corégones dans quelques lacs à différents degrés d'eutrophisation. Rapport Institut Limnologie, 8 p.

GILLET C., 1989a. Le déroulement de la fraie des principaux poissons lacustres. *Hydroécol. Appl.*, 1/2, 117-143.

GILLET C., 1989b. Réalisation de frayères artificielles flottantes pour les poissons lacustres. *Hydroécol. Appl.*, 1/2, 145-193.

GILLET C., 1991a. Egg production in an arctic charr (*Salvelinus alpinus* L.) brood stock : effects of temperature on the timing of spawning and the quality of eggs. *Aquat. liv. Resourc.*, 4, (1),. 109-116.

GILLET C., 1991b. Egg production in a whitefish (*Coregonus shinzi palea*) brood stock : effects of photoperiod on the timing of spawning and the quality of eggs. *Aquat. liv. Resourc.*, 4, (1),. 33-39.

GILLET C., 1994. Egg production in an Arctic charr broodstock : effects of photoperiod on the timing of ovulation and egg quality. *Can. J. Zool.*, 72, 334-338.

GILLET C., 1995. Egg development in hatchery-reared arctic charr (*Salvelinus alpinus*). *Nordic J. Fresw. Res.*, 71, 252-257.

GILLET C., J.P. DUBOIS, 1995. A survey of the spawning of perch (*Perca fluviatilis*), pike (*Esox lucius*) and roach (*Rutilus rutilus*) in lakes by use of artificial spawning substrates. *Hydrobiologia*, 300/301, 409-415.

GILLET C., J.P. DUBOIS, S. BONNET, 1995. Influence of temperature and size of females on the timing of spawning of perch (*Perca fluviatilis*, L) in Lake Geneva from 1984 to 1993. *Enviromental biology of fishes*, 42, 355-363.

GOLDSINK C.R., 1977. The return of marked roach (*Rutilus rutilus* L.) to spawning grounds in Tjeukemeer, The Netherlands. *J. Fish. Biol.*, 11 (5), 599-604.

GULIDOV M.V. et POPOVA K.S., 1981. The hatching dynamics and morphological features of larvae of roach, *Rutilus rutilus* L. in relation to incubation temperature. *J. Ichtyol.*, 1, 87-92.

GUMA'A S.A., 1977. A study of young stages of perch (*Perca fluviatilis* L.) in Windermere. Ph. D. Thesis, University of , U.K.

GRAVEL Y., DUBE J., 1980. Plan de conservation du grand Brochet (*Esox lucius* L.) au lac Saint-Louis, Québec. Ministère du Tourisme, de la Chasse et de la Pêche du Québec, Montréal, Canada.

GROEN C., SCHROEDER, 1978. Effects of water level management on walleye and other coolwater fishes in Kansas reservoirs. *Ann. Fish. Soc. Spec. Publ.*, 11, 278-283.

HARTMANN J., 1974. Der Barsch (*Perca fluviatilis*) im eutrophierten Bodensee. Staatl. Institute für Seenforschung. Langenargen, 27 p.

HASSLER T.J., 1982. Effect of temperature on survival of northern pike embryos and yolk sac larvae. *Progr. Fish-Cult.*, 44 (4), 174-178.

HOKANSON K.E., 1977. Temperature requirements of some percids and adaptations to seasonal temperature cycle. *J. Fish. Res. Board Can.*, 34, 1734-1747.

HOKANSON K.E., Mc CORMICK J.H et JONES B.R., 1973. Temperature requirements for embryos and larvae of the northern pike *(Esox lucius L.) Trans. Am. Fish. Soc.*, 102, 89-100.

HOLCIK J., 1969. The natural history of perch *Perca fluviatilis Limneus* 1758 in the Klicava Reservoir. *Prace laboratoria Rybarstva*, 2, 269-305.

HOLCIK J. and HRUSKA V., 1966. On the spawning substrate of the roach (*Rutilus rutilus* L.) and bream (*Abramis brama* L.) and notes on the ecological characteristic of some european fishes. *Vest. Cesk. Spol. Zool.*, 30 (1), 22-29.

HOROSZEWICZ L., BIENIARZ K., EPLER P., 1981. Effect of different thermal regimes on reproductive cycles of tench, *Tinca tinca* L.; Part IV. Duration and temperature of spawnings. *Polsk. Arch. Hydrobiol.*, 28 (2), 207-16.

HUET M., 1976. Reproduction, incubation et alevinage du brochet (*Esox lucius* L.). *E.I.F.A.C., Tech. Pap.*, 25, 147-163.

JENSEN A.L., 1981. Population regulation in lake whitefish, *Coregonus clupeaformis* (Mitchill). *J. Fish. Biol.*, 19, 557-573.

JOBLING M.E., JORGENSEN H., ARNESEN M.A. et RINGO E., 1993. Feeding, growth and environmental requirements of Arctic charr. A review of aquaculture potential. *Aquac. Int.*, 1, 20-46.

JONES D.H., 1982. The spawning of perch, *Perca fluviatilis* L. in Loch Leven, Kinross, Scotland. *Fish. Manage.*, 13 (4), 139-151.

JOHNSON L., 1980. The arctic charr, *Salvelinus alpinus* L. *In Charrs, salmonid fishes of the genus Salvelinus, E.K. Balon (Ed.)*, W. Junk, The Hague, 18-92.

JUNGWRITH M. et WINKLER H., 1984. The temperature dependence of embryonic developement of grayling (*Thymallus thymallus*), Danube salmon (*Hucho hucho*), arctic charr (*Salvelinus alpinus*) and brown trout (*Salmo trutta fario*). *Aquaculture*, 38, 315-327.

KARAS P. et LEHTONEN H., 1993. Patterns of movement and migration of pike (*Esox lucius* L.) in the Baltic sea. Nord. *J. Freswat. Res.*, 68, 72-79.

KENNEDY M. and FITZMAURICE P., 1968. The biology of the Bream, *Abramis brama* L., in irish waters. *Proc. r. ir. Acad.*, 67 B, 95-156.

KENNEDY M. and FITZMAURICE P., 1974. Biology of the Rudd, *Scardinius erythropthalmus* L., in irish waters. *Proc. r. ir. Acad.*, 74 B, 245-308.

KREITMANN L., 1931. Travaux récents sur les corégones. *Bull. Fr. Pisci.*, 39, 65-70.

KOZLOVSKIJ S.V., 1991. Observations of roach and bream spawning behaviour in the Saratov reservoir. *J. Ichthyol.*, 31, 876-878.

L'ABEE-LUND J.H., VOLLESTAD L.A., 1985. Homing precision of roach, *Rutilus rutilus*, in lake Arungen, *Norway. Environmental biology of fishes*, 13 (3), 235-239.

LAHTI E., OKSMAN H. and SHEMEIKKA P., 1979. On the survival of vendace eggs in different lake types. *Aqua Fennica*, 9, 62-67.

LANG C., 1981. Densité, localisation, taille et développement des chaines d'oeufs de la perche (*Perca fluviatilis* L.) dans le Léman de 1979 à 1981. *Bull Soc. Vaud. Sci. Nat.*, 360, 257-265.

LANG C., 1987. Mortality of perch, *Perca fluviatilis*, estimated from the size and abundance of egg strands. *J. Fish. Biol.*, 31, 717-720.

LAWLER G.H., 1965. Fluctuations in the success of year classes of whitefish populations with special reference to lake Erie. *J. Fish. Res. Bd. Can.*, 22, 1197-1227.

LEROUX M., 1928. *Recherches biologiques dans les grands lacs de Savoie. Lacs du Bourget et d'Annecy.* Abry et Cie éditeurs, Annecy.

LINDROTH A., 1957. A study of whitefish (*Coregonus*) of the Sundsvall bay district. Inst. *Freshw. Res Rep.*, 38, 70-108.

LINDSTROM T., 1970. Habitats of whitefish in some north swedish lakes at different stages of life history. *In : Biology of Coregonid fishes*, C.C. Lindsey and C.S. Woods (Eds). University of Manitoba Press, 461-480.

LUCZYNSKI M., 1984. Improvement in the efficiency of stocking lakes with larvae of *Coregonus albula* L. by delaying hatching. *Aquac.*, 41, 99-111.

Mc CLEAVE J.D., LA BAR C.W. et KIRCHEIS F.W., 1977. Within season homing movements of displaced maturing sunapee trout (*Salvelinus alpinus*) in flood ponds, Maine. *Trans. Am. Fish. Soc.*, 106, 156-162.

MACHINO Y., 1995. The status of *Salvelinus* in France. *Nordic J. Freshw. Res.*, 71, 352-358.

MACHNIAK K., 1975a. The effects of hydroelectric development of the biology of northern fishes (reproduction and population dynamics). I Lake whitefish, *Coregonus clupeaformis*. Fisheries and marine service, Technical report, 527.

MACHNIAK K., 1975b. The effects of hydroelectric development of the biology of northern fishes (reproduction and population dynamics). II Northern pike *Esox lucius* L., a literature review and bibliography. Fisheries and marine service, Technical report, 528.

MANELPHE J., 1989. Reproduction naturelle aménagée du brochet (Esox lucius) en petits étangs : Suivi biologique et aspects économiques de la production de juvéniles. Thèse de doctorat de l'institut national polytechnique de Toulouse. 174 p.

MARSDEN J.E., PERKINS D.L. and KRUEGER C.C., 1995. Recognition of spawning areas by lake trout : deposition and survival of eggs on small, man-made rock piles. *J. Great lakes Res.*, 21 (supp.), 330-336.

MARSDEN J.E. et ROBBILARD S.R., 1998. Ten years of egg, larval, YOY, and adult data for yellow perch in southwestern Lake Michigan. Great lakes habitat, restoration and conservation, the 41th conference for great lakes research, Hamilton, Ontario 127 p.

MENG H.J. et MULLER R., 1988. Assessment of the functioning of a wehitefish (*Coregonus* sp.) and char (*Salvelinus alpinus* L.) spawning ground modified by gravel extraction. *Finn. Fish. Res.*, 477-484.

MILLS C.A., 1981. The spawning of roach, *Rutilus rutilus* L., in a chalk stream. *Fish. Manage.*, 12 (2), 49-54.

MIRON I., 1991. The effect of the neef of the first floating salmonid farm on the Bicaz reservoir. *Verh. Internat. Verein. Limnol.*, 24, 2528-2530.

MULLER R., 1992. Trophic state and its implication for natural reproduction of salmonid fish. *Hydrobiol.*, 243-244, 261-268.

NELSON W., 1978. Implications of water management in lake Oahe for the spawning success of coolwater fishes. *Am. Fish. Soc. Spec. Publ.*, 11, 154-158.

NEWSOME G.E. et TOMPKINS J., 1985. Yellow perch egg masses dater predators. *Can. J. Zool.*, 63, 2882-2884.

NUMANN W., 1970. The Blaufelchen of lake Constance, Coregonus wartmani under negative and positive influence of man. *In : Biology of Coregonid fishes*; C.C. LINDSEY and C.S. WOOD (Eds) ; University of Manitoba Press, 531-552.

PETERSON H.H., 1949. Stromsiken from kusten i vasterbettniska insjoar. *Svensk. Fisk. Tidskr.*, 58, 42-48.

PECZALSKA A.,1968. Development and reproduction of roach (*Rutilus rutilus* L.) in the Szczecin Firth. *Polsk. Arch. Hydrobiol.*, 15, 103-120.

PRICE J.W., 1935. The embryology of the whitefish *Coregonus clupeaformis* (MITCHILL). *Ohio. J. Sci.*, 287-412.

PONCIN P., PHILIPPART J.C., and RUWET J.C., 1996. Territorial and non-territorial spawning behaviour in the bream. *Fish. Biol.*, 49 (4), 622-626.

RUBIN J.F., 1990. Biology de l'omble chevalier *Salvelinus alpinus* (L.) dans le Léman (Suisse). Thèse Univ. Lausanne, 169 p.

RULHE C. 1977. Biology and management of the Arctic char (*Salvelinus alpinus* L.) in Lake Zug (Switzerland). *Schweiz. Z. Hydrol.*, 39, 12-45.

RUHLE C., 1984. The management of Arctic charr (*Salvelinus alpinus* L.) in eutrophied lake Zug. *In Biology of the arctic charr : proceeding of the international symposium on arctic charr.* L. Johnson and B. Burns ed., Univ. Manitoba, 487-492.

RUHLE C. et KINDLE T., 1992. Morphological comparaison of river spawning whitefish of the alpine Rhine with the whitefish of lake Constance. *Polsk. Arch. Hydrobiol.*, 39, 403-408.

SALOJARVI K., 1982. Spawning ecology, larval food supplies and causes of larval mortality in the whitefish (*Coregonus lavaretus* L.). *Polsk. Arch. Hydrobiol.*, 29, 159-178.

SANDLUND O.T., 1992. Differences in the ecology of two vendace populations separated in 1985. *Nord. J. Freshw. Res.*, 67, 52-60.

SANDLUND O.T., GUNNARSSON K., JONASSON P.M, JONSSON B. et LINDEM T. *et al.*, 1992. The Arctic charr *Salvelinus alpinus* in Thingvallavatn. *In Thingvallavatn.* Ed JONASSON P.M Odense, Danemark, 305-351.

SCHMID W., 1996. Coregonus lavaretus ova predation by newly introduced ruffe (*Gymnocephalus cernua*) in lake Constance, Germany. VI Inter. Symp. on biology and management of coregonid fishes (resumé).

SOUCHON Y., 1984. La reproduction du brochet (*Esox lucius* L., 1758) dans le milieu naturel ; revue bibliographique, 1-33. *In : Le Brochet. Gestion dans le milieu naturel et élevage.* R. BILLARD éd., INRA, Paris.

STACEY N.E., COOK A.F., PETER R.E., 1979. Ovulatory surge of gonadotropin in goldfish, *Carassius auratus. Gen. comp. Endocrinol.*, 37, 246-249.

STATOVA M.P., 1973. Sexual maturity, reproduction and fecundity. *In Kuchurganskij liman-okhladitel Moldavsky*, M.F. Yaroshenko (éd.). G.R.E.S., 148-169.

STERLIGOVA O.P. et PAVLOVSKIY S.A., 1985. Comsumption of whitefish, *Coregonus lavaretus*, eggs by ruffe, *Gymnocephalus cernua, and invertebrates. J. Ichtyol.*, 25, 166-169.

STUART T.A., 1953. Spawning migration, reproduction and young stages of loch trout (*Salmo trutta* L.). *Freshw. Salm. Fish. Res.*, 18, 1-27.

SVENNING M.A. et GROTNES P., 1991. Stationarity and homing ability of landlocked Arctic charr. *Nord. J. freshw. Res.*, 66, 36-43.

SWIFT D.R., 1965. Effect of temperature on mortality and rate of development of the eggs of Windermere char *(Salvelinus alpinus). J. Fish. Res. Board Can.*, 2 (4), 913-917.

THORPE J.E., 1977a. Morphology, physiology, ecology and behaviour of *Perca fluviatilis* L. and *Perca flavescens* Mitchill. *J.Fish. Res. Board Can.*, 34, 1504-1514.

THORPE J.E. 1977b. Synopsis of biological data on the perch Perca *fluviatilis Linneaus*, 1758 and *Perca flavescens Mitchill*, 1814. *FAO Fisheries Synopsis*, 113, 138 p.

TONER E.D. and G.H. LAWLER, 1969. Synopsis of biological data on the pike (*Esox lucius* L.). *FAO Fisheries synopsis*, 30 (1), 40 p.

TSCHORTNER U., 1956. Untersuchungen über einfluss einiger milieufaktoren auf die entwicklung des echtes (*Esox lucius* L.). *Arch. Hydrobiol. Suppl.*, 24, 123-152.

TREASURER J.W., 1980. Some aspects of the reproductive biology and early life history of Perch, *Perca fluvialitis* L. in two aberdeenshire lochs. D.P. Thesis, University of Aberdeen.

VENTLING-SCHWANK A.R. et LIVINGSTONE D.M., 1994. Transport and burial as a cause of whitefish (*Coregonus* sp.) egg mortality in a eutrophic lake. *Can. J. Fish. Aquat. Sci.*, 51, 1908-1919.

VIROLYAINEN M.P., 1940. cité par TREASURER 1980.

WEDEKING C., 1996. Lek-like spawning behavior and different female mate preferences in roach *(Rutilus rutilus)*. *Behaviour*, 133, 681-695.

WEHRLI B., VENTLING A. et MULLER R., 1993. Processus biogéochimiques à la surface du sédiment. *Mitteil. Eawag*, 34, 20-23.

WILKONSKA H., 1967. Spawning migration of roach (*Rutilus rutilus* L.) in lake Sniardwy. *Rocz. Nauk Roln.*, H 3, 517-538. (en polonais).

WILKONSKA H. et ZUROMSKA H., 1967. Observations of the spawning of pike (*Esox lucius* L.) and roach (*Rutilus rutilus* L.) in Mazury Lake District. *Roczn. Nauk. Rol.*, H 90, 477-502. (en polonais).

WILKONSKA H. et ZUROMSKA H., 1982. Effect of environmental factors and egg quality on the mortality of spawn in *Coregonus albula* (L.) and *Coregonus lavaretus* (L.). *Polsk. Arch. Hydrobiol.*, 29, 123-158.

WINDFIELD I. J., ROSCH R., APPELBERG M., KINNERBACK A. et RASK M., 1998. Recent introduction of the ruffe (*Gymnocephalus cernuus*) to *Coregonus* and *Perca* lakes in Europe and an analysis of their natural distributions in Sweden and Finland. *J. Great Lakes Res.*, 24 (2), 235-248.

YOSHIHARA H.T., 1974. Some life history aspects of arctic charr. Federal aid in fish restoration. Project F.9.5., Job F. III. A, *Sport Fish investigations of Alaska*, 14, 1-63.

ZEH M., RITTER E. et RIBI G., 1989. Spawning and egg development of Perca fluviatilis in Lake Zurich. *Aqua. Sci.*, 51, 100-107.

ZUROMSKA H., 1967. Mortality estimation of roach (*Rutilus rutilus* L.) eggs and larvae on lacustrine spawning grounds. *Rocz. Nauk. Roln.*, H 3, 539-556 (en polonais).

ZUROMSKA H., 1982. Egg mortality and its causes in *Coregonus albula* (L.) and *Coregonus lavaretus* (L.) in two Masurian lakes. *Polsk. Arch. Hydrobiol.*, 29, 29-70.

Détermination de l'âge
et de la croissance des poissons*

Les poissons, vertébrés poïkilothermes, sont des animaux dont la croissance dépend beaucoup des paramètres environnementaux. La température (Fry, 1971), la chimie de l'eau (Sadler et Lynam, 1986), des facteurs génétiques (Gjerde, 1986), les ressources nutritives, les relations inter ou intraspécifiques... affectent leur croissance (Wootton, 1990). Ainsi, la croissance constitue une information qui permet d'évaluer les capacités d'accueil d'un milieu, la disponibilité des proies, l'influence des pratiques de gestion.

La détermination de l'âge des poissons est souvent indispensable à l'obtention des paramètres de croissance. La bonne détermination d'une courbe de croissance dépend ainsi de la qualité des mesures de longueur et d'âge.

Différentes méthodes sont possibles suivant le type d'approche envisagé. On peut étudier la croissance de poissons dont on connaît l'âge ou bien déterminer l'âge de poissons capturés ou encore utiliser des méthodes globales d'analyse de structures populationnelles. L'étude peut être faite à partir d'un échantillon ponctuel dans le temps ou bien être conduite dans le cadre d'un suivi temporel. Pour chacune des options de travail choisie, les méthodes seront différentes.

Suivi d'individus

Le suivi d'individus est la méthode la plus directe dont les risques d'erreur sont sans doute les plus faibles si l'identification des poissons n'introduit pas un biais. Les techniques de marquage des poissons ont fait de gros progrès et fournissent des moyens performants pour suivre des poissons. Néanmoins, il est difficile et coûteux de réaliser des marquages de poissons sauvages en lacs ou réservoirs (voir chapitre sur le marquage). Les méthodes de capture-recapture ne s'appliquent facilement que dans des milieux de petite taille. Dans les grands plans d'eau, les exemples sont rares. Pour quelques espèces, les expérimentations de mesure de l'efficacité des alevinages par marquage de lots permettent de suivre

* D. GERDEAUX

la croissance d'un ensemble de poissons dont on connaît la date de naissance. Ces marquages permettent d'obtenir des échantillons d'âge connu qui constituent du matériel de référence pour valider les observations faites sur des poissons sauvages. Pour la plupart des espèces, le suivi d'individus est une méthode peu employée.

Analyse de fréquences de longueur

L'analyse de la structure en taille d'une population peut permettre de séparer des groupes d'âges différents surtout pour les premières années de vie du poisson avant la maturation sexuelle quand la croissance annuelle est forte (fig. 11.1). L'interprétation d'une répartition en longueur des poissons d'une population nécessite de supposer que plusieurs hypothèses sont vérifiées : la taille de tous les poissons d'un même âge est répartie suivant une courbe unimodale, voire normale, et l'échantillonnage des poissons n'introduit pas un biais qui déforme trop la répartition des tailles. Cette méthode est d'autant plus utile que l'âge des poissons est difficile à déterminer sur les structures osseuses, comme c'est le cas pour les poissons tropicaux.

Cette méthode peut paraître simple dans son principe, mais elle n'est pas si aisée dans son application. Les poissons âgés grandissent très peu après l'âge de première maturité et les intervalles de taille entre deux générations successives diminuent au point que les modes successifs deviennent difficiles à dissocier. La variabilité de la croissance entre les individus est parfois très grande quand la période de reproduction est longue et une génération peut présenter une répartition en 2 modes rapprochés qui introduisent des biais. Les différences de croissance entre les sexes interdisent parfois l'emploi de cette méthode ; cas de la perche, par exemple. De nombreuses méthodes de calcul ont été développées et sont disponibles dans des logiciels largement diffusés. Les techniques initiales reposaient sur des décompositions graphiques des modes en traçant ces distribu-

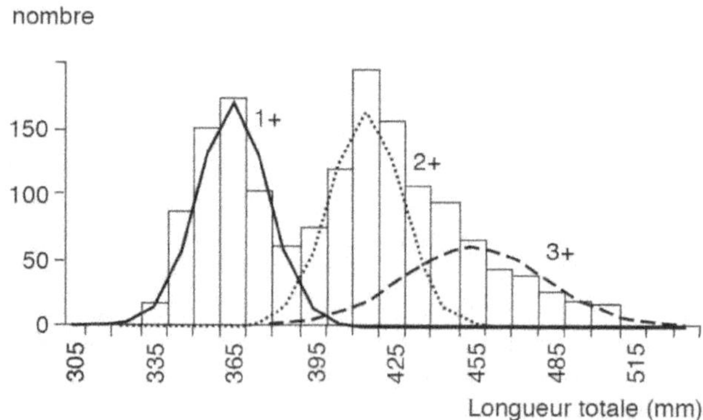

Figure 11.1 : Répartition en taille des géniteurs de corégones (1551 poissons) pêchés au Léman en décembre 1992. La répartition est décomposée en 3 répartitions de cohorte (1⁺, 2⁺ et 3⁺).

tions sur du papier probit (Cassie, 1954 ; Bhattacharya, 1967) avec une appréciation visuelle des différents modes. Des méthodes statistiques ont ensuite été développées. Elles sont maintenant nombreuses et des revues sur ces méthodes sont publiées (MacDonald, 1987 ; Isaac, 1990). Il est possible de réaliser des décompositions plurimodales avec certains tableurs courants. Il est toujours nécessaire d'introduire des estimations des différents modes pour initier les calculs. Une connaissance préalable des tailles aux différents âges doit être obtenue par d'autres méthodes. On a alors recours aux pièces dures des poissons.

Utilisation des structures osseuses

L'examen des écailles, des otolithes, de rayons de nageoires, de vertèbres, d'os operculaires, de dents des poissons est la méthode la plus utilisée pour déterminer l'âge des poissons. L'utilisation est fondée sur l'observation de marques inscrites par les variations du rythme de croissance saisonnier, voire journalier. De nombreuses publications traitent de ce sujet. Un colloque national français a fait le point dans ce domaine (Baglinière *et al.*, 1992). Les lecteurs souhaitant approfondir leurs connaissances pourront utilement s'y reporter. Nous ne présenterons ici que les aspects principaux.

Le choix de la structure osseuse utilisée pour une étude de croissance est imposé, soit par l'espèce, soit par des contraintes matérielles. Si on ne doit pas tuer le poisson, seules les écailles et des rayons de nageoire sont accessibles. Certaines espèces n'ont pas d'écailles ou des écailles réputées difficilement interprétables.

Les deux types de pièces osseuses les plus utilisés sont les écailles et les otolithes. Les écailles sont faciles à prélever sans nuire au bon état du poisson, mais elles ne sont pas toujours faciles à interpréter. Les otolithes sont les seules structures osseuses qui ne sont jamais remaniées alors que certaines espèces, comme la plupart des salmonidés, peuvent mobiliser le calcium de leurs écailles et détruire ainsi une partie des structures, rendant la lecture difficile. Pour chaque espèce, les scientifiques ont déterminé quelle est la structure optimum pour les études (Baglinière *et al.*, 1992). L'interprétation des structures est toujours sujette à des erreurs. Il est important de valider ces interprétations par des comparaisons des résultats avec d'autres méthodes, comme le suivi de quelques individus, la comparaison avec les structures de taille de la population, la comparaison de résultats de plusieurs lecteurs.

Les structures osseuses enregistrent toute modification de croissance du poisson, ce qui peut conduire à des erreurs. Un stress en été peut provoquer une modification analogue à celle que provoque un hiver (Linfield, 1974). Il faut, dans ces cas, être très précis dans l'observation pour distinguer les faux arrêts de croissance. Les erreurs sont plus fréquentes pour les lectures d'écailles que pour les otolithes. De plus, pour les écailles des poissons âgés, il est souvent très difficile de distinguer les structures périphériques des derniers accroissements car ils sont faibles et sujets à érosion. L'otolithe est dans ce cas indispensable. L'otolithe est souvent retenu pour les études car il a l'avantage de permettre dans certains cas, en particulier pour les jeunes poissons, de distinguer des accroissements journaliers.

Les techniques d'études sont spécifiques à chaque structure osseuse. Les écailles restent les pièces les plus utilisées malgré certains de leurs inconvénients. L'emplacement du prélèvement varie suivant les espèces et les auteurs. En général, la partie latéro-dorsale, entre la ligne latérale et la ou les nageoires dorsales, est l'emplacement le plus fréquemment retenu. Pour certaines espèces comme les percidés, certains auteurs retiennent les écailles situées en arrière de la nageoire pectorale. Pour les corégones, des auteurs ont fait leurs études sur des écailles prélevées entre les deux nageoires pelviennes. Quand on débute une étude de croissance sur une espèce donnée, il est nécessaire de s'informer sur le meilleur site de prélèvement en consultant des spécialistes ou en se référant à l'abondante bibliographie. Le prélèvement d'écailles doit être fait en blessant au minimum le poisson. Entre 5 et 10 écailles doivent être prises soit, pour les petites, en les raclant avec la pointe d'un scalpel soit, pour les grosses, en les arrachant une à une avec une pince. Elles sont placées dans des enveloppes en papier «cristal» étiquetées et archivées à sec. Certains scientifiques préfèrent les placer dans un sachet plastique et les stocker congelées. Les écailles sont reprises au laboratoire pour être débarrassées du mucus en les plaçant dans un bain légèrement corrosif de base ou d'acide. Elles sont ensuite placées entre deux lames de verre et observées soit humides, soit séchées. Il est aussi possible de procéder à des impressions des écailles sur des lamelles d'acétate ou d'autres matières plastiques translucides en pressant l'écaille et la lame avec un laminoir de bijoutier. Les écailles ou leurs empreintes sont observées au microscope, sous une loupe binoculaire ou dans un lecteur de microfiches. Depuis les développements des cartes de saisie d'images, il est aussi possible de stocker des images numérisées et de procéder à des mesures avec des logiciels qui traitent les mesures automatiquement. La qualité des appareils actuellement disponibles est telle qu'il n'est pas indispensable de vérifier les erreurs de mesure liées aux distorsions optiques. Il est quand même sage de vérifier que ce risque est négligeable (fig. 11.2).

L'utilisation des otolithes nécessite un niveau de technicité supérieur car il est souvent impossible d'utiliser l'otolithe brut et son prélèvement est déjà lui-même plus délicat que celui d'une écaille. Le poisson doit être sacrifié pour accéder aux otolithes. L'ouverture de l'oreille interne peut être faite suivant plusieurs modalités au choix de l'opérateur. Quand le poisson provient d'une pêche commerciale, il est indispensable d'accéder aux otolithes depuis la cavité buccale afin de ne pas endommager son aspect extérieur. Sinon, on peut scalper le crâne du poisson et faire une ouverture supérieure de l'oreille interne. Il y a 3 otolithes dans chaque oreille interne. La paire la plus grosse, les sagittae, est souvent la seule conservée. Les otolithes sont conservés à sec ou parfois dans une solution d'éthanol ou de glycérine. L'otolithe ne doit jamais être conservé dans une solution de formol qui décalcifie l'os et détruit les structures. De même, si le prélèvement n'est pas fait sur un poisson frais, celui-ci doit être congelé ou conservé dans une solution alcoolique, jamais dans le formol. Les techniques d'observation des otolithes sont très variées. Elles dépendent des espèces étudiées, mais aussi des auteurs et des moyens dont ils disposent. Il est en général impossible d'observer l'otolithe sans devoir réaliser une coupe ou plus simplement en le brisant. L'observation est faite ensuite à sec, ou dans une solution, ou après brûlage superficiel ou érosion superficielle par un agent chimique. L'obtention d'une section peut être obtenue par scia-

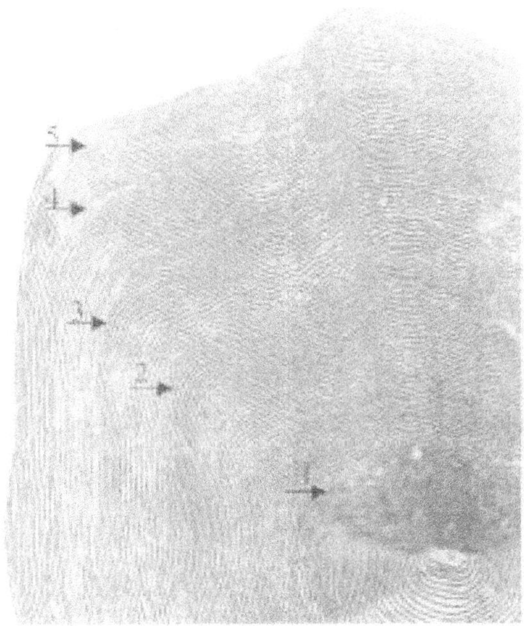

Figure 11.2 : Écaille de corégone du lac d'Annecy pêché en août 1987, de longueur totale 47,5 cm. Ce poisson était dans sa 6ᵉ année de vie, il avait vécu 5 hivers.

ge ou abrasion. Le sciage nécessite, pour les petites pièces au moins, l'inclusion préalable dans une résine (époxy, le plus souvent). Une lame mince peut être réalisée par abrasion avec des papiers ou des poudres de granulométrie décroissante. L'otolithe est, dans ce cas, souvent collé sur une lame de verre pour observation microscopique. La difficulté principale de cette technique est liée au fait que la section doit passer par le nucleus (partie centrale, primordiale) de l'otolithe. Les sections présentent des alternances de zones hyalines et opaques qui correspondent aux périodes de croissance forte (hyalines) et de croissance ralentie (opaques). Une zone hyaline et la zone opaque adjacente constituent la formation annuelle de l'otolithe. A un niveau d'observation plus fin, on peut retrouver des alternances semblables qui correspondent aux accroissements quotidiens. Comme pour les écailles, des limites existent à l'emploi de cette structure. La lecture des accroissements journaliers, en particulier, est délicate, car plusieurs auteurs ont déjà démontré qu'en dessous d'une certaine température certaines espèces ne marquent pas de structure sur l'otolithe (Klink et Eckmann, 1992). On note également des structures liées à des stress de croissance indépendants d'un rythme annuel ou journalier.

Les autres structures osseuses sont beaucoup moins utilisées. Les vertèbres et les os operculaires sont plus utilisés par les archéozoologues que par les écologues car ce sont les structures les plus souvent rencontrées dans les restes de poissons.

L'os operculaire est toutefois assez souvent utilisé par les spécialistes des percidés. Les épines pectorales et les rayons calcifiés de nageoires sont utilisés pour les siluriformes, car c'est la seule structure disponible sans sacrifier le poisson. La section de l'épine doit être faite le plus prêt possible de la base dans la partie pleine pour les poissons-chat. La section doit être bien transversale dans l'os calcifié ou décalcifié. Les coupes dans l'épine brute calcifiée doivent être faites avec une scie diamantée. La finesse de la structure nécessite souvent d'inclure l'os dans une résine comme pour les otolithes. La coupe obtenue est observée à sec ou non, polie ou non, selon les espèces et les opérateurs. La décalcification de l'os par un acide permet de réaliser les coupes avec un cryomicrotome, qui est un matériel souvent plus accessible. Les coupes d'os décalcifiées sont souvent observées après coloration à l'hématoxyline qui colore plus fortement des lignes d'arrêt de croissance faciles à identifier (Meunier *et al.*, 1979).

Les risques d'interprétations erronées des structures existent quelle que soit la pièce osseuse retenue. Les coupes d'épines décalcifiées et colorées peuvent sembler plus fiables en raison de la coloration d'une fine ligne matérialisant un changement physiologique net dans la formation de l'os. Cela ne dispense pas de valider la méthode en utilisant des poissons d'âge connu. La comparaison des observations de lecture faites sur plusieurs structures d'un même poisson ou entre plusieurs personnes ne constitue pas une validation. De nombreuses causes de formation d'arrêt de croissance non annuel existent. Certaines espèces y sont plus sujettes que d'autres. Quand la reproduction se déroule en hiver en période d'arrêt de croissance, elle ne risque pas d'introduire d'erreur si elle ne provoque pas la résorption de la partie correspondant à l'accroissement de l'année écoulée, alors que dans le cas des cyprinidés, une certaine reprise de croissance printanière peut être stoppée au moment de la reproduction et se traduire sur la structure osseuse. Une période de trop forte chaleur, une atteinte parasitaire peuvent marquer des structures susceptibles d'erreurs d'interprétation. La lecture de l'âge des poissons est donc d'autant plus délicate que le poisson grandit dans un environnement perturbé.

L'utilisation des structures osseuses pour la détermination de l'âge est longue et délicate, ce qui limite le nombre d'échantillons examinables. Néanmoins, il est souvent indispensable de recourir à ces méthodes de détermination de l'âge pour au moins disposer des données élémentaires qui sont, par exemple, introduites dans les calculs de décomposition de structure de longueur en structure d'âge.

Détermination de la croissance des poissons

L'étude de la croissance nécessite de bonnes connaissances des poissons et des paramètres qui l'influencent. Les paramètres de la croissance peuvent être d'excellents indicateurs de l'état de santé d'un poisson et de la qualité d'accueil du milieu où il vit, si l'analyse est conduite.

L'estimation des paramètres de croissance peut être faite par des méthodes variées. La biologie de la croissance justifie de longs développements (Weatherley and Gill, 1987). Nous nous limiterons ici aux méthodes qui sont liées à la détermination de l'âge et aux lectures des structures osseuses.

De même que pour la détermination de l'âge, le suivi d'individus ou l'analyse de fréquences de longueur, peuvent apporter des éléments sur la croissance d'une espèce. Le suivi d'individus est une solution exceptionnelle en milieu naturel. Pouvoir recapturer régulièrement des poissons sauvages est pratiquement exclu en grands plans d'eau. L'analyse d'une répartition en longueurs des individus d'une population pose les mêmes problèmes que pour la détermination de l'âge. Les résultats sont obtenus ainsi sur des générations successives observées à un même moment.

La méthode dite de rétromesure porte sur l'estimation des tailles d'une série de poissons aux âges antérieurs à partir de l'interprétation d'une structure osseuse. Comme toutes les structures d'un organisme grandissent quand l'organisme augmente de taille, il existe toujours une relation potentielle entre la taille d'une structure d'un organisme et la taille de cet organisme. Si on peut mesurer la taille d'une structure à une date donnée, il est possible, en utilisant la relation entre la taille de cette structure et celle de l'organisme, de déterminer la taille de l'organisme à cette même date. La détermination de la relation statistique entre taille de l'organisme et taille de la structure analysée est l'étape première et primordiale de la méthode dite de rétro-calcul couramment employée pour les poissons. En déterminant la taille d'un poisson aux différents âges de sa vie, on obtient la courbe individuelle de croissance de cet individu.

Plusieurs méthodes peuvent être employées pour ces calculs de rétromesures, dont une bonne revue critique a été publiée par Francis (1990). Les principales différences reposent sur le modèle de régression employé entre la taille de l'individu et la taille de la structure étudiée. Le modèle le plus simple est le modèle directement proportionnel. La relation entre taille de l'individu et taille de la structure est une droite passant par l'origine. Elle a été employée par Le Cren (1947) pour la perche, mais on lui préfère souvent une relation linéaire ne passant pas par l'origine. En effet, s'il y a souvent isométrie de croissance chez les poissons après le stade juvénile, on note également une nette allométrie de croissance chez le jeune poisson. Pour tenir compte de ce changement, soit on choisit deux modèles consécutifs, soit le modèle linéaire ne passant pas par l'origine dit de Fraser-Lee. Beall *et al.*, (1992) donnent un bon exemple sur la truite du choix du modèle de rétromesure. Le choix d'un modèle est donc important et nous renvoyons le lecteur aux publications citées. Tout choix est acceptable si l'utilisateur est conscient des limites de son choix et en tient compte. Quand on choisit un modèle directement proportionnel, il ne faut pas oublier que les tailles aux plus jeunes âges sont sous-estimées. Les comparaisons entre résultats de rétromesures doivent porter sur des chiffres obtenus par la même méthode si possible ou des méthodes qui présentent des biais similaires. Dans le cas inverse, ce sont les méthodes qu'on risque de comparer, pas les différences de croissance entre poissons!

L'emploi avisé des différentes méthodes de détermination de l'âge et de la croissance d'un poisson donne des résultats qu'il n'est pas toujours facile d'interpréter en fonction des nombreuses causes de variabilité possibles. Les poissons ont des aires géographiques de répartition très larges. Beaucoup d'espèces sont présentes dans toute l'Europe. La croissance des poissons, animaux poïkilothermes, varie suivant la température et donc la latitude du milieu. Les populations les plus septentrionales de chaque espèce présentent en général des taux de croissance très faibles. Mais la température n'est pas le seul facteur intervenant sur la croissance. Les potentialités alimentaires modulent également beaucoup la croissance. Les milieux eutrophes sont propices à une bonne croissance alors que les eaux oligotrophes ne présentent pas *a priori* de fortes potentialités. La croissance de l'omble chevalier est très lente dans un lac oligotrophe comme celui de Walenstadt en Suisse et très rapide dans des lacs plus riches comme le Léman ou le lac de Neuchâtel (fig. 11.3). Ces différences sont modulées par la densité des populations présentes. Certaines espèces présentant de fortes fluctuations interannuelles d'effectifs ont des variations de croissance très fortes pouvant même aller jusqu'à un arrêt apparent de croissance. En cas de trop forte densité, on parle de «nanisme», ce qui est en partie inexact. Si la densité de la population diminue, les individus survivants reprennent leur croissance. Ces cas de «nanisme» sont fréquemment cités pour la perche et l'omble chevalier. Les populations de gardon en sont également l'objet (Gerdeaux, 1985). Les scientifiques anglo-saxons emploient le terme de «rabougri» (stunted) plutôt que nain (dwarf) qu'ils réservent aux populations pour lesquelles le caractère a un déterminisme au moins en partie génétique (Chouinard *et al.*, 1996 ; Hofer et Medgyesy, 1997 ; Jansen, 1996).

Les méthodes de détermination de l'âge et de la croissance requièrent un bon niveau de technicité et l'interprétation de leurs résultats doit être faite en gardant toujours à l'esprit les limites de validité des données obtenues et en comparant des données réellement comparables.

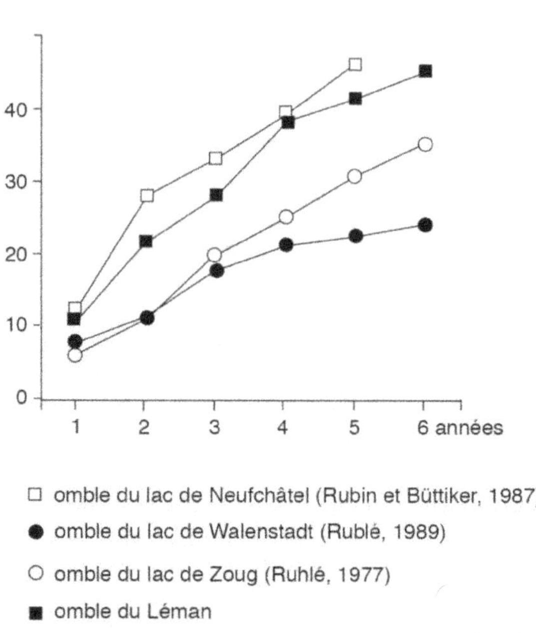

Figure 11.3 : Courbes de croissance de l'omble chevalier dans différents lacs.

Références bibliographiques

BAGLINIERE J.L., CASTANET J., CONAND F., MEUNIER J. (eds)., 1992. *Tissus durs et âge individuel des vertébrés*. Colloque National Bondy, France, 4-6 mars 1991. Coéd ORSTOM-INRA, Paris, 459 p.

BEALL E., DAVAINE P., BAZIN D., BLANC J.M., 1992. Détermination d'un modèle de rétro calcul pour l'estimation de la croissance de la truite de mer (*Salmo trutta*) à Kerguelen. *In : Tissus durs et âge individuel des vertébrés*. J.L. Baglinière, J. Castanet, F. Conand, J. Meunier (eds). Colloque et séminaire ORSTOM-INRA, Paris.

BHATTACHARYA C.G., 1967. A simple method of resolution into Gaussian components. *Biometrics*, 23, 115-135.

CASSIE R.M., 1954. Some uses of probability paper in the analysis of size frequency distributions. *Aust. J. Mar. Freshwater Res.*, 5, 513-522.

CHOUINARD A., PIGEON D., BERNATCHEZ L., 1996. Lack of specialization in trophic morphology between genetically differentiated dwarf and normal forms of lake whitefish (*Coregonus clupaeformis mitchill*) in Lac de l'Est, Québec. *Can. J. Zool.*, 74 (11), 1989-1998.

FRANCIS R.I.C.C., 1990. Back-calculation of fish length : a critical review. *Journal of Fish. Biology*, 36, 883-902.

FRY F.E.J., 1971. The effects of environmental factors on the physiology of fish. *in* W. S. Hoar and D. J. Randall, editors. *Fish physiology*, volume 6. Academic Press, New York, p. 1-98.

GERDEAUX D., 1985. Evolution des populations de gardon et de sandre dans le lac de Créteil. *Verh. int. Verein. theor. Angew. Limnol.*, 22, 2605-2610.

GJERDE B., 1986. Growth and reproduction in fish and shellfish. *Aquaculture*, 57, 37-55.

HOFER R., MEDGYESY N., 1997. Growth, reproduction and feeding of dwarf Arctic char, *Salvelinus alpinus*, from an Alpine high mountain lake. *Arch. Hydrobiol.*, 138 (4), 509-524.

ISAAC V.J., 1990. The accuracy of some length-based methods for fish population studies. *International Center for Living Aquatic Resources Management Technical Report* 27, Manila, Phillippines.

JANSEN W.A., 1996. Plasticity in maturity and fecundity of yellow perch , *Perca flavescens (Mitchill)* : comparisons of stunted and normal-growing populations. *Annales Zoologici Fennici*, 33 (3-4), 403-415.

KLINK A., ECKMANN R., 1992 Limits for detection of daily otolith increments in whitefish (*Coregonus lavaretus*) larvae. *Hydrobiologia*, 231 (2), 99-105.

LE CREN E.D., 1947. The determination of the age and growth of the perch (*Perca fluviatilis*) from the opercular bone. *Journal of Animal Ecology*, 16, 188-204.

LINDFIELD R.J.S., 1974. The errors likely in ageing Roach *Rutilus rutilus* (L.) with special reference to stunted populations. *In* T.B. Bagenal Ed., *The ageing of fish*, Unwin Brother's Ltd London, 167-172.

MACDONALD P.D.M., 1987. Analysis of length-frequency distributions. *In* : R. C. Summerfelt and G. E. Hall, editors. *Age and growth of fish*. Iowa State University Press, Ames, p. 371-384.

MEUNIER F.J., PASCAL M., LOUBENS G., 1979. Comparaison de méthodes squelettochronologiques et considérations fonctionnelles sur le tissu osseux acellulaire d'un Osteichthyen du Lagon néocalédonien : *Lethrinus nebulosus* (Forskal, 1975). *Aquaculture*, 17, 137-157.

RUBIN J.F., BUTTIKER B., 1987. Croissance et reproduction de l'omble-chevalier, *Salvelinus alpinus* (L.) dans le lac de Neuchâtel (Suisse). *Schweiz. Z. Hydrol.*, 49 (1), 51-61.

RUHLE Ch., 1977. Biologie und Bewirtschaftung des Seesaiblings (*Salvelinus alpinus* L.) im Zugersee. *Schweiz. Z. Hydrol.*, 39 (1), 12-45.

RUHLE Ch., 1989. Growth pattern and maturation in arctic char (*Salvelinus alpinus* L.) of Lake Walenstadt, *Switzerland. Aquatic Sciences*, 51 (4), 296-305.

SADLER K., Lynam S., 1986. Some effects of low pH and calcium on the growth and tissue mineral content of yearling brown trout, *Salmo trutta. Journal of Fish Biology*, 29, 313-324.

WEATHERLEY A.H., GILL H.S., eds., 1987. *The biology of fish growth*. Academic Press, New York.

WOOTTON R.J., 1990. *Ecology of teleost fishes*. Chapman and Hall, New York.

Impact des relations intraspécifiques et interspécifiques sur l'abondance des populations*

Une population, dans un milieu naturel, est limitée en taille, même si elle n'est pas exploitée. Des phénomènes naturels de régulation interviennent en relation avec la densité de la population. Le terme de mortalité densité-dépendante est utilisé lorsque la mortalité augmente pour une densité qui augmente ou diminue. Une mortalité dite compensatoire augmente lorsque la densité s'élève. En revanche, une mortalité dite dépensatoire augmente lorsque la densité décroît (Ricker, 1954). Il est maintenant reconnu que ces facteurs de mortalité agissent essentiellement sur les plus jeunes individus de la population : œufs, larves, juvéniles (Elliot, 1994 ; Walters et Juanes, 1993 ; Beverton et Holt, 1957 ; Ricker, 1954). Théoriquement, il est possible d'estimer l'abondance de chacun de ces stades. Pratiquement, pour le gestionnaire, il est intéressant de connaître le nombre de recrues qui entre dans le stock exploitable chaque année. Les recrues sont souvent considérées comme des poissons ayant un même âge, issues donc de la reproduction d'un même stock parental. En général, quel que soit le type de mortalité agissant sur les plus jeunes stades, la résultante de leur action est représentée par le nombre de recrues en fonction de la densité du stock qui les a produit. On parle de relation stock-recrutement. Il existe également des phénomènes de régulation compensatoires qui agissent sur les paramètres vitaux de la population. Ces phénomènes entrent en jeu lorsque la densité diminue suite à une forte augmentation de la mortalité par pêche. Ces mécanismes de régulation sont, en partie, liés directement ou indirectement à des relations intraspécifiques, c'est-à -dire à des interactions entre des individus de la même population. Mais une population n'est jamais déconnectée de son environnement, elle fait partie d'un écosystème. Elle est donc en relation avec d'autres populations, au travers de phénomènes de compétition et de prédation. Ces populations jouent également un rôle dans sa régulation. Elles peuvent également intervenir comme des facteurs perturbateurs sans relation avec la densité initiale de cette population.

* F. CARANHAC

Relations intraspécifiques

Relations stock-recrutement

Du stade œuf jusqu'au stade de recrue, les individus subissent souvent des mortalités élevées. Ces mortalités sont des facteurs de contrôle importants du niveau de la population. Les mécanismes incriminés sont d'origine diverse. Ils sont synthétisés par la relation stock-recrutement donnant le nombre de recrues en fonction de l'abondance du stock. La forme de la relation stock-recrutement varie suivant le type de mécanisme impliqué.

Description et origine des relations stock-recrutement

En absence de processus de régulation, la relation entre le nombre de recrues et l'abondance du stock serait strictement proportionnelle (fig. 12.1). Le nombre de recrues par unité de stock serait constant quelle que soit l'abondance du stock. Les conséquences d'une telle relation seraient que le stock pourrait s'accroître à l'infini ou s'éteindre rapidement. Dans la pratique, l'absence de ce type de comportement implique l'existence de mécanismes de régulation.

Les relations stock-recrutement les plus utilisées, faisant intervenir des mécanismes de régulation compensatoires, sont celles de Ricker (1954) et de Beverton et Holt (1957) (fig. 12.1). Dans les deux cas, pour des niveaux de stock faibles, le nombre de recrues augmente presque proportionnellement au stock. Le stock étant faible, la régulation du nombre de recrues est peu importante. La relation diffère ensuite suivant le modèle. Pour le modèle de Beverton et Holt, le nombre de recrues atteint une valeur asymptotique pour des stocks élevés. Dans le cas du modèle de Ricker, le nombre de recrues diminue. Pour ces stocks importants le nombre de recrues est régulé. Ces mécanismes compensatoires se traduisent par une diminution du nombre de recrues par unité de stock lorsque le stock augmente (fig. 12.1). Toutefois pour des niveaux de stock faibles, des mécanismes dépensatoires sont possibles. Ces mécanismes viennent amplifier l'effet sur le recrutement d'une diminution du stock (Laurec et Le Guen, 1981). Dans ce cas, le nombre de recrues par unité de stock diminue au lieu d'augmenter lorsque le stock devient faible. Ceci peut être lié à des difficultés de fécondation lorsque la faible densité de la population rend problématique les rencontres entre mâles et femelles. Un point d'inflexion apparaît dans la partie gauche de la relation stock-recrutement (Clark, 1974).

Ces relations stock-recrutement sont décrites par les équations mathématiques suivantes :

$$R = aSe^{-bs} \qquad \text{(relation de Ricker)}$$

$$R = \frac{1}{c + (d/S)} \qquad \text{(relation de Beverton et Holt)}$$

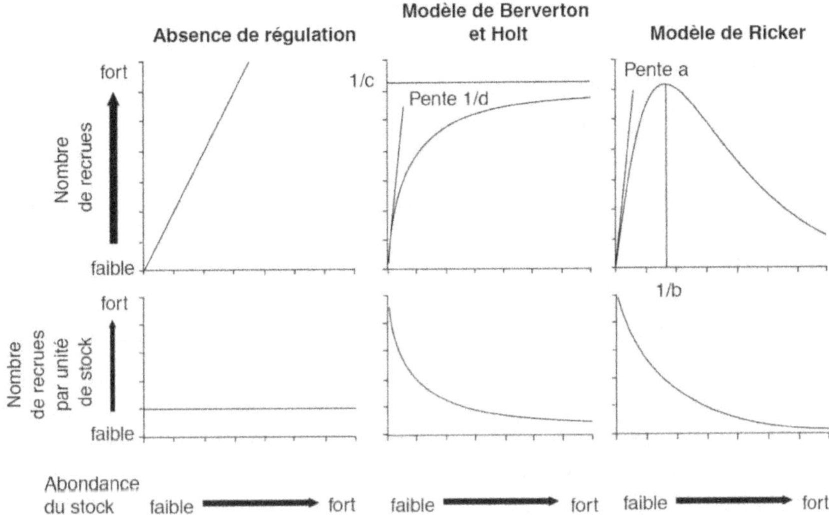

Figure 12.1 : Relations stock-recrutement et évolutions du nombre de recrues par unité de stock en fonction du stock, en absence de régulation, et pour les modèles stock-recrutement de Beverton & Holt et de Ricker.

La variable R représente le nombre de recrues. La variable S représente l'importance du stock parental qui peut-être exprimée en nombre d'individus, en biomasse féconde, en production d'œufs, etc. Les paramètres a et $1/d$ représentent la pente des courbes à l'origine. Lorsque le stock est exprimé en production d'œufs, c'est la probabilité de survie du stade œuf au stade recrue. Ces pentes reflètent également la potentialité d'un stock à résister à de fortes mortalités (Fogarty *et al.*, 1992, Sissenwine et Shepherd, 1987). Une pente forte indique qu'un stock faible est capable de produire une quantité importante de recrues et donc de résister à une forte mortalité par pêche et également d'augmenter rapidement lorsque cette forte mortalité disparaît.

La droite de pente a ou $1/d$ représente le nombre de recrues en absence de mortalité compensatoire. L'écart entre cette droite et la relation stock-recrutement traduit les effets des phénomènes compensatoires. Ces phénomènes sont pris en compte dans la relation stock-recrutement par les paramètres b et c. La valeur $1/b$ correspond au stock donnant le nombre de recrues maximal. La valeur $1/c$ correspond au nombre de recrues lorsque le stock devient très important (fig. 12.1).

Ces équations ont été établies en se basant sur des hypothèses biologiques (Harris, 1975). Lorsque le stock est important, le nombre d'œufs produits est élevé, le nombre de larves est donc également très important. Dans le cas du modèle de Beverton et Holt, ces larves entrent en compétition pour la nourriture. Il n'y a qu'une partie des larves qui pourra se nourrir correctement et donc subsister. Le milieu est un facteur limitant, il ne peut supporter qu'un nombre limité d'individus. A partir d'un certain niveau de stock, le nombre de recrues est constant. D'autres situations biologiques conduisent également à une relation de type Beverton et Holt. Par exemple, lorsque le nombre de frayères de bonne qualité est limité, les œufs ne pouvant pas être déposés sur ces frayères du fait d'un stock frayant important seront soumis à des conditions environnementales extrêmes et uniquement une partie des embryons survivront.

Une relation de type Ricker peut être obtenue lorsque le stock a un comportement cannibale sur les œufs, les larves et les juvéniles. Plus la densité du stock est importante et, plus il inflige une mortalité importante à sa descendance. Beverton et Holt ont retrouvé la courbe en dôme de Ricker en supposant que la mortalité des larves est forte tant qu'elles n'ont pas atteint une taille critique pour échapper aux prédateurs. Les prédateurs ne peuvent pas ingérer des proies supérieures à une certaine taille. Une fois que les larves ont atteint cette taille critique, elles échappent à la prédation et leur mortalité est plus faible. La croissance des larves dépend de la quantité de nourriture qu'elles vont ingérer. La quantité de nourriture disponible pour chacune est inversement proportionnelle à leur densité initiale. La taille critique est donc atteinte d'autant plus rapidement que la quantité de nourriture disponible est grande et que par conséquent la quantité d'œufs déposés est faible.

D'autres relations stock-recrutement ont été développées (Cushing, 1973 ; Shepherd, 1982). Celle de Shepherd comportant 3 paramètres permet d'obtenir de nombreuses formes de relations stock-recrutement dont celles de Ricker et de Beverton et Holt.

Exemple de relation stock-recrutement

Les fluctuations d'abondance des recrues de corégones (*Coregonus lavaretus*) du Léman, ont été étudiées à partir des statistiques officielles des captures des pêcheurs français de 1961 à 1994 (Caranhac et Gerdeaux, 1998). Des indices d'abondance des recrues et du stock parental ont été calculés et utilisés pour ajuster les relations stock-recrutement de Beverton et Holt, de Ricker et de Shepherd (fig. 12.2). Le meilleur ajustement a été obtenu par le modèle de Shepherd qui permet d'expliquer 41% de la variabilité du recrutement. Une forme en dôme est d'un point de vue théorique liée à du cannibalisme ou à de la prédation. Chez les corégones, du cannibalisme par les adultes sur les œufs et les larves a été observé. Les lottes (*Lota lota*) sont également des prédateurs des œufs de corégones (Gillet, 1987). Pour un niveau de stock donné, les indices d'abondance des recrues varient fortement. Ces variations sont liées à l'intervention d'autres facteurs comme le climat. Pour les corégones, un hiver froid et un printemps doux favorisent la survie des œufs et des larves.

Il existe dans la littérature de nombreux autres exemples en particulier pour la perche, espèce cannibale (Craig et Kipling, 1983), pour la truite, espèce à comportement territorial (Elliott, 1994). Pratiquement, il est difficile de mettre en évidence ces relations car elles sont masquées par l'in-

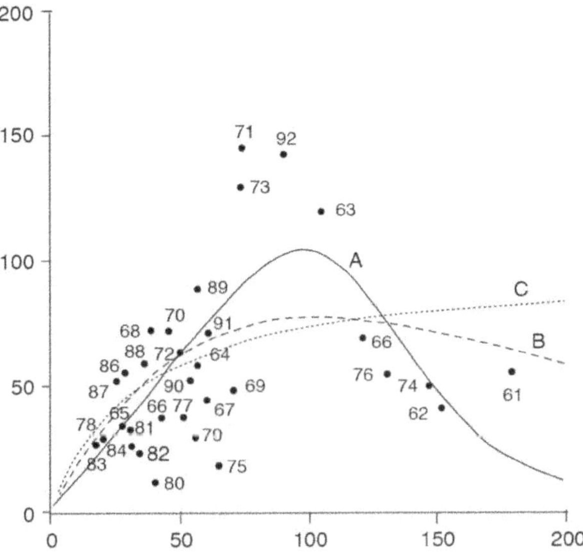

Figure 12.2 : Indice du nombre de recrues en fonction de l'indice d'abondance du stock parental (à côté de chaque point l'année de naissance des cohortes est indiquée). Trois relations stock-recrutement sont ajustées : (A) Shepherd, (B) Ricker, (C) Beverton et Holt.

fluence de facteurs environnementaux. Il est nécessaire d'avoir des longues séries de données.

Conséquences pour la gestion

Fluctuations d'abondance du stock

Pour étudier les effets des relations stock-recrutement sur le niveau d'abondance, nous allons nous placer dans un cas particulier de structure de la population. Nous supposons que la population est composée d'une seule génération. Une fois que cette génération se reproduit, elle meurt. C'est par exemple le cas des pieuvres et des saumons. La relation stock-recrutement permet donc de déterminer le niveau de la population au temps t+1, N_{t+1}, à partir du niveau de la population au temps t, N_t. Dans ce cas, les paramètres du modèle de Ricker sont remaniés pour aboutir à l'équation suivante (équation logistique en temps discret) :

$$N_{t+1} = N_t e^{[r(1-\frac{N_t}{K})]}$$

Le paramètre r représente le taux de croissance de la population et le paramètre K la capacité d'accueil du milieu. Cette équation non linéaire très simple peut aboutir à de nombreux comportements dynamiques de la population suivant la valeur du paramètre r (May, 1974) (fig. 12.3). Lorsque la valeur de r est comprise entre 0 et 2, le niveau de la population oscille puis se stabilise à la capacité d'accueil du milieu. Pour une valeur de r comprise entre 2 et 2,526, le niveau de la population oscille autour de 2 points fixes et décrit un cycle stable de période 2. Lorsque la valeur de r augmente, la période des cycles augmente jusqu'à ce que la population aboutisse à un régime chaotique (r>2,692). Le régime chaotique est caractérisé par des cycles de périodes arbitraires ou des comportements apériodiques qui dépendent des conditions initiales. Il suffit de changer les conditions initiales d'une valeur infime pour aboutir à une dynamique de la population totalement différente. Les différentes dynamiques de la population, en fonction de la valeur de r, sont synthétisées dans un diagramme de bifurcation (fig. 12.4). Pour chaque valeur de r, la population est suivie jusqu'à ce qu'elle converge vers son régime dynamique et les 100 dernières valeurs sont indiquées sur le graphique. On retrouve pour une valeur de r comprise entre 0 et 2, une stabilisation de la population. Pour une valeur de r=2, il y a un nœud de bifurcation, on passe d'un point d'équilibre à un cycle stable de période 2. Le régime chaotique (zone grisée) reste confiné à des zones précises. Les populations ayant ce régime chaotique ne peuvent donc pas dépasser certaines limites d'abondance.

Dans la réalité, la dynamique de la population est beaucoup plus complexe que ce cas d'école. La population est composée de plusieurs classes d'âge. Les individus de la population se reproduisent à partir d'un certain âge de maturité et n'ont pas tous la même fécondité, etc. Ils sont soumis à une mortalité naturelle et/ou une mortalité par pêche. Mais, de la même façon, la dynamique de la population aboutit à ces différents régimes (équilibre stable, oscillations périodiques, régime chaotique) suivant les valeurs de ces paramètres (Le Page et Cury 1995 ; Tyutyunov *et al.*, 1993).

Nous avons simulé l'évolution d'une population imaginaire, composée de 8 classes d'âge, ayant un âge de première maturité de 2 ans et soumise à une relation de stock-recrutement de Ricker (fig. 12.5). Dans la configuration des paramètres choisis, le niveau de la population oscille régulièrement. Mais il est peu probable d'observer des fluctuations si régulières pour une population réelle car des facteurs perturbateurs interviennent, comme le climat. Nous avons simulé l'effet des facteurs climatiques sur le recrutement en le multipliant par un facteur aléatoire uniformément réparti entre 0,01 et 1,99 (fig. 12.5) (Allen et Basaibwaki, 1974). L'évolution de la population imaginaire se rapproche plus de ce qu'on observe dans la réalité. Les cycles sont perturbés et peuvent parfois disparaître, par exemple entre 20 et 40 ans sous l'effet du facteur aléatoire. La réalité est encore plus complexe car les paramètres vitaux de la population peuvent changer au cours du temps ainsi que les paramètres de la relation stock-recrutement.

La mortalité par pêche a un impact sur la dynamique du stock et peut modifier son régime. Les différentes dynamiques du stock se répercutent sur la dynamique des captures. Les captures peuvent être stables d'une année à l'autre, osciller périodiquement ou avoir un régime chaotique. De la même façon, on peut construire des diagrammes de bifurcation pour les captures en fonction de différents paramètres de gestion : effort de pêche, taille minimale légale de capture, maille des filets, etc. Ces calculs ont été réalisés, pour la perche, par Tyutyunov *et al.,* (1993) à partir d'un modèle de dynamique de population exploitée. Plus couramment, pour chaque scénario de gestion, des caractéristiques statistiques synthétisant les différentes valeurs des captures ou du stock sont calculées : moyenne, écart-type, coefficient de variation (Jacobson et Taylor 1985, Francis et Shotton 1997).

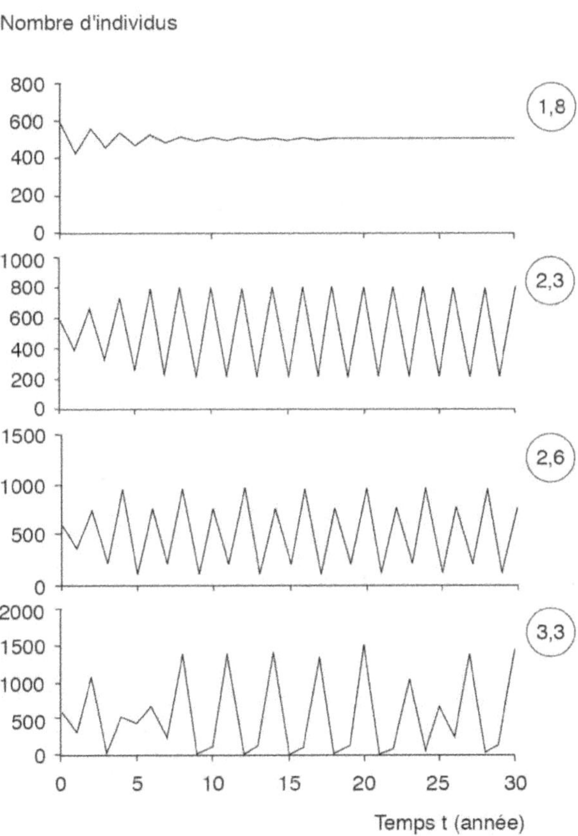

Figure 12.3 : Evolution du nombre d'individus d'une population constituée d'une seule génération pour K=500 individus, N^0= 600 individus et suivant différentes valeurs du taux de croissance r de la population. r=1,8 équilibre stable, r=2,3 cycle stable de période 2, r=2,6 cycle stable de période 4, r=3,3 régime chaotique.

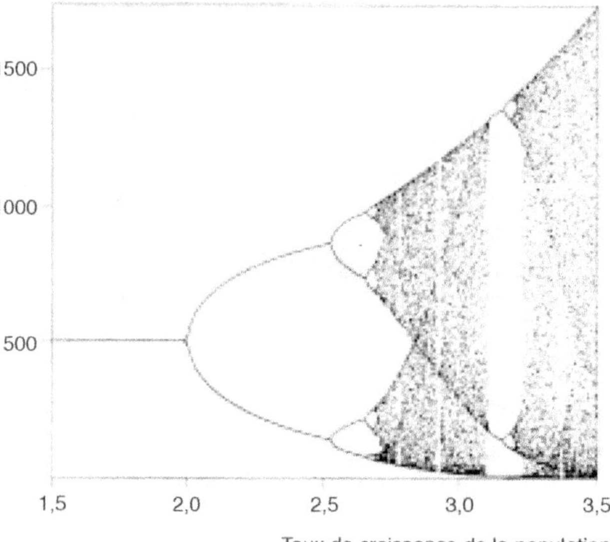

Figure 12.4 : Diagramme de bifurcation synthétisant les changements de régime de la dynamique d'une population composée d'une seule génération et soumise à une relation stock-recrutement de Ricker. Pour chaque valeur de r, la population est suivie jusqu'à ce qu'elle converge vers son régime dynamique et les 100 dernières valeurs sont indiquées sur le graphique.

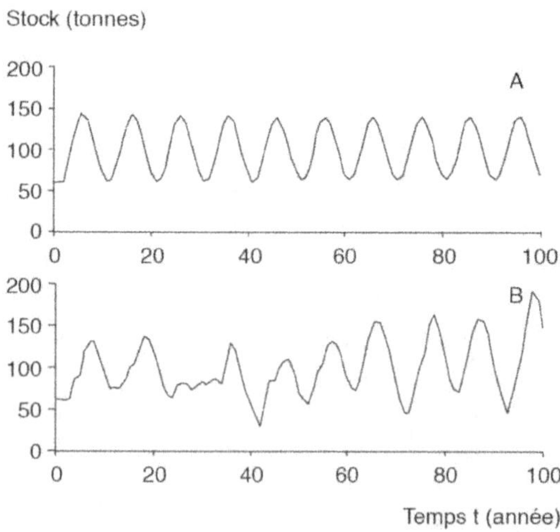

Figure 12.5 : Fluctuation d'abondance d'un stock composé de 8 classes d'âges soumis (A) à une relation stock-recrutement de Ricker, (B) à une relation stock-recrutement de Ricker et aux effets d'un facteur aléatoire.

Effets de l'alevinage

L'alevinage est une pratique couramment employée lorsqu'une population a des difficultés au niveau de son cycle de reproduction ou que son niveau d'abondance est faible (Champigneulle, même ouvrage). Les alevins déversés dans un milieu vont entrer en interaction avec le stock d'adultes présent et le recrutement naturel, s'il existe. Suivant la densité déversée, les alevins peuvent même entrer en compétition entre eux et donc subir des mortalités importantes. Salojärvi et Mutenia (1992) ont étudié les effets de l'alevinage de juvéniles (longueur=10 cm) sur le recrutement des corégones (*Coregonus lavaretus*) dans le lac Inari (au nord de la Finlande). La population de corégones est soutenue par un alevinage car les fluctuations du niveau du lac liées à la production hydroélectrique perturbent la reproduction. De la fin des années 1970 aux années 1990, le nombre moyen de juvéniles déversés varie en moyenne de 1 à 1,5 millions (900 à 1350 juvéniles déversés par km^2). Depuis que l'alevinage est réalisé, la croissance des poissons a diminué, d'autant plus fortement que la taille du stock est importante. Ils supposent que l'alevinage a changé les processus de régulation de la population. Avant l'alevinage, la mortalité des jeunes stades était indépendante du niveau du stock. L'alevinage a provoqué l'apparition de processus de régulation compensatoire correspondant au niveau de stock important de la relation stock-recrutement. Durant la phase de pré-recrutement, la forte compétition pour la nourriture a diminué la croissance des jeunes, les rendant plus longtemps vulnérables à la prédation. L'alevinage surdensitaire a entraîné un retard de la croissance et une forte diminution du nombre de recrues. Le suivi réalisé a permis de prendre des mesures. Dans un premier temps, l'alevinage a été diminué à 0,5 million, ce nombre étant ajusté en fonction de la pêche, car la compétition intraspécifique peut être diminuée en partie par la pêche. En partie seulement, car une augmentation de l'effort de pêche provoque une diminution de la taille moyenne des captures. Les petits poissons ont une valeur monétaire souvent inférieure aux grands. Le rendement économique de la pêche peut être affecté.

Lorsque la population est soumise à une relation stock-recrutement de Ricker, un alevinage surdensitaire provoque une mortalité accrue et une diminution de la survie d'autant plus importante que l'alevinage dépasse un certain seuil (Gerdeaux, 1985). Il devient donc néfaste. Dans le cas d'une relation de type Beverton et Holt, un alevinage surdensitaire n'a pas d'effet négatif, mais il devient inefficace et inutile dès que la capacité du milieu est atteinte.

Modification des paramètres vitaux de la population

Exemple

Durant les années 40, l'exploitation des corégones (*Coregonus clupeaformis*) dans le lac Pigeon (Canada) a fortement augmenté. Les rendements sont passés de 7,9 à 18,1 kg/ha (Miller, 1956 ; Healey, 1975). Cette forte augmentation de l'exploitation, a provoqué une diminution de l'âge moyen des captures de 5,1 à 2,3 ans. La croissance a fortement augmenté. Les poissons atteignent en 3 ans la longueur qu'ils atteignaient avant en 6 ans. L'âge à partir duquel la majorité des poissons est mature, est passé de 5 à 2 ans. La 7ème année d'intense exploitation s'est traduite par un nombre de captures très faible. La cause de cet effondrement a été une succession de très faibles cohortes. Ces faibles cohortes sont liées à des phénomènes naturels. Elles ne sont pas causées par une surexploitation car les stocks parentaux qui leur ont donné naissance ont une abondance normale. En revanche la forte pression de pêche a conduit à l'instabilité de la pêche en réduisant le nombre de classes d'âge qui constitue les captures d'une année. Lorsque l'exploitation est faible, plusieurs classes d'âge composent les captures donc l'apparition d'une faible cohorte a peu d'effet sur la pêche. Suite à cet écroulement des captures, l'exploitation du lac a été arrêtée durant quelques années. Très rapidement, la population a retrouvé une structure en âge et une croissance caractéristique de la période de faible exploitation.

Mécanismes de compensation

Lorsque la mortalité par pêche augmente dans un milieu, des phénomènes de compensation interviennent afin de contrebalancer les effets de cette mortalité. La population réagit en modifiant ses paramètres vitaux. Les mécanismes les plus couramment rencontrés sont une augmentation de la croissance liée à une réduction de la compétition intraspécifique (Klein, 1992 ; Diana, 1983 ; Jensen, 1981). La maturité et la fécondité d'un poisson sont plus liées à la longueur du poisson qu'à son âge. Une croissance accrue provoque une diminution de l'âge de première maturité et une augmentation de la fécondité à un âge donné (Healey, 1975, 1978 et 1980). Ces modifications visent à accroître l'abondance du stock mature, le nombre d'œufs déposés et donc le nombre de recrues potentielles.

Il est également parfois observé une augmentation de la proportion de femelles (Brown, 1970). Mais selon Jensen (1981), ce mécanisme ne peut que faiblement compenser une augmentation de la mortalité. Un environnement favorable pour la croissance des femelles matures peut résulter en une meilleure qualité des œufs, une plus grande proportion de femelles frayant et un nombre important d'œufs fertilisés (Jensen, 1981).

Une population possède une certaine souplesse d'adaptation vis-à-vis d'une augmentation de l'exploitation (Healey, 1975). Mais ses capacités sont limitées et une forte augmentation de l'exploitation peut provoquer un écroulement de la pêcherie. De plus, la sélection artificielle de poissons à croissance rapide en aquaculture (Kincaid *et al.*, 1977, Aulstad *et al.*, 1972, Donaldson et Menasveta, 1961) semble indiquer que la vitesse de croissance chez certaines espèces de poisson est d'origine génétique. Lorsque la pêche supprime les plus grands poissons, elle sélectionne les individus ayant une plus faible croissance comme parent pour la génération suivante (Favro *et al.*, 1979, Parma et Deriso, 1990). Les effets à long terme de cette sélection par la pêche dépendent de l'intensité de la pêche, des variabilités phénotypiques de croissance et de l'héritabilité des potentialités de croissance (Wohlfarth, 1986). Ces phénomènes peuvent réduire les capacités d'adaptation de la population à une augmentation de la mortalité par pêche.

Conséquences pour la gestion

Pour certaines espèces de poissons (Salmonidés, carnassiers) une taille minimale légale de capture est fixée afin de permettre à ces poissons de se reproduire au moins une fois avant d'être pêchés. Etant donné que la croissance et l'âge de maturité des poissons peuvent changer en fonction de la pression de pêche, la taille légale devrait être révisée et modulée suivant l'évolution des caractéristiques de la population. La taille légale implique une mortalité sélective suivant la longueur et sélectionne les individus grandissant le plus doucement comme stock parental pour la génération suivante. Une gestion de la pêche par quota par pêcheur plutôt qu'une taille légale serait plus adaptée lorsque l'engin de pêche n'est pas sélectif suivant la taille, pour ce type de population dont les individus ont des potentialités de croissance d'origine génétique. Une telle gestion permettrait aussi d'éviter les mortalités accessoires. Les captures ne faisant pas la taille légale, rejetées dans le milieu sont affaiblies et deviennent des proies faciles en particulier pour des oiseaux piscivores. L'instauration de quotas nécessite une certaine discipline de la part du pêcheur. Il doit conserver des poissons qui ne sont pas forcément intéressants.

Relations interspécifiques

Prédation

La prédation est l'activité de capture des proies à laquelle se livrent tous les animaux à régime carnivore (Ramade, 1993). Pour qu'une espèce soit un prédateur d'une autre espèce proie, il faut que ces deux espèces se situent dans le même habitat à un certain moment et que les proies ne soient pas trop grandes pour être ingérées par le prédateur. La prédation est sélective suivant la taille des proies, elle s'intéresse préférentiellement aux proies de petite taille, les jeunes. La prédation est un phénomène qui joue un rôle significatif dans la régulation des effectifs de la population proie et de la population prédateur. En effet, il a été observé que les prédateurs n'éliminent pas toutes leurs proies, sinon ils disparaîtraient eux aussi (Ramade, 1993). A l'opposé, ils jouent un rôle dans la régulation des effectifs de proies en éliminant les individus en excès. L'impact de la prédation sur la population proie dépend des densités des prédateurs et des proies, et de la durée de vulnérabilité des proies. Lorsque la densité des jeunes est forte, il y a une compétition intraspécifique plus grande et la croissance des jeunes est plus faible. Les jeunes sont soumis plus longtemps à la prédation et l'impact de la prédation est plus important. Lorsque la densité des jeunes est forte, il peut y avoir agrégation importante des prédateurs qui profitent de cette forte abondance de nourriture. On retrouve alors pour la population proie, la relation stock-recrutement de Ricker (1954). Lotka (1956) et Volterra (1931) ont développé un modèle mathématique (équations différentielles) permettant de représenter la dynamique de 2 populations en interaction (Pave, 1994). Ces équations ont été largement utilisées pour étudier les systèmes proies-prédateurs (Ginot, même ouvrage).

La prédation ne permet pas forcément de diminuer la compétition intraspécifique dans la population proie. Tonn *et al.,* (1992) ont travaillé dans un petit lac expérimental (1,5 ha) en Finlande sur l'effet de la prédation du carassin (*Carassius carassius*) par la perche (*Perca fluviatilis*). Ils ont partagé le lac en 4 parties. Une première partie contenait 1450 carassins adultes (taille moyenne = 7,5 cm), sans aucun prédateur. Une seconde partie contenait 1450 carassins adultes et 50 perches (taille allant de 16 à 26 cm), prédateurs des carassins. Les 2 autres parties sont des réplicats. Dans la partie sans perches (fig. 12.6), les jeunes carassins, provenant de la reproduction de l'année, et les adultes vont se nourrir dans la zone de pleine eau durant la journée. La nuit, ils se rapprochent du rivage. En revanche, en présence de perches, les jeunes carassins de l'année et les carassins adultes ayant une longueur inférieure à 10 cm restent confinés près du rivage afin d'échapper à la prédation. Cette restriction à un petit refuge entraîne une compétition intraspécifique pour la nourriture et donc une réduction de la croissance des petits carassins. Ils deviennent vulnérables à la prédation durant une plus longue période. Ils accumulent peu de réserve en glycogène qui est nécessaire à leur survie durant l'hiver lors de conditions d'hypoxie. Les poissons plus grands (>10 cm), échappant à la prédation, ont le même rythme de vie que les poissons de la partie du lac sans perche mais ils grandissent plus vite car la compétition intraspécifique au large est plus faible étant donné que les petits poissons restent au bord. Les prédateurs provoquent indirectement une mortalité chez les jeunes carassins en occasionnant une compétition intraspécifique. Les restrictions du recrutement de proies, liées à une limitation des habitats de nutrition entraînée par la présence de prédateurs, ont été modélisées par Walters et Juanes (1993).

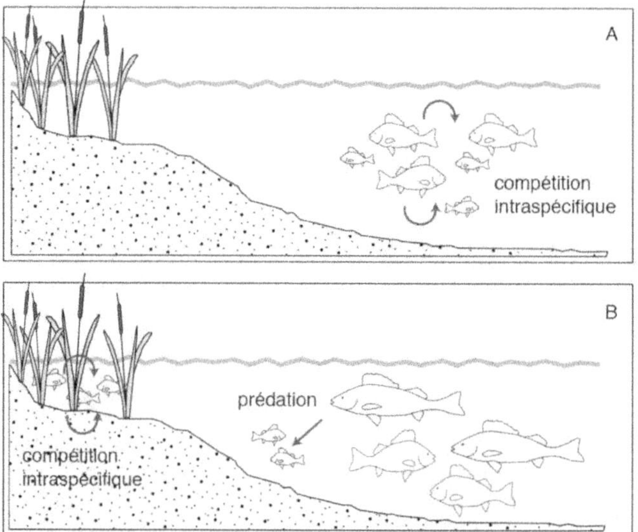

Figure 12.6 : Comportement des carassins (*Carassius carassius*) durant la journée (A) en absence de perches. (*Perca fluviatilis*) ; (B) en présence de perches dans un étang expérimental (*D'après TONN* et al. *1992*).

Compétition interspécifique

Deux espèces entrent en compétition, lorsqu'elles se concurrencent pour l'accès à une ressource naturelle présente dans le milieu qu'elles exploitent de façon simultanée (Ramade, 1993). Ces espèces ont des niches écologiques proches et vivent dans le même habitat (espèces sympatriques par opposition aux espèces allopatriques qui ne cohabitent pas). La niche écologique est définie comme la place et la spécialisation d'une espèce à l'intérieur d'un peuplement. Elle correspond à l'ensemble des paramètres qui caractérisent les exigences écologiques (climatiques, alimentaires, reproductives...). Les compétitions les plus fréquentes entre espèces sont des compétitions alimentaires. Le degré de compétition alimentaire entre 2 espèces dépend de la quantité de la ressource disponible. Cette quantité va varier en relation avec les fluctuations de l'environnement. Lorsqu'elle est abondante, la compétition est faible. En revanche, lorsqu'elle est faible, les interactions entre les individus sont très fortes. La compétition n'est donc pas un phénomène constant dans le temps. Les compétitions alimentaires peuvent n'affecter que certains stades de développement d'une espèce. Le régime alimentaire et les capacités d'un poisson pour exploiter une ressource sont fonction de sa taille. De nombreuses espèces ont souvent un stade planctophage avant de devenir piscivores.

Il y a 30 à 50 ans, le meunier noir (white sucker, *Catostomus commersoni*) a été introduit dans de nombreux lacs à ombles de fontaine (brook trout, *Salvelinus fontinalis*) au Québec. Sur 18 lacs (Magnan, 1988), la production annuelle d'omble a diminué significativement dans les lacs où l'omble vit en sympatrie avec le meunier. Tremblay et Magnan (1991) ont étudié la répartition spatiale et le régime alimentaire d'une population allopatrique d'omble et d'une population d'omble vivant en sympatrie avec le meunier noir dans 2 lacs oligotrophes. En mai, les petits ombles allopatriques et sympatriques (>20 cm) se trouvent dans la zone littorale. De juin à août, les ombles des 2 types de populations se sont déplacés vers la zone pélagique. Le phénomène étant plus marqué pour les petits ombles sympatriques. Les ombles allopatriques se nourrissent préférentiellement de zoobenthos alors que les ombles sympatriques se nourrissent principalement de zooplancton à l'exception des petits ombles en mai et juin. Les meuniers noirs s'alimentent essentiellement de zoobenthos dans la zone littorale. Les ombles ont donc modifié leur répartition spatiale et leur régime alimentaire en présence des meuniers. La nature des interactions est fonction de la taille des individus. Les différences de régime alimentaires entre les ombles et les meuniers sont les plus importantes en juillet lorsque la biomasse d'organismes benthiques est la plus faible.

Ces compétitions ont des impacts d'autant plus grands que la plasticité alimentaire des espèces est faible. Par exemple, la structure du peuplement du lac Michigan (Crowder *et al.*, 1981, Evans et Loftus, 1987) a changé suite à l'introduction de deux espèces planctophages exotiques, l'éperlan d'Amérique (rainbow smelt, *Osmerus mordax*) et le gaspereau (*alewife, Alosa pseudoharengus*) Des espèces comme le cisco planctonophage strict (*Coregonus sp.*) ont décliné rapidement. En revanche des espèces ayant un spectre de nutrition différent ou ayant changé de spectre survivent bien (*Perca flavescens, Percopsis omiscomayus, Notropis husonius*).

Conséquences pour la gestion

De nombreux articles font des bilans sur les introductions d'espèces (Holcik, 1991 ; Allendorf, 1991 ; Magnuson, 1976) dont un numéro spécial du Bulletin Français de la Pêche et de la Pisciculture (n°344-345). Les introductions d'espèces sont fortement controversées et vues généralement comme préjudiciables. Le manque de suivi des milieux avant et après introduction fait que le bilan des opérations est rarement tiré. L'avantage d'une introduction est apprécié sous un seul aspect, par exemple, l'augmentation des rendements de pêche. Les impacts sur les autres secteurs comme la protection de la nature sont négligés (Cowx, 1997). Malgré le manque d'étude sur les conséquences des introductions, Keith et Allardi (1997) ont classé les impacts des introductions (27 espèces au total) en France en 4 grands types : pathologique, écologique, génétique ou inconnu. Pour 52 % des espèces introduites, l'impact est inconnu. Aucun impact génétique n'a été mis en évidence. Pour 37 % des espèces introduites, l'impact principal est de nature écologique au travers de la compétition et de la prédation. Pour 11% des espèces introduites, l'impact est d'origine pathologique. Par exemple, le sandre (*Lucioperca lucioperca*) est un vecteur de la bucéphalose.

De la même façon, l'élimination d'une espèce, perçue comme nuisible, peut aboutir à des résultats inattendus. Dans la River Forme, l'élimination des grands brochets qui est une pratique courante peut provoquer une augmentation de la prédation sur la truite et le saumon (Mann, 1982). Le brochet étant une espèce à comportement cannibale, l'abondance des jeunes brochets de l'année est contrôlée par la population adulte. L'enlèvement des gros brochets permet une augmentation de la production de petits brochets qui sont en fait les principaux prédateurs des truites et tacons.

Conclusion

L'écosystème aquatique est un système complexe faisant intervenir de nombreuses relations. Toute population, appartenant à cet écosystème, entre en interaction avec son environnement et en particulier avec les autres espèces. L'abondance d'une population est régulée en majeure partie au travers des plus jeunes stades par, entre autres, des phénomènes densité-dépendants tels que les relations stock-recrutement. Ces jeunes stades, représentant des individus de petite taille, sont potentiellement des proies pour les prédateurs. Des phénomènes de compétition peuvent également se développer à n'importe quel stade de la vie, mais les plus jeunes individus restent les plus sensibles. Un stock est capable, dans une certaine mesure, de modifier ses paramètres vitaux afin de compenser une forte mortalité. Ces relations intra et interspécifiques ont un rôle important dans les fluctuations d'abondance des populations mais d'autres facteurs interviennent en particulier le climat. Une population n'endure pas tous ces phénomènes simultanément du fait des fluctuations de l'environnement. Certains vont être prépondérants durant quelques années ou bien même une seule année. L'écosystème aquatique est sans cesse en évolution. L'identification des facteurs influençant les fluctuations d'abondance d'une population est d'autant plus compliquée. Une gestion raisonnée des populations ne peut se faire que par une connaissance approfondie de chacun des composants de l'écosystème, chaque lac ayant sa propre spécificité. La connaissance du milieu aquatique ne s'acquiert que par un suivi à long terme de l'évolution du milieu. Le suivi des populations exploitées peut se faire par exemple par la mise en place de carnets de déclaration volontaire de capture (Gerdeaux, même ouvrage) permettant d'obtenir des informations complémentaires aux statistiques de déclarations obligatoires.

Références bibliographiques

ALLEN R.L., et BASASIBWAKI P., 1974. Properties of age structure models for fish populations. *Can. J. Fish. Aquat. Sci.*, 31, 1119-1125.

ALLENDORF F.W., 1991. Ecological and genetic effects of fish introductions : synthesis and recommendations. *Can. J. Fish. Aquat. Sci.*, 48 *(Suppl. 1)*, 178-181.

AULSTAD D., GJEDREM T. et SKJERVOLD H., 1972. Genetic and environmental sources of variation in length and weight of Rainbow Trout *(Salmo gairdneri)*. *Can. J. Fish. Aquat. Sci.*, 29, 237-241.

BEVERTON R.J.H., et HOLT J.H., 1957. On the dynamics of exploited fish populations. *Fishery Investigations. serie 2* , vol 19 London, 533 p.

BROWN E.H.Jr., 1970. Extreme female predominance in the bloater *(Coregonus hoyi)* of Lake Michigan in the 1960s. *In : Biology of coregonid fishes*, Eds C.C. Lindsey & C.S. Wood, Winnipeg , Manitoba Press, 501-514 .

CARANHAC F., et GERDEAUX D., 1998. Analysis of the fluctuations in whitefish *(Coregonus lavaretus)* abundance in Lake Geneva. *Arch. Hydrobiol. Spec. Issues Advanc. Limnol.*, 50, 197-206.

CLARK C.W., 1974. Possible effects of schooling on the dynamics of exploited fish populations. *J. Cons. int. Explor. Mer*, 36, 7-14.

COWX I.G., 1997. L'introduction d'espèces de poissons dans les eaux douces européennes , succès économiques ou désastres écologiques ? *Bull. Fr. Pêche Piscic.*, 344/345, 57-77.

CRAIG J.F., et KIPLING C., 1983. Reproduction effort versus the environment; case histories of Windermere perch, *Perca fluviatilis* L., and pike, *Esox lucius* L. *J. Fish Biol.*, 22, 713-727.

CROWDER L.B., MAGNUSON J.J., and BRANDT S.B., 1981. Complementarity in the use of food and thermal habitat by Lake Michigan fishes. *Can. J. Fish. Aquat. Sci.*, 38, 662-668.

CUSHING D.H., 1973: Dependance of recruitment on parent stock. *J. Fish. Res. Board Can.*, 30, 1965-1976.

DIANA J.S., 1983. Growth, maturation, and production of northern Pike in three Michigan lakes. *Trans. Am. Fish. Soc.*, 112, 38-46.

DONALDSON L.R., et MENASVETA D., 1961. Selective breeding of Chinook Salmon. *Trans. Am. Fish. Soc.*, 90, 160-164.

ELLIOTT J.M., 1994. Quantitative ecology of the Brown Trout. *In : Ecology and evolution* ed. R.M. May and P.H. Harvey, Oxford University Press. 286 p.

EVANS D.O., et LOFTUS D.H., 1987. Colonization of inland lakes in the great lakes region by rainbow smelt, *Osmerus mordax*, their freshwater niche and effects on indigenous fishes. *Can. J. Fish. Aquat. Sci.*, 44 (Suppl. 2), 249-266.

FAVRO L.D., KUO P.K., et McDONALD J.F., 1979. Population-genetic study of the effects of selective fishing on the growth rate of trout. *J. Fish. Res. Board Can.*, 36, 552-561.

FOGARTY M.J., ROSENBERG A.A., SISSENWINE M.P., 1992. Fisheries risk assessment : sources of uncertainty. *Environ. Sci. Technol.*, 26, 440-447.

FRANCIS R.I.C.C., et SHOTTON R., 1997. «Risk» in fisheries management : a review. *Can. J. Fish. Aquat. Sci.*, 54, 1699-1715.

GERDEAUX D., 1985. Les fluctuations dans les populations de poissons d'eau douce. Conséquences sur les études écologiques. *Revue française des Sciences de l'eau*, 4, 255-276.

GILLET C., 1987. Etude de la survie des œufs de corégones dans quelques lacs à différents degrés d'eutrophisation. *Rapport Institut de Limnologie* I.L., 34/87, 20 p.

HARRIS J.G.K., 1975. The effect of density-dependent mortality on the shape of the stock and recruitment curve. *J. Cons. int. Explor. Mer*, 36(2), 144-149.

HEALEY M.C., 1975. Dynamics of exploited Whitefish populations and their management with special reference to the Northwest Territories. *J. Fish. Res. Board Can.*, 32, 427-448.

HEALEY M.C., 1978. Fecundity changes in exploited populations of Lake whitefish *(Coregonus clupeaformis) and Lake Trout (Salvelinus namaycush)*. *J. Fish. Res. Board Can.*, 35, 945-950.

HEALEY M.C., 1980. Growth and recruitment in experimental exploited lake whitefish *(Coregonus clupeaformis)* populations. *Can. J. Fish. Aquat. Sci.*, 37, 255-267.

HOLCIK J., 1991. Fish introduction in Europe with particular reference to its Central and Eastern part. *Can. J. Fish. Aquat. Sci.* 48, (Suppl. 1), 13-23.

JACOBSON P.C. et TAYLOR W.W., 1985. Simulation of harvest strategies for a fluctuating population of lake whitefish. *North Am. J. Fish. Manage.*, 5, 537-546.

JENSEN A.L., 1981. Population regulation in lake whitefish, *Coregonus clupeaformis* (Mitchill). *J. Fish Biol.*, 19, 557-573.

KEITH P., et ALLARDI J., 1997. Bilan des introductions de poissons d'eau douce en France. *Bull. Fr. Pêche Piscic.*, 344/345 , 181-191.

KINCAID H.L., BRIDGES W.R., et LIMBACH B.V., 1977. Three generations of selection for growth rate in fall-spawning Rainbow Trout. *Can. J. Fish. Aquat. Sci.*, 106, 621-628.

KLEIN M., 1992. Effect of exploitation on growth, age-stucture, and recruitment of an underfished population of european whitefish. *Pol. Arch. Hydrobiol.*, 39, 807-815.

LAUREC A., et LE GUEN J.C., 1981. Dynamique des populations marines exploitées, Tome I : Concepts et modèles. *Rapports scientifiques et techniques du Centre National pour l'Exploitation des Océans* 45, 118 p.

LE PAGE C., et CURY P., 1995. Age dependent fecundity and the dynamics of a density-dependent population model. *Mathl. Comput. Modelling*, 21, 13-26.

LOTKA A.J., 1956. Elements of mathematical biology. Dover, New-York, édition revue du précédent (1925).

MAGNAN P., 1988. Interactions between brook charr, *Salvelinus fontinalis*, and nonsalmonid species, ecological shift, morphological shift and their effect on zooplancton communities. *Can. J. Fish Aquat. Sci.*, 45, 999-1009.

MAGNUSON J.J., 1976. Managing with exotics- a game of chance. *Trans. Am. Fish. Soc.*, 105, 1-9.

MANN R.H.K., 1982. The annual food consumption and prey preferences of pike (*Esox Lucius*, L.) in the River Frome, Dorset. *J. anim Ecol.*, 51, 81-95.

MAY M., 1974. Biological populations with nonoverlapping generations, stable points, stable cycles, and chaos. *Science*, 186, 645-647.

MILLER R.B., 1956. The collapse and recovery of a small whitefish fishery. *J. Fish. Res. Board Can.*, 13, 135-146.

PARMA A.M., et DERISO R.B., 1990. Dynamics of age and size composition in a population subject to size-selective mortality, effects of phenotypic variability in growth. *Can. J. Fish. Aquat. Sci.*, 47, 274-289.

PAVE A., 1994. *Modélisation en biologie et en écologie*. Aléas éditeur. 559 p.

RAMADE F., 1993. Dictionnaire encyclopédique de l'écologie et des sciences de l'environnement. *Ediscience international*, 822 p.

RICKER W.E., 1954. Stock and recruitment. *J. Fish. Res. Board Can.*, 11, 559-623.

SALOJÄRVI K., et MUTENIA A., 1992. Effects of fingerlings stocking on recruitment in the Lake Inari whitefish (*Coregonus lavaretus* L. s.l.) fishery. *In : Rehabilitation of Inland Fisheries*. p.1-13, I. Cowx Ed.. Proceedings of the Symposium organized by Humberside International Fisheries Institute, University of Hull, England, 6-10 April 1992.

SISSENWINE M.P., et SHEPHERD J.G., 1987. An alternative perspective on recruitment overfishing and biological reference points. *Can. J. Fish. Aquat. Sci.*, 44, 913-918.

SHEPHERD J.G., 1982. A versatile new stock-recruitment relationship for fisheries and the construction of sustainable yield curves. *J. Cons. Int. Explor. Mer.*, 40, 67-75.

TONN W. M., PASZKOWSKI C.A., et HOLOPEAINEN I.J., 1992. Piscivory and recruitment, mechanisms structuring prey populations in small lakes. *Ecol.*, 73, 951-958.

TREMBLAY S., et MAGNAN P., 1991. Interactions between two distantly related species, Brook trout (*Salvelinus fontinalis*) and White sucker (*Catostomus commersoni*). *Can. J. Fish. Aquat. Sci.*, 48, 857-867.

TYUTYUNOV Y., ARDITI R., BÜTTIKER B., DOMBROWSKI Y. et STAUB E., 1993. Modelling fluctuations and optimal harvesting in perch populations. *Ecol. Modelling*, 69, 19-42.

VOLTERRA L., 1931. Leçons sur la théorie mathématique de la lutte pour la vie. Gauthier-Villars, Paris.

WALTERS C.J., et JUANES F., 1993. Recruitment limitation as a consequence of natural selection for use of restricted feeding habitats and predation risk taking by juvenile fishes. *Can. J. Fish. Aquat. Sci.*, 50, 2058-2070.

WOHLFARTH G.W., 1986. Decline in natural fisheries - a genetic analysis and suggestion for recovery. *Can. J. Fish. Aquat. Sci.*, 43, 1298-1306.

Le marquage des poissons*

Introduction

Une marque est quelque chose d'externe ou d'interne, naturel ou incorporé artificiellement dans le poisson et qui permet de le reconnaître. Les techniques de marquage sont des outils importants pour connaître la biologie des poissons (ex. : mouvements, isolement ou mélange de populations, comportements, croissance, validation de l'âge...) et pour la gestion piscicole (évaluation de la taille d'une population, taux de mortalité, efficacité de repeuplements...).

Les techniques de marquage peuvent être regroupées de la façon suivante :

Les marques externes

Cela peut être des marques attachées au poisson et visibles à l'extérieur de son corps (ex. : marque mâchoire, Carlin, spaghetti-ancre, tatouage, pigments). Cela peut aussi être une altération de l'apparence du poisson qui permet de l'identifier de l'extérieur (ex. : ablation de nageoires).

Les marques internes

Ce sont des marques (objets) entièrement implantés dans le corps du poisson (ex. : marques magnétiques). Selon les cas, la reconnaissance de certaines d'entre elles nécessite le sacrifice du poisson ou bien l'information totale ou partielle peut être obtenue sans sacrifier ou dénaturer le poisson.

Les marques chimiques

Ce sont des composés, soit accumulés naturellement soit introduits artificiellement par l'homme, qui permettent d'identifier les poissons marqués. Par extension, ce peut être également des variations induites par l'homme dans les dépôts des substances constituant certaines structures, otolithes par exemple.

Les marques naturelles

Les marques naturelles peuvent être regroupées en trois principaux groupes, sachant que les marques génétiques en font partie mais que leur potentiel justifie d'en faire une catégorie à part.

---

* A. CHAMPIGNEULLE et R. ROJAS BELTRAN

Les marques morphométriques sont des caractéristiques de la forme du corps ou de certains éléments du corps (ex.: écailles, otolithes, ponctuations de la robe).

Les marques méristiques sont des différences intraspécifiques quantitatives, par exemple dans le nombre de vertèbres, de branchiospines, de rayons de nageoires, de caeca pyloriques, de ponctuations d'une couleur ou taille donnée à un endroit précis du corps.

La présence-absence ou la différence de fréquences de macroparasites variant d'un lieu ou d'un groupe de poissons à l'autre.

Les marques génétiques

Elles identifient le profil génétique d'un poisson à partir de tests biochimiques réalisés sur des fragments du corps du poisson.

Les marques acoustiques

Ce sont des marques (externes ou internes) qui transmettent un signal (radio ou ultrasons) qui est réceptionné par une station fixe ou mobile.

Les publications rapportant des expériences sur la mise au point ou bien utilisant telle ou telle technique de marquage sont très nombreuses. Il existe quelques ouvrages traitant du marquage de manière plus générale, mais ces documents sont déjà anciens (Vibert et Lagler, 1961 ; Arrignon, 1970 ; Jones, 1979 ; Cristau-Quost, 1980 ; Wydoski et Emery, 1983) alors que de nouvelles techniques sont récemment apparues. Les deux ouvrages les plus récents et complets sont la publication de Parker *et al.*, (1990) et le manuel pratique de Nielsen (1992).

Le présent chapitre traite essentiellement des marques externes, internes et chimiques. Pour les marques acoustiques et génétiques, le lecteur pourra consulter deux numéros spéciaux du Bulletin français de pêche et pisciculture (le n° 302 pour les marques acoustiques et le n° 314 pour l'utilisation de la génétique). Le chapitre se réfère à des données publiées, complétées par l'expérience et des informations acquises par la Station INRA de Thonon qui a largement utilisé, adapté ou mis au point certaines techniques de marquage dans le cadre de suivis d'opérations de repeuplement de salmonidés. Une démarche générale de planification et de mise en oeuvre des campagnes de marquage sera proposée avant la présentation de techniques de marquage. En effet ce n'est qu'après cette démarche préalable que peut se faire, pour une situation donnée, le choix de la meilleure méthode de marquage en fonction des objectifs et du type de données à collecter. C'est un choix difficile car rarement idéal puisque chaque méthode a ses avantages et ses inconvénients.

Planification et mise en œuvre d'une campagne de marquage

La phase de marquage proprement dite n'est qu'une étape d'une campagne de marquage. Cette dernière comprend les étapes suivantes.

Planification initiale et choix de la technique de marquage

Il est important d'avoir une phase de planification initiale et de fixer les objectifs de la campagne de marquage en les replaçant dans leur contexte général (recherche, gestion). Il est conseillé de se poser la question de la réelle utilité de la campagne de marquage et d'évaluer les techniques alternatives. Par exemple dans les évaluations de repeuplements, les alternatives au marquage peuvent être : l'étude des statistiques de déversement et de pêche, l'annulation de certains relâchers pour une période donnée ou selon une fréquence donnée, la réalisation d'un plan d'expérience lorsque l'on dispose de plusieurs milieux pour tester des stratégies différentes.

Parmi les critères à prendre en compte pour définir la technique de marquage, on peut citer :

- marquage individuel ou de groupe (combien de groupes ?),

- espèce, forme, taille et nombre de poissons,

- moyens humains, techniques et financiers pour le marquage et le contrôle des recaptures,

- la durée de l'étude (conséquences pour la croissance et les migrations des poissons marqués),

- si le poisson marqué doit être identifié une seule fois ou plusieurs fois,

- si les poissons marqués doivent être gardés vivants ou non,

- le processus de contrôle des poissons.

L'évaluation des risques encourus (ex.: faible probabilité de pouvoir conclure, moyens insuffisants, risque pour la population étudiée...) fait partie de la diagnose initiale. Dans les campagnes de marquage on cherche à minimiser les effets négatifs du marquage sur le comportement, la croissance et la survie. De même lorsque l'on compare des lots marqués différemment, il faut évaluer ou éviter les éventuels effets différentiels liés aux divers types de marquage pratiqués. Des campagnes de marquage réalisées trop ponctuellement peuvent conduire à des conclusions erronées. Encore trop peu de campagnes de marquage sont répétées dans le temps et/ou l'espace. Il est parfois possible de concevoir pour un lot source donné des marquages différents pour des sous-lots, ce qui permet une approche de la variabilité.

Il faut savoir si le même type de marquage n'est pas simultanément pratiqué dans la même zone sur d'autres lots par d'autres personnes, ce qui apporterait un risque de confusion. L'utilisation pendant plusieurs années de suite d'un même type de marque non distinguable d'une année à l'autre implique la reconnaissance des cohortes et donc la détermination de l'âge des poissons contrôlés. On peut faire appel à des données publiées sur la vitesse de travail, de manière à estimer le nombre d'heures-personnes nécessaires et donc mieux évaluer les coûts et les moyens.

Lorsque l'option du marquage est prise et la technique choisie, toutes les phases allant du marquage au suivi complet des poissons marqués doivent être prises en compte, évaluées et planifiées. Il est conseillé d'avoir un protocole écrit suffisamment précis qui soit soumis d'une part à une analyse critique sur le plan scientifique et d'autre part à l'avis des diverses parties prenantes.

Marquage et relâcher

Echantillonnage des poissons à marquer

Lorsqu'une fraction seulement de la population étudiée est marquée, il est déterminant qu'elle soit la plus représentative possible de cette dernière. Il faut que le nombre de poissons marqués soit assez grand pour fournir la précision statistique désirée. Il faut donc faire des évaluations du nombre de poissons à marquer en prenant en compte des données sur la taille de la population non marquée réceptrice, ou des hypothèses sur les taux de contribution attendus des marqués et sur l'effort d'échantillonnage pouvant être mobilisé sur la population cible.

Le marquage proprement dit

Les opérations de stabulation et marquage doivent être supervisées sur place par une personne expérimentée et si possible habilitée à l'expérimentation animale. Tout doit être mis en oeuvre pour manipuler les poissons dans de bonnes conditions et minimiser les pertes (respect de l'animal et de son bien-être). Il faut un grand soin dans les conditions de stabulation (température, qualité et renouvellement d'eau) et de marquage pour limiter au maximum les stress pouvant affecter le comportement et la survie des poissons marqués relâchés. Il est recommandé d'éviter des chocs thermiques (par exemple un passage en eau trop froide est mal supporté si l'écart dépasse 3-4°C). Lorsque c'est possible, il est conseillé de ne commencer le marquage qu'après au moins un jour de stabulation préalable après le transfert. Les manipulations sur des juvéniles de salmonidés sont plus faciles quand la température de l'eau est inférieure à 15 °C. Il est déconseillé de faire du marquage par temps très orageux car les alevins semblent alors moins bien résister aux manipulations. Pour bien les manipuler sans les blesser, il est généralement nécessaire d'anesthésier les poissons, cette technique doit donc être bien maîtrisée. Les campagnes de marquage futures devront prendre en compte le fait que des études récentes (Siwicki, commun. pers.) suggèrent que certains types d'anesthésiants pourraient perturber les fonctions olfactives, ce qui est gênant par exemple quand on étudie par marquage des comportements de homing. Après le marquage, un traitement sanitaire (désinfectant externe, bactéricide, voire antibiotique en cas de risques d'infection) est effectué. On recommande de stériliser certains équipements entre les différentes étapes du marquage.

Il faut également que la procédure de marquage soit standardisée de manière à maximiser les chances que tous les poissons soient également marqués.

Dans beaucoup de cas il faut du personnel bien entraîné ou bien prévoir une phase de formation initiale pour limiter les variations entre les marqueurs. Il est important d'introduire une procédure de contrôle de la qualité du marquage au cours des opérations, de même qu'un contrôle permanent de la bonne récupération des poissons après marquage. Il doit y avoir une évaluation immédiate du taux de perte de marques de manière à pouvoir corriger au plus vite un éventuel défaut détecté.

Stabulation post-marquage et relâcher des poissons marqués

Lors des relâchers de poissons marqués (ex. : repeuplements) il est souhaitable de dissocier dans le temps les opérations de marquage-transport-relâcher de manière à ne pas cumuler des stress, ce qui est néfaste à la survie des poissons déversés. Par ailleurs le temps de stabulation post-marquage va permettre d'évaluer les effets négatifs (mortalité ou stress différé) liés au marquage et l'on aura ainsi une meilleure estimation du nombre et des caractéristiques des poissons marqués déversés en bon état. La stabulation post-marquage peut parfois contribuer à limiter les effets différentiels interlots pouvant être introduits par l'utilisation de marques différentes. Maynard *et al.*, (1996) ont montré que le marquage augmentait la vulnérabilité de 0^+ de truite arc-en-ciel à l'action de prédateurs chassant à vue. Les résultats ne variant pas selon le type de marquage (transpondeur intégré passif, marques magnétiques, azote liquide et marque spaghetti), les auteurs en concluaient que c'était davantage le traumatisme lié à la manipulation qui induisait cet effet.

Il est nécessaire de réaliser, juste avant le déversement, un échantillonnage de poissons marqués pour recueillir les données de taille, poids et faire un dernier contrôle de rétention de marques. Par ailleurs il ne faut pas oublier de prélever sur un échantillon de poissons les structures (écailles, otolithes, opercules, cleitrum...) permettant leur caractérisation au moment du déversement. Ces structures seront comparées à celles des poissons marqués et non marqués ultérieurement capturés (schéma de croissance, marques et faux anneaux divers, distinction de populations...). Il est important de standardiser les techniques de prélèvement et d'analyse de ces structures lors des différentes phases de la campagne en prenant par exemple en compte les recommandations existantes, par exemple Baglinière et Lelouarn (1987) dans le cas des écailles.

Il faut avoir le nombre précis de poissons marqués déversés, c'est-à-dire qu'il faut, soit refaire un comptage juste avant leur déversement, soit avoir suivi précisément les mortalités au cours de la phase de stabulation post-marquage si le nombre de poissons initialement marqués était connu. Il ne faut pas oublier de comptabiliser les morts au cours de la phase transport-déversement.

Les conditions physico-chimiques des milieux de stabulation/transport et du milieu récepteur, le mode de dispersion et les sites, heures, périodes de déversement des poissons marqués jouent probablement un rôle essentiel sur le succès du relâcher de poissons marqués, c'est-à-dire leur meilleure insertion possible dans la population et le milieu récepteur. On peut dans certains cas prévoir une stabulation préalable in situ avant de procéder à la phase de relâcher proprement dite. Des recherches restent à faire pour optimiser la phase préparatoire au relâcher et le relâcher des poissons marqués en fonction des types de campagnes de marquage.

Il peut être utile et même nécessaire dans certains cas de garder un lot témoin en pisciculture de manière à évaluer les problèmes de mortalité différée, de quantifier en fonction du temps les pertes de marque ou l'évolution de leur lisibilité au cours du temps.

Recapture des poissons marqués

C'est souvent une phase laborieuse sous évaluée (en temps et/ou moyens) dans beaucoup de campagnes de marquage. Or dans tous les cas, la qualité de la phase finale d'échantillonnage des poissons marqués est déterminante. La façon de réaliser cette phase est très variable et dépend des objectifs du marquage, des techniques utilisées, du rapport poissons marqués/population totale et du niveau d'exploitation ou d'échantillonnage développé sur la population étudiée. Dans tous les cas il faut avoir un plan d'échantillonnage qui permette la récolte d'une information statistiquement valide. Lorsque les informations sont fournies par des personnes extérieures à la campagne de marquage (pêcheurs non volontaires pour le suivi, négociants en poissons...), le niveau de précision des informations collectées doit être évalué. Il faut par exemple s'assurer que les pêcheurs reconnaissent bien la droite et la gauche d'un poisson et fournir un schéma de prélèvement explicite (ex. : fig. 13.1). La phase d'information et de soutien de l'intérêt porté au suivi est donc essentielle. Par ailleurs il faut éviter un écueil fréquent qui est celui de personnes signalant la capture de poissons marqués sans les remettre dans le contexte de l'opération. Il faut en effet pouvoir évaluer le nombre de marqués et de non marqués et préciser la composition de l'échantillon examiné. Il faut enfin avoir un site de centralisation des données.

Analyse et diffusion des résultats

La détection et l'analyse de la marque sont dans certains cas une affaire de spécialistes quand il y a besoin d'analyses complémentaires (marquages chimiques, génétiques...) ou des problèmes de lisibilité des marques nécessitant une formation et/ou un équipement particulier. L'utilisation d'analyses statistiques est nécessaire pour l'obtention de conclusions fiables. La qualité des données dépend beaucoup de la planification initiale et de l'adéquation entre l'objectif (contribution à un stock, estimation d'abondance, étude de migration ou de croissance....) et les techniques mises en oeuvre. Enfin il est important qu'il y ait un retour d'information sur les résultats du marquage qui soit fait à l'ensemble des participants.

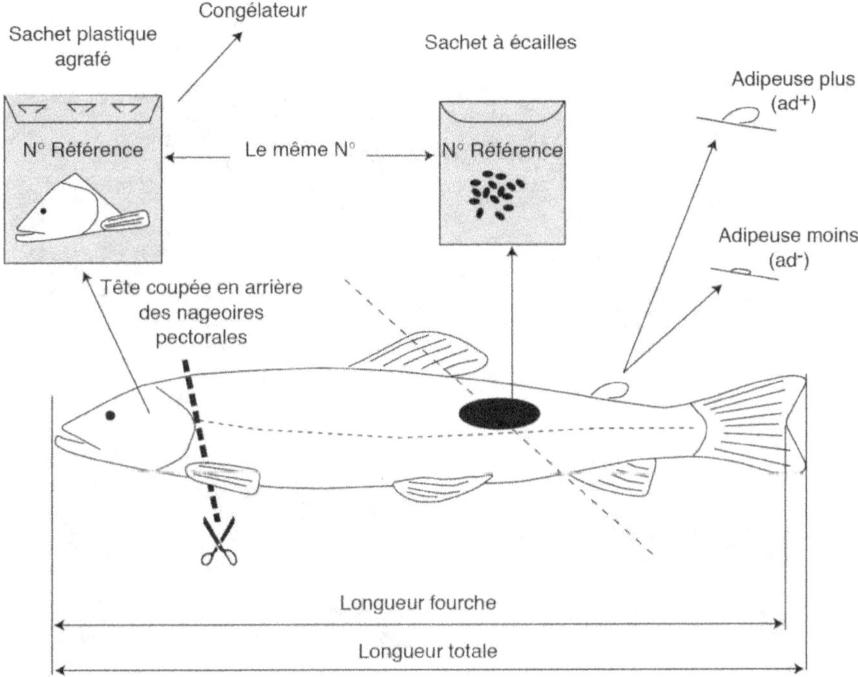

Figure 13.1 : Schéma explicatif de suivi d'une campagne de marquage par fluoromarquage des otolithes et/ou ablation de la nageoire adipeuse avec indication des prélèvements (tête, écailles).

Marquages externes

Marque traversante (Carlin)

La marque Carlin est une étiquette plastique reliée à un fil (métallique ou nylon) double. Elle est généralement insérée juste sous la dorsale grâce à une paire d'aiguilles creuses permettant de faire traverser le haut du dos aux deux brins. L'équipement utilisé est visible sur la figure 13.2a, p. 318. Les deux branches sont ensuite torsadées et l'excédent de fil est coupé. L'insertion juste sous la dorsale permet de profiter d'une solidité accrue liée à la présence de la base des rayons de la nageoire dorsale. Par ailleurs cette partie du corps est moins soumise aux battements que la partie caudale au cours de la nage, ce qui limite la formation de plaies. Saunders et Allen (1967) ont cependant montré que des smolts de saumon atlantique identifiés par des marques Carlin modifiées survivaient à des taux plus faibles que dans le cas d'un marquage par ablation de l'adipeuse et que, dans les deux cas, la survie des marqués était plus faible que celle des non marqués.

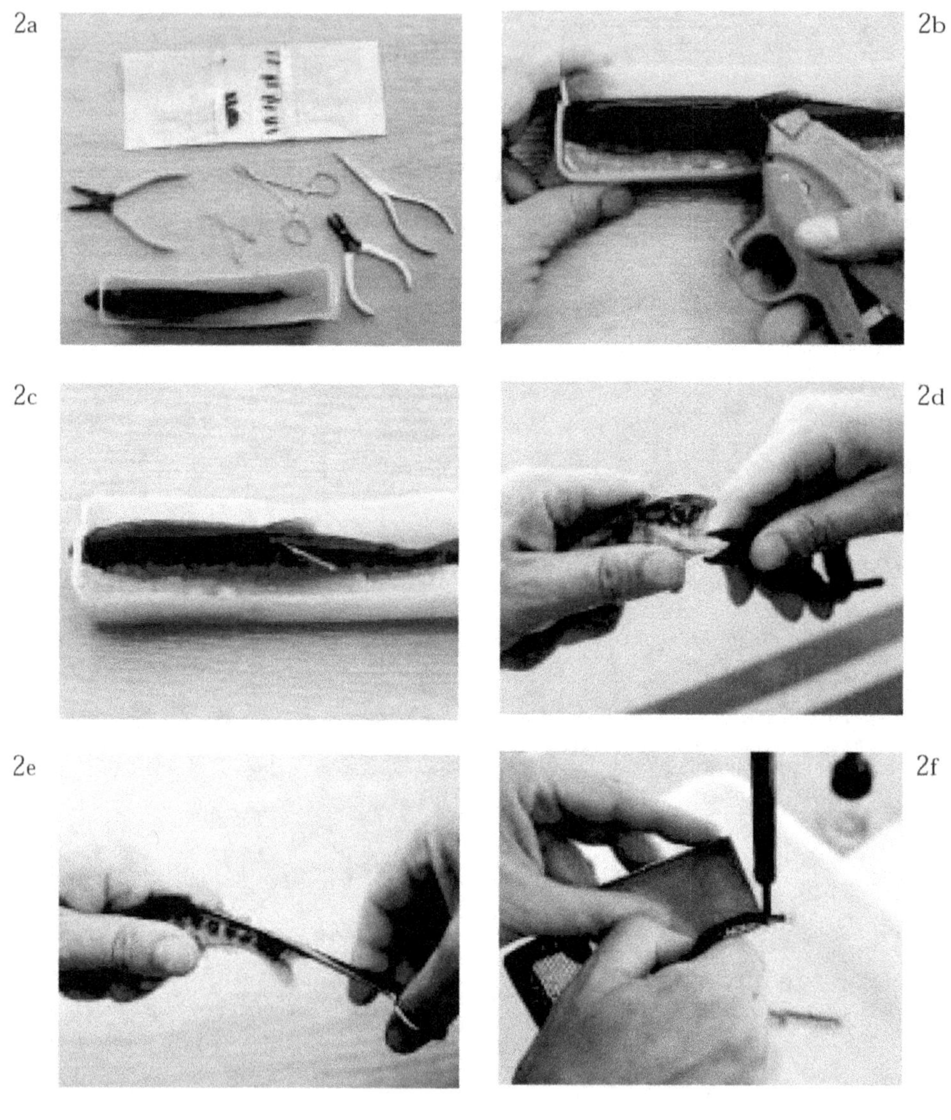

Figure 13.2 : Marquages externes (début)

    a : Équipement pour la pose de marques étiquettes Carlin
    b : Pose d'une marque spaghetti
    c : Marque spaghetti en place
    d : Pose d'une marque mâchoire
    e : Ablation de la nageoire adipeuse avec des ciseaux fins
    f : Cautérisation de la nageoire adipeuse

Avantages : un temps de rétention élevé, marque aisément repérable de l'extérieur, marquage individuel, possibilité d'une information additionnelle sur la marque (adresse de retour de la marque).

Limites : la pose de ce type de marque n'est pas rapide. La marque peut dans certains cas gêner la croissance, s'accrocher à des obstacles, se charger d'algues, accroître la capturabilité (par les filets), augmenter la visibilité par les prédateurs.

Marque ancrée dans le corps (dite marque spaghetti)

Il s'agit d'une sorte de marque étiquette pour vêtement en forme de T dont la partie verticale a la forme d'un morceau (1 à 2,5 cm) de spaghetti coloré portant un code alphanumérique et éventuellement une adresse. Elle est insérée grâce à un pistolet manuel (fig. 13.2b, p. 318) se terminant par une aiguille creuse et un poussoir interne à celle-ci. L'aiguille doit être régulièrement aiguisée. Le site d'insertion de la barre horizontale du T est situé un peu en dessous de la dorsale juste après avoir traversé la base des rayons et sans traverser totalement le dos. Il faut s'assurer du bon ancrage de la marque en tirant légèrement sur celle-ci. L'angle d'attaque de l'aiguille est d'environ 45° avec l'arrière du corps de manière à ce que la marque soit proche de l'axe du corps quand le poisson nage (fig. 13.2b et 13.2c, p. 318). Selon Laurent (1982) les marques dorsales sont inapplicables sur les ombles de moins de 10 cm .

Avantages : l'apprentissage et l'application sont rapides. La marque permet une identification individuelle et elle est très visible de l'extérieur. Elle a une bonne tenue si l'application est bien réalisée et contrôlée au départ.

Limites : la visibilité par les prédateurs est accrue. La marque n'est pas utilisable sur de petits poissons et elle peut produire des plaies dorsales. Ces problèmes sont en partie évités par l'utilisation de marques plus petites ayant un fil plus fin et qui sont donc injectables avec une aiguille creuse plus fine.

Marque mandibulaire

La marque est fixée grâce à une pince spéciale au niveau de la mâchoire inférieure (fig. 13.2d,). Il existe plusieurs grandeurs de marques qui doivent être choisies en fonction de la taille du poisson à marquer de même que les pinces correspondantes. Cette marque est parfois utilisée avec une insertion operculaire ou dorsale (juste en avant de la dorsale). La marque porte un code alphanumérique. Laurent (1982) a comparé les taux de recaptures d'ombles de 13 cm de taille moyenne déversés dans le Léman après soit un marquage dorsal (type Carlin), soit maxillaire (type Présadom). L'auteur a montré l'absence de différence selon le type de marque (maxillaire ou dorsal), dans la taille moyenne des ombles recapturés.

Avantages : marquage individuel bien visible de l'extérieur ; bon marché, pose assez rapide.

Limites : le marquage peut affecter la croissance et induire des blessures et des pertes de marques si la croissance est très forte entre le marquage et la recapture.

Ablation de nageoire(s)

Données générales

Ces techniques englobent l'enlèvement partiel ou total d'une ou plusieurs nageoires. Mis à part la nageoire adipeuse des salmonidés bien coupée à ras (fig. 13.2e, p. 318), les autres nageoires repoussent (sont régénérées) plus ou moins fortement et différemment selon le type de coupe. Il faut donc bien distinguer si les objectifs du marquage sont à court ou long terme. En cas de suivi à court terme, des ablations partielles peuvent être suffisantes mais il faut savoir que la régénération peut se faire en quelques semaines à quelques mois (Churchill, 1963). Pour les suivis de longue durée, une ablation proche de la base de la nageoire est recommandée car elle permet une identification permanente. Il faut alors utiliser des ciseaux fins (ex. : type irédectomie). D'après les données bibliographiques (Nielsen, 1992), l'ordre de traumatisme croissant serait généralement le suivant: ablation de l'adipeuse, puis ensuite d'une pelvienne, puis ensuite d'une pectorale (plus pénalisant) et l'ablation d'une surface importante de la dorsale, de la caudale ou de l'anale sont déconseillées. Alors que la croissance est généralement peu altérée (Brynildson et Brinyldson, 1967), les effets sur la mortalité sont plus variables. Mears et Hatch (1976) ont montré que l'ablation totale de plus d'une nageoire peut accroître la mortalité différée comparativement au cas d'une seule nageoire coupée mais d'autres études ne montrent pas de différences. Il y a beaucoup d'expériences contradictoires sur les effets différentiels de tel ou tel type d'ablation sur la survie. Dans le cas plus simple où l'on souhaite comparer deux lots marqués on peut, faute d'une autre technique, utiliser l'ablation d'une nageoire paire (préférentiellement une pelvienne) la gauche pour un lot et la droite pour un autre.

O'Grady (1984) a comparé l'effet de différentes ablations de nageoires sur des estivaux de truite déversés en petits lacs et échantillonnés avec des filets maillants 23-29 mois après marquage. L'étude ne montre pas de différence de survie entre l'ablation de l'adipeuse, d'une pelvienne et d'une pectorale. Cependant sur un des lacs étudiés par O'Grady (1984), le lot non marqué a eu un taux de survie nettement supérieur au taux observé sur chacun des lots marqués avec une ablation de nageoire unique. Selon Nicola et Cordone (1973), l'absence d'une seule nageoire sur des fingerlings déversés en lac ne réduit pas significativement la croissance comparativement aux non marqués. Par contre la survie est plus faible pour chacun des lots marqués, avec cependant l'effet dépressif le plus faible noté dans le cas de l'ablation de l'adipeuse. Pour des estivaux d'omble de fontaine déversés dans un plan d'eau, Mears et Hatch (1976) ont également noté un effet dépresseur sur la survie, plus faible dans le cas de l'ablation de l'adipeuse contrairement à l'ablation d'une ou plusieurs autres nageoires. Stolte (1973) également n'a pas trouvé de différence de taux de recapture au stade de géniteurs pour des saumons coho marqués comme smolts par ablation de l'adipeuse et l'ablation d'une pelvienne, ni de différence entre l'ablation d'une pelvienne et le non marquage.

Certains auteurs utilisent une ablation partielle avec l'idée de limiter les effets négatifs de l'ablation. Néanmoins Stuart (1958) recommande de couper les nageoires perpendiculairement aux rayons et d'enlever au moins la moitié de la longueur de la nageoire si la marque doit rester longtemps repérable. Par ailleurs il faut être attentif aux confusions possibles liées par exemple à la présence dans le milieu récepteur de poissons de pisciculture ayant des nageoires érodées ou bien présentant un petit taux de poissons sans adipeuse. Une étude récente (Thomson et Blankenship, 1997) sur des juvéniles de saumon coho (*O. kisutch* de 120 mm doublement marqués : adipeuse et micromarque magnétique) n'a montré 21 mois après le marquage aucune repousse sur les saumons ayant eu une ablation totale de l'adipeuse (au ras du corps). Par contre une régénération complète était observée sur 23% des poissons ayant subi une ablation d'environ les deux tiers de l'adipeuse. De plus une régénération partielle était observée chez 35 % et 63% des saumons selon qu'ils avaient eu les 2/3 postérieurs ou supérieurs de l'adipeuse de coupés. Il est donc recommandé de faire très attention à la façon dont est réalisée l'ablation de l'adipeuse et ce d'autant plus que c'est une technique très utilisée chez les salmonidés. Le contrôle du marquage doit également être bien réalisé pour savoir apprécier les régénérations partielles.

Marquage rapide de petits (3 à 5-6 cm) poissons

Cautérisation de l'adipeuse des salmonidés

Aux petites tailles (3-6 cm) il est très difficile de couper rapidement et totalement l'adipeuse des salmonidés avec de simples ciseaux, même très fins. Champigneulle et Escomel (1984) ont mis au point et décrit une technique permettant le marquage de petits salmonidés à partir d'une taille de 3 cm par cautérisation de l'adipeuse (fig. 13.2f). Les alevins anesthésiés sont prélevés avec une mini épuisette à fond plat, déposés dans une minigoulotte puis portés un à un pour un contact rapide (éventuellement guidé par le pouce) contre la panne d'un fer à souder de 60 à 80 watts (fig. 13.2f). La vitesse de marquage varie de 400 à 600 alevins/personne/heure et il n'y a pas de repousse de l'adipeuse ainsi cautérisée. Lors d'opérations en vraie grandeur (marquage de lots de plusieurs dizaines de milliers) le taux de mortalité immédiate reste faible (1 à 5 %). Une expérience réalisée sur des alevins d'ombles et de corégones de 35 à 50 mm (longueur totale) et de truites de 29 à 40 mm a montré que, en conditions de pisciculture, il n'y a pas de différence significative de croissance entre les alevins marqués et les témoins non marqués (Champigneulle et Escomel, 1984). La même étude ne montre pas de différence de survie entre marqués et non marqués pour l'omble et le corégone. Les auteurs montent que la mortalité initiale a surtout touché les alevins de moins de 33 mm et peu ceux de 35 mm et plus. La taille minimale recommandée pour la cautérisation est de 33-35 mm.

Ablation simultanée des 2 pelviennes

Champigneulle et Escomel (1984) ont également montré que le marquage définitif et rapide de petits poissons (3-4 cm) était réalisable avec des ciseaux très fins par l'ablation simultanée des deux nageoires pelviennes. A cette petite taille, il est en effet plus facile et rapide d'enlever simultanément les deux pelviennes que d'en enlever une seule. Les alevins anesthésiés sont prélevés à l'aide d'une épuisette à fond plat puis déposés sur leur dos entre l'index et le majeur à l'intérieur de la main. Les deux pelviennes sont soulevées, rassemblées puis coupées simultanément à l'aide de ciseaux très fins. Pour qu'il n'y ait pas de repousse, les rayons des nageoires doivent être sectionnés au ras de l'os pelvien. La technique permet de marquer de 300 à 500 alevins/personne et par heure.

Peu de données sont disponibles sur l'influence de l'ablation des ces nageoires sur la croissance et la survie des alevins en milieu naturel. Champigneulle *et al.*, (1993) indiquent pour des préestivaux de corégones marqués déversés en étang l'absence d'effet sur la croissance et par contre un effet dépresseur de 37 % sur la survie de l'ablation des deux pelviennes comparativement à la cautérisation de l'adipeuse. Un effet dépresseur de l'ablation totale des 2 pelviennes sur la survie apparente (mortalité vraie et/ou dévalaison) a été montré en rivière pour des alevins de truites (Champigneulle, données non publiées).

Marquage latéral du corps par le froid ou le chaud

Cryomarquage

Le cryomarquage provoque une cautérisation superficielle reconnaissable. La marque est réalisée par un contact de quelques secondes du flanc du poisson avec une pièce métallique ayant une forme donnée (ex: lettre majuscule) refroidie par de l'azote liquide (-196°C). Ce dernier est stocké dans un récipient isolant. Dumas (1977 et 78) indique pour des smolts de Saumon atlantique une vitesse de marquage de 290-470 /h. De 19 à 20 mois après marquage, la marque est encore identifiable sur 76 % des saumons adultes.

Selon Laurent (1982) ayant pratiqué le cryomarquage sur des ombles chevalier du Léman, la reconnaissance des marques devient difficile une centaine de jours après marquage.

Avantages : application aisée et rapide, marque affectant peu la croissance et la survie.

Limites : marquage d'un nombre de lots limité, perte de lisibilité avec le temps en cas d'études longues, forte variabilité.

Thermomarquage

Murray et Beacham (1990) ont décrit une procédure de marquage permettant de marquer des poissons à partir de 7-8 cm avec des points de cautérisation superficielle pratiqués latéralement avec un fer à souder de faible puissance (27 W). Le positionnement des points de marquage en dessous et au-dessus de la ligne latérale permet de pratiquer un code binaire rendant possible l'identification de plusieurs lots. Groves et Novotny (1965) ont marqué des salmonidés de 10 cm et 10 mois après marquage, alors qu'ils avaient atteint la taille de 20 cm, la marque était encore visible.

Colorants externes

Injection de granulés fluorescents

Il s'agit d'une technique déjà ancienne expérimentée par Phinney *et al.*, (1967) sur des salmonidés de 30 à 120 mm. Strange et Kennedy (1982) l'ont utilisée avec succès (durée de rétention minimale de 20 mois) sur des truites ayant une taille minimale de 7 cm. Elle a été peu utilisée alors que c'est une des premières techniques de marquage de masse. Nielson (1990) indique cependant le succès de son utilisation à grande échelle pour le suivi de repeuplements de cristivomer dans le lac Bear aux USA. Des granulés fluorescents sont injectés sous pression dans la peau. Plusieurs autres couleurs sont disponibles mais le rouge, le jaune et le vert clair ont été utilisés avec succès (Nielson, 1990). D'après Phinney *et al.*, (1967), pour un maximum de rétention, le pigment doit être sous forme de granulés de 30-350 microns et non de poudre (<20 microns). L'injection est réalisée par un équipement proche de celui utilisé pour le sablage avec une pression de 7,7 à 12,3 kg/cm^2 à la sortie qui est maintenue à une distance voisine de 40 cm (300-400 g/cm^2); deux passages sont réalisés par lot de poissons sortis de l'eau et étalés sur une poche de filet rectangulaire. Dans ces conditions et avec une pression en sortie de buse de 80 à 160 psi, il y a pénétration de certains granulés dans le derme sans que cela provoque de blessures de la cornée des yeux (Phinney *et al.*, 1967). Une équipe de 4 personnes peut marquer 30000 poissons par heure. Les poissons sont observés à l'abri de la lumière naturelle et sous UV, ce qui révèle la présence des pigments fixés sur les poissons marqués. Les zones de rétention préférentielle sont autour des yeux, au niveau du pédoncule caudal et sur le dos en avant de la dorsale (Evenson et Ewing, 1985 ; Nielson, 1990). Friman et Leskela (1998) ont récemment adapté la technique (pigments mélangés à de l'eau, faible pression) et marqué des juvéniles de corégone de 7,5 à 12 cm avec des mortalités faibles (0-3%) le premier jour et restant négligeables ensuite. Avec C. *lavaretus*, trois ans après marquage, 99-100 % des individus étaient encore marqués. Avec C. *albula*, un an après marquage, 89-97 % des individus étaient encore marqués.

Avantages : marquage de masse rapide et peu coûteux, peu de mortalité au marquage si la pression est bien contrôlée ; longue durée (plusieurs années) de rétention du marquage.

Limites : marquage d'un nombre de groupes limité, il faut une observation sous UV ; ne permet pas le marquage de petits poissons (<7 cm).

Colorants vitaux

Dans certains cas il est utile de disposer de techniques de marquage de larves ou de juvéniles sans qu'il y ait besoin d'une longue pérennité. Deux exemples peuvent être cités : l'estimation de taille d'une population par la méthode de capture-recapture, les études très brèves sur la distribution ou les mouvements des poissons.

Deux colorants ont été testés (Boutry, 1983) dans le cas de larves et d'alevins de corégones à la Station INRA de Thonon : le brun Bismark, le rouge neutre (tabl. 13.1) avec les conditions de balnéation suivantes : 1) 1/25000 pendant 0,5 heure, 2) 1/50000 pendant 1 h et 3) 1/100000 pendant 2 h. L'utilisation du brun Bismark s'est avérée intéressante pour marquer avec des mortalités nulles ou négligeables la totalité des larves pendant 2 jours (conditions 1) ou trois jours (conditions 2 et 3). Le rouge neutre est plus visible mais il a une tenue totale moins longue (1 jour dans les conditions 2 et 3).

Avantages : rapidité, faible coût, possibilité de marquer des larves et alevins.

Limites : marquage de groupe, très courte durée de rétention.

Injection ponctuelle de colorants (bleu alcyan)

La technique consiste en l'injection dans les nageoires (fig. 13.3a, p. 326) ou la paroi ventrale (fig. 13.3b, p. 326) d'une solution de bleu alcyan 8 GX (64 mg/ml) avec un injecteur à haute pression sans aiguille (Hart et Pitcher, 1969). La dissolution se fait dans l'eau distillée et il est recommandé de laisser sédimenter ou de filtrer pour enlever les grosses particules. Johnstone, (1981) a utilisé cette technique pour le marquage ventral de saumons mais ne préconise pas le marquage ventral pour des poissons plus petits que 100 g car il y trop de risques de perforation abdominale. L'utilisation de prolongateurs d'embout de différentes longueurs permet d'adapter la distance d'injection, par exemple pour ne pas perforer les nageoires trop fines. La vitesse de marquage est de 300-500 poissons par heure si le marqueur est alimenté en injecteurs déjà armés ou s'il dispose d'un injecteur à répétition (type vaccination collective). Nous recommandons de passer sous l'eau les poissons marqués pour immédiatement vérifier la présence d'une marque nette (fig. 13.3b, p. 326) et de recommencer le marquage en cas de besoin.

Il y a souvent des besoins de marquages différentiels de groupes de poissons. L'inoculation de bleu alcyan en spot unique ou avec plusieurs spots sur une seule ou plusieurs nageoires donne des possibilités d'identification de lots sans entraîner des effets différentiels liés au marquage. Selon l'usage du marquage, il faut prendre en compte les problèmes d'érosion des nageoires (ex. : cas de la dorsale).

Tableau 13.1 : Marquage d'alevins de corégones (13 mm) par balnéation dans deux colorants vitaux. Cinquante individus par lots. (*d'après Boutry*, 1983)

colorant (concentration)	durée balnéation en heures	t = 0 décolorés (morts)	t = 17 h décolorés (morts)	t = 24 h décolorés (morts)	t = 48 h décolcrés (morts)	t = 72 h décolorés (morts)	t = 161 h décolorés (morts)
brun-bismark 1/ 100 000	2h	0 (0)	0 (0)	0 (0)	0 (0)	0 (1)	45 (5)
brun-bismark 1/ 50 000	1h	0 (0)	0 (0)	0 (0)	0 (0)	0 (0)	49 (1)
brun-bismark 1/ 25 000	0,5h	0 (0)	1 (0)	1 (0)	1 (0)	5 (0)	47 (3)
rouge-neutre 1/ 100 000	2h	0 (0)	0 (0)	0 (1)	1 (1)	45 (3)	
rouge-neutre 1/ 50 000	1h	0 (1)	0 (0)	0 (0)	8 (0)	50 (6)	
rouge-neutre 1/ 25 000	0,5h	1 (0)	5 (1)	7 (0)	50 (0)	45 (4)	
Témoin		50 (0)	50 (0)	50 (0)	50 (0)	49 (1)	

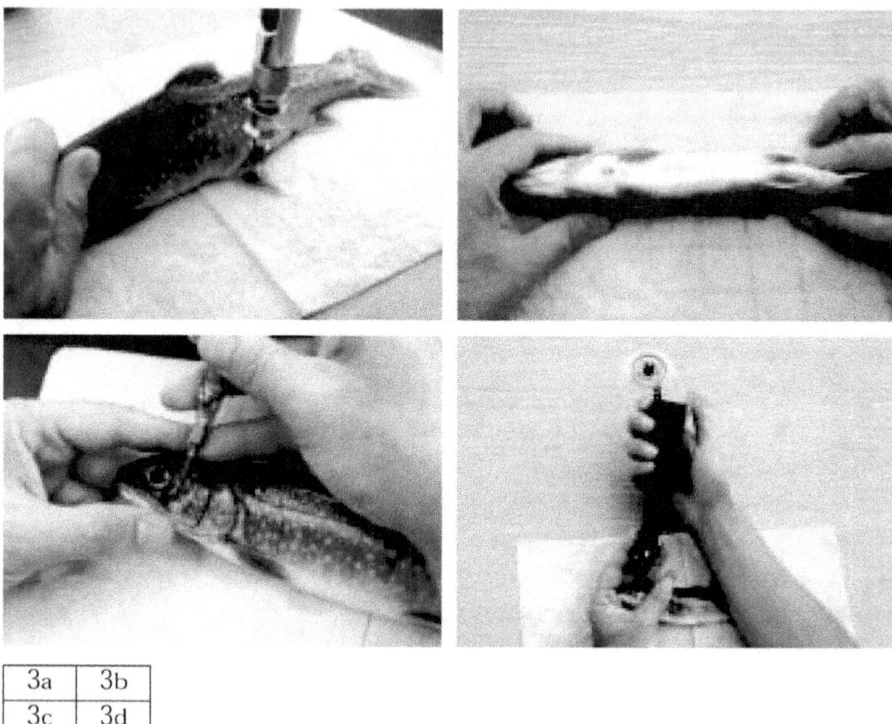

3a	3b
3c	3d

Figure 13.3 : Marquages externes (fin)

    a : Injection de bleu alcyan au dermo-jet sur une nageoire pelvienne
    b : Spot de bleu alcyan en position ventrale sur un omble chevalier
    c : Pose d'implant visible numéroté (VI) en position postoculaire
    d : Pose d'un implant fluorescent visible (filament VIF) en position postoculaire avec un injecteur manuel de micromarques.

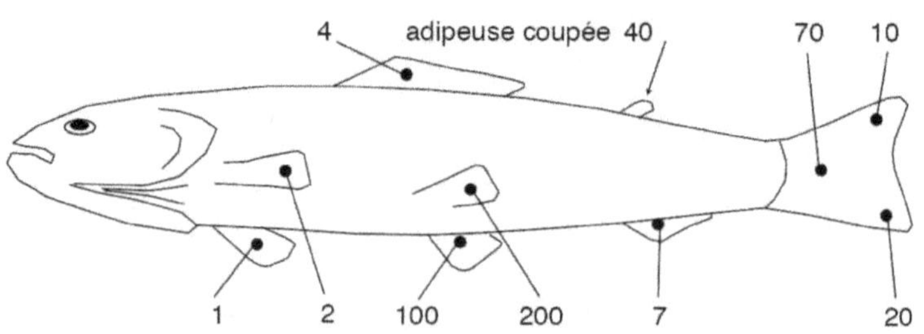

Figure 13.4 : Codage de lots ou d'individus par injection de bleu alcyan (modifié *d'après* Bridcut, 1983)

Dans le cas d'injection sur les nageoires, il y a très peu de mortalités et d'effets négatifs associés. Selon Herbinger *et al.,* (1990), il est recommandé de ne pas dépasser 1 spot sur les nageoires paires, 2 sur l'anale et 3 sur la caudale car le bleu alcyan migre le long des rayons, ce qui peut entraîner des risques de confusion.

Herbinger *et al.,* (1990) indiquent que, dans le cas du saumon atlantique 6 mois après marquage (taille initiale : 21 cm), près de 95% des spots sur les nageoires (paires + anale + caudale) sont encore bien visibles. Dans le cas du saumon, le taux de rétention est encore bon un an après marquage mais il devient non satisfaisant à 1,5-2 ans. Les auteurs indiquent que la décroissance de la qualité de la marque après 6 mois est liée à la forte croissance (49 cm, un an et demi après marquage). Dans le cas de gardons passant de 19 à 22 cm en 3,5 ans, Pitcher et Kennedy (1977) indiquent 100% de lisibilité des marques après 2 ans et presque pas après 3,5 ans.

Dussault et Rodriguez (1997) ont marqué in situ des juvéniles (55-95 mm) de saumon atlantique et d'omble de fontaine par des spots à la base de la pectorale, pelvienne ou caudale. Les taux de rétention ont été bons à 4 et 8 semaines mais faibles à 10-14 mois. Pour les juvéniles les plus petits, les mortalités sont plus fortes pour ceux marqués par un spot à la base de la pectorale ou de la pelvienne que pour ceux marqués à la base de la caudale ; les auteurs recommandent ce dernier positionnement pour les juvéniles de moins de 100 mm.

Bridcut (1993) a expérimenté l'utilisation de spots au bleu alcyan comme méthode de marquage individuel de truites sauvages de longueur ≥ 85 mm. Avec un code reposant sur neuf positions des spots (sur les nageoires et le corps entre les nageoires paires) au bleu alcyan et l'ablation de la nageoire adipeuse, il propose un code permettant le marquage individuel de 400 salmonidés (ou 400 lots différents). L'étude indique une persistance minimale de un an. Selon l'auteur les spots sur la caudale et surtout la dorsale (plus pigmentée) auraient une lisibilité moindre que sur les autres nageoires. La figure 13.4 propose un codage de ce type permettant de ne pas faire appel aux spots directement sur l'abdomen qui peuvent entraîner des perforations abdominales sur des poissons de petite taille.

Avantages : possibilité de marquage de lots sans biais, pas d'effets négatifs connus, peu coûteux.

Limites : perte de lisibilité avec le temps, peu adapté au poissons de moins de 10 cm.

Implants visibles

Marques dites VI

Les implants visibles (marques VI) ont été développées par NMT (Northwest Marine Technology Inc.) (Haw *et al.,* 1990). Il s'agit de morceaux rectangulaires de mylar portant un code alphanumérique. La marque est implantée (fig. 13.3c, p. 326) sous un tissu transparent et peut donc être lue sur des poissons vivants. Deux tailles sont disponibles (standard : 1,0x2,5 mm pour les poissons de 15-30 cm et grande : 1,5x3,5 mm pour les poissons de plus de 30 cm ; épaisseur : 0,1 mm) ainsi que 6 couleurs.

Plusieurs sites d'implantation des implants visibles ont été testés : lentille de tissu adipeux en arrière (salmonidés) ou autour de l'oeil, nageoire adipeuse, sous la mâchoire inférieure, entre les rayons de nageoires de certains gros poissons. Pour chaque espèce il est recommandé de faire la bibliographie des données déjà acquises la concernant.

Dans le cas de l'implantation en arrière de l'oeil, le point d'attaque de l'injection est dorsal, et la poche doit être la plus longue possible vis-à-vis de la surface disponible. La marque est insérée dans le fond de la poche, positionnée perpendiculairement à l'axe antéro-postérieur. L'utilisation d'un linge ou d'une toile éponge humidifiée avec une fenêtre à l'aplomb de l'oeil peut faciliter le maintien du poisson et donc l'injection de la marque. Kincaid et Calkins (1992) préconisent de maintenir les poissons verticalement pendant la phase de réveil de manière à limiter les pertes immédiates de marques.

Niva (1995) a étudié le taux de rétention d'implants post-oculaires (1,0x 2,5 mm) chez la truite fario. Il indique que le taux de rétention augmente avec l'expérience de l'équipe de marquage. Il montre que le taux de rétention (mesuré 2 à 3 mois après marquage) augmente avec la taille des truites. Le marquage est difficile et le taux de perte de marque est élevé (60 à 75 %) pour les truites de 130 à 149 mm. Il baisse à 40-50 % pour des tailles de 150-169 mm. Les pertes sont réduites à 25-30 % dans le cas de truites de 170-189 mm. A partir de 200 mm elles sont inférieures à 20 %. Les auteurs préconisent ce type de marque pour les truites de plus de 17 cm. Pour les truites recapturées plus de six mois après marquage, il y a plus de difficultés à reconnaître certaines couleurs (rouge et jaune) comparativement à d'autres (noire, blanche noire, verte et bleue). Champigneulle (données non publiées) a trouvé des taux de rétention nettement plus faibles que ceux de Niva (1995) lors du marquage de truites sauvages en torrent.

Kincaid et Calkings (1992) ont montré que les implants visibles donnent chez le saumon atlantique des taux de rétention 10 mois après marquage très variables selon le poids initial : 0 % à 20 g et moins, 46 % pour 21-40 g, 71 % pour 41-99 g. Dans la même étude, après 10 mois de marquage de juvéniles de cristivomer de 10 mois le taux de rétention des marques est de 41 % mais les marques ne sont plus lisibles de l'extérieur, elles le sont après leur extraction.

Zerrenner *et al.*, (1997) ont comparé diverses marques posées sur des ombles de fontaine de 197-265 mm gardés en pisciculture. Les marques mâchoire diminuent davantage la survie (à 251 jours postmarquage) et la croissance comparativement à l'ablation de l'adipeuse et aux implants VI en position post-oculaire. Le taux de rétention des marques à 250 jours est plus faible pour les implants VI (75 %) que pour les marques mâchoire (99 %) et l'ablation de l'adipeuse (100 %). Cependant les pertes d'implants ont été maximales dans les 7 premiers jours et ont cessé 35 jours après le marquage.

Avant d'utiliser la technique , il faut donc bien distinguer deux types de problèmes : la rétention de la marque et sa lisibilité. La vitesse de marquage varie entre 50/h (Kincaid et Calkings, 1993) à 150-200/h (Niva, 1995) dans le cas de personnes expérimentées.

Avantages : marquage individuel lisible de l'extérieur sur des poissons vivants, coût moyen (7F), pas d'impact négatif connu.

Limites : non recommandé pour des poissons de moins de 18 cm, marque pouvant s'opacifier avec le temps ce qui peut annuler la lisibilité de l'extérieur et nécessiter l'extraction de la marque.

Extension aux implants visibles fluorescents

Les implants visibles fluorescents sont de deux types. Le premier type (dit VIF) est un morceau (1,1 mm) de polymère monofilament (diamètre de 0,25 mm) coupé et implanté par un injecteur manuel (fig. 13.3d, p. 326) identique à celui utilisé pour les micromarques magnétiques. Le deuxième type (dit VIE) est un élastomère biocompatible obtenu après mélange de 2 composants. Il est injecté dans les tissus externes transparents : autour de l'oeil, à la base des nageoires.... La quantité injectée varie avec la taille des poissons ; elle peut être très faible (0,05 microlitre). Il y a 4 couleurs disponibles. Pour de faibles nombres de poissons marqués on peut utiliser un injecteur manuel utilisant une seringue hypodermique (0,3 ml de produit). Pour le marquage de grands lots, un injecteur spécifique avec air comprimé (jusqu'à 400-500 poissons marqués/machine/heure) est utilisable. Ce sont, comme les marques magnétiques, des produits NMT. Dans les heures qui suivent l'injection, l'élastomère se solidifie tout en restant souple. La marque est visible en lumière naturelle mais sa visibilité est augmentée par une observation sous lampe UV ou avec un équipement spécifique (lumière bleu + filtre+ lunettes en ambre).

Il y a encore peu de recul pour pouvoir bien juger de ces nouveaux types de marquage, néanmoins Tompson (comm. pers.) a marqué (implants VIE) avec succès (rétention >90 %) des juvéniles de chinook de 70 mm en implantation post-oculaire et de 50 mm en implantation à la mâchoire. Bailey *et al.*, (1998) ont marqué en implantation post-oculaire avec des marques VIF et VIE des smolts (12 cm) de saumon coho (O. *kisutch*) à une vitesse de 250/h/marqueur pour les VIF et 300/h/marqueur pour les VIE. Les pertes dans les premières 24 h ont été de 3-7 %. Les pertes à long terme ont été de 27 % pour les VIE et non significatives pour les VIF.

Avantages : visible de l'extérieur, très peu traumatisant, rapide à appliquer, possibilité de distinguer quelques groupes en jouant sur la couleur et l'emplacement de la marque ou des marques.

Limites : marquage de lots ; rétention et lisibilité à long terme variables.

Marques internes

Micromarques magnétiques

Développé dès les années 60 (Jefferts *et al.*, 1963), le marquage par injection de micromarques codées et magnétisées s'est développé au départ pour les évaluations de programmes de repeuplement en saumons du Pacifique. La marque est un petit morceau d'un fil d'acier inoxydable (diamètre : 0,25 mm). La longueur la plus courante (marque entière) est 1,1 mm, mais pour les poissons plus petits des demi-marques peuvent utilisées. Les micromarques sont injectées à l'aide d'une machine (fig. 13.5a, p.331) permettant la découpe du fil et l'injection de la marque au travers d'une aiguille creuse. Il existe également un injecteur semi-manuel (fig. 13.3d, p.331). Avec un ruban de fil codé, on peut marquer environ 10000 poissons et identifier un groupe donné. Chaque marque porte le long de son axe 4 séries d'encoches de six valeurs (code binaire) chacune. Une série possède une encoche supplémentaire pour donner le sens de lecture et une autre sert à identifier la machine. Deux séries permettent d'identifier le lot marqué. Cependant il existe de nouveaux rubans dit séquentiels ayant six lignes de code binaire au lieu de 4, ce qui donne des possibilités de marquer des groupes différents avec le même rouleau de fil.

Le poisson est ensuite passé dans un autre équipement (fig. 13.5a, p.331) qui magnétise et sépare les poissons ayant ou non retenu la marque. L'implantation la plus courante est réalisée dans le cartilage nasal après avoir positionné le poisson grâce à un embout ajusté à sa taille et à la forme de la tête. Les poissons doivent être triés avant marquage et l'on doit avoir une série d'embouts bien ajustés aux différentes gammes de taille d'une espèce donnée.

Sur le terrain, la présence d'une marque est contrôlé par un détecteur (fig. 13.5b, p.331). Si l'on souhaite reconnaître le code de la marque, il faut généralement l'extraire, ce qui implique de travailler sur des poissons morts. Il y a cependant des possibilités de distinguer des groupes de poissons en les laissant vivants :

- quand le constat que le poisson porte une micromarque est suffisant ;

- pour des poissons assez grands, il est possible de positionner la marque à différents emplacements du corps et d'utiliser un détecteur à rayon d'action précis. De nouveaux positionnements de la marque pour la rendre visible de l'extérieur et/ou l'extraire sans avoir à sacrifier le poisson ont été testés avec succès : tissu transparent autour de l'oeil, nageoire adipeuse et entre les rayons de nageoires (Oven et Blankenship, 1993 ; Hale et Gray, 1998), dans le dos juste sous la dorsale (Peterson et Key, 1992). Pratiqué par Oven et Blankenship (1993) sur des juvéniles de truite arc-en-ciel, le taux de rétention à 238 jours est de 99 % et de 96 %, respectivement en implantation post-oculaire (9 à 14 cm au marquage) ou dans l'adipeuse (12-14 cm au marquage) ;

Il existe un embout permettant l'injection de marques plates lisibles aux rayons X. Cependant la technique de lecture est très lourde et contraignante. Par ailleurs le fait que pour les marques plates lisibles aux rayons X la taille de l'aiguille d'injection soit plus grosse, limite les possibilités de marquage de petits poissons.

L'utilisation de la technique de marquage magnétique a été testée par Champigneulle (1987) sur de très petits alevins d'omble chevalier. Le marquage a été pratiqué à l'aide du système Northwest Marine Technology avec la version MKII permettant l'injection de demi-marques codées (longueur : 0,5 mm ; diamètre : 0,25 mm) dans le cartilage nasal. L'étude a montré que cette technique est prati-

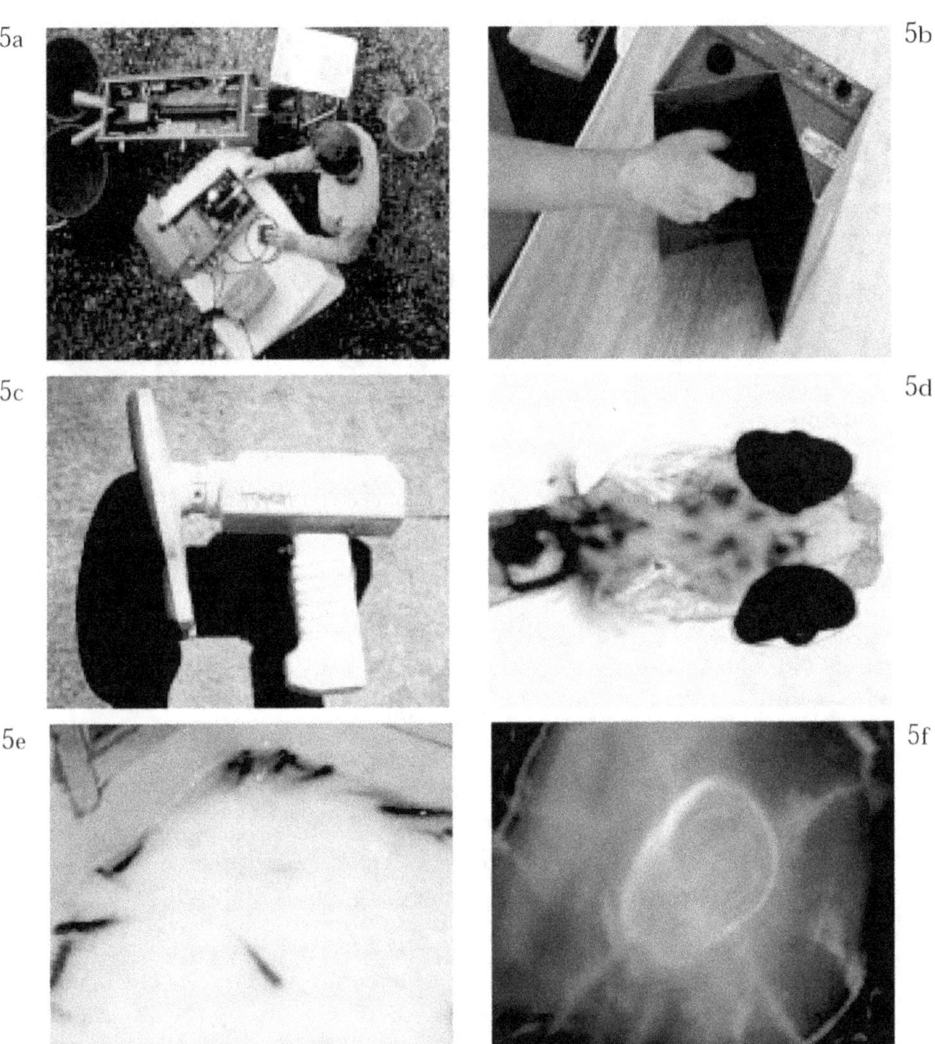

Figure 13.5 : Quelques techniques de marquages internes et chimiques
    a : Équipement et sa mise en oeuvre pour l'injection de micromarques magnétisées
        placées dans le cartilage nasal.
    b : Détecteur de micromarques magnétisées placées dans le cartilage nasal
    c : Équipement de détection et lecture électronique de marques (Pit tag)
    d : Otolithes visibles par transparence chez un alevin de corégone
    e : Marquage d'alevins d'omble chevalier par balnéation rapide (3 à 3,5 minutes) dans
        une solution salée (5 %) de chlorhydrate de tétracycline (1 %)
    f : Marques visibles au microscope à épifluorescence sur l'otolithe poli d'un alevin de
    truite marqué deux fois par balnéation dans une solution de chlorhydrate de tétracy-
    cline : au stade vésiculé (anneau jaune central) et après quelques semaines de nour-
    rissage (anneau jaune périphérique)

cable sur des alevins de très petite taille (2 à 3 cm) à condition d'implanter la demi marque dans le cartilage situé juste en arrière de la ligne (fictive) joignant les deux cavités olfactives. En cas d'implantation juste en avant de cette ligne, le taux de rétention des marques à un mois est très faible, voisin de 18%, alors qu'il passe à 98 % dans le cas de l'implantation plus profonde (Champigneulle, 1987). Pour avoir une bonne implantation il faut par ailleurs avoir un embout spécifique (bouche fermée), une aiguillée très aiguisée selon un angle très faible. En conditions de pisciculture, après un mois d'élevage, la survie des alevins marqués magnétiquement est élevée (≥95 %) et non significativement différente de celle des individus non marqués. Le taux de survie des alevins doublement marqués (demie marque et adipeuse cautérisée) est élevé mais néanmoins légèrement inférieur (82 % comparativement à 96 %) à celui des alevins marqués seulement magnétiquement. Cette différence est attribuée au fait que les plus petits individus (taille < 33 mm) supportent légèrement moins bien la cautérisation de l'adipeuse que ceux ayant une taille supérieure (Champigneulle et Escomel, 1984). Après un mois d'élevage suivant le marquage, la taille moyenne des alevins marqués magnétiquement n'est pas significativement différente de celle des individus non marqués.

Pour une personne entraînée, la vitesse de marquage est de 250-300/heure/personne pour les très petits (2-3 cm) alevins d'omble et de 400-500/heure/personne pour des petits ombles de 4-5 cm. Pour de gros juvéniles (8-10 cm) la vitesse de marquage atteint 600-800/personne/heure (Champigneulle, données non publiées).

Thrower et Smoker (1984) ont marqué avec succès des alevins de 27-38 mm par injection de ½ marques avec une vitesse passant de 350 à 600/h entre la fin et le début du marquage.

Meng *et al.*, (1986) ont utilisé l'injection dans le cartilage nasal de micromarques entières sur des estivaux de corégones de longueur moyenne de 59 mm avec des extrêmes de 45 à 81 mm pour un poids moyen de 1,1 g. Les auteurs indiquent une vitesse de marquage en pointe de 500-800/h. Ils ont évalué à 5 % la mortalité due au marquage dans les dix jours qui le suivent. Les pertes de marques 15 jours après marquage ont été évaluées à 8,5 %. Selon les auteurs une implantation de marques peu profonde (< 2 mm) conduit à de fortes pertes de marques et à une faible mortalité alors qu'une implantation plus profonde (> 2,5 mm) réduit les pertes de marques mais accroît significativement la mortalité. Meng *et al.*, (1986) recommandent de pratiquer le marquage avec des marques entières seulement sur des corégones dont la taille est d'au moins 6 cm. Par contre Champigneulle (données non publiées) a testé avec succès le marquage de corégones de 3-5 cm avec des demi-marques (0,5 mm).

Avantages : peu d'effets négatifs connus, possibilité d'utilisation sur des petits poissons (idéal à partir de 5-7 cm, mais possible dès 2,5-3 cm), bonne rétention des marques si l'emplacement est optimisé, bonne vitesse de travail (500-700/machine/heure), contrôle des poissons marqués pouvant être semi-automatisé, coût minime des marques (0,4 F pièce)

Limites : marquage de groupes, les meilleurs sites d'implantation varient selon les espèces et les classes de taille, utilité d'un personnel formé, nécessité d'échantillonner sur des poissons morts dans le cas de certaines implantations dont la plus courante dans le cartilage nasal. Le coût de l'équipement est élevé mais il peut être loué. La marque n'est pas visible de l'extérieur, ce qui implique d'ajouter une autre marque (ex : ablation d'adipeuse) pour permettre une reconnaissance rapide sur les sites non équipés en détecteurs.

Marques électroniques PIT

La marque dite PIT (passive integrated transponder) comprend une micropuce permettant une identification individuelle et une antenne, le tout scellé dans une enveloppe en verre de 12 x 2,1 mm. Elle ne comprend pas de source d'énergie propre et c'est le système de lecture, fixe ou manipulé à la main, à courte distance (à moins de 10 à 20 cm selon les marques, fig. 13.5c) qui permet de fournir l'énergie nécessaire pour reconnaître le code de la marque (Prentice *et al.*, 1990a). Il existe des détecteurs immergeables (plaques ou cylindre d'identification) pouvant être placés au niveau de passages obligés, par exemple dans une passe à poissons (Prentice *et al.*,1990c). La marque est généralement introduite dans la cavité générale par une injection ventrale pratiquée entre pectorales et pelviennes avec un trocart spécial ou un injecteur semi-automatique (vitesses respectives de 150 poissons/h et 300/h d'après Prentice *et al.*, 1990a). L'angle d'attaque est de 45° et la pénétration initiale est de 2-3 mm pour accéder à la cavité générale puis l'aiguille est ensuite redressée parallèlement au corps pour ne pas endommager les viscères en déposant la marque. Pour des gros salmonidés, la marque peut être placée juste sous l'adipeuse. Un contrôle de rétention et de lecture de la marque est réalisé.

Les travaux de Prentice *et al.*, (1990b) n'ont pas montré d'effet sur la croissance, la survie et les performances de nage sur plusieurs espèces d'Oncorhynchus de 70-100 mm marqués avec des marques électroniques. Par ailleurs le taux de rétention a été voisin de 100%. Une expérience menée sur des juvéniles de saumon coho en milieu naturel (Peterson *et al.*, 1994) a montré que la croissance et la survie hivernale ne différaient pas entre micromarque nasale et marque électronique, y compris pour des poissons de petite taille (65 mm et 2,8g). Ombredane *et al.*, (1998) ont marqué avec succès par des transpondeurs des alevins de truite (longueur à la fourche : 55-127 mm) en octobre en milieu naturel. Sept mois après marquage, le taux de rétention était très élevé (96,6 %) et le marquage n'avait pas eu d'effet négatif significatif sur la croissance et la survie des juvéniles.

Avantages : marquage individuel permanent permettant des lectures répétées, peu d'effets négatifs connus, bon taux de rétention, bien adapté au suivi individuel de poissons.

Limites : coût élevé (30 FF pièce), distance de détection réduite, marque non visible extérieurement.

Marquages chimiques

Préambule

Les techniques de marquage chimique connaissent un développement récent. Cependant, les conditions de leur emploi ne sont pas encore totalement maîtrisées. Les réactions des poissons (mortalités au moment du marquage ou différées), le taux de marquage et la rétention des marques peuvent changer d'une espèce à l'autre pour un même protocole de marquage. Il est donc nécessaire de réaliser des expérimentations spécifiques. Par ailleurs, même dans le cas des espèces déjà évaluées, il est expressément recommandé de toujours faire un essai préliminaire en situation avant de se lancer dans une opération de marquage chimique à grande échelle. Car, des effets liés au changement d'échelle, à la qualité d'eau (pH, oxygène...), à l'état physiologique des poissons peuvent parfois induire des mortalités importantes.

Fluoromarquage des otolithes

Otolithes

Les otolithes sont des concrétions calcaires situées dans l'oreille interne des poissons (fig. 13.5d, p. 331). Ils interviennent dans l'équilibre des poissons (Panfili, 1992). Ils sont présents dès la fin du stade embryonnaire (en fin d'incubation pour les oeufs de salmonidés) et s'accroissent ensuite avec le développement de l'organisme. Il existe trois paires d'otolithes : les sagittae, les asterici et les lapillii. Les sagittae, logées dans la partie ventropostérieure de la capsule auditive sont les plus utilisées chez les Salmonidés car ce sont les plus volumineuses et les plus faciles à prélever.

Les otolithes de poisson sont formés de cristaux de carbonate de calcium (aragonite) disposés de manière concentrique autour des nucléi (partie centrale de l'otolithe) et enrobés dans une matrice d'otoline. L'otolithe croît par apposition d'un nouveau matériel à sa périphérie. Les variations structurales et chimiques des zones concentriques sont contrôlées par des changements dans la physiologie du poisson et des fluctuations de l'environnement. Ces phénomènes conduisent à la formation d'une alternance de zones (macro et microstructures) plus ou moins larges et espacées hyalines (apparaissant noires) alternant avec des zones opaques (apparaissant blanches) qui sont visibles sur des otolithes polis observés en microscopie optique.

Principe du fluoromarquage et examen des otolithes

Le marquage chimique des otolithes a été pratiqué avec succès avec trois principaux marqueurs : la tétracycline, l'alizarine et la calcéine. Trois types d'administrations sont utilisables (balnéation, alimentation et injection). Le présent chapitre traite principalement de la technique par balnéation qui est la plus adaptée au marquage en masse réalisable dès les stades précoces ne se nourrissant pas encore. Ces nouvelles techniques ouvrent la possibilité de marquer en masse et rapidement les oeufs oeillés avancés ou des larves lorsqu'ils sont rassemblés et facilement disponibles sous un faible volume dans les écloseries. Par ailleurs, la méthode donne la possibilité de pratiquer plusieurs marquages (ex. : fig. 13.5f, p. 331) pour tenter de distinguer des lots, par exemple en fin du stade œuf œillé et en fin de la résorption pour les salmonidés.

Le fluorochrome se fixe sur les structures en voie de minéralisation (otolithes, vertèbres, dents). Les substances utilisées ont la propriété d'absorber les rayons UV et elles émettent une fluorescence dans le spectre visible. Cette propriété est utilisée pour le repérage du marqueur avec un microscope à épifluorescence. La tête est disséquée jusqu'à faire apparaître le plancher des capsules auditives. Ce dernier est ensuite ouvert pour accéder aux sacculi contenant les otolithes (*sagittae*). Les 2 sagittae sont prélevées avec des pinces fines et débarrassés des matières organiques résiduelles. Chaque otolithe est collé (côté convexe vers l'extérieur) séparément sur une lame de verre avec une thermocolle (colle Crystalbond Aremco) chauffée à 210°C. Il faut veiller à enlever les bulles d'air existantes sous l'otolithe car celles-ci peuvent émettre une fluorescence parasite. Les otolithes sont polis sur des plaques de granulométrie différente, la finition s'effectuant avec une solution d'alumine hydratée (1 à 3 microns). L'évolution du polissage pour atteindre et ne pas dépasser le centre de l'otolithe est suivie par plusieurs contrôles sous microscope. Pour la détection de la marque, les otolithes polis sont observés (fig. 13.5f, p. 331) avec un microscope équipé pour l'épifluorescence.

Fluoromarquage à la tétracycline

En eau brute

Les premiers travaux de fluoromarquage par balnéation dans une solution de tétracycline ont été réalisés au Japon et en Pologne. Dabrowski et Tsukamoto (1986) ont marqué avec une solution de chlorhydrate de tétracycline (600 mg CHTC/l) des oeufs oeillés (bain de 12 h) et des alevins vésiculés (longueur: 1 cm) de corégones (bain de 3-6 h). L'étude montre un meilleur taux de rétention du marquage au stade alevin vésiculé (60-80 % de rétention mesurée à 36-39 mm) comparativement au marquage des oeufs oeillés (rétention de 38 % mesurée à 27 mm). Nagiec *et al.*, (1988) ont trouvé, 127 jours après marquage, 100 % de marqués chez des juvéniles de corégones de 28 mm (191 mg) immergés en juin dans une solution de chlorhydrate de tétracycline (300 mg CHTC/l pendant 2h). Cependant, seulement 60 % de marqués étaient retrouvés après le premier hiver, 275 jours après le marquage. Rhule et Winneki-Kuhn (1992) ont réussi à marquer des larves de corégones en pratiquant la fécondation artificielle avec une solution chlorhydrate de tétracycline, mais il y a eu un effet dépresseur sur la survie des oeufs en incubation.

Reinert *et al.*, (1998) ont marqué des larves de bar rayé (*Morone saxatilis*) par une balnéation de 6-8 h dans une solution d'oxytétracycline (OCT) à 350-400 mg/l. Le taux de marqués détectés à un an a été de 80 % et il n'a pas changé à deux et trois ans. Lorson et Mudrak(1987) ont marqué des aloses américaines (*Alosa sapidissima*) de 15-18 jours (longueur <15 mm) à l'oxytétracycline (OCT) par balnéation dans une solution de 50 mg d'OTC/l (bains de 12h/j, 4 jours de suite). A 57 jours après marquage le taux de rétention des marques est légèrement supérieur (94%) pour le lot marqué et stabulé à l'intérieur comparativement à celui (85%) des larves à la fois marquées et stabulées à l'extérieur en bassins exposés à la lumière solaire directe. Ce résultat suggère que, la tétracycline étant sensible à la lumière, pourrait être un peu dégradée sur des larves peu pigmentées exposées à la lumière solaire. Cette photolabilité pourrait expliquer la non fixation de la tétracycline sur les structures trop superficielles telles les écailles et les rayons de nageoires. Les échantillons d'otolithes sont à conserver à l'abri de la lumière.

Balnéation rapide avec choc osmotique

Cette technique a été pour la première fois utilisée par Alcobendas *et al.*, (1991) sur des civelles de 7-8 cm. Le laboratoire INRA de Thonon (Rojas Beltran *et al.*, 1995 a et b) a testé cette technique sur des œufs oeillés avancés de corégone, omble chevalier et truite commune et des alevins vésiculés d'omble chevalier et de truite commune. La pratique d'une balnéation avec choc osmotique permet de forcer le fluorochrome à rapidement passer à l'intérieur des embryons ou des alevins (fig. 13.5e, p. 331).

La technique a donné de bons résultats à grande échelle (faible mortalité et bonne rétention des marques) dans le cas d'alevins vésiculés d'omble chevalier et de truite commune. Ces derniers subissent une balnéation rapide (3 mn à 3,5 mm) dans une solution salée (5 % NaCl/l) de chlorhydrate de tétracycline (1 % CHTC/l). Les lots d'alevins vésiculés de truites ou ombles sont manipulés dans des clayettes. La solution de marquage est réalisée en remplissant un bac pouvant contenir les clayettes avec l'eau de l'écloserie. Le sel est ensuite additionné (5 % de NaCl). La solution est alors bien mélangée afin de bien dissoudre le sel. Ensuite le chlorhydrate de tétracycline est incorporé petit à petit jusqu'à obtenir alors une solution bien homogène dans tout le bac. Une demi-heure après préparation de la solution, la clayette d'incubation-résorption contenant les alevins y est immergée pendant 3 minutes. La clayette d'alevins est ensuite immédiatement remise en eau claire. Lorsque la même solution est utilisée successivement pour plusieurs clayettes, le temps de balnéation peut être un peu augmenté après le premier lot mais il ne doit pas dépasser 3,5 mn. La mortalité peut être plus forte pour la première clayette baignée dans la solution. Il est recommandé de toujours faire un essai in situ avec une clayette d'alevins suivi par un contrôle de la mortalité le lendemain avant de se lancer dans le marquage d'une grande quantité de clayettes d'alevins vésiculés.

Des oeufs au stade oeillé avancé de corégone (Rojas Beltran *et al.*, 1998) ou omble chevalier (Rojas Beltran *et al.*, 1995 b) ont été marqués avec succès dans le même type de solution de chlorhydrate de tétracycline mais avec un temps de balnéation plus long (20 mn). Des taux de rétention voisins de 100 % à 3 ans ont déjà été obtenus.

Fluoromarquage à l'alizarine

Même si le marquage réalisé avec la tétracycline à des stades précoces permet de minimiser les effets indésirables possibles dus à l'usage d'antibiotiques, il est apparu important de s'orienter vers l'utilisation de fluoromarqueurs de substitution.

L'alizarine complexone (AC) a été utilisée avec succès, le plus souvent en balnéation longue de 12-24 h en solution de 50 à 200 mg AC/l. Tsukamoto *et al.*, (1989a) ont marqué avec succès des oeufs oeillés avancés (200-400 mg AC/l ; balnéation de 24 heures), des alevins vésiculés (50-100 mg AC/l en 24h) et des alevins en fin de résorption (50-200 mg AC/l en 24h) provenant de plusieurs espèces (saumons du Pacifique, truites arc-en-ciel et ombles). Tsukamoto *et al.*, (1989 b) ont marqué des larves et juvéniles de Pagrus major (7 à 25 mm) par balnéation de 24 h dans une solution de 50-200 mg AC/l. La bonne rétention des marques a été confirmée après deux ans, de même que l'absence d'effet négatif sur la croissance et la survie. Tsukamoto *et al.*, (1989 a et b) ont par ailleurs montré la possibilité de répéter plusieurs fois (3 à 6 fois) la balnéation pour permettre de distinguer plusieurs lots.

Deux études récentes (Blom *et al.*, 1994 ; Beckman et Schulz, 1996) comparent l'utilisation de l'alizarine complexone (AC) et l'alizarine redS (ARS). L'intérêt de l'ARS est multiple :

- l'ARS est certifiée par la BSC (Biological Stain Commission) pour son usage pour le marquage des squelettes de petits vertébrés alors que l'AC n'a pas cette certification (Blom *et al.*, 1994) ;

- son prix est très inférieur (2 à 9F/g selon la quantité et le degré de pureté) à celui de l'AC (160 F/g) ;

- comme l'AC, il produit une couleur orangée facilement distinguable (comparativement à la tétracycline) de la fluorescence naturelle.

Blom *et al.*, (1994) ont marqué avec succès (100 % de marquage et persistance minimale contrôlée de 5 mois) des juvéniles (1,25 g) de morue (*Gadus morhua*) par une balnéation de 24 heures dans une solution d'ARS à 100 mg/l. Des taux de mortalité faibles et une bonne qualité des marques ont été obtenus pour l'ARS à 100 mg/l utilisée en balnéation de 24 h sur les oeufs et larves mais des concentrations supérieures (200-400 mg/l) ont provoqué de très fortes mortalités sur les larves de morue (Blom *et al.*, 1994).

Beckman et Schulz (1996) ont marqué avec succès (100% de marquage et mortalités faibles : 0-3%) des larves de *Catostomus commersoni* par une balnéation de 12 ou 24 heures dans une solution d'ARS de 200-300 mg/l. Les marques ont persisté au moins pendant 160 jours. Le succès du marquage avec l'ARS a été, pour les mêmes conditions d'emploi, identique à celui obtenu avec l'AC.

L'AC ou l'ARS ont surtout été utilisées en balnéation longue (généralement 24 h et parfois 12 h). Quelques auteurs ont mené des expérimentations visant à utiliser l'ARS sur des durées plus courtes (1h ou 3 h) susceptibles de faciliter la mise en œuvre et la surveillance du marquage dans les conditions pratiques en pisciculture. Jourdan et Rojas Beltran (données non publiées) et Cachera (1997) ont réussi le marquage d'oeufs oeillés avancés de corégone par balnéation de 1 ou 3 heures dans des solutions de 200 à 350 mg d'ARS/l. Champigneulle et Gillet (données non publiées) ont ensuite évalué un taux de rétention jusqu'à la taille de 20 cm à 18 mois de 100% (200 mg ARS/l; 3 h) et 85 % (350 mg/l ; 1 h). Des marquages ont été pratiqués à grande échelle sur des lots d'alevins vésiculés de truite commune par une balnéation de 3 heures dans une solution de 100 et de 200 mg d'ARS/l (Rojas Beltran et Champigneulle, données non publiées). Le taux de marquage mesuré deux semaines après la balnéation était de 100 % dans les deux cas et à 4 mois il était de 100% pour la solution à 200 mg d'ARS/l. Sous réserve de confirmation de la pérennité du marquage à long terme, une balnéation de 3 h dans une solution de 100 mg d'ARS/l pourrait être une technique permettant de limiter les risques de mortalité dans le cas des salmonidés à gros œufs.

Nagiec *et al.*, (1995) font état de trois expériences où l'ARS a été utilisée avec succès en balnéation de 3-4h dans une solution de 70 mg d'ARS/l pour marquer des larves (14-15 mm) d'ombre commun (*Thymallus thymallus*). Les pertes au marquage ont été inférieures à 1%. Les auteurs indiquent un taux de rétention allant jusqu'à 718 jours post-immersion pour une taille atteinte de 250 mm. Eckmann *et al.*, (1998) ont marqué des larves de corégones, 1 jour après éclosion, par une balnéation de 3 h dans des solutions de 100-150 mg d'ARS/l. Dans ces conditions les mortalités de larves restent faibles à la sricte condition de maintenir le pH à 7,5-8.

Cependant, contrairement au cas de l'AC, il y a encore peu de recul et d'études sur l'utilisation de l'ARS. Les expérimentations de marquages d'oeufs et d'alevins à l'ARS ont montré une grande variabilité dans les taux de mortalité initiale et de rétention des marques en fonction du contexte du marquage (concentration et degré de pureté de l'ARS utilisée, espèces, eaux, stades, température, PH, oxygène...). Ceci conduit à préconiser la prudence en réalisant des expérimentions préalables avant de faire des fluoromarquages à grande échelle avec l'ARS.

Fluoromarquage à la calcéine

Mohler (1997) a marqué des alevins vésiculés de saumon atlantique par balnéation de 48 heures dans une solution à 125 ou 250 mg de calcéine /litre. La mortalité dans les 10 jours post-immersion a été respectivement voisine de 1 et 10 %. Pour les deux concentrations, à 234 jours post immersion, une marque était visible sur plus de 93 % des poissons au niveau des rayons de la nageoire caudale. Cette localisation du marquage permettait un prélèvement sans avoir à tuer les poissons.

Balnéation dans des solutions de chlorure de strontium

La méthode vise à introduire par balnéation du strontium qui se substitue au calcium dans les structures calcifiées (otolithes, vertèbres, écailles...). Schroder *et al.*, (1995) ont marqué des alevins (39 mm) de saumons du Pacifique (*O. keta* et

O. nerka) par une balnéation de 24 heures dans des solutions (120 à 9000 ppm) de chlorure de strontium ($SrCl_2$). Des hémisections d'otolithes examinées 21 mois après marquage (5000 ppm de $SrCl_2$; balnéation de 24h) présentaient des marques (anneau blanc) aisément repérables en microscopie électronique de rétro-diffusion. Des expérimentations complémentaires (Schroeder *et al.*, 1996) ont même montré que le marquage pouvait être réalisé par un bain de seulement une heure dans une solution de $SrCl_2$ à 9000 ppm. D'autres études montrent la pos-sibilité de détecter le marquage au strontium par analyse de la concentration en strontium dans les écailles (Behrens Yamada et Mulligan, 1990 ; Snyder *et al.*, 1992) et même par visualisation d'une marque sur les écailles. Le développement de ces techniques de détection non léthale du marquage sont prometteuses.

Marques induites sur les otolithes

Par le rythme d'alimentation

Rojas Beltran *et al.*, (1993) ont montré dans une étude préliminaire qu'il était possible de provoquer sur des otolithes de larves de corégones des variations de microstries journalières par le passage d'une alimentation diurne à une alimenta-tion permanente (24 h/jour). Volk *et al.*, (1990) ont marqué les otolithes d'esti-vaux de saumon chinook (*O. Tschawytsha*) en alternant 5-6 cycles de 5 jours de jeûne - 5 jours de nourrissage. Les périodes de jeûne provoquent la formation de bandes de faible densité optique.

Par la température

Des premières expériences réalisées par Mosegaard *et al.*, (1985) avaient sug-géré la possibilité de marquer des alevins vésiculés de saumon atlantique (*Salmo salar*) par des modifications de la photopériode et de la température de l'eau qui entraînaient des modifications reconnaissables dans les microstructures des oto-lithes. Deux études ont ensuite montré la possibilité de marquer en masse des oeufs en fin du stade oeillé et des alevins de cristivomer (*Salvelinus namaycush*) (Brothers, 1990) et de saumon chum (*O. keta*) (Volk *et al.*, 1990). Rojas Beltran *et al.*, (1993) ont montré dans une étude préliminaire qu'il était possible de pro-voquer sur des otolithes de larves de corégones des variations des microstries par un choc thermique (passage de 10,5 à 5,5 °C en 2 heures). Plus récemment, Volk *et al.*, (1994) ont montré la possibilité de marquer des otolithes de juvéniles des cinq espèces de saumon du Pacifique (*Oncorhynchus sp*) une semaine après l'éclo-sion et la persistance des marques pendant au moins 5 ans. Les alevins en résorp-tion dans une eau à 12 °C subissent des expositions de 4 h dans une eau à 7°C. Un laps de temps de 44 heures ou de 92 heures entre deux passages en eau refroi-die produit sur l'otolithe une bande optiquement peu dense et dont la largeur varie du simple au double entre les stries sombres (zone optiquement dense) mar-quant les passages en eau froide. Il faut s'assurer qu'embryons et alevins supportent bien les chocs thermiques imposés. La sagitta est incluse dans de la résine puis polie jusqu'au nucleus. Le marquage de type code barres peut être lu au microscope en lumière transmise le long d'un axe de la sagitta. La lecture peut être faite par analyse d'images mais il faut avoir au préalablement réalisé une lame mince (épaisseur de 80 microns) de l'otolithe passant par le nucleus. Munk *et al.*, (1993) décrivent une installation de contrôle de la température utilisée dans une écloserie pour marquer thermiquement plusieurs dizaines de millions d'oeufs et d'alevins vésiculés de saumons du Pacifique. Le marquage thermique offre la possibilité théorique de différencier plusieurs dizaines de lots différents dans le cas des espèces des genres *Salmo, Salvelinus et Oncorhynchus* car il y a une longue période de résorption pour l'alevin vésiculé.

Nouvelles perspectives

S'il n'y a pas de marque idéale et universelle, il existe néanmoins désormais une panoplie de techniques permettant un choix adapté à chaque problématique. Par ailleurs l'apparition de nouvelles techniques ouvre de nouveaux champs d'applications. Quelques exemples peuvent être donnés.

Les techniques de marquage acoustique (radiopistage, ultrasons) et les micro-marques électroniques individuelles permettent d'aborder de façon dynamique les mouvements et la distribution spatiotemporelle des poissons, ce qui n'était pas possible lors des études utilisant uniquement des échantillonnages ponctuels. Ces marques offrent la possibilité d'études fines des comportements tant à l'échelle du groupe que des individus. La mise au point de détecteurs sur des sites de passages à poste fixe commence à permettre des suivis automatisés.

Les otolithes sont les pièces calcifiées du poisson qui conservent le plus d'informations sur son histoire car ils sont présents très précocément et ne sont pas ou très peu remaniés. Grâce à de nouvelles techniques (microsondes permettant des analyses chimiques très localisées, description automatisée des microstries par analyse d'image...), l'analyse des otolithes se révèle très riche en informations (discrimination de stocks, marquages chimiques). Les microstructures des otolithes sont de véritables marques (naturelles ou induites) aux multiples combinaisons possibles. L'otolithométrie et le marquage des otolithes ouvrent donc de nouvelles perspectives de recherches ichthyologiques et halieutiques.

Les techniques de marquage de masse permettent par exemple d'aborder des études à grande échelle sur les populations de poissons et sur l'effet des repeuplements. Dans ce dernier cas, comme tous les poissons déversés peuvent être marqués, on peut séparer les poissons issus du repeuplement (marqués) et du recrutement naturel (non marqués) et donc comparer leurs caractéristiques, comportement, distribution spatio-temporelle et leur exploitation.

Le développement de la biologie moléculaire a permis de multiplier les études génétiques chez les poissons. Les techniques d'analyse génétique permettent de différencier des populations mais aussi d'aborder les relations inter et intra-populations ou entre individus au niveau de leur descendance. L'utilisation des marqueurs génétiques permettra d'améliorer notre compréhension de la dynamique des populations de poissons. La gestion piscicole devra intégrer ces nouvelles informations qui permettront de mieux identifier, conserver et gérer la biodiversité piscicole.

Remerciements

Un hommage est rendu à Ricardo Rojas Beltran avec qui avait été commencé cet article et qui est décédé des suites d'un cancer en début juin 1997. Ricardo avait développé avec passion des recherches sur le fluoromarquage des otolithes et mis en oeuvre des campagnes de marquage à grande échelle mettant en oeuvre ces techniques.

Références bibliographiques

ALBACONDAS M., LECOMTE F., CASTANET J., MEUNIER F.J., MAIRE P. et HOLL M., 1991. Technique de marquage en masse de civelles (*Anguilla anguilla*) par balnéation rapide dans un fluorochrome. Application au marquage à la tétracycline de 500 kg de civelles. *Bull. Fr. Pêche Piscic.*, 321, 43-54.

ARRIGNON J., 1970. *Aménagement piscicole des eaux intérieures.* S.E.D.E.T.E.C. ed, Paris, 1 vol., 643 p.

BAGLINIÈRE J. L., LELOUARN H., 1987. Caractéristiques scalimétriques des principales espèces de poissons d'eau douce. *Bull. Fr. Pêche Piscic.*, 306, 1-39.

BAILEY R.E., IRVINE J.R., DALZIEL F.C., NELSON T.C., 1998. Evaluations of visible implants fluorescent tags for marking Coho salmon smolts. *North Amer. J. Fish. Mngmt*, 18, 191-196.

BECKMAN D. W., SCHULZ R. G., 1996. A simple method for marking fish otoliths with alizarin compounds. *Trans. Amer. Fish. Soc.*, 125, 146-149.

BEHRENS YAMADA S., MULLIGAN T., 1990. Screening of elements for chemical marking of hatchery salmon. *Am. Fish. Soc. Symposium*, 7, 550-561.

BLANKENSHIP H.L., TIPPING J.M., 1993. Evaluation of visible implant in sequencially coded wire tags in Sea-run Cuttroat trout. *North Amer. J. Fish. Mngmt*, 13, 391-394.

BLOM G., NORDEIDE J.T., SVASAND T., BORGE A., 1994. Application of two fluorescent chemicals, alizarin complexone and alizarin red S, to mark otoliths of Atlantic cod (*Gadus morhua* L.). *Aquaculture and Fish. Management*, Supp. 1, 229-243.

BONNEAU J. L., THUROW R.F., SCARNECCHIA D.L., 1995. Capture, marking, and enumeration of juvenile Bull Trout and Cutthroat Trout in small, low-conductivity streams. *North Amer. J. Fish. Manage*, 15, 563-568.

BOUTRY E., 1983. Les corégones du Léman: pêche, repeuplement et essais d' élevage de juvéniles en cages immergées. *Rapport Institut de Limnologie de Thonon*, 10, 32 p.

BRIDCUT E.E., 1993. A code alcian blue marking technique for the identification of individual brown trout (*Salmo trutta*) : an evaluation of its use in fish biology. *Biol. and Environment*, 93, 107-110.

BROTHERS E. B., 1990. Otolith marking. *Am. Fish. Soc. Symp.*, 7, 183-202.

BRYAN R.D., NEY J.J., 1994. Visible implant tag retention and effects on condition of a stream population of Brook Trout. *North Amer. J. Fish. Manage*, 14, 216-219.

BRYNILDSON O. M., BRYNILDSON C. L., 1967. The effect of pectoral and ventral fin removal on survival and growth of wild brown trout in a Wisconsin stream. *Trans. Amer. Fish. Soc.*, 36, 353-355.

CACHERA S., 1997. Contribution à la mise au point et à l'utilisation du fluoromarquage des otolithes de salmonidés (*Coregonus lavaretus et Salmo trutta*). Rapport de Maîtrise de Biologie des Populations et des Écosystèmes. Université des Sciences et Techniques de Lille.

CAUDRON A., 1997. Dévalaison des juvéniles de truite (*Salmo trutta*) au printemps sur le réseau de l'Oir et origine géographique des migrants. Rapport de Maîtrise de Biologie des Populations et des Écosystèmes. Université des Sciences et Techniques de Lille. 14 p.

CHAMPIGNEULLE A., 1985. Anayse bibliographique des problèmes de repeuplement en omble chevalier (*Salvelinus alpinus*), truite fario (*Salmo trutta*) et corégone (*Coregonus* sp.) dans les grands plans d'eau. *In :* D. GERDEAUX et R. BILLARD (eds), *Gestion piscicole des lacs et retenues artificielles*, INRA, Paris, 187-217.

CHAMPIGNEULLE A., 1987. Note technique. Marquage d'omble chevalier *(Salvelinus alpinus)* de petite taille par injection de micromarques magnétisées. *Bull. Fr. Pêche Piscic.*, 304, 22-31.

CHAMPIGNEULLE A. et ESCOMEL J., 1984. Marquage des salmonidés de petite taille par ablation de l'adipeuse ou des nageoires pelviennes. *Bull. Fr. Piscic.*, 293-294, 52-58.

CHAMPIGNEULLE A. et GERDEAUX D., 1992. Survey of experimental stocking (1983-85) of Lake Geneva with spring-prefed *Coregonus lavaretus* fry (3-4,5 cm). *Pol. Arch. Hydrobiol.*, 39, 721-729.

CHURCHILL W. S., 1963. The effect of fin removal on survival, growth and vulnerability to capture of stocked walleye fingerlings. *Trans. Amer. Fish. Soc.*, 92, 298-300.

CRISTAU-QUOST I., 1980. Essais d'étude comparative de différents types de marquage de poissons. Observations histologiques préliminaires de l'effet du cryomarquage. Thèse Doct. 3 ᵉᵐᵉ cycle Univ. Lyon I Ecologie fondamentale et appliquée aux eaux continentales. 1 vol., 643 p.

DABROWSKI K. et TSUKAMOTO K., 1986. Tetracycline tagging in coregonid embryos and larvae. *J. Fish Biol.*, 29, 691-698.

DUMAS J., 1977. Cryomarquage: caractéristiques d'un appareil et essai sur de jeunes saumons atlantiques *(Salmo salar)*. *Bull. Fr. Piscic.*, 267, 42-61.

DUMAS J., 1978. Premières observations de cryomarquages sur les adultes de saumons atlantiques (*Salmo salar*) de la Nivelle marqués au stade smolt. *Bull. Fr. Piscic.*, 270, 218-222.

DUSSAULT C., RODRIGUEZ M. A., 1997. Field trials of marking salmonids by dye injection and coded-wire-tagging. *North Amer. J. Fish. Manage*, 17, 451-456.

ECKANN R., CZERKIES P., HELMS C., KLEIBS K., 1998. Evaluating the effectiveness of stocking vendace (*Coregonus albula* L.) eleutheroembryos by alizarin marking of otoliths. *Arch. Hydrobiol.* Spec. Issues *Advanc. Limnol.*, 50, 457-463.

EVENSON M. D., EVING R. D., 1985. Long-term retention of fluorescent pigment marks by spring Chinook Salmon and Summer steelhead. *North Amer. J. Fish. Manage*, 5, 26-32.

FRENETTE B.J., BRYAN M.D., 1996. Evaluation of visible implant tags applied to wild coastal cutthroat Trout and dolly warden in Margaret Lake, Southeast Alaska. *North Amer. J. Fish. Manage*, 16, 926-930.

FRIMAN L. T., LESKELA A. J., 1998. Spray marking one summer old coregonid fish with fluorescent pigment. *Arch. Hydrobiol.* Spec. Issues *Advanc. Limnol.*, 50, 471-477.

GROVES A. B., NOVOTNY A. J., 1965. A thermal-marking technique for juvenile salmonids. *Trans. Am. Fish. Soc.*, 94, 386-389.

HALE R.S., 1998. Retention and detection of coded wire tags and elastomer tags in trout. *North Amer. J. Fish. Manage*, 18, 197-201.

HART P.J.B.; PITCHER T.J., 1969. Field trials of fish marking using a jet inoculator. *J. Fish Biol.*, 1, 383-385.

HAW F., BERGMAN R.D., FRALICK R.M., BUCKLEY R.M., BLANKENSHIP H.L., 1990. Visible implanted fish tag. *Am. Fish. Soc. Symposium*, 7, 311-315.

HENRY S., CHAMPIGNEULLE A., 1997. Suivi de l'effet du repeuplement en alevins de truite *(Salmo trutta)* dans le Fier (74) par fluoromarquage des otolithes. *Rapp. Inst. Limnologie Thonon*, 131, 23 p.

HERBINGER C.M., 1990. Individual marking of Atlantic salmon: evaluation of cold branding and jet injection of Alcian Blue in several fin locations. *J. Fish Biol.*, 36, 99-101.

JEFFERTS K. B., BERGMAN P. K., FISCUS H. F., 1963. A coded wire identification system for macro-organisms. *Nature*, 198, 460-462.

JOHNSTONE R., 1981. Colour guide to growth performance. *Fish Farmer*, 4, 24-25.

JONES R., 1979. Materials and methods used in marking experiments in fishery research. *FAO Fish. Tech. Pap.*, 190, 134 p.

JOURDAN S., 1995. Pacage lacustre et réhabilitation de l'omble chevalier *(Salvelinus alpinus L.)* des lacs Léman et Bourget. Mémoire de fin d'étude du DAA halieutique, E.N.S.A. Rennes, 1 vol., 46 p.

KINCAID H.L., CALKINS G.T., 1992. Retention of visible implant tags in lake trout and Atlantic slalmon. *The Prog. Fish-Culturist*, 54, 163-170.

LAURENT P.J., 1982. Résultats de déversements dans le Léman d'ombles marqués. *Bull. Fr. Piscic.*, 285, 210-220.

LORSON R.D., MUDRAK V.A., 1987. Use of tetracycline to mark otoliths of American Shad fry. *North Amer. J. Fish. Mngmt*, 7, 453-455.

MAYNARD D.J., D.A. FROST, F. WILLIAM WAKNITZ, E.F. PRENTICE, 1996. Vulnerability of marked age-0 Steelhead to a visual predator. *Trans. Am. Fish. Soc.*, 125, 330-333.

MC MAHON T.E., DALBEY S.R., IRELAND S.C., MAGEE J.P., BYORTH P.A., 1996. Field evaluation of visible implant tag retention by brook trout, cuthroat-trout, rainbow trout, and grayling. *North Amer. J. Fish. Mngmt*, 16, 921-925.

MEARS H. C., HATCH R. W., 1976. Overwinter mortality of fingerling brook trout with simple and multiple fin clips. *Trans Amer. Fish. Soc.*, 105, 669-674.

MENG H. J., MULLER R., GEIGER W., 1986. Growth, mortality and yield of stocked coregonid fingerlings identified by microtags. Arch. *Hydrobiol. Beih. Ergebn. Limnol.*, 22, 319-325.

MOHLER J. M., 1997. Immersion of larval Atlantic salmon in calcein solutions to induce non lethally detectable mark. *North Amer. J. Fish. Manage*, 17, 751-756.

MOSEGAARD H., STEFFNER N. G., RAGNASSON B., 1985. Manipulation of otolith microstructures as a means of mass-marking salmonid yolk sac fray. Proc. V Congr. europ. Ichthyol., Stockolm 1985, 213-220.

MUNK K.M., SMOKER W.W., BEARD D. R., MATTSON R. W., 1993. A hatchery water-heating system and its application to 100% thermal marking of incubating salmon. *The Prog. Fish Culturist*, 55, 284-288.

MURRAY C. B., BEACHAM T. D., 1990. Marking juvenile pink and chum salmon with hot brands in the form of a binary code. *The Prog. Fish Culturist*, 52, 122-124.

NAGIEC M., 1992. Persistence of tetracycline marking the otoliths of whitefish *(Coregonus lavaretus)*. *Biul. Mor. Inst. Ryb.*, 3 (127), 77-80.

NAGIEC M., DABROWSKI K., NAGIEC C. et MURAWSKA E., 1988. Mass-marking of coregonid larvae and fry by tetracycline tagging of otoliths. *Aquac. Fish. Manage*, 19, 171-178.

NAGIEC M., CZERKIES P., GORYCZKO K., WITKOWSKI A., MURAWSKA E., 1995. Mass-marking of grayling *(Thymallus thymallus* L.) larvae by fluorochrome tagging of otoliths. *Fisheries Management and Ecology*, 2, 165-175.

NICOLA S. J., CORDONE A. J., 1973. Effects of fin removal on survival and growth of rainbow trout *(Salmo gairdneri)* in a natural environment. *Trans. Amer. Fish. Soc.*, 102, 39-47.

NIELSEN L.A., 1992. Methods for marking fish and shellfish. *Am. Fish. Soc. Spec. Pub.*, 23, 208 p.

NIELSON B.R., 1990. Twelve-year overview of fluorescent grit-marking of cuttroat-trout in Bear Lake, Utah-Idaho. *In : N.C.* PARKER *et al. Am. Fish. Soc. Symp.*, 7, 42-46.

NIVA T., 1995. Retention of visible implant tags by juveniles brown trout. *J. Fish Biol.*, 46, 997-1002.

O' GRADY M. F., 1984. The effects of fin-clipping, floy-tagging and fin-damage on the survival and growth of Brown Trout *(Salmo trutta)* stocked in Irish lakes. *Fish. Manage*, 15, 49-58.

OMBREDANE D., BAGLINIÈRE J. L., MARCHAND F., 1998. The effects of passive integrated transponder tags on survival and growth of juvenile brown trout *(Salmo trutta)* and their use for studying movement in a small river. *Hydrobiologia*, 371/372, 99-106.

OVEN J., BLANKENSHIP L., 1993. Benign recovery of coded wire tags from rainbow trout. *North Amer. J. Fish. Manage*, 13, 852-855.

PANFILI J., 1992. Estimation de l'âge individuel des poissons: méthodologies et applications à des populations naturelles tropicales et tempérées. Thèse de Doctorat en Evolution et Ecologie. Université Montpellier II, Sciences et techniques du Languedoc, 456 p.

PARKER N.C., GIORGI A.E., HEIDINGER R.C., JESTER D.B., PRINCE E.D., WINANS G.A., 1990. Fish marking techniques. *Am. Fish. Soc.Symp.*, 7, Bethesda, Maryland USA, 1 vol, 879 p.

PETERSON M. S., KEY J. P., 1992. Evaluation of hand-tagging juvenile walleyes with binary-coded wire microtags. *North Amer. J. Fish. Manage*, 12, 814-818.

PETERSON N. P., PRENTICE E. F., QUINN T. P., 1994. Comparison of sequencial coded wire and passive integrated transponder tags for assessing overwinter growth and survival of juvenile *coho* salmon. *North Amer. J. Fish. Manage*, 14, 870-873.

PHINNEY D.E., MILLER D.M., DAHLBERG M.L., 1967. Mass-marking young salmonids with fluorescent pigments. *Trans. Amer. Fish. Soc.*, 96, 157-162.

PITCHER T.J., KENNEDY G.J.A., 1977. The longevity and quality of fin marks made with a jet inoculator. *Fish. Manage*, 8, 16-18.

PRENTICE E. F., FLAGG T. A., Mc CUTCHEON C. S., 1990 a. Equipment, methods, and an automated data-entry station for PIT tagging. *In : N.C.* PARKER *et al. Amer. Fish. Soc. Symp.*, 7, 335-340.

PRENTICE E. F., FLAGG T. A., Mc CUTCHEON C. S., 1990 b. Feasibility of using passive integrated transponder (PIT) tags in salmonids. *In : N.C.* PARKER *et al. Amer. Fish. Soc. Symp.*, 7, 317-322.

PRENTICE E. F., FLAGG T. A., Mc CUTCHEON C. S., BRASTOW D. F., 1990c. PIT tag monitoring systems for hydroelectric dams and fish hatcheries. *In : N.C.* PARKER *et al. Amer. Fish. Soc. Symp.*, 7, 323-334.

REINERT T.R., WALLIN J., GRIFFIN M.C., CONROY M.J., VAN DEN AVYLE M.J., 1998. Long-term retention and detection of oxytetracycline marks applied to hatchery-reared larval striped bass, *Morone saxatilis. Can. J. Fish. Aquat. Sci.*, 55, 539-543.

ROJAS BELTRAN R., CHAMPIGNEULLE A., VINCENT G., 1995 a. Mass-marking of bone tissue of *Coregonus lavaretus* and its potential application to monitoring the spatio-temporal distribution of larvae, fry and juveniles of lacustrines fishes. *Hydrobiologia*, 300/301, 399-407.

ROJAS BELTRAN R., GILLET C., CHAMPIGNEULLE A., 1995 b. Immersion mass-marking of otoliths and bone tissue of embryos, yolk-sac fry and juveniles of Arctic charr *(Salvelinus alpinus). Nordic J.Freshw. Res.*, 71, 411-418.

RUHLE C., WINECKI-KUHN C., 1992. Tetracycline marking of coregonids at the time of egg fertilization. *Aquatic Sciences*, 54, 165-175.

SCHROEDER S. L., KNUDSEN C. M., VOLK E.C., 1995. Marking salmon fry with strontium chloride solutions. *Can. J. Fish. Aquat. Sci.*, 52, 1141-1149.

SCHROEDER S. L., VOLK E. C., KNUDSEN C. M., GIMM J. J., 1996. Marking embryonic and newly emerged salmonids by thermal events and rapid immersion in alkaline-earth salts. *Bull. Natl. Res. Inst. Aquacult.*, supp. 2, 79-83.

SHEPARD B.B., ROBINSON-COX J.R., IRELAND S.C., WHITE R.G., 1996. Factors influencing retention of visible implant tags by Westlope Cutthroat trout inhabiting headwater streams of Montana. *North Amer. J. Fish. Manage*, 16, 913-920.

SAUNDERS R. L., ALLEN K. R., 1967. Effects of tagging and of fin clipping on the survival of Atlantic salmon between smolt and adult stages. *J. Fish. Res. Bd Can.*, 24, 2595-2611.

SNYDER R. J., MC KEOWN B. A., COLBOW K., BROWN R., 1992. Use of dissolved strontium in scalemarking of juvenile salmonids: effects of concentration and exposure time. *Can. J. Fish. Aquat. Sci.*, 49, 780-782.

STOLTE L. W., 1973. Differences in survival and growth of marked and unmarked coho salmon. *Prog. Fish Cult.*, 35, 229-230.

STOTT B., 1971. Marking and tagging. *In :* W.E. RICKER (ed), *Methods for assessment of fish production in fresh waters*, IBP handbook 3, 82-97, Blackwell scientific publication, Oxford and Edinburg.

STRANGE C. D., KENNEDY G. J. A., 1982. Evaluation of fluorescent pigment marking of brown trout *(Salmo trutta)* and Atlantic salmon *(Salmo salar). Fish. Manage*, 13, 89-95.

STUART T.A., 1958. Marking and regeneration of fins. Freshwat. *Salm. Fish. Res.*, 22, 14 p

THOMPSON D. A., BLANKENSHIP H. L., 1997. Regeneration of adipose fins given complete and incomplete clips. *North Amer. J. Fish. Manage.*, 17, 467-469.

THROWER F. P., SMOKER W. W., 1984. First adult return of pink salmon tagged as emergents with binary coded wires. *Trans. Amer. Fish. Soc.*, 113, 803-804.

TSUKAMOTO K., SEKI Y., OBA T., OYA M., IWAHASHI M., 1989 a. Application of otolith to migration study of Salmonids. *Physiol. Ecol. Japan*, 1, 119-140.

TSUKAMOTO K., KUWADA H., HIROKAWA J., OYA M., SEKIVA S., FUJIMOTO H., IMAIZUMI K., 1989 b. Size-dependent mortality of red sea bream *(Pagrus major)* juveniles released with fluorescent otolith-tags in New Bay, Japan. *J. Fish Biol.*, 35, 59-69.

VIBERT R., LAGLER K.F., 1961. *Pêches continentales. Biologie et aménagement.* Dunod ed, Paris.

VOLK E. C., SCHROEDER S. L., FRESH K. L., 1990. Inducement of unique otolith banding patterns as a practical means to mass-mark juvenile pacific salmon. *Am. Fish. Soc. Symp.*, 7, 42-46.

VOLK E. C., SCHROEDER S. L., GRIMM J. J., 1994. Use a bar code symbology to produce multiple thermally induced otolith marks. *Trans. Amer. Fish. Soc.*, 123, 811-816.

WYDOSKI R., EMERY L., 1983. Tagging and marking. *In :* L.A. NIELSEN and D.L. JOHNSON (eds), *Fisheries techniques, Amer. Fish.Soc.,* Bethesda, Maryland, 215-237.

YOCOM T. G., EDSALL T. A., 1974. Effect of acclimatation temperature and heat shock on vulnerability of fry of lake whitefish *(Coregonus clupeaformis)* to predation. *J. Fish. Res. Board Can.,* 31, 1503-1506.

ZERRENNER A., JOSEPHSON D. C., KRUEGER C. C., 1997. Growth, mortality, and mark retention of hatchery brook trout marked with visible implant tags, jaw tags and adipose fin clips. *Prog. Fish-Culturist,* 59, 241-245.

Gestion halieutique

Pacage lacustre de salmonidés (omble chevalier, corégone et truite) dans le lac Léman et le lac du Bourget*

Problématique du pacage lacustre

Problématique générale

Depuis 1983, la Station d'Hydrobiologie Lacustre de l'INRA à Thonon a développé un programme de recherches appliquées à la gestion des peuplements piscicoles dans les grands plans d'eau de la Région Rhône-Alpes. Le potentiel de cette région est très important puisque près de 40 % du patrimoine national de lacs et barrages-réservoirs sont situés en Rhône-Alpes.

Les recherches ont été essentiellement menées dans deux grands lacs naturels profonds, le Léman et le lac du Bourget où il existait un fort potentiel halieutique (amateurs et professionnels) et des statistiques de captures (données D.D.A.F.) permettant d'avoir des éléments sur l'évolution des peuplements piscicoles ainsi que des références historiques. Ces lacs abritent entre autres des populations de salmonidés: ombles chevaliers (*Salvelinus alpinus* L.), corégones (*Coregonus lavaretus* L.) et truites (*Salmo trutta* L.) de lac, espèces sensibles à la dégradation des milieux. Ils ont connu dans les décennies passées des problèmes d'eutrophisation. Il y a eu une baisse des captures pour les 2 espèces (ombles et corégones) se reproduisant en lac, ce qui a conduit à identifier la mauvaise survie des œufs comme étant un des goulots d'étranglement de la production. Pour la truite, c'est davantage la dégradation des affluents qui a été mise en cause comme responsable d'un mauvais et/ou irrégulier recrutement en juvéniles. La démarche de restauration des milieux, reconnue comme essentielle, a été engagée. Parallèlement et en attendant les effets bénéfiques de ces mesures amont sur les populations salmonicoles, les gestionnaires des pêches ont pratiqué pendant plusieurs décennies de très nombreuses et diversifiées opérations de repeuplement en vue de pallier les effets néfastes de la dégradation de l'habitat piscicole et pour répondre à une demande croissante de salmonidés pour la pêche et la restauration. Ce n'est que plus tardivement, à partir du milieu des années 1980, que des recherches ont été

* A. CHAMPIGNEULLE, M. MICHOUD. J.-C. BRUN.

menées en vue d'évaluer et d'améliorer les effets de certains modes de repeuplement. Cette nouvelle approche plus raisonnée et maîtrisée du repeuplement en systèmes lacustres a été baptisée pacage lacustre.

Le pacage lacustre est une technique de gestion des pêcheries en lacs naturels et barrages-réservoirs. Elle peut s'appliquer en particulier dans le cas où le manque de recrutement naturel en juvéniles ou ses trop fortes fluctuations ont été identifiés (diagnose) comme un facteur limitant majeur de la production. Il s'agit alors de combler les déficiences du recrutement naturel en pratiquant des relâchers de juvéniles de façon contrôlée et optimisée en fonction des objectifs de gestion définis. Dans les grands plans d'eau étudiés, les poissons issus du pacage lacustre ne sont pas attribuables à telle ou telle catégorie de pêcheurs puisque le poisson y est «*res nullius*», c'est-à-dire qu'il appartient à celui qui le capture légalement.

Une diagnose (analyse des facteurs limitants de la production naturelle, dynamique des stocks piscaires exploités) et le suivi des relâchers sont nécessaires pour évaluer la pertinence de la solution du repeuplement et proposer, le cas échéant, d'autres opérations de gestion alternatives ou complémentaires (ex. : aménagement du milieu, régulation de la pression de pêche sur telle ou telle espèce). Il est nécessaire que les objectifs (qualitatifs ou quantitatifs) de gestion assignés au pacage soient clairement définis (réhabilitation de populations et/ou de pêcheries, soutien d'effectifs pour augmenter et/ou régulariser des captures...). Lorsque l'orientation de pacage est prise avec des objectifs bien définis, il est nécessaire de maîtriser l'approvisionnement en œufs et de mettre en œuvre une production de juvéniles adaptée (en qualité et quantité) à ces objectifs avec un coût acceptable. L'évaluation du pacage n'est pas facile, en particulier lorsque le recrutement naturel est non nul comme dans le cas des lacs étudiés ou bien lorsqu'il est fluctuant ou susceptible d'évoluer. Il est en effet alors nécessaire de mener des campagnes de marquage-contrôle des recaptures pour évaluer les parts et caractéristiques respectives des poissons issus du pacage et du recrutement naturel.

Orientations techniques

Ce programme pilote pacage lacustre a été mené sur la base des principes, contraintes et objectifs de gestion suivants :

- tenter, sans arrêter la pêche, d'éviter la disparition et d'amorcer la réhabilitation de populations qui avaient régressé dans la phase d'eutrophisation des lacs en repartant autant que possible de stocks de géniteurs sauvages encore présents dans ces lacs ;

- évaluer la possibilité de soutenir et de stabiliser les captures à un niveau raisonnable au vu des références historiques de manière à contribuer à la régularisation du revenu des pêcheurs professionnels, à fournir des produits locaux à la restauration et à développer la pêche de loisir locale et le tourisme-pêche ;

- pratiquer des relâchers au stade d'alevins nourris de qualité que l'on pouvait espérer produire en masse et à coût raisonnable. Par ailleurs, avec ce stade de relâcher (2 à 9 cm), l'essentiel de la croissance a lieu en lac puisque les tailles mini-males d'exploitation varient entre 27 et 35 cm selon les lacs et les espèces. La qua-lité du poisson produit et son image ne sont donc pas altérées comparativement à ce qui se produirait en relâchant des poissons plus grands. Les relâchers à des stades avancés (un an ou plus) n'ont donc fait l'objet que d'études plus limitées dans des cas où les relâchers d'alevins nourris étaient inefficaces (ex. : truite au lac du Bourget). Les relâchers aux stades très précoces (œufs, alevins vésiculés) n'ont pas été développés en raison de leur faible efficacité (Champigneulle, 1985) et/ou de la nécessité de pratiquer des relâchers massifs demandant des quantités d'œufs trop importantes, non compatibles avec ce qui pouvait être prélevé sur les stocks sauvages.

Les travaux se sont développés dans le cadre du programme pacage lacustre inscrit au Contrat de Plan (1989-1993) de la Région Rhône-Alpes. Ce programme a permis de rénover et d'agrandir la pisciculture domaniale de Rives (Thonon, D.D.A.F. de Haute-Savoie) avec un coût raisonnable grâce au site favorable et à l'infrastructure préexistante. Depuis 1997, l'Etat a remis la pisciculture de Rives en dotation au CSP. Cette unité centrale a été complétée par de plus petites uni-tés à rôle plus spécifique gérées par les pêcheurs professionnels (écloserie de Meillerie au Léman et radeau de cages éclairées immergées au lac du Bourget). La collecte des œufs d'ombles et de corégones destinés au écloseries, réalisée par les pêcheurs professionnels sous contrôle de la D.D.A.F. et du C.S.P., a été réorganisée et standardisée.

Caractéristiques des lacs et de leurs pêcheries

Le Léman

Le Léman (58240 ha) est un grand lac subalpin franco-suisse situé à une altitu-de de 372 m et ayant une profondeur maximale de 309 m (fig. 14.1). Le processus d'eutrophisation qui s'est développé dans les années 70 (passage du P total de 10 à 90 mg/m^3 d'eau) a commencé à être enrayé dans les années 1980-1990 (retour à 40-50 mg de P tot./m^3). Le peuplement piscicole exploité, outre les 3 salmonidés cités, est composé de perches, lottes, gardons et brochets. La saison de pêche des salmo-nidés dure de la mi-janvier à la mi-octobre. La taille minimale (longueur totale) de capture est de 27 cm pour l'omble, 30 pour le corégone et 35 pour la truite. L'omble et la truite sont exploités par pêche professionnelle et amateur à la traîne en bateau alors que le corégone n'est exploité que par pêche professionnelle, aux filets.

Les professionnels, au nombre de 45-50 en France et 85-100 en Suisse lors des dix dernières années, pêchent dans leur pays respectif et ne sont pas soumis à quota. Les principaux engins de pêche sont des filets maillants dérivants proches de la surface pour le corégone et la truite, des filets maillants fixes pour la truite et des filets de fond pour l'omble chevalier. Les pêcheurs sont tenus de déclarer mensuellement les captures journalières pondérales par espèce avec en plus le nombre d'ombles et de truites.

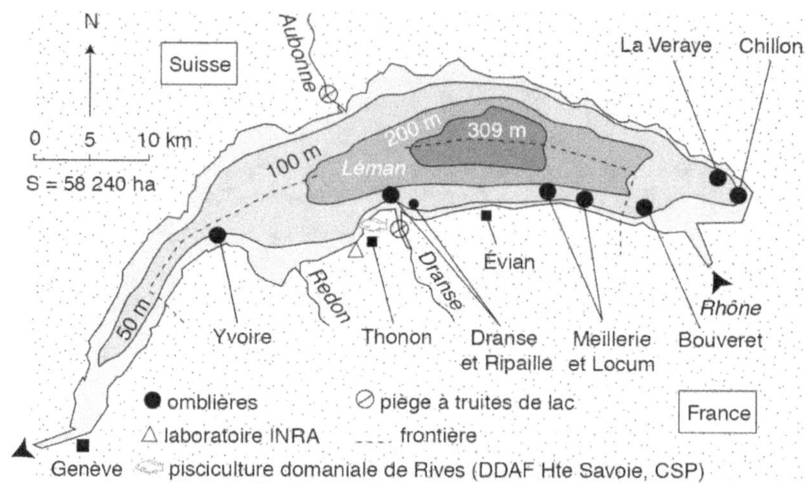

Figure 14.1 : Le Léman.

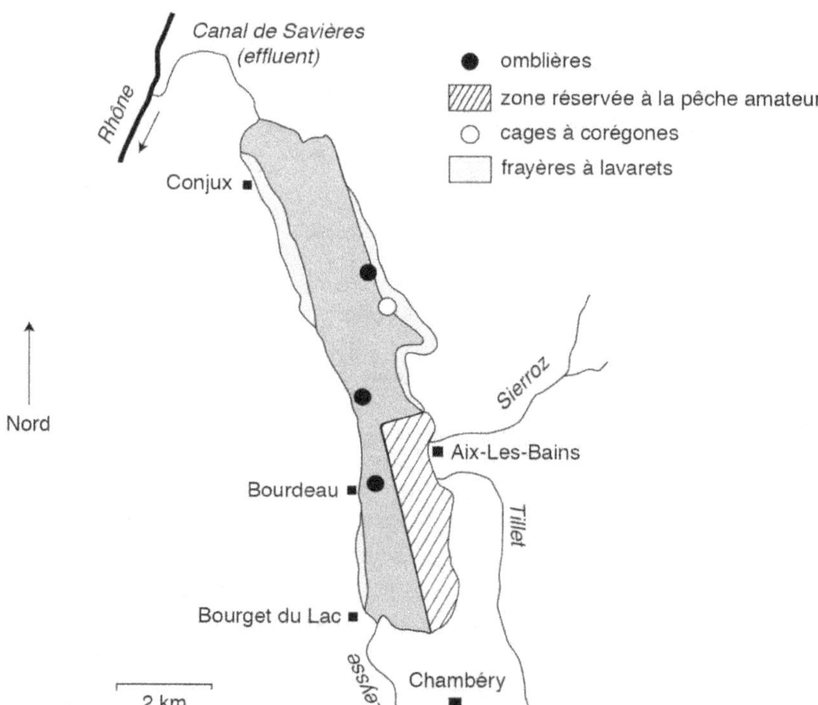

Figure 14.2 : Le lac du Bourget.

Les pêcheurs amateurs à la traîne sont au nombre de 400-600 en France et de 1700-2300 en Suisse. Ils peuvent pêcher sur tout le lac. Ils utilisent des bateaux motorisés et des lignes traînantes totalisant 20 leurres au maximum par bateau. Ils sont soumis à une limitation journalière de 8 truites, 10 ombles et à une limitation annuelle de 250 prises pour chacune des deux espèces. Depuis 1986, ils sont tenus de déclarer leurs sorties et leurs prises journalières sur un carnet (nombre et poids total).

Le lac du Bourget

Le lac du Bourget, lac savoyard subalpin méso-eutrophe, est le plus grand lac naturel (4400 ha) entièrement français. Situé à une altitude de 232 m, il a une profondeur moyenne de 81 m et une profondeur maximale de 145 m (fig. 14.2). Le lac du Bourget a connu une phase importante d'eutrophisation dans la période 1960-1980 avec des concentrations en $P\text{-}PO_4$ atteignant 150 mg/m³. Les apports trophiques ont été réduits dès la fin des années 1970 par d'importantes opérations de dérivation des eaux usées qui ont eu un premier niveau d'impact relativement rapide puisque dès 1986 la concentration en $P\text{-}PO_4$ avait chuté à 45-50 mg/m³. Plus de 30 espèces de poissons ont été recensées (Brun, 1990) mais seules une douzaine d'entre elles font l'objet de captures annuelles dépassant 500 kg. Le gardon et la perche représentent les tonnages les plus importants (plusieurs dizaines de tonnes/an). Le sandre, après une phase d'expansion rapide (captures annuelles de 4 à 7 t), amorce une phase de régression depuis 1997. La pêche aux salmonidés est fermée de la fin octobre à la fin février. La taille minimale de capture est de 30 cm pour l'omble, la truite et le corégone. Le peuplement piscicole est exploité conjointement par pêche professionnelle utilisant surtout des filets maillants et par pêche de loisir soit à la traîne en bateau, soit à la ligne à partir du bord. Dans la suite du texte trois périodes sont considérées dans la saison de pêche : début de saison : février-mars-avril-mai ; milieu de saison : juin-juillet-août ; fin de saison : septembre-octobre.

Les pêcheurs professionnels (9 à 12 permis grande pêche) exercent leur activité sur trois quarts de la surface du lac en raison de la présence d'une zone exclusivement réservée à la pêche amateur (fig. 14.2). Les captures pondérales sont déclarées depuis 1921, espèce par espèce.

Environ 500 permis de pêche amateur à la traîne sont délivrés chaque année. Il y a une limite maximale de capture de 10 salmonidés par jour et 300 par an. Des carnets mis en place depuis 1987 font état des captures de salmonidés. Ils comportent les indications suivantes : date, durée de la sortie de pêche, espèce et taille de chaque salmonidé capturé. Les captures de truites et d'ombles ne sont connues que pour la fraction (40 à 60 %) de pêcheurs à la traîne rendant à la D.D.A.F. de Savoie leur carnet de déclaration de captures. Ce sont ces carnets qui donnent une estimation minimale des captures et qui ont été utilisés pour évaluer les fluctuations annuelles des captures.

Pacage lacustre de l'omble chevalier

Éléments de diagnose initiale

L'omble chevalier se trouve en France en limite sud de son aire de répartition en Europe. Dans les lacs français, l'espèce boucle la totalité de son cycle de vie en lac. Le présent article traite uniquement des aspects du pacage pour ce type de population. Depuis le XIXe siècle, de nombreuses tentatives d'introduction d'ombles ont été pratiquées dans des lacs français (Machino, 1991). L'omble est une espèce autochtone seulement dans le Léman (74) et le lac du Bourget (73) ; un doute subsiste dans le cas du lac de Paladru (38). Avant le programme pacage lacustre, dans le Léman et le lac du Bourget il y avait néanmoins eu quelques introductions ponctuelles de juvéniles d'ombles d'origine scandinave.

Les pêcheries d'omble chevalier au Léman et au Bourget ont connu un important déclin au cours des années 1960-1970 au cours de la phase d'eutrophisation de ces lacs. Des études suisses (Rubin, 1990) menées en bathyscaphe sur les principales omblières du Léman ont montré qu'à la fin des années 1980 et au début des années 1990, malgré la réduction du P, source de l'eutrophisation, les conditions physico-chimiques des omblières (oxygène et probablement mauvaise qualité du sédiment) n'étaient pas favorables à une forte survie des œufs. Cette dernière a été évaluée à moins de 10 % (Rubin et Buttiker, 1993).

Les données bibliographiques sur les repeuplements en ombles chevaliers étaient peu nombreuses en 1985 (Champigneulle, 1985). Selon Runnstrom (1951) et Grimas *et al.*, (1972), des relâchers annuels de 16 à 74 alevins vésiculés/ha n'ont pas significativement augmenté les captures d'ombles dans des lacs scandinaves de plusieurs milliers d'hectares. Deux études mettaient en évidence de bien meilleurs résultats avec des ombles relâchés à 1 an (13 cm) au Léman (13% de recapture ; Laurent, 1982) ou à deux ans (20-25 cm) au lac Vattern en Suède (recaptures de 11 à 24 %, soit de 8 à 33 kg/1000 ind. déversés ; Grimas *et al.*, 1972). Il y avait une seule donnée publiée sur l'utilisation du stade intermédiaire d'estivaux. Pedroli (1983) signalait le succès d'une réintroduction de l'omble dans le lac de Neuchâtel (21400 ha) en Suisse à partir d'estivaux d'ombles de 8 cm produits avec des œufs provenant de géniteurs du Léman, mais il n'y avait pas eu de validation par marquage.

Compte tenu de ces éléments de diagnose, les premières décisions prises dans le cadre du programme pacage lacustre ont été de stopper tout projet d'introduction d'ombles non autochtones et de réorganiser le repeuplement uniquement à partir d'œufs récoltés sur des géniteurs capturés sur les omblières traditionnelles du Léman et du Bourget. L'élevage des juvéniles a été pratiqué jusqu'au stade d'estivaux, principal stade de relâcher dans les lacs étudiés.

Pacage lacustre et gestion de l'omble chevalier au Léman

Introduction

Au cours de la période 1950-1961 les captures annuelles d'ombles déclarées par les pêcheurs professionnels du Léman (France + Suisse) ont varié entre 10 et 30 tonnes (fig. 14.3.A). Les captures ont ensuite très fortement chuté (de 30 t à 2 t entre 1961 et 1970) en même temps que se développait l'eutrophisation du lac. Elles sont restées très faibles (2-6 t) au cours des années 1970. Pour contre-balancer la forte baisse du recrutement naturel, des relâchers d'alevins d'ombles nourris pendant quelques mois en pisciculture ont été développés, passant du niveau 150-300000 /an (2,6 à 5,2/ha) au niveau 1-1,5 millions /an (17-26/ha) entre la fin des années 1970 et les années 1990 (fig. 14.3.A).

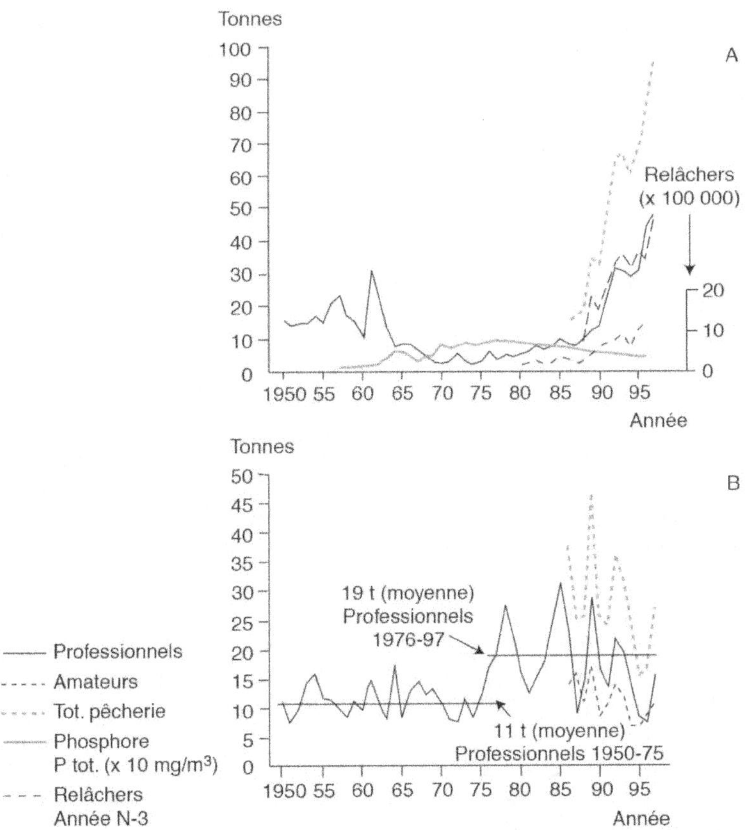

Figure 14.3 : Évolution des captures totales (France et Suisse) d'ombles chevaliers (A) et de truites de lac (B) dans le Léman.

Maîtrise de l'obtention des œufs d'omble chevalier

Plusieurs omblières sont connues au Léman (fig. 14.1), parmi lesquelles les omblières profondes (80 à 120 m) de la partie française du Léman, à Meillerie et au Locum qui sont reconnues (Rubin, 1990) comme étant parmi les plus importantes.

Les pêches de reproducteurs réalisées au cours du milieu du siècle avaient un rendement en œufs très médiocre puisque seulement 200-300 œufs en moyenne étaient récoltés par femelle capturée (Dussart, 1952). Ce faible résultat était lié à un temps de séjour trop long (2-4 jours) des filets au lac et à des pratiques non optimales de fécondation artificielle. L'organisation de cette récolte d'œufs a été optimisée (utilisation de filets à mailles de 50 mm pour accroître la capture de femelles sans trop prendre de mâles, filets posés sur les omblières traditionnelles et relevés après une seule nuit, récolte des ovules mûrs sur les bateaux juste à la relève des filets, stabulation en pisciculture des femelles non ovulées et encore vivantes). Parmi ces dernières, celles qui ovulent dans la semaine suivant la capture sont fécondées, fournissant près de 30 % du nombre total d'œufs récoltés. L'effort de pêche est réparti sur au moins trois semaines entre la fin novembre et Noël pour couvrir la majeure partie de la période de reproduction naturelle. Plusieurs milliers de géniteurs sont utilisés provenant des principales omblières connues du Léman. Cette nouvelle organisation (fig. 14.4) permet, dans le cas du Léman, de recueillir plus des 2/3 des ovules potentiels et de maintenir un bon rendement, voisin de 1400 œufs/femelle capturée et avec des œufs de bonne qualité (Champigneulle *et al.*, 1995).

Maîtrise de la production d'estivaux

Les principales caractéristiques de l'élevage de l'omble chevalier ont fait l'objet de synthèses (Gillet et Breton, 1992 ; Guillard *et al.*, 1992). Les œufs ont un diamètre de 4,5-5 mm et la quantité d'œufs égouttés est de 11 à 13000/l. Les phases d'incubation, de résorption et de début de nourrissage se déroulent bien entre 5 et 8°C dans des auges d'alevinage classiques en salmoniculture. Les ombles chevaliers d'origine sauvage (Léman ou Bourget) acceptent dès le départ une alimentation sèche de type aliment à truite de bonne qualité mais sous réserve d'une distribution fréquente par nourrisseur.

La suite de l'élevage se déroule bien entre 8 et 12°C mais quand la température dépasse 12°C, la pathologie devient plus difficile à contrôler. Après la phase de démarrage en auges, la production de juvéniles se poursuit à la pisciculture de Rives en bacs de 2-3 m³ munis chacun d'un distributeur d'aliment à tapis. Les juvéniles occupent toute la colonne d'eau dans les bacs protégés de la lumière solaire directe par un couvercle entrouvert. La mise en charge généralement pratiquée en phase finale d'élevage en été est de 8-9 préestivaux de 3-5 cm/litre avec un taux de renouvellement en eau voisin de 2 fois/heure et une hauteur d'eau de 60-70 cm. La biomasse finale est de 15-20 kg/m³. Le tri au stade de préestivaux de 3-5 cm permet d'accroître la proportion de grands estivaux (6-9 cm), plus homogènes en taille et ayant un bon coefficient de condition (Champigneulle *et al.,* 1995). L'allongement de la durée d'alimentation journalière améliore la croissance et l'homogénéité des lots.

Premier bilan d'efficacité du pacage jusqu'au stade d'estivaux (fig. 14.4)

En liaison avec une très bonne maîtrise technique de l'élevage de l'omble à la pisciculture de Rives, il y a une très bonne survie (>75%) entre le stade œuf juste fécondé et le stade d'estivaux. Par conséquent, dans le cas de la pratique de la récolte d'œufs et de la production d'estivaux d'omble sur la rive française du Léman, il y a un taux de survie minimal de 50% entre le stade «ovule potentiel» et le stade d'estivaux (fig. 14.4). Rubin (1990) et Rubin et Buttiker (1993) ont évalué à moins de 10 % la survie des œufs pondus naturellement sur les omblières du Léman à la fin des années 1980 - début des années 1990. Avec l'hypothèse d'une survie maximale dans la nature de 20 % entre le stade alevin vésiculé et le stade d'estivaux, le taux de survie au Léman entre le stade ovule potentiel et le stade estival serait au maximum de 2 % (5 % si l'on inclut le fait que certaines femelles peuvent pondre plusieurs fois de suite dans la nature, ce qui n'est pas le cas général car la longévité des femelles est faible au-delà du stade de géniteur 3[+]). Il y aurait donc eu au début des années 1990 une survie théorique en milieu naturel entre le stade ovule potentiel et estivaux (<2-5%) restant très nettement inférieure à celle (>50%) obtenue dans le cycle passant par l'écloserie (fig. 14.4).

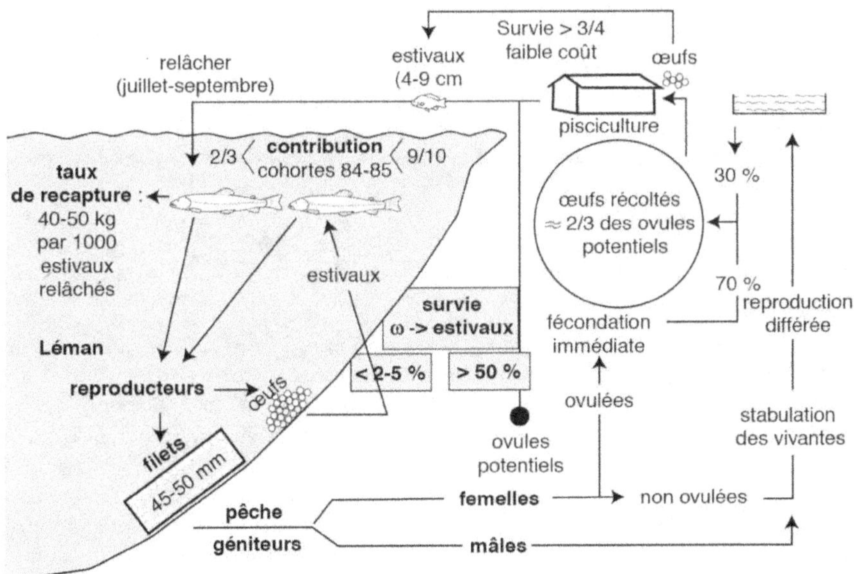

Figure 14.4 : Bilan du pacage lacustre d'ombles chevaliers au Léman en fin des années 1980- début des années 1990.

Campagnes de marquage au Léman

Une collaboration franco-suisse a permis d'évaluer la contribution des repeuplements pour 3 cohortes successives : 1983 (marquage français par cautérisation de l'adipeuse ; Champigneulle *et al.*, 1988), 1984 et 1985 (marquages suisses par micromarques magnétisées dont les recaptures ont été suivies en commun par la Suisse et la France ; Rubin, 1990). Ces campagnes de marquages ont permis de compléter le bilan du pacage lacustre d'ombles avec des estivaux à la fin des années 1980 - début des années 1990 pour un niveau de relâcher voisin de 300 000 estivaux par an. A ce niveau de relâcher, la contribution du pacage était déjà très élevée. Pour la cohorte 1983 au minimum 51% des captures de géniteurs sur les omblières françaises du Léman sont issues du repeuplement et le taux minimal de recapture des ombles déversés de la cohorte 1983 a été évalué à 21 kg/1000 petits estivaux par Champigneulle *et al.*, (1988). Rubin et Buttiker (1993) ont évalué la contribution du pacage à 75-92 % pour la cohorte 1984 et 65-81 % pour la cohorte 1985. Ces données ont été utilisées par Champigneulle et Gerdeaux (1993) pour évaluer à 40-50 kg/1000 estivaux, le taux des recaptures par la pêcherie du Léman pour les estivaux d'ombles déversés des cohortes 1984-1985.

Évolution des relâchers et des captures

Pratique et évolution des relâchers

Les estivaux d'ombles (4 à 10 cm) sont relâchés au Léman au cours de la période allant de la mi-été au début de l'automne. Les relâchers sont étalés sur plusieurs semaines et pour chaque pays, ils sont dispersés en zone sublittorale sur tout le pourtour du lac. Le nombre total d'estivaux relâchés a fortement augmenté passant de 144000 (2,5/ha) à 1500000 (26/ha) au cours de la période 1977-1993. Au cours de cette période les estivaux déversés dans la partie française (43 % de la zone pélagique totale et 25% de la zone littorale totale) ont représenté 75 % du nombre total annuel d'estivaux déversés dans le Léman. Depuis 1995 il y a un rééquilibrage de la distribution spatiale des relâchers d'ombles et l'alevinage total est réparti pour moitié en France et en Suisse.

En relation avec la très forte augmentation du nombre d'estivaux relâchés au cours de la période récente, il n'était plus possible de marquer un pourcentage significatif d'estivaux avec les techniques de marquage «poisson par poisson» disponibles. Les recherches ont donc été orientées vers la mise au point de techniques de marquage de masse et vers un suivi des statistiques de pêche en fonction de celles de déversement (Champigneulle *et al.*, 1995 ; Jourdan, 1995 ; Rojas Beltran *et al.*, 1995 c). On peut conclure des données de Rubin (1992) et d'échantillonnages complémentaires (Champigneulle *et al.*, 1995) que l'exploitation d'une cohorte donnée débute au stade 2^+ mais concerne surtout le stade 3^+ et que l'essentiel de l'exploitation est achevée au stade 4^+. L'évolution des captures de l'année N+3 peut donc être examinée en fonction de l'évolution des relâchers d'estivaux pratiqués au cours de l'année N.

Pêche professionnelle

Depuis 1980, et en parallèle avec l'évolution du nombre d'estivaux relâchés trois ans auparavant, les captures par pêche professionnelle ont fortement augmenté passant de 4 t en 1980 à 44 t en 1996 (fig. 14.3.A). Il y a sur cette période une bonne corrélation à la fois entre les relâchers d'estivaux l'année N et les captures pondérales moyennes annuelles par pêcheur professionnel français (r = 0,94 ; p<0,001) et suisse (r = 0,96 ; p<0,001) au cours de l'année N+3. Durant la période 1986-1996 le poids moyen annuel d'ombles capturés est passé de 84 à 568 kg par pêcheur français et de 25 à 193 kg par pêcheur suisse (fig. 14.5). Durant la même période le poids moyen individuel des captures annuelles a fluctué entre 330 et 450 g.

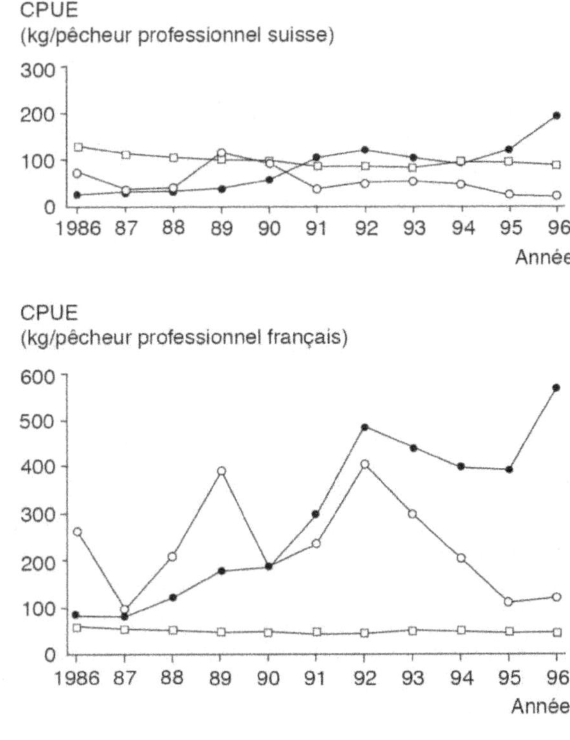

Figure 14.5 : Nombre moyen annuel de kg d'ombles chevaliers et de truites capturés au Léman par un pêcheur professionnel suisse (A) ou français (B) et nombre de pêcheurs professionnels.

Pêche amateur

Les captures totales annuelles d'ombles par l'ensemble des pêcheurs amateurs à la traîne, connues depuis 1986, ont fortement augmenté passant du niveau 7-10 t/an dans la période 1986-1988 à 31-36 t/an dans la période 1992-1996 (fig. 14.3.A). Le nombre total de pêcheurs est passé de 1800-2000 à 2700-2900 au cours de la même période (fig. 14.6). Malgré cette augmentation de l'effort de pêche, le nombre moyen annuel d'ombles capturés par pêcheur a fortement augmenté au cours de la période passant de 8-12 en 1986-1987 à 43-53 pour les français et à 27-31 pour les suisses en 1995-1996 (fig. 14.6). Le poids moyen individuel des captures annuelles conservées a fluctué entre 350 et 485 g. Comme dans le cas des professionnels et pour la période 1986-1996, les captures moyennes annuelles par pêcheur sont systématiquement meilleures pour les pêcheurs amateurs français que pour les pêcheurs suisses. Lors de la période 1986-1996, le nombre moyen annuel d'ombles capturés l'année N+3 est positivement corrélé aux déversements en estivaux de l'année N tant pour les pêcheurs amateurs suisses (r=0,92 ; p<0,001) que pour les pêcheurs amateurs français (r= 0,79 ; p<0,01). Il y a une stabilisation des captures par pêche amateur depuis 1991 (fig. 14.3.A et 14.6). Pour la pêcherie française, les CPUE ont fortement augmenté dans la période 1986-1991 passant de 0,7 à 2,5 ombles par sortie de pêche et il y a eu une régularisation des captures par sortie au cours de la saison de pêche.

Total de la pêcherie

Sur l'ensemble de la pêcherie dont les captures totales déclarées sont connues depuis 1986, les prises sont passées du niveau 15-18 t pour la période 1986-1988 au niveau 60-78 t pour la période 1992-1996 (fig. 14.3.A).

Géniteurs et indicateurs de niveau d'exploitation

Un résultat important des campagnes de marquage de 1983-84-85 a été de montrer qu'une grande part des géniteurs capturés sur les omblières est issue du pacage. Le pacage a donc un double effet, à la fois de contribution aux captures et de renforcement du stock de géniteurs présents sur les omblières (fig. 14.4).

Le suivi des captures de géniteurs sur les omblières françaises a été standardisé. L'effort de pêche est évalué et tous les poissons sont comptés et sexés. Ceci permet pour la gestion d'évaluer les variations interannuelles du nombre moyen de femelles et de mâles capturés par pose de filet (CPUE) au cours des pêches de reproducteurs sur les omblières de Meillerie-Locum.

Un échantillon annuel de géniteurs capturés a été décrit avec la même méthodologie pour deux périodes d'étude 1985-1987 et 1990-1993 (période sous l'effet de l'intensification du repeuplement). Les captures avec les filets de maille 48-50 mm sont composées de géniteurs âgés de 2^+ à 6^+. Pour chaque sexe, la classe d'âge 3^+ est toujours dominante, représentant selon l'année de 59 à 74 % des mâles et de 47 à 78% des femelles. Les classes d'âge 5^+ et 6^+ regroupées représentent seulement 0 à 5,4% des mâles et 0 à 12,9 % des femelles.

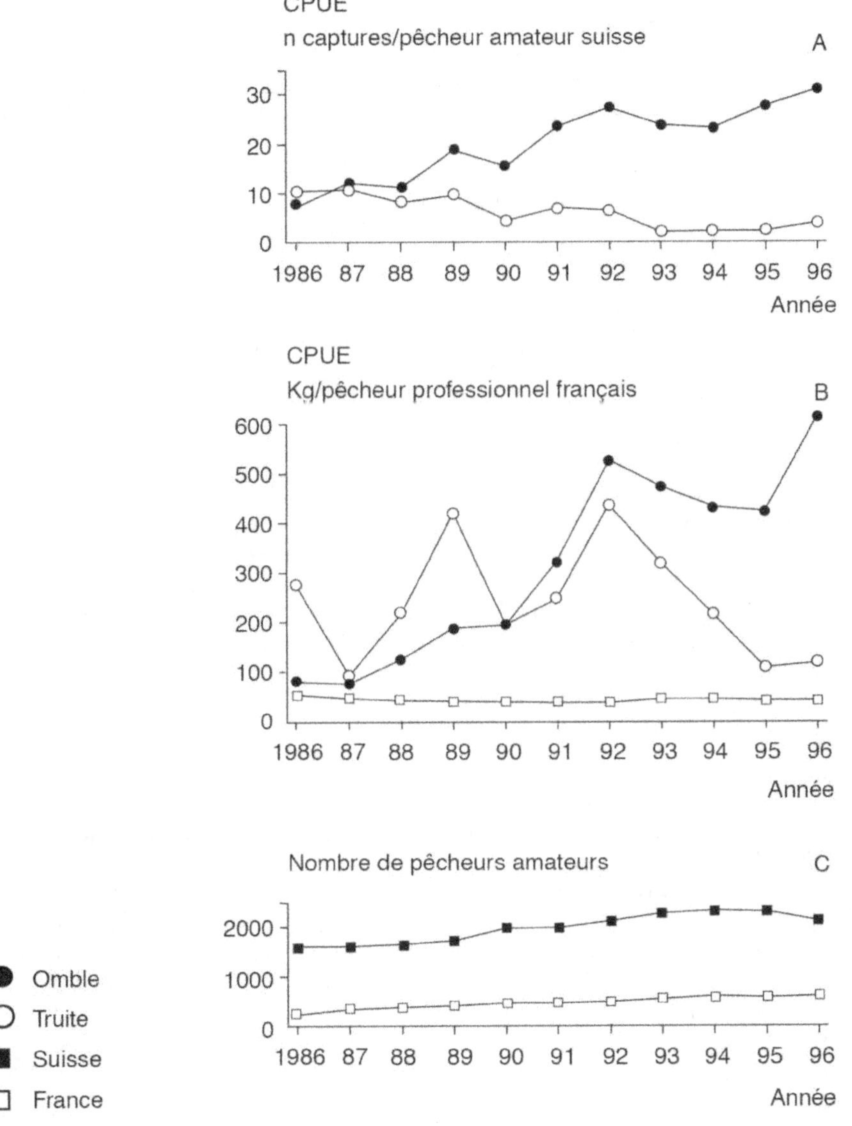

Figure 14.6 : Nombre moyen annuel d'ombles chevaliers capturés par pêcheur amateur à la traîne, suisse (A) et français (B). (C) : nombre de pêcheurs amateurs à la traîne.

Rubin (1990) a étudié l'âge à la maturité sexuelle de l'omble à la fin des années 1980. Au stade 2^+, 38 % des femelles sont matures et à partir du stade fin de 3^+ plus de 95 % des femelles sont matures. Ces classes d'âges $\geq 3^+$ sont celles préférentiellement capturées par les filets utilisés aux pêches de reproducteurs. La CPUE de femelles sur les omblières françaises du Léman fournit un indice d'abondance relative du potentiel reproducteur subsistant après la principale phase d'exploitation aux stades 2^+ et surtout 3^+ au Léman. La CPUE de femelles était très faible (2-3 ind./pose de 1 filet) dans la période 1981-1982 ; elle est passée à 11-22 ind/pose dans la période 1983-1988. Dans la période récente 1989-1996, hormis l'année 1990 où elle a chuté à 14, elle a varié entre 26 et 47 femelles/pose de filet. Le potentiel de femelles présentes sur les omblières reste donc élevé malgré le niveau important des captures.

Pour une année donnée la structure de taille des femelles est significativement différente de la structure de taille des mâles avec une plus grande taille des femelles capturées comparativement aux mâles en relation avec une plus grande taille à un âge donné, une plus grande longévité et une maturité plus tardive. Pour chaque année la taille moyenne des femelles 3^+ et 4^+ est significativement supérieure à la taille des mâles du même âge (Champigneulle et Gerdeaux, 1995).

Pour les mêmes omblières (Meillerie-Locum ou Dranse-Ripaille, fig. 14.1) pêchées avec le même type de filet (maille : 40-45 mm) en 1949-1950, 1963-1964, et 1990-1991, il n'y a pas de différence significative pour la taille moyenne des mâles 2^+ et pour la taille moyenne des mâles ou des femelles 3^+ et 4^+. Dans la phase d'expansion des captures entre 1986 et 1993 il n'y a pas eu de tendance à un ralentissement de la croissance évaluée sur les géniteurs 2^+, 3^+ et 4^+ capturés sur les omblières (Champigneulle et Gerdeaux, 1995).

Discussion

Les prévisions de réhabilitation de la pêcherie d'ombles chevaliers au Léman faites dès 1987 par Champigneulle *et al.*, (1988) se sont avérées exactes et les résultats récents confirment le très bon potentiel de l'omble pour le pacage lacustre dans la situation du Léman des années 1980 et 1990. L'effet est bénéfique à la fois pour les professionnels et les amateurs de chacun des deux pays. Le problème est cependant d'optimiser ce système de pacage lacustre et d'évaluer ses limites dans le contexte local.

La capacité d'accueil du Léman pour l'omble, les densités de repeuplement optimales, et le taux d'exploitation ne sont pas encore bien connus. D'anciennes statistiques indiquent cependant que les captures ont déjà atteint une moyenne de 30t/an (0,5 kg/ha) durant 10 années consécutives (1921-1930) quand le lac était oligotrophe et les ombles surtout exploités par la pêche professionnelle. Par ailleurs entre 1900 et 1911 les captures moyennes annuelles déclarées par la seule pêche professionnelle française ont été d'environ 30 t (1,3 kg/ha). Les captures récentes au Léman sont de l'ordre de 1 à 1,3 kg/ha. Même s'il existe des lacs fournissant 2 à 3 kg/ha, il semble plus raisonnable dans le cas du Léman de se fixer comme objectif de stabiliser les captures entre 60 et 80 t/an (1 à 1,4 kg/ha), valeurs qui tiennent compte du niveau récemment atteint, des références historiques, et d'une volonté de ne pas prendre le risque de déstabiliser le peuplement piscicole.

La contribution du repeuplement et les taux de recapture ont été évalués par marquage pour les cohortes 1983-84-85 quand le niveau de relâcher était d'environ 300000/an. Cependant le niveau moyen des relâchers d'estivaux a été multiplié par 4-5 depuis 1992. Il serait donc utile de réévaluer les contributions relatives du recrutement naturel et du pacage et ce d'autant plus que l'état trophique du Léman est en train de changer en relation avec la diminution des apports en phosphore. Ceci serait possible grâce aux techniques de fluoromarquage des otolithes (Jourdan, 1995 ; Rojas Beltran *et al.*, 1995 c). Cette technique permettant de marquer la totalité des déversements, il serait par ailleurs possible de comparer les caractéristiques, la distribution spatio-temporelle et l'exploitation des ombles issus, soit du pacage soit de la reproduction naturelle. Cette étude pourrait être complétée par de nouveaux suivis des conditions d'oxygénation et de survie des œufs sur les omblières afin de les comparer avec les données de Rubin (1990).

Les données recueillies indiquent que le stock d'ombles n'est pas dans une situation extrême (c'est-à-dire trop fortement sur- ou sous-exploité). En effet, malgré une phase d'exploitation principale aux stades 2^+ et surtout 3^+, les CPUE de géniteurs de 3 ans et plus restent à un niveau élevé. D'autre part, il n'a pas été observé de phénomène de nanisme ni même de ralentissement de la croissance indicateur de sous-exploitation (Champigneulle et Gerdeaux, 1995). Des expériences récentes dans des lacs scandinaves indiquent qu'une forte intensification de l'exploitation de populations d'ombles souffrant de nanisme conduisait à une forte amélioration de la croissance des individus survivants (Langeland *et al.*, 1991, Amundsen *et al.*, 1993). Malgré quelques petites fluctuations interannuelles, la population d'ombles du Léman restait caractérisée dans les années 1990 par une très bonne croissance, le jeune âge des géniteurs et une faible longévité.

Champigneulle *et al.*, (1988) et Rubin (1990) ont montré que les estivaux utilisés pour le pacage atteignaient le stade de reproducteurs et étaient présents sur toutes les omblières suivies au Léman. Aussi, outre l'accroissement des captures, un autre effet important probable du pacage est l'accroissement du nombre d'œufs pondus naturellement au Léman puisqu'il y a de fortes CPUE de femelles sur les omblières. S'il n'y a pas de changement dans le taux de mortalité des œufs et la survie des alevins, le pacage serait susceptible de conduire à un effet indirect d'accroissement du nombre d'ombles issus de la fraie en lac. Cependant les surfaces d'omblières connues disponibles sont limitées dans le Léman (Rubin et Buttiker, 1993). Aussi une autre hypothèse est que le dépôt d'une trop forte densité en œufs puisse induire des problèmes de mortalités densité-dépendantes au stade œuf ou début d'alimentation, mais on ne dispose pas de relation stock-recrutement naturel. Actuellement les CPUE de géniteurs sur les omblières françaises exploitées fluctuent à un niveau élevé mais sans toutefois montrer de tendance à la hausse.

Pacage lacustre et gestion de l'omble au lac du Bourget

Diagnose initiale en 1985

Les captures d'ombles par pêche professionnelle ont fluctué entre 1,5 et 3,5 t/an pendant 25 ans de 1925 à 1951. Elles ont ensuite fortement chuté au cours des années 1950 en même temps que se développait le phénomène d'eutrophisation du lac (fig. 14.7.A et B). Au moment de la diagnose initiale, les captures étaient situées à un niveau très bas mais non nul (25 à 180 kg) depuis une vingtaine d'années de 1965 à 1984 (fig. 14.7.B). Des apports d'œufs et d'alevins originaires du Léman ont été pratiqués très tôt, dès 1930, et ils se sont intensifiés en particulier dans les années 1960 mais ils n'ont pas permis de soutenir la pêcherie d'ombles au Bourget (fig. 14.7.C et B). Les relâchers ont ensuite été interrompus et ils ont repris en 1982 et en 1983 avec 6000 estivaux de 6-8 cm produits à partir d'œufs d'origine scandinave. L'absence de repeuplement au cours de la période 1974-1981 et néanmoins l'existence de quelques dizaines de kg de captures annuelles suggéraient que, malgré l'eutrophisation, la production en cycle naturel était encore faiblement possible, ce qui permettait d'espérer une possible relance du recrutement naturel en conjuguant la poursuite de l'amélioration du milieu et la réhabilitation d'un stock de reproducteurs par pacage lacustre.

Dans la première moitié du siècle, l'omble se reproduisait de la mi-novembre à la fin décembre sur des omblières profondes généralement situées à 30-70 m de profondeur. Les données de concentration en oxygène (saturation seulement voisine de 60 %, température de 6-6,5°C) à ces profondeurs (Paolini, commun. pers.) permettaient de suspecter des problèmes de fortes mortalités des œufs sur les omblières du Bourget du même type que celles mises en évidence au Léman par Rubin (1990).

Les gestionnaires ont pris de nouvelles orientations dans le milieu des années 1980 :

- suppression totale des relâchers pratiqués avec des ombles issus d'œufs d'origine nordique et utilisation d'œufs d'origine Bourget ou Léman, lac proche reconnu comme ayant une population autochtone d'ombles avec également une ponte lacustre profonde. Une étude génétique (Brunner *et al.*, 1998) a confirmé depuis que les ombles capturés au lac du Bourget et au Léman en 1994 étaient des formes rhodaniennes apparaissant distinctes des formes du bassin du Rhin, du bassin du Danube et de Finlande.

- reprospecter les anciennes omblières du Bourget pour savoir :

  - si elles étaient toujours fréquentées,

  - s'il serait éventuellement possible d'y capturer des géniteurs pour fournir des œufs,

  - si les juvéniles déversés vont jusqu'au stade de géniteurs présents sur les omblières.

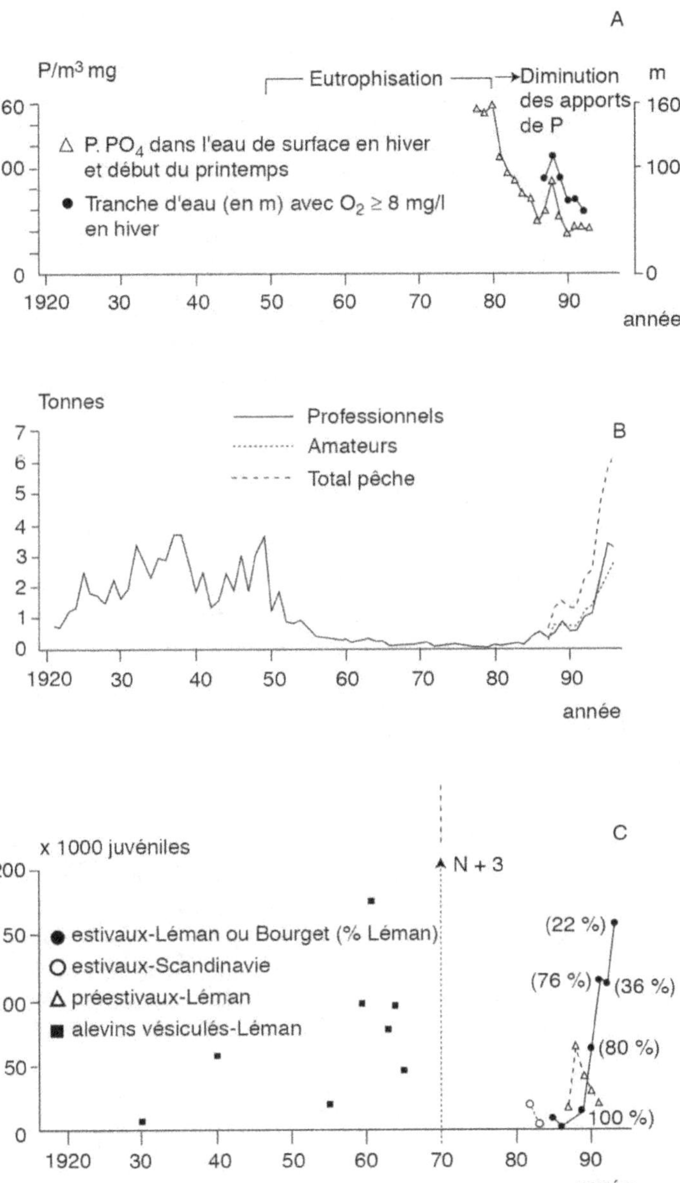

Figure 14.7 : Déclin et réhabilitation de la pêcherie d'ombles chevaliers au lac du Bourget.

(A) : Etat trophique ; (B) : Caputures d'ombles ; (C) : Relâchers de juvéniles d'ombles

Evolution des relâchers

Après un an d'interruption du repeuplement, en 1984, c'est à partir de 1985 qu'a été mise en place et intensifiée la pratique de relâchers d'alevins nourris (démarrés, préestivaux ou estivaux) produits à partir d'œufs d'origine lémanique et/ou du Bourget. Après un premier lâcher d'estivaux en 1985, d'autres relâchers ont été pratiqués de 1986 à 1989, mais il s'agissait essentiellement d'alevins démarrés (2-3 cm) issus de géniteurs domestiqués à partir de géniteurs capturés dans le Léman. Grâce au programme régional, les relâchers d'estivaux ont commencé à être significativement augmentés en 1990 (64000 soit 14/ha). A partir de 1991 le pacage a été progressivement intensifié passant au niveau 115000 (25/ha) en 1991 et 1992 puis au niveau 155000 (34/ha) en 1993-1994 en pratiquant uniquement des relâchers au stade d'estivaux (fig. 14.7.C). D'importantes campagnes de marquages suivis des recaptures ont été développées pour valider l'impact des relâchers.

Suivi du lot marqué de la cohorte 1985

Les œufs proviennent de géniteurs sauvages capturés en fin 1984 sur les omblières de Meillerie-Locum au Léman. Les alevins élevés à la pisciculture de Rives ont été stabulés à la pisciculture expérimentale de l'INRA à Thonon (température de 11-12°C) et marqués par cautérisation de la nageoire adipeuse (Champigneulle et Escomel, 1984). Le nombre final relâché fin juillet 1985 a été de 10300 individus (2,3/ha) ayant une taille moyenne de 37 mm. Il n'y a pas eu d'autres juvéniles relâchés.

Captures dans la pêcherie

Malgré leur petite taille initiale, les estivaux d'origine lémanique ont fourni des recaptures importantes, estimées au minimum à 56 kg/1000 petits estivaux. Le taux de recaptures en nombre a été évalué à un minimum de 10,5 %. Sur l'ensemble des recaptures réalisées, 54 % l'ont été par la pêche amateur et 46 % par la pêche professionnelle (fig. 14.8). L'essentiel des recaptures tant numériques (60 %) que pondérales (55 %) ont été réalisées au stade 3^+ et ensuite environ 20 % au stade 4^+. On note une contribution du stade 6^+ supérieure à celle au stade 5^+. Ce phénomène apparaît lié à une entrée en exploitation d'ombles à croissance lente qui atteignent tardivement la taille légale de capture. La chute du poids moyen individuel des captures (fig. 14.8.B) vient conforter cette hypothèse.

Pour les ombles d'origine Léman-Meillerie déversés dans le Bourget en 1985 il semble y avoir eu un fractionnement entre un groupe à croissance lente et un groupe à croissance rapide, ce dernier étant très nettement mieux représenté dans les captures au cours de la saison de pêche que dans celles au cours de la reproduction (Champigneulle *et al.*, 1995).

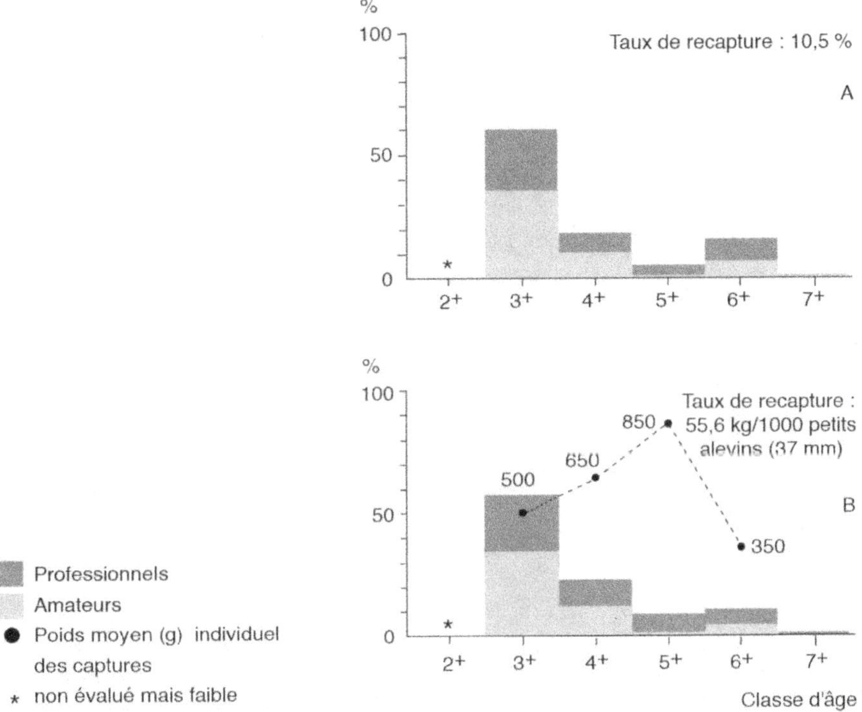

Figure 14.8 : Répartition des recaptures d'ombles chevaliers en nombre (A) et en poids (B) selon l'âge et le mode de pêche pour un relâcher dans le lac du Bourget d'alevins nourris (L moy. : 37 mm, origine Léman sauvage, cohorte 1990).

Captures de géniteurs sur les omblières

Un point important est que ce petit lot d'ombles marqués a été fortement et longuement présent dans les captures de géniteurs sur les omblières traditionnelles du Bourget. Il a fourni de 1988 (stade 3$^+$) à 1991 (stade 6$^+$) de 36,4 à 42,1 % du nombre de géniteurs de la cohorte 1985 capturés sur les omblières, ce qui indique une contribution relativement stable dans les captures sur les omblières, comme dans celles réalisées au cours de la saison de pêche (fig. 14.9). Cette contribution moyenne a été évaluée à 36,6%. Les ombles d'origine lémanique de la cohorte 1985 déversés au Bourget y sont donc encore bien représentés dans les captures de géniteurs 5$^+$ et 6$^+$ alors que pour la même cohorte au Léman les géniteurs 5$^+$ (1990) ne sont que très faiblement représentés et qu'en 1991 on n'a observé aucun 6$^+$ dans un échantillon de 500 géniteurs contrôlés au Léman.

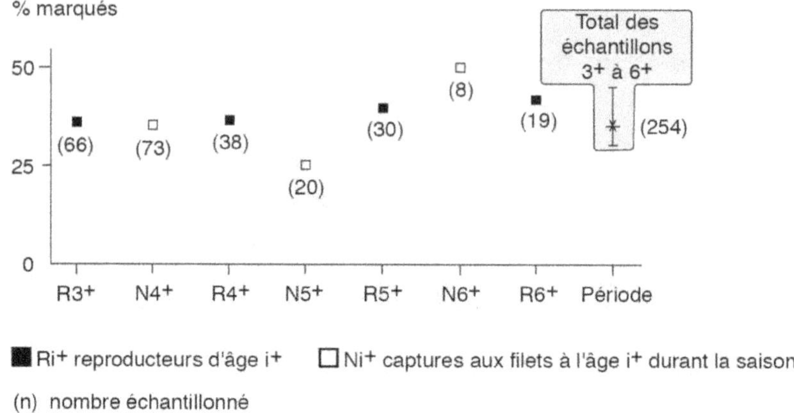

Figure 14.9 : Contribution du pacage avec un lot de 10000 alevins marqués (L moy. : 37 mm-origine Léman) dans les captures d'ombles chevaliers de la cohorte 1985 au lac du Bourget par pêche professionnelle (N) et au moment des captures de reproducteurs sur les omblières (R).

Tableau 14.1 : Caractéristiques des juvéniles d'ombles chevaliers de la cohorte 1990 déversés dans le lac du Bourget

Origine des géniteurs	Date de relâcher	Nombre	Taille moyenne mm (IC 95%)	Marque
Bourget sauvage	juillet 1990	12000	69 (9)	ablation adipeuse
Léman sauvage	juillet 1990	12000	67 (6)	ablation pelvienne droite
Léman sauvage	juillet 1990	38000	67 (6)	non marqué
Léman domestiqué	avril 1991	2030	152 (28)	ablation pectorale gauche
Léman domestiqué	mai 1990	7900	51 (5)	ablation adipeuse et 2 pelviennes
Léman domestiqué	mai 1990	10100	37 (3)	ablation 2 pelviennes
Léman domestiqué	mai 1990	12500	37 (3)	non marqués

Suivi des lots marqués de la cohorte 1990

D'importantes campagnes de marquage de juvéniles (cohorte 90) d'ombles différant par l'origine des géniteurs (Léman-sauvages ou Léman-domestiqués, Bourget-sauvages), la taille et la période de déversement ont été pratiquées en 1990. Le tableau 14.1 décrit les caractéristiques des lots de la cohorte 1990 déversés au Bourget.

Contribution dans la pêche

Tous les lots ont commencé à entrer dans les captures par pêche dans la deuxième moitié du stade 2^+. C'est le lot issu d'ombles de 1 an origine Léman-domestiqué qui a eu l'efficacité relative la plus forte dans ces captures précoces.

La contribution globale du repeuplement a été évaluée à 56% des captures de 2^+. Au stade 3^+, dominant dans les captures, l'ensemble des lots déversés sont représentés. Les efficacités relatives des lots d'estivaux issus de géniteurs Bourget-sauvages et d'ombles de 1 an, origine Léman-domestiquée, sont voisines et plus élevées (de 2 à 4 fois) que celles de chacun des autres lots. Dans les captures d'ombles au stade 3^+ par pêche professionnelle l'estimation de la contribution de l'ensemble des relâchers est très élevée, représentant 93% des ombles de la cohorte 1990. Au stade 4^+, le lot d'origine Bourget-sauvage a la meilleure efficacité relative ; viennent ensuite le lot Léman-sauvage et le lot Léman-domestiqué de plus petite taille initiale au relâcher. Par contre les 2 lots Léman-domestiqués de taille initiale supérieure ne sont plus ou que très faiblement représentés. Au stade 4^+ la contribution globale du pacage est de 37%.

Contribution aux captures de reproducteurs sur les omblières

L'ensemble du repeuplement a contribué globalement à respectivement 78 (1^+), 93 (2^+), 92 (3^+) et 55% (4^+) des captures de reproducteurs de la cohorte 1990. Tous les lots déversés sont représentés, à des degrés et des stades divers, dans les captures de géniteurs sur les omblières. Au stade de géniteurs précoces 1^+, tous les lots sauf les Léman-sauvages sont représentés et c'est le lot Léman-domestiqué lâché à un an qui a eu l'efficacité relative la plus forte. Au stade 2^+ tous les lots déversés sont représentés. Deux lots (estivaux Léman-sauvages et Léman-domestiqués lâchés à 1 an) ont une efficacité relative équivalente et de 6 à 12 fois supérieure à celles des autres lots. Au stade déterminant 3^+ tous les lots déversés sont représentés. Au stade 3^+, les deux lots d'origine sauvage (Bourget et Léman) ont la plus forte efficacité relative, supérieure de 3 à 5 fois celle des deux lots Léman-domestiqués ayant la plus grande taille au relâcher, et treize fois supérieure à celle du lot Léman-domestiqué ayant la plus petite taille au relâcher.

Evolution générale des alevinages et des captures

Captures dans la pêche

Les captures par pêche professionnelle montrent une tendance très nette à l'augmentation passant de 0,1 t en 1984 à 3,4 t en 1995 (fig. 14.7.B). Il en va de même pour les captures par pêche amateur qui sont passées de 0,2 t en 1987 à 2,4 t en 1995. Les captures totales ont donc atteint en 1995 un niveau voisin de 6 t qui n'avait jamais été obtenu depuis le milieu du siècle (fig. 14.7.B). De 1987 à 1995, les captures pondérales moyennes annuelles sont passées de 22 à 355 kg/pêcheur professionnel (fig. 14.10.A). Pour la pêche amateur, il y a depuis 1987, grâce aux captures d'ombles, une baisse régulière du nombre de sorties bredouilles et les captures/100 h de pêche ont fortement augmenté passant de 5 en 1987 à 32 en 1994 (fig. 14.10.B). Le poids moyen individuel annuel des ombles capturés par pêche amateur au Bourget dans la période 1987-1994 a fluctué entre 420 et 550 g.

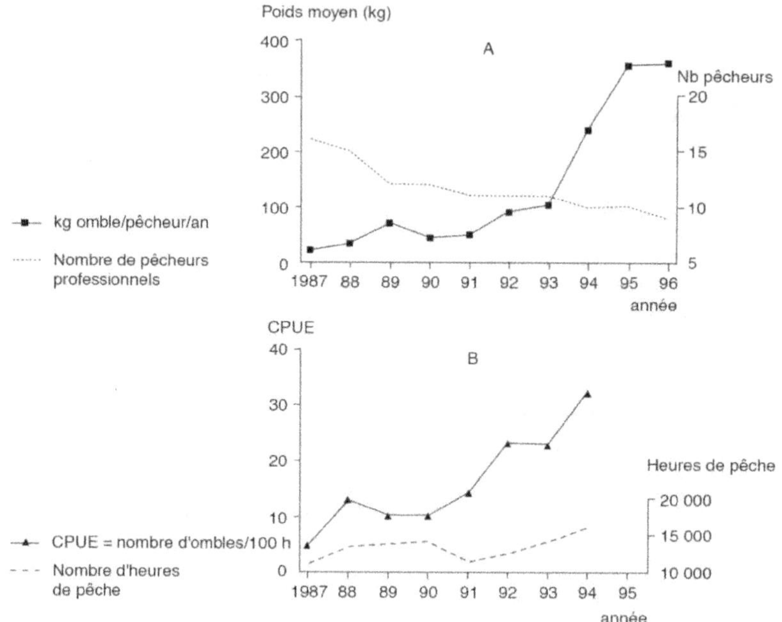

Figure 14.10 : Evolution des captures d'ombles chevaliers dans le lac du Bourget.
(A) : Poids moyen annuel d'ombles chevaliers capturés par un pêcheur professionnel.
(B) : Nombre moyen annuel d'ombles chevaliers capturés par 100 heures de pêche
amateur à la traîne.

Les campagnes de marquage de 1985 et 1990 ont montré que, comme au
Léman, le stade dominant dans les captures d'une cohorte était le stade 3^+. Il y a
une corrélation positive significative (p<0,01) entre le nombre d'estivaux relâchés
l'année N et avec, trois ans plus tard : les captures pondérales totales (1987-1994,
r=0,94), les captures pondérales par pêcheur professionnel (1987-1996 ; r=0,95),
le nombre d'ombles capturés /100 h de pêche à la traîne (1987-1994 ; r=0,87),
le nombre d'ombles capturés /sortie de pêche à la traîne (1987-1994 ; r=0,89).

Captures de géniteurs

Des pêches de reproducteurs ont été réalisées à partir de 1988 sur les principales omblières historiquement connues au Bourget avec des filets maillants
monofilament (40-50 mm). Pour les années 1990-1991, avec des filets de même
maillage et pour chacun des deux sexes, la structure de taille était beaucoup plus
étalée au Bourget et le pourcentage d'individus de grande taille ($\geq$ 50 cm) ainsi
que le rapport $4^+/3^+$ significativement plus élevés au Bourget qu'au Léman. Dans
les années plus récentes, avec l'apparition de cohortes plus abondantes, il y a eu
un rajeunissement des géniteurs capturés et leur structure de taille s'est rappro-
chée de celle des géniteurs capturés au Léman (Champigneulle *et al.*, 1995 ;

Jourdan, 1995). Alors que la taille moyenne des géniteurs 2^+ et 3^+ capturés a peu varié, celle des géniteurs 4^+ a baissé.

Discussion - conclusion

L'étude a montré la bonne efficacité du pacage lacustre d'ombles réalisé avec des estivaux originaires des deux lacs. Des captures par pêche professionnelle de 3-4 t/an ont déjà été réalisées lors de plusieurs années pendant la première moitié du siècle (fig. 14.7.B). Un niveau de captures soutenues à 6-8 t/an a été fixé comme objectif de gestion. Sur cette base et en prenant en compte les données de recaptures déjà observées, un niveau de déversement de l'ordre de 150000 estivaux par an (35/ha) a été préconisé dans le plan de gestion du lac. Pour ajuster la gestion, il importerait de vérifier, si, du fait de la taille minimale de capture fixée à 30 cm et de l'abondance de la population, il n'existe pas une fraction croissante de la population qui n'atteint pas ou que très tardivement la taille d'exploitation, en relation avec le développement d'une plus faible croissance. Rubin et Buttiker (1987) ont montré que la croissance des ombles chevaliers (origine Léman) réintroduits dans le lac de Neuchâtel tendait à diminuer entre la première cohorte introduite et les suivantes. Les auteurs attribuent ce phénomène à un accroissement de la densité en ombles. Dans le lac de Walenstadt (2410 ha), un lac à ombles très renommé en Suisse, Ruhle (1989) suggère que la diminution des captures (passant de 1,7 à 0,7 kg/ha) et de la croissance (-15 %) de l'omble serait due à la réoligotrophisation du lac. Ces exemples montrent bien que la gestion et l'exploitation (taille, captures) doivent être bien adaptées à chaque situation et qu'il est utile d'avoir des indicateurs de l'évolution de la croissance et de l'abondance des stocks.

Autres plans d'eau

L'enquête réalisée par Machino (1991) porte sur 638 lacs couvrant l'ensemble des zones montagneuses françaises. Parmi ces lacs, 131 contiendraient de l'omble chevalier qui s'y serait acclimaté après son introduction. D'après cette étude, les implantations semblent avoir réussi surtout dans deux grands types de milieux :

- des lacs profonds (P maxi > 30 m), froids et bien oxygénés en profondeur, le lac d'Annecy par exemple. Sur ce lac de 2700 ha les captures d'ombles chevaliers ont par ailleurs, en relation avec la pratique de pacage lacustre, atteint récemment des tonnages importants de 5-10 tonnes (2-4 kg/ha). Notons également l'implantation de l'omble dans certains barrages-réservoirs (ex. : Mt Cenis, Vouglans, Serre-Ponçon) ;

- des lacs peu profonds (P < 30 m) mais majoritairement situés en altitude (1200 à 2500 m avec une prise en glace pas trop forte) et non pas à moyenne et basse altitude où les lacs sont trop chauds en été.

L'étude menée sur le pacage lacustre d'ombles dans le lac savoyard d'Aiguebelette (500 ha) a permis d'évaluer l'influence de la taille au relâcher sur les captures par pêche amateur. Les ombles déversés marqués sont des juvéniles 0^+ de l'été produits en pisciculture. Les œufs proviennent d'un stock de géniteurs domestiqués constitué à partir de géniteurs capturés sur les omblières du Léman. Deux lots différant par la taille moyenne (lot 1 : 9 cm ; lot 2 : 12 cm) ont été lâchés simultanément le 27/11/1987 (tabl. 14.2). Les deux lots ont été obtenus par tri selon la taille d'un même lot initial. Les ombles ont été marqués selon leur taille par l'ablation de l'une ou l'autre nageoire pectorale.

Au stade 2^+ les deux lots d'ombles sont entrés dans la pêcherie et la contribution relative du lot 2 est 10 fois plus élevée que celle du lot 1. Au stade 3^+, la contribution relative du lot 2 reste 1,9 fois supérieure à celle du lot 1. Sur l'ensemble de l'exploitation entre les stades 2^+ et 5^+ l'efficacité relative (en nombre) du lot 2 par rapport au lot 1 a été 2,5 fois supérieure pour le lot 2. Pour chacun des stades 3^+ à 5^+, la taille moyenne des captures issues du lot 2 reste supérieure de 2 à 6 cm à celle du lot 1. Cependant pour chacun des lots, la taille moyenne annuelle des ombles marqués capturés reste faible et varie peu dans la période 1990-1992 : entre 304 et 329 mm pour le lot 1 et entre 321 et 366 mm pour le lot 2 (tabl. 14.2).

Les campagnes de marquage-contrôle des captures menées à Aiguebelette avec des post-estivaux (9-12 cm) confirment la bonne efficacité du pacage lacustre d'ombles déjà mise en évidence au Léman et au Bourget avec des estivaux (< 9 cm). La croissance apparaît cependant faible comparée au Léman et surtout aux ombles de même origine conservés en pisciculture. Il semble y avoir une stagnation de la croissance à partir du stade 3^+. Il est possible que les relâchers d'ombles de plus grande taille âgés de 9 mois à un an permettent d'assurer rapidement des captures dans les lacs dont la superficie plus petite est susceptible d'accroître l'impact de prédateurs comme la perche. Des relâchers d'ombles chevaliers de 1 an (origine : Léman-domestiqué) récemment pratiqués dans le lac de Laffrey, petit lac naturel de 130 ha situé en Isère à une altitude de 1000 m, confirment l'efficacité de ce mode de pacage en petit lac (Gillet, commun. pers.).

Tableau 14.2 : Caractéristiques et contribution relative dans la pêche amateur de deux lots d'ombles chevaliers (origine: Léman domestiquée) déversés dans le lac d'Aiguebelette (500 ha) en novembre 1997.
(Lot 1) : 2780 ind. de taille moyenne 89 mm ±11
(Lot 2) : 2210 ind. de taille moyenne 119 mm ±13

Lot n°	Année	Age	Longueur moyenne mm (E.T.)	Nombre de marqués	Efficacité relative Lot 2 / Lot 1
Lot 1	1989	2^+	274 (5)	5	
Lot 2	1989	2^+	299 (26)	41	10,4
Lot 1	1990	3^+	304 (21)	43	
Lot 2	1990	3^+	321 (26)	65	1,9
Lot 1	1991	4^+	329 (28)	25	
Lot 2	1991	4^+	356 (42)	38	1,9
Lot 1	1992	5^+	307 (46)	9	
Lot 2	1992	5^+	366 (42)	16	2,2
Lot 1	1989 à 1992	2^+-5^+		82	
Lot 2	1989 à 1992	2^+-5^+		160	2,5

Discussion générale

Facteurs d'efficacité du pacage de l'omble chevalier

Le programme régional a montré que l'omble chevalier est une très bonne espèce pour le pacage lacustre dans les lacs Léman et Bourget lorsqu'il est pratiqué avec des juvéniles nourris. Mis à part les travaux au Léman et au Bourget fournissant des taux de recapture évalués à 40-60 kg/1000 estivaux, il n'existe pas de données publiées sur l'efficacité des relâchers d'ombles au stade d'estivaux. Les taux de recapture obtenus avec des estivaux sont élevés et même voisins de ceux cités dans la littérature pour des ombles de 1 ou 2 ans (Grimas *et al.*, 1972 ; Laurent, 1972). Pour les lacs étudiés, les bons résultats obtenus peuvent être reliés à :

- l'utilisation de souches autochtones, le Léman abritant un important stock donneur qui a été protégé à temps des introductions. De plus, les juvéniles utilisés sont des produits de première génération issus de géniteurs capturés sur les omblières ;

- la suppression d'un des facteurs limitants majeurs actuels de la production naturelle qui, d'après les données de Rubin (1990) et de Rubin et Buttiker (1993), est la forte mortalité au cours de la phase d'incubation des œufs sur les omblières ;

- la phase en pisciculture évite un deuxième facteur limitant, celui des mortalités précoces au stade d'alevins, généralement importantes en milieu naturel. La taille relativement grande (4-10 cm) au moment du relâcher limite probablement également l'influence des prédateurs ;

- le pacage a été pratiqué dans des lacs où il était possible de récolter des œufs sur des géniteurs sauvages, ce qui est un cas favorable sur les plans génétique et économique ;

- un comportement post-relâcher (lucifuge, sténotherme) qui permet aux juvéniles d'ombles (plus que ceux de truites et de corégones) de rapidement échapper aux prédateurs de surface (perches, sandres, brochets, truites) en plongeant immédiatement au moment du relâcher estival. Une étude récente (Elrod, 1997) indique que des juvéniles de *Salvelinus namaycush* relâchés en lac pouvaient atteindre plusieurs dizaines de mètres de profondeur en quelques minutes. Les mortalités dans cette phase critique sont probablement également limitées par l'étalement des relâchers dans l'espace (sur tout le pourtour lacustre) et dans le temps (plusieurs semaines) ;

- l'habitat profond des juvéniles minimise les probabilités de rencontre avec les prédateurs hormis la lotte et l'omble lui-même. L'omble chevalier est une espèce capable de mieux utiliser que la truite le zooplancton et le benthos profond ;

- le grand volume des lacs et l'abondance de zooplancton, de benthos et de poissons proies (juvéniles de perches et de gardons) liée à l'état mésoeutrophe fournissent une forte capacité d'accueil pour l'omble en croissance ;

- les techniques de production des juvéniles sont bien maîtrisées, ce qui permet des productions importantes et de qualité à faible coût. Cet aspect joint aux bons taux de recapture des préestivaux génère des rapports recaptures/coût largement positifs ;

- une partie des ombles issus du pacage va jusqu'au stade de géniteurs présents sur les omblières et peut donc contribuer à augmenter le recrutement naturel (si l'état du plan d'eau permet le développement des œufs et si l'on n'est pas en situation de mortalité densité-dépendante).

L'existence d'une exploitation mixte complémentaire par pêche sportive et professionnelle permet de bien valoriser la ressource générée par les relâchers. La bonne valeur halieutique (prises désormais réalisables au cours de toute la saison de pêche de loisir et restant bonne chaque année) et gustative ainsi qu'un prix de vente intéressant et une bonne valorisation après vente sont autant d'atouts supplémentaires pour le pacage lacustre de l'ombre chevalier. Un rôle déterminant du pacage est qu'il permet, dans le cas du Léman et du Bourget, un maintien des captures à un niveau élevé sur une large partie de la saison de pêche, ce qui est un bon atout pour développer un tourisme-pêche.

Extension du pacage lacustre d'ombre

Il existe probablement, sous réserve d'une exploitation et d'une gestion piscicole bien adaptées, un potentiel de pacage lacustre d'ombles à développer dans d'autres plans d'eau froids, profonds et/ou suffisamment oxygénés, y compris les barrages-réservoirs.

Le pacage ne se justifie que si le recrutement en juvéniles est un facteur limitant majeur. Dans le cas par exemple de petits lacs d'altitude, si le recrutement en juvéniles n'est pas le facteur limitant, il est tout à fait déconseillé de pratiquer des déversements surdensitaires en juvéniles.

Dans les lacs français, la pratique du pacage lacustre d'ombles reste encore limitée du fait de la faible disponibilité en œufs ou en juvéniles et elle fait parfois appel à des œufs importés de Scandinavie. Les travaux menés à la Station INRA de Thonon par Gillet (1991) et Gillet et Breton (1993) montrent qu'il est possible, en partant de géniteurs sauvages autochtones, de boucler le cycle d'élevage en pisciculture et d'avoir ainsi une production d'œufs qui peut être étalée sur plusieurs mois grâce à la maîtrise de la température et de la photopériode pour les géniteurs. Il est probable que ces techniques permettront dans un proche avenir une extension du pacage lacustre.

Exploitation

Le repeuplement et le taux d'exploitation doivent être adaptés pour optimiser le rapport recaptures/coût, minimiser la prédation intraspécifique, la mortalité densité-dépendante et les effets négatifs possibles sur d'autres espèces, pour éviter les problèmes pathologiques et de nanisme qui peuvent être favorisés par la surpopulation ou la sous-exploitation.

L'omble chevalier est une espèce qui développe du nanisme en cas de sur-abondance vis-à-vis des ressources spatiales et trophiques. La sous-exploitation ou la mauvaise exploitation peuvent être des facteurs aggravant le nanisme. Des pêches intensives dans des lacs norvégiens de 160 à 1420 ha où l'omble faisait du nanisme ont permis de très significativement accroître la croissance des survivants (Langeland, 1986 ; Amundsen *et al.*, 1993). Une grande attention doit donc être portée aux indices d'abondance et aux aspects taille, croissance, structure d'âge.

Par ailleurs, l'omble est une espèce susceptible de présenter des écotypes colo-nisant différentes niches trophiques et pouvant présenter une grande variabilité de croissance. Pour comprendre la dynamique et bien gérer les stocks d'ombles il est indispensable d'étudier et de comparer (âge, sexe, croissance, répartition spa-tio-temporelle, utilisation des ressources trophiques) les diverses composantes : les reproducteurs, la fraction exploitée et la fraction non-exploitée.

Distribution spatio-temporelle

Au Léman comme au Bourget (Jourdan, 1995), dans les situations récentes avec des stocks pêchables élevés, on observe occasionnellement des modifications dans la dis-tribution verticale des ombles avec, au cours de la saison de pêche, un nombre plus important d'ombles capturés plus en surface (10 à 30 m), la plupart de ces derniers ayant adopté un régime piscivore (principalement jeunes perches mais aussi gardons). Ce phénomène pourrait être lié aux fluctuations interannuelles d'abondance de pois-sons proies et à la forte densité en ombles. Un risque est que la vie dans la partie haute de la gamme de tolérance thermique de l'omble puisse favoriser le développement de maladies bactériennes qui ont été détectées chez un faible pourcentage des captures sans toutefois exploser. Il est donc important de ne pas sous-exploiter les stocks d'ombles.

Un autre risque est l'existence d'un trop grand chevauchement avec l'habitat et les ressources trophiques de la truite de lac dans la zone pélagique. Les deux espèces peuvent, en accord avec L'Abbee-Lund *et al.* (1992), être piscivores dans ce type d'habitat. La force de l'interaction pourrait varier en fonction des fluc-tuations interannuelles de poissons proies.

En raison de conditions initiales de milieu (température, lumière, hauteur d'eau, courant, alimentation...) totalement différentes, il est possible que la répartition spa-tiale des juvéniles déversés diffère partiellement de celle des juvéniles issus de la repro-duction naturelle sur les omblières profondes du Léman. Par contre les études au Léman et au Bourget ont montré que les deux composantes du recrutement se retrou-vent sur les mêmes omblières. De ce fait, le pacage lacustre contribue probablement à limiter les éventuels isolements reproducteurs ayant existé dans les lacs étudiés.

Relations interspécifiques

Les principales relations inter- et intraspécifiques entre les espèces piscicoles présentes dans les lacs froids européens notées dans la littérature ont été réperto-riées par Champigneulle (1985), Nilsson (1963), Grimas *et al.*, (1972), Svardson

(1976), Nilsson et Pejler (1976) signalent, dans le cas de plusieurs lacs suédois, une dominance du corégone sur l'omble chevalier, les corégones étant davantage capables d'utiliser les petits organismes planctoniques. Cependant en grand lac, la présence de poissons proies pour l'omble permettrait de diminuer la compétition entre ombles et corégones (Svardson, 1976). Au Léman il y a eu dans la fin des années 1980 et au cours des années 1990 un accroissement simultané des captures de corégones et d'ombles, contrairement à ce qui est observé dans certains lacs scandinaves.

Les interactions ombles-truites fario ont été étudiées en Scandinavie où l'introduction d'ombles dans certains lacs typiques à truites a conduit à une diminution notable des populations et de la croissance de la truite (Nilsson, 1963 ; Svardson, 1976). Selon Nilsson (1963), la supériorité de l'omble en milieu pélagique serait attribuable au fait qu'il est plus grégaire et possède un spectre trophique plus large avec une plus grande aptitude à utiliser le zooplancton. L'omble chevalier a tendance à former des petits bancs. Selon Northcote (1995), un tel comportement facilite la recherche et l'exploitation des agrégats de ressources alimentaires. L'omble est capable de se nourrir plus efficacement que la truite à des luminosités et des températures plus faibles. Sous nos latitudes, les situations de sympatrie sont davantage susceptibles de se produire dans des lacs d'altitude peu profonds que dans les grands lacs subalpins où il existe une forte stratification thermique estivale. Par ailleurs la présence de poissons proies en abondance est un facteur susceptible de diminuer la force de l'interaction omble-truite et ce d'autant plus que, selon Svardson (1976), la truite commence à être piscivore plus tôt que l'omble. Selon L'Abbee-Lund *et al.* (1992) la taille moyenne des poissons proies est respectivement d'environ 33 % et 25 % de la taille de la truite et de l'omble chevalier. A taille égale, l'ouverture de la bouche de la truite est supérieure à celle de l'omble (Damsgard, 1995). Selon Damsgard (1995), la présence de truites piscivores peut permettre de limiter le nanisme de l'omble.

La lotte (*Lotta lotta*) peut être un prédateur important pour les œufs et les juvéniles de l'omble chevalier. D'après les données de Edsall et Kennedy (1993) et Peterson (1979), il y a un recoupement des habitats (profondeur et température) des deux espèces. L'exploitation des populations de lottes sous-exploitées reste donc une mesure complémentaire au pacage.

Réactualisation de la diagnose

Une étude génétique (Brunner *et al.* 1998) a porté sur les populations d'ombles chevaliers présentes dans les lacs des Alpes Centrales et Occidentales. Ces lacs appartiennent à trois bassins distincts : Rhône, Rhin et Danube. Les lacs échantillonnés pour le bassin du Rhône sont le Léman et le Bourget, pour lesquels des prélèvements ont été réalisés au moment des pêches de reproducteurs en 1994. L'étude montre une forte différentiation génétique selon les bassins géographiques auxquels appartiennent les lacs. La mesure d'arrêt immédiat des tentatives naissantes d'introduction d'ombles chevaliers d'origine non rhodanienne qui avait été prise en tout début du programme pacage lacustre a donc permis à temps de conserver l'originalité rhodanienne des populations même si l'introduction d'ombles chevaliers du Léman au Bourget a probablement conduit à la création d'une population rhodanienne synthétique dans le lac du Bourget.

La production naturelle d'ombles a régressé avec l'eutrophisation. La restauration du milieu par la lutte contre l'eutrophisation est donc bien la principale mesure de fond susceptible d'améliorer à long terme le recrutement naturel. Cependant, malgré l'amélioration de la qualité de l'eau, l'état actuel des lacs Léman et Bourget laisse encore subsister des facteurs limitants.

Si la forte mortalité des œufs sur les omblières a été mise en évidence (Rubin, 1990), on manque cependant de références sur cette même survie dans la situation antérieure à l'eutrophisation. L'évolution de la qualité du sédiment et de l'oxygénation à l'interface eau-sédiment sera probablement plus lente que celle de la qualité de la pleine eau. L'aménagement de frayères est une voie insuffisamment prospectée d'autant plus que la surface disponible des frayères de qualité pourrait être un autre facteur limitant du recrutement en juvéniles dans les lacs étudiés. L'inefficacité des relâchers au stade alevin vésiculé suggère cependant l'existence d'un autre goulot d'étranglement entre l'éclosion et le stade d'alevins de 3-9 cm. Si le faible taux de survie en incubation n'est pas le seul facteur limitant, l'aménagement d'omblières permettant le bon développement des œufs ne serait donc peut être pas suffisant à lui seul pour assurer un recrutement en juvéniles satisfaisant. Malheureusement, en raison des difficultés d'étude, on ne connaît presque rien sur l'habitat et les facteurs de mortalités au stade alevin vésiculé ou en début d'alimentation pour les juvéniles issus d'œufs pondus sur des omblières profondes.

L'efficacité du pacage doit être évaluée par rapport à des objectifs de gestion. Ces derniers peuvent être multiples et évoluer. Il importerait donc de les reformuler et de les hiérarchiser en prenant en compte les résultats acquis, l'évolution trophique des lacs, des stocks et des pêcheries. S'agit-il de s'orienter vers une poursuite d'un soutien des stocks ou progressivement vers la gestion d'une ressource naturellement renouvelable susceptible de fluctuer davantage ? Quelle que soit l'orientation prise, il serait utile de suivre l'évolution des contributions relatives du pacage et du recrutement naturel pour évaluer quand et comment il serait possible de baisser l'effort d'alevinage sans risquer un effondrement des stocks.

Pacage lacustre de corégone

Quelques éléments de biologie

Les Corégonidés sont une sous-famille de la famille des salmonidés. Ce sont des poissons essentiellement lacustres et zooplanctonophages. Certaines espèces ou formes peuvent être benthophages et très occasionnellement ichtyophages. Ils peuvent occuper des plans d'eau variés : lacs, barrages-réservoirs, ballastières et étangs froids. En France, ils sont essentiellement présents en Rhône-Alpes (dans les grands lacs subalpins : Léman, Annecy, Bourget, mais aussi dans des lacs plus petits : Aiguebelette, Nantua, Paladru, Laffrey, Issarlès...) et en Franche-Comté (lacs du Jura). En Europe occidentale trois espèces de corégones sont présentes dans la zone alpine dont deux autochtones (*Coregonus lavaretus* et *C. albula*) et une introduite (*C. peled*) qui peut s'hybrider avec *C. lavaretus* (Vuorinen, 1988). Les *C. peled* ont un nombre plus élevé de branchiospines que les *C. lavaretus*. L'introduction de *C. peled* dans les lacs à *C. lavaretus* a conduit à de nombreux problèmes et elle est déconseillée dans les lacs où préexiste une population de *C. lavaretus*. Des collaborations avec des généticiens en Finlande (Vuorinen *et al.*, 1986 ; Vuorinen, 1988) et au Québec (Bernatchez et Dodson, 1993) ont permis de montrer que l'espèce présente dans les lacs français est *Coregonus lavaretus*. Le corégone est autochtone dans les lacs Léman et Bourget mais il y a eu des introductions, principalement au milieu du siècle, notamment dans le Léman à partir de la palée de Neuchâtel. D'un ensemble d'échantillons de taille réduite (<50 ind./lac) collectés dans les lacs examinés (Bourget, Annecy, Issarlès, Léman, Saint-Point, Constance, Neuchâtel), la forme de corégones du Bourget apparaît être celle qui est la plus différenciée (Vuorinen *et al.*, 1986) d'après l'analyse des protéines enzymatiques.

Dans le programme qui a été mené sur le pacage lacustre des corégones au Léman et au Bourget, il a été décidé de n'utiliser pour les relâchers dans un lac donné que des juvéniles issus de géniteurs capturés sur ce même lac. Le pacage lacustre de corégones a été testé avec des finalités différentes selon les plans d'eau : soutien d'effectifs au Léman, conservation et réhabilitation d'un stock original autochtone au Bourget, création de stocks en ballastières. Le lac d'Annecy, oligotrophe, sert de lac de référence sans alevinage alors que sur le lac d'Aiguebelette on a testé l'efficacité du pacage lacustre de préestivaux sur l'amortissement des creux de cohortes.

Analyse bibliographique préalable

Dans beaucoup de pays les stocks de corégones ont été détruits, affaiblis ou rendus très fluctuants par la généralisation de l'eutrophisation qui a conduit en particulier à la diminution de l'efficacité de la reproduction naturelle avec des mortalités des œufs parfois totales au cours de l'incubation. L'accroissement de la production de zooplancton est par contre favorable à la croissance et permet de soutenir une bonne production.

Pour contrecarrer ce facteur de blocage, sur de nombreux lacs les gestionnaires ont développé la pratique de relâchers d'alevins vésiculés, dans la plupart des cas, à partir d'œufs collectés sur des géniteurs sauvages. D'après une analyse bibliographique (Champigneulle, 1985) l'efficacité de cette technique est généralement faible et surtout très variable selon les lacs, les années et les mises en charge pratiquées. Dans les petits lacs (<1000 ha), en relation avec la possibilité d'y pratiquer des relâchers massifs d'alevins vésiculés (plusieurs milliers/ha), les cas de succès avec cette pratique sont plus fréquents, en particulier quand le recrutement naturel est nul ou faible. Wolos *et al.*, (1993) indiquent par exemple que sur un ensemble de 35 lacs en Pologne avec peu ou sans recrutement naturel (surface totale de 7000 ha) il existe une bonne corrélation entre le nombre d'alevins vésiculés déversés et les captures. Dans certains petits lacs sans recrutement naturel, les recaptures peuvent atteindre 1 kg /1000 alevins vésiculés. Dans le cas des lacs de taille moyenne (plusieurs milliers) ou grande (plusieurs dizaines ou centaines de milliers d'hectares) l'utilité de cette pratique est controversée, particulièrement quand la reproduction naturelle y est encore en partie fonctionnelle. Dans les grands lacs américains elle s'est avérée totalement inopérante pour enrayer le déclin des stocks.

Les gestionnaires de certains lacs européens (notamment en Allemagne, Suisse et Pologne) ont beaucoup misé sur la technique consistant à retarder l'éclosion des larves par l'incubation en eau très froide (0,5-2°C). Cette pratique repose sur l'hypothèse (non vérifiée) d'une survie accrue de l'alevin vésiculé quand le relâcher est réalisé à une période plus proche ou au moment de la phase d'échauffement du lac et de démarrage de la production zooplanctonique. La technique de relâchers d'alevins vésiculés retardés par le froid comporte par ailleurs certains inconvénients (surcoût) et/ou incertitudes (pas de données comparatives avec les alevins vésiculés normaux, retard de développement comparativement au recrutement naturel, peu de réserves vitellines et donc moins de résistance au jeûne, qualité du zooplancton disponible). Klein (1988) a mis en évidence que les relâchers d'alevins retardés contribuaient fortement au recrutement en alevins au lac de Starnberg (5636 ha). Cependant le soutien des captures à un niveau élevé (16,6 kg/ha) dans ce lac est obtenu avec des relâchers très massifs de 12400 à 17700 alevins vésiculés retardés/ha, soit de 70 à 100 millions/an sur un lac qui est dix fois plus petit que le Léman. Sur le lac de Constance qui a une taille voisine de celle du Léman, les relâchers d'alevins vésiculés retardés se situent entre 150 et 500 millions/an depuis le milieu des années 1970. D'après les études d'Eckmann *et al.*, (1988) et Rojas Beltran (comm. pers.) ils contribueraient significativement à la force de certaines classes d'âge.

La controverse souvent non résolue liée à ce mode d'alevinage a conduit les chercheurs et les gestionnaires à tenter d'évaluer les possibilités d'accroître l'efficacité de l'alevinage par un prégrossissement des alevins plutôt que par une simple augmentation numérique du nombre d'alevins vésiculés déversés. C'est ce qui a motivé le développement des recherches sur l'élevage des juvéniles. Une analyse bibliographique (Champigneulle, 1985), avec des références encore peu nombreuses et uniquement recueillies sur de petits lacs ayant pas ou très peu de recrutement naturel, indiquait par contre que le taux de survie et/ou de recapture était très fortement lié à la taille au relâcher. En petits lacs, les quelques chiffres de recaptures alors existants étaient de l'ordre de quelques individus pour 10000 ou pour 1000 alevins vésiculés relâchés. Par contre, les taux passaient à quelques pourcents pour des alevins nourris de quelques cm (préestivaux) déversés au printemps et pouvaient même atteindre une à plusieurs dizaines de pourcents pour des grands (> 10 cm) juvéniles libérés à l'automne. Les relâchers de 0^+ en automne sont surtout pratiqués en Finlande à partir de la capture de juvéniles produits en étangs non vidangeables ou en petits lacs alevinés. Lâchés en lacs plus grands, ces juvéniles (8 à 15 cm) conduisent à des recaptures de 50 à 200 kg/1000 juvéniles.

Cette analyse faite dans les années 1980 a conduit, dans le contexte du Léman et du Bourget, à des recherches sur la mise au point de techniques performantes de production de préestivaux et à l'étude de leur devenir en lac après marquage. Ce stade de relâcher a été privilégié parce que les conditions thermiques et trophiques sont alors favorables lorsque le pic de production zooplanctonique est bien installé au printemps.

Maîtrise de la production et du déversement des juvéniles

Obtention des œufs et des alevins vésiculés

Obtention des œufs

Les œufs utilisés pour les élevages de juvéniles de repeuplement sont obtenus au Léman et au Bourget par la capture de géniteurs en milieu naturel à l'aide de filets maillant monofilament posés à la tombée de la nuit et relevés le matin. Les ovules des femelles ovulées sont immédiatement prélevés et fécondés. Plusieurs précautions permettent d'améliorer le rendement en œufs des pêches au filet. Le maillage est choisi assez grand (40 mm au Bourget et 44 mm au Léman) pour limiter la capture de la classe d'âge des plus jeunes mâles, généralement plus précoces que les femelles. Des pêches d'essai limitées sont réalisées pour suivre l'évolution dans le temps et l'espace du pourcentage de femelles ovulées dans la population de géniteurs présents. La pose des filets est cantonnée aux sites précis où se déroule la phase finale de la reproduction naturelle.

D'autres pratiques permettent d'optimiser la récolte en œufs grâce à la capture de poissons vivants puis à leur stabulation et leur tri. Il s'agit de la pêche de nuit à la senne pratiquée en Allemagne (Champigneulle, 1983) et en Pologne et la capture de nuit à l'épuisette (Lac d'Aiguebelette, Podevin, commun. pers.) qui permettent des captures de géniteurs à ponte littorale. Au Canada les géniteurs sont capturés vivants à l'aide de trappes flottantes (Harris, 1992). La pêche des grands étangs froids de Bohème en novembre permet la capture de géniteurs qui sont ensuite stabulés en bassins jusqu'à la ponte. Par ailleurs, les travaux de Gillet (1991 b) montrent la possibilité de constituer des stocks de géniteurs en pisciculture sur aliment sec et précisent comment maîtriser et étaler leur reproduction.

La fécondation artificielle doit être réalisée le plus rapidement possible après la mort, car le pourcentage d'ovules fécondables diminue rapidement au-delà de 2 h après la mort (Steffens, comm. pers.). Les ovules récoltés doivent être protégés du gel. Les ovules mûrs sont brillants, transparents, bien séparés les uns des autres. Les ovules non totalement mûrs ne doivent pas être utilisés même s'ils peuvent être prélevés. Après la fécondation, les œufs doivent être rincés plusieurs fois avec de l'eau claire pour limiter les problèmes de collage. Les œufs peuvent être traités aux iodophores (100 ppm iode libre) 2 à 4 h après la fécondation (Champigneulle, données non publiées). Selon Eskeleinen et Forstman (1991) ce traitement réalisé 24 h après la fécondation cause une mortalité plus forte.

Incubation et éclosion

L'incubation se pratique généralement en bouteilles de Zoug alimentées avec un débit voisin de 0,5 à 1 l/mn/l de volume de la bouteille. Avant la mise en incubation, les œufs sont déversés dans une passoire pour enlever les écailles et le nombre d'œufs est évalué (volumétrie ou pesée). Le diamètre des œufs gonflés varie le plus généralement entre 2 et 2,5 mm pour C. *lavaretus*, ce qui représente de 70-140000 œufs égouttés/l. Les œufs peuvent être traités au tannin pour limiter les problèmes de collage.

La durée de l'incubation est fonction de la température et peut varier selon les formes entre 330 et 440°J (à 50 % d'éclosion). Les œufs de *C. lavaretus* peuvent être incubés à des températures de 0.5-9°C. L'incubation à des températures plus élevées n'est pas possible sur l'ensemble de l'incubation, la mortalité augmentant fortement à partir de 10°C. L'eau froide (0,5-2°C) peut être utilisée sur toute la période d'incubation (Numann, 1970) ou bien à partir du stade oeillé (Luczynski, 1989) pour retarder l'éclosion. Au cours de l'incubation, les œufs sont régulièrement traités au vert de malachite en bain coulant. Dans les écloseries canadiennes (Harris, 1992), les œufs sont traités au vert de malachite (bain de 30 mn à 5 mg/l) et au formol (bain de 20 mn avec une solution à 1/600). Les œufs au stade oeillé peuvent subir un traitement classique aux iodophores. Au stade oeillé les œufs sont siphonnés, les œufs vivants sont rapidement séparés des morts par flottaison dans une solution salée (concentration voisine de 120 g/l). Leur dénombrement à ce stade permet de fournir aisément une bonne estimation légèrement majorée (de quelques %) du nombre d'alevins à l'éclosion.

Il peut être utile d'élargir la période de disponibilité des alevins vésiculés pour optimiser la phase de déversement ou d'élevage. Lorsque les œufs sont issus de reproducteurs capturés en milieu naturel, on peut pêcher sur l'ensemble de la période de fraie et ensuite jouer sur la durée d'incubation grâce à la température (Luczynski, 1989). Lorsque l'on dispose d'un stock de géniteurs en élevage, il est possible d'obtenir des œufs tardifs par le maintien de géniteurs en jours longs (17h/j) en fin été et en automne (Gillet, 1991 ; Rojas Beltran et Gillet, 1995).

Production des juvéniles

Les corégones naissent à l'état de petites larves (9-12 mm) et ne développent un estomac fonctionnel qu'à un stade plus avancé de leur ontogenèse, après le gonflement de la vessie natatoire, lorsqu'ils ont dépassé la taille de 18-20 mm ; certains auteurs parlent de stade de la métamorphose. C'est cette première partie jusqu'au stade d'environ 50 mg, appelée phase larvaire, qui posait des problèmes spécifiques d'élevage avant la mise au point d'aliments secs spécifiques. Dans la suite du texte, deux principaux stades de juvéniles sont considérés : les alevins démarrés (1,5 à 2,5 cm) en fin d'hiver-début du printemps, des préestivaux (3 à 6 cm) en milieu de printemps-début été.

Deux techniques de production de juvéniles ont été testées et améliorées : bassins avec apport d'aliment sec, cages éclairées. Les techniques de production de préestivaux en étangs ou en bassin avec du zooplancton ont été plus sommairement testées (Champigneulle *et al.*, 1986 a). Des synthèses détaillées des techniques de production de corégones pour le repeuplement, en bac sur aliment sec (Champigneulle *et al.*, 1994 a et b) et en cages éclairées (Champigneulle et Rojas Beltran, 1996) ayant été récemment publiées, seuls les éléments principaux sont indiqués ci-dessous.

Production en bassins avec aliment sec

Suite à des recherches menées en particulier par l'INRA (St Pée-sur Nivelle et Thonon), l'élevage de corégones en bacs avec un nourrissage exclusivement sur aliment sec est devenu une réalité au cours de la dernière décennie (Champigneulle *et al.*, 1994 b). Les techniques ont été transférées et adaptées au changement d'échelle (pisciculture de Rives) grâce à la conception (Champigneulle et Michoud, 1989) d'un modèle de bac de 1000 l cylindro-conique et à l'utilisation d'aliments secs larvaires commerciaux. Le bac cylindro-conique (diam. : 1,5 m) à grande grille centrale (diam.: 0,5 m) a une hydraulique qui est bien adaptée à l'élevage de larves pélagiques, il est bien auto-nettoyant et la présence d'un couvercle permet d'optimiser l'éclairement (nécessité de 200-300 lux au moins). Dans le cas de la pisciculture de Rives, il est polyvalent et permet de réaliser successivement la production d'alevins démarrés ou de préestivaux de corégones puis celle d'estivaux d'ombles. Les coûts de production sont par ailleurs minimisés par la pratique de fortes densités (200 à 400/l), et l'utilisation d'aliments larvaires de démarrage commerciaux, produits à coût acceptable (50-200 F/kg) et fournissant des juvéniles normalement conformés (Champigneulle *et al.*, 1994 a). Selon les résultats de Rojas Beltran *et al.*, (1995 a), la pratique de fortes (200-400/l) mises en charges initiales n'a pas d'effet négatif apparent sur la qualité des alevins démarrés avec les aliments secs larvaires testés. Par ailleurs, un grand atout en faveur de la technique est la possibilité de réussir (bonne survie) un démarrage sur une gamme très large de températures (5-20°C) bien que la croissance soit meilleure à des températures de 10 à 20°C. L'allongement de la durée d'alimentation permet d'améliorer la survie et la croissance (Champigneulle *et al.*, 1994 b). Le démarrage est donc possible à des périodes et sur des sites très variés. Les alevins démarrés 35 jours sur aliment sec parviennent, dès la première mise en contact, à capturer du zooplancton vivant. Après 1 seule heure de contact avec le zooplancton ils ont déjà consommé 60 à 70 % de la quantité de zooplancton consommée par des alevins démarrés de même taille nourris au zooplancton dès le début de l'élevage.

Production en cages éclairées

La technique, développée à l'origine en Pologne, consiste à placer des larves dans des poches (maillage de 0,8-0,9 mm) équipées d'un système d'éclairage nocturne permettant d'attirer le zooplancton qui sert d'aliment aux larves. Il est recommandé (Champigneulle et Rojas Beltran, 1996) d'utiliser successivement plusieurs maillages (0,7-0,9 mm ; 1,3-1,8 mm, 3-5 mm) au fur et à mesure de la croissance des juvéniles. En France la technique a été pratiquée sur quatre lacs (Léman, Bourget, Aiguebelette et Laffrey) pour la production de préestivaux (3-6 cm). Champigneulle *et al.*, (1986) ont montré, pour le site de la baie de Thonon au Léman en 1983, que la survie à 50 jours diminuait de 36 à 25 et à 11 % quand la mise en charge passait de 4,3 à 8,6 et 17,2/l. La température de l'eau s'est avérée être le facteur majeur contrôlant la croissance initiale (10 premières semaines d'élevage) des larves ainsi que le gain moyen journalier de biomasse par cage entre la mise en charge et la récolte (Champigneulle et Rojas Beltran, 1990). Les résultats (survie, croissance, gain net journalier de biomasse) ont été très fluctuants et en moyenne faibles avec une mise en charge précoce (mi-février à début mars). Ils ont été améliorés par une mise en charge des alevins vésiculés plus tardive, de la mi-mars au début avril. Au Bourget, un radeau de 6 cages cubiques de 2 m de côté a produit annuellement 100 à 250000 préestivaux au cours de la période 1990-1997 et la récolte maximale par une cage a atteint 40000 préestivaux. La technique de mise en charge d'alevins démarrés de quelques semaines produits sur aliment sec a été utilisée avec succès en France dans les cages du lac du Bourget (Champigneulle et Rojas Beltran, 1996). Des mises en charge en mars-début avril avec 4,4 à 8,8 alevins démarrés de 14-20 mm ont permis d'obtenir, avec une survie de 40 à 56 %, des préestivaux de 4-6 cm en fin mai. La densité et la biomasse finales sont élevées (2,3-5,3 ind./l ; 1,4-3,2 kg/m^3). Cette dernière technique permet de mieux optimiser le potentiel de production des cages. Elle permet de choisir une période de mise en charge plus tardive dans des conditions plus favorables (température et densité en zooplancton plus élevées) avec un stade de juvénile moins sélectif vis-à-vis de la taille et du type de zooplancton. Par ailleurs, la mise en charge peut être directement pratiquée dans des poches à maillage plus grand.

Production en étangs

Des essais de production ont été pratiqués dans le Morvan en 1982-1983 avec des larves de corégones du Léman dans des petits étangs expérimentaux (S : 220-280 m^2 ; Prof. : 0,2 à 1 m) ayant subi une fertilisation minérale et organique (Champigneulle *et al.*, 1986). Ces étangs, mis en charge en mars (5-6 alevins vésiculés /m^2) et vidangés en mai après 10-11 semaines, ont fourni des résultats très variables selon les étangs et l'année ; survie : 0-70 % (moy. : 20 %), densité finale : 0 - 41500/ha, biomasse finale : 0-40 kg/ha (moy. : 12 kg/ha), taille moyenne à la récolte: 35-90 mm (0,3-4,0 g).

Transport et déversement des juvéniles

Le transport et le déversement sont des phases clefs lors des opérations de pacage lacustre dans la mesure où elles peuvent être, dans certaines conditions, la source d'importantes mortalités, visibles au moment des opérations ou bien différées. Les juvéniles de corégones sont très fragiles aux manipulations, particulièrement au cours de certaines phases telles celle du remplissage de la vessie natatoire au stade larvaire ou à partir du moment où les écailles sont formées.

Des expériences (Champigneulle *et al.,* 1994 a) montrent que, lorsqu'ils sont en bonnes conditions (sanitaire notamment), les juvéniles de corégones mis en sac polyéthylène contenant de l'eau puis gonflés à l'oxygène peuvent subir sans mortalité notable un transport de 2-3 h à 7-10°C au stade d'alevins vésiculés (2000 à 3000/l), d'alevins démarrés (500-1000/l) et de préestivaux (200-300/l). Il est recommandé de ne pas transporter ou déverser des alevins lorsque des mortalités anormalement élevées sont observées en élevage. Il est préconisé de ne pas mélanger des juvéniles à des stades différents et de faire l'obscurité sur les unités de transport pour limiter l'activité et les attaques intra-spécifiques des poissons au cours du transport. Le comptage des larves peut être réalisé de façon non traumatisante en évaluant la densité (nombre d'individus par litre) de larves concentrées dans un volume d'eau restreint et connu.

Il n'y a eu pratiquement aucune recherche sur l'optimisation des conditions de déversement alors qu'une part importante du résultat final se joue probablement au moment même ou dans la période des quelques jours ou semaines suivant le relâcher. Dans les élevages canadiens d'estivaux ou de juvéniles de corégones de 1 an réalisés en bassins sur aliment sec, les poissons sont placés en éclairage permanent, mais environ un mois avant leur déversement, ils sont replacés en photopériode naturelle de manière à préparer leur relâcher en milieu naturel (Harris, 1992). Il peut être préconisé de préparer les alevins à leur retour à une alimentation naturelle en leur distribuant du zooplancton dans les quelques jours précédant leur relâcher. Lorsque c'est possible, on peut envisager, dans le cas de relâchers d'alevins nourris sur aliment sec, de réaliser une stabulation préalable *in situ* par exemple en cages avec attraction de zooplancton avant de pratiquer le relâcher final. Cette technique constitue par ailleurs un moyen d'appréciation des mortalités (hors prédation) pouvant immédiatement suivre les phases transport-déversement et qui peuvent être très importantes (Jurvelinus *et al.,* 1995). Il est important d'éviter les chocs thermiques. En effet, Yocom et Edsall (1974) ont mis en évidence que des alevins de 140 mg de *C. clupeaformis* soumis à un choc thermique sont plus vulnérables à la prédation par des perches (*Perca flavescens*) de 12 g comparativement à des alevins acclimatés. Lorsque des juvéniles sont libérés à partir de cages éclairées, il est conseillé de ne pas les relâcher trop près des cages et de ne pas laisser en fonctionnement l'éclairage durant la ou les nuits qui suivent car les juvéniles peuvent avoir tendance à revenir se grouper autour des cages et sont alors très vulnérables à la prédation. En Pologne (Mamcarz, commun. pers.) les relâchers sont parfois pratiqués de nuit afin de limiter les problèmes de prédation immédiate post-déversement. On peut recommander de disperser le plus possible les alevins sur le plan d'eau en évitant les zones à prédateurs potentiels (perches, sandres, brochets, truites...).

Pacage lacustre et gestion du corégone au Léman

Eléments de diagnose

Au milieu du XXe siècle les captures de corégones ont atteint 150-200 t/an (2,6-3,4 kg/ha), puis elles ont ensuite baissé atteignant un niveau bas compris entre 30 et 50 t/an pendant 7 années consécutives de 1981 à 1987. Elles ont ensuite notablement augmenté variant entre 63 et 231 t/an dans la période 1988-1997. Depuis six années consécutives (1994-1997) les captures annuelles avoisinent 200 t, ce qui n'avait jamais été observé dans la pêcherie. La croissance actuelle du corégone est forte au Léman. La population est jeune car les individus âgés de 5 ans ou plus sont rares et l'essentiel des captures est réalisé au stade 2[+]. Le cas du Léman représente une situation où l'évaluation des possibilités du pacage comme outil de gestion est difficile en relation avec la grande taille du lac et avec le fait qu'il existe un recrutement naturel. L'effort de repeuplement à faire pour avoir un effet significatif est important. L'analyse de la contribution globale du pacage dans l'accroissement récent des captures est rendue difficile par la diversification des stades de relâcher et par la réoligotrophisation du lac. Dans cette situation l'effort principal de recherche a été focalisé sur l'étude de la dynamique de la population (Caranhac et Gerdeaux, 1998).

Une étude réalisée en 1983 (Gillet, données non publiées) a montré qu'à cette époque la prédation des œufs par la lotte *(Lotta lotta)* pouvait constituer un important facteur de mortalité. Une meilleure exploitation des prédateurs potentiels sous-exploités comme la lotte a donc alors été préconisée comme mesure complémentaire de gestion susceptible d'améliorer l'efficacité de la reproduction naturelle. Il était généralement reconnu d'après l'examen de la bibliographie (Champigneulle, 1985) que de fortes populations de perches sont susceptibles de faire fortement régresser les corégones dans les petits plans d'eau, mais l'effet apparaît moins évident dans les grands plans d'eau comme le Léman (Gerdeaux et Dewaele, 1986) où la perche est fortement exploitée. Néanmoins il est possible que les phases de baisse de la population de perches icthyophages et les périodes d'abondance des alevins proies (gardons et perches) s'accompagnent d'un relâchement de la pression de prédation sur les juvéniles de corégones, favorisant leur expansion.

La forme de corégone actuellement présente au Léman se reproduit sur la beine du lac dans la période allant de décembre à tout début janvier. Selon Gillet (1991) la fécondité moyenne est de 45000 ± 900 ovules par kg de femelle. Des pêches de reproducteurs destinées à la récolte des œufs pour les écloseries sont réalisées en décembre. Ces pêches sont pratiquées avec des filets (4 à 4,5 m x 65 m ; maille de 45 mm) placés une nuit sur la beine perpendiculairement à la rive par des fonds de 5 à 25 m. Sur la rive française du Léman, elles ont été standardisées depuis 1982 et l'on dispose de l'effort de pêche ce qui permet d'avoir un indice d'abondance des géniteurs. Ces pêches exceptionnelles semblent être actuellement un bon outil de prévision à court terme des captures puisqu'il y a une bonne corrélation entre les CPUE (nombre de mâles/100 m²/pose de filet standard) de géniteurs en décembre et les captures (en tonnes) de l'année suivante. La quantification des CPUE par sexe pour les différentes classes d'âge est un bon outil de quantification des variations de l'abondance des cohortes et de l'intensité de fraie.

Depuis le milieu du siècle le nombre d'alevins annuellement relâchés a été très fluctuant, variant entre 2,5 et 50,5 millions. Une analyse du bilan des pêches de reproducteurs au Léman en décembre 1982 (Champigneulle *et al.* 1983) a montré que, pour les œufs potentiels détournés de la reproduction naturelle, le bilan théorique du passage par l'écloserie jusqu'au stade d'alevins vésiculés était alors favorable si le taux de survie *in situ* était inférieur à 25 %. On ne connaît pas l'ordre de grandeur du pourcentage d'alevins vésiculés issus du pacage et du recrutement naturel. Cette connaissance nécessiterait l'évaluation de l'ordre de grandeur du nombre d'œufs déposés et du taux de survie en incubation *in situ*. Si en lac eutrophe le taux de survie des œufs est généralement nul ou extrêmement faible, par contre des taux de survie très variables (0 à 80 %) sont observés en lacs méso-eutrophes (Muller, 1992). Dans cette dernière étude, la valeur observée au Léman en 1990 était située dans la partie haute de cette gamme mais il s'agissait d'un taux évalué à partir d'un échantillon d'œufs unique de seulement 300 œufs et sans prendre en compte les mortalités par prédation. L'amélioration de la qualité des eaux reste une des principales mesures susceptibles d'améliorer notablement à long terme le taux de survie des œufs en incubation naturelle, mais cette dernière est également fortement dépendante de la qualité du sédiment (Muller, 1992).

Au moment de la diagnose initiale, l'étude menée par Gerdeaux et Dewaele (1986) suggérait une influence forte de la climatologie (somme des degrés-jours >8°C lors de l'année de naissance) sur la force des cohortes. L'analyse des statistiques de captures et de relâchers au stade d'alevins vésiculés, ne permettait pas d'écarter l'hypothèse d'une contribution de l'alevinage dans la période 1957-1980, mais l'effet de l'alevinage n'était pas détectable pour les cohortes où moins de 10 millions d'alevins étaient déversés. Depuis la première diagnose, le recueil des données a été poursuivi et leur analyse a montré une relation stock-recrutement en dôme (Caranhac et Gerdeaux, 1998). L'effet de l'alevinage en vésiculés n'apparaît pas dans cette série de données plus longue. L'analyse des statistiques de déversement et de pêche ne permet pas encore de conclure sur la contribution des relâchers en alevins nourris sur aliment sec. Les résultats de campagnes de marquage de préestivaux pratiquées au Léman (paragraphe suivant) suggèrent que les préestivaux peuvent apporter un soutien perceptible à la pêche et constituer une sécurité en cas d'un creux du recrutement naturel.

Repeuplement en préestivaux

Les mesures d'efficacité du pacage par marquage ont uniquement porté sur le suivi de quelques relâchers expérimentaux de préestivaux (tabl. 14.3). Durant trois années consécutives (1983-1984-1985) la majeure partie (72 à 100 %) des productions expérimentales (24100 à 70500 par an) de préestivaux (taille moyenne de 30 à 45 mm) produits en cages éclairées immergées dans le Léman a été marquée avant leur relâcher (24 à 36 h après marquage) au Léman dans la baie de Thonon en juin. Le marquage a été réalisé selon la méthode de cautérisation de l'adipeuse (Champigneulle et Escomel, 1984).

Le suivi des pêches de géniteurs de 1985 à 1988 a permis de contrôler 6894 reproducteurs issus des cohortes 1983-1984-1985. Pour la classe d'âge 2^+, la plus abondante, la contribution des relâchers expérimentaux a été évaluée à 3,5 %, 1,6 % et 3,0 % respectivement pour les trois cohortes 1983-1984 et 1985. Pour l'ensemble de l'exploitation des cohortes 1983, 1984, 1985 la contribution des marqués a été évaluée à respectivement 2,8 %, 1,2 % et 2,6 %, ce qui est important compte tenu de la petite taille des lots marqués (tabl. 14.3). La connaissance supplémentaire des captures par classe d'âge au cours de la saison de pêche a permis d'estimer les recaptures. Le pourcentage de recapture a été évalué selon les cohortes entre 4,2 et 5,4 % (tabl. 14.3). Le taux de recaptures pondérales a été évalué à 22-27 kg/1000 petits préestivaux de 3-4,5 cm relâchés (Champigneulle et Gerdeaux, 1992).

Pour la cohorte 1985, le nombre de poissons marqués recapturés est suffisant pour permettre de comparer leur croissance à celle des géniteurs non marqués et donc issus soit du recrutement naturel, soit des relâchers d'alevins vésiculés. La longueur moyenne rétrocalculée à 1 an est significativement plus grande pour les non marqués que pour les marqués. Le retard initial (de 42 mm ; 27 %) noté à 1 an est progressivement rattrapé à 2 ans (différence de 26 mm ; 8 %) et au stade de géniteurs (différence de 19 mm ; 5 %). Le désavantage en taille est acquis au cours de la première année. L'hypothèse la plus probable est que ce retard initial est dû à un effet cumulé de l'adaptation au milieu naturel et à la plus petite taille au moment du relâcher des préestivaux élevés en cage au Léman comparativement à ceux issus du milieu naturel. Il apparaît donc souhaitable d'adopter un mode de production et une période d'alevinage permettant de relâcher des juvéniles ayant, au moment de leur libération, au minimum la taille de ceux issus du recrutement naturel.

Tableau **14.3** : Pacage lacustre de corégones avec des préestivaux produits en cage au Léman : taux de recaptures.

Cohorte	Nombre de préestivaux marqués	Longueur moyenne (mm)	Nombre de captures contrôlées	% marqués (I.C. 95%)	% recapturés (I.C. 95%)	kg recapturés pour 1000 préestivaux
1983	26000	46	1041	2,8 (1,0)	5,4 (1,9)	18<27<37
1984	17000	30	2506	1,2 (0,4)	4,4 (1,5)	15<23<26
1985	63000	35	3347	2,6 (0,5)	4,2 (0,9)	17<22<26

Discussion et implications pour la gestion

Les données de recapture ont été parmi les premières acquises au niveau international sur l'efficacité des relâchers de petits préestivaux (3 - 4 cm) dans un grand lac où préexistait une production naturelle de corégones. Les résultats enregistrés avec ce stade de relâcher au Léman sont d'autant plus encourageants qu'ils ont été obtenus lors d'années (1983 à 1985) où les stocks de prédateurs potentiels étaient importants (très forte cohorte 1982 pour la perche). Par ailleurs, il y a eu une stabilité interannuelle des taux de recapture.

Le programme pilote mené à la pisciculture de Rives a démontré la possibilité d'y produire en masse à grande échelle (plusieurs millions) des alevins de qualité, juste démarrés (15 mm), dont le coût reste limité (surcoût < 0,5 centime pièce comparativement au stade alevin vésiculé). La phase d'élevage en écloserie permet de réaliser avec une très bonne survie (>70 %) la phase des premières semaines postéclosion qui selon Viljanen (1988) est celle des plus fortes mortalités (>90 %) en milieu naturel. Les alevins démarrés peuvent être relâchés dans le milieu lorsque les conditions deviennent plus favorables en début de printemps et, contrairement aux alevins vésiculés retardés, ils n'ont pas de retard en taille (ils peuvent même être en avance) comparativement à ceux issus de la reproduction naturelle. Leur spectre alimentaire est plus large comparativement au stade alevin en fin de résorption. Ce mode de relâcher est donc théoriquement susceptible de donner avec un faible surcoût des résultats meilleurs et moins fluctuants que ceux obtenus avec des alevins vésiculés. Cependant, pour l'instant, il n'existe pas d'étude en grand lac sur l'efficacité des relâchers d'alevins nourris de moins de 2 cm. Une étude (Muller, 1990) suggère l'efficacité de ce mode d'alevinage sur un petit lac suisse (Hallwill : 1000 ha) puisqu'il existe au-delà d'un seuil de relâcher (400 000) une bonne corrélation entre le nombre d'alevins démarrés relâchés et l'abondance des cohortes. Selon Bninska (commun. pers.), le taux de recapture moyen serait de 3 kg/1000 alevins démarrés relâchés dans les petits lacs polonais eutrophes sans recrutement naturel. Les nouvelles techniques de marquage de corégones avec des fluorochromes aux stades précoces, en cours de mise au point (Rojas Beltran *et al.*, 1995a ; Cachera, 1997), peuvent permettre de comparer les efficacités relatives des relâchers aux stades alevins vésiculés, alevins démarrés (15-20 mm) et préestivaux (3-5 cm).

Pour le Léman, l'utilisation du pacage devrait être régulièrement réévaluée afin de prendre en compte les évolutions d'une part du recrutement naturel et artificiel et d'autre part de la pression de pêche et des captures qui se sont récemment fortement accrues.

Pacage et réhabilitation du lavaret au lac du Bourget

Diagnose et objectifs

Le lavaret du Bourget a une ponte plus littorale (premiers mètres de la beine) comme à Aiguebelette et à Annecy alors qu'elle est plus profonde au Léman.

Comparativement aux populations de corégones de ces lacs, la croissance est plus faible et la taille du corégone du Bourget dépasse très rarement 40 cm.

Pour les pêcheurs professionnels, la pêche du lavaret a constitué une grande richesse dans le milieu du siècle avec des captures annuelles atteignant près de 100 tonnes. Elles se sont ensuite effondrées, à partir de 1965, à seulement quelques centaines de kg/an (fig. 14.11B). Comme dans beaucoup d'autres lacs, la forte chute des captures a été observée durant la phase d'eutrophisation. Des travaux étrangers ont montré que l'eutrophisation perturbait le bon fonctionnement de la reproduction naturelle, provoquant de très fortes mortalités des œufs pondus sur le fond des lacs. Les valeurs actuelles de concentration de P-PO$_4$ sont situées entre 40 et 50 mg/m^3, ce qui est encore supérieur au seuil de 30 mg/m^3, limite supérieure permettant une incubation naturelle pleinement fonctionnelle d'après des études finlandaises (Valtonen, commun. pers.). Par ailleurs la qualité du sédiment intervient (Muller, 1992).

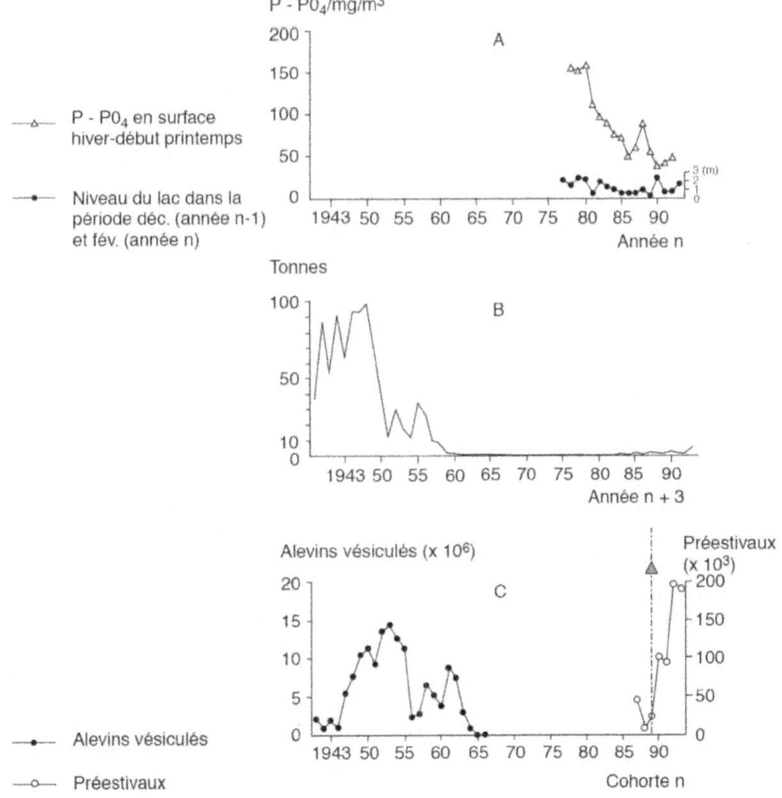

Figure 14.11 : Déclin et début de réhabilitation de la pêcherie de corégones au lac du Bourget. (A) : état trophique ; (B) : captures de corégones ; (C) : relâchers de juvéniles de corégones.

Des déversements d'alevins vésiculés ont été pratiqués dans la période 1943-1965 avec des quantités déversées allant jusqu'à 2 à 3000/ha/an. Cependant il n'y a pas de corrélation significative (r= 0,10, P>0,5) entre les déversements en alevins vésiculés l'année N (années 1943-1965) et les captures l'année N+3 (années 1946-1968). Les fluctuations dans les relâchers d'alevins vésiculés (année N) traduisent plutôt le niveau des captures de l'année précédente (année N-1). Parmi les hypothèses possibles expliquant la faible efficacité des relâchers pratiqués malgré leur importance quantitative, on peut indiquer qu'en raison des températures d'incubation élevées (eau de source à 10-11°C), les alevins vésiculés étaient relâchés trop précocement, dès le mois de janvier.

Conclusion de la diagnose et différentes étapes

Sur le lac du Bourget, il s'agissait de tester si le pacage lacustre pouvait aider à la conservation et à la réhabilitation du stock autochtone résiduel. L'option a été prise, malgré les difficultés d'obtention des œufs, de n'utiliser pour les productions de juvéniles que des œufs issus de géniteurs du Bourget, la forme résiduelle ayant été identifiée comme la plus différenciée comparativement à celles des lacs voisins (Vuorinen *et al.*, 1986). L'originalité potentielle de cette population réside également dans le fait qu'il s'agit d'une population autochtone située en extrême limite sud (latitude du Bourget : 45°44'N) de l'aire de répartition de l'espèce. Le lavaret du Bourget semble avoir une plus forte tolérance aux températures élevées pendant l'incubation, cet aspect restant à étudier plus finement. Dans le contexte des changements climatiques globaux, c'était une raison supplémentaire pour tenter de sauver cette forme de corégone. A ces aspects s'ajoutaient également des raisons socio-économiques : objectif de réhabilitation de la souche même qui a marqué l'histoire du lac (valeur de symbole), espèce à croissance moyenne capturée à des tailles (30-38 cm) facilitant la commercialisation. Par ailleurs, il y avait un objectif de réhabilitation d'une espèce surtout exploitable par pêche professionnelle et donc non génératrice de conflits avec la pêche amateur.

Production en juvéniles

Les productions de préestivaux ont été orientées selon deux voies :

- la production, de préestivaux en cages, motivée par les bons résultats obtenus au Léman avec ce type de juvéniles (Champigneulle et Gerdeaux, 1992). Les pêcheurs professionnels ont assuré la gestion technique des productions de juvéniles pratiquées dans un ensemble de 6 cages éclairées immergées soutenues par un radeau placé en baie de Grésine (fig. 14.2). La production totale du radeau en préestivaux (3-5 cm) est passée du niveau 95000/an en 1990-1991 au niveau 193000/an pour les années 1992-1993. Depuis elle varie entre 150 et 250000/an ;

- la plus petite taille du lac comparativement au Léman permettait aussi d'obtenir des données sur le devenir en milieu naturel de préestivaux produits sur aliment sec. Le premier lot expérimental produit sur un aliment sec expérimental, marqué et déversé en 1987, avait une relation taille-poids très différente (individus avec la portion terminale du corps raccourcie) de celle d'un lot témoin de préestivaux produits en cage sur zooplancton vivant. Suite à une stabilisation de la qualité de l'aliment, le lot élevé, marqué et déversé en début juin 1989, avait une conformation comparable à celle du lot témoin élevé en cage éclairée et uniquement nourri avec du zooplancton vivant. Cette meilleure conformation et la plus grande taille au déversement laissent supposer une meilleure «qualité initiale» des préestivaux produits sur aliments secs et déversés marqués en 1989, comparativement à 1987. Depuis 1990 il n'y a plus eu de malformations observées dans les lots produits avec des aliments secs commerciaux (Champigneulle *et al.*, 1994).

Caractéristiques des captures

Caractéristiques globales

Les captures de corégones sont réalisées soit pendant la saison de pêche (février à octobre, mai exclu) avec des filets à maille de 45 mm, soit au moment de la reproduction (en décembre) avec des filets à maille de 40 mm.

Au cours de la période 1966 à 1987 les captures annuelles déclarées n'avaient jamais dépassé 1 tonne et la moyenne annuelle pour cette période était de 410 kg/an. Il y a une tendance récente (fig. 14.11) à l'augmentation des captures puisque la moyenne annuelle de la période 1992-1998 est de 2560 kg/an, ce qui n'avait plus été observé depuis près de 30 ans. Les captures de 1998 montrent une très forte augmentation puisqu'elles sont voisines de 6 tonnes. Pour chacune des années et pour la saison de pêche ou la capture de reproducteurs, l'âge des prises varie entre 1^+ et 7^+ mais plus de 90 % des prises de chaque année sont constitués de corégones âgés de 2^+, 3^+ ou 4^+, c'est-à-dire étant dans leur 3e, 4e ou 5e année.

Caractéristiques comparées des captures issues du pacage et du recrutement naturel

La figure 14.12 montre la répartition des captures par classes d'âge pour la cohorte 1987. Les captures pendant la saison de pêche et la reproduction ont porté sur des corégones qui sont dans leur 3e (2^+) à 6e année (5^+). Pour chacune des périodes de capture, la structure d'âge est voisine entre les corégones issus de la reproduction naturelle et ceux issus du pacage. Pour chacune de ces deux origines, la structure d'âge des captures diffère: les 3^+ dominent dans les captures commerciales alors que dans les captures de reproducteurs, les 2^+ et les 3^+ ont une contribution voisine.

Pour les deux cohortes (1987 et 1989) le sexe ratio des captures aux stades 2^+ et 3^+ est similaire pour les géniteurs issus du repeuplement avec des alevins nourris sur granulés et pour ceux issus de la reproduction naturelle. Pour les géniteurs de corégones capturés avec des filets à maille de 40 mm, il n'y a pas, à âge égal pour les tailles mesurées ou rétromesurées, de différence significative selon le sexe (Champigneulle *et al.*, 1994 a). Les tailles sont donc examinées indépendamment du sexe. Pour la cohorte 1989 et pour chaque classe d'âge, il n'y a aucune différence significative entre la taille moyenne à la capture et pour les tailles rétromesurées entre les géniteurs issus du recrutement naturel et ceux issus du relâcher de préestivaux nourris sur aliment sec.

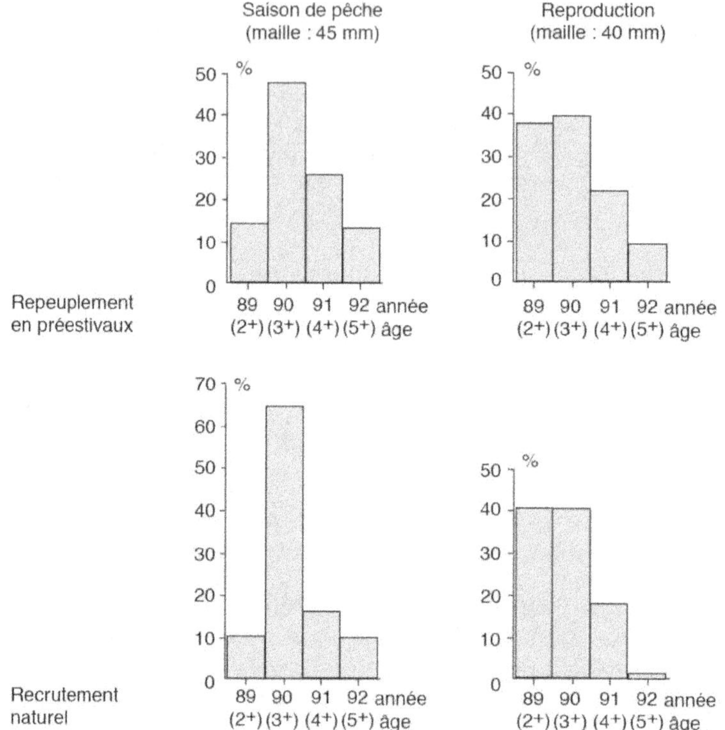

Figure 14.12 : Répartition des captures numériques des corégones de la cohorte 1987 entre les différentes années et en fonction de l'origine de recrutement (naturel ou repeuplement en préestivaux produits avec de l'aliment sec) dans la pêche professionnelle et lors des pêches de géniteurs sur les frayères du lac du Bourget.

Contribution du pacage

Pour la cohorte 1987, les poissons issus du repeuplement en préestivaux produits sur aliment sec ont eu une contribution stable comprise entre 12,9 et 15,8 % dans les captures de reproducteurs âgés de 2^+ à 5^+ (fig. 14.13). La contribution du pacage a été un peu plus fluctuante (9,3 à 18,2 %) dans les captures en cours de saison de pêche aux divers âges. La contribution a été forte (16,4 %) dès le début de l'exploitation au stade 2^+ (début de la troisième année) (fig. 14.13). La contribution moyenne du lot de 44000 préestivaux de 3 cm (qualité très moyenne, nourris à l'aliment sec) déversés en mai 1987 a été évaluée à 12,9 % des captures de la cohorte 1987 qui est une cohorte forte. Le taux de recapture minimum a été évalué à 5,3 kg/1000 petits préestivaux. Pour cette même cohorte 1987, la contribution d'un petit lot de 1800 préestivaux élevés en cage et déversés à une plus grande taille (46 mm) en tout début juillet a été évaluée à 1,5 % dans les contrôles

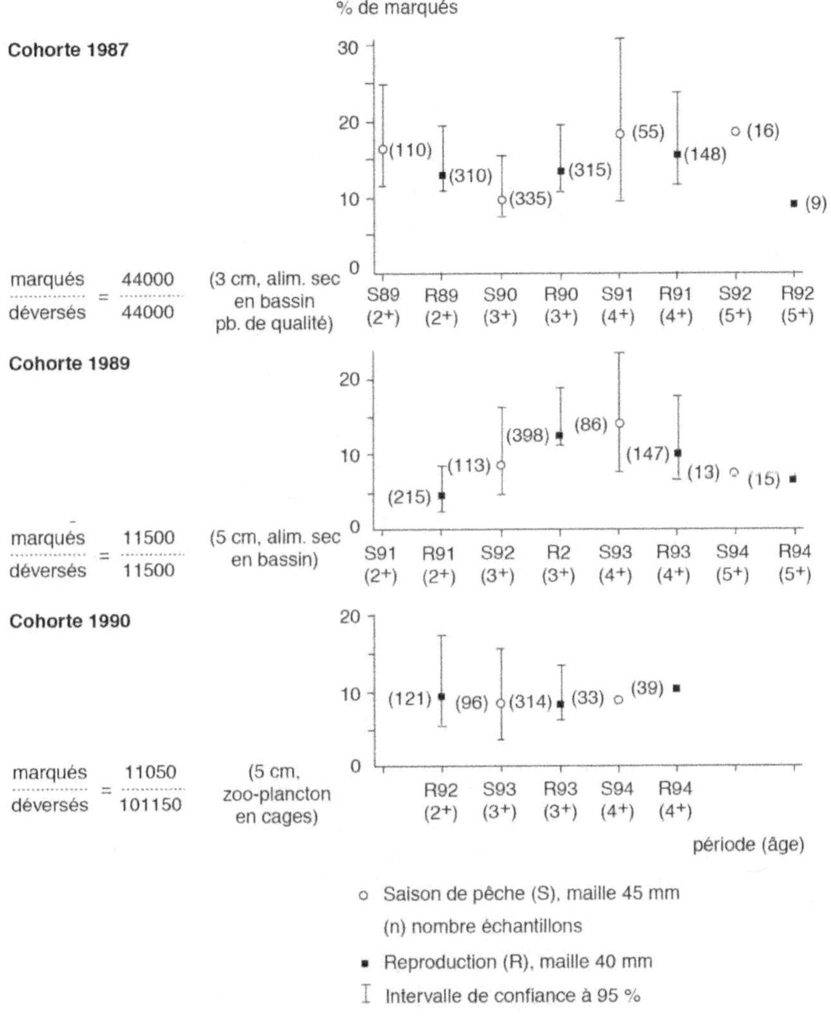

Figure 14.13 : Contribution des déversements de préestivaux marqués (cohortes 1987, 1989, 1990) aux captures de corégones aux différents âges dans la pêcherie professionnelle (S) et au cours des pêches de géniteurs sur les frayères du lac du Bourget (R). Pour les cohortes 1987 et 1990, tous les alevins déversés ont été marqués. Pour la cohorte 1990, 11% seulement des alevins déversés ont été marqués.

au moment des pêches de reproducteurs. Sa contribution aux captures de reproducteurs serait donc, en valeur relative, près de trois fois (2,8) plus élevée que celle du lot de plus faible qualité nourri sur aliment sec. Sous l'hypothèse d'une contribution voisine pendant la saison de pêche, le taux de recapture des préestivaux des cages de 1987 a été évalué à 3,8 % et à 14,5 kg/1000 préestivaux.

Pour la cohorte 1989, la contribution du petit lot de 11500 préestivaux normalement conformés produits sur aliment sec commercial (taille de 45 mm déversés en début juin) aux captures de géniteurs a été forte, variant selon l'âge entre 4,7 % et 12,6 % (fig. 14.13). La contribution dans les captures commerciales a été évaluée à 8,8 % pour le stade 3^+ et à 14 % au stade 4^+. La contribution de ce petit lot a été évaluée à 10,1 % des captures de la cohorte 1989. Une analyse des données indique un taux de recapture minimal de 4,1 % et de 16,6 kg/1000 préestivaux, valeurs très supérieures à celles du lot de 1987 et équivalentes à celles observées pour les préestivaux de la cohorte 1987 produits en cage.

L'exploitation de la cohorte 1990 a commencé au stade 2^+, d'abord faiblement dans les captures commerciales en milieu de saison 1992, puis elle s'est ensuite intensifiée à partir des pêches de reproducteurs de décembre 1992. Dans les échantillons de la cohorte 1990 contrôlés (536 individus jusqu'au début juillet 1993), 8,6 % des individus sont marqués, provenant de l'échantillon de 11050 préestivaux marqués sur un total de 101150 préestivaux déversés au printemps 1990. Sous l'hypothèse de représentativité du lot marqué, la contribution des relâchers de préestivaux aux captures de la cohorte 1990 est très importante, voisine de 80 %.

Discussion et implications pour la gestion

Nouveaux éléments de diagnose et de comparaison

En montrant un impact significatif avec des relâchers de seulement quelques milliers ou dizaines de milliers de préestivaux de lavaret, l'étude démontre que des facteurs limitants existent essentiellement au niveau du recrutement en juvéniles de moins de 6 mois. Se pose cependant la question de savoir où se situe le goulot d'étranglement majeur. Parmi les facteurs possibles on peut citer :

- en phase d'incubation des œufs : la qualité de l'eau et des fonds et les fluctuations du niveau d'eau,
- le nombre important de prédateurs,
- le niveau actuel encore trop faible du stock de géniteurs,
- les captures non voulues de juvéniles dans les filets à friture (perches, gardons).

Un suivi plus précis du fonctionnement de la reproduction naturelle et de la phase juvénile permettrait de hiérarchiser les facteurs limitants. Une étude récente (Muller, 1992) portant sur 15 lacs suisses indique de larges fluctuations interannuelles ou interlacs du taux de survie des œufs. L'auteur indique par ailleurs que l'on ne peut se baser uniquement sur des seuils globaux de concentration en oxygène ou en phosphore de l'eau mais qu'il faut en plus prendre en compte la nature, la qualité et l'organisation du substrat. Une étude menée au Bourget (Gillet, commun. pers.) montre que des œufs de corégones déposés dans des cagettes sur le fond en bordure du lac sont très rapidement recouverts de sédiments fins. La prédation par les lottes peut être un important facteur de mortalité au stade œuf. Des études suisses (Buttiker, 1986 ; Ventling Schwang et

Livingstone, 1992) indiquent que les courants lacustres peuvent être un facteur de mortalité des œufs de corégones en les déplaçant vers des zones plus profondes ayant un substrat moins favorable ou provoquant leur recouvrement par des sédiments fins et des matières organiques. Or les courants ont été changés au Bourget depuis la modification des mouvements d'eau entre le lac et le Rhône.

L'impact de la prédation est probablement également important sur les juvéniles dans le cas du lac du Bourget puisqu'il existe un nombre très important de prédateurs potentiels (perche, lotte, truite, brochet, anguille) qui s'est encore récemment accru avec le sandre. Cette dernière espèce dont l'impact négatif sur les corégones a été montré dans des lacs polonais (Nagiec commun. pers.) a connu une forte expansion récente avec des captures dépassant 5 t/an. On peut donc indiquer l'impact favorable prévisible pour le lavaret qu'aurait une bonne exploitation des stocks de prédateurs. On ne connaît pas le niveau des captures involontaires et difficilement évitables de juvéniles de lavarets réalisées lors des pêches de fritures (perches, ablettes, gardons) ni la part de prédation par les oiseaux piscivores en expansion sur le lac. Il est préconisé de disperser au maximum les juvéniles de corégones déversés dans le lac du Bourget, y compris sur la zone du lac fermée à la pêche avec des filets.

Efficacité des divers modes de pacage

La sauvegarde et la réhabilitation du stock de corégones autochtones du lac du Bourget apparaît possible. Néanmoins, malgré une amorce de redressement, le stock est encore dans une situation fragile avec un recrutement naturel faible et fluctuant. Complémentairement à l'effort d'épuration des eaux du lac, les relâchers de juvéniles du lavaret du Bourget peuvent constituer un puissant moyen d'intervention pour éviter la disparition et accélérer la réhabilitation de cet élément du patrimoine naturel. Il est indispensable de parvenir à accroître le stock de géniteurs et ce sur plusieurs classes d'âge, non seulement pour augmenter globalement le nombre d'œufs déposés mais aussi pour étaler le dépôt des œufs dans l'espace et le temps afin de renforcer significativement le niveau du recrutement naturel. Une étude récente (Helminen *et al.*, 1997) dans un lac finlandais de 15000 ha souligne l'importance d'avoir un stock minimal de reproducteurs pour soutenir le recrutement naturel.

Les bilans de marquage montrent qu'au Bourget les relâchers de préestivaux peuvent constituer un puissant outil de réhabilitation du stock de lavaret puisque des lots de taille modeste (quelques x 1000 ou x 10000) ont contribué de façon significative (une à plusieurs dizaines de %) aux cohortes correspondantes. Le recrutement au stade de préestivaux constitue actuellement un goulot d'étranglement pour le stock de corégones du lac du Bourget. Le suivi de la cohorte 1990 a montré que l'essentiel du recrutement 1990 provenait du pacage lacustre. Ce dernier a donc permis d'éviter un creux dans le recrutement. L'effort de relâcher de préestivaux devrait donc être soutenu et si possible accru et complété par des relâchers d'estivaux.

L'accroissement des lâchers de préestivaux peut être obtenu, en plus des cages, par des préestivaux produits sur aliment sec. En effet, la présente étude a permis de montrer, pour la première fois en vraie grandeur, que des préestivaux de corégones de première génération (géniteurs sauvages) produits en bassins exclusivement sur aliment sec peuvent donner de bons résultats en matière de repeuplement (cohorte 1989) sous réserve d'une bonne conformation initiale. Les corégones qui en sont issus ont des caractéristiques (croissance, sex ratio, longévité dans la pêcherie, présence sur les frayères...) proches de celles des corégones issus du recrutement naturel.

Le relâcher d'estivaux produits dans l'installation de cages existante pourrait être tenté en complément de la pratique actuelle de relâcher de préestivaux à la fin mai.

Pacage de corégones dans d'autres plans d'eau

Le corégone a été introduit dans plusieurs lacs français et il s'est en particulier très bien implanté dans le lac d'Annecy. Ce lac a un faible taux de phosphore et il contient une importante population de corégones reposant uniquement sur la reproduction naturelle et fournissant 10-20 t de captures annuelles. Ce lac constitue donc une bonne référence de lac faiblement eutrophisé géré sans repeuplement mais grâce à des études fines de la population et de la pêcherie (Gerdeaux, commun. pers.). Ce cas préfigure également la situation qui sera probablement rencontrée à moyen terme dans le Bourget et le Léman qui sont en voie de réoligotrophisation suite à la limitation des rejets eutrophisants.

Des essais plus limités ont été menés pour étudier la faisabilité du pacage lacustre de corégones dans d'autres lacs (Aiguebelette, Laffrey, St-Point) et en ballastières froides. La possibilité de créer des stocks en ballastières à partir de relâchers de préestivaux a été démontrée dans la vallée de l'Arve (74) où il existe un ensemble important de ballastières profondes relativement froides et à fonds assez propres. Une introduction de préestivaux de corégones du Léman a été pratiquée au printemps 1984 avec 1600 préestivaux (4 cm, 430 mg) déversés en fin mai dans une ballastière de 1,5 ha (P max de 6m). Une pêche expérimentale réalisée en fin mai 1985 a révélé la présence de corégones de 17 cm (25 g). Un stock se reproduisant naturellement s'y est implanté et l'espèce est considérée comme intéressante pour les pêcheurs amateurs pratiquant dans ce type de milieu.

Sur le lac d'Aiguebelette, des données récentes (Champigneulle, suivi de la cohorte 1992) montrent que les productions de préestivaux (10 à 50000/an) produits par un petit radeau de cages de surface éclairées peut avoir une contribution non négligeable puisqu'un un lot de 13000 préestivaux marqués a représenté de 10 à 15 % des géniteurs 2^+ et 3^+ capturés en zone littorale.

L'échantillonnage pour étude génétique (Vuorinen *et al.*, 1986) a mis en évidence dans le lac d'Issarlès en Ardèche, l'existence d'une population de C. *lavaretus* à ponte très tardive (en milieu d'hiver) qui se maintient malgré le marnage. Même si cette population n'a pas pu être étudiée avec précision, elle devrait être préservée de toute introduction en raison de l'originalité de sa biologie et du type de milieu colonisé. Elle pourrait en effet s'avérer potentiellement intéressante pour la valorisation de milieux du type barrage-réservoir.

Pacage lacustre de truite

Diagnose générale

En Rhône-Alpes, la truite commune *(Salmo trutta)* est présente dans beaucoup de lacs et barrages-réservoirs. Elle effectue son cycle de vie entre le lac pour la croissance et les affluents pour la reproduction et la production de juvéniles. L'accroissement de la demande pour la pêche (amateurs et professionnels) et l'existence de dysfonctionnements du cycle biologique (obstacles et dégradation des affluents) ont conduit les gestionnaires à pratiquer, en plus des aménagements du milieu, des repeuplements en lac et en affluents selon des modes très variés (espèce : truite commune ou truite arc-en-ciel ; souches, stades, périodes et sites de déversement). Le lac du Bourget et le Léman n'ont pas échappé à cette tendance.

L'examen des statistiques de capture de truites dans les 3 grands lacs subal pins montrait des tendances très variables selon les lacs. Dans le lac d'Annecy, les captures déclarées ont été fortes entre 1953 et 66 (5 à 10 t/an) alors que le lac amorçait une phase d'eutrophisation ; elles ont chuté à moins de trois tonnes lors des dix années suivantes alors que l'évolution vers l'eutrophisation était stoppée, puis à moins d'une tonne lors des années 1980 et des années 90. A l'inverse, dans le cas du Léman et du Bourget, lacs plus eutrophes, les captures de truites dans les années 80 étaient plutôt meilleures qu'au cours des décennies antérieures avec néanmoins de fortes fluctuations interannuelles. Ce constat conduisait à prendre en compte outre le repeuplement, la situation trophique (en particulier la présence de poissons proies), le fonctionnement des affluents et la prédation.

Il existe quelques synthèses sur les repeuplements de truite commune en rivière (Cuinat, 1971 ; Cresswell 1981 ; Wiley *et al.*, 1993 ; CSP, 1997) et en lacs (Needham, 1959 ; Champigneulle, 1985 ; Wiley *et al.*, 1993). Pour les lacs, en raison des plus grandes facilités d'étude (marquages et suivis), les travaux ont la plupart du temps porté sur des petits plans d'eau (S <1000 ha) et sur des stades de relâcher déjà avancés (au minimum 8-10 cm). Il y a très peu de données sur des lacs de plusieurs milliers d'hectares repeuplés avec des stades <10 cm.

Pacage et gestion de la truite au Léman

Biologie de la truite

L'espèce de truite autochtone au Léman est la truite commune *(Salmo trutta)*. Des études génétiques (Guyomard, 1989 ; Largiader *et al.*, 1996) considérées comme préliminaires suggèrent que la forme native la plus ancienne est la forme méditéranéenne et que les populations ont été fortement introgressées par le repeuplement.

La truite présente dans le système Léman des phénotypes sédentaires et migrateurs. Lors de la phase initiale de vie en rivière, hormis le stade smolt non obligatoire, aucune caractéristique externe sûre ne permet de distinguer la future truite de lac de la future truite sédentaire (truite effectuant la totalité de son cycle en rivière). La truite arc-en-ciel *(Oncorhynchus mykiss)* y a été introduite mais elle a peu participé (< 3 %) aux captures et elle a très fortement régressé depuis l'arrêt des déversements en lac en 1989.

Les écailles de truites du lac du Léman montrent généralement l'existence d'une (type 1) ou de deux (type 2) années (plus rarement trois, type 3) de croissance initiale faible de «type rivière» précédant la zone de croissance forte «type lac». Ce changement de structure, est généralement interprété comme correspondant au passage de la rivière au lac, mais il pourrait également traduire une accélération de croissance liée au passage à un régime ichtyophage (Champigneulle *et al.*, 1991). L'habitat principal des truites en croissance est la zone pélagique ou sublittorale, avec des localisations en surface en début de saison puis ensuite plus profondes, proche de la thermocline. Il existe (Durand, commun. pers.) des mouvements de dévalaison de truites de lac immatures quittant le Léman par son émissaire, le Rhône aval. Ces mouvements ont été observés au printemps et la taille des truites dévalant variait entre 15 et 50 cm.

Captures de truites au Léman

Sur la période de 11 ans (1986-96) les captures totales de truites de lac au Léman (fig. 14.3.B) ont été en moyenne de 28 t/an dont 12 t/an pour les amateurs (extrêmes de 7 à 18 t/an) et 16 t/an pour les professionnels (extrêmes de 8 à 30t/an). Ces captures de truite de lac au Léman sont donc importantes comparativement à celles des aux autres gros salmonidés (saumon et truite de mer) capturés dans les rivières françaises. Sur la période 1986-96 le poids moyen annuel individuel des truites récoltées a varié entre 1,0 et 1,4 kg pour les professionnels et entre 0,6 et 1,0 kg pour les amateurs. Les pourcentages des captures estivales sont nettement plus faibles pour la pêche amateur que pour la pêche professionnelle. Les truites immatures dominent dans les captures réalisées en début de saison à la traîne et avec des filets de surface.

Les captures moyennes annuelles de truites par pêche professionnelle (fig. 14.3.B) au cours de la période 1976-1996 sont meilleures (19 t/an) mais un peu plus fluctuantes (CV=33%) que celles de la période 1950-75 (11 t/an ; CV=24%) alors que l'évolution des affluents aurait plutôt laissé prévoir une diminution du recrutement naturel en juvéniles de truite de lac. L'interrogation principale pour la gestion de la truite au Léman est de connaître les contributions relatives des diverses composantes du recrutement en juvéniles dans les captures par pêche en lac et dans les remontées de géniteurs en affluents, les compositions pouvant différer pour ces deux compartiments. Une approche par la génétique est en cours.

En relation avec les structures d'élevage existantes et du fait des plus faibles coûts de production, ce sont surtout des alevins nourris pendant quelques mois qui sont relâchés dans le Léman et ses affluents depuis les années 1980. Dans les années 80, les juvéniles de truite déversés directement dans le Léman provenaient d'œufs issus soit de géniteurs de pisciculture (origine domestique : TRP) soit de géniteurs de truite de lac (origine lacustre : TRL) capturés lors de leur remontée dans des affluents suisses du Léman régulièrement repeuplés à partir de géniteurs de truite de lac.

Impact du repeuplement dans le fonctionnement d'un affluent frayère

Diagnose

Le devenir des très nombreux alevins (0,7 à 1,5 million/an) aux origines très diverses déversés en lac étant difficile à appréhender au niveau des captures dans le Léman lui-même, les études menées dans la période 1983-93 ont surtout visé à évaluer la composante «repeuplement» dans le fonctionnement du Redon, un petit affluent de 10 km situé sur la rive française du Léman (fig. 14.1). Sur le Redon, on retrouve une situation typique de nombreux affluents du Léman: une zone aval ouverte sur le lac mais rapidement interrompue en amont par un obstacle empêchant la remontée des truites de lac.

Des inventaires par pêche électrique (2 ou 3 passages successifs, méthode De Lury) ont été pratiqués à la mi-automne (fin octobre) chaque année de 1983 à 1990 sur la zone aval et moyenne du Redon pour étudier la population de juvéniles en place (fig. 14.14). La capacité d'accueil maximale des radiers et rapides du cours principal du Redon est, à la mi-automne, de 100 0^+/100m^2 et de 20 1^+/100 m^2. Des expériences de piégeage (Champigneulle *et al.*, 1988) ont montré l'existence de dévalaisons vers le Léman de truitelles de 1 et de 2 étés. Les truitelles migrant à 1 an ont eu en rivière une croissance initiale plus forte que celle des truitelles dévalant à 2 ans.

La zone aval accessible du Redon a été échantillonnée par plusieurs pêches à l'électricité réparties sur l'ensemble de la saison de reproduction. Au total 556 géniteurs de truites de lac ont été capturés dans le Redon au cours des 10 saisons de reproduction de 1983-84 à 1992-93. L'âge des géniteurs varie entre 2 et 9 ans (1^+ et 8^+) et la taille entre 28 et 93 cm. Le pourcentage des individus âgés ($\geq 3^+$: 4 ans et plus) est plus élevé chez les femelles (65 %) que chez les mâles (38 %). Le pourcentage de truites de 3 ans (2^+) ne diffère pas entre les mâles (29 %) et les femelles (31 %). Par contre, le pourcentage de jeunes géniteurs ($1^+ = 2$ ans) est très nettement supérieur chez les mâles (34 %) comparativement aux femelles (5 %). Les truites ayant 1, 2 ou 3 ans de croissance initiale faible, type rivière, représentent respectivement 72, 26 et 2 % chez les mâles et 60, 40 et 0 % chez les femelles capturées. La densité minimale d'œufs potentiels déposés dans la zone aval du Redon a été estimée selon l'année à 1150 à 3880 oeufs/100m^2. Pour apporter le même nombre d'œufs il faudrait de 3 à 8 femelles sédentaires 2^+/100 m^2 alors qu'il y en a toujours moins de 1/100 m^2 en zone ouverte à la pêche (contrairement à 5-8 en zone de réserve). Les géniteurs de truite de lac ont donc un rôle essentiel dans l'apport naturel en œufs sur la zone aval du Redon. Le taux minimal de disparition entre le stade «œufs potentiels» et le stade 0^+ en fin octobre est très fort, compris entre 94,7 et 99,7 %. Les facteurs en cause (dévalaisons précoces et/ou mortalités à divers stades) ne sont encore ni hiérarchisés ni quantifiés. Une étude récente (Champigneulle, 1993) a cependant révélé, pour des alevins de truite de lac déversés, l'existence de dévalaisons très précoces ayant lieu avant la fin octobre, touchant préférentiellement des 0^+ avec la croissance initiale la plus forte.

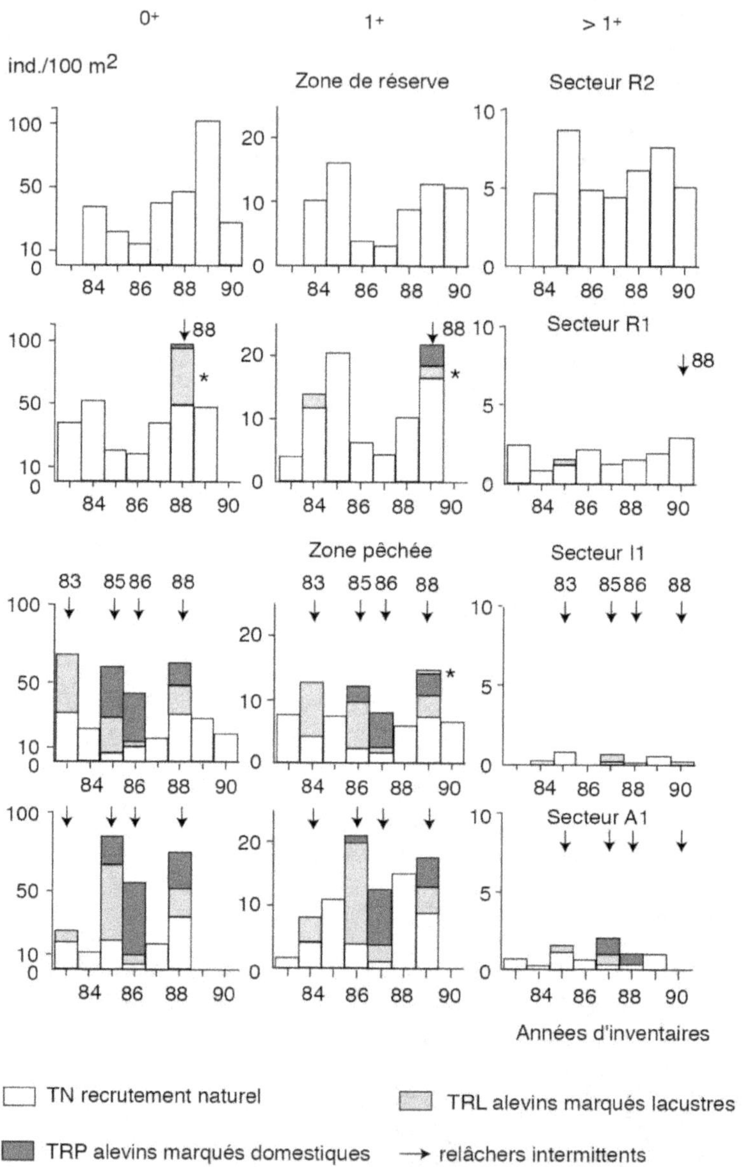

Figure 14.14 : Densité automnale des truites en place à l'automne dans le Redon, un affluent du Léman.(A1): Secteur ouvert à la pêche amateur situé en zone aval accessible à la colonisation par des géniteurs de truite de lac. (I1) : Secteur ouvert à la pêche amateur en zone moyenne non accessible aux géniteurs de truites de lac. (R1 et R2) : Secteurs non ouverts à la pêche amateur en zone moyenne non accessible aux géniteurs de truites de lac. Les flèches indiquent pour les cohortes correspondantes des relâchers pratiqués au stade d'alevins nourris.

Dynamique des alevins nourris déversés dans le Redon

Des relâchers intermittents ont été pratiqués dans le Redon, en 1983 (TRL) puis 1985, 86 et 88 avec pour chacune de ces trois dernières années un lâcher simultané de TRP et TRL. Les alevins nourris marqués (taille : 30-40 mm) ont été dispersés à des densités faibles ($<50/100m^2$) fin juin-début juillet dans les zones aval et moyenne. Les truitelles issues des alevins marqués relâchés contribuent fortement au peuplement automnal en juvéniles sur ces zones (fig. 14.14). En effet, les 0^+ marqués représentent 28 à 54 % des 0^+ en 1983, 76 à 90 % en 1985 ; 75 à 93 % en 1986 et 47 à 83 % en 1988. Par ailleurs, les 1^+ marqués représentent 39 à 64 % des 1^+ en 1983, 80-85 % en 1985 ; 78-91 % en 1986 et 45-49 % en 1988. La densité totale en 0^+ est systématiquement supérieure les années où il y a eu des relâchers d'alevins nourris (fig. 14.14). Les déversements ont conduit à des densités automnales en 0^+ marqués élevées variant entre 31 et 65 ind/100 m^2. Sur la zone repeuplée, la densité en truites 1^+ marquées issues des relâchers d'alevins nourris est forte, variant entre 4 et 17 ind/100 m^2. Sur la zone moyenne, grâce à la contribution des déversements, la densité en 1^+ est systématiquement supérieure pour les cohortes avec repeuplement comparativement à celles sans relâcher (Champigneulle *et al.*, 1990a).

Le lot de 6000 alevins TRL marqués de la cohorte 1983 déversés dans le Redon a fourni 39 % du total de l'échantillon de géniteurs de truite de lac contrôlés de la génération 1983 remontant dans le Redon. Aucun géniteur marqué n'a été observé parmi les jeunes mâles ou femelles 1^+ (0/15) ni parmi les jeunes femelles 2^+ (0/10). Par contre 38 % des mâles 2^+ et 36 % des mâles $> 2^+$ sont issus de ce petit lot d'alevins marqués qui a fourni par ailleurs 90 % des femelles $> 2^+$ capturées (Champigneulle *et al.*, 1990 b).

Sur l'ensemble des 3 cohortes 1985-86 et 1988 il y a eu un échantillon de 186 géniteurs de truites de lac contrôlés dans le Redon. Parmi ces géniteurs et malgré leur très forte contribution aux stades juvéniles 0^+ et 1^+ dans le Redon, seulement 14 % (25 ind.) sont issus des relâchers d'alevins marqués et le nombre de géniteurs revenant est quatre fois plus important pour les alevins déversés d'origine lacustre (20 retours) que pour les alevins déversés d'origine domestique (5 retours). Comme pour les TRL marquées de la cohorte 1983, aucune des truites marquées n'a été prise en tant que jeune géniteur 1^+ mâle ou jeune géniteur femelle (0 1^+ marqué / 33 1^+ non marqués) ou en tant que géniteurs femelles 2^+ (0 femelle 2^+ marquée / 25 femelles 2^+ non marquées). Parmi les géniteurs remontant dans le Redon, il y a donc des groupes différant fortement par leur schéma âge-croissance-maturation sexuelle (Champigneulle, 1993).

Contribution d'alevins nourris déversés en lac

Deux petits lots d'alevins nourris d'origine lacustre (TRL) ont été relâchés après marquage en août 1983 (N =19500 ; L moy. = 33 mm) et 1984 (N =11300 ; L moy. = 37 mm) sur la beine du Léman à 6 km de l'embouchure du Redon. Un petit lot de 2 000 alevins nourris d'origine domestique TRP (L moy. = 58 mm) a été déversé dans le Léman dans les 50 premiers mètres de part et d'autre de l'embouchure du Redon, à la mi-août 1987. Pour chacun de ces petits lots de 1983-

1984 et 1987 il y a eu un géniteur de truite de lac contrôlé dans le Redon sur respectivement 67, 57 et 36 géniteurs de la cohorte correspondante. Les alevins marqués représentaient seulement de 1,2 à 1,5 % du total d'alevins nourris déversés dans le Léman. En début automne 1990, un lot de 40000 gros estivaux d'origine lacustre (TRL) a été déversé directement en lac le long de la côte suisse du Léman (Durand, commun. pers.) après avoir été marqués magnétiquement. Il n'y a pas eu de géniteur de truite de lac provenant de ce lot parmi les captures de 50 géniteurs de cette cohorte contrôlés dans le Redon. Il y a donc une contribution des déversements directs en lac sur les retours de géniteurs en rivière mais le positionnement relatif des sites de déversement en lac et d'un affluent donné intervient probablement. L'étude réalisée sur le Redon a également montré qu'une partie des alevins TRP lâchés en bordure de lac en été migre avant la mi-automne en affluent ce qui suggère que ce milieu de bordure de lac pourrait ne pas correspondre à cette époque (température élevée) au préférendum d'habitat du stade 0^+.

Déversements en lacs et captures de truites de lac en lac

Lâchers de truites domestiques (L > 8 cm)

De 1964 à 1977, des lâchers expérimentaux, au total 150 petits lots, ont été pratiqués directement en lac dans le Léman et dans le lac d'Annecy avec des truites domestiques (arc-en-ciel et fario) appartenant à deux groupes de taille (9-14 cm et 15-24 cm) (fig. 14.15). Les recaptures sont essentiellement réalisées en lac. Le pourcentage moyen de recaptures déclarées varie fortement, entre 0,6 et 15,8 %. Pour une période de relâcher donnée, les recaptures augmentent avec la taille au relâcher (fig. 14.15). Pour la truite arc-en-ciel et pour une catégorie de taille donnée (L < 15 cm ou L ≥ 15 cm) les relâchers réalisés au printemps, en été et au début automne sont en moyenne plus efficaces que ceux réalisés en fin automne et en hiver (Gerdeaux *et al.*, 1990).

Lâchers d'alevins

Les déversements directs en lac d'alevins nourris (préestivaux ou estivaux) ont fortement augmenté entre la fin des années 60 et la fin des années 70. Cependant, simultanément à l'augmentation des relâchers directs en lac, il y a aussi eu sur certains affluents du Léman une augmentation des relâchers en affluents, par exemple dans le canton de Vaud au cours des années 1970 (Buttiker, 1989). On ne peut donc exclure une influence du repeuplement global dans le système lac-affluents sur le changement du niveau des captures observées au Léman à partir de la fin des années 70. Depuis la fin des années 70, le nombre d'alevins nourris annuellement déversés directement au Léman est resté élevé, variant entre 750000 et 1,5 million avec une moyenne de 980000. Il n'y a cependant pas de corrélation significative entre le nombre d'alevins nourris (préestivaux et estivaux) déversés l'année N et les captures totales de truites capturées par pêche professionnelle l'année N+2 (période 1979-96). Cependant le pourcentage de préestivaux et d'estivaux a été très variable au cours de cette période.

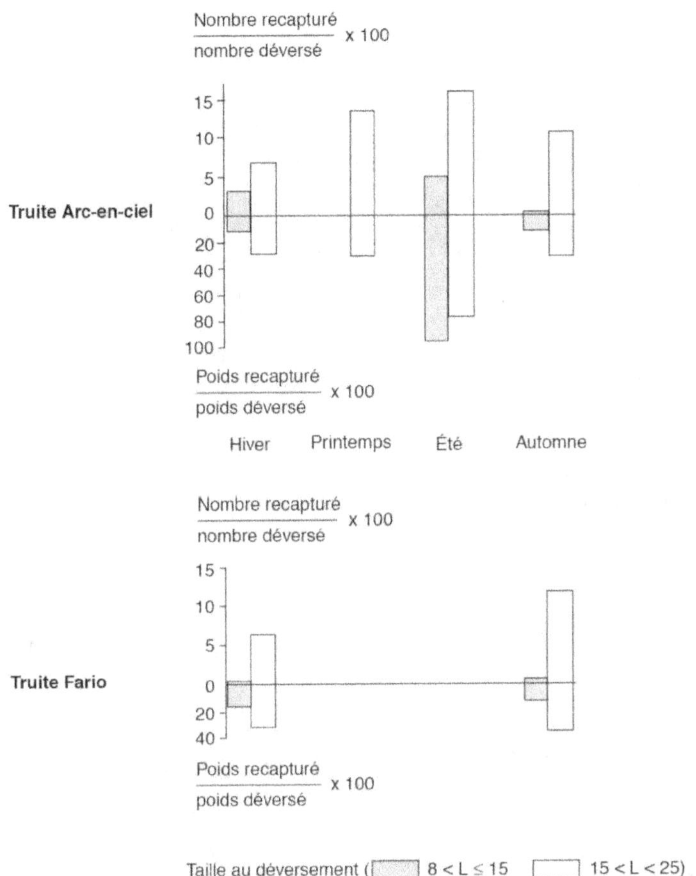

Figure 14.15 : Campagnes de marquage-évaluation des recaptures pratiquées dans la période 1964-1977 au Léman et au lac d'Annecy. Truite arc-en-ciel : souches domestiquées de truite commune (Fario).

Depuis 1986, il y a eu une tendance à l'uniformisation des stades de déversement avec au moins les trois quarts des alevins nourris déversés au stade d'estivaux (TRP ou TRL). Dans le cas des truites relâchées au stade d'estivaux on est donc actuellement dans une situation d'efficacité du pacage plus faible et plus fluctuante que dans le cas des estivaux d'ombles. En effet, l'hypothèse (improbable) la plus favorable au repeuplement en lac est celle où toutes les captures proviendraient des repeuplements en lac. Avec cette hypothèse extrême appliquée à la période 1986-96 le taux moyen de recaptures issues des repeuplements de juvéniles de truites directement en lac pris dans leur globalité ne peut dépasser 30 kg/1000 alevins nourris. Ceci n'exclut pas qu'il puisse y avoir pour une fraction (encore à identifier) ou une année donnée des relâchers directs en lac, qui puissent conduire à de bons taux de recapture.

Malgré la faiblesse des lots marqués, l'étude menée sur le Redon a montré que des alevins nourris des deux origines (lacustre ou domestique) déversés directement en lac en juillet-août pouvaient fournir des géniteurs et donc des truites de lac pêchables. Actuellement, aucune expérimentation ne permet de dire si les alevins (préestivaux ou estivaux) originaires de truites de lac contribuent plus ou moins aux captures de truites de lac que ceux issus de géniteurs domestiques. Sur 150 captures en lac contrôlées en France (et 50 géniteurs dans les affluents français) de truites de lac de la même cohorte, il n'y a pas eu une seule capture de truites marquées issues du lot de 40000 estivaux de truites lacustres sauvages déversées sur la partie suisse du lac en début automne 1990.

Depuis 1995, l'uniformisation a été poussée plus loin, la totalité des déversements se faisant au stade d'estivaux et avec des alevins originaires de truites de lac. La majeure partie provient de géniteurs captifs produits en pisciculture à partir d'œufs issus de géniteurs de truites de lac capturés sur des affluents suisses du Léman. En 1996, 10500 estivaux issus des géniteurs de truites lacustres produits en pisciculture ont été marqués par ablation de la nageoire adipeuse. Leur contribution aux captures en lac a été évaluée à 10-30 %.

Discussion et implications pour la gestion

Comparée à d'autres lacs, la croissance de la truite est forte dans le Léman et comparable à celle de la truite de mer. Cette bonne croissance est explicable notamment par le régime thermique favorable du Léman, le mode de vie pélagique et surtout le passage à l'ichtyophagie à base de juvéniles de gardons et de perches (Champigneulle *et al.*, 1991). Les fluctuations interannuelles de l'abondance des juvéniles de gardons et de perches ainsi que des perches plus âgées sont un des facteurs explicatifs possible des fluctuations interannuelles des captures de truites. Les phases de fortes captures de truites s'amorcent à partir des années où les cohortes en poissons proies (juvéniles de perches ou de gardons) sont fortes. A l'inverse, les perches plus âgées ($\geq 1^+$) sont des prédateurs potentiels importants pour les juvéniles de truites en lac et particulièrement aux stades actuellement déversés au Léman. En effet selon Colette *et al.*, (1977) les perches deviennent piscivores à une taille comprise entre 10 et 25 cm et leurs proies ont une longueur généralement inférieure à 9 cm. Cette pression de prédation sur les truitelles est donc susceptible de fluctuer en fonction des situations d'abondance relative des autres proies (juvéniles de perches et de gardons) et du stock de perches plus âgées.

Plusieurs travaux (Svärdson, 1976) montrent l'existence en Scandinavie d'interactions ombles-truites au profit de l'omble au stade adulte (mieux adapté à l'exploitation des petites proies) dans le cas de lacs oligotrophes, même si les truites adultes peuvent être d'importants prédateurs des juvéniles d'ombles. Au Léman, dans la phase d'extension des captures d'ombles, celles de truites ont continué à osciller autour de la même moyenne avec de fortes fluctuations. Pour l'instant rien ne permet d'attribuer à des problèmes d'interactions ombles-truites la tendance à la baisse des captures de truites depuis 1992. La grande taille et profondeur du Léman, sa richesse trophique (zooplancton, benthos, poissons proies) liés à son état méso-eutrophe permettent de limiter les interactions truites-ombles. Cependant on a observé lors des dernières années la présence d'ombles en pleine eau (captures dans les pics) ayant une tendance à l'ichtyophagie (perchettes). Les interactions truites-ombles resteront donc à surveiller parallèlement à l'accroissement des relâchers d'ombles à la «réoligotrophisation du lac» et dans des situations différentes d'abondance des poissons proies. Le rôle de l'augmentation d'autres populations de prédateurs potentiels (brochets, cormorans, hérons) reste à étudier. La population de brochets est en très forte augmentation.

Les études menées ont montré que quatre modes de repeuplements différents (déversement en début été, soit en lac soit en affluent, d'alevins nourris d'origine soit lacustre soit domestique) peuvent produire des truites de lac allant jusqu'au stade de géniteurs remontant frayer en rivière. Ces quatre modes de pacage produisent donc *a fortiori* des truites de lac pêchables.

Les résultats des relâchers dans le Redon suggèrent l'existence d'un phénomène de homing au sens d'un retour pour la ponte à l'affluent ayant produit les juvéniles. Pour les géniteurs lacustres la fidélité à la même rivière lors des fraies successives a été mise en évidence par Buttiker et Matthey (1986) sur des affluents suisses du Léman. Sur le cours principal du Redon, tels qu'ils sont été pratiqués (répartition dans les radiers, densité $< 0,5$ ind./m^2 d'alevins nourris TRL ou TRP en fin de printemps début été), les déversements ont une bonne survie (49-79 %) et fournissent un recrutement additionnel important pouvant constituer la part dominante du peuplement en 0^+, puis 1^+. Tout se passe donc comme si en fin de printemps-début été, au moment des relâchers la capacité d'accueil en 0^+ n'était pas saturée malgré l'importance de la fraie des truites de lac.

Dans un lac avec de nombreux affluents comme le Léman, le recrutement issu des affluents (production naturelle et/ou repeuplement) joue probablement un rôle majeur (comparativement aux relâchers directs en lac) sur le niveau des captures et leurs fluctuations. Il y a eu une tendance à la hausse des déversements dans plusieurs affluents entre les années 1970 et 1980 comme le montrent les statistiques du repeuplement dans les rivières vaudoises. Ces relâchers étant quantitativement importants et en augmentation, et les captures en rivière ayant plutôt baissé (Buttiker, 1989) on peut se demander si une part non négligeable de ces relâchers n'a pas contribué à «aleviner» le Léman. Par ailleurs, rien ne permet d'exclure l'hypothèse selon laquelle le flux de dévalants pourrait être accentué par la dégradation du milieu affluent ainsi que par le choix des souches de repeuplement à tendance dévalante et par la pratique de relâchers de truitelles en surdensité dans les affluents.

La maturation tardive ($\geq 2^+$ pour les femelles) de la truite de lac et sa forte croissance conduisent à une exploitation généralement au stade immature. La fraction du stock atteignant le stade de géniteurs et remontant dans les rivières est donc assez peu représentative de la fraction pêchée en lac. Dans le cas de lacs irlandais O'Grady (1984) indique que, alors que les truites domestiques de repeuplement ont une forte contribution dans les captures en lac (comparativement aux truites issues du recrutement naturel), elles contribuent par contre moins, comparativement aux truites sauvages, aux remontées de géniteurs de truites de lac dans les affluents même si certaines atteignent le stade géniteur.

Pacage lacustre et gestion des truites au lac du Bourget

Captures de truites

Pour la période de 40 ans 1921-1960, la moyenne des captures annuelles déclarées par les professionnels est voisine de 0,5 t/an. Ces captures assez faibles (0,12 kg/ha) suggèrent qu'à cette époque le lac était assez peu propice à la production naturelle de truites de lac probablement en liaison avec des possibilités limitées de recrutement naturel en juvéniles dans les affluents. Les captures annuelles moyennes observées au cours de la période 1961-1997 sont nettement plus élevées avec 1,8 t/an (0,44 kg/ha) mais, comme au Léman, restent cependant très fluctuantes d'une année à l'autre (CV = 48 %) variant entre 0,6 et 4,2 t/an. Les plus fortes captures ont été observées lors d'années où il y a eu de bonnes captures de perchettes (1985-86) ou de jeunes gardons (1988).

Pour la période 1987-1994, les captures moyennes annuelles de truites déclarées sont de 2,2 t/an pour la totalité des professionnels et de 1t /an pour les pêcheurs amateurs à la traîne ayant rendu leur carnet. Au cours de cette même période les relâchers annuels directs en lac de truites (arc-en-ciel et fario) âgées de 1 an et plus ont été relativement importants puisqu'ils ont été en moyenne de 1,6 t/an soit près de la moitié du tonnage de captures. Les captures moyennes annuelles de truites pour 100 heures de pêche à la traîne aux salmonidés varient selon l'année dans la période 1987-1994 entre 8 et 21 truites/100 h.

Le poids moyen annuel individuel des truites capturées par pêche amateur a fluctué entre 440 et 615 g au cours de la période 1987-1993. Pour chacune des années il est inférieur à celui de la pêche au filet qui a varié quant à lui entre 620 et 860 g. La taille des truites (fario et arc-en-ciel confondues) capturées dans la pêcherie (professionnels aux filets et amateurs à la traîne) depuis 1987 varie entre 30 et 70 cm. En milieu et en fin de saison les nouvelles recrues rentrent dans la pêcherie et l'essentiel des truites capturées (64 à 87 %) se situe dans la gamme de taille 30-37 cm. En début de saison de pêche de l'année suivante, un pourcentage important (57 à 89 %) de truites sont comprises dans la gamme 38-49 cm. Pour les deux catégories de pêcheurs, seul un faible pourcentage (toujours < 10 %) des captures ont une taille ≥ 54 cm.

Pacage avec des truites fario marquées de un an (cohorte 1987)

L'expérience visait essentiellement à suivre dans la pêcherie les caractéristiques et le devenir de truites fario domestiques de 1 an relâchées au printemps : 15900 truitelles de 1 an (cohorte 1987 ; LT moy. = 177 mm) ont été marquées par ablation de la nageoire adipeuse et déversées en bordure du lac du Bourget fin avril 1988. Les truites fario marquées sont rentrées rapidement dans la pêcherie. L'essentiel des recaptures par pêche professionnelle a été réalisé en fin de saison 1988 et en début de saison 1989 avec respectivement 26 et 52 % du poids total des recaptures. Pour la pêche amateur, l'essentiel des recaptures a été réalisé en fin de saison 1988 (40 % du poids total de recaptures) et en début de saison 1989 (52 % des recaptures en poids). Sur l'ensemble de ces deux périodes (fin de saison 1988 - début de saison 1989) les truites marquées ont représenté respectivement chez les amateurs et les professionnels 14 et 20 % des captures totales de truites fario en lac.

Sur l'ensemble connu de la pêcherie de truites (totalité des professionnels et 60 % des pêcheurs à la traîne ayant rendu leur carnet), les recaptures minimales de truites marquées ont été évaluées à 622 kg pour 759 individus. Le taux minimal de recapture a été de 4,8 % ou 39 kg/1000 truitelles de 1 an.

L'évolution de la taille moyenne des truites fario marquées, capturées au filet, montre l'existence d'une croissance très rapide (fig. 14.16). En effet, la taille moyenne des truites marquées capturées est déjà de 35 cm en octobre 1988 et elle passe à 43 cm en début de saison 1989 et à 49 cm en milieu de saison 1989. Quelques truites marquées ont été capturées à 60-65 cm en début et milieu de saison 1990. Les sondages réalisés en aval du Sierroz (fig. 14.2), un des principaux affluents du lac, lors des 3 saisons de reproduction 1988-1989 à 1990-1991 n'ont permis la capture d'aucun géniteur de truites de lac issu du lot 1 marqué.

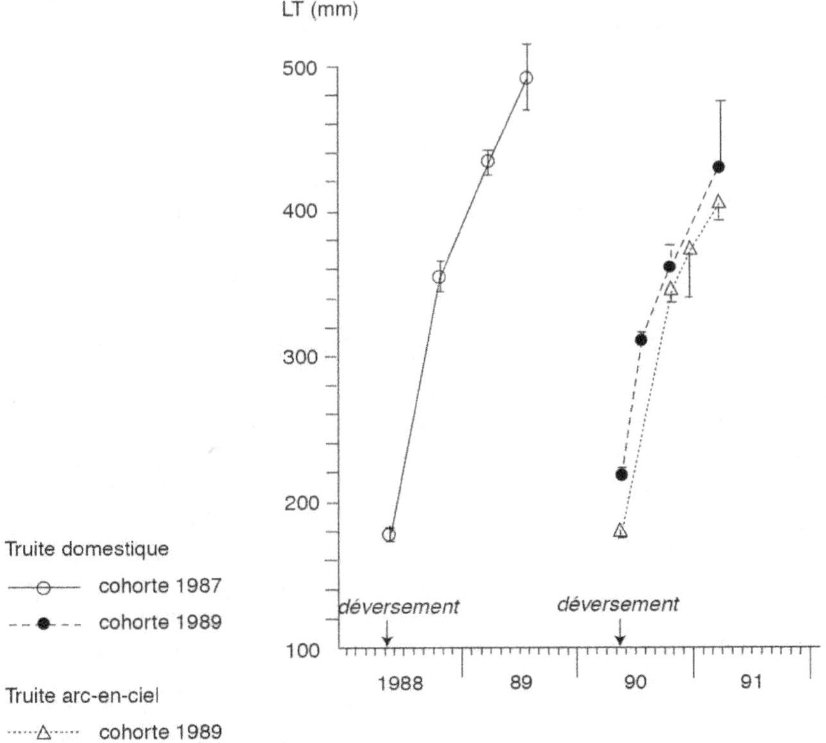

Figure 14.16 : Taille moyenne des truites marquées recapturées dans la pêcherie professionnelle issues de truites de 1 an (souche de pisciculture) déversées marquées dans le lac du Bourget. La barre verticale indique l'intervalle de confiance à 95% de la moyenne.

Pacage avec des truites arc-en-ciel et fario marquées de un an (cohorte 1989)

En début mai 1990, deux lots de truites de 1 an (cohorte 1989) ont été marqués par ablation de l'adipeuse, puis relâchés en bordure du lac du Bourget. Ces lots avaient les caractéristiques suivantes : arc-en-ciel, N = 10800 ; LT moy. = 219 mm; truites fario domestiques : N = 10000 ; LT moy. = 179 mm. L'expérience avait pour but principal de comparer, pour ce mode de relâcher à 1 an, les caractéristiques et le devenir des deux espèces dans la pêcherie professionnelle.

Les truites fario et arc-en-ciel déversées marquées sont entrées dans la pêcherie au filet l'année même du relâcher. Les truites arc-en-ciel, plus grandes (de 4 cm) au déversement, y sont rentrées plus tôt (fig. 14.17), dès le mois de juin, mais elles sont surtout bien représentées à partir de juillet 1990. Les toutes premières fario marquées ont été capturées en juillet et elles sont surtout bien représentées en fin de saison 1990 (fig. 14.17). Pour les deux espèces, la durée d'exploitation est très brève puisque l'essentiel de l'exploitation s'est achevée dès le milieu de la saison de pêche en 1991 (fig. 14.17).

Les taux de recaptures avec des filets ont été meilleurs pour le lot de truites arc-en-ciel (7,0 % et 46 kg/1000 truitelles) que pour le lot de truites fario (3,2 % et 20 kg/1000 truitelles). Pour la truite arc-en-ciel, l'essentiel (71 % des recaptures pondérales du lot) des recaptures a été réalisé très rapidement sur une période brève : le milieu et la fin de saison de pêche 1990. Pour le lot de fario l'essentiel de l'exploitation (82 % du total des recaptures pondérales) a été réalisé sur une période courte mais un peu plus tardive (fin de saison 1990 et début de saison 1991) que pour l'arc-en-ciel. Sur la période milieu de saison 1990-début de saison 1991, les truites marquées ont représenté 31 % des captures pondérales totales (fario et arc-en-ciel) de truites.

Les tailles moyennes de truites (fario et arc-en-ciel) capturées au filet montrent l'existence d'une croissance forte en lac dans les mois suivant le déversement des truitelles de 1 an en mai 1990 (fig. 14.16). Les truites arc-en-ciel conservent leur avantage initial en taille. En fin de saison 1990, la taille moyenne des truites marquées capturées est de 362 mm pour l'arc-en-ciel et de 344 mm pour la fario. La taille moyenne des truites fario marquées recapturées au filet est, à âge égal, plus faible pour le lâcher de 1990 que pour celui de 1988 (fig. 14.16) et ce malgré l'absence de différence dans la taille au relâcher et l'utilisation de la même souche.

Les truites fario marquées représentent un pourcentage important (58 %) des truites de la cohorte 1989 capturées en fin de saison 1990 - début de saison 1991. Dans les captures de milieu et fin de saison 1991, le pourcentage de marquées parmi les captures de truites de la cohorte 1989 chute à 11 %. Les captures de truites de la cohorte 1989 se poursuivent au cours de la saison 1992, mais les truites marquées ne représentent plus qu'environ 1 % de ces captures (tabl. 14.4). La relation taille-âge des truites non marquées suggère l'arrivée dans la pêcherie au filet en milieu et fin de saison 1991 d'un nouveau groupe de truites ayant un schéma de croissance initial plus lent que celui des truites de la même cohorte capturées en fin de saison 1990 - début de saison 1991. La variabilité dans la taille rétromesurée à 2 ans suggère que les truites non marquées ne constituent probablement pas un groupe à histoire unique.

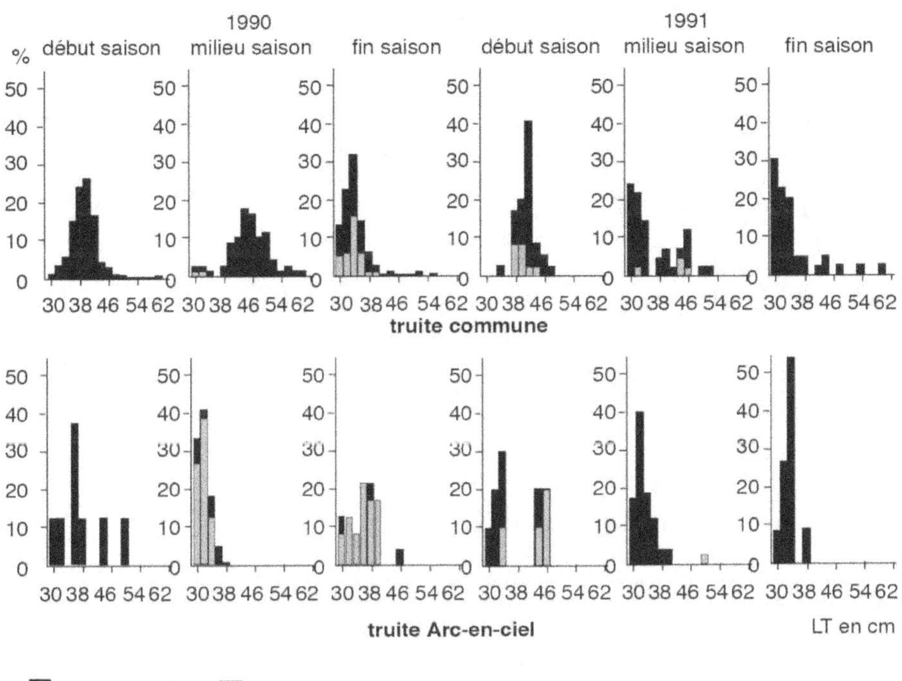

Figure 14.17 : Structure de taille (classes de longueur totale de 2 en 2 cm ; limite inférieure) des truites communes ou arc-en-ciel capturées par pêche professionnelle dans le lac du Bourget. Contribution des truites (souche de pisciculture) marquées déversées à 1 an en mai 1990 (cohorte 1989).

Tableau 14.4 : Evolution de la contribution d'un lot de 10000 truitelles fario de un an (taille moyenne : 18 cm), déversées marquées en mai 1990, dans les captures de la cohorte 1989 par pêche professionnelle avec des filets dans le lac du Bourget.

	Fin de saison 90 et début saison 91	Milieu de saison 91 et fin de saison 91	Saison 92
nombre de truites échantillonnées	104	64	117
% de marquées (I.C. à 95 %)	57,7 (48,1 - 68,0)	11 (4,5-21,3)	0,9 (0,0 - 5,0)

Pacage avec des alevins (cohorte 1990)

En 1990 deux lots de truites 0^+ (cohorte 1990) ont été déversés : d'une part 90000 alevins nourris relâchés en juin 1990 (L. moy. : 59 mm) dont 17000 marqués par ablation des deux pelviennes ; d'autre part, 20000 truitelles de 9-12 cm (même souche et origine que les fario de 1 an, mais L. moy. : 108 mm) toutes marquées par ablation de l'adipeuse et relâchées à l'automne 1990. Outre ces deux lots identifiés, il n'a été volontairement procédé à aucun autre déversement direct en lac de truites fario de la cohorte 1990. Les échantillonnages (200 truites de la cohorte 1990 contrôlées) réalisés dans les captures de truites au filet entre la fin de la saison 1991 au début de la saison 1993 n'ont pas permis de retrouver une seule truite de taille issue des deux lots marqués en 1990, ce qui indique que malgré leur nombre important ils ont eu une contribution négligeable aux captures avec des filets. Le protocole de l'expérimentation permet de conclure que les truites non marquées de la cohorte 1990 ne peuvent provenir que des juvéniles issus des affluents sans que l'on puisse cependant distinguer ce qui vient du recrutement naturel et des repeuplements pratiqués dans les affluents.

Discussion et implications pour la gestion

Les statistiques de captures de salmonidés aux filets de 1921 à 1960 montrent que le Bourget était surtout un lac à corégones (moy. 24 t/an) et avec des captures d'ombles supérieures à celles de la truite (respectivement 1,8 t et 0,6 t/an). Il semble donc réaliste de se fixer un objectif raisonnable (2-3 t/an) et de réfléchir à la façon d'obtenir au mieux cette récolte dans une optique de gestion de l'ensemble du peuplement piscicole.

La truite ayant un bon potentiel de croissance au lac du Bourget, le déversement de truites de taille légale ne semble pas justifié. Cependant, si la truite permet de «valoriser les poissons proies» du lac, elle est également en cela concurrente des autres utilisateurs (autres poissons carnassiers et pêcheurs). Par ailleurs, il est prévisible que, parallèlement au processus de réoligotrophisation du lac, cette abondance de poissons proies tendra à diminuer.

L'étude réalisée montre qu'une partie importante de la cohorte 1990 ayant conduit à la production de truites de lac est issue des affluents. L'hypothèse la plus probable est l'existence d'un ou de plusieurs flux de dévalants issus de la fraie naturelle et/ou de repeuplements en affluents. La présence du lac permet donc de valoriser au moins une partie de la fraction dévalante et donc d'éviter qu'elle ne soit perdue pour le système.

Le suivi des relâchers de 1990 suggère que, tels qu'ils ont été pratiqués, des lots entiers d'alevins de fario domestique relâchés directement en lac, même s'ils sont numériquement importants, pourront être totalement ou quasi totalement absents des captures de truites au Bourget. Une des causes possibles est l'existence d'une forte prédation puisque, le jour même du relâcher, de nombreux alevins ont été trouvés dans les estomacs de perches capturées à proximité des sites de déversement. Les relâchers directs en lac d'alevins nourris de truites fario ne peuvent donc être préconisés tels qu'ils sont actuellement pratiqués.

Les expériences de marquages de truitelles de 1 an déversées au mois de mai démontrent, pour la truite fario comme pour la truite arc-en-ciel, l'existence d'une relativement bonne efficacité de ce mode de relâcher dans le lac du Bourget. La rapidité d'entrée dans la pêcherie (taille minimale de 30 cm) et la taille des truites capturées indiquent que les truites pêchées ont eu une croissance exceptionnellement forte. Néanmoins, malgré la nette sous-estimation des recaptures, il est probable que le poids total de truites recapturées ne dépasse pas ou de peu le poids de truites déversées. Le meilleur résultat de recaptures totales au filet avec les truites arc-en-ciel qu'avec les fario pourrait en partie résulter de la taille initiale supérieure des arc-en-ciel (22 cm contre 18 cm pour la fario). Aass (1984) a montré dans le cas de lacs norvégiens que, alors que le taux de recapture de fario de 17 cm était de y %, il passait à 2 y % pour des fario de 20 cm et à 3 y % pour des fario de 23 cm. L'étude sur le Bourget a montré que la faible ou la non participation des truites domestiques à la fraie naturelle n'implique pas forcément la non participation aux captures en lac. L'existence d'un taux de recapture assez faible (< 10 %) suggère cependant l'existence probable d'un taux de disparition très élevé entre le déversement et la phase d'exploitation. Rien ne permet non plus d'exclure la dévalaison hors du lac d'une partie des truites. Les améliorations pouvant être proposées sont un étalement des relâchers dans l'espace et dans le temps. en optimisant les conditions de déversement et en prenant en compte l'abondance des espèces proies. En effet ce mode de repeuplement est pratiqué à un moment de l'année où l'on peut évaluer si les juvéniles d'espèces proies (gardons, perches, ablettes) nés l'année précédente sont ou non abondants.

Si l'objectif de gestion est de garantir, indépendamment des problèmes de coûts et de l'espèce concernée, des captures de truites de lac de 30-50 cm étalées sur les différents périodes de la saison de pêche avec un temps de réponse court, ce résultat peut être obtenu avec des relâchers en lac de truitelles de 1 an au printemps.

Si l'objectif est de développer une population de truites de lac bouclant naturellement son cycle il est indispensable de prendre en compte le choix de la souche et la gestion de l'accès et de la capacité d'accueil des affluents. La faible longévité des truites de repeuplement domestiques pourrait être en partie liée à la souche ou à des interactions souche-environnement puisqu'au Léman et sur le lac d'Annecy il y a des captures de grandes truites de lac âgées de 5 à 8 ans remontant frayer dans les affluents. Une étude récente (Naslund, 1993) montre l'existence d'un facteur génétique dans l'aptitude à initier la formation d'une population fonctionnelle de truites de lac dans un affluent d'un lac en Suède.

Gestion de la truite en système lacs-affluents associés

Choix des objectifs

En zone de moyenne montagne où les systèmes lacs, réservoirs, affluents associés sont fréquents, la truite de lac représente un réel potentiel (tourisme-pêche, restauration...). Dans beaucoup de lacs, la truite, en raison des grandes tailles qu'elle peut y atteindre, est très recherchée en tant que poisson «trophée». Cependant, la gestion des populations de truite en système lac-affluents pose des problèmes plus complexes que dans le cas de l'omble chevalier et du corégone qui, dans les lacs étudiés, bouclent leur cycle uniquement en lac. Il y a besoin d'une approche globale de l'espèce (divers génotypes et écotypes) à l'échelle du lac et de son bassin-versant et des fractions migrantes et sédentaires des populations. Une première recommandation faite aux gestionnaires est donc de bien préciser les objectifs de leur gestion. En effet les objectifs de gestion peuvent être multiples et non forcément compatibles (ex. : gestion globale de la ressource truite uniquement sur la base de la reproduction naturelle ou bien avec un complément issu du repeuplement, protéger la biodiversité intraspécifique, maximiser les captures de truites de lac en lac ou en rivière, maximiser les captures de truites sédentaires en rivière, assurer complémentairement des captures de truites de lac et de truites sédentaires en rivière....). Actuellement dans les deux systèmes étudiés, l'essentiel des remontées en rivière sont celles des géniteurs qui entrent en rivière en automne-début hiver, juste avant la reproduction et au moment où la pêche en rivière est fermée. Les remontées au cours de la saison de pêche sont actuellement faibles. Les parts respectives du milieu et de la composante génétique sur la période de remontée seraient à évaluer pour être capable de mieux maîtriser l'importante ressource halieutique constituée par des remontées précoces de truites de lac en rivière pendant la saison de pêche. Ce type de remontées existe dans des lacs suisses (Rippmann, 1983) et dans la Dranse, un affluent important du Léman.

Il faut avoir des objectifs réalistes compatibles avec la capacité du système lac-affluent. Il faut donc débuter la diagnose par la caractérisation du réseau hydrographique et l'évaluation des captures et de la capacité d'accueil actuelle et potentielle des affluents et du lac pour la truite. On peut alors hiérarchiser les aménagements les plus efficaces mais en précisant les objectifs de la gestion pratiquée. En effet, certains aménagements ou certaines orientations de gestion peuvent être hiérarchisés différemment selon la forme cible (truite de lac ou sédentaire) et la zone concernée du réseau hydrographique. La consultation de généticiens des populations est recommandée.

Repeuplement et gestion des pêcheries lacustres

La démarche pacage lacustre de truite n'a de sens que dans les cas où la production naturelle de juvéniles par les affluents et dévalant en lac est insuffisante et/ou trop fluctuante pour saturer la capacité d'accueil du lac pour les truites en croissance. Hormis les cas de lac où il n'y a pas ou quasiment pas de réseau d'affluents, cette diagnose n'est pas facile car le flux de dévalants et la capacité d'accueil d'un lac sont tous deux difficiles à quantifier.

Il est nécessaire d'avoir un bilan de ce qui provient du recrutement naturel et du repeuplement en lac et en affluent. Cette évaluation peut nécessiter de réduire les modes d'alevinage simultanément pratiqués en s'arrangeant pour qu'une cohorte ne puisse être issue que d'une seule ou d'un nombre limité de composantes bien identifiables les unes des autres.

Au niveau d'un système lacustre lorsque l'on souhaite accroître le recrutement naturel en truite de lac, les aménagements majeurs doivent porter prioritairement sur l'amélioration de la capacité d'accueil des affluents : rétablissement de l'accès à un maximum de zones de frayères et de production de juvéniles, réhabilitation du milieu (aspects qualitatifs et quantitatifs). Le cas idéal est celui de la réhabilitation d'affluents où subsiste encore une population de truite de lac résiduelle originelle car l'aménagement du mileu peut permettre une réhabilitation de la population sans avoir recours au repeuplement.

Déversements en affluent

Il y a des cas où le recrutement naturel est insuffisant sans qu'il soit possible d'agir par l'aménagement du milieu (ex. : mauvaise répartition des frayères, manque de site de fraie ou de production des stades précoces). Les travaux menés sur le Redon (Champigneulle *et al.*, 1988) puis confirmés sur d'autres affluents au Léman (Durand et Pilotto, 1989) ont montré la possibilité d'obtenir une production supplémentaire de juvéniles 0^+ et 1^+ de truites de lac en dispersant à une densité de quelques dizaines par 100 m² dans les habitats à 0^+, des alevins nourris en fin de printemps-début été dans les affluents ouverts à la dévalaison vers le lac. Ces déversements conduisent à la production de truites de lac dont certaines reviennent comme géniteurs de truites de lac à l'affluent où a été pratiqué le relâcher. Les déversements d'alevins domestiques peuvent également conduire à la production de truites de lac mais ils fournissent une proportion moindre de géniteurs de truites de lac revenant au site de relâcher, ce qui ne veut pas forcément dire qu'ils donnent moins de captures de truites en lac.

Il est souhaitable de privilégier l'utilisation d'alevins de truites de lac issus d'œufs prélevés sur des géniteurs de l'affluent concerné plutôt que d'alevins de truites domestiques ou issus d'un autre affluent. Les déversements peuvent être pratiqués sur des zones à capacité d'accueil non saturée. Le manque ou la mauvaise répartition spatiale des frayères de truites de lac, peuvent être révélés par une cartographie des frayères de truites de lac réalisée lors de l'hiver précédant le relâcher.

Il est nécessaire d'évaluer les éventuels risques d'effets négatifs des déversements sur les populations naturelles migrantes ou sédentaires. Par exemple, il y a des cas où la gestion des parties amont des affluents (coupées des remontées de truites de lac) visera plutôt à favoriser les populations de truites "sédentaires" restant en place et pouvant donc être directement exploitées en rivière. Il importe de prendre l'avis de généticiens.

Déversements directs en lac

Les déversements directs en lac de juvéniles sont un outil de gestion encore à optimiser pour accroître et soutenir les captures de truites de lac. Les quelques données acquises permettent de dire que les relâchers d'estivaux de truites n'offrent pas, comparativement aux lâchers d'estivaux d'ombles, la même «garantie» d'efficacité et de régularité dans les recaptures. Ceci n'exclut pas qu'il puisse y avoir une fraction des relâchers (encore à identifier) qui soit plus efficace que l'ensemble des relâchers pris dans leur globalité. Les estivaux de truites, comparativement à l'omble, sont plus sensibles à la prédation en lac à la fois dans la phase du déversement et dans la période nécessaire pour atteindre une taille suffisante pour échapper à la prédation.

La mise au point de techniques de repeuplement directs en lac participant fortement aux captures en lac mais peu aux remontées de géniteurs permettrait de réserver une part plus importante du réseau d'affluents à la production de truites sédentaires s'il s'avérait que la production de juvéniles de truites lacustres limite ou contribue peu à celle de truites sédentaires.

Discussion générale

Comparaison du pacage pour les 3 espèces

Le suivi du programme a montré l'existence d'une très grande variabilité dans le succès des opérations de pacage. Les premiers facteurs d'efficacité mis en évidence ont été l'espèce (et même la souche), le type de lac et le niveau de la population en place, le mode de relâcher (stade, période et lieu), la prédation, l'exploitation (mode, niveau, gestion). L'efficacité d'opérations de soutien d'effectifs restera de toute façon soumise aux facteurs de fluctuations liés au milieu naturel (climatologie, qualité d'eau, pathologie...), à la pêcherie (caractéristiques de l'effort de pêche, problèmes de report d'effort de pêche, fluctuation de la capturabilité) et au contexte socio-économique (partage de la ressource, commercialisation des produits, label, concurrence des produits de l'aquaculture...).

Les lacs mésoeutrophes profonds (ex. : Léman et Bourget) ayant encore un volume important d'eau bien oxygénée apparaissent favorables au pacage lacustre qui, en supprimant le facteur limitant initial (faible survie des œufs pondus en lac et/ou recrutement naturel en juvéniles insuffisant ou trop fluctuant), permet de pleinement profiter des importantes ressources trophiques (zooplancton et poissons proies) favorables à la croissance. Dans ce type de lac, la prédation (par la lotte, la perche et le brochet) et les fluctuations d'abondance de proies (juvéniles de gardon et perche) sont des facteurs régulateurs majeurs. Dans les lacs moins riches et/ou moins profonds et/ou plus petits, il apparaît plus complexe de faire cohabiter des stocks importants des 3 espèces de salmonidés. Par ailleurs, pour les espèces comme la truite et le corégone dont les juvéniles ont une phase de vie littorale, la pression de prédation est accrue. Ce problème semble renforcé dans les lacs plus petits. L'espèce ou les espèces «cibles» intéressantes peuvent varier selon les types de lac ou de peuplements, d'où l'intérêt d'analyser les potentialités du pacage pour plusieurs espèces dans des situations différentes.

Les données de recaptures recueillies au Léman et au Bourget confirment la très grande efficacité du pacage lacustre avec des estivaux d'omble chevalier. A titre de comparaison, le pacage marin d'omble ou de truite (Jonsson *et al.*, 1994) avec des poissons plus âgés donne des taux de recapture inférieurs à 20 kg/1000 1^{+}. Les taux de recapture obtenus en lac avec des estivaux d'ombles sont supérieurs à tous ceux observés avec de la truite 0^+ et même supérieurs à ceux observés dans de nombreux cas (y compris au Bourget) avec la truite de 1 an et plus. Des trois espèces testées, c'est probablement l'omble chevalier qui peut donner les meilleurs résultats dans les plans d'eau profonds, froids et suffisamment oxygénés en profondeur.

Voies de recherches pour l'optimisation du pacage lacustre

Une recherche plus fine et analytique serait à mener sur des points «clefs» de l'efficacité des relâchers de juvéniles, de truites et corégones en particulier. Il est important de poursuivre des recherches sur la qualité des juvéniles de salmonidés destinés au pacage lacustre (influence de l'origine génétique, des conditions d'élevage, des stades-tailles-périodes de relâcher, de l'état sanitaire et de stress ; nécessité de critères, tests comparatifs avec des juvéniles issus du recrutement naturel). Il est possible qu'à terme l'évolution des connaissances conduise à proposer des modifications dans la conception, le fonctionnement et le mode de production des écloseries destinées à produire des juvéniles de salmonidés lacustres.

La deuxième voie de recherches est la qualité de l'insertion de la composante artificielle dans le recrutement en juvéniles (prise en compte de la mise en charge et du recrutement naturel, de la capacité d'accueil, et plus généralement du peuplement en place). Pour les juvéniles, aux stades précoces pour la truite et le corégone en particulier, il devrait exister des créneaux de transfert (saison, période du jour ou de la nuit, météo, lieu, microhabitat de déversement...) et des façons de faire (préparation thermique, évitement des prédateurs, préconditionnement trophique ou comportemental, densité, dispersion, utilisation des réactions à la lumière, pression, substrat,...) dont l'identification pourrait permettre d'accroître notablement le résultat des déversements. Il est fort probable qu'une part importante du résultat final de certains repeuplements se joue très vite au moment ou très peu de temps après le relâcher d'où l'idée de mener des recherches (*in situ* ou en milieu plus contrôlé) sur la dynamique post-déversement. Pour mener à bien ces recherches, il sera nécessaire de poursuivre la mise au point et l'utilisation de techniques de marquage performantes (possibilité de marquage de masse pour les stades précoces, de marquage comparatifs non biaisés, génétique...). La Station de Thonon a développé des techniques de marquage de masse pour les stades précoces (Jourdan, 1995 ; Rojas Beltran *et al.*, 1995 a et b ; Cachera, 1997 ; Champigneulle et Rojas Beltran, présent volume). Il reste à étudier les possibilités de distinguer les deux composantes de recrutement (pacage et reproduction naturelle) par un examen fin (analyse d'image par exemple) de structures (otolithes, écailles) et/ou des caractéristiques de telle ou telle partie du corps.

Pour optimiser le pacage lacustre de salmonidés, il est important de prendre en compte l'ensemble du peuplement piscicole et de son exploitation. Parmi les points essentiels on peut citer : la dynamique des stocks de juvéniles de gardons et de perches, l'évolution et la répartition spatio-temporelle des espèces cibles et des éventuels prédateurs et/ou compétiteurs (perches, brochets, sandres, truites, ombles, lottes, corégones).

Au niveau des lacs, on manque de données sur la capacité d'accueil pour les divers stades des trois espèces étudiées et sur la répartition spatio-temporelle des juvéniles en particulier. Les relâchers expérimentaux peuvent constituer un précieux outil d'étude de certains points de la biologie et de la dynamique des populations de salmonidés lacustres.

Au niveau de la recherche, une démarche plus analytique et pluridisciplinaire devrait permettre d'améliorer la compréhension des phénomènes impliqués et donc d'optimiser la pratique du pacage lacustre en évaluant mieux ses possibilités mais aussi ses limites et les solutions alternatives ou complémentaires. Il est nécessaire de prendre en compte l'ensemble des impacts possibles (populations, peuplement, sanitaires, génétiques, par exemple : hybridation, rupture des isolements reproducteurs...).

Conclusion générale

L'évolution actuelle est à la mise en place de plans de gestion pluriannuels. Le pacage est devenu pour le gestionnaire un outil d'aménagement des pêcheries lacustres, mais il doit être utilisé avec discernement. Chaque fois que possible l'objectif de pérennisation de ressources naturellement renouvelables doit rester la priorité. Le pagage doit être considéré comme un outil parmi d'autres (aménagement du milieu, réglementation, orientation de la pression de pêche, aménagement des frayères naturelles...), ces derniers devant être évalués comme solutions alternatives et/ou complémentaires. Les objectifs assignés au pacage doivent être clairement définis, réalistes et ils doivent prendre en compte les caractéristiques et la capacité d'accueil des milieux et des peuplement piscicoles récepteurs ainsi que les aspects socio-économiques. Si la solution pacage est retenue, son coût et son impact au niveau biologique (effets positifs et négatifs : ex. : génétique, compétition, pathologie...) et économique doivent être mesurés et régulièrement réévalués.

Remerciements

Le programme pilote et son suivi ont été rendus possibles grâce au Contrat de Plan Etat-Région Rhône-Alpes (1989-1993) qui a permis d'associer de nombreux partenaires : le Ministère de l'Agriculture et de la Forêt, les DDAF de Savoie et Haute-Savoie, la Région Rhône-Alpes, la DRAF, le Ministère de l'Environnement, l'INRA, le CSP, les Conseils Généraux de Savoie et Haute-Savoie, les SIVOM du Léman et du Bourget, la DIREN, l'ADAPRA et, au sein de l'APERA, les associations de pêcheurs amateurs et professionnels des lacs Léman et Bourget et des pêcheurs professionnels du lac d'Annecy. De nombreux chercheurs, techniciens, gardes-pêche, pisciculteurs et pêcheurs et stagiaires ont participé à ce programme. Des remerciements particuliers vont à J. Escomel (graphisme, informatisation des données) et G. Chapuis (scalimétrie) pour leur précieuse aide technique. Un hommage est rendu à R. Rojas Beltran, chercheur INRA décédé en 1997, qui a participé aux recherches sur l'élevage des corégones et qui a développé la technique de marquage des otolithes par fluorochromes.

Références bibliographiques

AASS P., 1984. Brown trout stocking in Norway. *E.I.F.A.C. Tech. Pap./Doc. Tech. CECPI*, 42 (1), 123-128.

AMUNDSEN P.-A., KLETMETZEN A., GROTNES P.E., 1993. Rehabilitation of a stunted population of Arctic Char by intensive fishing. *North Amer. J. Fish. Manage*, 13, 483-491.

BRUN J.C., 1990. Lac du Bourget. *Evolution, gestion, pacage lacustre de Salmonidés*. Rapport interne D.D.A.F. Savoie.44 p.

BRUNNER P. C., 1998. Microsatelitte and mitochondrial DNA assessment of population structure and stocking effects in Arctic charr *(Salvelinus alpinus)* from central Alpine lakes. *Molecular Ecology*, 7, 209-223.

BUTTIKER B., 1986. *In situ* observations on coregonid eggs survival in Lake Joux (Switzerland). *Arch. Hydrobiol. Beih. Ergebn. Limnol.*, 22, 353-361.

BUTTIKER B., 1989. Production piscicole et succès du repeuplement de la truite dans les rivières du canton de Vaud (Suisse). *Bull. Soc. Vaud. Sc. Nat.*, 79, 285-300.

BUTTIKER B., MATTHEY G., 1986. Migration de la truite *(Salmo trutta* L.) lacustre dans le Léman et ses affluents. *Sweiz. Z. Hydrol.*, 48, 153-160.

CACHERA S., 1997. Contribution à la mise au point et à l'utilisation du fluoromarquage des otolithes de salmonidés *(Coregonus lavaretus* et *Salmo trutta)*. Rapport Maitrise de Biologie des Populations et des Écosystèmes, Université des Sciences et technologies de Lille, 18 p.

CARANHAC F., GERDEAUX D., 1998. Analysis of the fluctuations in whitefish *(Coregonus lavaretus)* abundance in Lake Geneva. *Arch. Hydrobiol. Spec. Issues Advanc. Limnol.*, 50, 197-206.

CHAMPIGNEULLE A., 1985. Analyse bibliographique des problèmes de repeuplement en ombles chevalier *(Salvelinus alpinus)*, truites fario *(Salmo trutta)* et corégones *(Coregonus sp.)* dans les grands plans d'eau. *In* : D. GERDEAUX, R. BILLARD (eds), *Gestion Piscicole des lacs et retenues artificielles*, INRA, Paris, 187-217.

CHAMPIGNEULLE A.,1993. Programme pilote et recherches appliquées au pacage lacustre de salmonidés. I.-Travaux sur la truite en système lac-affluents. *Rapport Institut de Limnologie I.L. Thonon*, 68, 66 p.

CHAMPIGNEULLE et ESCOMEL. J.,1984. Note technique. Marquage de salmonidés de petite taille par ablation de l'adipeuse et/ou des deux nageoires pelviennes. *Bull. Fr. Piscic.*, 293-294, 52-58.

CHAMPIGNEULLE A. et GERDEAUX D., 1992. Survey of experimental stockings (1983-1985) of Lake Geneva with spring prefed *Coregonus lavaretus* fry (3-4,5 cm). *Pol. Arch. Hydrobiol.*, 39, 721-729.

CHAMPIGNEULLE A., GERDEAUX D., 1993. The recent rehabilitation of the arctic char *(Salvelinus alpinus* L.) fishery in Lake Geneva. *In* : I. D. COWX (ed), *Rehabilitation of inland fisheries*, Fishing News Books, Blackwell Scientific Publications, London, 293-301.

CHAMPIGNEULLE A, GERDEAUX D., 1995. Survey, management and recent rehabilitation of the Arctic charr *(Salvelinus alpinus)* fishery in the French-Swiss Lake Leman. *Nordic J. Freshw. Res.*, 71, 173-182.

CHAMPIGNEULLE A., ROJAS BELTRAN R., 1990. First attempts to optimize the mass rearing of whitefish *(Coregonus lavaretus)* larvae from Leman and Bourget lakes (France) in tanks and cages. *Aquat. Living Resour.*, 3, 217-228.

CHAMPIGNEULLE A., ROJAS BELTRAN R, 1996. Elevage des larves et juvéniles de corégone *(Coregonus lavaretus)* en cages lacustres éclairées pour l'attraction du zooplancton. *Hydroécol. Appl.*, 8, 155-172.

CHAMPIGNEULLE A., ROJAS BELTRAN R., 2001. Le marquage des poissons. *In* : D. GERDEAUX (ed), *Gestion piscicole des lacs et retenues* (présent ouvrage), INRA, Paris.

CHAMPIGNEULLE A., GERDEAUX D. et GILLET C., 1983. Les pêches de géniteurs de corégones dans le Léman français en 1982. *Bull. Fr. Piscic.*, 290, 149-157.

CHAMPIGNEULLE A., BOUTRY E., DEWAELE P. et MAUFOY C., 1986a. Rearing of larvae of Lake Leman coregonids in France. Preliminary data on the production in small ponds, illuminated cages and tanks. *Arch. Hydrobiol. Beih. Ergebn. Limnol.*, 22, 241-264.

CHAMPIGNEULLE A., MICHOUD M., DUCRET L., FOUSSAT G., MUDRY H., NOEL D. et ZEGNA G., 1986b. Étude de la production de préestivaux de corégones (*Coregonus* sp.) en cages éclairées immergées dans le Léman. *Bull. Fr. Pêche Piscic.*, 300, 1-12.

CHAMPIGNEULLE A., MICHOUD M., GERDEAUX D., GILLET C., GUILLARD J., ROJAS-BELTRAN R., 1988 - Suivi des pêches de géniteurs d'ombles chevaliers (*Salvelinus alpinus* L.) sur la partie française du lac Léman de 1982 à 1987. Premières données sur le pacage lacustre de l'omble. *Bull. Fr. Pêche Pisc.*, 310, 85-100.

CHAMPIGNEULLE A., MICHOUD M. et BRUN J.C., 1989. Projet pacage lacustre ou optimisation des repeuplements de salmonidés lacustres en région Rhône-Alpes. Avant-projet technique. *Rapp. Inst. Limnol.*, *Thonon*, 46, 45 p.

CHAMPIGNEULLE A., MELHAOUI M., BUTTIKER B., DURAND P., 1990 a. Principales caractéristiques de la biologie de la truite de lac (*Salmo trutta*) dans le Léman. *In* : J.L. BAGLINIERE, G. MAISSE (eds), *Biologie de la truite commune* (Salmo trutta L.), INRA, Paris, 153-182.

CHAMPIGNEULLE A., MELHAOUI M., GERDEAUX D., ROJAS-BELTRAN R., GILLET C., GUILLARD J., 1990 b- La truite commune *(Salmo trutta)* dans le Redon, un petit affluent du lac Léman. II.,- Caractéristiques de la population en place (1983-1987) et premières données sur l'impact des relâchers d'alevins nourris. *Bull. Fr. Pêche Pisc.*, 319, 181-196.

CHAMPIGNEULLE A., MELHAOUI M., GERDEAUX, ROJAS-BELTRAN R., GILLET C., GUILLARD J., MOILLE J.P., 1990 c - La truite commune *(Salmo trutta)* dans le Redon, un petit affluent du lac Léman. II.- Caractéristiques des géniteurs de truites de lac et premières données sur l'impact des relâchers d'alevins nourris. *Bull. Fr. Pêche Pisc.*, 319, 197-212.

CHAMPIGNEULLE A., ROJAS BELTRAN R., GERDEAUX D., GILLET C., 1994 a. Programme pilote et recherches appliquées au pacage lacustre de salmonidés. II.- Travaux sur les corégones. *Rapport Institut de Limnologie*, *Thonon*, 73, 75p.

CHAMPIGNEULLE A., ROJAS BELTRAN R., GILLET C., MICHOUD M., 1994 b. Maîtrise de l' élevage en bassins avec un aliment sec des corégones *(Coregonus lavaretus)* pour le repeuplement. *La Pisciculture Francaise*, 116, 4-26.

CHAMPIGNEULLE A., ROJAS BELTRAN R., GERDEAUX D., GILLET C., 1995. Programme pilote et recherches appliquées au pacage lacustre de salmonidés. III.-Travaux sur l'omble chevalier. Rapport Institut de Limnologie, Thonon, 87, 61p.

CSP, 1997. Le repeuplement en question. *Eaux libres*, 23, 73 p.

COLETTE P.B., ALI M.A., HAKANSON K.E.F. *et al.*, 1977. Biology of the percids. *J. Fish. Res. Board Can.*, 34, 1890-1899.

CUINAT R., 1971. Ecologie et repeuplement des cours d'eau à truites. *Bull. Fr. Piscic.*, 240-242-243, 87 p.

DAMSGARD B., 1995. Arctic charr (*Salvelinus alpinus* L.), as prey for piscivorous fish - A model to predict prey vulnerabilities and prey size refuges. *Nordic J. Freshw. Res.*, 71, 190-196.

DURAND P. et PILOTTO J.D., 1989. Projet de recherche sur la truite lacustre. Etude du repeuplement effectué dans quelques affluents du Léman. Rapport intermédiaire, janvier 1989, ECOTEC, Genève, 18 p.

DUSSART B., 1952. L'omble chevalier *(Salvelinus alpinus)* au Léman. *Ann. Stat. Cent. Hydrobiol. Appl.*, 4, 355-378.

ECKMANN R., GAEDE U. et WETZLAR J., 1988. Effects of climatic and density-dependent factors on Year-class strength of *Coregonus lavaretus* in Lake Constance. *Can. J. Aquat. Sci.*, 45, 1088-1093.

EDSALL T.A., KENNEDY G.W., 1993. Distribution, abundance, and resting microhabitat of Burbot on Julian'Reef, Southwestern Lake Michigan. *Trans. Am. Fish. Soc.*, 122, 560-574

ELROD J. H., 1997. Survival of hatchery-reared Lake Trout stocked near shore and off shore in Lake Ontario. *North Amer. J. Fish. Manage.*, 17, 779-783.

ESKELINEN P., FOSMAN L., 1991. *Disinfection of salmon, whitefish and grayling eggs with iodophors.* E.A.S. Special Publication, Dublin, 10.

GERDEAUX D., DEWAELE P., 1986. Effects of the weather and of artificial propagation on coregonid catches in Lake Geneva. *Arch. Hydrobiol. Beih. Ergebn. Limnol.*, 22, 343-352.

GERDEAUX D., CHAMPIGNEULLE A., LAURENT P.J., GUILLARD J., 1990. Bilan des marquages de truites (LT>. 8 cm.) relâchées dans le lac d'Annecy et le Léman de 1964 à 1977. *Bull. Fr. Pêche Pisc.*, 319, 213-223.

GILLET C., 1991 a. Egg production in an arctic charr *(Salvelinus alpinus)* brood stock : effects of temperature and photoperiod on the timing of spawning and on the quality of eggs. *Aquat. Living Resour.*, 4, 109-116.

GILLET C., 1991 b. Egg production in a whitefish *(Coregonus shinzi palea)* broodstock: effects of photoperiod on the timing of spawning and the quality of eggs. *Aquat. Living Resour.*, 4, 33-39.

GILLET C., 2001. Le déroulement de la fraie des principaux poissons lacustres. *In :* D. GERDEAUX (ed), *Gestion piscicole des lacs et retenues* (présent ouvrage), INRA, Paris.

GILLET C., BRETON B., 1992. Research work on Arctic charr *(Salvelinus alpinus)* in France broodstock management. *Buvisindi Icel. Agr. Sci.*, 6, 25-45.

GRIMAS U., NILSSON N.A. & WENDT C., 1972. Lake Vattern: effect of exploitation, eutrophication and introductions on the salmonid community. *J. Fish. Res. Board Can.*, 29, 807-817.

GUILLARD J., GILLET C., CHAMPIGNEULLE A., 1992. Revue bibliographique. Principales caractéristiques de l'élevage de l'omble chevalier *(Salvelinus alpinus)* en eau douce. *Bull. Fr. Pêche Piscic.*, 325, 47-68.

GUYOMARD R., 1989. Diversité génétique de la truite commune. *Bull. Fr. Pêche Piscic.*, 314, 118-135.

HARRIS K. C., 1992. Techniques used for the fully intensive culture of lake whitefish *(Coregonus clupeaformis)* larvae and yearlings in Ontario, Canada. *Pol. Arch. Hydrobiol.*, 39, 713-720.

HELMINEN H., SARVALA J., KARJALAINEN J., 1997. Patterns in vendace recruitment in Lake Pyhajarvi, south-west Finland. *J. Fish Biol.*, 51 (sup. A), 303-316.

JONSSON N., JONSSON B., HANSEN L.P., 1994. Sea ranching of brown trout *(Salmo trutta)*. *Fish. Manage and Ecology*, 1, 67-76.

JOURDAN S., 1995. Pacage lacustre et réhabilitation de l'omble chevalier *(Salvelinus alpinus* L.) des lacs Léman et Bourget. Mémoire de fin d'étude du DAA halieutique, E.N.S.A. Rennes, 46 p.

JURVELIUS J., AUVINEN H., SIKANEN A., AUVINEN S. et HEIKKINEN T., 1995. Stocking of vendace *(Coregonus albula)* into lake Puruvesi, eastern Finland. *Arch. Hydrobiol. Spec. Issues Advanc. Limnol.*, 46, 413-420.

KLEIN M., 1988. Significance of stocking for stabilising and increasing yield in the coregonid fishery in Lake Starnberg, FRG. *Finn. Fish. Res.*, 9, 397-406.

LANGELAND A., 1986. Heavy exploitation of a dense resident population of arctic char in a mountain lake in central Norway. *North Amer. J. Fish. Manage*, 6, 519-525.

LANGELAND A., L'ABEE-LUND J.H., JONSSON B., JONSSON N., 1991. Resource partitioning and niche shift in arctic charr *(Salvelinus alpinus)* and brown trout *(Salmo trutta)*. *J. Anim. Ecol.*, 60, 895-912.

L'ABEE-LUND J.H., LANGELAND A., SAEGROV H., 1992. Piscivory by brown trout *(Salmo trutta)* and arctic charr *(Salvelinus alpinus)* in Norvegian lakes. *J. Fish Biol.*, 41, 91-101.

LARGIADER C., SCHOLL A., GUYOMARD R., 1996. The role of natural and artificial propagation on the genetic diversity of brown trout *(Salmo trutta)* of the upper Rhône drainage. *In :* KIRCHHOFFER, D. HEFTI (eds), *Conservation of endangered fish in Europe*, Birkhauser Verlag, Basel, Switzerland, 181-197.

LAURENT P.J., 1982 - Résultats de déversements dans le Léman d'ombles marqués. *Bull. Fr. Pisc.*, 285, 210-220.

LUCZYNSKI M., 1989. Thermal manipulation of the course of early ontogeny in coregoninae. *Proceedings of the symposium on rearing of salmonid fishes*, 1988-11-22-23, Marianske lake, Czechoslovakia, 40-69.

MACHINO Y., 1991. Répartition géographique de l'omble chevalier *(Salvelinus alpinus)* en France. Diplôme Supérieur de Recherches (Sciences Naturelles). Univ. J. Fourier, Grenoble 1, 438 p.

MODDE T., WASOWICZ A. F., HEPWORTH D. K., 1996. Cormorant and grebe predation on rainbow trout stocked in a southern Utah reservoir. *North Amer. J. Fish. Manage*, 16, 388-394.

MÜLLER R., 1990. Management practices for lake fisheries in Switzerland. *In :* W.L.T. VAN DENSEN, B. STEINMETZ, R.H. HUGHES (eds), *Management of freshwater Fisheries*, Proc. Symp. EIFAC, Göteborg, Sweden, 1988. Pudoc, Wageningen, 477-492.

MULLER R., 1992. Trophic state and its implications for natural reproduction of salmonid fish. *Hydrobiologia*, 243-244, 261-268.

NASLUND I., 1993. Migratory behaviour of brown trout *(Salmo trutta* L.): importance of genetic and environmental influences. *Ecology of freswater Fish*, 2, 51-57.

NEEDHAM P.R., 1959. New horizons in stocking hatchery trout. *Trans. 24th North American Wildlife Conference*, 395-407.

NILSSON N. A., 1963. Interaction between trout and char. *Trans. Amer. Fish. Soc.*, 92, 276-285.

NILSSON N.A., PEJLER B., 1973. On the relation between fish fauna and zooplankton composition in North swedish lakes. *Rep. Inst. Freshwater Res. Drottningholm*, 46, 58-78.

NORTHCOTE T., 1995. Confession from a four decade affair with Dolly Varden: a synthesis and critique of experimental tests for interactive segregation between dolly varden Char *(Salvelinus malma)* and cutthroat trout *(Oncorhynchus clarki)* in British Columbia. *Nordic J. Freshw. Res.*, 71, 49-67.

NUMANN W., 1970. The blaufelchen of Lake Constance *(Coregonus wartmanni)* under negative and positive influence of man. *In :* C.C. LINDSEY, C.S. WOODS (eds.), *Biology of coregonid fishes*. University of Manitoba Press, Winnipeg, 417-428.

O'GRADY M.F., 1984. Observations on the contribution of planted brown trout *(Salmo trutta)* to spawning stocks in four Irish Lakes. *Fish Manage*, 15, 117-122.

PEDROLI J.C., 1983. La réintroduction de l'omble chevalier *(Salvelinus alpinus)* dans le lac de Neuchâtel (Suisse). *Bull. Fr. Piscic.*, 290, 158-160.

PETERSON R.H., 1979. Temperature preference of several species of *Salmo* and *Salvelinus* and some of their hybrids. *J. Fish. Res. Board Can.*, 36, 1137-1140.

RIPPMANN U., 1983. La pêche de la truite dans le lac des Quatre-Cantons. *Publ. Off. Fed. Prot. Environ.*, 41, 119-135.

ROJAS BELTRAN R. et GILLET C., 1993. The quality of eggs and larvae of Coregonus lavaretus from Lake Leman : effect of female origin. Fifth International Coregonid Congress Olztyn (Poland), August 1993.

ROJAS BELTRAN R., CHAMPIGNEULLE A., VINCENT G., 1995 a. Mass-marking of bone tissue of *Coregonus lavaretus* L. and its potential application to monitoring the spatio-temporal distribution of larvae, fry and juveniles of lacustrine fishes. *Hydrobiologia*, 300-301, 399-407.

ROJAS BELTRAN R., CHAMPIGNEULLE A., VINCENT G., 1995 b. Towards a better description of the variability and the quality of batches of *Coregonus lavaretus* L. larvae reared on dry diets. *Arch. Hydrobiol. Spec. Advanc. Limnol.*, 46, 315-324.

ROJAS BELTRAN R., GILLET C., CHAMPIGNEULLE A., 1995 c. Immersion mass-marking of otoliths and bone tissue of embryos, yolk-sac fry and fingerlings of arctic charr *(Salvelinus alpinus L.)*, *Nordic J. Freshwat. Res.*, 71, 411-418.

RUBIN J.F., 1990. Biologie de l'omble chevalier *(Salvelinus alpinus* L.) dans le Léman (Suisse). Thèse Docteur es Sciences en Biologie. Univ. de Lausanne, 169 p.

RUBIN J.F. 1992. Gestion de la pêche de l'omble chevalier *(Salvelinus alpinus* L.) dans le Léman (Suisse). *Bull. Soc. Vaud. Sc. Nat.*, 82, 173-186.

RUBIN J.F., BUTTIKER B., 1987. Croissance et reproduction de l'omble chevalier *(Salvelinus alpinus* L.) dans le lac de Neuchâtel (Suisse). *Schweiz. Z. Hydrol.*, 49, 51-61.

RUBIN J.F., BUTTIKER B., 1993. Quelle est la proportion d'ombles chevaliers *(Salvelinus alpinus* L.) issus de la reproduction naturelle ou de repeuplement dans le Léman ? *Bull. Fr. Pêche Piscic.*, 329, 221-229.

RUHLE C., 1989. Growth pattern and maturation in arctic char *(Salvelinus alpinus)* of Lake Walenstadt, Switzerland. *Aquatic sciences*, 51, 296-305.

RUNNSTROM S., 1951. The population of charr *(Salvelinus alpinus)* in a regulated lake. *Rep. Inst. Freshwater Res. Drottningholm*, 32, 66-78.

SVARDSON G., 1976. Interspecific population dominance in fish communities in Scandinavian lakes. *Rep. Inst. Freshwater Res. Drottningholm*, 55, 144-171.

VENTLING - SCHWANG A. R., LIVINGSTONE D. M., 1992. Transport and burial as a cause of whitefish *(Coregonus* sp.) egg mortality in a eutrophic lake. *Can. J. Aquat. Sci.*, 51, 1908-1919.

VILJANEN M., 1988. Relations between egg and larval abundance, spawning stock and recruitment in vendace *(Coregonus albula* L.). *Finn. Fish. Res.*, 9, 271-289.

VUORINEN J., 1988. Enzyme genes as interspecific hybridation probes in Coregoninae fishes. *Finn. Fish. Res.*, 9, 31-37.

VUORINEN J., CHAMPIGNEULLE A., DABROWSKI K., ECKMANN R. et ROSCH R., 1986. Electophoretic variation in Central European Coregonid populations. *Arch. Hydrobiol. Beih. Ergebn. Limnol.*, 22, 291-298.

WILEY R.W., WHALEY R.A., SATAKE J.B., FOWDEN M., 1993. Assessment of stocking hatchery trout: a Wyoming perspective. *North Amer. J. Fish. Manage.*, 13, 160-170.

WOLOS A., FALKOWSKI S., ABRAMCZYK A., 1993. Management of coregonines in the big State Fish Farm Elk-production, stocking practices and effectiveness. *Arch. Hydrobiol. Spec. Issues Advanc. Limnol.*, 46, 387-396.

YOCOM T. G. et EDSALL T. A., 1974. Effect of acclimatation temperature and heat shock on vulnerability of fry of lake whitefish *(Coregonus clupeaformis)* to predation. *J. Fish. Res. Board Can.*, 31, 1503-1506.

Les statistiques de pêche*

Introduction

L'estimation de la quantité de poissons pêchés est un des éléments indispensables à l'évaluation et la gestion des stocks exploités. Chaque modification dans la gestion doit avoir une conséquence si possible positive sur la pêche. Pour apprécier ce résultat, il est bien sûr possible de s'appuyer sur la perception des pêcheurs, mais il vaut mieux récolter des données quantitatives plus objectives, et comparables dans le temps si elles sont fiables. En effet, ce n'est pas parce qu'on dispose de chiffres que l'information est meilleure qu'un avis plus subjectif. Les données disponibles sont souvent incomplètes et peuvent présenter des biais. Une bonne connaissance de la situation sur le terrain est indispensable à la mise en place d'une stratégie statistique et à la bonne interprétation des résultats à disposition.

Un stock de poissons n'est pas un élément figé, il évolue en fonction des gains et des pertes qu'il subit. Le stock utilisable représente le poids de tous les poissons dont la taille dépasse la taille minimale réglementaire. Les gains proviennent de l'apport de nouveaux individus, qui, par leur croissance, atteignent la taille minimale, et de la croissance des individus ayant dépassé cette taille. Les pertes sont dues à la mortalité naturelle, et, dans le cadre d'une pêcherie, à la capture qu'effectue l'homme. Si la mortalité (naturelle ou par pêche) est trop forte, le stock décline et la récolte halieutique diminue également si l'effort de pêche n'augmente pas. Pour porter un bon diagnostic, il convient donc de connaître à la fois le niveau des captures et l'effort développé pour l'atteindre. Quand un diagnostic de surpêche est apporté, le gestionnaire peut, soit diminuer la pression de pêche, soit soutenir la population en procédant à un repeuplement. Pour connaître l'efficacité d'une mesure de gestion, il sera souvent plus simple de suivre le niveau des captures plutôt que le niveau des populations. Cela est d'autant plus vrai que le but visé est d'augmenter les captures même si ce résultat passe par une augmentation préalable de la taille des populations.

* D. Gerdeaux

La mise en place de statistiques de pêche dépend des possibilités locales de la pêche et des objectifs recherchés. Il est plus facile de mettre en place des statistiques en plan d'eau quand l'accès à ce milieu nécessite l'achat d'un permis spécial qui délimite bien la population de pêcheurs plutôt que dans le cas où tout pêcheur déjà détenteur d'un permis peut accéder à la pêche dans ce lac. Les statistiques les plus anciennes en France portent sur la pêche professionnelle ou amateur aux engins, et pêcheurs de loisir à la traîne et à la sonde en lacs. La pêche à la traîne consiste à tirer derrière un bateau une longue ligne équipée de cuillers. A la pêche à la sonde, le bateau est à l'arrêt, et le pêcheur descend une ligne plombée équipée de leurres qui imitent des nymphes de chironomes. L'accès à ces types de pêche dépend de l'attribution d'une licence et non d'un permis. Dans ce cas, l'État, détenteur du droit de pêche, demande la remise de statistiques de capture pour bénéficier du renouvellement de cette licence. Initialement, ces statistiques étaient assez simples puisqu'elles ne demandaient que des déclarations de poids avec un pas de temps mensuel ou annuel. Il n'y avait aucune information sur l'effort de pêche. Les statistiques de pêche sur les grands lacs subalpins répondent maintenant à tous les critères d'utilisation pour la gestion en intégrant toutes les informations indispensables. Pour cela, il est nécessaire de coupler différentes approches complémentaires entre statistiques obligatoires ou non. L'obtention de statistiques est faite en grande partie en sollicitant de la part du pêcheur une contribution active, mais on peut également avoir recours à une démarche active des gestionnaires avec l'aide d'enquêteurs.

Les modes d'obtention des statistiques

Les enquêtes

La technique des sondages est bien connue du citoyen, qu'il s'agisse de consommation ou d'élections par exemple. Dans ce cas, la recherche est conduite de façon active, l'enquêteur s'adresse au pêcheur. Le sondage peut être fait pendant l'action de pêche ou quand le pêcheur est à son domicile en l'interrogeant par téléphone ou par courrier. L'enquête sur place permet une vérification des captures, mais elle est souvent plus coûteuse que les autres types d'enquêtes. Les enquêtes par téléphone ou par courrier font appel à la mémoire du pêcheur alors que l'enquête pendant l'action de pêche est ponctuellement plus fiable. Les choix dépendront des objectifs visés et des possibilités financières.

Les carnets de pêche

La tendance actuelle se tourne vers la mise en place de carnets tenus par les pêcheurs qui sont de plus en plus conscients que les données sur les captures sont des éléments indispensables à la gestion. Les carnets peuvent être obligatoires et/ou facultatifs. Les carnets obligatoires, s'ils sont tous remis au gestionnaire, constituent un échantillonnage exhaustif mais la fiabilité des renseignements est relative. Les carnets facultatifs sont remplis par des pêcheurs volontaires, donc a priori plus fiables mais sans doute moins représentatifs de l'ensemble des pêcheurs.

Les renseignements désirés

Tout gestionnaire rêve d'une statistique idéale qui lui permettrait de connaître, pour chaque poisson pêché, son espèce, sa taille, son sexe (et le degré de maturité), son poids, le lieu exact où il a été pêché, de quelle manière il a été pris et pendant combien de temps il a fallu pêcher pour l'attraper! Cet objectif ne peut être atteint que dans le cas de quelques pêcheurs particulièrement motivés. La plupart du temps, il faut restreindre les objectifs aux informations que l'on juge indispensables à obtenir et qu'il est raisonnable d'attendre du pêcheur.

Pêche sportive

Les carnets obligatoires doivent contenir au minimum le lieu et la date de pêche, le nombre de poissons pêchés par espèce, le poids total par espèce. On peut demander au pêcheur de faire un récapitulatif mensuel ou annuel pour faciliter la saisie des données. L'effort de pêche est dans ce cas la sortie journalière. On peut éventuellement demander au pêcheur d'indiquer le nombres d'heures de pêche pour affiner la mesure de l'effort. Cette information n'est vraiment utile que dans les cas où on considère l'effort de pêche comme essentiel. Dans ce cas, il faut être sûr que les sorties bredouilles sont bien toutes inscrites, sinon l'erreur introduite par ces non-reports d'effort infructueux supprime l'intérêt des déclarations horaires. L'indication du nombre d'heures n'est souvent qu'une précision illusoire dans les statistiques obligatoires. Dans les pêcheries où des quotas journaliers existent, il est utile de demander l'inscription indélébile sur le carnet de chaque prise, ce qui facilite le contrôle du respect de ce quota.

Les carnets non-obligatoires destinés à des pêcheurs volontaires peuvent apporter beaucoup plus d'informations. Les statistiques faites sur le lac d'Annecy montrent que les pêcheurs intéressés par la gestion peuvent apporter une grande quantité d'informations allant jusqu'à des prélèvements soumis à des analyses scientifiques comme des écailles pour la détermination des âges ou des estomacs pour des études de régimes alimentaires.

Pêche professionnelle

Les statistiques professionnelles sont maintenant journalières sur les grands lacs. Les informations portent sur le poids pêché par espèce et pour les espèces peu nombreuses le nombre de poissons de chaque espèce. On demande également des informations sur l'effort de pêche journalier développé. Mais cette information est parfois impossible à demander quand différents engins sont employés avec des durées variables chaque jour. Il est souvent indispensable de compléter ces informations par des mesures faites par la garderie ou par les scientifiques pour connaître la structure en taille des captures, par exemple.

Les statistiques de pêche, emploi pour la gestion

Les statistiques de pêche permettent de mieux connaître aussi bien les pêcheurs et leurs habitudes de pêche que les captures qui sont réalisées. La connaissance des pêcheurs peut être utile quand il s'agit d'intervenir sur la pression de pêche alors que la connaissance des captures apporte des éléments sur la dynamique des stocks exploités.

Répartition, évolution de l'effort de pêche

Différentes catégories de pêcheurs se partagent souvent la ressource piscicole d'un lac. Dans les lacs domaniaux subalpins, des pêcheurs professionnels, amateurs aux engins, amateurs traîne-sonde coexistent. Parmi les pêcheurs amateurs, certains sont assidus, d'autres ne pêchent que pendant leurs vacances. Il est intéressant de connaître comment se répartit l'exploitation entre ces différentes catégories aussi bien au niveau de l'effort développé que des captures réalisées. L'évolution temporelle de la pêche est également obtenue par des statistiques récoltées sur le long terme.

Il y a encore peu de milieux en France où la pêche est suivie à l'aide de statistiques en dehors des lacs subalpins. Sur certains lacs, des associations de pêche ont mis en place des statistiques, comme sur le lac de Serre-Ponçon pour la pêche à la traîne. La mise en place du réseau de statistique sur la pêche aux engins en France par le Conseil Supérieur de la Pêche vient de débuter. Tous les exemples qui seront présentés dans ce texte porteront sur le lac d'Annecy et principalement sur le corégone qui représente l'essentiel des captures en biomasse et pour lequel un travail de thèse a conduit la réflexion jusqu'à l'élaboration d'un modèle halieutique (Caranhac, 1999). Il ne s'agit pas de proposer une démarche identique sur tous les lacs, mais de montrer quels types d'informations on obtient et jusqu'où on peut aller dans l'utilisation de données qui proviennent essentiellement de statistiques de pêche.

Evolution des captures

La première information récoltée le plus souvent dans les statistiques de pêche est la quantité de poissons pris (fig. 15.1). On note que le tonnage est proche de 20 tonnes les 10 dernières années avec des captures annuelles dépassant 25 tonnes pour 3 années. Des ajustements de la taille minimale légale de capture et de la taille des mailles des filets ont légèrement modifié le partage de la ressource entre amateurs et professionnels. Les dernières années, le partage se situe autour de 50 %. La seule analyse de cette évolution ne permet pas de savoir si c'est la population de corégone qui augmente, ou si auparavant la pression de pêche étant faible sous-exploitait le stock. Il est donc nécessaire de connaître l'évolution de la pression de pêche et du rendement de l'effort de pêche pour aller plus loin dans la compréhension de la pêche.

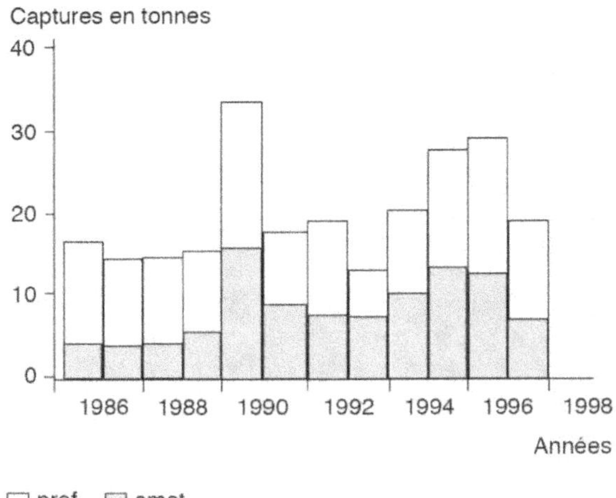

Figure 15.1 : Captures de corégone déclarées au lac d'Annecy de 1986 a 1997 par les pêcheurs professionnels et les pêcheurs amateurs.

Répartition des captures

La répartition des captures entre catégories de pêcheurs ou entre pêcheurs d'une même catégorie est importante à connaître quand il s'agit d'arbitrer un partage d'une ressource ou d'intervenir sur la pression de pêche d'une catégorie de pêcheurs. Quand on sait que 100 pêcheurs parmi 900 capturent 50 % des poissons, une réduction des captures totales passe par une action qui doit être orientée vers ces 100 pêcheurs (fig. 15.2). L'analyse des statistiques journalières montrent que ces pêcheurs sont très assidus. Des simulations montrent que la mesure la plus efficace consiste à diminuer le nombre de jours de pêche possibles dans la saison en instituant un quota ou un jour de fermeture hebdomadaire (Gerdeaux, 1991).

Evolution de l'effort de pêche entre catégories

Le nombre de licences et de permis de pêche délivré annuellement n'apporte pas une information très pertinente sur l'effort de pêche. On pourrait croire que la pression de pêche professionnelle est constante puisque le nombre de licences, passé de 7 à 5 de 1987 à 1988, est constant ensuite jusqu'en 1998 et que la pression de pêche amateur augmente depuis 1988 de 700 à environ 1000, soit une augmentation de près de 50 % (fig. 15.3)

En réalité, quand on prend un paramètre plus proche de l'effort développé réellement, le résultat est différent. La pression de pêche professionnelle, exprimée en nombre de filets à corégone tendus par nuit augmente, même si le nombre de pêcheurs est stable (fig. 15.4). Le nombre de sorties de pêcheurs amateurs a augmenté de plus de 80 % pour un nombre de permis augmentant de 50 %.

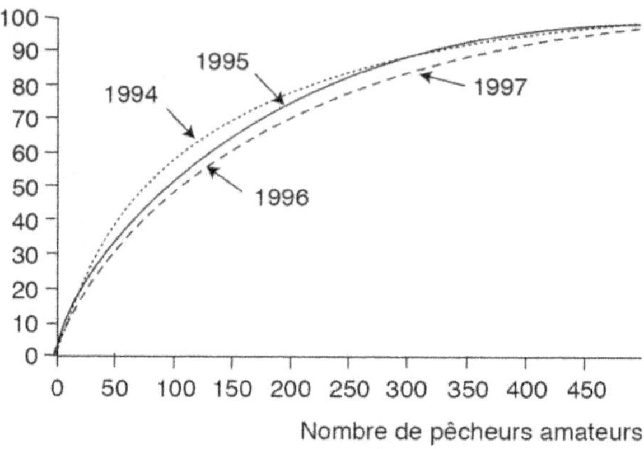

Figure 15.2 : Répartitions cumulées des captures de corégones dans la pêche amateur de 1994 à 1997 au lac d'Annecy. Le cumul est fait après classement décroissant des captures par pêcheurs.

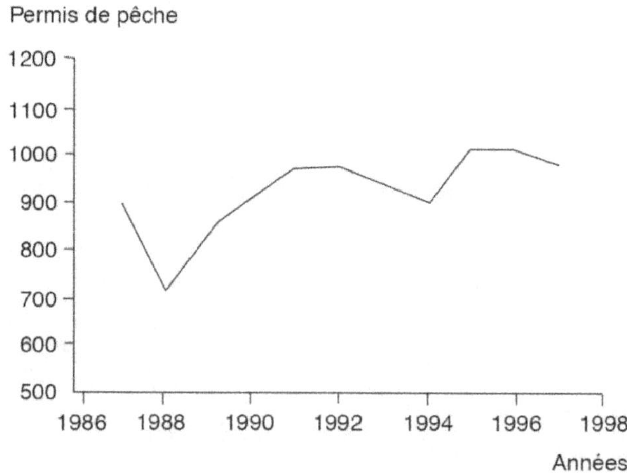

Figure 15.3 : Évolution du nombre des pêcheurs amateurs «traîne-sonde» au lac d'Annecy de 1987 à 1998.

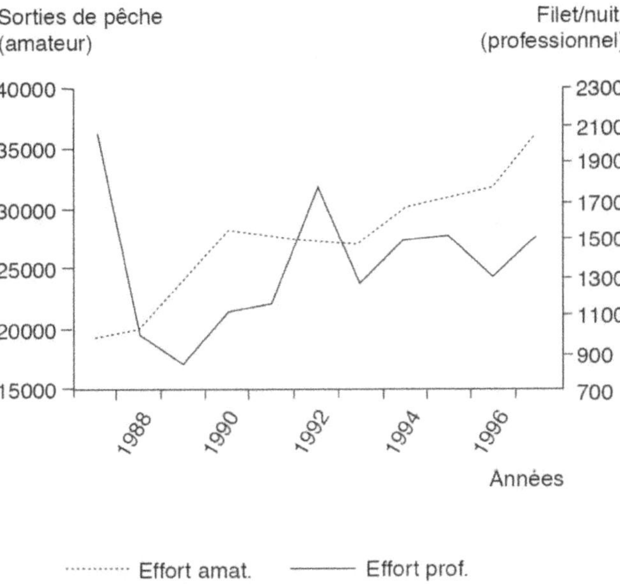

Figure 15.4 : Evolution de l'effort de pêche amateur et professionnel au lac d'Annecy de 1987 à 1997.

Evolution des prises par unité d'effort

Les captures et l'effort de pêche analysés séparément ne permettent pas d'appréhender correctement l'évolution de la pêche. C'est en analysant simultanément ces deux paramètres que l'on peut avoir une meilleure idée de l'évolution. Il s'agit de suivre l'évolution du résultat d'un effort de pêche standard, on parle de CPUE, Capture Par Unité d'Effort. Il faut définir l'unité d'effort la plus précise possible. Pour la pêche professionnelle, les statistiques permettent de connaître le résultat en prises pondérales d'une tendue d'un filet alors que les statistiques amateurs sont moins précises : on ne peut disposer que des captures réalisées en nombre par chaque sortie de pêche. Cette information est assez peu précise pour chaque pêcheur puisqu'une sortie n'est pas de durée fixe et que l'action de pêche est assez sélective spécifiquement et peut être orientée plus vers la truite que le corégone, par exemple. Néanmoins, le nombre d'informations permet l'obtention d'une bonne moyenne. On sait par exemple que la durée moyenne d'une sortie de pêche est toujours proche de 5h30 sur le lac d'Annecy pendant la période d'étude de près de 10 ans.

Les CPUE des amateurs et des professionnels du lac d'Annecy pour le corégone évoluent de façon parallèle (fig. 15.5). On note un décalage d'un an la plupart du temps. Cela est dû à la sélectivité plus forte de la pêche au filet et à la taille légale minimale de capture par rapport à la maille autorisée des filets. Alors que les pêcheurs amateurs conservent leurs poissons dès la taille minimale atteinte, la maille des filets autorisée est telle qu'on limite la capture de poissons de taille inférieure à la taille minimale. On autorise donc une taille de maille pour laquelle le mode de la courbe de sélectivité de capture est au-dessus de cette taille minimale. La pêche professionnelle exploite donc une cohorte plus tard que la pêche amateur, en revanche elle exploite mieux les poissons plus âgés. Ce qui explique le décalage souvent d'une année des courbes de CPUE.

L'appréciation des CPUE est faite ici avec l'ensemble des données journalières. Quand on ne dispose pas de telles données, on peut envisager de procéder par enquête auprès des pêcheurs. Dans ce cas, il faut être bien conscient que les CPUE varient autant au cours d'une année que d'une année à l'autre (fig. 15.6). On peut penser que si l'enquête est faite chaque année à une époque identique, l'information récoltée est fiable. Cela n'est vrai que si la durée de l'enquête est d'au moins un mois. Au lac d'Annecy, le mois de mars est souvent un mois de bonne pêche, mais en 1990, c'est au mois d'avril que les captures ont été bonnes. Une enquête au mois de mars seulement sous-estimerait l'estimation des CPUE annuelles. Une durée de 2 mois éviterait ce risque.

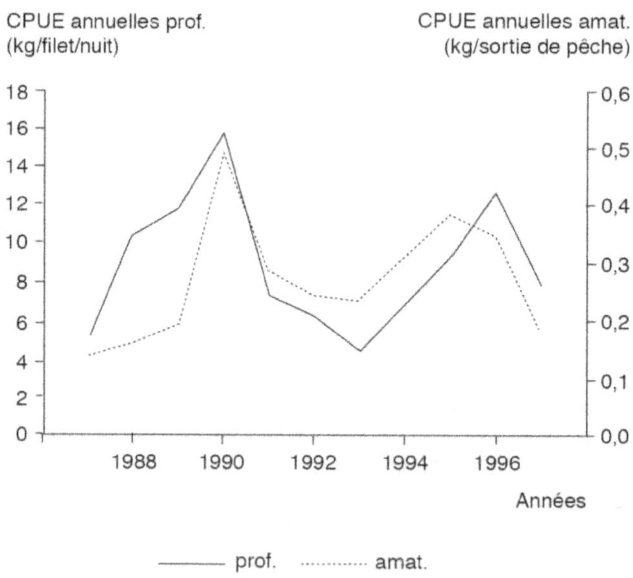

Figure 15.5 : Evolution des captures de corégones par unité d'effort dans la pêche professionnelle et amateur au lac d'Annecy de 1987 à 1998.

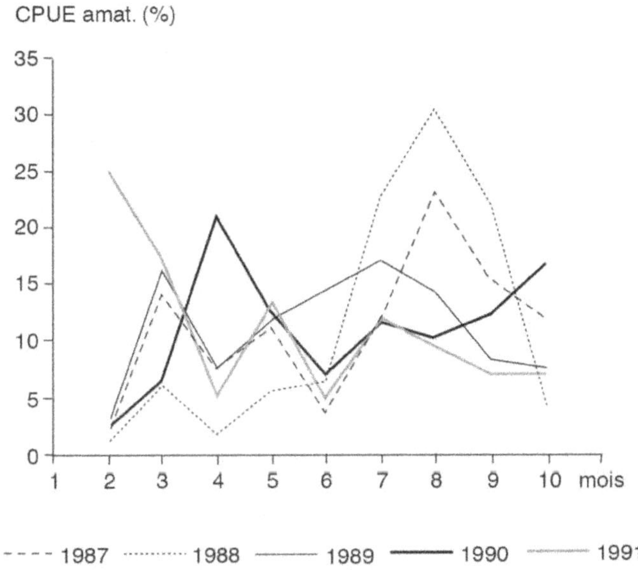

Figure 15.6 : Evolution mensuelle des captures de corégones par sortie de pêche de 1987 à 1991 au lac d'Annecy.

Évolution de la structure en taille/âge des populations pêchées

L'analyse scientifique du décalage dans le temps des variations de captures entre pêcheurs amateurs et professionnels, évoquée précédemment ne peut pas être faite avec les seules informations sur les captures, l'effort de pêche et les CPUE. Il faut disposer d'informations sur la structure en âge des poissons pêchés pour valider l'hypothèse. Cela requiert la récolte de données sur la taille des poissons ou la récolte d'écailles. Ce n'est pas envisageable dans le cadre de statistiques obligatoires. Sur le lac d'Annecy, une vingtaine de pêcheurs amateurs ont accepté de mesurer leurs poissons et simultanément des écailles sont récoltées sur 100 corégones mensuellement dans la pêche amateur. Ces informations sont nécessaires à la construction de modèles. La structure en taille des corégones pêchés par les amateurs montre bien le passage d'une génération forte dans la pêche (fig. 15.7). En 1993, la pêche capture essentiellement de petits poissons qui mesurent entre 30 et 40 cm qui doivent être relâchés. En 1994, ces poissons ont grandi et constituent la génération dominante que l'on suit en 1995 et 1996. En 1997, une nouvelle génération forte arrive. Cette évolution n'est pas aussi nette dans les corégones pêchés par les pêcheurs professionnels. La sélectivité des mailles des filets masque l'évolution de la structure en taille. Néanmoins on retrouve l'arrivée d'une forte génération en 1994 et son maintien jusqu'en 1997. Le mode des tailles dans la pêche professionnelle n'augmente que d'environ 1 cm par an.

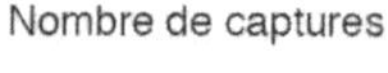

Nombre de captures

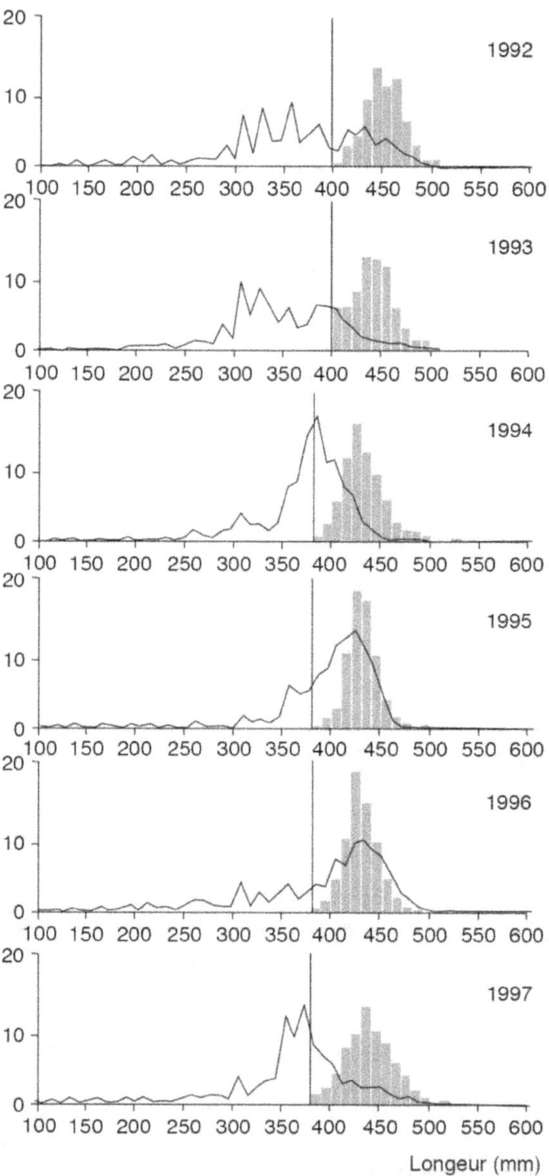

Figure 15.7 : Répartition des tailles des corégones dans la pêche professionnelle (histogramme bâtons) et dans la pêche amateur (histogramme en courbe) de 1992 à 1997 au lac d'Annecy.

Conclusion

Les statistiques de pêche peuvent être récoltées pour des objectifs variés, du simple suivi des captures totales jusqu'à une démarche de recherche et d'élaboration de modèle. La mise en place d'un dispositif de récolte de statistiques implique de définir au préalable ces objectifs. Cette démarche doit être inscrite dans une durée minimale de plusieurs années. Il est souvent demandé une contribution active aux pêcheurs qui doivent être informés au préalable et régulièrement pour que l'intérêt en soit compris et la motivation maintenue.

Références bibliographiques

CARANHAC F., 1999. Modélisation de la dynamique de populations piscicoles exploitées intégrant la variabilité individuelle de croissance : application aux corégones *(Coregonus lavaretus)* du lac d'Annecy. Thèse, Université Claude Bernard – Lyon I, 276 p.

GERDEAUX D., 1991. Study of the daily catch statistics for the professional and recreational fisheries on Lakes Geneva and Annecy. *In* : I.G. Cowx (ed.), *Catch effort sampling strategies*. Fishing News Books, Blackwell Scientific Publications, London 118-127.

Gestion piscicole : générer des modèles d'accompagnement*

Un modèle, pour quoi faire ?

Gérer, quel que soit le domaine considéré, impose d'avoir au moins une idée de la manière dont le système fonctionne, une idée plus ou moins précise de la réalité que l'on appelle communément un modèle. Nos modèles de la réalité restent bien souvent, au moins dans un premier temps, conceptuels : ils définissent les grandes lignes de fonctionnement du système et identifient les principales causalités, dans une phase de construction mentale qui ne se préoccupe pas d'une traduction opérationnelle sous une forme mathématique, numérique (ordinateur) ou physique (modèle réduit). Ceci n'empêche pas de les formaliser, c'est à dire de les écrire, sous forme de graphiques ou de diagrammes de causalités par exemple, pour mieux les utiliser. Un modèle conceptuel constitue déjà un excellent support de communication et de discussion. Mais ce type de modèle possède un pouvoir prédictif réduit, qui devient vite inopérant quand il s'agit de trancher entre des processus contradictoires. Or dès qu'un système est complexe, et c'est le cas des peuplements piscicoles des grands plans d'eau, interactions et rétroactions de toutes sortes deviennent nombreuses. Il importe alors d'évaluer leur importance dans la réponse finale, et la nécessité de formaliser certains phénomènes de manière plus précise apparaît. Une solution consiste à transcrire ces phénomènes sous forme de fonctions mathématiques dans un ordinateur. On passe du modèle conceptuel au modèle numérique mécaniste.

Les modèles dont nous parlerons ici seront donc mécanistes. Ils s'attachent à formaliser les processus supposés importants, pour un niveau d'abstraction donné, dans le fonctionnement du système étudié. Ceci, par opposition à une autre grande famille de modèles, les modèles statistiques dits «à boîte noire», qui recherchent les liaisons entre des variables explicatives et la ou les variables à expliquer sans faire d'hypothèse sur le fonctionnement interne du système. Ces derniers, très utiles en phase «exploratoire», par exemple pour trier l'impact de variables explicatives, montrent vite leurs limites dans le cas de la dynamique des systèmes

---

* V. Ginot et C. Le Page

complexes. Ils se révèlent en effet trop tributaires d'une grande quantité et qualité des données qui doivent apporter à elles seules toute l'information sur le système. Dans le domaine mécaniste, une grande partie de notre connaissance sur le système est intégrée dans la formulation du modèle, et les données ne servent plus qu'à fixer la valeur de certains paramètres ou à valider les sorties du modèle. S'ils demandent un gros effort de conceptualisation du système puis de formalisation des processus, les modèles mécanistes offrent l'avantage, à première vue paradoxal, de ne pas avoir besoin d'être justes et valides pour être utiles. Le fait même de constater que la réalité ne se comporte pas comme on l'attendait est déjà un résultat en soit, une base de réflexion qui remet en cause notre compréhension du système et donc éventuellement notre manière de le gérer. La modélisation mécaniste permet d'atteindre des objectifs plus ou moins ambitieux, selon le degré d'adéquation que le modèle pourra atteindre vis-à-vis de la réalité :

- **Formaliser les connaissances acquises.** C'est l'objectif de base de tout modèle mécaniste, par le fait même de parvenir à écrire son modèle. C'est parfois le seul réellement atteint. Le modélisateur est forcé de résumer dans son modèle la connaissance jugée importante pour le fonctionnement du système étudié, et surtout de quantifier les phénomènes : choix des fonctions mathématiques à utiliser, choix de la valeur des paramètres.

- **Tester quantitativement cette connaissance.** Un premier modèle décrit souvent mal la réalité. S'il est possible de se faire une idée des mécanismes mal pris en compte dans le modèle, un dialogue peut s'instaurer entre modélisateurs et spécialistes du domaine. Ces derniers devront proposer d'autres mécanismes qui seront confrontés à la réalité *via* le modèle. Dans toute cette phase, le modèle devient un puissant outil de compréhension du système. Il sert à tester la pertinence de notre connaissance du système, et contribue souvent à la mise en évidence de mécanismes importants, ignorés ou sous-évalués jusqu'alors.

- **Simuler, prédire l'évolution de l'écosystème** sous différents scénarios environnementaux. Si l'on est sûr de disposer d'un modèle valide, c'est-à-dire qui peut être considéré comme un «analogue du système réel étudié, tout au moins pour les aspects auxquels on s'intéresse» (Chahuneau et Des Clercs, 1980), on a gagné : il devient possible de simuler différents scénarios d'aménagement, scénarios qu'il serait peut-être trop long, trop difficile, trop onéreux ou trop dangereux d'essayer réellement sur l'écosystème. On dispose alors d'un véritable outil de gestion de l'écosystème. Mais les modèles actuels atteignent-ils ce niveau dans le cas des systèmes complexes ?

Modéliser les systèmes aquatiques, une longue et laborieuse histoire... toujours en devenir !

Bien qu'il existe un certain nombre de travaux plus anciens, pour la plupart centrés sur la dynamique planctonique en milieu marin (Fleming, 1939 ou Riley *et al.*, 1949), les premières simulations dynamiques et mécanistes des milieux aquatiques à des fins de gestion sur le long terme concernent sans doute le phosphore (Parker, 1968 et Vollenweider, 1969). En 1971, Di Toro *et al.*, proposent un modèle déjà fort complexe d'interactions entre nutriments, phyto et zooplancton pour la baie de San Francisco en Californie. Tout va ensuite très vite. Swartzman et Bentley (1979) recensent déjà 11 modèles, essentiellement d'eutrophisation, pour la période 1971-1976. Chahuneau *et al.*, (1980) en présentent 32 pour la période 1968-1978. Costanza et Sklar (1985), sans pouvoir être exhaustifs, en dénombrent 88 toujours sur la seule question de l'eutrophisation encore très à l'ordre du jour, et il devient aujourd'hui impossible de les dénombrer car presque chaque plan d'eau lacustre ou marin de tant soit peu d'importance a eu sa tentative de modèle dynamique mécaniste, les plus récents associant toujours un sous-modèle physique.

Si tous ces modèles ont en général rempli une partie de leurs objectifs, en termes d'outil de formalisation, de quantification et de test d'hypothèses, *force est de constater qu'aucun n'a véritablement été validé ni concrètement utilisé pour une gestion rationnelle globale de l'écosystème.* A fortiori, aucun ne s'est imposé comme un ensemble acceptable et cohérent au niveau des mécanismes physiques et biologiques pris en compte, pour devenir un outil générique de gestion des écosystèmes.

De fait, très vite, Kremer et Nixon (1978) avaient posé les limites de ces modèles. Sans minimiser leurs apports en matière d'aide à la formalisation et à la compréhension d'une situation écologique donnée, ils mettaient les modélisateurs en garde contre une utilisation prédictive abusive de ces modèles face à des perturbations de l'écosystème, *c'est-à-dire contre une utilisation comme outils de simulation et de gestion.* Le modèle possède en effet un champ d'application qu'il faut impérativement respecter, celui pour lequel il a été construit et surtout validé. Or la validation, qui consiste pour ce type de modèle à vérifier qu'il décrit correctement des jeux de données autres que ceux ayant servi à définir ses paramètres, apparaît d'autant plus délicate à réaliser que le modèle est complexe. Il est en effet pratiquement impossible d'obtenir des jeux suffisamment complets de données, dans des conditions suffisamment variées, pour construire, caler et ensuite valider des modèles complexes d'écosystèmes. Indépendamment de la valeur effective des paramètres que l'on aura déjà souvent bien du mal à déterminer, il sera en général impossible, et c'est certainement encore plus grave, de juger de la structure même du modèle, c'est-à-dire du choix des variables à prendre en compte et la manière de les modéliser. Comment en effet être sûr d'observer suffisamment de variables dans des situations suffisamment variées pour pouvoir bien séparer et quantifier l'action de la combinaison des nombreux processus pris en compte, processus le plus souvent non linéaires ou à seuils, et surtout processus dont la nature ne se soucie pas de savoir s'ils sont redondants ou non au niveau d'observation où l'on se place ?

Il n'est alors pas très surprenant de constater qu'une des conclusions majeures d'un récent colloque sur la modélisation en limnologie est bien de montrer qu'il est toujours impossible de construire un modèle complet d'écosystème simplifié, mais qu'il faut se limiter à certains de ses aspects (Jorgensen, 1995).

Et ceci reste vrai même dans les situations les plus privilégiées, comme lorsque le modélisateur s'intéresse à des mésocosmes, grands aquariums bardés de capteurs dans lesquels on cherche à reproduire un écosystème. Ainsi l'expérience de Wolfe *et al.,* (1986) cumule 5 années de données sur des bacs de 1,2 m^3 affectés à la culture d'un poisson brouteur de zooplancton, le *Tilapia Oreochromis aureus.* Le modèle obtenu est un des plus complexes de la littérature, allant des bactéries au poisson, mais on s'aperçoit vite qu'il reste beaucoup de zones d'ombre, et que si la croissance des poissons est bien simulée il n'en est rien de variables plus internes comme l'azote ammoniacale, la dureté ou le pH. De deux choses l'une : ou bien ces variables n'ont pas une si grande importance dans la réalité (auquel cas il vaut mieux les supprimer), ou bien Wolfe *et al.,* nous proposent une solution qui n'est pas la bonne, même si le comportement des autres variables, en particulier la croissance des poissons, semble conforme à celle observée, et il y a toutes chances pour que les prédictions deviennent mauvaises si l'on change sérieusement les conditions d'élevage. Plus près de nous, Mesplé *et al.,* (1995) éprouvent également de grandes difficultés à modéliser finement l'évolution de la chlorophylle dans de petits étangs de lagunage intensif, du fait de la grande instabilité des peuplements zooplanctoniques, et ceci malgré un suivi hebdomadaire complet du système.

Pour rester efficace, en termes d'identification des structures et des paramètres constitutifs d'un modèle, il faut donc limiter sa complexité, soit en cherchant un niveau d'abstraction supérieur, soit en s'intéressant à des sous-systèmes limités dans l'espace et le temps. Mais d'un autre côté, comme l'a montré Nyholm (1978) un des premiers auteurs à jouer la carte minimaliste, les modèles plus simples sont justement trop simplistes pour être appliqués à d'autres situations que leurs strictes conditions d'origine. Si les modèles doivent être limités dans leur complexité pour pouvoir être correctement validés, ils perdent de leur généralité et peuvent devenir inadaptés à un travail de prédiction ou de gestion de l'écosystème dans son ensemble.

Ce délicat dilemme n'est pas nouveau en écologie. Levins affirmait dès 1966, dans une réflexion sur les stratégies de modélisation en biologie des populations, que la réalité est trop complexe pour que les modèles puissent allier précision, réalisme et généralité. Il faut toujours sacrifier au moins l'une de ces trois propriétés au profit des deux autres. Tout dépend alors des objectifs que l'on s'assigne.

Privilégier précision et réalisme *(sacrifice de la généralité)*

L'objectif n'est plus la compréhension et la gestion de l'écosystème dans sa globalité, bien qu'il reste bien sûr sous-jacent, mais la compréhension et éventuellement la gestion de sous-systèmes plus simples ou plus contrôlables, *in vivo ou in vitro.* Cela revient à sacrifier la généralité au profit du réalisme et de la précision. On reste avec un modèle mécaniste qui a un sens biologique ou physique jusque dans ses moindres composants, mais qui reste suffisamment simple pour être correctement validé. De nombreux sous-systèmes peuvent être candidats à ce type de modélisation, comme la température (Chahuneau, 1984) ou l'oxygène dissous (Ginot et Hervé, 1994), surtout si on se limite dans l'espace, et encore plus dans le temps. Un sous-système actuellement très étudié car jugé fondamental pour la dynamique des lacs, est le système plancton-poissons planctonophages, souvent à travers des modèles bioénergétiques (Rice *et al.*, 1993).

On obtient alors des modèles qui «renseignent beaucoup sur très peu» pour reprendre l'expression de Coquillart et Hill (1997) dans leur récent ouvrage sur la modélisation des écosystèmes. La tentation est alors grande de chercher ensuite à agréger ces sous-modèles pour gagner en généralité. Citons une des premières tentatives avec Jorgensen *et al.*, (1982) qui agrègent 9 sous-modèles biologiques et physico-chimiques sur trois compartiments physiques, les sédiments, l'hypo et l'épilimnion, et ceci pour une gestion très générale de l'eau d'un lac du haut Nil. Plus récemment, de nombreux modèles d'écosystèmes lacustres sont basés sur l'indispensable couplage entre modèles hydrodynamiques ou thermiques et biologiques, tels les modèles développés en France par EDF pour les retenues hydro-électriques (Enderle, 1982 ; Salençon et Thébault, 1996). Mais ces modèles agrégés retombent dans la difficulté de garder un pouvoir prédictif suffisant devant l'incertitude engendrée par leur complexité et le grand nombre de leurs paramètres, entaché chacun d'une certaine erreur. Ceci n'ôte rien à leur énorme utilité en matière de synthèse de connaissances, et comme base de discussion (mais seulement comme base de discussion !) pour les actions de gestion.

Privilégier précision et généralité *(sacrifice du réalisme)*

La deuxième approche est très commune également, et reste une des plus efficaces en matière de gestion puisqu'elle privilégie les deux qualités les plus essentielles du point de vue du gestionnaire. Le principe consiste là encore à construire un modèle avec un minimum d'équations et de paramètres afin de pouvoir le valider et en dériver des estimations précises. Mais les équations ne reposent plus sur une description réaliste du phénomène étudié. Elles cherchent à reproduire des phénomènes de portée très générale, si possible en utilisant des «lois écologiques» plus ou moins universelles, d'un haut niveau d'abstraction, par analogie avec les lois du monde physique. Cela revient en quelque sorte à opposer le réductionnisme, finalement très proche de la définition que Levins donne du réalisme, au raisonnement holistique. On parle aussi de modèles empiriques ou de modèles globaux lorsqu'on ne fait manifestement référence à aucune «loi» sous-jacente. On est alors parfois assez proche des modèles statistiques. C'est typiquement le champ des modèles de l'écologie théorique, avec par exemple le très classique modèle proie-prédateur de Lotka-Volterra. En limnologie, l'exemple le plus célèbre reste sans doute le modèle de Vollenweider (1969) encore très utilisé pour relier phosphore et biomasses. C'est aussi le champ des modèles classiques de la gestion halieutique tel celui de Schaefer (1954), qui donne lieu encore aujourd'hui à de nombreux développements, notamment pour prendre en compte des ressources multi-spécifiques (Sullivan, 1991).

On peut sans doute placer dans ce cadre une famille de modèles qui, du holisme, tente de passer au «vitalisme» tel que défini par exemple par Rossis (1986).

Il s'agit de rechercher une ou plusieurs fonction(s) objectif(s) que l'écosystème chercherait à maximiser en modifiant éventuellement sa structure, suivant en cela l'émergence de concepts d'écologie théorique énoncés par exemple par Conrad (1975). Chahuneau *et al.*, (1980) ainsi que Meyer (1982) pensaient de leur côté pouvoir utiliser le concept de stratégie adaptative des espèces (Barbault *et al.*, 1980). Pour tous ces auteurs, les modèles déterministes à «géométrie fixe» ne peuvent pas rendre compte des propriétés d'auto-adaptation et d'auto-organisation de l'écosystème face à un environnement changeant. Mais les rares applications que nous avons relevées (Radtke et Straskraba 1980 ; Straskraba 1983) sont loin de donner les résultats escomptés, et il semble que cette approche, très liée à la cybernétique c'est-à-dire à la science des interactions, soit aujourd'hui délaissée.

Cependant, certains progrès en écologie théorique sont en train de totalement modifier notre regard sur la complexité spatio-temporelle des écosystèmes, et pourraient déboucher sur une autre manière d'aborder cette complexité. Depuis les travaux de May (1974), nous savons qu'un modèle mécaniste simple peut générer des réponses complexes, voire du chaos. Ce qui aurait pu être affligeant est devenu le germe de toute une recherche sur le rôle de l'aléa, du chaos, dans les systèmes biologiques. Une synthèse en est donnée par Bascompte et Solé (1995) qui notent en particulier que l'hétérogénéité traditionnellement interprétée en écologie comme une conséquence de la variabilité environnementale peut bien souvent être la conséquence d'un couplage entre les interactions classiquement décrites au sein du système, et la diffusion spatiale. Ainsi, tout comme l'intégration des déterminants physiques (souvent sous la forme d'un sous-modèle) a permis aux modèles de gagner en réalisme sans nécessairement compliquer leur partie biologique, on peut espérer que la recherche et l'intégration des couplages dynamiques à différentes échelles spatio-temporelles nous permettront de mieux comprendre et gérer la variabilité et la diversité de nos milieux, en gardant une structure biologique aussi simple que possible.

Privilégier réalisme et généralité *(sacrifice de la précision)*

Cette troisième approche, moins suivie mais actuellement en plein développement, s'intéresse aux tendances qualitatives sur le long terme en décrivant les mécanismes jugés importants sous forme de fonctions croissantes ou décroissantes, convexes ou concaves, sans chercher à détailler le formalisme mathématique. Une prédiction qualitative, sous forme de tendances, pourra en effet être souvent jugée suffisante en matière de gestion si elle est valide. Historiquement, ces modèles n'étaient ni plus ni moins que la traduction graphique de modèles conceptuels tels ceux développés par Mac Arthur et Levins (1965) pour étudier l'évolution des niches écologiques et le polymorphisme des espèces vivant dans un environnement changeant et incertain (déjà !). Aujourd'hui, avec les progrès de l'intelligence artificielle, notamment dans le domaine du raisonnement qualitatif, il devient possible de formaliser numériquement ces modèles (dans un ordinateur) sous forme de fonctions qualitatives. On peut alors faire certains calculs et des prédictions sur des quantités, voire sur des processus mal connus. Ces méthodes ont déjà été appliquées dans les plans d'eau (Guérin, 1991). Des progrès restent à faire cependant, notamment en ce qui concerne la dynamique (les prédictions dans le temps), car avec ces modèles qualitatifs on retombe sur le problème du poids relatif à donner aux phénomènes antagonistes. A l'heure actuelle ce type de modèles se révèle donc surtout efficace dans le domaine du diagnostic.

En résumé, nous avons donc le choix entre des modèles précis et réalistes qui ne peuvent pas rendre compte de l'ensemble du système, des modèles s'appuyant sur des lois théoriques ou empiriques qui peuvent donner d'excellents résultats généraux mais ne tiennent pas compte des particularités éventuelles du site étudié, ou des modèles qualitatifs à la fois réalistes et généraux mais dont le pouvoir prédictif butte sur la dynamique. Et il est sans doute illusoire de penser que ces trois approches, assurément complémentaires, peuvent former un tout en rassemblant les modèles existants dans une énorme base de connaissance intelligente (un système expert) qui conseillerait à l'utilisateur d'associer tel ou tel modèle pour répondre à telle ou telle question. Si la chose est théoriquement possible, elle ne paraît concrètement realisable que pour des sujets bien délimités (perte de la généralité...). Citons par exemple, dans le domaine bien particulier des modèles empiriques dont nous avons parlés : le système expert CLIMPROD de Fréon *et al.*, (1994), qui aide l'utilisateur dans le choix d'un modèle pour prédire les captures en milieu marin, en fonction de l'effort de pêche et d'une variable environnementale. Saila (1996) qui analyse l'intérêt des outils de l'intelligence artificielle, trop peu utilisés à son goût dans le domaine halieutique, pense qu'en particulier la modélisation de la gestion complète d'une pêcherie est encore hors de portée d'un système expert.

Générer des modèles d'accompagnement, intérêt de l'approche objet et des systèmes multi-agents

Pour longtemps encore sans doute, c'est par l'argumentation, la confrontation des points de vue des différents acteurs, biologistes, gestionnaires, pêcheurs, socio-économistes, que pourront se dégager les règles de gestion. Accroître notre compréhension et notre capacité d'argumentation sur le système, selon différents points de vue, c'est bien de cela dont nous avons besoin pour la gestion, à défaut d'un modèle valide, capable de répondre à toutes nos questions sur le fonctionnement du système et sur l'impact de nos modes de gestion. On retrouve ici ni plus ni moins les deux premiers objectifs des modèles tels que nous les avons exposés en introduction. Au fond, ce que la communauté scientifique commence à appeler la «modélisation d'accompagnement» (Bousquet *et al.*, 1997), n'est que le glissement d'une méthodologie de la modélisation : historiquement vue comme un moyen de parvenir à un modèle valide face à une question posée, cette méthodologie devient une fin en soi, une démarche dynamique de compréhension d'un système par un aller-retour constant entre modèle(s) et réalité. Dans le cadre de la gestion des systèmes complexes, la modélisation n'entend plus fournir une réponse à travers un modèle définitif et valide. Dans une démarche d'accompagnement, il s'agit d'aider le ou les différents acteurs dans l'élaboration de leur point(s) de vue et de leurs décisions.

La modélisation d'accompagnement sous-entend donc qu'il faut pouvoir construire et modifier rapidement toutes sortes de modèles pour répondre à toutes sortes de questions, ou pour éclairer les facettes (points de vue) jugées importantes d'un problème. Et ce, sans préjuger du type de modèle à employer parmi les trois grandes catégories que nous venons d'évoquer. Dans un domaine précis les questions porteront cependant presque toujours sur les mêmes objets, dans notre domaine halieutique par exemple les poissons, l'eau, ou les acteurs humains. Il paraît donc logique de chercher à séparer la connaissance que l'on a sur ces objets, de la manière dont on va les utiliser et les faire interagir dans un modèle pour répondre à la question posée.

Les nouveaux concepts informatiques et méthodologiques développés autour de l'approche dite «objet» apparaissent dans ce contexte tout à fait adaptés. Le principe de base est de rassembler dans un même élément informatique les caractéristiques et les actions qu'est capable de produire un objet, ce dernier étant pris dans un sens très large. Un exemple classique en informatique est l'objet fenêtre d'un écran. Ses caractéristiques sont par exemple sa position sur l'écran, sa taille, la présence éventuelle d'ascenseurs, et ses actions peuvent être de changer de taille, de passer en arrière plan, de s'imprimer. Les avantages de cette architecture sont nombreux, on en trouvera un descriptif dans Ferber (1990) par exemple. Soulignons sa souplesse d'utilisation, l'utilisateur devant seulement connaître le nom des méthodes (actions) que l'objet peut faire, sans se soucier de la manière dont elles sont programmées. Soulignons aussi les très grandes facilités de modifications des objets, avec en particulier la possibilité de créer des objets plus précis qui héritent des caractéristiques d'un objet parental (exemple d'une fenêtre d'édition de texte qui est une forme particulière de fenêtre), et la possibilité de modifier tout ou partie de la programmation interne d'un objet, sans entraîner de modifications à l'extérieur de cet objet, c'est-à-dire dans le reste du programme informatique.

L'objet devient «agent» lorsque les méthodes d'action qu'on lui a donné lui confèrent une autonomie opératoire, c'est-à-dire lorsqu'il est capable, et c'est peut-être sa définition la plus concrète, de percevoir les transformations de son environnement, et de réagir à travers une structure de contrôle qui lui est propre et qui peut être plus ou moins développée. On parlera d'agents «réactifs» lorsqu'elle est simple et se résout par exemple à une liste de conditions à remplir pour déclencher une action. A l'opposé on parlera d'agents «cognitifs» lorsque cette structure permet des raisonnements évolués, faisant appel par exemple à une base de connaissance propre à l'agent, à son passé, à ses buts explicites. Tout est naturellement possible entre ces extrêmes, et le lecteur trouvera une excellente synthèse sur le sujet dans Ferber (1995).

L'agent peut recouvrir des objets très variés, concrets ou abstraits : ce peut être un poisson ou un pêcheur, mais également un filet, une cohorte, voire des éléments de l'espace. Un écosystème est alors vu comme un ensemble d'agents en interactions dans un environnement donné. Une fois modélisé, cet ensemble agents/environnement constitue un véritable monde artificiel sur lequel on peut mener simulations et expérimentations. On ne parle plus alors de modèle à proprement parler, mais de simulateur, dans la mesure où le modèle devient indissociable de l'environnement informatique dans lequel il est utilisé, et où un même simulateur peut générer rapidement des modèles différents, en introduisant ou supprimant de nouveaux agents, ou en modifiant leur comportement ou leur environnement.

Par rapport à une démarche de modélisation plus classique qui consiste à se faire une image du système puis à le traduire sous une forme numériquement soluble par un ordinateur, le plus souvent sous forme d'équations différentielles, l'approche objet en général, et les systèmes multi-agents en particulier, apportent des ouvertures très intéressantes dans le domaine de la dynamique des peuplements :

- Rapprochement des points de vue du biologiste et de l'informaticien autour de l'agent. La structure informatique correspond à la structure biologique que l'on se propose d'étudier. Le biologiste et l'informaticien, discutant par exemple autour d'un «poisson informatique», seront moins brutalement confrontés aux problèmes de traduction entre un concept fonctionnel d'un côté (l'idée que le biologiste se fait de son poisson), et une réalité informatique. Le modèle devient plus lisible pour l'utilisateur, et ce dernier peut envisager d'en modifier la structure à travers l'ajout, la suppression, la modification d'agents autonomes.

- Prise en compte d'échelles multiples, individuelles et spatiales. *«La critique peut-être majeure que l'on pourrait faire aux modèles mathématiques actuels porte sur leurs difficultés à prendre en compte les actions des individus. (...) La plupart des phénomènes collectifs sont le résultat d'un ensemble de prises de décisions individuelles qui tiennent compte des comportements des autres acteurs du système. En ne considérant les actions que par leurs conséquences mesurables au niveau global ou par leur probabilité d'apparition, il s'avère difficile d'expliquer les phénomènes émergents dus à l'interaction de ces comportements individuels, en particulier tous ceux portant sur la coopération intra et inter-spécifique»* (Ferber 1995). L'approche agent que cet auteur a fortement contribué à développer en France, permet d'introduire très naturellement la diversité de comportement des individus ou des groupes d'individus d'une même population. On ne simule plus uniquement des comportements moyens, mais bien celui d'une collection de groupes sociaux ou d'individus différents, selon le niveau de détail que l'on aura donné à ses agents. C'est pourquoi on parle souvent de modèles «individus centrés». Parallèlement, il devient plus facile de décrire un environnement spatial complexe et fluctuant dans lequel seront plongés les agents.

En biologie des populations, ces concepts ont été popularisés par les travaux de Taylor *et al.*, (1989) avec le simulateur RAM, ou de Hogeweg (1989) avec Mirror, puis surtout par l'ouvrage de De Angelis et Gross (1992) des actes du colloque «modélisation individus centrée» de Knoxville, Tennessee, en mai 1990. Un certain nombre d'applications en ont été faites aux écosystèmes aquatiques et plus particulièrement à la dynamique des populations piscicoles : modèles ou simulateurs de Sekine (SSEM, 1991), de Lhotka (Hobo, 1994), de Bousquet

(SimDelta, 1994), de Mesle (Ichtyus, 1994), de Ferreira (EcoWin, 1995) ou de Le
Page (SeaLab, 1996), pour n'en citer que quelques-uns. Le lecteur pourra également
ment se référer aux revues de Van Winkle *et al.*, (1993) et de Tyler et Rose (1994)
spécialement dédiées à ces nouvelles approches dans le domaine de la dynamique
des peuplements de poissons.

Mobidyc, un outil pour la modélisation d'accompagnement dans le domaine de la dynamique des peuplements piscicoles

Cette nouvelle génération de modèles constitue un premier pas vers une mise
en œuvre plus facile de la modélisation d'accompagnement, en ce sens que l'utilisateur peut déjà avoir un certain droit de regard sur la structure de son modèle.
Bon nombre des applications évoquées ci-dessus permettent en effet de paramétrer le type et le nombre d'agents utilisés. Mais cette souplesse est encore réduite et sert essentiellement à mieux comprendre l'incidence de chaque agent, que
l'on rajoute progressivement dans le système, sur la dynamique globale. Dès que
l'utilisateur souhaite introduire un nouveau type d'agent, modifier le comportement d'un agent existant, ou modifier la structure et les caractéristiques spatiales
de son modèle, il doit de nouveau faire appel à un biométricien ou à un informaticien qui se chargera de programmer les modifications. Et c'est bien cette coopération entre l'utilisateur et le programmeur qu'il faut revoir, car si l'on ne permet
pas à l'utilisateur d'acquérir une plus grande autonomie dans la création et dans
l'évolution de ses modèles, il est à craindre que cette notion de modèles d'accompagnement ne soit applicable qu'aux seules grosses équipes qui peuvent associer spécialistes d'un domaine et biométriciens.

L'enjeu est donc de passer d'une démarche de modélisation qui conduit à
des modèles dont la structure est rigide et ne peut être modifiée sans une
intervention importante d'un biométricien ou d'un informaticien, à une
modélisation plus souple où l'utilisateur intervient non seulement sur les
choix d'entrées-sorties, de paramétrage et de suivi du modèle, mais également
sur sa structure. Concrètement, le rôle du biométricien ne doit plus être d'offrir un modèle «clef en main», mais des composants plus élémentaires, des
briques à partir desquelles un utilisateur va construire, modifier et utiliser lui-
même ses modèles. Ce faisant, l'utilisateur possédera des modèles d'autant
plus lisibles que c'est lui qui les aura construits. Il pourra aller et venir à sa
guise et à son rythme dans la complexité de son modèle. De notre point de
vue, ce sont les deux qualités essentielles que l'on peut demander à un outil de
modélisation d'accompagnement.

Le simulateur que nous présentons ici entend aller dans ce sens. Son nom,
MOBIDYC, est l'acronyme de MOdélisation Basée sur les Individus pour la
DYnamique des Communautés. Il permet à un utilisateur d'aborder les quatre
principales phases de la construction et de l'utilisation de modèles de dynamique

de peuplements, avec la définition du peuplement biologique, la définition de son environnement, le lancement (et le contrôle) de la simulation, la visualisation des résultats. Nous en donnons ici brièvement un aperçu.

Définir son peuplement

Par défaut, un agent biologique de Mobidyc n'est doté d'aucun comportement si ce n'est celui de vieillir à chaque pas de temps. Ses seuls attributs initiaux (variables définissant son état) sont le nom, l'âge, la localisation et le nombre. Car un agent biologique peut représenter, selon le vœu de l'utilisateur, un individu isolé, un groupe d'individus au comportement identique, ou une population dans son ensemble. Le travail de l'utilisateur, lors de la phase de définition du peuplement, va être de compléter et de diversifier cet agent de base pour construire les agents effectifs de son modèle. Pour ce faire le simulateur met à sa disposition un certain nombre de composants qu'il peut paramétrer et ajouter à volonté à son agent. Ceux-ci détermineront à la fois les attributs (l'état) et les tâches (le comportement) de l'agent. Une fois défini, cet agent constituera le moule (une classe dans la terminologie objet) sur lequel seront copiés tous les agents de même type au cours de la simulation.

Typiquement, ces agents biologiques épousent la définition des stades de développement des poissons. Un agent sera par exemple le stade œuf, juvénile, adulte de telle ou telle espèce. Et les moules des stades d'une même espèce sont stockés dans un objet particulier, l'Entité Biologique. L'ensemble des entités biologiques constitue le peuplement du simulateur.

Le simulateur permet de définir cinq types d'attributs :

1- attribut constant, sauf s'il est explicitement modifié par une tâche d'un agent au cours de la simulation

2- attribut à valeurs fixées dans le temps par un scénario (par exemple une localisation définie par la saison)

3- attribut à valeurs dépendantes d'un autre attribut ($y_t = f(x_t)$, par exemple pour calculer un poids en fonction de la taille),

4- attribut intégrateur d'un autre attribut ($y_t = y_t\text{-}1 + f(x_t)\text{-}f(x_t\text{-}1)$, par exemple pour calculer une taille selon une fonction prédéfinie du temps et des conditions météorologiques),

5- attribut intégrateur dans le temps ($y_t = y_t\text{-}1 + f(x_t) * \Delta t$, Dt étant le pas de temps, par exemple pour calculer des degrés-jours ou bien, si x = y, pour calculer par exemple une croissance en taille dépendante de la taille effective). A noter que les deux derniers types d'attributs définissent également une tâche, qui portera le même nom que l'attribut correspondant, puisqu'il faut calculer sa valeur à chaque pas de temps. Mobidyc fournit également cinq comportements élémentaires (survie, métamorphose, reproduction, prédation, déplacements). Par ailleurs la notion de dépendance est une fonctionnalité puissante du simulateur qui permet à n'importe quel paramètre numérique régissant l'état ou le comportement d'un agent de devenir dépendant, à travers une fonction mathématique spécifiée par l'utilisateur, d'un autre attribut de l'agent, d'un attribut de sa cellule, et bientôt d'une fonction aléatoire gérée par le simulateur. Elle peut donc être appliquée sur les paramètres propres à une tâche (ex. une survie dépendant du taux d'oxygène, ou comme sur l'exemple de la fig. 16.1 un nombre de descendants fonction du poids du parent), sur les paramètres d'une fonction mathématique (ex. un taux de croissance dépendant de la température), ou sur le paramètre régissant une condition (ex. un seuil de température déclenchant une reproduction dépendant de l'âge de l'agent).

Mais ces comportements prédéfinis, aussi souples et paramétrables soient-ils (fig. 16.1 pour un exemple sur la reproduction), peuvent ne pas couvrir tous les besoins de l'utilisateur. Aussi le simulateur propose-t-il deux méthodes, que l'on peut combiner, pour améliorer les comportements existants et en créer d'autres. La première est une simple mise en séquences de primitives (sortes de «sous-actions») et de comportements prédéfinis. Il est ainsi possible de reprendre par exemple le composant Prédation, et de lui adjoindre une primitive Conditions permettant de spécifier des conditions qui déclencheront cette prédation, ou de reprendre le composant Reproduction, et de lui adjoindre une primitive FixerValeurAttribut pour remettre à zéro une maturité en cas de succès de la reproduction, ou pour fractionner la ponte dans le temps. La deuxième méthode est un outil d'aide à la programmation de nouveaux comportements, basé sur des listes de commandes qui donnent accès aux principaux objets manipulés par Mobidyc. Sans connaître finement la structure du simulateur, un utilisateur plus averti pourra par exemple programmer la poursuite d'une proie (un déplacement plus complexe que ceux prédéfinis, limités à *aléatoires* ou *suivre un gradient*), avec l'utilisation d'une primitive «SelectionAgent» pour trouver ses proies et le module d'aide à la programmation pour définir concrètement les modalités de la poursuite. Ces nouveaux comportements sont sauvegardés et enrichissent progressivement la palette de l'utilisateur.

Spécifier l'environnement

L'espace est segmenté en cellules homogènes. Par défaut une cellule unique est créée. Elle est invisible pour l'utilisateur, c'est le mode non spatialisé du simulateur. Mais l'utilisateur peut spécifier une partition 2D de l'espace à partir d'un fichier de contour des cellules (issu d'une table à digitaliser par exemple, fig. 16.2) ou en utilisant un module du simulateur qui permet de créer des grilles toriques ou fermées de cellules identiques, carrées ou hexagonales. La «carte du territoire» ainsi constituée est une zone sensible aux clics de la souris qui permet de sélectionner une ou plusieurs cellules pour y charger des peuplements de poissons, pour y définir des conditions environnementales, ou pour visualiser les résultats pendant et après la simulation. Le simulateur permet de spécifier un ensemble de chroniques, c'est-à-dire les valeurs d'une variable dans le temps, comme des relevés quotidiens de température par exemple, pour définir un scénario environnemental. L'utilisateur peut saisir ses chroniques dans un éditeur intégré ou les charger à partir d'un fichier préexistant. La cellule n'est qu'un agent un peu particulier du simulateur, et il est également possible de lui définir des attributs complémentaires (pour l'instant uniquement de type constant) quantitatifs (ex. volume d'eau) ou qualitatifs (ex. type de rivage).

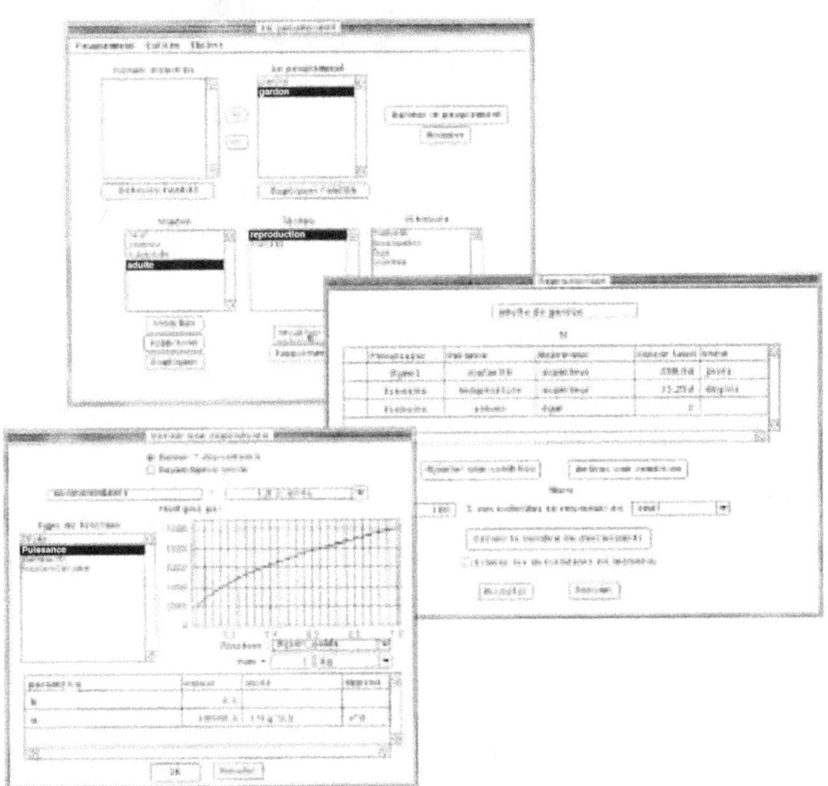

Figure 16.1 : Définition du peuplement. Fenêtre du haut: gestion générale des agents et de leurs comportements. Sur cet exemple (2ème exemple du texte), une espèce appelée *gardon* a été définie avec quatre stades. Le stade adulte est sélectionné, pour lequel l'utilisateur a spécifié deux tâches, une reproduction et un intégrateur qu'il a appelé *maturité*. Ceci a entraîné la création d'un attribut supplémentaire, maturité, qui vient s'ajouter aux attributs par défaut (*nombre, âge, et localisation*) de l'agent. *Fenêtre médiane :* exemple d'interface de définition d'une tâche : la Reproduction. L'utilisateur définit en particulier les conditions de déclenchement (de type «et»), qui peuvent porter sur la valeur de l'un de ses attributs propres (ici sa maturité) ou sur un des paramètres environnementaux de sa cellule (ici *température et saison*, qui sont deux scénarios définis par l'utilisateur). *Fenêtre du bas :* définition du nombre de descendants pour la reproduction. Celle-ci se fait via la fenêtre très générale de définition d'une dépendance entre un attribut quelconque d'un agent (ici poids) ou de sa cellule, et un paramètre (ici les nbDescendants de la reproduction). Ces dépendances peuvent être imbriquées, ici a est lui-même dépendant de l'âge de l'agent (sous-dépendance non figurée).

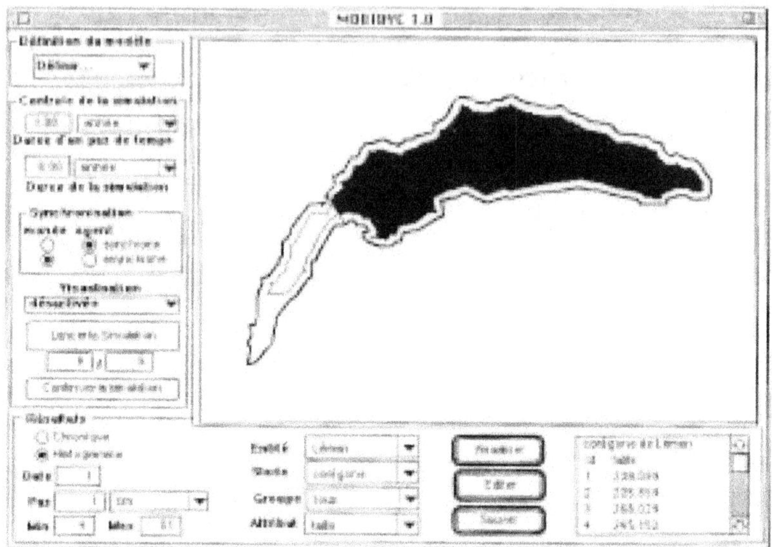

Figure 16.2 : L'interface principale du simulateur comporte trois parties. La partie
supérieure est un menu déroulant qui permet d'accéder à la définition du modèle :
spécification de l'espace, des conditions environnementales, et du peuplement. La
partie médiane sert à paramétrer la simulation, avec le choix de la durée, du pas de
temps, et du mode de synchronisation des agents. La partie inférieure sert à la visualisation des résultats, sous la forme d'un éditeur de données, et de chroniques ou
d'histogrammes qui seront édités sur des fenêtres filles comme celles de la fig. 16.3.
La partie centrale du simulateur reçoit la visualisation de l'espace si l'utilisateur en
a défini un. Ici une vue du Léman issue d'une table à digitaliser.

Simuler et visualiser les résultats

Avant la simulation l'utilisateur doit, pour chaque cellule ou chaque groupe
de cellules de son espace, spécifier les agents du peuplement qu'il souhaite introduire, et fixer leur état initial. C'est à cette étape que les premiers agents effectifs du simulateur sont créés à partir des moules que l'utilisateur vient de définir. Elle peut être manuelle, agent par agent, ou utiliser une procédure qui permet de créer automatiquement des séries d'agents avec une variabilité inter-indi-
viduelle (fig. 16.3). Car c'est cette variabilité qui fait en général tout l'intérêt de
l'approche individu-centrée. L'utilisateur définit ensuite le pas de temps et la
durée de la simulation, ainsi que le mode de synchronisation, avec un mode
séquentiel, chaque agent jouant et donc modifiant «l'état du monde» à tour de
rôle, ou un mode parallèle, chaque agent voyant identiquement le monde comme
figé à l'instant t, sans tenir compte des éventuelles modifications entraînées par
les agents ayant exécuté leurs tâches avant lui. En mode spatialisé, l'utilisateur
peut suivre le déroulement de la simulation en définissant son «point de vue»,
c'est-à-dire les agents et les cellules qu'il souhaite visualiser (fig. 16.4). A l'issue

de la simulation, les résultats sont établis à partir de la sauvegarde à chaque pas de temps des valeurs des attributs de tous les agents biologiques ayant existé à un moment donné au cours de la simulation. Ils sont donnés sous forme de chroniques ou d'histogrammes, et un éditeur permet de les sauvegarder.

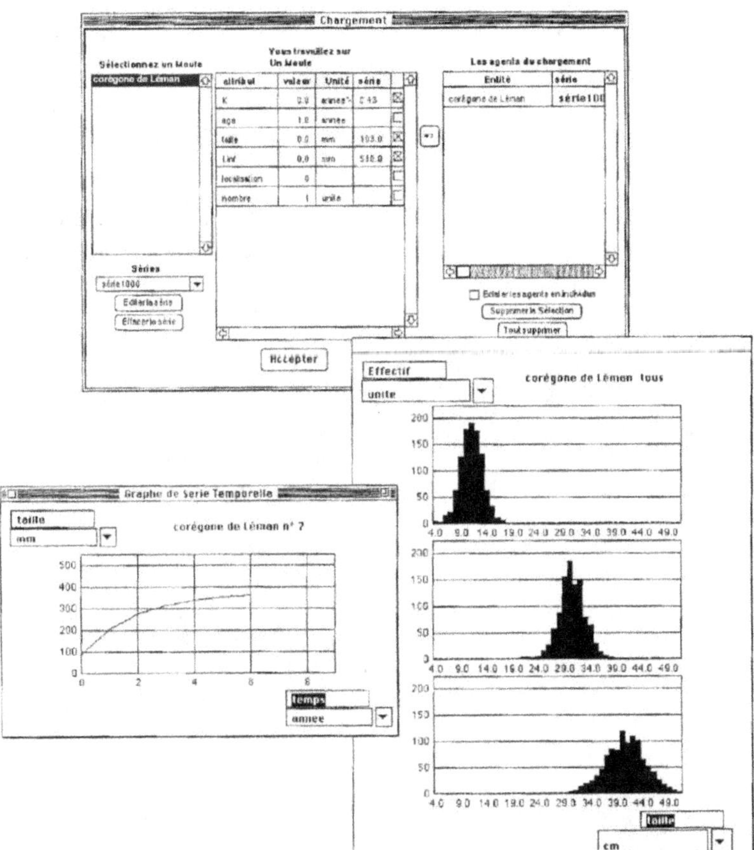

Figure 16.3 : Illustration du chargement et des résultats d'une simulation portant sur une cohorte de poisson (3ème exemple du texte). Un seul moule d'agent a été défini (corégone de Léman), dont les attributs sont listés dans la boîte centrale de la fenêtre du haut. L'utilisateur fixe la valeur de départ de ces attributs puis en fait un agent effectif du simulateur (boîte de droite). Il peut ainsi successivement définir, à partir d'un même moule, des agents dont les états de départ sont différents. Une alternative est de définir une série, c'est-à-dire une liste de valeurs pour les attributs souhaités, qui servira à générer autant d'agents de départ qu'il y a de valeurs dans la liste. Sur cet exemple des séries de 1000 valeurs (calculées par ailleurs sur un tableur) ont été affectées aux attributs *K, Linf et taille* de l'agent. Comme par ailleurs le taux de *croissance* et la taille maximale de la tâche croissance de l'agent ont été liés (par des dépendances) respectivement aux attributs *K et Linf* de l'agent, ce procédé va créer directement 1000 agents de taille initiale et de paramètres de croissance différents. Les histogrammes illustrent la progression et la déformation de la distribution initiale de la taille des poissons. La chronique montre la croissance en taille de l'individu n° 7.

Une souplesse prometteuse

Le simulateur montre d'ores et déjà le grand intérêt de l'approche pour rendre l'utilisateur plus autonome dans la création et l'utilisation de ses modèles. En l'espace de quelques jours, plusieurs familles de modèles ont pu être implantées et testées, avec les seules ressources prédéfinies du simulateur, donc sans faire appel à la programmation.

Le premier exemple a consisté à écrire le modèle proie-prédateur de Lotka-Volterra, modèle théorique très classique qui met en présence une proie dont la croissance serait exponentielle et explosive si elle n'était pas contrecarrée par l'action d'un prédateur dont le repas est proportionnel à la quantité de proies disponibles. Dans cet exemple l'utilisateur va préciser le comportement de deux agents. La proie sera dotée d'une seule tâche, une survie supérieure à 100 %, par exemple 150 % par jour, qui lui confère sa croissance exponentielle. Le prédateur sera doté de deux tâches, une survie inférieure à 100 % qui lui donnera son facteur de mortalité, et une prédation orientée sur la proie seule, en fixant le rayon d'action (analogue à la vitesse de prédation de Lotka-Volterra), et le rendement de conversion (en nombre) entre la proie et le prédateur. Ceci conduit exactement aux résultats cycliques du système de Lotka-Volterra, à condition, du fait de la discrétisation des événements dans le temps imposée par la technique multi-agents, de spécifier un pas de temps suffisamment court. L'utilisateur peut ensuite, et c'est là tout l'intérêt, complexifier progressivement son modèle en ajoutant des niveaux trophiques ou en diversifiant le nombre et le comportement des prédateurs ou des proies. On remarquera que sur cet exemple chacun des deux agents représente l'ensemble de la population, prédateurs d'un côté, proies de l'autre.

Le deuxième exemple (fig. 16.1) montre un modèle destiné à l'étude de la mortalité infligée par de jeunes perches de l'année sur des alevins de gardon fraîchement éclos. Il apparaît en effet qu'au Léman, la perche pond à date assez fixe, autour du 1er mai, alors que la ponte du gardon est fortement conditionnée par une température suffisante, environ 15°C. Le décalage entre pontes de perche et de gardon est donc variable d'une année sur l'autre, de 10 à 50 jours environ, et les répercussions sur la survie des jeunes gardons sont supposées importantes : si les pontes sont rapprochées, les jeunes perches sont trop petites pour manger les alevins de gardon, mais ce n'est plus le cas si les pontes se décalent. Un tel modèle a pu être construit à partir des composants existants et de la création d'une tâche spécifique par assemblage d'une reproduction et d'une remise à zéro de la maturité. Il peut même être programmé de plusieurs manières, soit en définissant peu de stades très riches en attributs et en tâches (à la limite un unique stade pour la perche et un unique stade pour le gardon), soit au contraire en définissant un stade par comportement particulier (reproducteur, œuf, jeune de l'année, jeune immature), avec alors très peu de composants par stade. La deuxième approche est plus conforme à la philosophie du simulateur et doit être privilégiée car elle rend le modèle plus lisible, plus facile à contrôler, et plus facile à faire évoluer. Ce deuxième exemple a monopolisé presque toutes les ressources du simulateur, avec en particulier la définition de relations de croissance avec le temps, d'un lien entre taille et poids, de deux reproductions, d'une prédation, de métamorphoses, et d'intégrateurs de maturité (pour gérer le décalage entre pontes), ou de degrés-

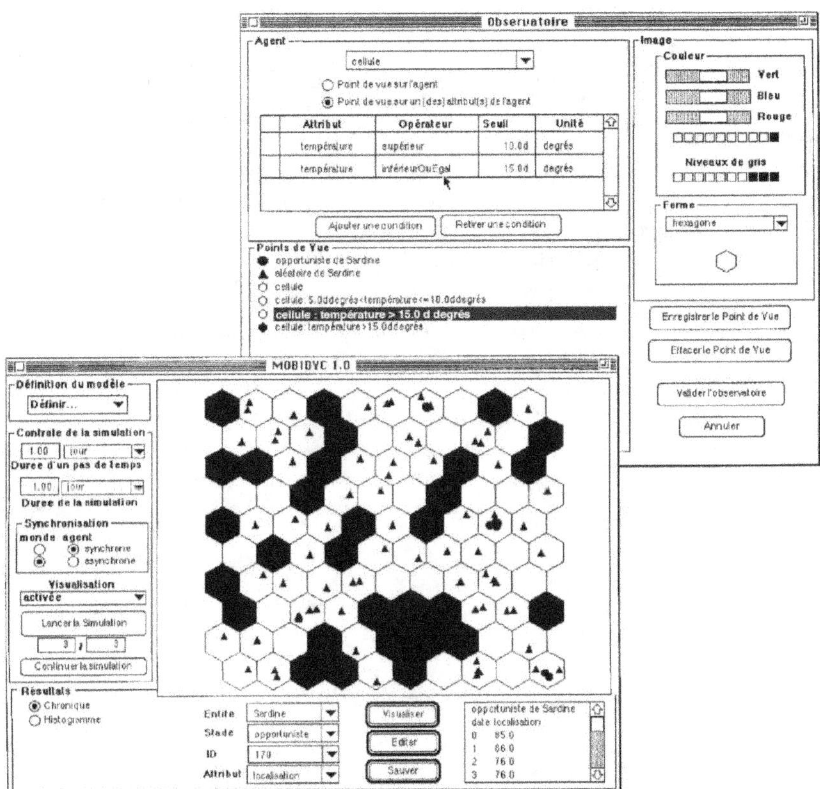

Figure 16.4 : Visualisation de l'espace. La fenêtre du haut montre l'interface de l'observatoire, qui permet de définir les points de vues souhaités par l'utilisateur sur les agents et les cellules. Le principe est de lier la couleur (ou le niveau de gris), et éventuellement la forme (pour les agents) à des conditions à remplir pour les attributs des agents ou des cellules. Sur cet exemple (4e exemple du texte), on choisit de visualiser différemment les agents sardines aléatoires et opportunistes, et les gradients de température selon quatre classes (moins de 5, 5 à 10, 10 à 15, et plus de 15 degrés). La fenêtre du bas montre le résultat après trois pas de simulation : les opportunistes se sont déjà regroupés dans les cellules les plus chaudes. La fenêtre d'édition montre le chemin parcouru par l'individu n°170. Ce dernier a été trouvé grâce à la sélection de sa cellule, qui apparaît alors en gras sur la visualisation, et la sélection de son identifiant parmi les occupants «opportunistes» de cette cellule.

jours (maturation des œufs). Il a fallu aussi intégrer deux variables environnementales, la température du lac, qui conditionne la date de ponte du gardon, et une variable spécifiant la saison supposée fixe de reproduction de la perche. La simulation a été effectuée au pas journalier sur quatre ans (1984-1987), en utilisant les données réelles de températures de surface et de dates de ponte enregistrées sur le Léman.

Un troisième exemple illustre les possibilités «individus centrées» du simulateur. Il s'agit de simuler la croissance d'une cohorte de poissons au cours du temps, en tenant compte des différences de croissance individuelle qui font que la cohorte se déforme. A partir de la définition d'un moule unique doté d'une simple tâche de croissance en taille, on génère 1000 agents dont les paramètres de croissance sont tirés de lois normales. Les résultats numériques sont identiques à ceux obtenus par Caranhac et Gerdeaux (en préparation) qui comparent un modèle individus centrés de cohortes à des modèles de distribution en taille basés sur une représentation matricielle (fig. 16.3).

Un dernier exemple illustre le mode spatial du simulateur en s'inspirant du modèle testé par Le Page et Cury (1996) pour étudier les stratégies reproductives des poissons dans un espace hétérogène où le succès reproductif d'une espèce dépend de l'endroit où elle se trouve. Dans cet exemple très simple, le succès reproductif est lié à la température qui a été générée aléatoirement, pour chaque cellule, entre 4 et 20 degrés par le simulateur. Et l'on compare les performances d'un poisson qui se déplace au hasard («aléatoire de sardine») d'un autre qui remonte le gradient thermique («opportuniste de sardine»). La figure 16.4 illustre le fonctionnement de l'observatoire du simulateur qui permet à l'utilisateur de représenter ce qui l'intéresse au cours de la simulation, par exemple ici des classes de température ainsi que la nature et la position des agents.

Conclusion

La quête du Saint Graal, ce modèle complet d'écosystème que tout gestionnaire appelle de ses vœux, apparaît donc des plus incertaines. Et ceci est probablement assez indépendant des moyens techniques que l'on pourra y consacrer. Pour s'en convaincre, il suffit de constater l'énorme effort international consacré aux prévisions météorologiques. Tant sur le plan des suivis environnementaux que sur celui des simulations numériques, il n'a aucune commune mesure avec ce que l'on peut imaginer mettre en place sur les questions lacustres. Cet effort sans doute unique dans les annales de la modélisation, qui s'intéresse il est vrai à un système particulièrement complexe, n'aboutit pourtant à des prédictions précises (mais ô combien précieuses) que sur de très courtes périodes, de l'ordre de cinq jours. Et tout gain de précision dans le temps est extrêmement coûteux. Pour les prédictions à long terme, comme celles relevant de la question actuellement très discutée des changements climatiques, les résultats demeurent très incertains. Les météorologistes ont maintenant tendance à multiplier les modèles, basés sur des hypothèses différentes ou s'intéressant à des sous-systèmes différents et pouvant avoir une influence sur la dynamique à long terme. Si ces différents modèles montrent les même tendances, on considérera ces dernières comme probables, et s'ils divergent dans leurs prédictions, ils servent alors de support de débat pour améliorer la compréhension du système. Ici aussi le modèle parfait semble hors de portée, il est même qualifié de «modèle chimérique» (Lions, 1996), et l'on retrouve ce besoin de modèles variés destinés à éclairer les différentes facettes d'une question.

Faciliter la création, l'utilisation et la comparaison de différents modèles est donc indispensable pour que la notion de modélisation d'accompagnement prenne tout son sens et puisse se généraliser. Les modèles actuels ont une structure encore trop rigide pour prétendre à cette souplesse. Les modèles les plus récents, en particulier ceux basés sur les techniques objet, ont ouvert une première brèche dans cette rigidité en offrant à l'utilisateur la possibilité de jouer sur le type et le nombre des agents à introduire. Nous proposons ici une étape de plus : permettre à l'utilisateur de fabriquer ses propres agents à partir de composants élémentaires, et de définir l'environnement dans lequel ils vont évoluer. On peut ainsi créer des modèles très variés, le comportement des agents n'étant plus fixé *a priori* par le programmeur. Chose importante, l'utilisateur reste propriétaire et responsable de son modèle qu'il connaît dans le détail, et peut le faire évoluer dans la direction et au rythme qu'il souhaite, sans passer par l'entremise d'un «fabricant de modèles».

Un tel simulateur, pour riche qu'il soit, ne représente cependant pas une réponse unique à la question de la modélisation des écosystèmes complexes. Il repose en particulier sur le concept d'agent qui implique encore aujourd'hui une discrétisation du temps dont l'utilisateur se passerait bien. Que veut dire en effet la notion de pas de temps dans le modèle proie-prédateur de Lotka-Volterra ? Dans toutes les situations où les aspects individuels ne sont pas prépondérants, ou lorsqu'un espace hétérogène n'est pas à prendre en compte, il sera peut-être préférable de garder une approche plus classique, à base d'équations différentielles par exemple. Dans le domaine des modèles à compartiments, c'est-à-dire où le système peut se décomposer en boîtes entre lesquelles transitent des flux (et bien des modèles de réseaux trophiques s'y rattachent), le déjà ancien simulateur Stella™ représente l'archétype de l'outil d'aide à la modélisation où l'utilisateur est déjà maître de créer et manipuler son modèle. Mobidyc s'en veut en quelque sorte le pendant, pour les systèmes dont la dynamique dépend fortement d'aspects individuels ou spatiaux, et où la notion d'agent devient de ce fait importante.

Ce travail a été financé dans la cadre du programme CNRS Environnement Vie et Sociétés «Biodiversitas» à travers l'action thématique du GIP HydrOsystèmes intitulée : Le poisson dans son milieu. Outre la station d'hydrobiologie lacustre de l'INRA à Thonon-les-Bains, il associe principalement le LAFORIA (Université Pierre et Marie Curie), les laboratoires HEA et LIA de l'I.R.D., et le laboratoire Green du CIRAD.

Références bibliographiques

BARBAULT R., BLANDIN P. & MEYER J.-A., 1980. *Problèmes d'écologie théorique. Les stratégies adaptatives*. Maloine, Paris.

BASCOMPTE J., SOLÈ R.V., 1995. Rethinking complexity : modelling spatiotemporal dynamics in ecology. *TREE*, 10 (9), 361-366.

BOUSQUET F., 1994. Des milieux, des poissons, des hommes: Étude par simulation multi-agents. Le cas de la pêche dans le delta central du Niger. Thèse de doctorat. Université Claude Bernard Lyon-1, 190 p.

Bousquet F., Barreteau O., Mullon C., Weber J., 1997. Modélisation d'accompagnement : Systèmes multi-agents et gestion des ressources renouvelables. *In : Actes du Colloque Inter. «Quel environnement au XXIème siècle ? Environnement, maîtrise du long terme et démocratie».* Abbaye de Fontevraud 8-11sept 1996. Hermès, Paris.

Chahuneau F. & Des Clercs S. (1980). Perspectives de modélisation du réseau trophique en étang. Application potentielle à l'optimisation et au contrôle de la production piscicole. *in* R. Billard. *La pisciculture en étang.* INRA, Paris, 129-138.

Chahuneau F., 1984. Modélisation de l'évolution thermique saisonnière du lac de Nantua (Ain, France). *Verh. Int. Ver. Theor. Angew. Limnol.* 22, 125-131.

Chahuneau F., Des Clercs S., Meyer J.A., 1980. Les modèles de simulation en écologie lacustre. Présentation des différentes approches et analyse des modèles existants. *Acta Oecologica / Oecologica Generalis*, 1 (1).:27-50.

Conrad M., 1975. Analysing ecosystem adaptability. *Math Biosciences*, 27, 213-230.

Costenza R., Sklar F.H., 1985. Articulation, accuracy and effectiveness of mathematical models : a review of freshwater wetland applications. *Ecological Modelling*, 27, 45-69.

Coquillard P., Hill D.R.C., 1997. *Modélisation et simulation d'écosystèmes. Des modèles déterministes aux simulations à événements discrets.* Masson, Paris, 273 p.

Deangelis D.L., Gross L.J., 1992. Individual-based models and approaches in ecology. Populations, communities and ecosystems. Proceedings of a Symposium, *Knoxville, Tennessee*, May 16-19, 1990. Chapman & Hall, New-York.

Di Toro D.M., O'Connor D.J., Thomann R.V., 1971. A dynamic model of the phytoplankton populations in the Sacramento San Joaquim delta. Advances in chemistry series 106. *Nonequilibrium system in natural water chemistry.* Am. Chem. Soc., 131-150.

Enderle M.J., 1982. Impact of a pumped storage station on temperature and water quality of the two reservoirs. *ISEM journal,* 4 (3-4), 87-95.

Ferber J., 1990. *Conception et programmation par objets.* Hermès, Paris.

Ferber J., 1995. *Les systèmes Multi-Agents, vers une intelligence collective.* Inter Editions, Paris, 522 p.

Ferreira J.G., 1995. Ecowin. An object-oriented ecological model for aquatic ecosystems. *Ecological Modelling,* 79, 21-34.

Fleming R.H., 1939. The control of diatom populations by grazing. *J. Cons. perm. Expl. Mer.,* 14.

Freon P., Mullon C., Pichon G., 1993. Climprod, *Experimental interactive software for choosing and fitting surplus production models including environmental variables.* FAO / ORSTOM Edition, Paris.

Ginot V., Herve J.-CH., 1994. Monitoring the parameters of the dissolved oxygen dynamics in shallow ponds, using a continuous data recording and a simple circadian model. *Ecological Modelling,* 73, 169-187.

Guerin F., 1991. Qualitative reasoning about an ecological process: interpretation in hydroecology. *Ecological Modelling,* 59, 165-201.

Hogeweg P., 1989. Mirror beyond Mirror, puddles of life. *In :* C.G. Langton (ed), *Artificial Life,* Addison-Wesley, p 297-315.

Jorgensen S.E., 1995. State of the art of ecological modelling in limnology. *Ecological Modelling,* 78, 101-115.

Jorgensen S.E., Kamp-Nielsen L., Jorgensen L.A. & Mejer H.F., 1982. An environmental management model of the upper Nile lake system. *ISEM Jour.,* 4 (3-4), 5-72.

Kremer J.N., Nixon S.W., 1978. A coastal marine ecosystem. Simulation and analysis. *Ecological studies,* 24, Springer-Verlag, Berlin.

Le Page C., Cury P., 1996. How spatial heterogeneity influences population dynamics : simulations in SeaLab. *Adaptive Behavior.* 4 (3/4), 255-281.

LE PAGE C., CURY P., 1997. Population viability and spatial fish reproductive strategies in constant and changing environments: an individual-based modelling approach. *Can. J. Fish. Aquat. Sc.*, 54 (10), 2235-2246.

LEVINS R., 1966. The strategy of model building in population biology. *Am. sci.*, 54 (4), 421-431.

LHOTKA L., 1994. Implementation of individual-oriented models in aquatic ecology. *Ecological Modelling*, 74, 47-62.

LIONS J.L., 1996. Modélisation mathématique et environnement. Quelques remarques. *In :* *Tendances nouvelles en modélisation pour l'environnement. Actes des journées du programme environnement, vie et sociétés. Conférences invitées.* Elsevier, Paris.

MACARTHUR R.H., LEVINS R., 1965. Competition, habitat selection, and character displacement in a patchy environment. *PNAS*, 53 (4), 777-783.

MAY R.M., 1974. Biological populations with nonoverlapping generations: stable points, stable cycles and chaos. *Science*, 186, 645-647.

MESLE R., 1994. ICHTYIUS : architecture d'un système multi-agents pour l'étude de structures agrégatives. Rapport de DEA, LAFORIA, Université Paris 6.

MESPLE F., CASELLAS C., TROUSSELLIER M., BONTOUX J., 1995. Some difficulties in modelling chlorophyll *a* evolution in a high rate algal pond ecosystem. *Ecological Modelling*, 78, 25-36.

MEYER J.A., 1982. Les modèles de simulation de la dynamique du plancton: nature, utilisation et limites. *In : R. Pourriot, J. Capblancq, P. Champ & J.-A. Meyer. Ecologie du plancton des eaux continentales.* Collection d'écologie 16, Masson, Paris, 147-193.

NYHOLM N., 1978. A simulation model for phytoplankton growth and nutrient cycling in eutrophic shallow lakes. *Ecological Modelling*, 4, 279-310.

PARKER R.A., 1968. Simulation of an aquatic ecosystem. *Biometrics*, 24 (4) : 803-821.

RADTKE E., STRASKRABA M., 1980. Self-optimisation in a phytoplankton model. *Ecological Modelling*, 9, 247-268.

RICE J.A., CROWDER L.B., ROSE K.A., 1993. Interactions between size-structured predator and prey populations: experimental test and model comparison. *Trans. Am. Fish. Soc.*, 122, 481-491.

RILEY G.A., STOMMEL H., BUMPUS D.F., 1949. Quantitative ecology of the plankton of the western north Atlantic. *Bull. Bingham. Oceanogr. Coll.*, 12, 1-169.

ROSSIS G., 1986. Reductionism and related methodological problems in ecological modelling. *Ecological Modelling*, 34, 289-298.

SAILA S.B., 1996. *Guide to some computerized artificial intelligence methods. In :* B.A Megrey & E. Moksness (eds) *Computers in Fisheries Research.* Chapman & Hall, Londres, 8-39.

SALENÇON M.J., THEBAULT J.-M., 1996. Simulation model of a mesotrophic reservoir (lac de Pareloup, France): MELODIA, an ecosystem reservoir management model. *Ecological Modelling*, 84, 163-187.

SHAFER M.B., 1954. Some aspects of the dynamics of populations important to the management of the commercial marine fisheries. *Bull. IATTC*, 1 (2), 27-56.

SEKINE M., NAKANISHI H., UKITA M., MURAKAMI S., 1991. A shallow-sea ecological model using an object-oriented programming language. *Ecological Modelling*, 57, 221-236.

STRASKRABA M., 1983. Cybernetic formulation of control in ecosystems. *Ecological Modelling*, 6, 305-321.

SULLIVAN K.J., 1991. The estimation of the multispecies production model. *ICES mar. Sci. Symp.*, 193, 185-193.

SWARTZMAN G.L., BENTLEY R., 1979. A review and comparison of plankton models. *ISEM Jour.*, 1 (1-2), 30-81.

TAYLOR C.E., JEFFERSON D.R., TURNER S.R., GOLDMAN S.R., 1989. RAM: artificial life for the exploration of complex biological systems. *In :* C.G. Langton (ed), *Artificial Life*, Addison-Wesley, 275-295.

TYLER J.A., ROSE K.A., 1994. Individual variability and spatial heterogeneity in fish population models. *Reviews in Fish Biology and Fisheries*, 4 (91), 91-123.

VAN WINKLE W., ROSE K.A., CHAMBERS R.C., 1993. Individual-based approach to fish population dynamics. *Transaction of the American Fisheries Society*, 122, 397-403.

VOLLENWEIDER R.A., 1969. Möglichkeiten und Grenzen elementarer Modelle des Stoffbilanz von Seen. *Arch. Hydrobiol.*, 66, 1-36.

WOLFE, J.R., ZWEIG, R.D. and ENGSTROM, D.G., 1986. A computer simulation model of the solar-algae pond ecosystem. *Ecological Modelling*, 34, 1-59.

Liste des auteurs

ANGELI N.- INRA - Station d'Hydrobiologie lacustre, 75, Avenue de Corzent, B.P. 511, 74203 Thonon-les-Bains Cedex.

BRUN J.C.- DDAF de Savoie, 83 Avenue de Lyon, 73018 Chambéry Cedex.

CARANHAC F.- INRA - Station d'Hydrobiologie lacustre, 75, Avenue de Corzent, B.P. 511, 74203 Thonon-les-Bains Cedex.

CHAMPIGNEULLE A.- INRA - Station d'Hydrobiologie lacustre, B.P. 511, 74203 Thonon-les-Bains.

CRETENOY L.- INRA - Station d'Hydrobiologie lacustre, 75, Avenue de Corzent, B.P. 511, 74203 Thonon-les-Bains Cedex.

COME G.- Fédération de Pêche de l'Ille-et-Vilaine, 149, rue d'Antain, 35700 Rennes.

DE CRESPIN DE BILLY V.- CEMAGREF, 13612 Le Tholonet.

DEGIORGI F.- Bureau d'étude TELEOS, Château de la Bouloie, 25000 Besançon. Laboratoire de Biologie des organismes et écosystèmes, I.S.T.E. Institut des Sciences et Techniques de l'environnement, Place Leclerc, 25030 Besançon Cedex.

DITCHE J.M.- UPRES A CNRS 6042, Université Blaise Pascal de Clermont-Ferrand, 63177 Aubière Cedex.

GERDEAUX D.- INRA - Station d'Hydrobiologie lacustre, 75, Avenue de Corzent, B.P. 511, 74203 Thonon-les-Bains Cedex.

GILLET C.- INRA - Station d'Hydrobiologie lacustre, 75, Avenue de Corzent, B.P. 511, 74203 Thonon-les-Bains Cedex.

GINOT V.- INRA - Station d'Hydrobiologie lacustre, 75, Avenue de Corzent, B.P. 511, 74203 Thonon-les-Bains Cedex.

GRANDMOTTET J.P.- Bureau d'étude TELEOS, Château de la Bouloie, 25000 Besançon.

GUILLARD J.- INRA - Station d'Hydrobiologie lacustre, 75, Avenue de Corzent, B.P. 511, 74203 Thonon-les-Bains Cedex.

LAIR N.- UPRES A CNRS 6042, Université Blaise Pascal de Clermont-Ferrand, 63177 Aubière Cedex.

LAMBERT J.C.- Laboratoire de Biologie des organismes et écosystèmes, I.S.T.E. Institut des Sciences et Techniques de l'environnement, Place Leclerc, 25030 Besançon Cedex.

LE PAGE C.- CIRAD-Green, Campus de Baillarguet, BP 5035, 34032 Montpellier Cedex 1.

MARCHAL E.- IRD 195 rue St Jacques 75005 Paris.

MARZOU R.- Centre de recherches écologiques, Université de Metz, 1, rue des Récollets, B.P. 4116 - 57040 Metz Cedex 01.

MASSON G.- Centre de recherches écologiques, Université de Metz, 1, rue des Récollets, B.P. 4116 - 57040 Metz Cedex 01.

MICHOUD M.- DDAF de Haute-Savoie, Pisciculture de Rives, 13 quai de Rives, 74200 Thonon-les-Bains.

MERLE G.- EDF Production Transport, Mission hydraulique, 1, place Pleyel 93282 St Denis Cedex.

OLIVIER G.- CSP Délégation Régionale de Lyon Parc de Parilly, 69500 Bron.

PEDON-FLESCH A.- Environnement et milieux aquatiques (B.E.), DUBOST & PEDON, 9, rue P. Michaux, 57000 Metz.

PERRIN J.-F.- CEMAGREF, Équipe aménagement intégré des cours d'eau, 3 bis, Quai Chauveau, CP 220 69336 Lyon Cedex 09.

POIREL A.- EDF Production Transport, DTG, 21, Avenue de l'Europe 38040 Grenoble.

RAYMOND J.C.- CSP Délégation Régionale de Lyon Parc de Parilly, 69500 Bron.

REYES-MARCHANT P.- Bureau d'étude EMA, la Croix Cadet, 63460 Jozerand.

ROJAS BELTRAN R.- INRA - Station d'Hydrobiologie lacustre, 75, Avenue de Corzent, B.P. 511, 74203 Thonon-les-Bains Cedex.

RIVIER B.- CEMAGREF, 13612 Le Tholonet.

SALENÇON M.J.- EDF Direction des Études et Recherches, Dépt Environnement, 6, quai Watier 78360 Chatou.

SCHMITT A.- Laboratoire de Biologie des organismes et écosystèmes, I.S.T.E. Institut des Sciences et Techniques de l'Environnement, Place Leclerc, 25030 Besançon Cedex.

TRAVADE F.- EDF Direction des Études et Recherches, Dépt Environnement, 6, quai Watier 78360 Chatou.

VALLOD D.- ADAPRA (Association pour le Développement de l'Aquaculture et de la Pêche en Rhône-Alpes), 3 bis quai Chauveau, B.P. 220, 69336 Besançon Cedex.

VERNEAUX J.- Laboratoire de Biologie des organismes et écosystèmes, I.S.T.E. Institut des Sciences et Techniques de l'Environnement, Place Leclerc, 25030 Besançon Cedex.

VERNEAUX V.- Laboratoire de Biologie des organismes et écosystèmes, I.S.T.E. Institut des Sciences et Techniques de l'Environnement, Place Leclerc, 25030 Besançon Cedex.

Achevé d'imprimer en septembre 2001
sur les presses de CARACTERE, n° 7.082